河钢唐钢全景

河钢唐钢滨河门

河钢唐钢水处理中心

河钢唐钢 3200m^3 高炉外景

河钢唐钢 3200m³ 高炉平台

河钢唐钢—冷轧

河钢唐钢北区原料库内外实物图

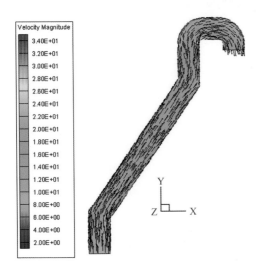

转炉烟道烟气速度场分布

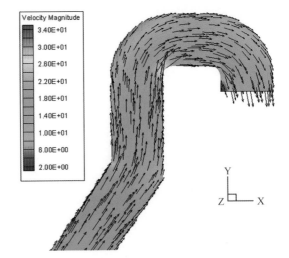

转炉烟道弯头部分速度分布放大图

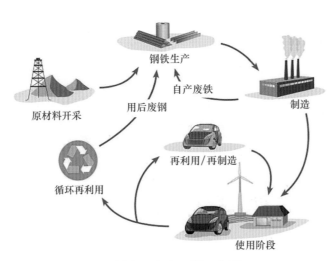

钢铁产品生命周期示意图

钢铁工业绿色工艺技术

于勇 王新东 编著

北京

冶金工业出版社

2017

内 容 提 要

本书共7章，第1章介绍了"绿色钢铁"的内涵和"绿色流程"的定义，国内外不同组织对"绿色钢铁"的理解；第2章概要地介绍国外"绿色钢铁"的一些做法；第3章重点介绍了河钢唐钢公司的绿色工艺和技术及应用效果；第4章介绍国内钢铁工业辅流程的一些绿色钢铁工艺和技术；第5章介绍了相关的基础研究案例；第6章展示了部分需要继续开发的新工艺和技术；第7章介绍了国内外最新的对"绿色钢铁"水平的诊断和评价方法。

本书适合钢铁工业决策者、科技人员阅读，也可供大专院校相关专业的师生参考。

图书在版编目(CIP)数据

钢铁工业绿色工艺技术/于勇，王新东编著. —北京：冶金工业出版社，2017.1
ISBN 978-7-5024-7503-1

Ⅰ.①钢⋯　Ⅱ.①于⋯　②王⋯　Ⅲ.①钢铁工业—无污染技术—研究　②钢铁工业—节能—研究　Ⅳ.①TF4

中国版本图书馆 CIP 数据核字（2017）第 048412 号

出 版 人　谭学余
地　　址　北京市东城区嵩祝院北巷 39 号　邮编　100009　电话　(010)64027926
网　　址　www.cnmip.com.cn　电子信箱　yjcbs@cnmip.com.cn
责任编辑　戈　兰　唐晶晶　美术编辑　彭子赫　版式设计　孙跃红
责任校对　石　静　责任印制　李玉山
ISBN 978-7-5024-7503-1
冶金工业出版社出版发行；各地新华书店经销；三河市双峰印刷装订有限公司印刷
2017 年 1 月第 1 版，2017 年 1 月第 1 次印刷
787mm×1092mm　1/16；26.75 印张；2 彩页；657 千字；418 页
146.00 元

冶金工业出版社　投稿电话　(010)64027932　投稿信箱　tougao@cnmip.com.cn
冶金工业出版社营销中心　电话　(010)64044283　传真　(010)64027893
冶金书店　地址　北京市东四西大街 46 号(100010)　电话　(010)65289081(兼传真)
冶金工业出版社天猫旗舰店　yjgycbs.tmall.com
（本书如有印装质量问题，本社营销中心负责退换）

序

绿色发展是国际大趋势。资源与环境问题是人类面临的共同挑战，可持续发展日益成为全球共识。特别是在应对国际金融危机和气候变化背景下，推动绿色增长、实施绿色新政是全球主要经济体的共同选择，发展绿色经济、抢占未来全球竞争的制高点已成为国家重要战略。

绿色制造是生态文明建设的重要内容。工业化为社会创造了巨大财富，提高了人民的物质生活水平，同时也消耗了大量资源，给生态环境带来了巨大压力，影响了人民生活质量的进一步提高。推进生态文明建设，要求构建科技含量高、资源消耗低、环境污染少的绿色制造体系，加快推动生产方式绿色化，积极培育节能环保等战略性新兴产业，大幅增加绿色产品供给，倡导绿色消费，有效降低发展的资源环境代价。

绿色制造是制造业转型升级的必由之路。我国作为制造大国，依然没有摆脱高投入、高消耗、高排放的发展方式，资源能源消耗和污染排放与国际先进水平仍存在较大差距。资源环境承载能力已近极限，加快推进制造业绿色发展刻不容缓。全面推行绿色制造，不仅对缓解当前资源环境瓶颈约束、加快培育新的经济增长点具有重要现实作用，而且对加快转变经济发展方式、推动工业转型升级、提升制造业国际竞争力具有深远历史意义。

我国国民经济的发展已经进入"新常态"，国家第十三个五年计划也已经开始，中国钢铁工业正在面临去产能、绿色化等历史命题的挑战。在"去产能"阶段，如何既高质、高效地为国民经济发展提供优质、足量的钢铁产品，又实现环境友好、低碳、资源循环和为社会服务的目标。世界钢铁工业长时间的实践证明："绿色钢铁"是满足上述两个目标的历史性选择，是钢铁企业生存和发展的需要，也是一个"钢铁大国"成为"钢铁强国"的必经之路。

简单的节能减排阶段不是"绿色钢铁"，"绿色钢铁"不仅是节能减排和资源有效利用的叠加，还有更加丰富的内涵：除了"绿色制造"外，还有"绿色产品"、"绿色副业"、"绿色采购"、"绿色物流"以及"绿色管理"、人员素质提高和发展理念转变等。钢铁工业的发展已经由"单纯钢铁"走向"绿色钢铁"阶段。

于勇、王新东撰写的《钢铁工业绿色工艺技术》一书在河钢唐钢公司实践的基础上，借鉴部分国内外钢铁企业的"绿色钢铁"实践，考虑了我国钢铁工业的实际情况（如长流程为主、能源结构以煤为主、铁钢比较高、制造流程不尽合理等），着重研究钢铁制造流程结构优化、提高能源利用效率及其与外界社会的工业生态链接。为钢厂与城市和谐共存进行了十分有益的探索。

在"新常态"的新形势下，只有创新思路和创新方法，才能开发出新流程、新工艺、新技术和新装备。传统的"末端治理"方法已经不能满足新形势的要求，本书介绍的"源头治理"和"过程治理"的方法，解决了节能和环保等问题，相信在不久的将来，会有更多的具有中国特色的绿色新钢铁制造流程、工艺、技术和装备出现在世界的钢铁工业中。

本书还介绍了三种评价"绿色钢铁"的方法，供定性、定量诊断和评价钢铁工业的绿色程度，为不断提高我国"绿色钢铁"的水平提供一种可操作的工具。

期待本书的出版能对促进我国钢铁工业的转型升级贡献一份力量。

中国工程院院士　殷瑞钰

前　言

进入 21 世纪，中国制造业的绿色化议题被提上了日程，什么是"绿色制造业"？"绿色制造业"的目标是什么？如何实现"绿色制造业"？如何评价"绿色制造业"等问题，已经成为新的热点课题。中国钢铁工业作为世界第一大"钢铁大国"（产量约占全世界钢铁总量的一半），对资源和能源的刚性需求，对环境、社会和国民经济的影响，引起了社会的极大关注。

为了回答上述问题，本书根据国内外钢铁工业绿色化的理论和实践，以河钢唐钢公司的绿色化实践为案例，介绍了如何实现城市型老钢铁企业的环境友好、低碳、资源循环的目标。

本书为适应中国钢铁工业高速发展转入"新常态"后所面临的新形势和新阶段提出的新要求，重点介绍了实现钢铁工业绿色化的新方法，如"源头治理"、"过程治理"、"跨行业的大系统"的新方法，以开发绿色新流程、新工艺、新技术和新装备，摆脱单纯的技术途径和传统的"末端治理"方法。

本书还以部分案例提示了基础研究的重要性和必要性，期盼有越来越多的中国特色和颠覆性的钢铁新流程、新工艺、新技术和新装备的出现，为世界钢铁工业做出贡献，实现我国钢铁工业由"钢铁大国"向"钢铁强国"的转变。

本书共 7 章，第 1 章介绍了"绿色钢铁"的内涵和"绿色流程"的定义，国内外不同组织对"绿色钢铁"的理解；第 2 章概要地介绍国外"绿色钢铁"的一些做法；第 3 章重点介绍了河钢唐钢公司的绿色工艺和技术，并介绍了应用效果；第 4 章介绍国内钢铁工业辅流程的一些绿色钢铁工艺和技术；第 5 章介绍了相关的基础研究案例；第 6 章展示了部分继续开发的新工艺和技术；第 7 章介绍了国内外最新的对"绿色钢铁"水平的诊断和评价方法。

由于钢铁工业绿色工艺技术涉及面广，内容丰富，限于本书篇幅，仅列举其中部分内容，同时由于作者水平所限书中不妥之处，敬请读者和专家指正。

编　者

2017 年 1 月

目　　录

第1章　概述 ··· 1

1.1　绿色钢铁的内涵 ·· 2

1.2　绿色流程的定义 ·· 2

第2章　国外钢铁流程绿色工艺技术 ··· 5

第3章　国内钢铁流程绿色工艺技术 ··· 8

3.1　绿色原料场 ·· 8

　　3.1.1　绿色原料场概述 ··· 8

　　3.1.2　绿色原料场技术 ··· 15

　　3.1.3　典型绿色原料场 ··· 25

3.2　烧结工序绿色工艺技术 ··· 30

　　3.2.1　烧结烟气综合治理技术 ·· 30

　　3.2.2　烧结余热资源及回收利用 ··· 35

　　3.2.3　河钢唐钢烧结过程智能控制技术 ··· 37

　　3.2.4　低品质矿在河钢唐钢烧结配矿中应用技术 ···························· 40

　　3.2.5　厚料层烧结技术 ··· 43

　　3.2.6　固废综合利用 ··· 46

　　3.2.7　烧结风机变频及主抽汽拖-电动技术 ···································· 49

　　3.2.8　全高炉煤气点火技术 ·· 50

　　3.2.9　在线漏风检测技术 ··· 53

　　3.2.10　集成式环保筛分系统 ·· 55

3.3　球团工序绿色工艺技术 ··· 56

　　3.3.1　球团工序绿色发展现状 ·· 57

　　3.3.2　河钢唐钢球团工序绿色发展 ·· 57

　　3.3.3　中国钢铁工业球团工序绿色发展要求及目标 ························· 60

3.4　焦化工序绿色工艺技术 ··· 61

　　3.4.1　扩大炼焦煤源的预处理工艺技术 ··· 61

　　3.4.2　焦化废水综合治理技术 ·· 67

　　3.4.3　焦化废渣、废液的综合利用技术 ··· 76

　　3.4.4　焦化废气污染及防治 ·· 86

3.4.5　焦化噪声污染及防治 ……………………………………………… 99

3.4.6　焦化系统余热利用的相关技术 …………………………………… 99

3.4.7　产业链延伸技术 …………………………………………………… 109

3.5　石灰窑工序绿色工艺技术 ………………………………………………… 124

3.5.1　绿色石灰工厂的设计 ……………………………………………… 124

3.5.2　绿色工厂设计的工艺与设备 ……………………………………… 125

3.5.3　绿色工厂的环保、安全、消防、职业卫生 ……………………… 125

3.5.4　绿色石灰窑的生产 ………………………………………………… 126

3.5.5　唐钢石灰窑的发展状况 …………………………………………… 131

3.6　炼铁工序绿色工艺技术 …………………………………………………… 133

3.6.1　高炉干法布袋除尘技术 …………………………………………… 133

3.6.2　炉前环境治理 ……………………………………………………… 136

3.6.3　高炉炉顶煤气余压发电技术 ……………………………………… 139

3.6.4　高炉高风温技术 …………………………………………………… 142

3.6.5　热风炉废气余热利用技术 ………………………………………… 148

3.6.6　高炉冷却壁软水密闭循环系统 …………………………………… 152

3.6.7　高炉操作技术 ……………………………………………………… 154

3.6.8　国内外低碳绿色炼铁前沿工艺技术 ……………………………… 157

3.7　转炉炼钢工序绿色工艺技术 ……………………………………………… 164

3.7.1　转炉煤气回收技术 ………………………………………………… 164

3.7.2　烟气余热回收技术 ………………………………………………… 168

3.7.3　负能炼钢技术 ……………………………………………………… 173

3.7.4　蓄热式钢包烘烤技术 ……………………………………………… 174

3.7.5　连铸坯热送热装技术 ……………………………………………… 176

3.7.6　薄板坯连铸技术 …………………………………………………… 178

3.7.7　废钢分拣预处理技术 ……………………………………………… 185

3.7.8　大气污染物末端治理技术 ………………………………………… 186

3.7.9　水污染物末端治理技术 …………………………………………… 191

3.7.10　固体废物综合利用及处置技术 ………………………………… 199

3.7.11　噪声控制技术 …………………………………………………… 207

3.8　电弧炉炼钢工序绿色工艺技术 …………………………………………… 207

3.8.1　废钢分拣预处理技术 ……………………………………………… 208

3.8.2　合金废钢分类回收管理 …………………………………………… 210

3.8.3　废钢预热技术 ……………………………………………………… 211

3.8.4　电炉炼钢加铁水技术 ……………………………………………… 215

3.8.5　转炉烟气余热回收技术 …………………………………………… 215

3.8.6　蓄热式钢包烘烤技术 ……………………………………………… 217

3.8.7　电渣重熔技术 ……………………………………………………… 218

3.9　轧钢工序绿色工艺流程技术 ……………………………………………… 220

3.9.1　中厚板生产 …………………………………………………… 221

3.9.2　热轧钢带绿色工艺技术 ……………………………………… 226

3.9.3　棒线材生产工艺及技术 ……………………………………… 247

3.9.4　型钢生产工艺和技术的发展 ………………………………… 257

第4章　国内辅流程绿色钢铁工艺技术 …………………………………… 272

4.1　节能、环保、二次资源利用工艺技术和材料 ……………………… 272

4.1.1　钢铁流程能源管控中心系统 ………………………………… 272

4.1.2　转炉蒸汽回收及饱和蒸汽发电技术 ………………………… 276

4.1.3　全燃高炉煤气发电技术 ……………………………………… 277

4.1.4　高炉冲渣水余热利用技术 …………………………………… 281

4.1.5　超细节能材料——高辐射率高温涂料 ……………………… 284

4.1.6　工序界面节能技术 …………………………………………… 288

4.1.7　钢渣制备陶瓷技术 …………………………………………… 289

4.2　水处理中心 …………………………………………………………… 295

4.2.1　项目背景 ……………………………………………………… 295

4.2.2　唐钢水处理中心 ……………………………………………… 296

4.2.3　中水利用要解决的难点 ……………………………………… 300

4.3　制氧绿色技术 ………………………………………………………… 301

4.3.1　制氧机的发展 ………………………………………………… 301

4.3.2　钢铁企业制氧系统绿色工艺 ………………………………… 307

4.3.3　钢铁企业制氧系统最佳节能模式的理论研究及实践 ……… 311

4.3.4　发展展望 ……………………………………………………… 317

4.4　绿色物流 ……………………………………………………………… 318

4.4.1　概述 …………………………………………………………… 318

4.4.2　钢铁企业绿色物流总体规划 ………………………………… 320

4.4.3　钢铁绿色物流运输流动装备工艺及技术 …………………… 325

4.4.4　集中一贯管理的供应链绿色生产调度规划 ………………… 333

4.4.5　绿色物流信息化 ……………………………………………… 346

4.5　信息化、自动化和计量技术 ………………………………………… 357

4.5.1　背景 …………………………………………………………… 357

4.5.2　现状 …………………………………………………………… 359

4.5.3　展望 …………………………………………………………… 366

第5章　钢铁绿色新技术的基础研究 …………………………………… 368

5.1　烧结烟气过程固硫、固硝技术 ……………………………………… 368

5.2　钢铁渣协同其他工业和社会固废生产高附加值产品的研究 ……… 369

5.3　高炉熔渣直接制备纤维质高附加值产品研究 ……………………… 372

5.4　富氧燃烧技术研究 ………………………………………………………… 374

5.5　钢铁工业低质余热回收和利用的基础研究 ……………………………… 376

　　5.5.1　烧结余热产生低压蒸汽发电的基础研究 ……………………………… 376

　　5.5.2　转炉烟气余热高效回收技术开发与工艺设计 ………………………… 390

5.6　生命周期评价（LCA）简介 ……………………………………………… 403

　　5.6.1　世界钢协的生命周期评价工作 ………………………………………… 404

　　5.6.2　开展生命周期评价项目的意义 ………………………………………… 404

　　5.6.3　河钢集团积极开展生命周期评价工作 ………………………………… 405

第6章　中远期需要研发的绿色钢铁工艺技术 ……………………………… 406

6.1　新的钢铁流程和工艺的研究 ……………………………………………… 406

6.2　对全流程和产品实施生命周期评价 ……………………………………… 406

6.3　高球团比例高炉炼铁工艺和技术研究 …………………………………… 407

6.4　一次、二次资源高效循环利用和余能利用新技术 ……………………… 407

6.5　高温、高压、含尘、高速环境下的参数测试、大数据处理和智能化

　　过程控制 ……………………………………………………………………… 407

第7章　绿色钢铁系统评价 ………………………………………………… 408

7.1　根据"绿色钢铁"的定义评价 …………………………………………… 408

7.2　根据国家和钢铁行业制定的"绿色钢铁评价体系"进行评价 ………… 408

7.3　根据"LCA"方法定量评价钢铁工艺和技术的绿色度 ………………… 408

参考文献 …………………………………………………………………… 410

第 1 章 概　　述

　　"绿色钢铁"是世界钢铁工业发展的共同选择与发展方向，是钢铁工业生存和发展的共同需要，是一个"钢铁大国"变为"钢铁强国"的必经之路。

　　什么是"绿色钢铁"？"绿色钢铁"的国内外现状如何？如何继续推进中国"绿色钢铁"的进程？下一步需要提前研发哪些绿色流程、工艺和技术等？这些问题都是需要在发现总结问题、不断探索实践中一一面对的。"绿色钢铁"的实现，需要有很好的"顶层设计"，新的钢铁工艺和技术的研发和实施固然是实现"绿色钢铁"的重要支撑，但是"绿色钢铁"的实现还有大量其他问题需要同时解决，如管理水平、操作水平、人员素质、经济因素等。本书重点总结国内外已经实施的"绿色钢铁"相关的工艺流程和技术，并提出下一步需要研发的新工艺和新技术，为可持续地提高中国"绿色钢铁"的水平提供可持续的支撑，开发出"中国创造"的钢铁新流程、新技术和新装备，并力争在世界钢铁工业中推广，实现"钢铁大国"向"钢铁强国"的转变。

　　尽管我国钢铁工业借助国外钢铁工业发展的基础，站在了他们的肩膀上，有了较好的硬件条件和一定的软件基础，但由于我国钢铁工业与国外钢铁工业所处的阶段不同，发达国家钢铁工业面临的绿色发展问题一个一个地出现并一个一个地解决，而我国却是一定时期内同时要面对多个问题，因此要实现和发达国家钢铁工业一样的绿色生产，有许许多多与国外不同的内容、做法和措施，中国需要有中国特色"绿色技术"。

　　经过多年的摸索和实践，中国钢铁工业已经实现了很多绿色钢铁的做法，得到了较好的结果，例如：在世界钢铁协会第 50 届年会上（2016 年 10 月 10 日 迪拜），在全球 104家钢铁企业、行业协会、研究机构共同瞩目下，河钢集团获得了"第 7 届 Steelie 奖"7 个奖项中最受关注的钢铁公司"可持续发展卓越奖"。新一届世界钢铁协会会长、美国纽柯公司董事长兼 CEO 约翰充分肯定了河钢集团近年来在节能减排、环境友好和促进钢铁行业可持续发展方面做出的突出贡献，河钢人用智慧、自信和行动展示了中国钢铁工业的责任和绿色担当，赢得了世界钢铁同行的尊重。

　　世界钢铁协会会长约翰·弗瑞奥拉先生认为中国钢铁工业的可持续发展也一样可以达到世界一流水平。德国蒂森克虏伯钢铁公司、奥钢联、ARCELL-MITTAL、日本新日铁住金、JFE、浦项钢铁公司、美国钢铁公司等世界钢铁大公司纷纷向河钢集团表示了热烈的祝贺。

　　世界钢铁协会"可持续发展卓越奖"的获得说明河钢集团在面向世界的绿色担当方面已经为世界钢铁工业做出了榜样。这一结果得益于河钢集团的"生态优先，绿色发展"的理念，也是不断摸索、大胆实践的结果。迄今为止河钢已经投资超过 145 亿元，实施节能减排项目 380 余项，取得了瞩目的成果，树立了城市型老钢铁公司绿色发展的样板。

　　中国钢铁工业已经进入了新常态，面临着新形势，提出了新要求，因此中国钢铁工业需要在总结近年绿色发展的基础上，用新的方法，新的思路去开发新的绿色流程、装备和技术去面对更高层次的绿色发展，建设有中国特色的绿色钢铁工业生产模式。

目前，钢铁工业简单的绿色化和节能减排阶段已经过去，进入了复杂、难度大、投入多的绿色化和节能减排阶段，由于中国钢铁工业的规模大，目前又处在钢铁工业经济效益不稳定的阶段，因此除开发高效、洁净、低碳的绿色钢铁技术外，低成本成了对所开发新技术的一个新要求。

如果继续沿用传统的"末端治理"解决方法，就很难实现绿色工艺和技术的低成本开发和推广。于是新的工艺流程和技术开发方法就应运产生了，如"源头治理法""过程控制法""大系统法"等，本书在介绍现有的国内外钢铁绿色工艺、技术外，将同时介绍一些用新的方法开发的绿色工艺和技术。

为了在现有绿色工艺流程和技术基础上，开发出完全是中国自主品牌的绿色钢铁新工艺和新技术，本书还列出了一些下一步需要研发的钢铁工艺流程和技术，为中国成为名副其实的"钢铁强国"奠定基础。

1.1　绿色钢铁的内涵

"绿色钢铁"是"绿色工业"的主要内容，其理论基础是国外 1989 年提出的"工业生态"（中国的"循环经济"），由此基本原则提出了"绿色工业"的定义："绿色工业"指的是生产的过程是干净和低碳的（清洁生产），生产的产品也是干净和低碳的，即在生产满足人的需要的产品时，能够合理使用自然资源和能源，自觉保护环境和实现生态平衡。其实质是减少物料和能源的消耗，同时实现废物减量化、资源化和无害化。

"绿色钢铁"是一个广义的概念，其内涵除了包含"绿色工业"的全部内容外，由于钢铁工业的自身特点，还赋予"绿色钢铁"更多的内涵，必须同时考虑以下内容：

（1）在保证高效生产出高质量和额定产量的钢铁产品后，首先考虑那些"显性绿色指标"，如：能源介质的直接减少、末端排放污染物对环境的影响、二次资源（固体废弃物、污水和部分气相排放物等）的综合利用水平等。

（2）考虑"隐性绿色指标"，如流程结构、产品结构、能源结构、原料结构、铁钢比、平面布置和装备规模及水平等，这些因素都很大程度本征地、固有地影响了该流程的绿色水平。

（3）考虑钢铁企业与环境的友好相处程度、如钢铁企业是否与企业外的其他工业和社会建立起绿色联系，如是否实现二次能源输出、二次资源相互利用和为外界其他的服务等。

以上内容与联合国环保署 UNEP 提出的"清洁生产"内涵以及中国提出的"循环经济"内涵有类似的内容。

1.2　绿色流程的定义

绿色流程有以下几种定义：

（1）国际标准化组织 ISO9000：流程是一种将输入转化为输出的相互关联和相互作用的活动。

（2）牛津字典：流程是指一个或一系列、连续有规律的行动，这些活动以确定的方式发生或执行，导致特定结果的实现。

（3）通俗的定义：流程是一种行动的路线，包括做事情的顺序、内容、方法和标准。流程是不可逆的，一旦产品形成，就不可能还原出原料和能源来。

完善的"流程"包括四大要素：

（1）"顺序"合理：能实现最终目标的过程顺序。

（2）"内容"全面：完整的过程因素的综合。

（3）"方法"恰当：获得某种东西或达到某种目的而采取的手段与行为方式，其付出最小，负面影响最小。

（4）"标准"正确：标准是衡量事物水平的准则。没有标准就无法实现高水平流程。

只有建立了完善的、含有上述四大因素的流程，才能实现流程的目的，缺少一项，都会使其他行为功亏一篑。

一些专家认为：钢铁工业的绿色化首先是流程，只有具有了一个高效-紧凑-低碳-清洁的流程，才具备了实现绿色的前提。鉴于目前中国钢铁工业还不同程度地存在需要调整流程和理顺流程的环节，如流程中主要冶炼设备和运输设备的能力不匹配、节奏不匹配、能源动态平衡能力有限、产能和产量不匹配，造成一些设备能力过大等。

世界上钢铁流程有长流程和短流程两大类：

（1）长流程：由烧结、焦化、高炉、炼钢、轧钢等主要工序组成，原料以铁矿石为主。

（2）短流程：由电炉和轧钢等主要工序组成，原料以废钢为主，近年来也出现了以铁水＋废钢为主要原料的钢铁流程。

公认的是"长流程"、能耗高、污染大、资源效率低、耗时长；而"短流程"能耗低、污染小、资源效率高、耗时短。尽管如此，中国目前也不得不以"长流程"为主，最主要的原因是中国的废钢资源现在还不足以支撑高比例的"短流程"，这一状态还要持续一段时间，这是目前的中国特色（明知不好，不得不为之），这是中国钢铁工业能耗比国外高的原因之一。

"绿色钢铁"流程将使钢铁厂由"单功能"变为"多功能"，流程内的高效、绿色、低碳、资源循环等，将扩大钢铁厂的边界，与其他工业、社会和自然有机地融为一体（大系统），实现环境友好相处的高目标。

另外，钢铁流程完成了从简单到复杂和逐步完善的过程，目前又有了一些从复杂逐步简化的过程，即简化一些流程工序，如：减少石灰石煅烧量或取消石灰石煅烧工序，直接利用石灰石代替石灰炼钢，由于取消和减少了石灰石煅烧量，降低了能源消耗和污染物排放，是一种简化工序的绿色钢铁工业新方法。

总之，当今的"绿色钢铁"内涵是一个综合的概念，既要考虑显性的绿色指标，如：能源介质的减少程度、末端排放污染物的排放程度、二次资源综合利用的水平等，还要考虑有更大影响的隐性绿色指标，如：流程结构、产品结构、能源结构、原料结构、铁钢比、平面布置和装备规模及水平等。

"绿色钢铁"的目标是使钢铁产品的设计、制造、运输、使用、报废处理、循环利用等的整个生命周期对环境的影响最小、资源利用率最高、能源消耗最小，同时钢铁企业的经济效益和环境效益、社会效益一样达到环境友好的要求。

2008 年以来，我国对节能环保、降耗减排等方面的法规和要求日益严厉，钢铁行业在这个大环境下，提出要把绿色、低碳、环境保护的观念融入到生产全过程，加快绿色制造工艺、技术、装备的技改和创新，依托技术进步实现节能减排和绿色制造。

2015年中国发布了历史上最严厉的《污染物排放标准》，2018年1月1日将开始征收污染物排放税，这些对中国钢铁工业既增加了压力，又提供了很好的发展机会，它们为实施钢铁工业绿色化奠定了很好的基础。

中国钢铁协会认为宝钢、唐钢和太钢等一批先进钢铁企业以绿色发展为理念，持续开展节能减排以及钢铁流程废弃物的循环利用的研究项目，取得了显著的研究结果和应用效果。

第 2 章　国外钢铁流程绿色工艺技术

发达国家在几百年的工业化过程中，也经历过工业污染日趋严重和不间断治理的阶段，治理污染的方法也经历了从局部小系统治理，逐步过渡到了深入的大系统治理的阶段，治理的污染物种类也越来越多。

发达国家的工业企业从 20 世纪 70～80 年代中期，受到了越来越大的社会和政府环境以及成本压力，钢铁企业必须对上述压力做出反应，这个反应就是钢铁企业的绿色化过程。

20 世纪 80 年代中期开始，一些深层次污染事件激化了公众和政府对企业的不信任，通过制定了一系列政策和法规，使钢铁企业意识到绿色化问题已经成为企业生存无法回避的问题。于是投入大量人力、物力、财力和时间，创新出大量行之有效的节能减排新工艺和新技术，从流程、原料、装备、操作等的精细化，直至各级人员素质的与时俱进，实现了与环境的友好相处，这些绿色工艺和技术还取得了良好的经济效益，同时解决了企业生存和发展的问题。如日本新日铁提出的 Three ECOs："Eco-Process"，"Eco-products" and "Eco-solutions" 和 2006 年实现的"钢铁工业生态系统"，该系统如图 2-1 所示。

从图 2-1 中看出，日本新日铁公司已经与其他工业和社会紧密结合了，同时考虑对自然的最小化影响，新日铁公司已经为社会处理废塑料、废轮胎、废钢铁、废玻璃、废纸和制备氢气等，并生产出了有色金属、水泥、化工产品等新产品，实现了钢铁工业近零排放及与环境的友好相处。

日本钢铁工业经过多年不断的绿色技术开发后，已经达到较高的绿色钢铁水平，但仍然不满足现状，并不断提出如下各种新工艺研究，以期获得更高的绿色钢铁水平，先后有以下几种新工艺研究：

（1）高炉低温快速还原反应新工艺和技术。

（2）块矿炼铁新工艺。

（3）高炉 H_2 还原和炉顶煤气 CO_2 分离技术。

（4）废塑料和废轮胎在钢铁工业的循环利用。

韩国钢铁工业由于建设的起点较高，钢铁工艺和技术较先进，所以在"绿色钢铁"建设方面，制定了未来十年的发展规划，主要是通过提高钢铁公司各级人员的素质和能力以及核心技术开发来实现，具体做法如下：

（1）构建知识型生产力：

1）培养未来型领导层。

2）培养员工的知识、技术和才能——建设知识型工作环境。

（2）强力支持新的核心技术的研发（吸引了大量国外钢铁专家）。

（3）追求智能化管理。

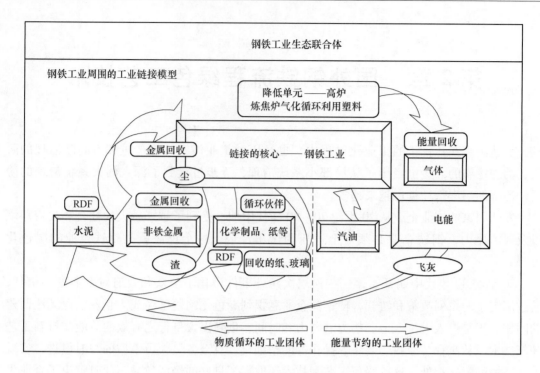

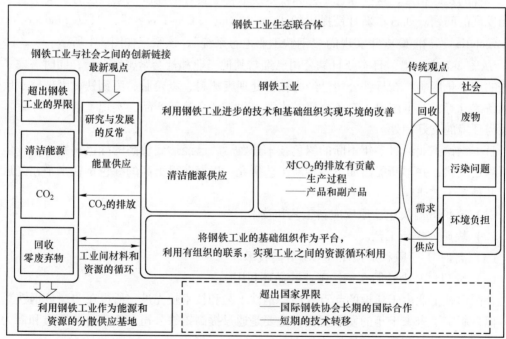

图 2-1　日本新日铁的工业生态联合体（2006 年）

世界钢铁协会和欧盟钢铁委员会制定了大体类似的 2050 钢铁工业主题：

（1）推广 LCA（寿命周期评价）方法。

（2）绿色化钢铁大系统（与其他工业和社会交叉）。

（3）提高材料效率，生产高品质产品等。

（4）资源回收和利用。

（5）可持续发展方法和技术开发。

欧盟还总结了钢铁工业的最佳可行技术（BAT），为钢铁工业全流程和各个工序提出了大量新工艺、新技术和新装备，并将世界上实践结果最好的指标也列入 BAT。

另外，欧盟还提出了 ULCOS 项目（超低 CO_2 排放的钢铁工艺和技术），提出了 5 个新工艺：

（1）高炉炉顶煤气循环工艺（TGR-BF）。

（2）新的熔融还原工艺（HIsarna）。

（3）新型直接还原工艺（ULCORED）。

（4）碱性电解还原铁工艺（ULCOWIN，ULCOLYSIS）。

（5）铁矿石的生物质还原工艺。

虽然欧盟专家经过分析和实验，停止了其中一些内容的研究，但欧盟对钢铁工业下一步发展的研究方向是正确的，如欧盟认为，从技术角度讲，欧盟钢铁工业实现节能减排的做法已经到了潜力很小的阶段，只有改变钢铁工艺才能获得大的节能减排效果，实现绿色化钢铁工业。

20 世纪 90 年代至今，国外钢铁公司已经从被动服从环境法规，向主动创新发展方式转变，企业开始主动关注自身的环境行为了，这是一个阶跃的进步。

第3章 国内钢铁流程绿色工艺技术

3.1 绿色原料场

钢铁企业原料场是为炼铁、烧结、焦化、球团、炼钢、电厂等用户提供原燃料储存、处理和输送的主体，是钢铁企业散装料储存处理和厂内物流集散中心，每年要承担钢企生产量的近3倍的原燃料储存处理和厂内物流运输作业，是钢铁企业厂内运输物流成本的重要组成部分，同时也是粉尘污染和原燃料生产成本的重要环节。传统露天原料储存技术在用地面积、物流运输、原料损耗、粉尘和地面污染、运营成本等方面为企业的持续发展带来一定困难和瓶颈。现有钢厂提升改造过程中常常遇到因历史原因形成的厂内物料堆存分散、用地面积受限、集中管理困难、物流运输不畅等问题；大风暴雨天气会导致料堆表面扬尘和雨水冲击带来空气粉尘污染、地面污染和物料损耗问题。据资料显示，采用露天料场的钢铁企业原燃料年损耗量约占年总受料量的0.5%~2%，在风力较大和雨水较多的地区，年产400万吨铁的钢铁企业采用露天料场每年将至少造成5万吨的物料损耗；在北方寒冷地区冬季因料堆冻结影响生产，大量的冬储又会增加原料库存，带来资金积压；受外部气候环境影响，物料特性的波动将对下游生产的质量和成本产生直接影响，据分析计算，每吨焦煤水分下降1%，可降低炼焦过程中的耗热量相当于$3.3m^3$（标准状态）混合煤气的发热量，焦炭中水分增加1%，高炉的综合焦比将提高1.1%~1.3%。

随着生产成本的精细化管理以及国家、行业对环保降耗和节能减排的严格要求，原燃料的环保储存和节能降耗已备受行业关注，环保储存技术已然成为行业所需和长远发展趋势。这也符合炼铁生产的高效、低耗、优质、环保、长寿的发展方向，向大型化、高效化、机械化、自动化、信息化企业迈进，同时提高集中度，发展绿色制造，因此，作为冶金生产的首道工序，现代化原料场的选择与使用尤为重要，综合考虑企业健康、高效、可持续发展及清洁生产要求，其原料场定义为绿色原料场。

3.1.1 绿色原料场概述

3.1.1.1 绿色原料场工艺简述

绿色原料场是一个集工艺、设备、环保等先进技术于一体的加工配送中心。它主要承担全厂铁矿石、焦炭、煤粉、熔剂等主副原料的统一卸料、堆料、储存、加工和配送，是炼铁工艺获得成分均匀的精料和高技术经济指标的必要生产单元，其工艺如图3-1所示，即河钢绿色原料场工艺流程，该流程以当前生产工艺为基准，涉及各主体生产单元及河钢产能置换后的京唐港沿海基地料场规划与设计，未涉及流体输送系统、资源再利用体系；同时具备减少扬尘与污染物排放、降低能耗、提高二次资源利用率的能力，彰显绿色、可持续发展的环保理念。

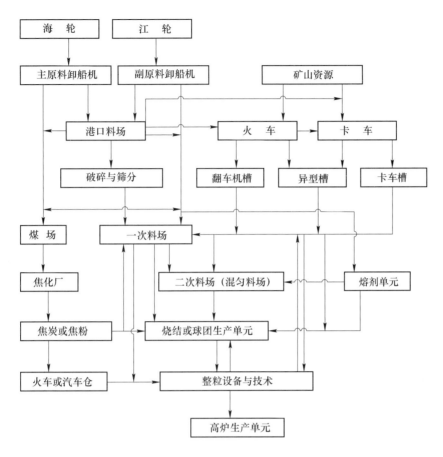

图 3-1 河钢绿色原料场工艺流程

3.1.1.2 绿色原料场组成与特点

根据图 3-1，可知绿色原料场主要组成部分如下：

（1）受料部分：受料部分由水路受料系统、火车与汽车受料系统（针对矿山资源）、港口料场与火汽联合受料系统以及破碎筛分系统组成。

（2）本体：原料场本体包括煤场、一次料场、二次料场（混匀料场）以及铁前半成品、成品落地场地等。

（3）供应部分：供应部分包括各料场之间、生产单元之间、料场与生产单元之间、内部返回系统物料的运送与存储。

（4）取样部分：取样部分包括港口与矿山取样（矿上样品）、进厂物料取样（进厂样品）、生产工艺过程取样（工艺样品）以及半成品与成品取样。

（5）整粒部分：主要包括球团矿与烧结矿整粒系统、块矿整粒系统、焦炭与煤粉整粒系统。

（6）资源再利用部分：包括铁前内部循环料（包括杂料）及除尘灰，钢轧系统生产过程产生的钢渣、除尘灰与污泥。

（7）除尘部分：包括运输过程扬尘控制系统、卸料与供应过程除尘控制，特别是卸料槽、皮带机头与机尾部分。

（8）电气及自动化部分：包括各类电动机、开关、仪表、控制设备、计算机以及数据采集与分析系统等部分。

（9）其他部分：即辅助部分，包括车辆、油库及其他影响料场生产部分。

综上所述，绿色原料场主要特点有：

（1）绿色原料场占地广、装机容量大、设备繁多且分散、能耗大。例如：河钢唐钢北区配备 6 个料条的一次料场、2 个料条的二次料场、2 个棚室煤场和多个熔燃仓库以及焦炭直供设备与系统，特别是站前铁路系统。其中包括堆料机 3 台，取料机 3 台，38 个汽车卸矿槽，2 台火车翻车机及其对应的卸矿槽，258 条皮带运输机群，装机容量 8000kW，电动机 800 多台。

（2）绿色原料场主要采取连锁控制的皮带运输方式，为提高自动化水平，皮带相互之间可能形成复杂的网络体系。

（3）绿色原料场进行统一的卸料、混匀、存储、整粒以及配送各生产单元，有效保证了高炉精料要求，即粒度与成分均匀、波动小、粉率低。

（4）绿色原料场在技术与装备上，可以采用先进技术与设备，为实现高水平的机械化、自动化创造了有利条件。

（5）在产能集中的绿色原料场生产条件下，除尘系统可以实现集中处理，在有条件的企业，也可实现熔剂、除尘灰与精粉的液相输送及气相输送技术，有效抑制扬尘，降低大气污染。

（6）绿色原料场是处理铁前系统杂料与除尘灰、钢轧系统废弃物（主要包括转炉钢渣、转炉除尘灰粗灰、净化污泥（粗颗粒））的高效场所。

3.1.1.3　原料场主要设备及其特点

A　带式输送机

带式输送机是一种在绿色原料场广泛应用的连续输送机，是以输送带为牵引机构和承载机构，利用托辊支撑，依靠传动滚筒与输送之间的摩擦力传递引力的输送设备，其主要部件及功能有：

（1）输送带：主要是橡胶带，用于承载并运送散料。

（2）传动机构：提供能量，使输送带运行，多采用双卷筒四电动机驱动装置。

（3）托轮：承载输送带及其承载的物料，多采用三托辊槽形结构。

（4）张紧机构：使传送带与传动机构张紧，并把力传给输送带。

（5）制动机构：在特殊情况下，可以停止运行带式输送机系统。

带式输送机，可以将各种粉状、颗粒状及块状等散装原燃料，在设定的路线上，连续的将物料从一个地点输送到规定地点，对绿色原料场的运输及内部输送起着重要作用，其主要优点有：

（1）结构简单，维护方便，输送物料范围广、距离远，且投资少。

（2）输送能力强，生产效率高，且物料输送均匀，对其破碎作用小。

（3）适应性强，安全可靠性高，且操作简单，便于实现自动化控制。

（4）工作噪声较小，可以实现密封式输送，环保性能优越。

但带式输送机也存在缺点，如：爬升坡度有限，输送物料温度受限，应控制在100°C之内。

因此，河钢唐钢在内部物料输送及河钢沿海基地规划中，原料场输送系统以带式输送机为主，图3-2所示是河钢唐钢本部具有代表性的带式输送机，其主要技术参数见表3-1。

(a) (b)

图3-2 河钢唐钢本部带式输送机
（a）一次料场；（b）二次料场

表3-1 河钢唐钢本部代表性带式输送机主要技术参数

项　目	带宽 /mm	带长 /m	带速 /m·s^{-1}	带型	输送能力 /t·h^{-1}	驱动功率 /kW	物料名称
一次料场输送机	1200	1260	1.6	钢丝带	1200	110×2	单品种
二次料场1号输送机	1200	402	2.5	钢丝带	1800	132	混匀矿
二次料场2号输送机	1200	420	2.5	钢丝带	1800	315	混匀矿

B 取料、堆料机

斗轮式取料、堆料机适用于大型原料场，可以完成大量散装物料的堆放与取料作业，是我国原料场新型的堆料与取料设备，其主要构造有：

（1）驱动台车：驱动机械往返运行，使其沿场内铺设轨道行驶。

（2）尾车：主机与料场输送机连接机构。

（3）平衡架：当前臂变幅时，可以使驱动钢绳张力较小，起平衡前臂作用。

（4）门柱：承受整个机械旋转受力的主要大部件，采用板梁结构。

（5）前臂架：其上面装备皮带运输机，用于完成堆料、取料作业。

（6）门座架：支撑整个机械负荷的大部件，多采用圆形环梁结构。

河钢唐钢本部北区一次料场采用的即是大型的斗轮式取料、堆料机如图3-3所示，其主要技术参数见表3-2。

(a)　　　　　　　　　　　　　　　　　(b)

图 3-3　河钢唐钢本部一次料场堆料、取料机
（a）一次料场堆料机；（b）一次料场取料机

表 3-2　河钢唐钢本部北区一次料斗轮式场取料、堆料机技术参数

项　目	回转半径 /m	输送能力 /t·h⁻¹	行走速度 /m·min⁻¹	回转角度 /(°)	物料名称
一次料场堆料机	36	1200	7 ~ 30	135	单品种
一次料场取料机	40	1800	0 ~ 30	150 ~ 175	单品种

最近几年，随着技术进步，为减小原料场设备数量，降低投资，出现了新型斗轮机，即斗轮式堆取料机，其特点是既能进行堆料作业，又能进行取料作业，但堆料能力是取料能力的两倍，目前主要有两种类型：DQ 型斗轮式堆取料机、KL 型斗轮式堆取料机。

除以上堆取料装置外，河钢唐钢二次料场还存在另外两种堆料、取料机械，如图 3-4 所示，其主要技术参数见表 3-3 和表 3-4。图 3-4（a）所示堆料机外形与前面设备存在较大差异，但其工作原理与构造基本相同，不再赘述。图 3-4（b）所示取料机是滚筒式混匀取料机。

(a)　　　　　　　　　　　　　　　　　(b)

图 3-4　河钢唐钢本部二次料场堆料、取料机
（a）二次料场堆料机；（b）二次料场取料机

表 3-3 河钢唐钢本部北区取料机技术参数

项目	输送能力 /t·h⁻¹	堆料高度 /m	堆料长度 /m	胶带参数	俯仰范围 /(°)	物料名称
二次料场堆料机	1800	12.9	450	$B = 1200\text{mm}$，$v = 2.0\text{m/s}$	13.330 ~ 13.62	混匀矿

表 3-4 河钢唐钢本部北区堆料机技术参数

项目	输送能力 /t·h⁻¹	传动比	中心带宽 /mm	调车速度 /m·min⁻¹	料耙变幅 /(°)	外形尺寸 /mm×mm×mm	物料名称
二次料场取料机	2800	36.1	800	20	35 ~ 45	38290（长）× 24000（宽）× 13500（高）	混匀矿

滚筒式混匀取料机是向烧结生产单元输送混匀矿的关键设备，主要由滚筒和滚筒驱动装置、料耙往复驱动装置、料耙及俯仰机构装置、受料皮带机、行走台车、电缆卷筒、门架、润滑系统等组成。料耙的作用是把松铁矿石粉矿料堆表面，使料堆截面上的物料顺利地滑移至料堆底部，由滚筒上的料斗取走。料耙由电动机通过液力偶合器将动力传到减速机，转速降低后，再通过曲柄带动连杆，驱动料耙台车在轨道上做水平往复运动。

C 翻车机

翻车机是大型原料场翻卸火车单车车辆的重要进料设备，主要用于翻卸矿石、精粉、焦炭、煤粉等原燃料。主要存在两种形式翻车机：机械式翻车机和液压式翻车机。

机械式翻车机采取机械碰撞式的压靠车方式，对车皮的撞击磨损量大，基建成本低，运营成本高，其主要特点是结构简单、故障率低、维护量小。机械式翻车机是一个大型卧式圆柱形筒体，中间有个工作平台，一节火车车厢整体进入平台，在动力作用下，翻转170°，将车厢内物料全部卸下。机械式翻车机主要结构有4个部分：转子，是翻车机承载车皮、物料、摇臂连杆与平台走向，正常翻车的主体部分；摇臂连杆，其端部通过曲线轮在转子的曲线槽中，以一定的曲线轨迹滚动；平台，其主体是位于两边的焊接工字钢，与铁路车辆的规矩保持一致，以确保平台上的车辆均衡；传动机构，主要包括两套减速机构和两套大小开式牙传动机构。

液压式翻车机与机械式翻车机特点不同，其结构复杂、故障率高、维护量大，但对车皮撞击损伤小，基建成本高，运行成本低，且其使用寿命长。在翻车时，通过液压压车和靠车，压车梁压紧车辆，靠板支撑车辆的侧面，传动装置驱动端盘的齿条，回转170°，进行倾翻。液压式翻车机主要组成部分有：回转框架、传动装置、压车机构、靠板振动装置、托辊装置、液压站、电缆支架等。

河钢唐钢结合自身情况在炼铁部北区采用两套液压式翻车机，如图3-5所示，可实现日翻车5列火车，即15000t矿粉资源。

D 桥式抓斗起重机

桥式抓斗起重机用来搬运块状、粒状或者粉状松散物料，其特点是劳动强度低、生产效率高、操作方便、适用范围广。它主要是由三相交流绕线式感应电动机，其次是鼠笼式电动机，通过机械组件传递动力和运动，其主要机构有：

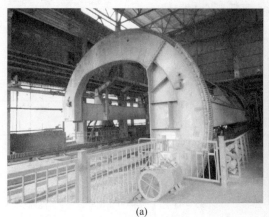

(a)　　　　　　　　　　　　　　　　(b)

图 3-5　河钢唐钢本部进料车间翻车机
(a) 翻车机主体设备；(b) 翻车机附属设备

（1）桥架：由主梁、端梁、走台等部分组成，是桥式抓斗起重机的基本构件。

（2）大车运行机构：由电动机、制动器、传动轴、减速器、联轴器、车轮等部件组成，有集中驱动与分别驱动两种驱动方式。

（3）小车及运行机构：由小车架、起升机构及运行机构等部分组成，有中间驱动、侧边驱动及三合一驱动 3 种驱动方式。

（4）抓斗及起升开闭机构：抓斗是搬运散装物料的取物装置，由颚板、扇形侧板组成的两片斗及上下滑轮箱、支撑腿、平衡板组成。

（5）操作室：主要装有大、小车运行机构和起升开闭机构的操作系统及相关装置。

（6）其他装置：包括动力及电源等设备。

桥式抓斗起重机在河钢唐钢原料车间应用广泛，主要用于煤粉与矿粉倒运与配加，具有代表性的是桥式抓斗起重机，如图 3-6 所示。

图 3-6　河钢唐钢本部桥式抓斗起重机

E　给料与计量设备

给料设备是短途输送设备，主要用于储仓、筒仓或料斗的底部排出物料，并将物料转运至输送机，或者调节进入加工设备的物料量。常用的给料机形式有：带式给料机、板式给料机、槽式往复给料机、圆盘给料机、螺旋给料机、星形给料机、电磁振动给料机及惯性振动给料机，各种给料设备的优缺点见表3-5。根据不同的物料特点及现场条件，河钢唐钢主要采用的给料设备有带式给料机、圆盘给料机、螺旋给料机及电磁振动给料机，在原料系统以带式给料机、圆盘给料机为主，焦炭输送则采用电磁振动给料机。

表 3-5　不同类型给料机的特点

类　型	优　点	缺　点	用　　途
带　式	可以调节给料量	占地空间大、胶带易磨损、物料易黏结、不能处理大块物料	（1）输送细物料，水分控制不超过5%~7%； （2）物料粒度小于50mm，温度一般低于70℃
板　式	给料能力大、给料均匀、结构强度大、耐冲击、能输送大块物料、能耐大的料仓料柱压力	设备质量大、占地空间大、投资大、维修工作量大，能耗高，运输费用高	（1）粒度在1000mm以下，可以根据粒度选择类型； （2）输送物料温度可达500~600℃
槽式往复	结构简单、投资小、维护与运行费用低、适用范围广	给料均匀性差、给料量小、易产生漏料、槽体磨损快	（1）粒度小于75mm，非磨琢性物料； （2）输送物料温度可达500~600℃
圆　盘	结构简单、坚固耐用、给料均匀、给料量易调节、操作方便、实用物料范围广	投资费用高、物料与槽盘易黏结	（1）各种细物料连续均匀地给料； （2）含水不大于12%的黏结性物料，可输送热物料
螺　旋	结构简单、外廓尺寸小、易于密封与维修	能耗大、处理量小、工作部件磨损大、适应物料范围较窄、可能对物料起破碎作用	（1）磨琢性较小的干粉、流动性较好的物料； （2）易脆物料及易产生粉碎物料不适用
星　形	结构简单、外廓尺寸小、密封好、易于调节物料量、操作方便	适用物料范围窄、给料量波动较大	（1）含水率小于10%的干粉散料； （2）散料温度低于300℃
电磁振动	结构简单、操作方便、功耗小、给料均匀、给料量可调节	对输送物料要求较严、排料的精度不高	（1）除粉尘外的干物料，水分率不大于10%； （2）物料温度低于300℃
惯性振动	输送高温物料、给料均匀、给料量可调节、生产能力大、物料粒度大	给料复杂、维修费用大	（1）除粉尘外，水分率不大于10%（不黏结物料）； （2）物料温度可达1000℃

3.1.2　绿色原料场技术

3.1.2.1　封闭原料场基本形式

A　原料库技术

铁前系统原料库主要用于密闭储存烧结、球团工艺所需要原燃料，特别是含铁原料、熔剂等物料，并配备 BH 槽配料系统，通过中控设定下料量、圆盘调速、定量皮带秤称量给料，从而实现系统启动时自动配料，形成混匀矿，相当于一般工艺的预配料系统。河钢唐钢本部南区即采用该技术，如图 3-7 所示。

图 3-7　河钢唐钢原料库

原料库技术可以实现对进厂原燃料进行集中接卸、储存、筛分、加工、供料等处理。主要系统如下：

（1）受卸系统：根据不同品种、不同运输方式采用不同的卸载方式，即火车受卸系统、汽车受卸系统、异型车受卸系统、焦炭受卸系统。

（2）筛分系统：即焦炭筛分系统、矿石筛分系统。

（3）混匀矿生产系统：该系统设计由配料仓（BH 槽）、混匀料系统及相关设备组成。

（4）返矿系统：该系统是将高炉槽下筛分的小矿、粉焦，通过车排返回密闭储料库。

B　棚化技术

棚化技术是采用棚化方法将原燃料封闭于特定地址，有利于生产组织的防冻与防汛工作，也是抑制扬尘的有效手段之一。由于国内大型钢铁联合企业早期料场均采用露天方式存储原燃料，已不能满足现行环保要求，但原料场工艺复杂、场地广、设备大、投资大，且拆除重建也不存在显著进步；为节约投资，有效利用现有场地、工艺、设备，当前较好的改造方法是采用棚化技术，抑制扬尘，与原有系统形成特有的封闭生产单元。目前，河钢唐钢炼铁部北区结合自身情况，已完成原料车间二次料场棚化封闭工程，如图3-8 所示。

河钢唐钢炼铁部北区原料系统二次料场棚化技术基础采用独立基础，外墙采用条形基础，基础坐落于原状土层。该技术主体结构形式采用柱面网格结构：下弦多点支撑，压力平板支座，纵向设侧向支座；网格长度 422m，跨度 92.2m，高度 30.5m，厚度 2.3m，覆盖面积 40000m²；沿长度方向分为 4 个温度区段，各区段设 0.5m 变形缝；有 10 种规格的网架钢管，材质为 Q235B 或 20 号钢，螺栓规格有 12 种，材质 45 号钢。

C　筒仓技术

筒仓技术具有占地面积小、运行方式简单、系统调动灵活、不会对环境造成影响和有

(a)　　　　　　　　　　　　　　(b)

图 3-8　河钢唐钢北区原料库内外实物图
(a) 内部；(b) 外部

利于降低物料等突出优点。筒仓技术设备简单，除筒仓外，主要配套设备如下：

（1）皮带运输机：每列筒仓上部设置皮带运输机，用于将单品种物料卸至仓内，下部皮带运输机主要用于将物料输送其他地址。

（2）卸料车：在筒仓上部皮带运输机上配备一台卸料车，用于将物料均匀卸载至筒仓内。

（3）物料疏松机：每个下料斗内设多个耙片，并设置液压站，实现现场手动、自动及远程控制，用于疏松仓内物料。

（4）定量圆盘给料机：可以实现物料量精确控制与管理。

（5）其他：电液动平板闸门以及自动控制系统。

筒仓技术在原燃料存储系统得到广泛应用，目前该技术主要发展方向：群筒仓技术，特别是在原燃料储存量大的企业，群筒仓技术显著优越于单筒仓技术；大型化，对施工技术提出更高的要求；自动化，筒仓技术与智能控制等先进技术有机结合，可以实现原燃料远程、自动、可视化控制。目前河钢唐钢炼铁针对物料特点，计划在各区分别建设备自筒仓群，图 3-9 所示是河钢唐钢炼铁部不锈钢区正在施工的筒仓群。

图 3-9　河钢唐钢炼铁部不锈钢区筒仓群建设图

3.1.2.2 原料储存技术

绿色原料场针对露天堆放易产生可视扬尘的特点，从减少料场储存扬尘、卡车作业扬尘及皮带机洒料冒灰等实际情况出发，积极推进封闭式料场，做到煤进仓、矿进棚的物料封闭存储技术。目前主要存在5种类型原料场，一种属于露天型料场，其他属于封闭型料场。

A A型原料场

传统露天机械长型原料场因其料堆断面形状似字母"A"，故称为A型料场。冶金行业广泛用作矿石、煤、焦炭、副原料、混匀矿等原燃料的存储，工艺设备主要包括堆取料设备和胶带运输机，根据实际需要可选用悬臂式、门式、桥式、滚筒式等不同形式的堆取设备进行堆取料作业。例如河钢唐钢炼铁部北区原始原料场，如图3-10所示。

图3-10 河钢唐钢炼铁部北区原始原料场

由于在散状物料的储存和处理方面工艺布置灵活、技术成熟、设备可靠性高、土建及其他配套设施成熟，A型料场得到广泛的应用。但A型料场存在较多缺点，即环境污染大、物料消耗高、物料防汛防冻困难，因此应用该型料场的企业广泛使用的系列环保方法，即洒水抑尘技术、喷洒抑尘剂技术、防风网抑尘技术、苫盖技术等。

B B型原料场

B型原料场属于封闭式长型原料存储技术，是在A型露天料场基础上增加了封闭厂房。为了节约用地，减少厂房跨度，便于布置与施工，通常将相邻的两个料条作为一个整体进行封闭，成对布置时断面形似字母"B"，故称为B型原料场，目前原料场采用B型原料场，其取料设备及布置如图3-11所示。

B型原料场可根据实际需要进行单跨、双跨或者多跨连续布置。随着对环保降耗的重视与关注，在风力与雨水影响严重的地区，B型原料场将得到广泛应用。但B型原料场也存在自身的局限，即占地面积大。

C C型原料场

C型原料场为长型隔断式封闭料场，料场采用大跨度轻型钢结构。物料经胶带输送机从顶部输入，经小型堆料设备进行卸料和堆料作业，采用门式、半门式或者桥式刮板取料

图 3-11　B 型料场实物图

机进行取料作业，根据物料品种和生产需要可将料堆沿横向和纵向进行分格堆存，对物料进行分类堆存和管理，因物料分格形似字母"C"，故称为 C 型料场，其工艺布置如图 3-12 所示。

图 3-12　C 型料场实物图

C 型料场由两个料场加盖组成，两料场间及料堆间采用挡墙分隔，料堆堆高最大可达 30m，挡墙的设置可提高料堆高度和单位面积的储量。半门式刮板取料机与现有斗轮式取料机是两种截然不同的取料设备，它主要由走行机构、门架机构、悬臂取料机构组成，通过两侧链条传动，带动一组耐磨材质刮板进行取料作业，通过调整悬臂角度来适应物料堆积表面，实现连续取料。C 型料场主要工艺设施包括：料条、堆料胶带机、卸（堆）料用卸矿车、刮板取料机和胶带机等。卸矿车和输入胶带机设置在料条顶部平台上，每个料条由 1 条胶带机输入并设置 1 台卸矿车卸料和堆料。取料时，每个料条由对应的半门式刮板取料机取出，经地面胶带机输出。

　　D　D 型原料场

　　该型料场即圆形封闭料场，采用顶部栈桥胶带机进料，悬臂堆料机堆料，底部设中心落料斗，门架式刮板取料机取料。该原料场为封闭式圆形料场，因其断面形似字母"D"，故称为 D 型原料场。D 型环保料场由环形混凝土侧挡墙、半球形网壳结构、顶部栈桥进料胶带机、D 型料场堆取料机（主要含中心立柱、悬臂堆料机、门架式刮板取料机）、中心落料斗、给料设备、输出胶带机等设施组成。D 型料场如图 3-13 所示。

图 3-13 D 型料场实物图

　　D 型料场内堆取料设备采取堆取合一形式，堆、取可分开作业。堆料时，物料从顶部输入，通过圆形堆料机将物料堆积为以堆料机立柱为圆心的环形料堆；取料时，采用斗轮取料机或半门式刮板取料机，经圆形料场中部给到胶带机上输出。圆形料场可用于物料的一次堆存和混匀堆料，通过在料场四周设置挡墙，可以提高储量。

　　E　E 型原料场

　　E 型原料场为筒仓技术，当把成群出现的筒仓简化为一条分支线后形似字母"E"，故称为成为 E 型原料场，设计图如图 3-14 所示。

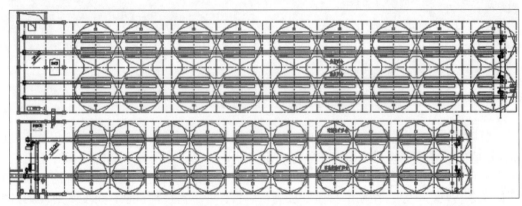
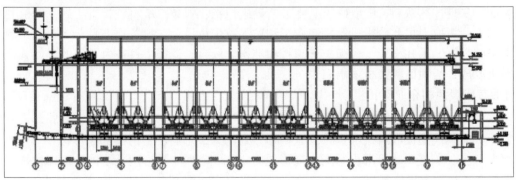

图 3-14 E 型料场设计图

筒仓上部采用胶带机输入,并在筒仓群上部设置胶带机和移动卸料设备,向筒仓内卸料。仓内物料经筒仓底部给料机放出,通过筒仓底部的胶带输送机输出,比较常用的给料机有旋转给料机和圆盘给料机,两者都采用变频控制。E 型料场单位储量占地面积少,可分段实施,具有可扩展的优势;但由于筒仓非常高,重心高,高径比大,因此筒仓的土建和结构工程量大。

原料场储存形式与场地、运用范围、储存量、工艺布置等密切相关,通过对以上 5 种原料场的简要分析,可知其各有差异,见表 3-6。

表 3-6 不同类型原料场的对比分析

料场形式	A 型	B 型	C 型	D 型	E 型
运用范围	矿石、煤粉	矿石、煤粉	矿石、煤粉	煤粉、混匀料	煤粉
料场工艺	无要求	料条成对布置,堆宽不宜太宽	顶部输入,提升高度高,工艺影响大	顶部输入,提升高度较高,料场布置独立	常以筒仓群的形式存在
单位储量 /t·m^{-2}	1.05~1.1	1	2~2.5	1.5~2	2.7~3.2
优点	工艺简单、设备成熟可靠	节能环保、污染小、其他同 A 型	节能环保、污染小、单位面积储量高	节能环保、污染小、单位面积储量高、堆取作业分开	节能环保、污染小、工艺简单、单位面积储量高
缺点	扬尘大、料耗损失高、单位面积储量低、气候影响大	单位面积储量小、堆取设备灵活性差	固定堆积、适应性差、刮板不耐磨、卸料点落差大	不适用多品种、卸料点落差大、易扬尘、刮板磨损重	适应范围窄、建设投资高

3.1.2.3 自动化技术在原料场中的应用

结合原料场的组成与特点,原料场的自动化系统和控制方式都是集中控制和集中监视方式,即在中央操作室控制和监视,同时为分散设备的控制,节省电缆,便于维修,将设备按区域划分,设置多个电气室和个别操作室。现代化原料场信息化自动化系统主要有两种类型:

(1) 具有基础自动化和过程自动化并上联制造执行级(MES)的三级自动化系统。目前具有代表性的企业有:宝钢、唐钢、马钢等大型企业,该系统由于设有过程自动化,不仅自动化程度较高,而且能装载数学模型、编辑计划、执行各种优化和先进控制,从而实现节能、高效的生产目的。

(2) 仅具有基础自动化系统。主要用于中型钢铁企业,系统投资低,包括铁路受卸系统、原料输入与输出系统、储料系统、混匀系统、供应及返回系统。例如天津钢铁公司、重钢、酒钢等钢铁企业。

3.1.2.4　环保技术在原料场中的应用

A　除尘技术

原料场生产过程中产生的粉尘有许多特性，与粉尘控制技术有关的主要特性有游离二氧化硅含量、密度、安息角、黏附性、湿润性、磨损性、荷电性和比电阻等。从工业卫生角度出发，各种粉尘对人体都是有害的，粉尘的化学成分及其在空气中的浓度，直接决定对人体的危害程度，因此必须严格抑制粉尘。目前最有效的除尘方法就是在生产过程中采用除尘器除尘，根据除尘机理，除尘器可分为 4 类：机械式除尘器、过滤式除尘器、湿式除尘器和静电除尘器，其除尘效率见表 3-7。

表 3-7　各种除尘器对不同粒径粉尘的除尘效率

类　别	除尘器名称	除尘效率 / %		
		$d = 50 \mu m$	$d = 5 \mu m$	$d = 1 \mu m$
机械式除尘器	惯性除尘器	95	16	3
	中效旋风除尘器	94	27	8
	高效旋风除尘器	96	73	
	重力除尘器	40		27
过滤式除尘器	振打袋式除尘器	>99	>99	99
	逆喷袋式除尘器	100	>99	99
湿式除尘器	冲击式除尘器	98	85	38
	自激式除尘器	100	93	40
	空心喷淋塔	99	94	55
	中能文丘里除尘器	100	>99	97
	高能文丘里除尘器	100	>99	99
	泡沫除尘器	95	80	
	旋风除尘器	100	87	42
静电式除尘器	干式除尘器	>99	99	86
	湿式除尘器	>99	98	92

由表 3-7 可知，过滤式除尘器除尘效率最高，是利用织物或多孔填料层的过滤作用使粉尘从气流中分离出来，其除尘效率高，经济性好，便于回收有价值的颗粒。袋式除尘器是过滤式除尘器的一个种类，而袋式除尘器有 3 种结构形式：机械振打袋式除尘器，脉冲喷吹式袋式除尘器和逆气流反吹风袋式除尘器。河钢唐钢结合自身特点，原料场全部采用袋式除尘技术，例如炼铁部北区在汽车受料槽东侧建有脉冲布袋除尘系统 1 套，过滤面积 7500m²，在火车受料槽南侧，建有一套脉冲布袋除尘系统，过滤面积 17000m²。

B　抑制扬尘技术

针对原料场扬尘产生的位置与特点，不考虑封闭技术的影响，主要抑制扬尘的技术与措施有：

（1）通用方法：倒驶车自动清洗，清除卡车黏附料；喷枪洒水，保持料面湿润，形成保护层；原料场增建防尘网，降低扬尘与阻挡粉尘进入；开发清扫器并封闭皮带机；选择合理的堆积方法，既降低扬尘，又减少了浪费。

（2）胶带机通廊及转运站封闭技术：该技术可以减少物料在运输过程中扬尘扩散，避免胶带机故障跑偏而造成的物料直接洒落路面污染环境，洒落在通廊中的物料可以直接收回到皮带，使物料输送环境落料问题得到根本解决。

（3）微雾抑尘技术：通过高频振荡或者高压空气将水打散或者吹散，使得微雾颗粒与粉尘颗粒大小接近一致，密度相近，两者充分凝结、结核，达到瞬间降尘的目的。

（4）喷雾炮技术：通过将水箱中的水经过雾化后，由高压风机喷出，水雾颗粒细小，喷洒面积大，吸附力更强，可以锁定细小的粉尘颗粒浓度，且可以随时调整喷洒方向，便于操作。

（5）其他技术：无动力除尘技术、皮带冲洗箱技术等在其他领域应用的技术，可以引入到原料场中吸收、改进与应用。

C 流体输送技术

在绿色原料场生产过程中，常常需将流体从低处输送到高处，或者从低压区输送到高压区，或者沿管道输送到远处。这些过程都不能自动发生，必须对流体加入外功，以克服流体的流动阻力，补充输送流体时所损耗的能量。输送流体的种类很多，流体的性质、温度、压力、流量以及所需要的能量都存在很大差别，为满足不同的需求，需要设计不同结构和特性的流体输送设备。

通常情况下，流体的输送设备按照工作原理不同分为3类：叶轮式、容积式及其他类型（不属于上述两种类型）。由于气体与液体不同，气体具有压缩性，通常把输送液体的设备称为泵，把输送气体的设备按不同的情况分别称为通风机、鼓风机、压缩机和真空泵。

流体输送技术在绿色原料场中的应用，可以有效抑制物料在倒运与运输工程中产生的扬尘，是一种高效的绿色环保技术。其在河钢唐钢系统主要表现有：熔剂罐车气相输送技术；炼钢污泥液相输送技术；精粉管道输送技术。

熔剂罐车输送技术是应对熔剂拉运过程中粉尘污染及配送困难而产生的技术，主要技术涉及一种适用于货运或运输、包装或包容特殊货物、物体的车辆。物料运输车利用一定压力的压缩空气使粉粒物料与空气组成的流体在罐体内外压差的作用下排出，从而达到卸料的目的。且罐装汽车增气槽的空气压缩机，包括空气压缩机壳体、封闭于壳体内的摆动板和摆动板轴，在摆动板对应空气室的面上设置向内凹进的增气槽，以提高压缩机进、排气量和减轻摆动板轴负荷，使摆动板轴不易断裂。

河钢唐钢炼钢污泥液相输送技术在原料场中主要作用是以泥替水，合理控制混匀矿水分，抑制堆取过程中的扬尘，同时有效消耗钢区废弃物，其主要设备有：浆搅拌池、搅拌泵、泥浆泵、混合机、过滤器、沉淀罐，该技术属于河钢唐钢自主开发的国家发明专利。

泥浆搅拌池的平台上安装有搅拌泵、泥浆泵各 3 台,呈圆形间隔平均分布在泥浆搅拌池的平台上;所述过滤器为笼型除杂质装置,过滤器为一个筒形漏斗装置,筒形正中间设有带圆孔的隔板,底部呈漏斗状;输泥主管道经过沉淀罐后管径变为直径 80mm,进入混合机后管径变为直径 40mm;沉淀罐的下部为锥体管道,安装有控制阀门。

精粉管道输送技术被称为除了公路、铁路、水运、空运之外的第五种运输方式,在矿山、水利、环境工程、化工等诸多领域得到了广泛应用。具有代表性的国外企业有:美国固本煤炭公司、萨马柯铁精矿管线、黑梅萨输煤管线;国内企业有:太钢尖山、昆钢大红山等。管道输送技术主要工艺包括浆体制备系统、中间输送系统及后处理系统 3 部分。管道输送优点有:

(1) 基建投资少,建设周期短、建设速度快。

(2) 能耗小、运行成本低。

(3) 受地形限制少,易于克服自然地形的障碍。

(4) 可以实现连续运输。

(5) 安全可靠、作业率高。

(6) 污染小,不破坏生态环境。

(7) 易于实现自动化。

但也存在缺点:

(1) 输送物料粒度受限制。

(2) 管道线路发生故障,会导致系统停止运行。

(3) 要有足够的水源。

(4) 不适用于脱水费用大的物料运输。

(5) 初期投资较高,基建费用较大。

3.1.2.5 资源循环技术在原料场中的应用

A 铁前资源循环利用技术

铁前生产过程中会产生大量固体废弃物与返矿资源,这些资源直接扔掉或者低价转让,都是企业资源的巨大浪费。根据资源特点,可以利用其中有价元素降低生产成本,减少浪费,在原料场可利用资源可分为两类:含铁资源和含碳资源。

含铁资源主要包含烧结机头除尘灰、高炉重力除尘灰、港口杂料、运输过程杂料、料场及厂内定期清理杂料、高炉入炉资源返矿等。含碳资源主要是指高炉布袋除尘灰,早期企业直接将其配入混匀矿,既充分利用含铁的特点,又能替代部分燃料,降低后续烧结工艺固体燃耗。但现在河钢唐钢开发了新设备与技术,将高炉布袋除尘灰通过浮选—重选—脱水工艺,将其分离为铁粉与碳粉,铁粉直接替代含铁资源配入混匀矿,而碳粉替代部分烟煤,作为高炉的喷吹燃料。2016 年 1~9 月河钢唐钢炼铁部北区内部消耗自身循环资源,见表3-8,即杂料资源3.194 万吨,除尘灰0.70 万吨,铁粉1.13 万吨,返矿粉58.5054 万吨。

表3-8 2016年1~9月河钢唐钢炼铁部北区循环资源消耗量（内部资源）

物 料 名 称	来 源 地	消耗量/万吨
港口杂料	港 口	0.7100
场内杂料	一二次料场	2.4840
除尘灰	各生产车间	0.7063
铁 粉	新事业处理	1.1384
碳 粉	新事业处理	0.1719
块矿返粉	高炉车间	10.2609
烧结矿返粉	高炉车间	41.6062
球团矿返粉	高炉车间	6.6383

B 处理钢轧系统废弃物

炼铁部原料场除消耗自身系统循环资源外，还消耗部分钢轧系统废弃资源，这些资源可分为两类：一类是含铁资源，有转炉除尘灰粗灰、净化污泥（粗颗粒）、泥浆；另一类是含CaO资源，具有调整烧结矿与混匀矿碱度的作用，且其组成也存在铁元素，即高品钢渣、中品钢渣、低品钢渣。2016年1~9月河钢唐钢炼铁部北区消耗钢轧废弃资源见表3-9，即杂料钢渣资源2.9604万吨，转炉除尘灰粗灰0.3142万吨，净化污泥（粗颗粒）1.6179万吨，泥浆少许。表3-9中泥浆数量以烧结区域消耗为主，在泥浆过量或者混匀矿水分较低而产生扬尘时，原料场才在混匀堆前段配加部分泥浆，配加泥浆配套设备、技术与烧结生产单元相同。

表3-9 2016年1~9月河钢唐钢炼铁部北区循环资源消耗量（钢轧资源）

物 料 名 称	来 源 地	消耗量/万吨
高品钢渣	炼钢厂	0.5518
低品钢渣	炼钢厂	2.4086
转炉除尘灰粗灰	炼钢厂	0.3142
净化污泥（粗颗粒）	轧钢厂	1.6179
泥 浆	轧钢厂	2.5690

C 原料整粒技术

为保证入炉矿具有较好的粒度组成，降低粉矿对高炉冶炼的影响，特别针对大型高炉生产，原料场必须具备良好的整粒技术条件。河钢唐钢炼铁部北区入炉矿整粒技术流程，如图3-15所示。该系统由两步筛分组成，在原料场进行一次筛分，为保证入炉矿质量，入炉前进行槽下二次筛分，不同之处在于槽下筛分的返矿可以返给一次料场、BH槽以及烧结生产单元，而一次筛分获得的返矿粉必须进入收集塔，资源集中返给一次料场或者BH槽，由表3-8可知，该系统在2016年1~9月份共收集返矿粉58.5054万吨。

3.1.3 典型绿色原料场

当前典型绿色原料场，综合考虑建设场地、环保技术、企业自身状况、申请立项审批情况，可将其分为两大类：一是改造升级型绿色原料场；二是新建绿色封闭原料场。

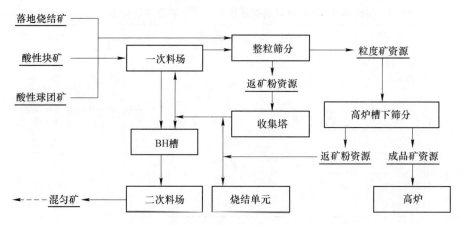

图 3-15　河钢唐钢炼铁部北区整粒筛分技术流程

3.1.3.1　改造升级型原料场

原料场改造升级的主要因素有：结合自身发展，淘汰落后产能，重新规划产业布局；面对新环保要求，减小污染，减低扬尘，必须进行改造升级。其现象存在两种可能：一是，原有设备与技术已经严重落后，需要进行统一规划，改造升级；二是，现有设备在某些领域已处于先进水平，且场地充足，如合理利用，可以避免资金浪费，主要因为环保因素。因此在升级改造过程中，可以采取不同的技术方案，主要成功的案例在河钢唐钢本部均有体现，即河钢唐钢本部南区原料库技术、北区大型料场的棚化升级改造方案及不锈钢区原料场规划建设方案。

A　河钢唐钢南区原料库技术

唐钢南区在淘汰落后产能，进行小高炉易地改造而兴建一座 $3200m^3$ 高炉，配套一台 $360m^2$ 烧结机。为了保证高炉与烧结用料及返粉返回要求，且南区工业用地紧张，特设计建设了南区原料库，主要用于储运矿石、矿粉、熔剂料、烧结用燃料、炼钢产生的钢渣、污泥、铁皮及炼铁厂各除尘点的除尘灰、高炉返矿等，承担进厂原燃料的受料、储存、输出和烧结用原料的预配料功能。该原料库的使用，显现了密闭型原料库在防雨防汛、防冻以及环保等方面的优势。

整个原料系统主要由受卸（含卡车槽和火车受料槽）、密闭储料库、一次原料库配料、筛分室、供返料等共 19 个工艺系统 31 个作业线组成，对进厂原燃料进行集中接卸、储存、筛分、加工、供料等处理。原料库长 250m，宽 74m。具有物料输入、存储、输出、混匀预配料等多种功能。其特点如下：

（1）解决了因双跨布置造成两跨物料不能相互置换的问题。原料库两侧为物料存储隔断仓，分 A、B 跨布置，每跨布置 5 部天车；中间为预混料圆盘配料仓 31 个，分 A、B 列一一对应布置。通过将圆盘下的电子计量小皮带改为电子计量可逆小皮带，每条小皮带分别设置两台电子计量秤，实现了 A、B 跨物料可以相互置换。

（2）圆盘配料仓采用两段式，解决了料仓易悬料的问题。为避免料仓悬料，将料仓下段设计为振动漏斗形式，不仅解决了易悬料的问题，而且解决了下料量不均的问题。

（3）物料固定配置不易混料：把不同品种的原燃料分别堆积在一些固定的隔断仓（隔断仓采用钢筋混凝土墙加设辅壁柱兼做厂房钢柱基础的方式，屋顶采用拱形彩钢瓦封闭）。

（4）大宗原燃料双系统配置：高炉、烧结需要的主要品种的大宗原燃料至少在两个料条配置，并且满足两跨天车和卸矿车进行作业。这种配置的优点是保持堆取料机的作业平衡、保证生产的连续性。

（5）汽车直进料的配置：密闭储料库设置了汽车直进料区，安排在料库端部区域，这样不仅能够充分利用料库的储存能力，而且方便汽车直进料的接卸。

（6）堆取方式的选择：根据进入密闭储料库物料的成分稳定性以及用户对物料质量的要求选择不同的堆取方式。堆料主要靠卸料小车，取料主要通过桥式天车，天车配备无线对讲设备，方便与中控联系。

（7）环保防尘：设计了布袋除尘器，其除尘效果良好。用汽车运至原料库的白云石粉、返矿粉、石灰石粉、除尘灰、钢渣等物料在接卸的过程中喷淋打水，可达到防止粉尘飞扬的作用。在物料运输过程中的各转运站设置除尘设备并喷洒水降尘。密闭储料库物料堆取和放置过程中进行喷洒水以抑制扬尘。同时密闭原料有效缓解了防汛与防冻的问题。

B　河钢唐钢不锈钢区原料场规划建设方案（C＋E）

河钢唐钢不锈钢区根据公司整体规划，决定淘汰两座 $450m^3$ 高炉及 3 台 $60m^2$ 烧结机，新建 1 座 $1780m^3$ 高炉和 1 台 $265m^2$ 烧结机，且原始料场均为露天料场，结合当前环保与产能要求，必须对原有料场进行改扩建并全封闭。

新原料场主体为一大型全封闭料场（即 C 型料场）、两个筒仓群及一个封闭干煤棚。C 型料场主要储运矿粉，承担进厂原料的受料、储存、输出和烧结用原料的预配料功能；筒仓群用于储存焦炭、酸性矿及落地烧结矿等块状物料；封闭干煤棚用于喷吹煤及烧结煤的受料、储存及输出。该设计方案体现了绿色环保、防雨、防汛、防冻等性能优越的设计特点。

该 C 型料场长 154m，宽 70m，集物料输入、存储、输出等多种功能。C 型料场的配置主要是解决原料分隔断受入堆积，分品种上料，达到易堆、易取、易管理的基本要求，其主要设计特点有：

（1）物料固定配置，不易混料：把不同品种的原料分别堆积在一些固定的隔断仓（隔断仓采用钢筋混凝土墙加设辅壁柱兼做厂房钢柱基础的方式，屋顶采用拱形彩钢瓦封闭）。其优点是易管理、作业简单、杂矿产生少，相对非固定配置不容易混料。

（2）大宗原料双系统配置：烧结需要的主要品种的大宗原料至少在两个料条配置，并且满足两跨刮板取料机和卸矿车进行作业。这种配置的优点是保持堆取料机的作业平衡、保证生产的连续性。

（3）堆取方式的选择：进入 C 型料场物料的成分稳定性以及用户对物料质量的要求，不同物料进厂成分、粒度组成不尽相同，因此应采用不同的堆积方式。堆料主要靠卸料小车，取料主要通过刮板式取料机。

（4）C 型料场中设计了除尘效果良好的布袋除尘，符合当前环保要求，在一定程度上缓解了防汛防冻工作。

为储存进厂焦炭、块矿、球团矿及落地烧结矿，在改造过程中，设置了筒仓 38 个，其中 18 个储存焦炭，10 个储存烧结矿，4 个储存球团矿，6 个储存块矿，焦炭仓、烧结矿仓及酸性矿仓单体仓容分别为 2860m³、1280m³ 和 1080m³，其与 C 型料场密闭化效果相同，克服了露天料场存在的各种不利影响。

C　河钢唐钢北区料场封闭改造升级方案（B＋B＋E）

河钢唐钢北区原有 2 座 2000m³ 高炉，1 座 3200m³ 高炉，1 台 180m² 烧结机，2 台 210m² 烧结机，1 台 265m² 烧结机。该区原料场包括 1 个一次料场，一次料场有 6 个 500m 长料条，1 个二次料场，二次料场有 2 个混堆料条；2 个干煤棚，和多个露天存放资源。半成品场地，同时拥有 2 台大型翻车机、4 台堆料机、3 台斗轮取料机、1 台圆筒取料机、多个卡车槽和异型车槽，具备大型原料场的客观条件，且设备先进。除干煤棚外，其他场地均属于露天堆放，扬尘较大，污染严重，不符合目前环保要求，因此在现有设备、场地基础上，对原有料场进行环保升级改造。

改造后的原料场主体为 2 个半封闭型方形料场（B 型）、1 个筒仓群以及原有干煤棚组成，干煤棚存放的烟煤与无烟煤场地需进一步棚化处理。其中 1 个 B 型料场用于存放混匀矿，即混匀料场；另一个 B 型料场用于存放单品种含铁料以及酸性矿、部分落地烧结矿、烧结煤，即一次料场；筒仓群主要用于储存焦炭；未来将筒仓群及新一次料场 B 型一次料场建设在原一次料场地址。

一次料场设计长 405m，跨度 196m，属于亚洲跨度最大的棚化技术，其前檐直段高度 24m，由于跨度较大，中间采用摇摆柱支撑技术；二次料场长 422m，跨度 92.2m；一次料场采用双层网桥结构，而二次料场采用柱面网格结构；由于跨度存在明显差距，两者地基不同，二次料场采用独立基础地基，而一次料场采用机械灌注桩技术，其桩身 12m；筒仓群包括 10 个 5000m³ 筒仓。整个系统特点如下：

（1）合理利用原有先进设备与技术。保留原一次料场 2 个堆料机、2 个斗轮取料机；二次料场堆料机、滚筒取料机；原翻车机系统、卡车槽、异型槽系统不变，但强化除尘效果。

（2）改造优化部分原有系统与设备。熔剂退出一次料场，改造原熔卡槽，提高供应能力，直接直入 BH 槽；优化返矿系统，高炉烧结矿返粉、球团矿返粉、块矿返粉直接返给烧结配料室，特殊情况返回料场；除尘灰等杂料计划采用罐车气相输送技术直接配送 BH 槽。

（3）防尘与抑尘措施。保留原有防尘网，降低次级扬尘；优化喷洒系统，降低粉尘；主要运输过程采用通廊密封处理；落料点及卸料点采用先进的布袋除尘技术，控制粉尘；强化棚内部物料卸载过程中扬尘措施。

（4）设置直供系统。为避免设备故障及原料紧张给生产带来影响，系统设置了直供体系，物料通过系统周转直接或者间接配入 BH 槽。

3.1.3.2　新建绿色封闭原料场

近期已经建设完成单体超过 1000 万吨钢铁产能，且代表当今先进水平的项目，主要集中在我国，即首钢京唐公司钢铁联合项目、武钢防城港钢铁基地项目、宝钢湛江钢铁项目。由于这些项目产能巨大，且都存在后期扩建工程，均配有大型原料场，原料场在物料转储及运输的过程中起到了中转站的作用，是集规模大型化，装备先进化的综合性料场。特别是斗轮堆取料机和料场的带式输送机组合成完整的物料传送系统，实现了大宗物料运输、转储的机械化和自动化。例如首钢京唐公司原料场，矿料场占地面积 103.7 万平方米，堆料面积 28 万平方米，料场内共有 8 个料条，每个料条长 700m，宽 55m。矿料场一期共有移动机设备 6 台，包括 3 台斗轮式堆取料机，2 台斗轮式取料机，以及 1 台堆料机（5ST）。

虽然如此，首期工程建设中这些企业一次料场仍然采用 A 型料场模式，但随着环保要求，各个企业必须对 A 型料场进行改造升级，目前比较好的是宝钢模式，其为了彻底解决料堆扬尘无组织排放的问题，实现物料储存、加工全流程、全封闭，制定了原料场全封闭改造方案，实现煤进仓、矿进棚，计划建设 30 个 E 型筒仓、11 个 B 型大棚、2C 型料场，整个露天原料场最终形成"B + C + E"组合型封闭料场，矿石损耗率降为 0.36% 以下，煤损耗率降为 0.18% 以下。图 3-16 所示为宝钢湛江钢铁绿色原料场。

(a) (b) (c) (d)

图 3-16　宝钢湛江钢铁原料场项目
（a）两个圆形煤场；（b）D 型煤场；（c）B 型一次料场；（d）D 型混匀料场

宝钢原料场大修按"一次规划、分步实施"的方案进行全封闭改造。

（1）煤场区域：将现有的 8 条料场改造为 30 个筒仓和 3 个 B 型封闭料场。其中，先将煤场 CE／CF 改造为 E 型筒仓，增加煤场的储存量，为煤场其余料场的 B 型封闭改造分步实施创造条件。

（2）矿场区域：将现有矿场分步改造为 8 个 B 型封闭料场和 2 个 C 型封闭料场。考虑到破碎整合后，熔剂主要储存在一期料场，所以首先对 OC / OD 进行 C 型料场改造，提高一期料场储存能力，也便于其他料场封闭改造的开展。

最终，整个原料场将形成 B + C + E 组合形式的封闭式料场。

3.1.3.3　未来原料场发展方向

未来大型钢铁联合企业的绿色原料场，是一个绿色物流管理中心，应具备高度的机械化、自动化、信息化、智能化、可视化水平，主要发展方向如下：

（1）推动先进技术在绿色原料场中集中应用，例如斗轮堆取料机与大型胶带运输机的有机结合，有效提升运输体系的机械化水平；整粒技术的广泛应用；以及先进的计量、检测检验控制技术等。

（2）由于绿色原料场是一个原燃料处理的储存与倒运中心，必须强化物料运输、倒运技术，优化物流组织，根据当前形式及长远发展，火车运输能力提升与流体输送技术需要引起企业的高度重视。

（3）为适应环保要求，降低污染，抑制扬尘，与企业发展相结合，合理、高效选择除尘技术与抑尘方法，争取彻底解决扬尘排放问题，实现物料储存、加工全流程、全封闭，实现煤进仓、矿进棚。较好的配套方案有：B + C + E、C + D + E 或者其他合理组合。

（4）绿色原料场不仅是一个物流运输中心，而且应具备处理含铁废弃物、含 CaO 废料等杂料的处理中心，成为钢铁联合企业资源再利用技术的平台。

（5）未来的绿色原料场，应更多的采用自动化、信息化、智能化、可视化技术，强化基础管理，方便操作，提高运行效率。

3.2　烧结工序绿色工艺技术

3.2.1　烧结烟气综合治理技术

3.2.1.1　烧结烟气排放限值

环境保护是我国发展的基本国策。自 1985 年国家环境保护局发布的《钢铁工业污染物排放标准》到 2012 年国家环境保护部发布的《钢铁烧结、球团工业大气污染物排放标准》，不仅对烧结生产的粉尘和 SO_2 排放限值更加严格，而且新增加了 NO_x、氟化物和二噁英的排放限值。烧结作为钢铁工业生产工序之一，其环保治理工作特别是烧结烟气污染物的控制越来越严。同时国家陆续公布了《中华人民共和国环境保护法》《中华人民共和国清洁生产促进法》《中华人民共和国环境影响评价法》。对企业法人和当地政府的环境保护工作进行考核，并启动问责和约谈制度。面对严峻的环境形势和环保压力，各企业先后设置了烧结烟气除尘设备和脱硫设备，但这远远不够，还需开展新技术研发，对污染物进行协同控制，而不单单是从末端对单一污染物治理。

河北省钢铁工业烧结（球团）生产企业大气污染物排放标准，执行 DB13/2169—2015 版本。见表 3-10。

表 3-10 大气污染物排放标准 （mg/m³）

生产工序或设施		最高允许排放浓度		
		现有企业	新建企业	特别排放限值
烧结机头球团焙烧设备	颗粒物排放限值	50	40	40
	二氧化硫排放限值	180	180	160
	氮氧化物（以 NO₂ 计）排放限值	300		
	其他污染物排放限值二噁英类（ng-TEQ/m³）	0.5		
烧结机尾带式焙烧机机尾以及其他生产设备	颗粒物排放限值	30	20	20
有厂房车间	企业大气污染物无组织排放浓度限值污染物项目：颗粒物	8.0		
无完整厂房车间		5.0		
厂 界		1.0		

注：二噁英除外。

烧结烟气的综合治理，不仅要考虑除尘工艺，还要考虑脱硫脱硝脱二噁英等的综合治理。

烧结烟气是烧结混合料点火后随台车运行，在高温烧结成型过程中所产生的含尘废气。它与其他环境含尘气体有着明显的区别，具有其自身特点：

（1）烧结烟气排放量大，一般为 4000 ~ 6000m³/t（标态）。

（2）烟气温度较高。一般在 150℃左右，而这部分烟气同时也带走了烧结过程的大部分能量。有统计表明，85% 的烧结输入能量最终被排放到大气中去。

（3）烟气含尘量大。粉尘主要由金属、金属氧化物或不完全燃烧物质等组成，氧化铁粉占 40% 以上，含有重金属、碱金属等。

（4）粉尘粒径细，微米级和亚微米级占 60% 以上，一般浓度达 10g/m³。

（5）烟气湿度较大，为了提高烧结混合料的透气性，混合料在烧结前必须适量加水制成小球，所以含尘烟气的含湿量较大，水分含量在 8%~13% 左右。

（6）烟气含腐蚀性气体，如 SO_x、NO_x、HCl、HF 等，一旦烟气降温会产生强酸性冷凝水，将造成严重的腐蚀问题。

（7）不稳定性。由于烧结工艺自身的不稳定，所产生的烟气流量、温度、SO_2 浓度会有大幅度变动，且变化频率高。烟气流量变化可高达 30% 以上，一般为设计流量的 0.5 ~ 1.5 倍。烟气温度变化可在 80 ~ 180℃范围内变化，SO_2 浓度值取决于烧结生产负荷、所用铁矿粉、熔剂、燃料及其他添加物的成分等，一般为 300 ~ 2000mg/m³，最高可达 7000 mg/m³ 以上，低至 300mg/m³ 以下。

（8）烧结烟气还含有 1%~3% 的 CO，甚至还有微量的高致癌物质——二噁英和呋喃（PCDD/Fs）。

烧结烟气的这些特点导致烧结烟气脱硫难度大，技术上要求具有快速的适应烟气成分、流量、温度、SO_2 浓度变化的特性，不能简单的采用燃煤电厂烟气的脱硫技术。

而国外已有的烧结脱硫技术存在工艺复杂、投资和运行费用高等问题。

我国已将烧结烟气脱硫定为重点研究课题。

烧结烟气各成分的浓度沿烧结机长度方向并非均匀分布。图 3-17 是德国学者对烧结机各风箱烟气成分的监测，图 3-18 是沿烧结机长度方向二噁英浓度和温度的变化。由图 3-17 和图 3-18 可知，烟气温度在前端较低，后部急剧上升，有明显峰值，且二噁英浓度变化与温度基本一致；SO_2 浓度变化与温度变化类似，但其峰值比温度靠前；其他成分均呈现不同的变化。针对烧结烟气 SO_2 排放规律，提出了烟气循环烧结富集 SO_2 的技术思路。由此，可对各风箱烟气分别处理，将部分烟气返回烧结循环利用。

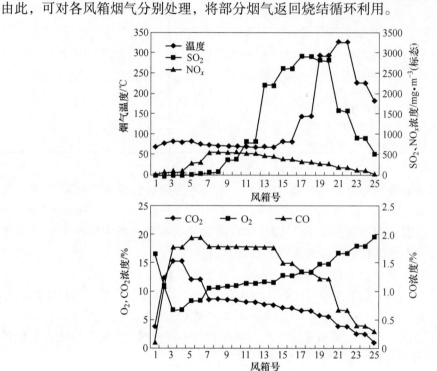

图 3-17 烧结各风箱烟气温度和成分变化

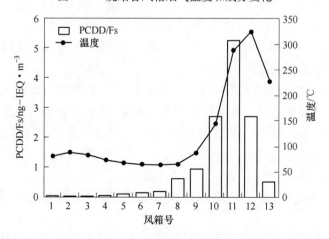

图 3-18 沿烧结机长度方向二噁英（PCDD/Fs）浓度和温度变化

3.2.1.2 烟气循环烧结工艺

烟气循环烧结工艺是将烧结过程排出的一部分载热烟气返回点火器以后的台车上部密封罩循环使用的一种烧结方法。它可以回收烧结烟气的余热，提高烧结的热利用效率，降低固体燃料消耗。烧结烟气循环利用技术将选择部分风箱的烟气收集循环返回到烧结料层，这部分废气中的有害成分将再进入烧结层中被热分解或转化。二噁英和NO_x会部分消除，抑制NO_x的生成；粉尘和SO_2会被烧结层捕获，减少粉尘、SO_2的排放量；烟气中的CO作为燃料使用可降低固体燃耗。另外，烟气循环利用减少了烟囱处排放的烟气量，降低了终端处理的负荷，可提高烧结烟气中的SO_2浓度和脱硫装置的脱硫效率，减小脱硫装置的规格，降低脱硫装置的投资。

烧结过程中SO_2浓度较低的烟气（位于烧结机的头、尾部）汇集到低硫烟气集气管（循环烟道），这部分烟气经除尘后再返回到烟气罩（烧结机台车密封罩）内，作为烧结气流加以循环利用，为了补充烧结过程所需氧气，同时提高烧结料层用风的风温，将环冷机部分外排废气兑入到循环烟气中。烧结过程中SO_2浓度较高的烟气（位于烧结机中部）汇集到高硫烟气集气管（脱硫烟道），这部分烟气引入烟气脱硫装置脱除SO_2后从烟囱排放。

宁波钢铁$430m^2$烧结机上成功利用烧结烟气循环系统，这是国内首套烧结废气余热循环利用的节能减排项目，填补了国内大型烧结机废气循环利用和多种污染物深度净化的空白，国家将其列为低碳技术创新及产业化示范项目，其使用效果如下：非选择性与选择性循环并存，综合利用主烟道和冷却热废气。固体燃料降低6%，粉尘和SO_2排放量大幅度降低，NO_x排放量少量降低。

对于已经建设烟气处理设施的工厂，可以在不增加外排烟气量，不改变原有的机头烟气处理系统的基础上，将烧结机加宽、加长，增加烧结面积，通过增加循环风机来增加烧结风量，解决原有风机能力不足的问题，达到增产的目的。

烧结废气余热循环利用技术工艺流程如图3-19所示。

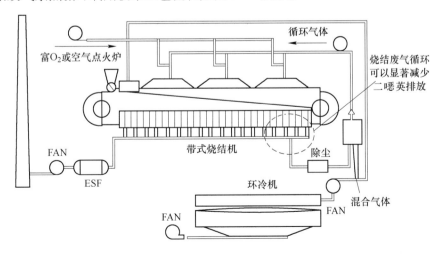

图 3-19 烧结废气余热循环利用技术工艺流程图

3.2.1.3　河钢唐钢烧结烟气脱硫、脱硝技术

钢铁行业大气污染严重，其中 SO_2 排放量占全国总排放量的 11%，氮氧化物排放量占全国总排放量的 7%，二噁英的排放量占全国排放总量的 10%。钢铁行业大气污染物主要由烧结、球团烟气产生，是国家控制 SO_2、NO_x 及其他污染减排的重点区域。该工序烧结矿排出含 SO_2、NO_x 等污染物的烟气，所排放的 SO_2 占钢铁行业总排放量的 60%，氮氧化物占 50%，二噁英占 90%~95%。

用于脱硫的方法很多：干法、半干法、湿法。干法有焦炭（活性炭）法、电子束辐射法、金属氧化物脱硫法；半干法有循环流化床法、NID、SDA、密相干塔法；湿法有：氨（胺）法、石灰石（石灰）-石膏法、双碱法、海水脱硫法、磷铵复肥法、柠檬吸收法、氧化镁法等。

从工艺理论角度讲，各种方法均具有可行性。在工业化过程中一些工艺由于能耗、设备可靠性、区域局限性、原料成本、副产物回收利用等原因，造成在运行、应用过程产生很多问题。在实际应用中稳定运行是首要考虑的因素。经过近几年应用和改进，几种较为工艺成熟，运行稳定的脱硫工艺有属于半干法范畴的循环流化床、密相干塔法、旋转喷雾法。

密相干塔法是在德国福汉燃烧技术股份有限公司烟气脱硫技术的基础上，结合我国国情以及烧结烟气的特点，研发出的一种专门针对烧结烟气脱硫的半干法脱硫工艺。

烧结除尘后的烟气引入吸收塔，与加湿活化后的吸收剂并流从吸收塔塔顶向下流动，并发生系列水气固三相反应，净化后的烟气经布袋除尘器返回烧结主烟道。灰斗沉灰由刮板机和斗提机送入加湿活化机，进行脱硫灰循环利用，少部分失去活性的脱硫灰作为脱硫副产物排出系统。

该工艺采用气固并流下行方式并同时喷雾加湿的技术，主要有以下优点：

（1）气固两相顺重力场运动，有效地克服了提升管气固逆重力流动的缺陷，没有最小操作气速，气、固可以按任何比例混合，在气量减少时不会发生"塌床"的危险。

（2）在气固两相并流下行时，同时进行脱硫剂加湿，在气流的冲击和带动下，使得固相与液相的接触更为充分、均匀，从而使得脱硫剂的加湿活化进行的更为彻底、完全。

（3）气相中的 SO_2 易溶于水形成 H_2SO_3，这样在加湿过程中，H_2SO_3 与脱硫剂发生反应，提高了反应的效率与速度。

（4）密相干塔中安装的搅拌装置，使得搅拌器的周围形成强烈湍流，增强了脱硫传质过程，烟气紊流瞬时流速可高达 50m/s，提高利用率；同时在吸收塔内形成强烈的返混，从而增加了脱硫反应时间，可达 9s 以上，不但克服了普通半干法烟气脱硫中可能出现的粘壁问题，而且使脱硫效率达到 95% 以上。

该工艺操作简单，操作者通过控制加湿机加湿量即可稳定控制出口含硫量。

唐钢南北区烧结烟气脱硫均采用密相半干法，每套脱硫系统由烟气降温装置、密相脱硫塔、布袋除尘器、增压风机、脱硫剂储仓、加湿机、斗提机、拉链机、PLC 脱硫控制系统、烟气检测系统及相应的辅助系统等组成。

需要处理的烟气经除尘后被送入脱硫塔，与脱硫剂石灰充分反应后，烟气进入布袋除尘器净化使粉尘达标，净化后的烟气再返回主抽风机后的烟道内，从烟囱外排。

河钢唐钢烧结机烟气脱硫项目投入使用后，经唐山市环境监测站测试烧结烟气中 SO_2 浓度由原来的 $600mg/m^3$ 左右下降到 $100mg/m^3$ 以下，烟尘浓度由原来的 $100mg/m^3$ 下降到 $30mg/m^3$ 以下。

其工艺创新点为：罐车运输脱硫剂气力输送进仓式泵，并随气流送至密相塔顶；循环灰双斗提上料，一工一备，脱硫系统作业率高；现场工作环境达标，工况下，脱硫效率 85% 以上。

唐钢烧结烟气采用低温氧化脱硝技术——臭氧氧化法。

臭氧氧化法脱硝主要是利用臭氧的强氧化性，将不可溶的低价态氮氧化物氧化为可溶的高价态氮氧化物，然后在洗涤塔内将氮氧化物吸收，达到脱除的目的。整套脱硝装置不改变原有烟道和后处理措施，仅需新增臭氧发生器、控制器、分布器等关键设备和组件，共用脱硫吸收塔。其优点为：

（1）设备投资低、占地面积小、系统简单等优点，不产生二次污染。

（2）工艺可操作性强，脱硝效率可调控。

（3）粉尘、SO_2 等对脱硝效率无影响。

（4）适用于钢铁烧结、工业锅炉、工业窑炉烟气脱硝领域。

（5）烧结矿脱硝处理费用低。

3.2.2　烧结余热资源及回收利用

据统计，全国炼铁系统能耗约占钢铁工业总能耗的 69.41%，其中烧结工序的能耗约占冶金总能耗的 12%，是仅次于炼铁的第二大耗能工序，而烧结工序中有 50% 左右的热能被烧结机烟气和环冷机废气带走，显然，回收和利用这部分余热极为重要。以 1t 钢为基准核算烧结余热的回收利用数据见表 3-11。

表 3-11　烧结余热资源及回收利用统计表

余 热 资 源	余热资源量/kgce·t^{-1}	余热回收量/kgce·t^{-1}
烧结矿显热	30.6	9.6
烧结机烟气显热	19.9	0.0

3.2.2.1　环冷低温余热发电供热技术

国内钢铁厂近年推广应用的低温余热发电供热技术，以充分利用工业余热，实现热电联供为显著特点，是最佳的工业余热科学转换方案和节能减排方式。低温余热发电供热技术是利用中低温的废气产生低品位蒸汽，用来供热或推动低参数的汽轮机组做功发电。利用各高能耗、高污染行业的余热资源发电与火电发电相比，不需要消耗一次能源，不产生额外的废气、废渣、粉尘和其他有害气体，降低对环境的粉尘污染和热污染，对提高能耗企业节能减排能力，推进环境友好型工业区建设具有积极的效应。

国内继 2004 年马钢从日本川崎引进余热回收发电技术以来，济钢、武钢等相继建设了余热发电装置。调研表明，由于闪蒸系统失效和汽轮机进汽参数低等问题可能造成机组减负荷、解列、甚至停机等事故。运行中出现了很多问题，如蒸汽参数不稳定，不能满足汽轮机正常运转的要求；废气回收系统漏风降低了余热回收效率；废气温度波动范围大，实际生产中经常出现 10 ~ 150℃ 的波动；废气回收系统自动化程度较低等。

现阶段开发高效余热回收冷却设备，提高热废气整体品位，稳定热源温度是余热发电系统安全经济运行的前提。

河钢唐钢烧结余热发电系统主要由三部分组成，即烟气回收系统、锅炉系统和汽轮发电机组系统。烟气回收系统把冷却机产生的热废气顺利地引至锅炉，锅炉系统通过热传递将烟气热量传递给水产生蒸汽，蒸汽推动汽轮机带动发电机发电，从而完成带冷机烟气热能向电能的转化。在这三部分中，汽轮发电动机组技术比较成熟，烧结余热发电的关键技术在于烟气回收系统的设计、余热锅炉热力循环系统的选择和锅炉参数与烧结工况的匹配，其中余热锅炉热力循环系统的选择至关重要。

系统采用 265m² 及 3 台 180m² 烧结环冷机 1 号和 2 号风机范围内的高温烟气，配置 4 套双压余热锅炉（产生两种参数的中、低压过热蒸汽）；1 套 25MW 低温补汽凝汽式汽轮发电机组，将废气通过余热锅炉回收热量而产生的过热蒸汽，用于汽轮发电机组发电。烧结余热锅炉的循环风机出口风通过环冷机被加热到 300 ~ 400℃ 后，余热锅炉侧的挡板门打开，烟囱排空的挡板门关闭，引入到余热锅炉。环冷 1、2 区段被加热的烟气分别通过余热锅炉换热后，温度降为 148℃（3 号炉 146℃）左右，然后通过循环风机回送入环冷机。当余热锅炉故障时，余热锅炉侧的挡板门关闭，烟囱排空的挡板门打开，烟气排空，环冷机需要的冷却风由原有环冷鼓风机供应。

余热锅炉高、低温烟气进口前，在环冷机烟囱侧设置隔离门，门前均设置检修人孔。循环风机入口前设置电动调节补冷风口，调节进风量。循环风机通过液力耦合器调速进行调节。

对原有环冷烟气系统的改造措施有：

（1）环冷机冷却风箱至热烟气切换挡板门处增加保温（包括部分烟囱和环冷机烟罩），减少烟道的散热损失。

（2）为防止热烟气反窜至原有环冷鼓风机，需要在环冷鼓风机出口风管上加装电动挡板门。

（3）需对环冷机进行密封改造，降低漏风率，提高循环效果，密封改造。

为了提高余热利用系统的经济性，应在不影响烧结工艺前提下，尽量提高可利用的废气量及废气温度，河钢唐钢对环冷机漏风密封处理并采用了烟气再循环方案。

（1）环冷机漏风主要在其上部烟罩和台车挡板间的缝隙，即台机两侧的圆形缝隙（共两条）。因烟罩是固定的，而台车和两侧台车挡板一起做圆周运动，因此做机械密封处理。材料耐高温、耐磨。合理选择烟囱内的零压点，使烟罩与台车挡板接触处的压力维持在微正压状态，其优点如下：最大限度收集热烟气，减少热烟气外露，增加烟气量；不至于有外部的冷空气吸入，降低烟温。

（2）环冷机下部动静结合部位采用包容式机式密封系统。

（3）采用烟气再循环方案。

烧结环冷机第一和第二冷却区出口 300 ~ 400℃ 热气分别通过切换阀门并经过除尘装置后引入余热锅炉进口，余热锅炉出口经过换热后的约 150℃ 排气由循环风机排出，全部回送第一和第二冷却区。循环风机入口设置冷风补入口，在第一和第二冷却区需要风量不足时补入不足风量；循环风机出口设置放散口，旁通排气烟囱，风量超出时排出多余烟气。

原第一和第二冷却区环冷机鼓风机作为备用风机，在循环风机停机时投入。

通过上述技术方案实施，唐钢北区烧结的环冷余热发电指标正常条件下可以达到 17kW·h/t，最高可以达到 20kW·h/t，在国内处于领先水平。

3.2.2.2 烧结大烟道余热利用技术

采用大烟道余热利用技术，每吨成品矿发电量可提高 2~5kW·h，降低烧结工序能耗 3~5kgce。

烧结机的最后几个风箱，烟气温度普遍在 350~400℃ 之间，被主抽风机抽取后排空，造成能源浪费，根据废气温度级别，利用阶梯取热的方法将热量重新分配，提高废气余热品位和利用价值，回收高品位的蒸汽直接并入环冷余热锅炉产汽点，用于发电。

利用方式为分别在两个烟道内部设置余热回收装置，对风箱高温部分的烟气实施选择性烟气回收技术。这样做不但回收了部分烧结烟气余热，而且由于降低了烟气温度，为后序的烟气脱硫创造了条件，可节省大量脱硫雾化冷却水。

根据现场情况，余热锅炉可采用卧式结构。工艺上采用单压自然循环余热回收系统，利用烟气余热产蒸汽，实现余热回收。系统由蒸汽发生器、省煤器、汽包、上升管、下降管、汽水管路、电控系统、钢架等组成。

3.2.3 河钢唐钢烧结过程智能控制技术

国内应用自动控制系统于烧结过程的已有宝钢、首钢、武钢和济钢等，还有一些烧结厂在烧结生产的某些工艺环节实行自动控制，并且取得了较好的效果，随着国内烧结控制技术的日益进步，重点钢铁企业寻求烧结生产智能控制的步伐越来越快，并且不只是追求某一个工艺环节的自动控制，而是讲求整个烧结生产系统的自动化控制，从而实现烧结生产的智能化控制。

2003 年河钢唐钢与芬兰罗德洛基公司合作开发烧结机过程智能控制系统，并在河钢唐钢 265m² 烧结机上应用，该系统围绕烧结配料、混合料水分控制、烧结机布料及点火、返矿控制等工艺环节分别进行模型化处理，在随后的应用过程中，存在混合料配比不精确、污泥加水波动大、烧结机机速不稳定等一系列问题，针对存在的问题，河钢唐钢微尔自动化有限公司不断进行改进，逐步完善，现形成了一套具有自主知识产权的烧结过程智能控制管理系统。

该系统主要包括一级顺序控制、一级控制模型、二级模型、二级管理功能等，从而实现烧结生产的智能控制，保证烧结生产过程节能降耗，提高产品质量。

3.2.3.1 一级控制模型

一级控制模型包含 5 个模型，分别是烧结混合料量控制模型、燃料比率控制模型、烧结混合料水分率控制模型、布料及压实度控制模型、点火控制模型。

（1）烧结混合料量控制模型。实现在线控制烧结机机头混合料仓料位使其保持在一个恒定的位置。模型考虑烧结机的运行状态和混合料槽的料位水平。混合料量控制要充分考虑到混合料仓要有足够的料量以保证烧结机混合料下料量的设定值始终保持在给定的范围内。

（2）燃料比率控制模型。实现烧结混合料中燃料比率的在线控制。为了保持烧结混合料中碳含量的稳定，模型考虑了燃料中的碳含量和湿度，根据燃料总量控制返矿量。

（3）烧结混合料水分率控制模型。实现在线调整烧结机上混合料的透气性，使混合料水含量稳定。基本的混合料水分控制是以原料的物料平衡计算为基础的。实际的水分控制在一混和二混进行，并在此对混合料水分含量误差进行纠正。

（4）布料及压实度控制模型。实现在线控制混合料槽的混合料排出流量保持设定值。模型控制圆辊给料机速度，从而使烧结混合料的厚度保持恒定。

（5）点火控制模型。实现在线控制、计算烧结混合料点火能量以及煤气/助燃空气的比率。系统最终实现，在操作人员给定目标点火温度和目标点火强度的条件下，自动调节过剩系数满足点火温度要求；同比例调节空煤气流量保证点火强度的要求，实现了点火过程的智能控制。在满足生产要求的同时，最大限度地节省煤气用量。

3.2.3.2　二级系统功能说明

二级系统功能主要包括以下几点：

（1）物料成分管理。可增加、修改、删除、查询物料分析数据。这些数据用于进行配料计算和生成报表。

（2）产品质量管理。可增加、修改、删除、查询烧结矿化学、物理分析数据和烧结矿的质量指标数据。用于判断烧结矿质量是否合格，同时用于生成报表。

（3）生产报表管理。用于输入不能自动采集，但生成报表需要的各种数据；对于自动采集和人工输入的数据自动统计生成报表。主要报表有：烧结机生产操作参数日报表，烧结机生产操作参数月报表，烧结机原燃料统计日报表，烧结机生产日报表，烧结机生产统计日报表。

（4）长期趋势图。可显示所有数据的历史趋势图，每个趋势图最多可显示 10 条曲线，数据粒度有分、小时、天可选。

（5）基本配料模型。用于计算烧结混合料的配比，计算结果提供给动态配料模型。

（6）动态配料模型。动态配料模型通过烧结矿取样分析数据检验现行的配比单数据是否合理，主要检验碱度是否符合要求，动态调整生石灰和石灰石的配比。智能实现下料的合理分配，并通过动态调整，实现了下料量的准确控制，使混合料成分稳定，避免了由下料量波动对生产造成的不利影响，保证了烧结矿质量。

（7）烧透位置模型。通过对废气温度场的分析，进行曲线拟和，实现 BRP 和 BTP 准确判断，计算出合适的烧结机台车速度，给出合理而准确的控制提示，帮助烧结机操作人员稳定烧结生产过程，将烧结终点控制在合理范围。

（8）烧透偏差模型。根据台车上料层横向烧透情况，计算出烧透偏差，给出合理而准确的微调闸门控制提示信息，帮助烧结机操作人员准确调整微调闸门开度，从而控制烧结机宽度方向上的布料厚度，实现精确合理布料，使风量合理分布，烧结过程均匀一致，使烧结机台车料面在横向上同时达到烧透位置。

（9）与三级接口。通过与三级系统建立接口，实时接收并显示三级下达的生产计划及计质量系统信息（包括原燃料及烧结矿的物化分析数据等），同时根据三级系统需求上传所需数据。

3.2.3.3 实施效果

以河钢唐钢炼铁北区 3 号烧结机为例，烧结智控系统投入使用后，随着一级、二级各模型的逐渐完善，良好的作业效果得到体现。具体表现在以下几个方面：

(1) 基本配料模型可以帮助操作人员快速计算出适宜的原料配比，减少了操作的盲目性，当生成的烧结矿出现碱度波动，可通过动态配料快速计算出熔剂料的调整量，并可向一级传输计算新值。

(2) 由于混合料量控制模型中采用矢量控制技术，使烧结混合料中的各种原料量符合配料比要求，从而促使烧结矿化学成分更加稳定，特别是烧结矿碱度稳定率得到进一步提高。

(3) 混合料矿槽的料位能稳定控制在设定值 ±10% 的水平，而烧结过程智能控制系统投入使用前，混合料矿槽的料位波动非常大，常常超出控制范围（基准值 ±20%），给烧结机布料作业带来影响。

(4) 烧结混合料水分稳定性得到提高。混合料水分控制模型中，由于采用矢量控制技术，混合料加水量会与混合料量改变做同步变化，对于工厂而言，由于在一次混合机中使用的是污泥，而不是水，污泥的浓度变化又非常大，针对这一问题，工厂技术人员经多次实验，成功解决了污泥浓度波动大带来的混合料加水不均问题。目前混合料水分控制范围已成功控制在 ±0.2% 的范围。

(5) 烧结机布料均衡稳定，微调闸门开度能根据检测值计算得出的偏差值自动调节，保证了出点火炉的料面平整合理，已基本杜绝了料面拉沟、不均的现象。

(6) 烧结点火温度的稳定性也得到进一步提高。烧结过程智能控制系统使用前，烧结点火温度波动在 $998 \sim 1080$℃，控制范围超出基准值 ±20℃，而烧结过程智能控制系统中的点火控制模型投入使用后，烧结点火温度已稳定控制在 (1070 ± 10)℃，料面点火状况得到明显改善和稳定。

(7) 正常生产情况下，BRP 位置控制模型和 BRP 偏差控制模型可以实现设计目标，即根据机尾烧成情况自动调节机速和圆辊给料机的转速及 6 个微调闸门的开度，使台车布料合理，从而提高烧成率。如控制系统出现故障，不能正常运行的情况下，也可利用 BRP 位置控制模型界面显示的 BRP 值与设定值做比较，及早调节机速，以保证机尾烧成质量。

(8) 烧结生产报表管理成功地实现了生产数据的微机化管理，使岗位工摆脱了手工记录生产数据的繁琐劳动，使报表管理工作简单、规范，数据记录真实可靠。对现场各项瞬时检测值绘成趋势曲线，保存时间可在一年以上，便于查询和比较。

(9) 由于烧结生产过程控制更加合理，促使烧结矿主要产量、质量指标得到明显提高，表 3-12 列出了同等原料条件下，在烧结过程智能控制系统投入使用前后的主要生产指标变化。

表 3-12　SPMS 使用前后主要指标变化

指标 时间	台时产量 /t·h^{-1}	FeO ±1 稳定率/%	R ±0.05 稳定率/%	转鼓强度 /%	0~10mm 粒级含量/%	工序能耗 /kgce·t^{-1}
使用前	319	90.32	92.12	78.22	25.13	72
使用后	349	99.16	98.38	81.13	24.32	64.34
比 较	+30	+8.84	+6.26	+2.91	-0.81	-7.66

3.2.4　低品质矿在河钢唐钢烧结配矿中应用技术

高炉"精料"一直是支撑我国钢铁工业快速发展的重要基础，河钢唐钢炼铁厂也在"精料"方针理念下通过不断优化配矿结构改善了生铁指标，对降低生铁成本起到了关键作用，也为提高公司最终产品的市场竞争力做出了贡献。

多年来，河钢唐钢炼铁厂烧结生产使用的含铁原料除自产精粉、钢渣、自循环粉烧、球团粉、除尘灰外，几乎全部来自澳大利亚 BHP 公司、力拓公司生产的澳矿粉、MAC 粉、PB 粉和巴西淡水河谷公司生产的巴卡粗粉等质量稳定、品位高、有害元素少的高价料。进入 2012 年，原来的配矿模式降低高炉、烧结原主料成本的可能性已经很小，唐钢炼铁厂尝试在烧结用料（混匀矿）中配加一定比例的低品质矿，将炉料的经济性评价作为"精料"方针的一个补充，在生产实际中破解了各种工艺难题，采取了相应的技术措施，解决了用"低价料"降成本和高炉稳定顺行之间的矛盾，实现了"低成本、高效益"高炉炼铁。

3.2.4.1　低品质矿特点

河钢唐钢炼铁厂所使用的低品质矿 20 余种，含铁品位普遍偏低，价格比较低，主要有以下特征：

（1）有些低品质矿 SiO_2、Al_2O_3 含量较高，如 OP-YN、QD、QE、QF、QG、QJ。

（2）有些低品质矿 TiO_2 含量较高，如 OC-HS、OC-HSN、OC-HSN（P）、OC-NF、QD、QK、QH。

（3）有些低品质矿 K、Na 等碱金属含量较高，如使用比例不合理，将会影响高炉的透气性和高炉顺行，如 OC-NF、OC-HSL（高 P）和 QC。

（4）有些低品质矿 P、Cr 含量较高，如使用比例不合理，会导致入炉料有害元素超标，将会影响钢材的质量，如 OP-YN、OC-NF。

（5）有些低品质矿烧结性能指标较差，重点表现在同化温度过高、流相流动性低、粒级组成不均匀等，如使用配比不合理，将会影响到烧结矿产、质量，如 OC-HS、OC-HSN、OC-HSN(P)、OC-NF、OP-YN。

（6）有些低品质矿吸水性很大，自黏结性非常强，易黏仓，易板结，给生产组织带来困难，如 OP-YN、QG、QJ。

（7）有些低品质矿粒度不均匀，成分波动非常大且含有杂物，如 QC、OP-YN（原矿）。

3.2.4.2　低品质矿生产实践

细化低品质矿的使用流程：鉴于低品质矿质量不稳定、有害元素高等特点，进一步细化低品质矿的使用流程，详细了解低品质矿新资源的价格，分析价格走势。每批低品质矿在决定使用前，经营科组织技术科、进料车间等部门技术人员到港口对矿粉的外在质量进行考察，取样进行 TFe、SiO_2、Al_2O_3、CaO 等常规化学成分的检测，根据检测结果计算其性价比。对性价比高的低品质矿，还需完成碱金属、锌、磷、砷、铜、铅、铬、镍等微量元素的检测，用于指导低品质矿适宜配比的确定。在新品种低品质矿使用前，技术科组织对其烧结性能进行分析研究，指导烧结操作参数的调整，并实时跟踪低品质矿使用过程中的操作参数变化及质量变化，跟踪烧结矿质量对高炉操作的影响，并做好信息反馈，确保优化配矿。

3.2.4.3 低品质矿使用生产组织对策

OC-YN、QG 等低品质矿具有吸水性强，黏性大、易黏仓的特性，采取直进料场的方式组织进厂，在雨季采用晴天晾晒、雨天苫布苫盖的方式组织生产。为了确保其能均匀从混匀配料料仓中切出以稳定配料，采取在一次料场先将其混入 10% 左右的粉料并用铲车搅拌均匀后再向混匀配料仓装料。在混匀配料切出过程中定期用游锤振打仓体以保证下料通畅。

优化混匀矿堆积作业计划：出于降成本的需要，一堆混匀矿中往往配加 3 个以上的低品质矿，这样混匀矿中单品种物料的个数增加，最多时达到 18 个品种。由于各单品种物料间成分差异大，混匀配料仓只有 14 个，需要将这些品种物料分 4 步（4BLOCK）堆积到混匀矿中。

为了确保混匀矿成分稳定，下达分步（4BLOCK）计划采用控制 MgO、R2 相同，TFe 相近的方式减少各步计算成分差异；为了保证混匀矿堆积过程的连续性，减少停机次数，充分考虑每个品种物料在一次料场的堆放地址和混匀配料槽的稳定下料范围，同时查定混匀配料仓加槽作业系统、混匀矿堆积系统的能力负荷和一次料场取料机的作业平衡，缩短了上料时间、提高了工作效率，提高了混匀矿的稳定性。

3.2.4.4 烧结工艺设备改进和点火温度自动控制

低品质矿配比提高后，为进一步提高烧结生产过程的稳定性，保证烧结矿质量，烧结系统采取如下措施：

（1）使用 OC-YN、QD、QG 等低品质矿粉后，混合料黏性加大，造成烧结机圆辊给料机两侧挡料板处粘料严重，影响烧结机台车边缘布料，为此分别将 1～3 号烧结机圆辊给料机两侧挡沿割除，用橡胶板作为挡板固定在混合料槽上，解决了圆辊给料机两侧因粘料加重烧结机台车边缘效应的难题。

（2）为了降低成本，1 号高炉使用 TiO₂ 含量较高的烧结矿替代价格较高的钛矿进行护炉。采取在 4 号烧结机配料室 5 号仓装入海沙的方式生产高 TiO₂ 烧结矿。由于该仓原为混匀矿仓，料仓出料口较大，在使用量 15kg/s 时，下料均匀稳定；作为海沙专用仓后，由于海沙下料量较小（只有 1.3～2.2kg/s）、波动大，下料不稳定。为稳定下料量，对料仓出料口进行改造，在料仓的出料口上部增加了一个挡板，将出料口缩小，提高了圆盘的转速，从而稳定了下料量。

（3）由于多数低品质矿粒度不均匀，烧结机台车布料后料面经常出现凹面，料面不平，台车表面返矿增加。针对这种现象，对 4 号烧结机的平料器进行改造，将以前采用的四段式平料器改造成一段式钢板，钢板的厚 20mm、宽 350mm、长 345mm，并可增加配重，可将料面压实，拉平，减少了表面返矿的产生，提高成品率 1 个百分点。

（4）点火温度自动控制。烧结点火温度控制原来是人工手动控制，由于煤气压力的不稳定，煤气流量易出现波动，岗位调整不及时就会使点火温度出现波动，影响点火效果，通过自动化控制手段实现了煤气流量的自动调节，保证了点火效果。

3.2.4.5　有害杂质的控制

低品质矿除了品位低外还含有磷、铅、锌、砷、钾、钠、铬等有害杂质。冶炼优质生铁要求矿石中杂质含量越少越好；矿石中杂质含量少不但可以减轻对焦炭、烧结矿和球团矿质量的影响，而且也是冶炼洁净钢的必要条件，同时还可减轻炼钢炉外精炼的工作量。

低品质矿 OC-NF、OC-HSL（高 P）和 QC 的 K_2O、Na_2O 含量高于 0.1%，根据高炉入炉碱金属负荷要求控制其配比，防止高炉透气性恶化，影响高炉顺行；OC-NF、OC-HSL（高 P）和 QE 的磷含量均高于 0.1%，根据生铁含磷量的要求控制其配比；OP-YN 的 Cr 含量和 Ni 含量分别高达 1.04% 和 0.18%，该品种的配比需要限定在一定的范围内。

为使铁水成分满足冶炼不同钢种的要求，公司技术中心下发了铁水质量等级对微量元素含量的要求，"要求"涉及的微量元素包括：Cr、Ni、Cu、P、As 和 Pb。炼铁厂根据钢材对有害元素的成分要求，在烧结（混匀矿）配矿中充分考虑有害元素对后道工序的影响，将不同种类的低品质矿的配比限定在一定范围内，同时预测铁水微量元素含量，防止超出控制标准。

3.2.4.6　含钛烧结矿生产

2012 年 2 月 15 日河钢唐钢炼铁厂 1 号高炉开始配比 2% 钛矿护炉，3 月 10 日钛矿配比提高到 3%。由于使用钛矿进行护炉致使高炉的入炉品位降低、渣量增大，给炼铁生产带来许多不利影响，而且由于钛矿资源紧张，价格较高，炼铁成本也较配加钛矿前有所升高；为了降低成本，在烧结工序配加了一种含钛量较高、价格较低的铁精粉，生产出含钛的烧结矿替代钛矿进行护炉。

大量的工业生产数据显示：烧结矿碱度控制在 1.95 ± 0.05，当烧结矿的 TiO_2 含量控制在 0.75% 以下时，烧结矿低温还原粉化指标（RDI - 3.15）可以控制在 40% 以内；当烧结矿 TiO_2 含量超过 0.75%，烧结矿冷态机械强度变化不明显，但低温还原粉化指标（RDI - 3.15）超过 40% 的次数明显增加，需采取必要的措施防止烧结矿 RDI - 3.15 指标过度变差。

烧结矿的含钛量是根据高炉钛平衡计算要求确定的，可以很好地控制高炉钛负荷。另外，由于含钛烧结矿的高炉炉料结构有良好的熔滴性能，不仅有利于改善高炉的透气性，使炉况得以稳定顺行，还有利于渣铁口的维护和炉前出铁顺畅；既满足了护炉所需钛负荷，取得较明显的护炉效果，又保证了炼铁生产的稳定顺行，同时降低了炼铁成本。

3.2.4.7　控制烧结矿适宜的 Al_2O_3/SiO_2

SiO_2 是烧结过程形成黏结相的主要元素，其含量高低对成品矿的强度和性能有非常大的影响。河钢唐钢炼铁厂多年的生产实践证明在现有的烧结技术条件下，较适宜的烧结矿 SiO_2 含量控制范围是 4.8% ~ 6.2%。

Al_2O_3 是烧结矿化学成分不可缺少的组成。一定的铝硅比（Al_2O_3/SiO_2）为 0.1 ~ 0.4，是烧结过程形成铁酸钙的必要条件。当烧结矿 SiO_2 含量控制在小于 6.0%，碱度控制在 1.90 时，Al_2O_3 上限含量应低于 2.50%，高了会降低烧结矿的冷强度，还会恶化烧结矿的还原粉化指数。

为了保证烧结矿质量（主要是强度指标和 RDI 指标）和炉渣流动性良好，通过合理搭配高 Al_2O_3 矿与低 Al_2O_3 矿的比例，控制烧结矿 Al_2O_3/SiO_2 在 0.1 ~ 0.4。2011 年炼铁厂北区烧结矿 Al_2O_3 平均含量是 1.91%。由于低品质矿大多含 Al_2O_3 较高，2012 年 3 月开始在混匀矿中配加低品质矿后，随着低品质矿配比的增加，烧结矿 Al_2O_3 大幅度上升，最高达到 2.32%。尽管使用低品质矿后烧结矿的 Al_2O_3 上升了很多，但通过控制烧结矿 Al_2O_3/SiO_2 在 0.35 ~ 0.41，烧结矿的质量得到了保证，满足了高炉生产要求。

3.2.4.8　控制适宜的高炉炉渣 Al_2O_3 含量和合理的炉渣碱度

炉渣中的 Al_2O_3 含量是影响炉渣冶金性能的一个重要因素。为了确实了解河钢唐钢炉渣适宜的 Al_2O_3 含量控制范围，开展了实验研究。

试验证明，在唐钢炼铁厂当前的原料条件下，当炉渣中 Al_2O_3 含量处在 15% 以内时，高炉炉渣中 Al_2O_3 含量的提高对高炉炉渣流动性能和炉渣脱硫能力的不利影响比较小，因此，高炉炉渣中 Al_2O_3 含量的适当增加对高炉冶炼过程不会带来明显的不利影响。但当炉渣中 Al_2O_3 含量超过 15% 再增加其含量，对高炉炉渣流动性能和炉渣脱硫能力的不利影响则比较大。

低品质矿的 Al_2O_3 含量普遍偏高，烧结配矿不应只考虑对烧结矿质量的影响，还应关注炉渣 Al_2O_3 含量升高对炉渣黏度和熔化性温度的影响，从改善炉渣流动性和提高炉渣脱硫能力两方面考虑，唐钢炼铁厂在目前的冶炼条件下，炉渣碱度 R2 控制在 1.12，炉渣中的 Al_2O_3 含量不宜超过 15%。同时，实验结果还表明：在炉渣中 Al_2O_3 含量比较高的条件下，可以通过适当提高炉渣的 R2 和 MgO 含量来减缓 Al_2O_3 含量对高炉炉渣流动性能和炉渣脱硫能力的不利影响。

3.2.5　厚料层烧结技术

厚料层烧结以烧结料层自动蓄热理论为基础，能够起到降低固体燃料消耗、改善烧结矿强度、提高成品率等作用，使其成为烧结生产长期以来的追求目标。

3.2.5.1　我国烧结生产厚料层的状况

厚料层烧结技术是从 20 世纪 80 年代初开始发展起来的。1978 年，全国烧结料层的平均料层仅为 269mm，从 1980 年开始武钢烧结厂的料层逐年提高到 340mm、380mm、420mm，1999 年武钢新建的 435m^2 大型烧结机，料层厚度达到了 630mm，全国各烧结厂也相继实现了 600mm 厚料层烧结，进入 21 世纪以来，我国多数烧结厂如莱钢、宝钢、首钢、太钢等相继实现了 700 ~ 750mm 厚料层烧结。

近几年来，马鞍山钢铁公司三铁总厂、首钢京唐公司等企业，先后在 360m^2 和 550m^2 烧结机上实现了 850mm 和 900mm 超厚料层烧结生产。

3.2.5.2　厚料层烧结的特点

厚料层烧结的特点为：

（1）随着烧结料层的提高，点火时间和高温保持时间延长，表层供热充足，冷却强度降低，烧结表面强度差的烧结矿比例相应下降，成品烧结矿产量提高。

（2）厚料层烧结时，烧结高温带增宽矿物结晶充分，主要液相体系以铁酸钙为主，烧结矿强度和成矿率提高。

（3）烧结过程中，料层自动蓄热能力随料层的增加而增强，当燃烧层处于料面以下 180 ~ 220mm 时，蓄热量仅占燃烧层总收入的 35% ~ 45%，而距料面 400mm 的位置，此值增大到 55% ~ 60%，因此可减少烧结料中的燃料用量，提高料层内部的氧位，促进碳的完全燃烧，使烧结过程的氧化性气氛增强，有利于低熔点 $CaO\text{-}Fe_2O_3$ 黏相的生成。同时料层内最高温度的下降，降低烧结固体燃耗用量，还可降低烧结矿中的 FeO 含量，提高烧结矿的还原性。

3.2.5.3　厚料层烧结的影响因素及措施

厚料层烧结可以有效利用料层的自动蓄热作用，降低烧结固体燃料消耗及总热量消耗。但随着料层厚度的增加，料层透气性下降，烧结过程下部料层湿度增加，容易发生过湿，垂直方向各层烧结矿不仅成分、粒度、碱度等变化较大，而且烧结矿转鼓强度及冶金性能也有明显差异。

以河钢唐钢 $360m^2$ 烧结机为例，就影响厚料层烧结的因素及采取的措施进行分析。唐钢 $360m^2$ 烧结机初步设计料层厚度为 650mm，通过近半年的生产实践发现，实际生产操作不能达到最优化，而且受台车栏板高度的限制，烧结矿的产质量不能较好地满足高炉的要求，因此于 2008 年对烧结机进行改造，将栏板高度提高到 720mm，实现了 720mm 厚料层烧结。

A　物料条件

随着铁矿石市场的变化，国内大多烧结机主要用料以巴西线和澳线的外矿粉为主，含铁原料粒度较粗，烧结料层透气性较好，唐钢含铁物料中外矿粉的比例达到 60% 以上，具备厚料层烧结的物料条件。

B　熔剂对厚料层烧结的影响

生石灰粉和白云石粉的质量和粒度对烧结影响较大，如果生石灰粉和白云石粉粒度偏粗，宜造成烧结矿中存在游离的 CaO 存在，烧结矿存在"白点"现象，影响烧结矿强度和内在成分。生石灰活性度偏低，会造成生石灰与水消化时间延长，破坏混匀料制粒效果。因此，将生石灰粉粒度 0 ~ 3mm 控制在 90% 以上和白云石粉粒度（≤3mm）控制在 85% 以上。生石灰粉活性度要求在 250mm。

C　固体燃料对厚料层烧结的影响

如果固体燃料粒度偏粗，造成过厚的燃烧层，增加了料层的阻力，同时降低燃烧温度，且在转运和布料时易产生偏析，造成局部过熔。粒度过细，则降低料层的透气性，同时造成燃烧速度过快，使燃烧层过薄，来不及产生足够的液相，影响烧结矿的强度。因此，将固体燃料粒度控制在以 1 ~ 3mm 为最佳。通过生产实践摸索，根据不同的匀矿粒度，燃料加工粒度小于 3mm 的控制在（70 ± 2）% 为最佳。

D　强化混匀料制粒效果，改善烧结料层的透气性，做好厚料层烧结的基础

（1）冷返矿在进入一次混合料机前，加装水喷头将冷返矿进行提前加水湿润，提高混

合料在一二混的制粒效果。

（2）混合机使用雾化喷头，采用雾化水制粒。改造后在物料结构一定的情况下，混合料中小于 1mm 部分由 16.42% 降到 14.5%，降低了 1.92 个百分点，较好地改善了料层透气性。

（3）混合机衬板采用尼龙衬板，增加混合机内壁对混合料的附着力，混合机内粘料的厚度在 50mm 左右。

E　提高混合料温度

提高混合料温度的措施有：

（1）生石灰加水消化，利用生石灰消化放热提高混合料料温，在配料室主皮带生石灰下料前安装分料器，使消化后的消石灰充分与混合料接触，并在生石灰下料后安装合料器减少热量散失，提高混合料料温。

（2）在二混滚筒内通入蒸汽，预热混合料。

（3）混合料槽加蒸汽预热，调整仓内各喷嘴蒸汽的开度，使仓内混合料温度分布均匀；在仓外管道上加装疏水器，减少因冷凝水带入过多造成混合料水分不稳定。

通过以上措施，在冬季混合料料温可达到 50℃ 以上，防止和减薄烧结过湿层现象，提高烧结料层的透气性。

F　稳定混合料水分

混合料水分是烧结生产中的重要工艺参数之一，它对混合料造球、料层传热及料层透气性影响较大，厚料层烧结技术要求"低水低碳"，对混合料水分的控制和波动要求较高。

在做烧结专家系统时特别设计了自动加水控制系统，通过 5 年多的运行结果，自动加水系统有效降低了人为影响因素，水分稳定率基准值 ±0.2% 的合格率达到 100%，减少了混合料水分波动对烧结生产的影响，而且大大降低了人力成本。

G　改善布料效果

改善布料效果的措施有：

（1）使用压料装置。为减缓边缘效应对烧结过程的影响，在布料器和点火炉之间安装压料装置，台车两侧安装可调整压实度的压辊，整个料面安装可调整的料面压平装置，形成中间和两侧进行不同程度的下压，减少通过料层两侧的有害风量，使通过料层的有效风量趋于均匀。

（2）安装松料器，在圆辊布料器的下方，台车的上方安装了疏料器，上下排布共三层，横向交叉排布，现使用中、上两层，同时将靠近台车栏板的两个拆除，改善了料层的透气性。

（3）改善布料的均匀性，实现偏析布料。

烧结机混合料槽上采用梭式布料小车，实现了布料横向均匀，通过对台车料面的观察发现，小车行走正向卸料的一侧（南侧）粒度较粗，反向（北侧）粒度细，烧结机机尾断面烧成不均匀，将小车到两侧的停留时间进行调整，北侧比南侧多 2s，有效地解决了这一问题。纵向布料通过使用多辊布料器实现。目前国内较成功的技术是首钢京唐公司 800mm 厚料层的梯形布料技术。

H　提高通过料层的有效风量

烧结机端部密封装置安装于首尾风箱外侧，其密封效果的优劣影响到节能降耗及烧结过程终点控制。国内外的生产资料表明：首尾风箱的端部漏风占总漏风率的 30%。

结合国内外大型烧结机端部密封装置的改进经验，将原设计的平行四连杆式密封改为弹簧式密封装置，机尾两段改为一段，机头原设计一段。缩短了密封装置在烧结机所占的长度，显著降低首尾风箱漏风率，增加了通过料层的有效风量。

Ⅰ　厚料层烧结的实施效果

实现 720mm 厚料层烧结生产后，烧结矿的各项指标均有提高，见表 3-13 和表 3-14。

表 3-13　质量指标

项目	台时产量/t	利用系数 /t·(h·m²)⁻¹	一级品率 /%	转鼓指数 /%	焦粉消耗 /kg·t⁻¹	小粒级量 /%	FeO 含量 /%
厚料层实施前	345	0.958	89.5	79.7	60	34.67	9.2
厚料层实施后	362.43	1.007	98.49	79.42	57.6	33.09	8.79

表 3-14　操作指标

项目	料层厚度 /mm	风门开度 /%	机速 /m·min⁻¹	垂直烧结速度 /mm·min⁻¹	负压 /kPa	主管温度 /℃	混合料粒度 (+3mm)/%
厚料层实施前	650	30	1.8	12	12.5	175	55
厚料层实施后	720	70	2.0	14.8	15	150	65

表 3-13 数据显示，料层提高后，FeO 降低了 0.41%，利用系数提高了 0.049，台时提高 17.43t/h，焦粉消耗量低了 2.4kg/t，小粒级量比例降低了 1.58%，到 2008 年年底随着高炉产铁量的增加，对烧结矿的需求量相应增加，烧结机的利用系数达到 1.3t/(h·m²) 以上，其他指标均达到国内先进水平。

表 3-14 数据显示，由于料层的提高，主管温度和负压得到合理控制，主排风量得到有效利用，有利于提高烧结矿的产量、质量。

3.2.6　固废综合利用

3.2.6.1　国内外炼钢污泥利用技术和现状

随着环境问题日益突出，钢铁企业排废征地越来越困难，加之铁矿石资源供应日益紧张，如何更好地利用含铁废料，减少环境污染已成为钢铁企业必须面临的重要课题。炼钢污泥属于含铁粉尘的范畴。目前，国内外对转炉炼钢污泥的回收利用主要途径有：用作烧结或球团原料制成海绵铁或返回造块；用作建材配料生产水泥；采用适当工艺处理生产高附加值产品，诸如生产氧化铁红、磁性铁氧体、聚合硫酸铁等。但是，由于炼钢污泥杂质不好去除，通过这些方法生产产品的附加值较低，投资大，运行成本高，产品的市场小，难以形成规模。

炼钢污泥是炼钢湿法除尘产品，含铁量为 60% 左右，粒度为 -0.074mm（-200 目）占 90% 以上。由于其含水高、粒度细、黏性大、自然成球性强、脱水处理时间长、不易与其他物料混合，容易污染。由于处理费用高，占用场地，污染环境，因此，国内大多数钢铁企业产生的炼钢炼铁污泥除少量使用外，大多弃置不用。但炼钢污泥因其含铁高，有害杂质少，并含有相当数量的氧化钙等碱性氧化物，可以回收用于烧结生产。炼铁污泥含碳，是用作烧结生产的好原料，具有降低烧结固体燃料消耗，利于烧结制粒的特点。充分利用炼钢污泥等固体废弃物，既符合发展循环经济精神，又提高资源利用率，降本增效显著。

其工艺流程是转炉湿法除尘污泥，首先经一次沉淀池沉淀至浓度为 15%～20%，然后使用砂浆泵管道输送至烧结厂，在一次圆筒混合机中喷污水。

炼铁污泥中含有 15%～20% 的碳，按照烧结实际运行情况，每配加 1t 炼铁污泥，节约焦粉 113kg 计算，全年烧结节约固体燃料费用可达 79.1 万元。

3.2.6.2 除尘灰

A 除尘灰的资源化再利用

除尘灰的资源化再利用越来越受到人们的关注，各项技术也日臻成熟，已用于制造活性炭、水泥原料、还原铁粉、磁性材料、铁氧体等，还可以通过与返矿混合、制成团块等，作为炼钢原料加以利用。

具体的利用方式主要有以下几个方面：

（1）除尘灰主要作为烧结原料回收利用是可行的，但其负面影响也越来越受到人们的重视。针对不同除尘灰的特性，采用烧结配料、料场混匀、造球成块等技术分别处理，多措并举。能够降低除尘灰的处理难度，实现资源再利用以达到节省成本的目的。

（2）除尘灰集中后参与烧结生产循环再利用，通过分类处理、分区利用、减量消化等方式能够达到一定的效果。但技术水平相对缺乏，对环境危害大，有害元素和除尘灰通过烧结、转炉、高炉富集，严重危害烧结生产的正常进行。

（3）综合国内外多种利用方法的优点和不足发现，环境类除尘灰可以作为部分原料参与烧结生产，烟气类除尘灰不能在烧结生产过程中循环利用。

（4）粒度均匀成球性好的除尘灰还可以先造球，球体粒度均匀、透气性好，参与烧结或单独焙烧都能回收其中有价成分，实现资源循环再利用。

除尘灰的资源化日益受到人们的重视，美国、德国等西方国家等都有专门回收利用除尘灰的化工厂。根据除尘灰的不同特性采用不同的方式处理除尘灰，回收其中的有用资源，制成高纯度的 Fe_2O_3、颜料、催化剂等。

B 除尘灰对烧结生产以及环境的影响

除尘灰的高潜在价值驱使人们不断研究怎样将其充分利用，烧结除尘灰性质和成分与烧结料较接近，能够较好利用，少量的添加能以返矿为核心制粒，改变混合料的粒度分布，从而改善料层的透气性，保证了燃料的充分燃烧以及热量的快速有效传递，有利于烧结生产的顺利进行；环境除尘灰成分复杂，含 Fe 量低，不适合通过烧结加以利用，参与烧结会恶化烧结过程，增加返矿量，达不到降低生产成本的目标。

由于除尘灰粒度细，亲水性能不是很好，堆积效果不佳，遇到暴雨、地震等灾害时，易发生滑坡等次生灾害，同时除尘灰的堆积会占用大量土地，且其中部分元素还会对土壤产生污染，不利于植物的正常生长，除尘灰在风力的作用下会以粉尘的形式漂浮于空气中，对空气能见度以及人民的身体健康都会产生严重影响。

C　除尘灰烧结技术的理论可行性

除尘灰因为其特有的性能，添加到烧结原料中具有可行性，主要原因如下：

（1）含 Fe 较高，烧损较大，理论上可直接作为烧结原料参与烧结。

（2）CaO 含量 14.78%，SiO_2 含量 6.69%，在烧结过程中能够产生足够的液相，增强矿粒间的黏结力，还可以减少熔剂的添加量，节省熔剂成本。

（3）粒度细，经高温会在氧化气氛中生成氧化铁，氧化铁会与氧化钙反应生成铁酸钙，降低固体燃耗的同时烧结矿还原性和抗压强度也得到了提高。配加除尘灰后，混合原料的制粒效果得到改善，烧结料层的透气性变好，烧结矿各项指标较好。较低温度即可使细粒级除尘灰发生熔化，对周围颗粒的润湿能力以及黏结能力都增强，烧结矿强度以及设备的利用系数由此提升，返矿和固体燃耗双双减少。

除尘灰包括烧结过程中产生的各种除尘灰和焦化干熄焦除尘灰。烧结除尘灰由矿粉、熔剂和少量的焦粉组成，由于产生的位置不同，其化学成分和粒度组成也不同，但基本上都可以在烧结工序内部进行循环消化。干熄焦除尘灰特点是含碳量高、粒度细，固定碳达到 80% 左右，0.5~3mm 粒级占 85% 以上。

炼钢除尘灰具有粒度细，含铁品位高，CaO 含量高，扬尘二次污染大等特点，约占转炉干法除尘灰的 50%，在球团、炼钢等工序中无法全部消耗。供料场因场地限制也无法存放。为了确保炼钢除尘灰全部循环利用，炼铁厂决定直接向烧结配料系统配加炼钢除尘灰，不仅可以节约利用大量矿产资源，使除尘灰变废为宝，降低烧结矿生产成本，同时减少对环境污染。

D　除尘灰气力运输技术

传统工艺中，除尘灰都是通过汽车外运或直接通过胶带运输机返回到工艺系统重新参与配料。这么做不仅二次扬尘大，混合料水分难以控制，影响生产，同时因除尘灰化学成分有异于原料，在一定程度也影响烧结矿质量稳定。

经除尘器捕集的除尘灰由灰斗卸下，经刮板输送机送至中间料仓，再经气动阀进入仓泵，然后用压缩空气喷吹进入输送管道，送至配料室 18m 平台的 132 配料仓或者 180 配料仓。在除尘灰配料仓顶部的输送管道上安装有切换阀，可根据各灰仓的料位将灰送入任意一个仓中。各灰仓顶部还安装了流量为 80m^3/min 的布袋除尘器。配料仓中的除尘灰经下部的螺旋秤进入烧结系统。其工艺流程如图 3-20 所示。

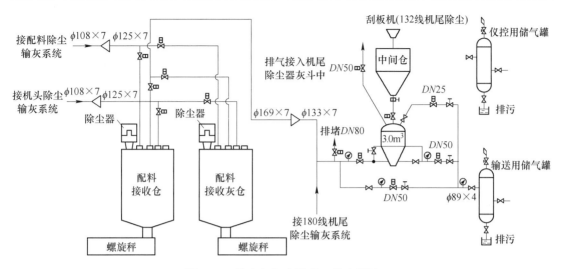

图 3-20　除尘灰气力输送工艺流程图

3.2.7　烧结风机变频及主抽汽拖-电动技术

3.2.7.1　风机变频技术

随着现代工业的迅速发展，我国的钢铁生产规模越来越大，能源消耗越来越多，同时环保问题也越来越突出。节能和环保成为了钢铁生产的重要指标。而作为钢铁生产主要能耗大户之一的烧结主抽风机的节能也就成为各钢铁厂重点考虑的问题。采用先进的调速技术，合理控制烧结主抽风机的运行状态，对烧结生产及降低能耗具有重要意义。

主抽风机是烧结生产的主要设备之一，其风压、风量的变化，直接关系到烧结矿的产量和质量，而其电耗一般又占整个生产线的一半左右。在烧结生产过程中通常采用改变主抽风机的风门开度的方式来调节风箱负压的大小。由于国内此类风机的选型都偏大，风门开度大多在 45%~65%，电能浪费现象严重。另外，此类风机多采用液阻等降压启动方式，启动电流大，启动过程故障率高，对电网冲击很大，影响同电网的其他用电设备。

在设计主抽风机时，由于考虑起动、过载、系统安全等方面的因素，高效的电动机经常会在低效状态下运行。采用变频器对交流电动机进行调速控制，可使电动机重新回到高效的运行状态，这样可节省大量的电能。主抽风机负载为平方转矩机械特性。主抽风设计过程中往往要考虑长期运行过程中可能发生的各种问题，选型时通常按系统最不利条件下的最大风量和风压作为选型的依据，这样就造成实际生产过程中电动机能力往往比实际需求大 20%~30%。

根据烧结主抽风机在使用过程中存在的问题，烧结机设计之初，就提出将主抽风机同步电动机的启动和运行改为高压变频器方式，以达到平稳启动和节能运行的目的。

河钢唐钢在主抽风机采用变频技术的同时，还对配料、机尾、整粒除尘风机电动机等进行了变频改造。

3.2.7.2　主抽汽拖-电动技术

主抽汽拖-电动技术（SHRT）技术是将烧结余热产生的废热通过余热锅炉产生蒸汽，

再通过汽轮机转换为机械能，通过变速离合器与烧结主抽风机连接，与电动机同轴驱动烧结主抽风机向烧结工序提供所需的风量和压力，使驱动烧结主抽风机的电动机降低电流而节能，省去了先由热能转为电能，再转换为机械能之间能源重复损失，大大提高余热能量回收的效率。

SHRT 机组主要由低温余热汽轮机、自动同步离合器、烧结主抽风机和同步电动机组成，按照布置方式的不间，可将烧结主抽风机设计为双出轴形式，汽轮机与同步电动机布置在烧结主抽风机的两侧，也可将同步电动机设计为双出轴形式，与汽轮机在同一侧驱动烧结主抽风机。

其关键技术及创新点有：

（1）首次将烧结余热能量回收与电动机驱动的烧结主抽风机两套各自独立的系统合二为一，余热汽轮机与烧结主抽风机在同一轴系中运行。

（2）全新的烧结主抽风机双出轴结构。

（3）变速离合器的研究及适用。

（4）取消了发电机组厂房三电系统动力油系统，显著提高机组能量回收盘率，降低投资运行成本。

3.2.8　全高炉煤气点火技术

3.2.8.1　全高炉煤气点火生成废气分析及点火方案确定

高炉煤气是高炉炼铁过程中的副产品，可燃成分主要是 CO，其次是 CO_2、N_2、H_2、CH_4，其中 CO 含量约占 25%，CO_2、N_2 含量分别占 15% 和 55%，H_2、CH_4 含量很少，高炉煤气中的 CO_2、N_2 不参与燃烧。每炼 1t 生铁可产 2000～3000m^3 煤气，其发热值在 3000～4000kJ/m^3。高炉煤气具有毒性，使用时务必注意安全；煤气中含有灰尘需经洗涤除尘后方可使用，一般情况下，送往烧结厂的煤气压力在 2.45～9.94kPa（250～300mmH_2O）。

焦炉煤气是炼焦过程的副产品，可燃成分主要是 H_2、CH_4 等，含量大约 75%，含 N_2 约为 3%～7%，还有少量 CO_2、H_2S。发热值在 15466～18810kJ/m^3，经清洗过滤后焦炉煤气中焦油的含量为 0.005～0.02g/m^3，煤气温度为 25～30℃。

由于焦炉煤气热值远远高于高炉煤气，所以焦炉煤气燃烧温度要高于高炉煤气。当温度高于 1800K 时，空气中的 O_2 离解成原子状态的 O，与 N_2 发生反应，反应机理如下：

$$N_2 + O \Longrightarrow NO + N \quad N + O_2 \Longrightarrow NO + O \quad N + OH \Longrightarrow NO + H$$

其热力学方程式为：

$$\frac{d[NO]}{dt} = 2k_1k_0[N_2][O_2]^{1/2} \tag{3-1}$$

式中，$2k_1k_0 = k = 3 \times 10^{14} \times e^{-542000/RT}$；$T$ 为绝对温度，K；R 为通用气体常数，$J/(mol \cdot K)$。

NO_x 主要在火焰下游的高温区生成，影响 NO_x 生成的主要因素是温度和氧氮浓度以及燃料在高温区的停留时间。所以焦炉煤气点火烟气主要成分除含 CO_2、O_2、N_2 外，还有 NO_x 和 SO_2（由焦炉煤气中的 H_2S 燃烧产生）。

由以上研究分析可知，使用高炉煤气点火能有效降低烧结烟气中 NO_x 和 SO_2 的含量，因此确定唐钢炼铁部烧结系统点火采用全高炉煤气点火，以此来降低烧结烟气重点污染物

NO$_x$ 和 SO$_2$ 的排放。

3.2.8.2　降低煤气消耗研究

降低烧结系统煤气消耗，可减少煤气中有害物质排放量，降低烟气中重点污染物含量。且煤气消耗是烧结系统能耗大户，对烧结系统节能降耗有重要意义。

A　采用微负压点火技术

点火器下风箱的抽风压力对点火过程的影响最大。如果抽风负压过大，将会使刚刚铺到台车上的混合料抽得过紧，使沿台车纵向上的混合料密度增大，透气性变差；另外，未燃烧的可燃成分与废气一起过早地被吸入料层，降低热利用率，使燃烧产物与空气、燃气的供入量失去平衡，造成点火器周围的冷空气涌入炉膛，降低点火器炉膛内的温度。将点火器下 3 个风箱执行器的开度在 5% ~ 10%，使空气、燃气的供入量与燃烧产物抽走量保持平衡，使点火炉内保持零压或微负压状态，既保证了点火的效果，也节省了煤气消耗。

B　实现低温点火

合适的点火温度既能把台车上的混合料点燃，又不使表面过熔。2013 年河钢唐钢炼铁部 360m^2 烧结机点火温度在 1150 ~ 1200℃ 之间，平均为 1180℃，点火时间 1.5min，点火温度较高，点火时间又长，表层结壳过熔，引起负压升高，在主抽风机风门开度 60% 的情况下入口压力在 16.5 ~ 17.0kPa 之间，而且台车离开点火炉后快速冷却，矿物以玻璃质存在，强度差，烧结矿成品率降低。2015 年，炼铁部改变以往的观念，以将台车上的混合料点燃为目标，合理控制烧嘴开度，根据煤气压力变化，及时调整空燃比控制煤气流量，将点火温度控制在（1150 ± 50）℃，降低煤气消耗。这一措施实施后点火温度由原来的 1180℃ 降到 1120℃，煤气吨矿消耗由 35.51m^3 降到 32.05m^3，煤气消耗降低 3.46m^3。

C　煤气系统的创新改进

由于点火器下 3 个风箱执行器开度在 5% ~ 10%，为防止风箱堵塞，对风箱操作进行自动化改进。正常生产时，1 号、2 号、3 号风箱执行器定时开关处于自动状态，夜班 1:00、4:00、7:00，白班 12:00、15:00，中班 20:00、23:00 动作，其中 1 号最大开度达到 50%，2 号和 3 号最大开度达到 30%，其控制画面如图 3-21 所示。

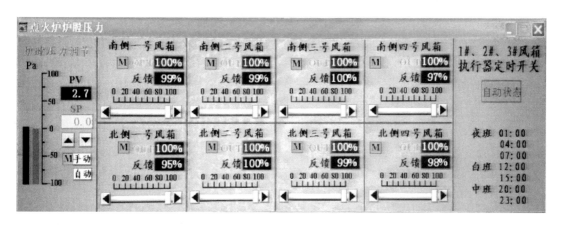

图 3-21　控制画面

取消煤气双预热炉系统。煤气双预热炉系统主要用来提高空气和煤气温度，从而提高点火温度。但该系统处于露天中，污染物排放多，故障率高，尤其是冬季，经常熄火。平衡利弊，唐钢炼铁部通过改进点火炉结构和加强点火操作，使点火效果完全满足点火要求，从而取消了煤气双预热炉系统。

加装气动煤气快速切断阀。原煤气系统快切阀为普通电动低压切断阀，煤气系统断电时，电动低压切断阀失去作用，需现场手动关闭，费时费力，存在安全隐患。在原煤气系统快切阀后加装气动煤气快速切断阀很好地解决了这一问题，并将气动阀的操作方式引进中控，实现集中操作。

D　点火炉的创新改进

通过对全高炉煤气点火温度场的研究和现场工业实验的基础上，对点火炉进行创新改进。唐钢炼铁部首先在北区 3 号机实施，之后推广到北区 4 号机、南区烧结以及中厚板、不锈钢烧结机。下面介绍北区 3 号机点火炉改造特点：

（1）对点火炉烧嘴的创新改进。目前国内大多数烧结厂使用的点火炉均是三排烧嘴。根据现场实验结果，两排烧嘴即能满足点火要求。因此，将 3 号机点火炉原来的三排烧嘴改为两排，烧嘴总数由原来的 30 个改为 20 个，并对两排烧嘴中心线距离、角度、烧嘴外径进行了调整。

（2）对炉膛高度的改进。为了提高点火效果，要求火焰最高点正好落在料面上，但测试结果表明，3 号机的火焰最高点距料面基本在 70～150mm 之间，故将点火炉的炉膛高度降低 100mm。

（3）对点火炉端墙的改进。点火炉的两个端墙在长期的高温环境下会出现脱落，造成火焰外喷；另外，尾部端墙由于紧邻保温炉，其高度将直接影响点火炉的蓄热。为此进行了三方面的改进：

1）将点火炉的两个端墙与点火炉本体分开，单独制作，内置锚固砖，由吊挂件单独挂在金属结构梁上。这样，一旦端墙出现脱落，就可以单独更换，不会对点火炉本体造成影响。

2）改造前，点火炉尾部端墙的高度比头部端墙短 300mm，改造后，点火炉头尾两个端墙的高度一致，有利于提高点火炉的蓄热效果。

3）在进行点火炉端墙改进的同时，兼顾保温炉端墙的优化，将保温炉的端墙设计成同点火炉一样的结构形式，提高了保温效果。

（4）对点火炉炉型的改进。改造前，点火炉炉膛是水平顶，温度分布对炉墙的保护以及对料面点火效果均构成影响。改进后，点火炉两端紧邻端墙位置降低了 250mm，内置两排锚固砖，由吊挂件固定在钢结构上，形成阶梯形炉顶。

（5）对点火位置的改进。以前点火炉的点火是由岗位工到炉顶放入明火后，再开煤气阀门点火，既麻烦又不安全。改进后，采用了在点火炉侧墙设置点火孔，点火孔位置的设定综合考虑了烧嘴位置和现场管道布置，既方便岗位操作，又增强安全性。

（6）点火炉煤气管线改造。2012 年 12 月底，完成了对 3 号烧结机煤气管道改造，新取气点使煤气管道缩短了 100m，从而减少了煤气压力损失。

E　点火温度自动控制技术

河钢唐钢炼铁部根据自身设备特点，自主研发烧结点火温度自动控制系统。操作时，在电脑上设定点火温度和空燃比，系统根据设定的点火温度自动调整煤气流量阀从而控制煤气流量，根据空燃比设定值自动调整空气流量阀控制助燃空气流量，从而实现点火温度自动控制。该系统实现了通过设定点火温度自动控制的先进控制方式，稳定了烧结点火温度，提高了煤气利用率，降低了煤气消耗，从而有效减少了烧结煤气系统重点污染物 NO_x 和 SO_2 的排放。

通过以上技术创新，有效降低了烧结重点污染物 NO_x、SO_2 排放，同时降低了煤气消耗。同等条件下煤气单耗降低了 $3.46m^3/t$。

3.2.9　在线漏风检测技术

针对烧结机系统主要漏风点可以分为：机头和机尾密封漏风、台车弹性滑板与滑道之间漏风、台车体漏风、台车箅条及台车挡板漏风、风箱及大烟道漏风、其他静点漏风等不同部位的漏风。烧结料面至风箱支管间漏风量占整个抽风系统漏风量的55%以上，是开展堵漏工作的重要区域。此区域的测量是整个区域测量的关键。该段漏风段称为烧结机本体漏风段，它包括台车与风箱两端部（机头、机尾）之间的漏风，台车游板与固定滑板之间的漏风；台车侧壁的漏风，台车的接触面之间的漏风，烧结料面产生的裂缝引起的漏风，烧结料收缩与台车侧壁之间形成裂缝引起的漏风；风箱与风箱框架、风箱支管连接法兰由于密封不严引起的漏风。

烧结机本体漏风率的测试方法包括气体分析法、流量法等多种传统测试方法，但不能实现在线测量，而且烧结过程是局部波动的，用传统方法要求同步测量的费用很高，非同步测量的测试数据重显性很差。为此开发了基于量热法的在线测试烧结过程漏风率的技术方法，该方法实现所有风箱同时测量，可为分析各风箱相对漏风率变化情况做出及时判断，为有效针对漏风区域采取减漏措施提供方便。同时根据测试的数据可实现烧结过程稳定性判断的功能。首先，针对烧结机系统漏风率的测定，完善和改进了传统的测试方法，形成了如表 3-15 所示的，并经实践证明可靠稳定的不同区段不同的测试方法，其中基于量热法的漏风测定技术是率先开发使用的技术。

表 3-15　烧结机系统不同区段漏风测试方法

区段名称	编号	测漏项目	测　定　内　容				测试方法
			流量	CO	O_2	温度	
台　车	①	进入料面风速	○			○	热线风速法
		料面裂缝风速	○			○	热线风速法
		侧壁漏风风速	○			○	热线风速法
		风箱、阀门					
		机头、机尾	○		○	○	量热法
风箱及其支管	②	风箱连接法兰					
		台车游板及滑道					
二重阀系统	③	二重阀本体	○				热线风速法
大烟道系统	④	大烟道			○		气体分析法
抽风机	⑤	抽入风量	○				文丘里管

对于量热法漏风测定技术，首先对存在漏风的系统通过热平衡分析，可以导出如下公式：

$$漏风率 = C_0\left[(1-\lambda)t_0 - t_m\right]/\{C_0\left[(1-\lambda)t_0 - t_m\right] + C_A(t_m - t_A)\} \tag{3-2}$$

式（3-2）将流量问题转化为温度（有效气体温度 t_0、环境温度 t_A 和混合气体温度 t_m）问题，这样利用热电偶就可以测定漏风率，解决了常用的分析方法不能在线测定和费用较高等问题。为了验证该技术思路的可靠性，在实验室利用模拟烧结机台车和支管的模型进行实验，比较流量法和量热法的误差、系统散热率 λ 对测试结果的影响等关键问题，证明了系统相对误差小于2%，散热率和漏风率具有很强的线性相关性，可信度达到0.99以上，说明该方法是可靠的和稳定的。基于以上研究结果，在现场大量测试优化的基础上，开发了一种在线测试烧结机风箱内气体温度的方法和装置（专利），利用热电偶矩阵和特殊结构，提高系统精度和环境适应性，提高热电偶使用寿命，确保系统的长期稳定运行。以此为基础，进一步开发了在线测定烧结机本体系统漏风率的软件系统（软件登记），形成了具有自主知识产权的技术。烧结本体漏风率在线检测系统包括数据采集技术、数据传输技术、数据处理技术、计算技术、编程和数据输出与控制技术等方面的内容，软件设计采用目前先进的 B/S 架构，即浏览器/服务器架构，数据库服务器采用高性能的网络数据库 SQL SERVER2005。在使用方面，软件还具有直观性强、部署方便和交互性好的特点，同时软件设置了包括运行日志、信息录入反馈等功能，可以实现整个生产作业过程的人性化。图3-22是系统首页，图3-23是系统运行的两个重要界面。

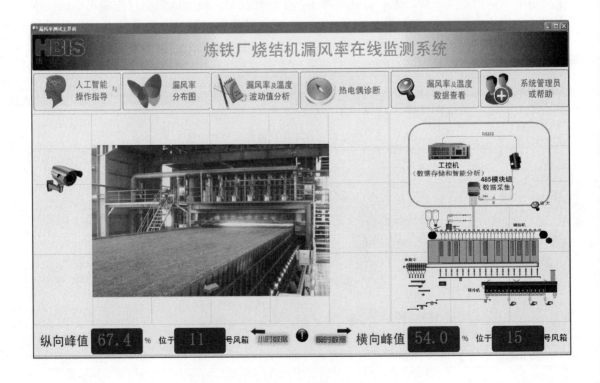

图 3-22   系统首页

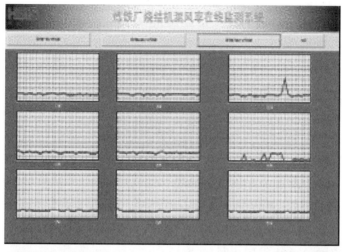

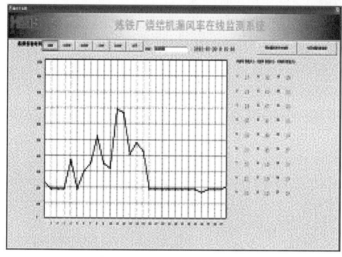

图 3-23 在线测定烧结机本体系统漏风率的界面图

烧结机漏风率测试系统软件应用层是指直接面向操作员的页面程序，主要包括：

（1）系统登录页面。负责管理员和普通用户的验证，区分管理员和普通用户的系统权限。

（2）功能页面包括：系统登录页面，漏风率及温度波动值分析界面，烧结机漏风率测试系统界面，单风箱漏风率界面，热电偶诊断系统界面，漏风率及温度数据查询界面，帮助系统界面。其中漏风率测试系统界面可以使用户以趋势曲线方式查看即时、十分钟内、一小时内、一天内、一个月内每一台风箱的漏风率数据，体现较好的人机界面。

3.2.10 集成式环保筛分系统

烧结矿经过整粒之后供给高炉的成品烧结矿粉末量可以降到最低限度。整粒后大块烧结矿经过破碎筛分及多次落差转运，已磨掉和筛除了大块中未黏结好的颗粒，因此整粒后烧结矿的转鼓强度、筛分指数都有所提高。由于整粒后烧结矿粒度均匀，粉末减少，平均粒度增加，使高炉料柱透气性大为改善，有利于高炉顺行，焦比降低，产量上升。

河钢唐钢采用了科学的三段筛分整粒流程，如图3-24所示。

该集成式环保筛分系统采用竖向布置，设备体积小节省场地；振动筛采用棒条式筛网，整体密封结构并在系统内部形成微负压即可满足除尘需要，大幅降低除尘系统的压力。其创新点为：

（1）提高了物料的筛分效率。筛子的布置形式由以往的直线串联式改变为上下垂直布置，筛分楼占地面积减小，节省了基建投资。

（2）由于筛体面积减小，除尘吸尘点减少，整粒系统转运次数降低，除尘用风量减少，除尘器相应减小。

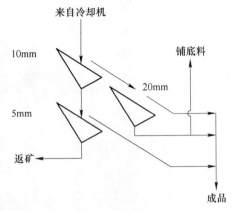

图3-24　三段筛分整粒流程

（3）该环保筛分设备体积小，质量轻，且配置的驱动电动机容量小，可以节约电能。

（4）筛板可整体更换，维修方便。

环保筛分结构如图3-25所示。

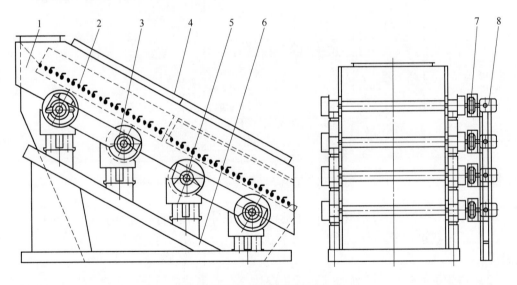

图3-25　环保筛分结构图

1—筛箱；2—筛板；3—激振器；4—密封装置；5—减振弹簧；

6—支架装置；7—软连接；8—电动机

3.3　球团工序绿色工艺技术

球团矿作为人造富矿的一种，具有诸多优点，备受广大钢铁企业的亲睐，球团矿占入炉炉料的比例也越来越多。当前，在经济"新常态"及环保压力逐渐增大的大环境下，对球团工序的绿色工艺越来越重视。

3.3.1 球团工序绿色发展现状

我国球团工序绿色发展工作成绩表现为：产能增加、节能环保成绩突出，节能环保、绿色发展技术的推广应用效果良好，球团工序工业结构优化使绿色环保状况得到改善；清洁生产和环保的管理体系正逐步完善和发展。

1999 年中国球团年产能只有 1197 万吨，步入 21 世纪后中国的球团业发展突飞猛进，2011 年中国球团矿产能达到 2 亿吨的水平，2013 年中国球团矿产量达到 1.58 亿吨。球团技术的发展过程中重视节能环保、绿色发展的投入和相应建设改造。虽然整体上与世界先进水平还存在一定差距，但全行业绿色发展工作取得了显著的进步。各企业都在努力推行绿色生产，缩小能耗和环保技术经济指标与国外同行业的差距，实现工业生态良性循环发展。

近几年的球团技术进步主要包括燃煤技术的应用、降低膨润土配加量、链箅机-回转窑防止结圈技术、镁质球团技术等。武钢鄂州、宝钢湛江年产 500 万吨链箅机-回转窑生产线的建设标志着近年来中国链箅机-回转窑生产工艺向大型化方向发展；大型带式焙烧机以其对原料适应性强、工艺过程简单、布置紧凑、所需设备吨位轻、占地面积小、工程量减少、可实现焙烧气体的循环利用以降低热耗和电耗、生产规模大的优势，受到国内冶金工作者的重视；首钢国际工程技术有限公司设计的首钢京唐 400 万吨带式焙烧机于 2010 年 9 月建成投产，包钢 500 万吨带式焙烧机生产线正在施工建设中。采用高品位优质球团矿炼铁，对于降低高炉燃料比消耗、节能减排和环保均有益。然而，当前球团矿在中国高炉炉料中的比例处于相对较低水平。未来需要继续发展球团技术，在调整球团工艺设备（链箅机-回转窑和带式焙烧机）、降低膨润土消耗、提高球团矿品位、降低工序能耗、球团烟气处理等方面需要进一步研究。

3.3.2 河钢唐钢球团工序绿色发展

河钢唐钢青龙炉料有限公司是河钢唐钢控股的子公司，成立于 2008 年 5 月，采用国内先进的链箅机-回转窑生产线，设计年产氧化球团矿 200 万吨。公司以绿色清洁生产、创新管理模式为生产方针。努力打造全国最具竞争力的绿色精品球团生产基地。

3.3.2.1 链箅机-回转窑焙烧工艺

链箅机-回转窑是由链箅机、回转窑、环冷机及其他设备组成的统一机器设备。此工艺在三个不同的设备上分三个阶段对生球进行处理，最终得到的球团矿粒度、强度都较好。链箅机-回转窑工艺分别经过原料配比混匀、生球的制造、生球的布料、干燥脱水、预热、氧化焙烧、环冷、成品球储存等。

链箅机系统组成包括鼓干段、抽干段、预热一段及预热二段。生球首先经过鼓干段进行脱水处理，鼓干段的干燥热气是由环冷三段提供，其提供的热气温度大约在 200℃左右，目的是为了使生球中的水分减少以免后续加热工序对其产生爆裂及以免链箅机水分过多；生球经过鼓干段进入抽干段进行进一步脱水及升温处理，抽干段的干热风是由预热二段所提供，温度约为 400℃左右，目的是进一步对生球进行脱水处理及提升生球的温度以免进入预热一段温度过高而产生裂纹；生球经过两个干燥段后进入预热一段进行处理，预热一段的温度为 700℃左右，由环冷机二段来提供，目的是使生球开始氧化结晶并且进一步提升球团矿的温度；最后预热一段出来的球团矿进入预热二段进行加热，预热二段温度为 1000℃左右，球团矿在此温度下会进行氧化固结产生微晶链接，其固结强度会进一步的提高，这样的球团矿在进入回转窑时不会强度太低，避免了在刚进入回转窑内因为滚动而挤碎。

预热二段出来的球团矿经过流料槽直接落入回转窑窑尾，球团矿在回转窑内不断地滚动进行高温焙烧过程，在回转窑窑头有一根喷煤枪，生产中可通过其伸缩的长度来控制火焰的位置，通过内外风量来控制火焰的形状，再通过喷煤量从而控制回转窑内温度，生产中回转窑内温度可达 1200~1300℃，为保证回转窑内焙烧温度，将环冷机的一段热气引入回转窑内，球团矿在此温度下焙烧约为 30min，焙烧好的成品球团矿经过回转窑窑头到环冷机上进行冷却处理。

球团矿经回转窑高温焙烧后进入环冷系统进行冷却，球团矿在环冷机上主要进行两个变化，第一个变化就是进一步氧化，使球团矿中残余的 FeO 氧化到最低量；第二个变化就是冷却高温球团矿，使其温度冷却到 100℃以下以便运输及储存。

环冷机共分为 4 个部分，第一部分为环冷一段，环冷一段的温度为 1150℃左右，目的是为了使刚高温焙烧出来的球团矿不至于温度骤降而破碎，同时把冷却一段出来的热气作为回转窑的二次补风；第二部分为环冷二段，其温度为 700℃左右，将环冷二段出来的热气送入预热一段对球团矿进行预加热处理，第三部分环冷三段，其温度为 200℃左右，环冷三段出来的热气引入鼓干段，作为鼓干段的热风来源，环冷四段将球表面温度降到常温。通过 4 个环冷阶段，高温球团矿温度已经降到常温，再通过卸料装置将其卸到皮带上进行运输和储存。可以看出，链箅机上的所有热源来自于环冷机上，此系统只有干燥段含一定水分的低温气体通过主引风机进入脱硫设备，处理后进入烟囱排入大气外其余热量实现了能源的循环使用，对于当今环境治理、降本节耗具有良好效果。

3.3.2.2　镁质球团、熔剂性球团工艺

球团工艺相对比于烧结工艺对节能减排、改善环境有着无可比拟的优越性，而熔剂性球团矿具有优良的冶金性能，又是高炉炼铁实现优质、高产、节能减排的主要原料，因此研究镁质熔剂性球团焙烧工艺是炼铁炉料发展的主要方向。

镁质熔剂性球团是指在配料过程中添加含 CaO、MgO 的矿物后生产的球团矿，该球团具有还原度高、软化起始温度高、软熔区间窄、膨胀系数低等特点。这些特点可以使高炉冶炼过程中具有提高煤气利用、提高脱硫效果、大幅降低焦比、增加高炉透气性等特性。

河钢唐钢球团厂努力研究镁质球团、熔剂性球团焙烧工艺，目前已经能够高效生产镁质酸性球团，能够批量生产熔剂性球团。与国外先进技术相比河钢唐钢球团工艺还有一定差距，努力降低能耗、提高产量是现在发展最主要研究课题。

3.3.2.3　焙烧烟气脱硫脱硝工艺

焙烧过程中会产生 NO_x，它们大量排放到大气中，不仅形成酸雨，破坏臭氧层，还会造成温室效应导致全球变暖，因此对烧结烟气 NO_x 排放量的严格控制，可有效降低钢厂的氮氧化物排放量。

目前较成熟的烟气脱硝技术主要有选择性催化还原技术（SCR）和选择性非催化还原技术（SNOCR），我们采用 SCR 进行脱硝，该方法脱硝效率在 75% 左右。脱硝效率高、系统运行稳定、可满足严格的环保标准。脱硝后的烟气采用热换利用技术降温后，进行石灰石-石膏法脱硫。

烟气脱硫工艺主要可以分为湿法、干法、半干法三种。其中湿法包括石灰石-石膏法、氨法、离子液法、有机氨法；干法包括 ENS 法、MEROS 法、循环流化床法；半干法包括密相干塔法、NID 法、活性炭吸附法、SDA 旋转喷雾干燥法。

石灰石-石膏法的优点为：技术成熟、脱硫效率高、运行相对稳定、负荷适应范围广、系统可靠性高、原料来源广泛、成本低。其缺点为：由于碳酸钙浆液和石膏浆液易结垢，整个浆液系统易产生结垢堵塞现象，直接影响系统的正常运行。

循环流化床法的优点为：脱硫工艺、系统比较简单，具有较高的脱硫效率，同时对小颗粒粉尘具有很高的除尘效率；由于脱硫剂与脱硫后副产品均为干态，无污水产生，不需要设置庞大的污水处理设施，可有效减少投资和占地面积。其缺点为：由于脱硫副产物以亚硫酸钙为主，其特性不稳定，使得其综合利用途径受到较大的限制，目前主要以堆置和填井方式处理；由于流化床的形成必须以一定的烟气流速来保证，过低的流速会使流化床产生塌床，因此其对烟气量波动幅度的要求较高。

氨法的优点为：采用液氨或氨水作为吸收剂，反应活性高，脱硫效率高，不易发生结垢；副产品为硫胺可作浮选剂，不产生废水，不存在污染物相态转移问题。其缺点为：由于烟气中仍残留部分的氨和铵盐，使湿法脱硫排放蒸汽形成的烟囱雨具有较强的腐蚀性，周围设备锈蚀严重。

活性炭吸附法的特点为：活性炭通过物理吸附和化学吸附将烟气中的二氧化硫吸附出来，在有水和氧气存在的条件下对二氧化硫进行催化氧化、生成硫酸，这种方法的吸收剂具有再生优点，是比较好的方法。

球团烟气的 SO_2 主要来源于铁精粉和焙烧使用的煤粉中。铁精粉中的硫含量与品种的不同有较大差异，其范围是 0.01%~0.3%，铁精粉硫含量严格控制在 0.08% 以下。

石灰-石膏法是河钢唐钢球团厂使用的脱硫方法，该种方法是将白灰制成 $Ca(OH)_2$ 浆液，与尾气中的 SO_2 反应生成亚硫酸钙，最终得到石膏，除去尾气中的 SO_2。这种方法不仅可以脱去尾气中的 SO_2 气体，保护环境，同时将生成的石膏销售到水泥、石膏板制造商。这种工艺能够使能源转换、废弃物处理消纳，对钢铁工业的节能减排、绿色发展起到非常好效果。

3.3.2.4 除尘灰工艺

在球团生产工艺中，进入系统焙烧内的原料及煤粉燃烧会产生 2% 粉尘。这些粉尘主要有氧化铁、氧化亚铁、煤燃烧的灰分组成，其余少量的粉尘由其他的一些杂质组成。

河钢唐钢球团厂为减少粉尘污染，建设环保型、绿色企业，采用了地下精矿库储存原料，设置了原料除尘、焙烧除尘、成品除尘设备。地下库存放铁精粉能够减少扬尘、粉尘的产生及阻断其移动到外界空气中，有效保护周围生态环境。选用的除尘方法为电弧除尘处理方法，该除尘方法的工作原理是将含粉尘气体引入电除尘器的入口，经气流分布板，进入电场通道内，使粉尘充分电荷，经过带正极和负极的沉淀极和电晕极吸附到两极上，从而实现粉尘与气体分离的目的。净化气经过出口风机、烟囱排入大气，将两极的粉尘回收到除尘灰仓内，按一定比例配入精粉混合料中参与焙烧工艺生产。整条除尘工艺能够高效除尘，除尘效率达到99%以上，此工艺对节能减排，绿色环保起到良好效果。

3.3.2.5　噪声污染控制

在绿色可持续发展的大趋势下，噪声作为环境污染源之一已引起各企业的高度重视。噪声已被认为仅次于大气污染和水污染的第三大公害。噪声损伤听觉，人短期处于噪声环境时，可能会产生短期听力下降，经过一段时间后听力可以恢复。如果长期无防护地在较强噪声环境中工作，会对听觉下降甚至造成噪声性耳聋、疲劳无力、记忆衰退、神经衰弱等疾病。同时高强噪声也会使材料因疲劳而产生裂纹甚至断裂。

为了降低车间噪声我们采用吸声材料泡沫、玻璃棉等多孔性材料布置在车间的墙壁和天花板上，来减少噪声的反射，同时对电动机、鼓风机、天车、空压机等声源进行隔音罩处理，使噪声源封闭在一个相对小的空间内，降低对四周的辐射。通过吸声、消声、设置隔音装置等降噪措施，噪声的污染程度得到有效降低，但由于目前设备本身技术难以克服的问题，生产工序仍还有不同程度的噪声污染。

3.3.2.6　电动机系统变频调速节能改造

提高能源利用效率、促进节能降耗是工业生产的重点工作。电机系作为能耗最重要的指标，如何降低电动机能耗是关键因素。

现在研究发现采用变频调速技术是节能降耗的重要途径。水泵、风机等恒转矩负载在没有调速的情况下，想要改变流量时，只能通过机械调整阀门开启程度，虽然流量降低了，但是功率下降并不明显。当使用变频调速时，如流量要求减小，就可以通过降低泵或风机转速，满足要求。随着转速降低，功率会很快下降，从而降低了电耗。

在实际生产中，为保证生产的可靠性，各种生产机械设计动力驱动时，都有一定富余量。电动机不能满负荷运转时，多余的力矩增加了有用功功率的消耗，造成电能的浪费，在压力偏高时，可降低电动机的运行速度，使其在恒压的同时节约电能。

因此，电动机系统进行了以变频为主要节能手段的技术改造，可以实现节能减排，同时大幅降低电耗，使企业的生产成本也相应降低，使企业走上良性绿色工艺的轨道。

3.3.3　中国钢铁工业球团工序绿色发展要求及目标

按照绿色发展循环经济理念，球团工序提出以下需求：

（1）降低固体燃料消耗、回收烧结废烟气余热，提高一次能源回收利用率和能源转化率，充分发挥能源转换功能。

（2）大力发展环保技术。集中在采用新型除尘设备（如布袋加电除尘和新型电除尘器）、废气循环利用、烟气脱硫脱硝新技术，减少污染物排放。

（3）对球团原料的有害元素进行监控并严格限制配比，使球团矿的成分达到规定要求，减轻对球团、高炉工序的危害。

（4）掌握精料与经济料的平衡，不一味追求降成本。绿色发展应立足于长远发展，应科学计算，将由于低成本可能造成的高炉长寿影响、环保投入增加等纳入到成本计算中。

（5）优化现有生产工艺技术流程，提高装备、操作、管理和信息化水平。

球团工序绿色发展目标为：

（1）研究掌握镁质球团、熔剂性球团焙烧技术，提高高炉入炉品位、精料水平，降低焦比。

（2）努力降低能耗指标，缩小与国外先进工艺的差距。

（3）环保技术与原料、工艺、设备技术相结合，废气的治理要协同，不再独靠末端治理，实现源头、过程和末端治理三合一；治理废气技术要参考国际上采用的技术，中国未来脱硫技术开发应以采用干法为主，建议采用活性炭吸附工艺。优化当前企业已有脱硫设备、工艺，提高脱硫率至90%以上。

球团工序绿色发展面临的挑战主要是：

（1）环保刚刚起步，技术水平还不够。近几年已投入了不少脱硫设施及工程，随着环保形势的日益严峻，球团行业脱硫技术还有待提高。

（2）工序能耗仍较高。在原燃料条件相同的情况下，中国球团工序能耗比国外普遍高10%以上。中国磁铁矿球团焙烧的工序能耗（标准煤）基本为20kg/t以上，赤铁矿的工序能耗（标准煤）也为45kg/t左右。

（3）落后产能仍占大比例。中国100万吨/年以下的球团生产线30多座。竖炉在国外早已淘汰，中国还有许多座。这些球团生产线装备低下，产品质量低劣，环保设施不完善，单位产品能耗高。

（4）细原料应优先用于生产球团矿，众多烧结厂习惯将细精粉原料在烧结工序配加，不利于提高资源利用效率。球团处理精粉的效率更高，有自产精粉的企业应该把精粉用于生产球团矿，用外购富粉矿烧结。这需要结合企业资源情况、当前和未来投入设备、资金等综合考虑。

（5）目前的球团生产多数还是基础自动化控制，人工凭经验操作的现象较为普遍，为适应球团生产发展的需要，智能化的高效生产方式已经成为国内外球团厂追求的目标，从简单的一级定值控制，转换为整个球团生产的稳定、优化的多目标计算机闭环控制系统；借助人工智能技术，建立起有效、及时、准确的指导规则乃至闭环控制功能。检测、执行设备的质量和精度有待提高；成品成分离线检测滞后；新型检测设备急需国产化，如在线连续检测气体成分、料层透气性、FeO质量分数等仪表；工艺设备本身经常出现问题；企业人员对智能控制的重视度不够。

3.4　焦化工序绿色工艺技术

3.4.1　扩大炼焦煤源的预处理工艺技术

目前我国的能源消费仍然以煤炭为主，钢铁行业的迅猛发展加快了优质炼焦煤资源的开采和使用比例。对于储量有限的煤炭资源而言，必须考虑更加合理有效的利用途径，多利用廉价的弱黏煤和不黏结性煤，实现煤炭资源的合理利用。为了在保证焦炭质量的前提下充分利用各单种煤的结焦特性，节约优质炼焦煤资源，扩大炼焦煤源，研究人员进行了多年探索，主要有两种途径：

一是提高配合煤的堆密度，这是一种较为简单易行的方法。目前提高装炉煤堆密度的方法主要有物理压实（捣固炼焦和配型煤炼焦）、调节粒度（预粉碎技术）、调节水分（煤预热和煤调湿技术）等。在国内外炼焦生产中，主要利用煤料的捣固、加热、分解破碎等煤料预处理工艺和提高碳化室高度的方法提高装炉煤堆密度。

二是配入黏结剂（包括焦油渣、沥青、石油沥青、改质等）炼焦以改善焦炭黏结性。但由于黏结剂挥发分高使全焦率下降和气孔率提高，配入量过大造成碳化室积碳，收缩过度等，此法提高焦炭质量也受到一定限制。

3.4.1.1　调整煤料粉碎粒度相关技术

不同变质程度的煤料其粉碎性不同，气煤和瘦煤等弱黏结性煤较硬，而中等变质程度的黏结性煤较易粉碎。通过做研样分析得出，煤料粉碎后粒径大于 3mm 的煤中的活性组分明显少于小于 1mm 的煤中的活性组分。据此开发了分组粉碎技术和选择性粉碎技术。

分组粉碎技术，即将各单种煤按不同性质和需求，分成几组进行配合，分别粉碎到不同细度，最后混匀的工艺。此工艺可以按炼焦煤的不同性质分别进行合理粉碎，较先粉后配流程简化了工艺，减少了粉碎设备。既可以将难粉碎煤控制在 3mm 以下，而同时黏结性流动性好的煤不至于因过分粉碎破坏其流动性和黏结性。但与先配后粉碎流程相比，配煤槽和粉碎机增多，工艺复杂，投资大。一般适合生产规模较大，煤种多且煤质有明显差别的焦化厂。其流程如图 3-26 所示。

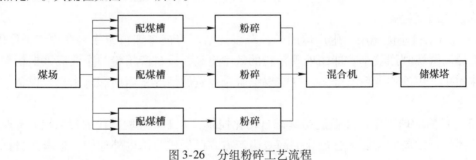

图 3-26　分组粉碎工艺流程

3.4.1.2　物理压实相关技术

A　捣固炼焦技术

按装煤方式的不同，炼焦方法主要分为四种：常规顶装煤、配型煤顶装煤、捣固法侧装煤以及预热法顶装煤。国内焦化厂目前所选用的炼焦工艺主要是常规顶装法炼焦和捣固技术炼焦工艺。

1882 年德国首次提出捣固炼焦技术，但由于设备的落后，存在煤饼高宽比低、捣实程度差、捣固速度慢、污染严重等缺点，这项技术未得到推广。20 世纪 60 年代以后，随着捣固机械的发展，法国、西德、波兰等国家开始大范围推广应用捣固炼焦技术。

我国的捣固焦技术已经发展了几十年。原大连、北台等捣固焦炉，无论是生产规模还是装备水平均处于较低水平。我国捣固技术发展始于 1995 年青岛煤气公司 3.8m 捣固焦炉的建设。在 2002 年，山西通士达有限公司投产了我国自行设计的全国产化的 4.3m 捣固焦炉。之后，一大批捣固焦炉也相继建成投产。

捣固炼焦就是在煤料进入炼焦炉之前，采用捣固设备在捣固箱内将配合煤料捣打成体积略小于炭化室的煤饼，然后在炭化室的侧面将煤饼推进炭化室内进行炼焦。煤料经过捣打后，可将煤料的堆密度从散装煤的 $0.75t/m^3$ 提高至 $1.10\sim1.15t/m^3$。捣固炼焦的工艺流程如图 3-27 所示。

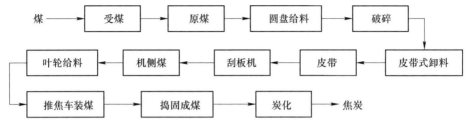

图 3-27　捣固炼焦技术的工艺流程

捣固炼焦技术的优点有：

（1）提高弱黏结性煤配比。随着煤料堆密度的增大，煤料颗粒间距缩小，从而减小结焦过程中填充空隙所需的胶质体液相产物数量，即用一定的胶质体液相产物可多配入高挥发分弱黏结性煤。

（2）改善焦炭质量。煤粒间距的缩小使热解时产生的气体难于逸出，增大了胶质体的膨胀压力，使变形的煤粒受压挤紧，加强了煤粒间的结合，从而改善焦炭质量。另一方面，气体中带自由基的原子团或中间产物有更加充分的时间来相互作用，增加胶质体内难挥发或不挥发的液相产物，最后胶质体不仅在数量上有所增加，而且还变得更稳定，这些都有利于增加煤料的黏结性，进而提高焦炭质量。

（3）提高焦炉产量。捣固炼焦的装煤密度是常规顶装焦装煤密度的 1.4 倍左右，而结焦时间延长仅为常规顶装焦的 $1.1\sim1.2$ 倍，所以焦炭产量增加。

捣固炼焦的缺点为：

（1）捣固机比较庞大，操作复杂，投资高。

（2）由于煤饼尺寸小于碳化室，因此碳化室的有效率低。

（3）由于煤饼与碳化室墙面间有空隙，影响传热，使结焦时间延长。

（4）捣固炼焦技术具有区域性，主要适应在高挥发分煤和弱黏结煤储量多的地区。

B　配型煤炼焦技术

配型煤炼焦是将部分煤料配入黏结剂压制成型煤后，和散煤按照一定比例混合装入碳化室炼焦，型煤密度为 $1.1\sim1.2t/m^3$，相应地提高了装炉煤的堆密度。

配型煤炼焦技术的研究始于 20 世纪 50 年代末 60 年代初期，70 年代初期在日本新日铁公司首次工业化生产，目前主要采用冷压成球和热压成球两种，主要有以下工艺流程。

a　新日铁配型煤炼焦流程

新日铁配型煤流程是通常配合粉碎的煤料输送线上，分出约 30% 的煤料，先将它粉碎到小于 3mm，然后装入混合机内，再加入 6%~7% 的沥青质黏结剂，搅拌混合后，在搅拌机中用蒸汽加热的同时混合，最后送至对辊成型机。压出的型煤在冷却运输机上冷却至常温，经型煤贮槽送至焦炉煤塔。型煤和粉煤分别放在煤塔不同格内，装炉时用各自的带式给料机按规定的比例送入装煤车煤斗，最后入炉。其流程如图 3-28 所示。

此流程较简单，在原煤处理车间的基础上改建较容易，但在扩大使用非炼焦煤方面有

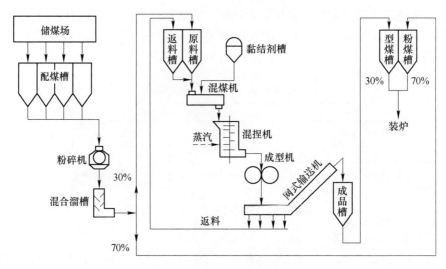

图 3-28 新日铁配型煤流程

一些局限性。宝山钢铁公司从日本引进的新日铁成型煤新工艺及装置，在实际使用中效果较好。

b 住友配型煤炼焦流程

住友配型煤炼焦流程为日本住友金属公司开发，又称住友法或 Sumi-coal 法。将一部分装炉煤与非黏结煤以及黏结剂一起经破碎、混合后，在带蒸汽加热的混合机中混合，再经成型机压成型煤（这部分占总量的 30%），最后与 70% 的装炉煤一起加入焦炉中炼焦。此流程可使不黏煤配比达到 20% 以上，而低挥发分强黏结煤用量仅约 10%，型煤的配料中不黏结煤达 65%～70%。当成型机的工作与到储煤塔的设备的操作同步时，可以不建型煤储槽，不设冷却输送塔，基建投资可以大大降低。同时，混合机的热耗可以减少。但是这种工艺流程较为复杂。其工艺流程如图 3-29 所示。

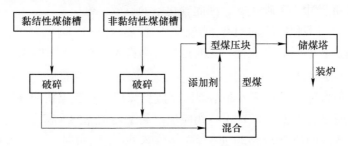

图 3-29 日本住友配型煤炼焦工艺流程

c 德国 RBS 法

煤料由给料器定量供入直立管内，小于 10mm 的煤粒在此被从热气体发生器所产生的热废气加热到 90～100℃ 而干燥到水分小于 5%。煤粒出直立管后，分离出粗颗粒。粗颗粒经粉碎机后返回直立管或直接送到混合机，与 70℃ 的粗焦油和从分离器下来的煤粒一起混合。混合后的煤料进压球机 70～90℃ 成型。热型煤块在运输过程中表面冷却后装入储槽，最后混入细煤经装煤车装炉。这种配入压块的煤料入炭化室后，其堆密度达 800～820kg/m³，结焦时间缩短到 13～16h，比湿煤成型的工艺流程的生产能力大 35%。

d　其他流程

美国所使用的是全部炼焦原料煤不配黏结剂压成型块，然后再破碎到一定粒度装炉的流程，此工艺要求成型压力较大，粒度细，同时粒度比例要严格控制。此工艺流程简单，但因为它需将全部原料煤成型，成型设备庞大，工业化生产存在一定困难。还有一种流程是将原料煤干燥预热后再配入型煤。它综合了煤的干燥预热和成型煤炼焦的双重效果，装炉煤的堆积密度可达 $800 \sim 820 \mathrm{kg/m^3}$，增产和改善焦炭质量更为显著。但是工艺复杂，技术难度高，基建和生产费用较大。

e　黏结剂的选择

型煤黏结剂是型煤生产中的关键技术，为了生产出高质量的型煤，研究者们已经对数百种黏结剂进行了研究。选择型煤黏结剂要注意低灰、低硫，在冷压成型时能将煤粒黏结，且干馏时还能形成流动性好的胶质体。目前型煤常用的黏结剂有：煤焦油沥青、石油改制沥青、发生炉煤油、纸浆废液、腐殖酸黏结剂、乳液黏结剂、焦油渣等。

由于黏结剂成本较高及操作不便等问题，研究者们开始进行无需黏结剂的热压成型工艺的研究。温度升高到一定程度后，煤中的自生焦油会使煤进入可成型的状态。但由于高温的煤粉不仅易燃而且通常发生黏结，难于运至成型设备中。美国安尼斯顿的考马克（komarek）型煤研究所已在其小实验工厂进行了针对不同煤种高温下的成型实验。原料煤从一个小的锥形料斗进入螺旋输送机；而此输送机刚输送出成型的热型煤。这种工艺既使热型煤冷却又使原料煤得到预热和部分干燥。一般情况下，成型机出口温度为 $200℃$，通过螺旋输送机后型煤温度冷却至 $155℃$，然后由滚筒筛筛出。

3.4.1.3　降低装炉煤水分技术

炼焦时，入炉煤在炭化室内进行高温干馏，煤料要经过干燥预热，蒸发除去所含水分，然后煤料再经过熔融软化、裂解、缩合，析出荒煤气等化学物质后，煤料收缩形成焦炭。由于有水的存在，煤中的水分最先在炼焦炉内蒸发汽化成水蒸气，浪费掉了部分宝贵的煤气资源，同时降低了炉墙的表面温度，对炭化室墙面也有腐蚀，影响了焦炉炉体严密性，无形中增加了炼焦煤气的成本。过高的配合煤水分一方面降低了焦炉生产能力和连续操作的稳定性，增加了炼焦耗热量；同时入炉煤水分波动较大，若不及时调整结焦时间和火道温度，会造成焦饼中心温度偏低，导致局部生焦，使焦炭强度下降。

通过与载热介质换热，将煤料中水分快速蒸发使其降低到规定的含水量，目前常用工艺有煤预热和煤调湿。当煤料水分降低后，使水表面张力对煤粒间滑动的影响大大减弱，从而煤料接触更加紧密，有助于堆密度的提高且沿炭化室高向上堆密度变化梯度减小，因此缓解了在炼焦过程中由于上下堆密度不同而加热成熟不均一导致的焦炭裂纹增多质量下降情况的发生。

A　煤预热技术

预热煤炼焦是将煤预先干燥预热，使煤料无水分，并把装炉煤预热到 $200 \sim 250℃$，这样可以增加炭化室的装煤量，缩短结焦时间，提高堆密度和焦炭质量，增加弱黏结性煤的配用量。一般认为此法可缩短结焦时间 $20\% \sim 25\%$，且焦炭强度可提高 5%。

预热煤炼焦时，煤料升温速度加快，流动性改善，塑性温度间隔增宽，气、液、固三相间的作用比较充分，改善了中间相结构。煤料预热后，煤粒表面张力减小，增加了装煤的堆密度，结焦过程中固相或变形粒子间的间隔缩小，液相对空隙的充填率提高，使膨胀压力增大。从而使焦炭的气孔率降低，气孔平均直径减少，密度提高，反应性降低，反应后强度及耐磨性提高。也由于此，预热煤炼焦对膨胀较弱，热解液相产物少，对黏度较少的高挥发弱黏结性煤料，效果更明显。

预热煤炼焦现有三种工艺类型：西姆卡（Simcar）、普列卡邦（Precarbon）、考泰克（Coaltak）。日本室兰焦化厂 6 号焦炉配合使用处理能力为 100t/h 的普列卡邦煤余热工艺，将煤预热至 220℃，水分完全脱除，预热后的煤料被送至储煤能力为 300t 的煤塔中，用密闭式的链板输送机向炭化室顶部送煤装炉，不需要装煤车。装置本体和炉顶链板机输送机装煤均为密闭操作，没有粉尘泄漏及烟尘散发现象。该炉和煤预热装置操作一直正常，由于采用预热煤炼焦，结焦时间仅 15h（包括焖炉 3h）。

煤预热炼焦技术的缺点为：由于预热煤在炼焦过程中产生的膨胀压力比湿煤炼焦时大得多，炭化室墙面因变形而降低使用寿命，且预热煤装炉操作易造成对环境的严重污染。因此 20 世纪 80 年代末，世界煤预热装置大部分已停产，现只有日本室兰焦化厂的煤预热炼焦装置还在运转。

B　煤调湿技术

煤调湿技术（coal moisture control，简称 CMC）是利用焦化生产过程中的余热，在装炉前将炼焦煤水分降低到目标值。它与煤干燥技术的区别在于，不追求最大限度地去除装炉煤中的水分，只把水分控制在相对低的水平（5%～6%），既达到提高效益的目的，又不影响回收系统操作。

美国、前苏联、德国、法国和日本等都进行了不同形式煤调湿实验和生产，其中发展最快的为日本，最早在 1982 年由新日铁开发了第一代导热油煤调湿工艺，1991 年又开发了二代蒸汽回转式干燥机煤调湿工艺，1996 年室兰厂投产了第三代烟道气流化床煤调湿装置。

我国于 1996 年由鞍山焦耐院与重钢焦化厂合作引进日本第一代煤调湿工艺，但该套装置在当时技术已相对落后、操作复杂，导热油对设备腐蚀严重。此外，国内配套设备不完善，焦炉装煤除尘和加煤除尘环保不达标，操作人员无法进行正常加煤和装煤作业，该CMC 装置于 2001 年停止运转。

河南天宏焦化集团结合自身（30 万吨捣固焦）工艺特点，与天地科技股份有限公司唐山分公司合作开发了利用公司富余煤气（焦炉煤气或高炉煤气）为燃料，以燃气式热风炉为热动力的节能转筒煤调湿技术，于 2002 年投产运行。此技术是针对炼焦煤中掺有较多浮选精煤导致水分过高而采取的煤调湿手段。

CMC 一度成为我国钢铁行业除 CDQ 以外重点开发并积极推广的技术。但我国目前已投产 CMC 的运行效果并不理想，并未达到预期目标，近年来已不再推荐。

煤调湿工艺的优点有：

（1）提高焦炉生产能力。装炉煤水分降低后堆密度增大，装煤量增加，结焦时间缩短，从而提高了焦炭产量。煤水分从 9%～12% 降至 5%～6% 时，其堆密度增大，焦炉单孔装煤量将增加 5.0%～7.4%。水分降低后可缩短结焦时间，通常煤水分每降低 1%，干馏时间可缩短 14min 左右，焦炉产量可增加 1.7%。

（2）降低炼焦耗热量。入炉煤含水量的多少，直接影响到炼焦过程的能耗。据测算，入炉煤水分含量每增加1%，炼焦耗热量相应增加约60~80kJ/kg。据日本数据，对1%的水分，干燥装置的耗热量为175.3kJ/kg。当入炉煤水分降低后，约4%~5%的水分不进入炉体，焦炉耗热量大幅度减少，日本各厂CMC的操作数据虽有不同，但大体为煤含水9%降至5%时耗能量减少326kJ/kg，约节省燃料14%左右。

（3）可多配弱黏结性煤，降低用煤成本。日本生产实践表明，在焦炭质量不变的情况下，可多配弱黏结性煤10%左右。

（4）焦炭质量提高。由于调湿煤流动性好，在炭化室内的煤料高向及长向分布均匀，焦炭粒度分布更为合理，大、中块焦炭产量更多，产率更高。

（5）延长焦炉使用寿命。入炉煤水分的变化影响着焦炉加热制度的稳定。煤调湿技术能很好地控制入炉煤的水分，保证焦炉的加热稳定，对焦炉炉体起到了很好的保护作用，并且便于炉温管理，使焦炉各项指标稳定。

（6）减少污染。煤的水分降低，减少了废水排放量，有利于污水处理，减轻了环境污染。此外，装炉煤水分降低，在保持原有结焦时间不变的情况下，火道温度平均降低20~30℃，烟道气中含氮物含量有所降低。

煤调湿的缺点为：

（1）煤料水分的降低使荒煤气中的夹带物增加，造成焦油中的渣量增加2~3倍，因此，为了保证焦油质量，必须这是超级离心机，将焦油中的渣分离出来。

（2）炭化室炉墙和上升管结石墨有所增加，为此，必须设置除石墨设施，以有效地清除石墨，保证正常生产。

（3）调湿后煤料在输送和装煤过程中粉尘量增加，应加强输送和装煤系统的严密性和除尘设施。

3.4.2 焦化废水综合治理技术

3.4.2.1 焦化废水特点及处理现状

焦化废水在煤制焦炭、煤气净化及焦化产品回收过程中产生，具有如下几个显著特点：（1）废水成分复杂，含有数十种无机和有机化合物，其中无机化合物主要含有大量铵硫氰化物、硫化物、氰化物等，有机化合物主要有酚类，单环及多环芳香族化合物，同时也含有氮、硫、氧等杂环化合物等。

（2）废水中污染物浓度高，难于降解，由于焦化废水氮的存在，致使生物净化所需的氮源过剩，废水中的氨氮的浓度可超出500mg/L，COD的浓度可超过4000mg/L，酚的含量可超过700mg/L，由于污染物浓度高，给处理达标带来较大困难。

（3）废水排放量大，吨焦用水量大于2.5t，一般100×10^4t/d设计能力的焦化厂排废水量将超出2500t/d。

（4）危害大，焦化废水中多环芳烃不但难以降解，通常还是强致癌物质，不但会对环境造成严重污染，同时也直接威胁到人类健康。

2012年以前，对焦化废水普遍采用二级处理方法，即预处理除油和悬浮物，生化处理去除COD和氨氮，处理后的废水允许达标排放或用于湿法熄焦。2012年，国家环保部颁布了《炼焦化学工业污染物排放标准》（GB 16171—2012），代替《钢铁工业水污染物排放标准》（GB 13456—1992）中对焦化废水的相关规定。新标准不但对废水中的 COD、氨氮、悬浮物、挥发酚、氰化物等已有指标提出了更为严格的要求，而且增加了总氮、总磷、硫化物等新排放指标，并对吨焦排水量提出了明确限制，规定单位产品基准吨焦排水量为 0.4m³。

从目前焦化行业的废水处理现状来看，绝大多数企业难以达到新标准规定的污染物排放浓度要求，其中以 COD 和总氮的处理难度尤为突出，加上吨焦排水量的严格限制，显著增加了工艺难度。另外，近年来许多焦化企业为实现能源的综合利用大力发展干熄焦技术，几乎不再需要熄焦用水，这就使得原来用于湿法熄焦的焦化废水必须寻求新的出路。

另一方面，焦化企业在生产过程中需要消耗大量以新鲜水为来源的循环冷却水，新水指标不足也成为制约企业发展的瓶颈。为解决焦化企业新水不够用、废水无处排的困境，开发出稳定可靠的废水深度处理回用技术，实现焦化废水的资源化回收利用无外排，成为当前众多焦化企业的迫切需求。

3.4.2.2 废水源头控制

A 导热油替代蒸汽技术

导热油炉是以焦炉煤气或高炉煤气为燃料，导热油为热载体，通过循环油泵将加热后的导热油输送给用户。导热油炉通常由供热系统、点火系统、控制系统三部分组成，可以实现一键启动、自动点火、余热利用功能。剩余氨水蒸氨、硫铵干燥、脱硫熔硫釜熔硫等工段利用导热油炉产生的热导热油替代蒸汽，可以有效降低废水产生量。

导热油系统工艺流程图如图 3-30 所示。导热油循环泵将低温导热油送至导热油炉，经炉膛内盘管加热后送至用热设备，用热设备吸收热量后，低温导热油经回油管路回至热油循环泵进口，往复循环。河钢唐钢美锦焦化导热油的用户包括蒸氨、硫铵、脱硫。

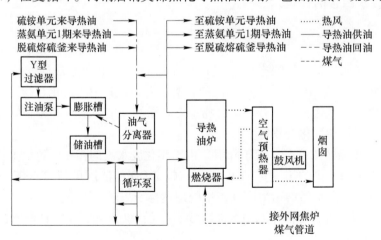

图 3-30 唐钢美锦导热油系统工艺流程

（1）蒸氨以导热油为热源，通过再沸器将剩余氨水进行加热，加热后的剩余氨水进入蒸氨塔进行蒸馏，通过蒸氨塔顶分缩器冷却，将氨气送至饱和器进行硫酸铵加工。

（2）硫铵以导热油为热源，通过热风机换热器，将空气加热后经热风机送至振动流化床，将经过离心机脱水后的硫酸铵进行干燥。

（3）脱硫以导热油为热源，进行熔硫操作。热油经过熔硫釜夹套层、内部盘管将挤压脱水后的硫膏加热至熔融状态，充分加热后的硫膏通过放料操作，将硫黄与硫黄渣进行分离，冷却后进行销售。

河钢唐钢美锦焦化采用导热油替代蒸汽作为热源进行干燥硫酸铵、剩余氨水蒸氨、熔硫釜熔硫，年节约蒸汽10.5万吨，并能减少相应工序冷凝废水的生成量，降低废水处理负荷和处理成本。同时由于导热油本身特性，生产也更加稳定。

B　负压脱苯技术

传统脱苯工艺是利用水蒸气汽提的方式将富油中的苯、甲苯等物质分离出来，汽提形成的水蒸气及所含的苯、甲苯等气体冷凝后得到粗苯产品及冷凝水废水。脱苯过程中使用大量蒸汽，一般每生产1t粗苯消耗1~1.5t蒸汽，这些蒸汽最后会变成含有部分粗苯的冷凝废水，其理费用较高，处理难度大。特别是给焦化厂实现废水零排放增添了很大的困难。

负压脱苯是依靠低压操作条件，降低富油沸点（远离富油常压下的沸点）并提高苯类物质的相对挥发度，在低于常压操作温度的条件下将苯类物质从富油中蒸脱，使富油得到再生。同时，由于脱苯温度降低，可缓解循环洗油生产时生成高沸物而老化的状况。

天津创举负压脱苯工艺流程如图3-31所示，来自洗苯塔的富油与脱苯塔底部的热贫油换热后，温度升高至180~190℃，进入脱苯塔的脱苯段。脱苯段塔顶温度控制在50~60℃左右、压力控制在30~35kPa（A），塔顶得到粗苯汽经过冷凝，油水分离后，一部分通过泵送至塔顶回流，一部分送入粗苯储槽，不凝汽经粗苯二段冷却器回收不凝汽中的粗

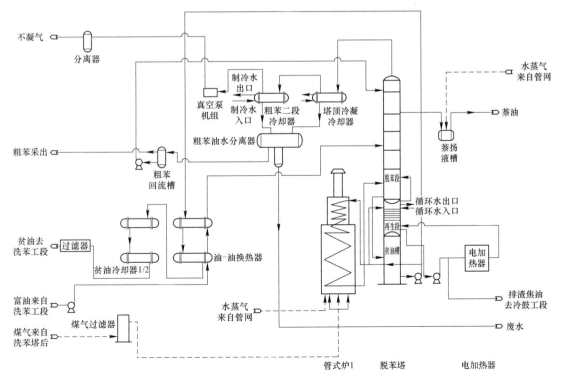

图3-31　天津创举公司负压脱苯工艺流程

苯,最后的不凝汽接真空泵,以此来保证脱苯塔的负压操作。脱苯段的精馏段在特定位置用侧线采出的方式采出萘油,经过冷却后送往萘油储罐。

脱苯塔塔釜温度控制在 210 ~ 220℃、压力控制在 55 ~ 60kPa(A),塔釜热贫油送入储槽段(常压)。储槽段设贫油循环泵,一部分贫油与原料富油换热后再经过降温作为洗苯塔的洗油循环使用,另有一部分贫油通过管式炉加热后作为热源返回脱苯段,余下的贫油(约为贫油量总量的 1% ~ 1.5%)送再生段进行再生。

再生段塔顶温度控制在 210 ~ 212℃左右,压力控制在 65 ~ 70kPa(A);塔釜温度控制在 214 ~ 216℃,压力控制在 70 ~ 75kPa(A),塔釜采用电加热器加热。大部分洗油再生后从再生段塔顶以气相形式返回脱苯段,再生段塔釜的渣油送去焦油大罐,并入焦油加工过程。

负压脱苯相对于常压脱苯有以下优点:

(1)节能。负压脱苯的负压环境有利于降低苯的沸点,提高苯在洗油组分中的相对挥发度和降低塔顶逸出混合蒸气的温度,可使操作回流比减小,便于粗苯的分离和冷凝,有一定的节能效果。

(2)不产生废水。负压脱苯过程仅利用脱苯塔釜的高温热贫油作为热源,不使用直接蒸汽,就不会生成冷凝废水。这样既保证能源的高效利用,避免了能源浪费,同时具有明显地减排作用,利于环保。

(3)洗油再生后排稀渣,渣油可送去焦油大罐,并入焦油加工过程。

C　其他技术

煤调湿技术、废水回用技术、冷却水能源梯级利用等技术均能有效减少废水的产生量,源头降低废水处理负荷。

3.4.2.3　焦化废水处理方法

焦化废水处理按其处理原理分为物理、化学、物理化学和生物化学法。现在主要的处理方法见表 3-16。

表 3-16　工业废水处理的一般方法

处理方法	主要方法种类	主要去除污染物	主要处理级别
物理法	重力分离、离心分离、过滤	不溶解的漂浮、悬浮的油和固体	一级、补充处理
化学法	中和混凝、氧化还原、电解	溶解或胶体物质或降其无害化	深度、二级
物理化学法	吸附、复选、电渗析、反渗透	细小的悬浮和溶解的有机物	深度、二级
生物化学法	活性污泥、生物膜、厌氧生化	使各种状态的有机物稳定或无害化	二级

A　物理法

物理法主要是去除焦化废水中的焦油、胶状物、及悬浮物等,以降低生化处理的负荷。废水中含油浓度通常不能大于 30 ~ 50mg/L,否则将直接影响生化处理。

物理法处理废水是利用废水中污染物的物理特性(如密度、质量、尺寸、表面张力等),将废水中呈悬浮状态的物质分离出来,在处理过程中不改变其化学性质。物理法处理废水可分为重力分离法、离心分离法和过滤法。

重力分离法是利用废水中的悬浮物和水的密度不同,借重力沉降或上浮作用,使密度大于水的悬浮物沉降，密度小于水的悬浮物上浮，然后分离除去。重力法分离废水的装置分为平流式沉淀池、竖流式沉淀池、辐射式沉淀池和斜管式或斜板式沉淀池。

离心分离法是利用悬浮物与水的质量不同，借助离心设备的旋转，因离心力的不同，使悬浮物与水分离。

过滤法是利用过滤介质截留废水中残留的悬浮物质（如胶体、絮凝物、藻类等），使水获得澄清。

目前，国内外焦化废水的物理处理多采用均和调节池调节水量和水质，采用沉淀与上浮法除油和悬浮物。

a　水质水量调节

水量调节废水处理中单纯的水量调节有两种方式：一种为线内调节，进水一般采用重力流，出水用泵提升；另一种为线外调节，调节池设在旁路上，当废水流量过高时，多余废水用泵打入调节池，当流量低于设计流量时，再从调节池回流至集水井，并送去后续处理。

水质调节的任务是对不同时间和不同来源的废水进行混合，使流出水质比较均匀，水质调节池也称均和池或匀质池。

水质调节的基本方法有两种：一种是利用外加动力（如叶轮搅拌、空气搅拌、水泵循环等）进行强制调节，设备较简单，效果较好，但运行费用高，典型的有曝气均和池；另一种是利用差流方式使不同时间和不同浓度的废水进行自身水力混合，基本没有运行费，但设备结构复杂，典型的有折流调节池。

b　沉淀与隔油

焦化废水中含有较多的油类污染物质，一般采用的方法是用隔油池除油，隔油池的种类很多，目前较为普遍采用的是平流隔油池和斜板隔油池。

（1）平流隔油池。废水从池的一端进入，从另一端流出，由于池内水平流速很小，进水中的轻油滴在浮力作用下上浮，并且聚积在池的表面，通过设在池面的集油管和刮油机收集浮油。相对密度大于1的油粒随悬浮物下沉。平流隔油池构造简单，工作稳定性好，但池容较大，占地面积也大。

（2）斜板隔油池。池内斜板大多数采用聚酯玻璃钢波纹板，板间距为 20 ~ 50mm，倾角不小于 45°，斜板采用异向流形式，废水自上而下流入斜板组，油粒沿斜板上浮。实践表明，斜板隔油池需停留时间仅为平流隔油池的 25% ~ 50%，约 30min。斜板隔油池去除油滴的最小直径为 60μm。

B　化学法

化学法中混凝法和氧化法是焦化废水处理比较常用的方法。

a　混凝法

混凝法常用于焦化废水预处理阶段，向废水中投放电解质混凝剂，在废水中形成胶团，与废水中的胶体物质发生电中和，形成沉降。这一过程包括混合、反应、絮凝、凝聚等几种综合作用，总称为混凝。

常用的混凝剂有聚丙烯酰胺、硫酸铝（$Al_2(SO_4)_3 \cdot 18H_2O$）、硫酸亚铁（$FeSO_4 \cdot 7H_2O$）、聚合氯化铝（PAC，即碱式氯化铝）等，目前国内焦化厂家一般采用聚合硫酸铁。

在废水混凝处理中，有时需要投加辅助药剂以提高混凝效果，这种辅助药剂称为助凝剂。按助凝剂的作用可分为：

（1）pH 值调节剂，以达到混凝剂使用的最佳 pH 值，如 CaO。

（2）活化剂，以改善絮凝体结构的高分子助凝剂，如活性硅酸、活性炭以及各种黏土。

（3）氧化剂，以消除有机物对混凝剂的干扰，如 Cl_2。

b　氧化法

氧化法是通过氧化反应将水中溶解的一些无机物和有机物转化为无害化物质的一种污水处理方法。常用的氧化法包括空气氧化、氯氧化、臭氧氧化、湿式氧化等。其中臭氧法在国外被普遍应用，其反应迅速，氧化性强处理效率高，能除去各种有害物质，一般氰的去除率可达 95% 以上。但臭氧不能储存，当废水量和水质发生变化时，调节臭氧投放量比较困难，臭氧在水中不稳定，容易消失，基础建设投资大，耗电量大，处理成本高，因而在我国未得到推广。

c　催化湿式氧化法

催化湿式氧化法是污水在高温、高压的液相状态和催化剂的作用下，通入空气将污染物进行较彻底的氧化分解，使之转化为无害物质，使污水得到深度净化。同时，又可使污水达到脱色、除臭、杀菌的目的。实验表明，剩余氨水经一次催化湿式氧化后，出水各项指标均可达到排放标准，并符合回用水要求。

C　物理化学处理方法

废水经过物理方法处理后，仍会含有某些细小的悬浮物以及溶解的有机物、无机物。为了去除残存的水中污染物，可以进一步采用物理化学方法处理，物理化学方法有吸附、萃取、气浮、离子交换、膜分离技术（包括电渗析、反渗透、超滤）等。焦化废水处理常采用吸附、萃取和气浮法。

a　吸附剂吸附

让固体吸附剂与废水接触，使分子态污染物吸附于吸附剂上，然后使废水与吸附剂分离，污染物便被分离出来，吸附剂经再生后，重新使用。工业上常用活性炭作吸附剂处理焦化废水。

活性炭吸附工艺包括经活性污泥处理后的污水的预处理、活性炭吸附和活性炭再生三部分组成。经活性污泥处理后的污水首先进入混合槽，在此投加硫酸亚铁溶液，使悬浮物凝聚。同时投加稀硫酸调整 pH 值，使 CN^- 在弱酸性条件下同铁盐反应生成亚铁氰化物（$Fe_2Fe(CN)_6$）。然后投加三氯化铁混凝剂，再加石灰乳调整 pH 值。同时用压缩空气搅拌，促使水中亚铁离子生成三价铁的沉淀物。在混合槽出口加助凝剂后流入混凝沉淀槽，沉降污泥用刮泥机刮至池中部用泵送至污泥浓缩装置。澄清水送入砂滤塔过滤后，再送入活性炭吸附塔。

b　萃取脱酚

酚在某些溶剂中溶解度大于在水中的溶解度，因而当溶剂与含酚废水充分混合接触时，废水中的酚就转移到溶剂中，这种过程称为萃取，所用的溶剂称为萃取剂。

c　气浮（浮选）法

气浮技术是针对不同成分、不同水质的污水，添加不同的药剂（氯化钙、聚合铝、聚丙烯酰胺、高分子絮凝剂等），使污水产生气泡，利用高度分散的微小气泡作为载体去黏附废水中的污染物，使其视密度小于水而上浮到水面，从而达到净化废水的目的。

气浮法的形式比较多，常用的气浮方法有加压气浮、曝气气浮、真空气浮以及电解气浮和生物气浮等，加压气浮法已在气化废水处理中得到了应用。加压气浮的原理如下：

（1）破乳在废水中投加强电解质，它能离解成离子态形式，并中和水中微粒的表面电荷，减弱微粒之间的静电作用，在非外力的作用下主要做布朗运动。

（2）凝聚利用高分子自身的大分子结构，在水中形成架桥，将水中的悬浮物及油粒通过架桥吸附作用聚集在一起的过程。

（3）气浮加压溶气水在常压下释放，由于压力骤然降低，溶解于水中的氮气将被析出上浮，同时水中的悬浮物及油粒被吸附在气泡上，一并托起，以达到清除油目的。

D　生物化学处理方法

生物处理法是利用微生物氧化分解废水中有机物的方法，常作为焦化废水处理系统中的二级处理。生化法处理废水可分为好氧生物处理和厌氧生物处理两种方法。

好氧生物处理是在溶解氧的条件下，利用好氧微生物将有机物分解为 CO_2 和 H_2O，并释放出能量的过程。该法分解彻底，速度快，代谢产物稳定。通常对于较浓废水，需进行稀释，并不断补充氧，因此处理成本较高。

厌氧生物处理是在无氧的条件下，利用厌氧微生物作用，主要是厌氧菌的作用，将有机物分解为低分子有机酸、CH_4、H_2O、NH_4^+ 等。

目前在焦化废水处理中常采用活性污泥法、生物脱氮法和低氧、好氧曝气、接触氧化法等。

a　活性污泥法

活性污泥法是利用活性污泥中的好氧菌及其他原生动物对污水中的酚、氰等有机质进行吸附和分解以满足其生存的特点，把有机物最终变成 CO_2 和 H_2O。目前，国内多数焦化厂采用这种方法净化废水。如图3-32所示，即为活性污泥法工艺流程图。

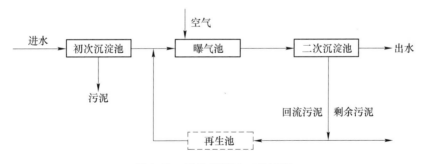

图3-32　活性污泥法工艺流程

流程中的主体构筑物是曝气池，废水经过适当预处理后，进入曝气池与池内活性污泥混合成混合液，并在池内充分曝气，一方面使活性污泥处于悬浮状态，废水与活性污泥充分接触；另一方面，通过曝气，向活性污泥供氧，保持好氧条件，保证微生物的正常生长与繁殖。废水中有机物在曝气池内被活性污泥吸附、吸收和氧化分解后，混合液进入二次沉淀池，进行固液分离，净化的废水排出。大部分二沉池的沉淀污泥回流入曝气池保持足够数量的活性污泥。通常，参与分解废水中有机物的微生物的增殖速度，都慢于微生物在曝气池内的平均停留时间。因此，如果不将浓缩的活性污泥回流到曝气池，则具有净化功能的微生物将会逐渐减少。污泥回流后，净增殖的细胞物质将作为剩余污泥排入污泥处理系统。

另外为提高 COD 及 NH_3-N 去除率，人们在此基础上研发了生物铁法、粉末活性炭活性污泥法、生长剂活性污泥法、二段曝气法等强化活性污泥法。

（1）生物铁法。该法是在活性污泥法曝气池中投加一定量的铁盐，并逐步驯化成生物铁絮凝体。与传统活性污泥法相比，生物铁法具有下列优点：加强了曝气池内吸附、生物氧化及凝聚过程，提高了对有机物的去除效率；改善了活性污泥性能和沉淀性能，增加了曝气池污泥浓度；抗负荷、抗毒性能力较强。

（2）粉末活性炭活性污泥法与普通活性污泥法相比，具有以下优点：改善了系统的稳定性；提高了难降解有机物的去除速率；缓和了有毒、有害物质对好氧微生物的生长抑制；脱色效果好；改善了污泥性能。

（3）生长剂活性污泥法投加某些如葡萄糖、对氨基苯甲酸、尿素等生长剂，可以加快 CN^-，SCN^- 的生物降解速度，强化吡啶等难降解有机物的去除，促进硝化反应。

（4）两级活性污泥法。该法具有硝化效果好，抗冲击负荷力较强的特点，由于第二级处于延时曝气，可少排或不排污泥，减少污泥处置费用。

b　低氧、好氧曝气、接触氧化法

低氧、好氧曝气、接触氧化法是经过充氧的废水以一定的流速流经装有填料的曝气池，使污水与填料上的生物接触而得到净化。图 3-33 所示即为低氧、好氧曝气、接触氧化法生化段工艺流程。

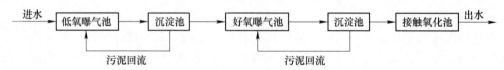

图 3-33　低氧、好氧曝气、接触氧化法生化段工艺流程

经预处理后的废水，首先进入低氧曝气池，在低氧浓度下，利用兼性菌特性改变部分难降解有机物的性质，使一些环链状高分子变成短链低分子物质，这样，在低氧状态下能降解一部分有机物，同时使其在好氧状态下也易于被降解，从而提高对有机物的降解能力。

进入好氧曝气池后，在好氧段去除大部分易降解的有机物，这样进入接触氧化池的废水有机物浓度低，且留下的大部分是难降解有机物。

在接触氧化池中，经过充氧的废水以一定流速流经装有填料的滤池，使废水与填料上的生物膜接触而得到净化。

c　生物脱氮工艺

根据生物脱氮工艺中好氧、厌氧、缺氧等反应装置的不同配置，焦化污水的生物脱氮工艺可分为 A/O、A^2/O、A/O^2 及 SBR-A/O^2 等方法，这些方法对去除焦化废水中的 COD 和 NH_3-N 具有较好的效果。

（1）缺氧-好氧生物脱氮工艺（A/O 工艺）。A/O 工艺的基本流程如图 3-34 所示，该工艺由两个串联反应器组成，第一个是缺氧条件下微生物死亡所释放的能量作为脱氮能源进行的反硝化反应，第二个是好氧生物氧化的硝化作用。这是将好氧硝化反应器中的硝化液，以一定比例回流到反硝化反应器，这样反硝化所需碳源可直接从入流污水获得，同时减轻硝化段有机负荷，减少了停留时间，节省了曝气量和碱投加量。

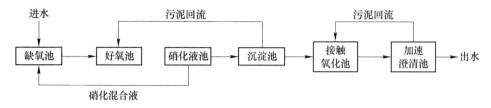

图 3-34　A/O 生物脱氮工艺流程

目前 A/O 工艺已成功地应用于国内几家焦化厂，其出水水质基本达到地方或国家的污水排放标准，基建投资较普通生化处理装置约增加 30% 左右，操作费用较普通生化处理的增幅较大。

该工艺具有如下特点：利用污水中的碳作为反硝化时的电子供体，无需外加碳源；该工艺属于硝酸型反硝化脱氮，即污水中的氨氮在 O 段被直接氧化为硝酸盐氮后，回流到 A 段进行反硝化，故工艺流程短；运行稳定，管理方便。

（2）厌氧-缺氧-好氧工艺（A^2/O 工艺）。A^2/O 工艺比 A/O 工艺在缺氧段前增加一个厌氧反应器，主要利用厌氧作用首先降解污水中的难生物降解有机物，提高其可生物降解性，不仅可改善系统 COD 去除效果，还利于后续 A/O 系统的脱氮效果，是目前较为理想的处理工艺。

（3）短程硝化-反硝化工艺（A/O^2 工艺）。由于 A/O 工艺存在处理构筑物较大、投资高、操作费用高等问题。因此在此基础上开发的 A/O^2 工艺，即短程硝化-反硝化工艺或亚硝酸型反硝化生物脱氮工艺，也称节能型生物脱氮工艺。工艺还具有如下特点：将亚硝化过程与硝化过程分开进行，并用经亚硝化后的硝化液进行反硝化脱氮；反硝化仍利用原污水中的碳，但和 A/O 工艺相比，反硝化时可节碳 40%，在 C/N 比一定的情况下可提高总氮的去除率；需氧量可减少 25% 左右，动力消耗低；碱耗可降低 2% 左右，降低了处理成本；可缩短水力停留时间，反应器容积也可相应减少；污泥量可减少 50% 左右。

（4）SBR-A/O^2（序批式）生物脱氮工艺。在稳态情况下硝酸菌和亚硝酸菌是同时存在的，对于连续流 A/O^2 生物脱氮工艺，由于亚硝化过程受诸多因素的影响，要使硝化过程只进行到亚硝酸盐阶段而不再进入硝酸盐阶段，并达到较高的亚硝化率，其要求的控制条件较高，若控制不当，则难以实现亚硝化脱氮。实验结果表明，在间歇曝气反应器中，亚硝化反应和硝化反应过程是先后进行的，即只有当大部分氨氮被转化为亚硝酸后，硝化反应才开始进行。因此，为控制亚硝化率，将 A/O^2 工艺中的亚硝化段在 SBR 操作方式下运行，故称为 SBR-A/O^2 工艺。实验结果表明，当亚硝化阶段以 SBR 方式运行时，可有效控制亚硝化率，并且可简化控制过程。

以上介绍的是废水处理的基本方法，在实际应用时，各方法往往不独立使用，否则难以达到排放标准。针对某种废水，往往需要通过几种方法组合成一定的二级或三级处理系统，才能达到排放标准。

3.4.2.4　焦化废水处理工程实例

焦化厂含酚废水中主要含挥发酚，煤气发生站含酚废水中含不挥发酚较多。因此焦化废水处理工艺与气化废水的处理工艺不完全相同，但是由于这两种废水所含主要污染物质相同，所以处理工艺上也有相似之处。正确、合理的工艺选取方法与气化废水处理工艺相似，下面以唐钢焦化的废水处理的工程实例来介绍典型焦化废水处理工艺。

河钢唐钢美锦煤化工的含酚废水量每天约 5000t，废水含酚为 2000～2500mg/L，属高浓度含酚废水，高浓度含酚废水回收处理采用 "生物处理 + 膜处理 + 芬顿处理" 的三级深度处理工艺。生物处理包括格栅自动机除杂与 DAF 气浮除油、氰化物、硫化物及调节池水质水量调节技术；活性污泥与凯氏氮/氨氮硝化/反硝化及澄清自动冲洗过滤技术；膜处理工艺采用 "组件式超滤 + 反渗透"。为适应焦化废水中悬浮物和有机污染物浓度高的特点，采用砼式 PVDF 复合膜膜丝、聚胺酯端头密封、外压式中空纤维等耐污染、耐磨组件；采用错流过滤、浓水回流，并辅以频繁气、水反洗技术，有效保证膜系统稳定的产水量，提高了水利用效率和系统稳定性。并通过动态和净态实验，确定混凝剂、阻垢剂种类和加入量及多介质过滤器的运行参数。反渗透采用停运自动冲洗、难冲洗污垢在线化学清洗等技术，具有高脱盐率、强抗污染、透过速度快、机械强度好的特点。反渗透浓水采用芬顿（fenton）处理技术。处理后废水实现 70% 回用，作为煤气净化循环水、循环冷却水或干熄焦循化水的补充水，回用水指标见表 3-17。其余 30% 达到城市生活污水排放标准，进入城市污水处理系统。处理过程中产生的生化污泥、芬顿污泥进行回配炼焦处理，避免二次污染。

表 3-17　回用水水质

项　目	水质	项　目	水质	项　目	水质
TAC（以 $CaCO_3$ 计）/mg·L^{-1}	≤30	T-Ca（以 $CaCO_3$ 计）/mg·L^{-1}	≤30	SO_4^{2-}/mg·L^{-1}	<15
悬浮物/mg·L^{-1}	—	COD/mg·L^{-1}	<15	SiO_2/mg·L^{-1}	<8
SCOD/mg·L^{-1}	<15	pH 值（25℃）	5～8	Cl$^-$/mg·L^{-1}	<150
水温/℃	20～35	电导率/μS·cm^{-1}	<350		

3.4.3　焦化废渣、废液的综合利用技术

3.4.3.1　焦化废渣废液的来源

焦化生产中的废渣废液主要来自煤气净化车间，包括焦油渣、酸焦油和洗油再生残渣等。另外，焦化废水处理工段的生化污泥和芬顿污泥。炼焦车间基本不产生废渣，主要是熄焦池的焦粉。

A　焦油渣

从焦炉逸出的荒煤气在集气管和初冷器冷却的条件下，高沸点的有机化合物被冷凝形成煤焦油，与此同时煤气中夹带的煤粉、半焦、石墨和灰分等也混杂在煤焦油中，形成大小不等的团块，这些团块称为焦油渣。

焦油渣与焦油依靠重力的不同进行分离，在机械化澄清槽沉淀下来，机械化澄清槽内的刮板机，连续地排出焦油渣。因焦油渣与焦油的密度差小，粒度小，易于焦油黏附在一起，所以难以完全分离，从机械化澄清槽排出的焦油尚含 2%～8% 的焦油渣，焦油再用离

心分离法处理，可使焦油除渣率达 90% 左右。

焦油渣的数量与煤料的水分、粉碎程度、无烟装煤的方法和装煤时间有关。一般焦油渣占炼焦干煤的 0.05% ~ 0.07%，采用蒸汽喷射无烟装煤时，可达 0.19% ~ 0.21%。采用预热煤炼焦时，焦油渣的数量更大，约为无烟装煤时的 2 ~ 5 倍，所以应采用强化清除焦油渣的设备。

焦油渣内的固定碳含量约为 60%，挥发分含量约为 33%，灰分约为 4%，气孔率 63%，真密度为 1.27 ~ 1.3kg/L。

B 酸焦油

酸焦油主要在硫酸铵生产过程中产生。当用硫酸吸收煤气中的氨以制取硫酸铵时，由于不饱和化合物的聚合，以及从蒸氨塔来的酸性物质等各种杂质进入饱和器，因而在饱和器内产生酸焦油，酸焦油随同母液流到母液满流槽，再入母液储槽，在母液储槽中将其分离出来。

在硫酸铵生产过程产生的酸焦油的数量变动范围很大。通常取决于饱和器的母液温度和酸度，煤气中不饱和化合物和焦油雾的含量，还有硫酸的纯度和氨水中的杂质含量等。一般酸焦油的产率约占炼焦干煤质量的 0.013%。

C 洗油再生残渣

洗油在循环使用过程中质量会变恶化。为保证循环洗油的质量，将循环洗油量的 1% ~ 2% 由富油入塔前的管路或脱苯塔加料板下的一块塔板引入洗油再生器。在此用 0.98 ~ 1.176MPa 中压间接汽加热至 160 ~ 180℃，并用直接蒸汽蒸吹。蒸出来的油气及水气（155 ~ 175℃）从再生器顶部逸出后进入脱苯塔底部。再生器底部的黑色黏稠的油渣（残油）排至残渣槽。

洗油残渣是洗油的高沸点组分和一些缩聚产物的混合物。高沸点组分如芴、苊、萘、二甲基萘、α-甲基萘、四氢化萘、甲基苯乙烯、联亚苯基氧化物等。洗油中的各种不饱和化合物和硫化物，如苯乙烯、茚、古马隆及其同系物、环戊二烯和噻吩等可缩聚形成聚合物。缩聚物生成数量随洗油加热温度、粗苯组成、油循环状况等因素而定，并与送进洗苯塔的洗油量有关，一般占循环油的 0.12% ~ 0.15%。聚合物的指标：密度为 1.12 ~ 1.15g/cm³（50℃），灰分为 0.12% ~ 2.40%，甲苯溶物为 3.6% ~ 4.5%，固体树脂产率为 20% ~ 60%。

D 脱硫废液

用碳酸钠或氨作为碱源的各种湿法脱硫，如 ADA、塔卡哈克斯法、HPF 法等均产生一定量废液。废液主要是由副反应生成的各种盐。

ADA 法脱硫过程中，发生的主要反应是碱液吸收反应、氧化析硫反应、焦钒酸钠被氧化反应以及 ADA 和碱液再生反应。但是由于焦炉煤气中含有一定量的二氧化碳和少量的氰化氢及氧，所以在脱硫过程中还发生下列副反应：

煤气中二氧化碳与碱液反应：

$$Na_2CO_3 + CO_2 + H_2O \Longrightarrow 2NaHCO_3$$

煤气中氰化氢和氧参与反应：

$$Na_2CO_3 + 2HCN \Longrightarrow 2NaCN + H_2O + CO_2 \uparrow$$

$$NaCN + S \xrightarrow{\hspace{1cm}} NaCNS$$

$$2NaHS + 2O_2 \xrightarrow{\hspace{1cm}} Na_2S_2O_3 + H_2O$$

部分 $Na_2S_2O_3$ 被氧化为 Na_2SO_4:

$$Na_2S_2O_3 + O_2 \xrightarrow{\hspace{1cm}} Na_2SO_4 + 2S \downarrow$$

氨型塔卡哈克斯法是以煤气中氨作为碱源,以1,4-萘醌-2-磺酸铵作氧化催化剂。其发生的主要反应有吸收反应、氧化反应和再生反应。生成的硫氢化铵和氰化铵在萘醌催化剂的作用下发生副反应生成 NH_4CNS、$(NH_4)_2S_2O_3$ 和 $(NH_4)_2SO_4$,影响了吸收液。其反应方程式如下:

$$2NH_4HS + O_2 \xrightarrow{\hspace{1cm}} 2NH_4OH + 2S$$

$$NH_4CN + S \xrightarrow{\hspace{1cm}} NH_4CNS$$

$$2NH_4HS + 2O_2 \xrightarrow{\hspace{1cm}} (NH_4)_2S_2O_3 + H_2O$$

$$NH_4HS + 2O_2 + NH_4OH \xrightarrow{\hspace{1cm}} (NH_4)_2SO_4 + H_2O$$

E 废水处理工序产生的污泥

含酚污水的生化处理多用活性污泥法。污水进入曝气池内并曝晒24h左右,在好氧细菌作用下,对污水进行净化,污水曝气后进入二次沉淀池形成更多的污泥,部分污泥回流到曝气池,其余的就是剩余污泥,并送污泥处理装置。

3.4.3.2 焦化废渣废液的回收利用

A 焦油渣的利用

a 回配到煤料中炼焦

焦油渣主要是由密度大的烃类组成,是一种很好的炼焦添加剂,可提高各单种煤胶质层指数,即可增大焦炭块度,增加装炉煤的黏结性,提高焦炭抗碎强度和耐磨强度。

马鞍山钢铁公司焦化公司,在煤粉碎机后,送煤系统皮带通廊顶部开一个 $0.5m \times 0.5m$ 的洞口,作为配焦油渣的输入口。利用焦油渣在70℃时流动性较好的原理,用12只($1700mm \times 1500mm \times 900mm$)带夹套一侧有排渣口的渣箱,采用低压蒸汽加热夹套中的水,间接地将渣箱内焦油渣加热,使焦油渣在初始阶段能自流到粉碎机后皮带上。后期采用台车式螺旋卸料机辅助卸料,使焦油渣均匀地输送到炼焦用煤的皮带机上,通过皮带送到煤塔回到焦炉炼焦。

此外,在配型煤工艺中,焦油渣还可以作为煤料成型的黏结剂。焦油渣灰分和硫分含量低,冷态成型时黏结能力强,干馏时能形成流动性好的胶质体。

b 作燃料使用

一些焦化厂的焦油渣无偿或以极低的价格运往郊区农村,作为土窑燃料使用,但热效率较低。通过添加降粘剂降低焦油渣黏度并溶解其中的沥青质,若采用研磨设备降低其中焦粉、煤粉等固体物的粒度,添加稳定分散剂避免油水分离及油泥沉淀等,达到泵送应用要求,可使之具有良好的燃烧性能的工业燃料油。

B 酸焦油的利用

a 酸焦油回收工艺

由满流槽溢流出的酸焦油和母液进入分离槽,在此将母液与酸焦油分离。母液自流至母液储槽，酸焦油则经溢流挡板流入酸焦油槽。用直接蒸汽将酸焦油压入洗涤器，在此用来自蒸氨塔前的剩余氨水进行洗涤，然后静置分离。下层经中和的焦油放入焦油槽，并用蒸汽压送至机械化氨水澄清槽。上层氨水放至母液储槽。

此法的优点为：对焦油质量影响不大；洗涤器内温度保持在 $90 \sim 100 ℃$，不会发生乳化现象；洗涤后的氨水含有 $30 \sim 35 g/L$ 的硫铵得到回收。缺点是氨水带入母液系统的杂质影响硫铵的质量。

b 酸焦油的回配工艺

直接混配法即直接掺入配煤中炼焦，酸焦油配入量主要是根据精制车间酸焦油的产量来决定的，大约在 0.3%。在炼焦煤中添加酸焦油可使煤堆密度增大，焦炭产量增加，焦炭强度有不同程度改善，尤其焦炭耐磨指标 M10、焦炭反应性及反应后强度改善较为明显。酸焦油对炼焦煤的结焦性和黏结性有一定的不利影响，同时高浓度酸焦油对炉墙硅砖有一定的侵蚀作用。

中和混配法先用剩余氨水中和，再与煤焦油和沥青等混配成燃料油或制取沥青漆的原料油。

C 洗油再生残渣的利用

洗油再生残渣的利用方向有：

（1）掺入焦油中或配制混合油。洗油再生残渣通常配到焦油中。洗油再生残渣也可与蒽油或焦油混合，生产混合油，作为生产炭黑的原料。

（2）生产苯乙烯-茚树脂。残油生产苯乙烯-茚树脂可以通过在间歇式釜或连续式管式炉中加热和蒸馏的途径实现，制得的苯乙烯-茚树脂可作为橡胶混合体软化剂，加入橡胶后可以改善其强度、塑性及相对延伸性，同时也减缓其老化作用。

D 脱硫废液处理

脱硫废液的主要成分为：氨为碱源，主要含有硫氰酸铵、硫代硫酸铵和硫酸铵等；碳酸钠为碱源，主要含有硫氰酸钠、硫代硫酸钠和硫酸钠等。

以碳酸钠为碱源脱硫废液的大致组成（pH 值 ≈ 8.50）为：$Na_2S_2O_3$ 150g/L；NaSCN 250g/L；PDS 0.1g/L；Na_2SO_4 30g/L。

脱硫废液中的硫氰酸盐对植物具有极强的杀伤力，而硫代硫酸盐和硫酸盐又会造成环境的富营养化，是环境高风险物质。

a 脱硫废液处理技术现状

（1）喷洒煤场，目前为国内主要处理方式。污染严重，设备腐蚀，资源浪费，实际上更重要的是硫在配合煤、煤气、脱硫液内系统循环，没有真正的处理掉，还加大脱硫装置的处理负荷，更影响焦炭品质，并未从根本上解决脱硫废液难题。

（2）高温燃烧制酸。投资巨大，成本高，设备腐蚀严重，最终产品具有强烈的腐蚀性和氧化性，属国家管制类化学品，储存要求严格，储存成本高，市场价格下滑严重，产品滞销。

（3）结晶提混盐法。多次重结晶提硫氰酸盐，提取的硫氰酸钠杂质高，质量不稳定，收率低，能耗高，易造成二次污染。

（4）资源化循环利用技术。资源化循环利用技术在结晶提盐法的基础上，增加高效预处理及浸取工艺，不但生产出了纯度高，质量稳定、合格的硫氰酸钠和硫代硫酸钠，不对环境造成二次污染；而且产生的回水能够返回满足焦化厂继续使用，实现了水的资源化利用

b　脱硫废液处理工艺

（1）希罗哈克斯（湿式氧化法）。该法的工艺流程为：由塔卡哈克斯装置来的吸收液被送入希罗哈克斯装置的废液原料槽 1，再往槽内加入过滤水、液氨和硝酸，经过调配使吸收液组成达到一定的要求。用原料泵将原料槽中的混合液升压到 9.0MPa，另混入 9.0MPa 的压缩空气，一起进入换热器并与来自反应塔顶的蒸汽换热，加热器采用高压蒸汽加热到 200℃以上，然后进入反应塔。反应塔内，温度控制在 273 ~ 275℃，压力是 7.0 ~ 7.5MPa 时，吸收液中的含硫组分按以下反应进行反应：

$$2S + 3O_2 + 2H_2O \Longrightarrow 2H_2SO_4$$
$$(NH_4)_2S_2O_3 + 2O_2 + H_2O \Longrightarrow (NH_4)_2SO_4 + H_2SO_4$$
$$NH_4CNS + 2O_2 + 2H_2O \Longrightarrow (NH_4)_2SO_4 + CO_2 \uparrow$$
$$2NH_3 + H_2SO_4 \Longrightarrow (NH_4)_2SO_4$$

从反应塔顶部排出的废气，温度为 265 ~ 270℃，主要含有 N_2、O_2、NH_3、CO_2 和大量的水蒸气，利用废气作热源，给硫酸液加热，经换热器后成为气液混合物，被送入第一气液分离器。进行分离后，冷凝液经冷却器和第二气液分离器再送入塔卡哈克斯装置的脱硫塔，作补给水。废气进入洗净塔，经冷却水直接冷却洗净，除去废气中的酸雾等杂质，再送入塔卡哈克斯装置的第一、第二洗净塔，与再生塔废气混合处理。经氧化反应后的脱硫液即硫铵母液，从反应塔断塔板处抽出，氧化液经冷却器冷却后进入氧化液槽，然后再用泵送往硫铵母液循环槽。

采用湿式氧化法处理废液，主要是使废液中的硫氰化铵、硫代硫酸铵和硫黄氧化成硫铵和硫酸，无二次污染，转化分解率高达 99.5% ~ 100%。

（2）还原热解法。脱硫废液还原分解流程包括两个装置，即脱硫装置和还原分解装置。该法的主要设备是还原分解装置中的还原热解焚烧炉。焚烧炉按机理分为两个区段，炉上部装有燃烧器，它能在理论空气量以下实现无烟稳定燃烧，产生高温的还原气。在上部以下的区段，把废液蒸气雾化或机械雾化喷入炉膛火焰中，在还原气氛下分解惰性盐。燃烧产生的废气穿过碱液回收槽的液封回收碱，余下的不凝气体经冷却后进入废气吸收器，H_2S 被回收。

还原热解法处理废液的反应原理如下：

$$Na_2SO_4 + 2H_2 + 2CO \longrightarrow Na_2CO_3 + H_2S + H_2O + CO_2$$
$$Na_2SO_4 + 4H_2 \longrightarrow Na_2S + 4H_2O$$
$$Na_2SO_4 + 3H_2 + CO \longrightarrow Na_2CO_3 + H_2S + 2H_2O$$
$$Na_2S_2O_3 + H_2 + 3CO \longrightarrow Na_2S + H_2S + 3CO_2$$

（3）焚烧法。对于以碳酸钠为碱源，苦味酸作催化剂脱硫脱氰方法，部分脱硫废液经浓缩后送入焚烧炉进行焚烧，使废液中的 NaCNS、$Na_2S_2O_3$ 重新生成碳酸钠，供脱硫脱氰循环使用，从而可减少新碱源的添加量。

c　脱硫废液制酸工艺示例

脱硫废液制酸包括脱硫废液浓缩和硫浆焚烧制酸两部分。脱硫废液浓缩部分处理来自

脱硫单元产生的硫黄和脱硫废液，离心浓缩后的硫浆产品送往制酸单元，制取浓硫酸。

（1）脱硫废液浓缩单元。从脱硫单元硫泡沫槽来的硫泡沫液送入离心机，经固、液两相离心分离后，滤液进入滤液槽，然后用滤液泵抽出，一部分送往浓缩塔，其余送脱硫单元脱硫塔。从离心机分出的硫膏进入浆液槽，与来自浓缩塔的盐类浓缩液混合后送浆液储槽，然后由浆液移送泵送往制酸单元。浆液槽及浆液储槽均设有机械搅拌器，以防止硫黄沉积，堵塞设备及管道。

从滤液槽送往浓缩塔的滤液首先经浓缩液加热器用蒸汽加热至125℃，然后进入浓缩塔，塔顶浓缩生成的水汽及氨汽进入凝缩塔，塔底浓缩液用浓缩液循环泵抽出，一部分送往浆液槽，其余部分与滤液槽送来的滤液混合后送入浓缩液加热器，然后进入浓缩塔。凝缩塔顶排出的不凝性气体送脱硫后煤气管道，塔底排出的凝缩液进入凝缩液循环泵，生成的凝缩液送脱硫单元脱硫塔，其余送入凝缩塔冷却器，用循环水冷却至55℃后送回凝缩塔循环使用。

（2）硫浆焚烧制酸单元。其工艺流程为：低品质硫黄及脱硫废液制酸由废液焚烧、余热回收、净化和冷却、干燥、吸收、转化和尾气除害工序组成。具体包括：

1）废液焚烧工序。脱硫单元的硫黄浆液通过供料泵进入制酸焚烧炉烧嘴，并用压缩空气将其雾化，按照化学反应计量比，与制氧机产生的富氧空气充分混合后，在1000～1100℃温度下进行焚烧，硫及硫化物燃烧后生成的主要产物为SO_2，其中尚有少量SO_3生成。主要反应如下：

$$S + O_2 \longrightarrow SO_2$$

$$NH_4SCN + 3O_2 \longrightarrow N_2 + CO_2 + SO_2 + 2H_2O$$

$$(NH_4)_2S_2O_3 + \frac{5}{2}O_2 \longrightarrow N_2 + 2SO_2 + 4H_2O$$

$$(NH_4)_2SO_4 + O_2 \longrightarrow N_2 + SO_2 + 4H_2O$$

$$(NH_4)_2S_6 + 8O_2 \longrightarrow N_2 + 6SO_2 + 4H_2O$$

$$(NH_4)_2CO_3 + \frac{3}{2}O_2 \longrightarrow N_2 + CO_2 + 4H_2O$$

$$4NH_3 + 3O_2 \longrightarrow 2N_2 + 6H_2O$$

2）余热回收工序。焚烧后的高温过程气，经废热锅炉回收热量，温度由1000～1100℃降至350℃。回收产生的蒸汽，一部分用于冷空气的加热，另一部分供用户使用。

3）净化和冷却工序。从废热锅炉出来的过程气，依次通过增湿塔、冷却塔、洗净塔及电除雾器，用稀硫酸分别对过程气进行增湿降温、气体冷却、洗净及除雾，以脱出过程气中含有的大量的水、矿尘、酸雾以及砷、硒、氟、氯等易使后续转化工序催化剂中毒的有害杂质。

4）干燥工序。由净化和冷却工序来的含SO_2过程气进入干燥塔，水分降至$0.1g/m^3$（标态）以下，干燥后过程气进入SO_2风机。

5）吸收工序。经一次转化后的气体，温度大约为170℃进入第一吸收塔，吸收其中的SO_3后经塔顶除雾器除雾后，返回转化系统进行二次转化。经二次转化的转化气，温度大约为193℃进入第二吸收塔，吸收其中的SO_3后经塔顶的纤维除雾器除雾后，送入尾气除害工序。

第一吸收塔和第二吸收塔均为填料塔。第一吸收塔喷洒酸浓度为98%。吸收一次转化

SO_3 后的酸自塔底流入第一吸收塔底循环槽,与干燥串入的94%硫酸混合,然后经第一吸收塔循环泵送入第一吸收塔冷却器冷却后,进入第一吸收塔循环使用。增多的98%硫酸,一部分串入干燥塔底循环槽,另一部分作为成品酸经冷却器后送入成品酸中间槽。

第二吸收塔吸收的浓硫酸经第二吸收塔循环泵送入第二吸塔冷却器冷却后,进入第二吸收塔循环使用。增多的98%硫酸流入第一吸收塔底循环槽。

6)转化工序。转化工序的换热流程为Ⅲ、Ⅰ~Ⅳ、Ⅱ段的换热方式。经干燥塔除雾器除沫后的过程气进入 SO_2 风机升压,经第Ⅲ换热器和第Ⅰ换热器换热至约420℃,进入 SO_2 转化器的第一段进行转化。经反应后炉气温度升高到约612℃进入热空气预热器与冷空气加热器来的空气换热,换热后约为512℃的炉气再经第Ⅰ换热器与来自 SO_2 风机的冷气体换热降温,冷却后的炉气进入转化器第二段催化剂床层进行催化反应,从转化器出来进入第Ⅱ换热器降温后进入转化器第三段催化剂床层进一步反应。从转化器第三段出口的气体,进入第Ⅲ换热器管程,温度降至170℃后进入第一吸收塔,吸收气体中的 SO_3,并经过塔顶的丝网除雾器除去气体中的酸雾后,依次进入第Ⅳ、Ⅱ换热器,气体被加热后进入转化器第四段催化剂床层进行第二次转化。出第四段床层的气体约436℃进入第Ⅳ换热器冷却到193℃后,进入第二吸收塔,吸收气体中的少量 SO_3,并经过塔顶的纤维除雾器除去其中的酸雾后进入尾气除害工序。

设置两台始动电加热器,为开工时过程气升温或转化器前过程气中 SO_3 浓度偏低时为系统补充热量。为调节和控制 SO_2 转化工序的温度,设置了必要的工艺旁通管线和调节阀。

7)尾气除害工序。从第二吸收塔来的尾气进入尾气洗净塔,用蒸氨单元来的含氨蒸氨废水循环吸收其中的少量 SO_2、NO_x 和硫酸雾,吸收后的液体用泵送至生化处理系统。

从尾气洗净塔出来的尾气进入电除雾器,进一步捕集尾气中夹带的酸雾。从电除雾器出来的尾气通过标高30m 的烟囱排入大气。

硫浆焚烧制酸工艺特点为:

1)工艺成熟可靠,技术先进,生产操作稳定,从根本上解决 HPF 脱硫产品硫黄品质差和脱硫废液二次环境污染的问题,真正实现了变废为宝。

2)以煤气脱硫硫浆和脱硫废液为原料,硫酸产品质量好,生产的硫酸直接用于煤气净化的硫铵单元制取硫铵。

3)SO_2 转换率高,总转化率超过99.85%。

4)设置尾气除害工序,用蒸氨废水对尾气中的 SO_2、NO_x 和硫酸雾进行循环吸收,确保废气达标排放,无废液外排。

d　脱硫废液提盐工艺示例

河钢唐钢美锦焦化公司采用资源化循环利用技术从焦化脱硫废液中提取硫氰酸钠。有效解决了脱硫废液的无害化处理的难题,处理后的脱硫废液回用水(占脱硫废液总量的70%~75%)可直接回用于焦化厂脱硫系统,而且生产的硫氰酸钠在品质上不逊色于合成法生产的硫氰酸钠。其工艺流程如图3-35 所示。

该工艺具有如下技术优势:

(1)脱色多功能吸附材料。采用的脱色多功能吸附材料成功解决了脱硫废液脱色吸附的难题,达到了理想的脱色效果。

(2)稳定、高效分离技术。采用微孔金属滤芯进行固液分离。微孔金属滤芯耐高温、承压下不易变形,耐硫氰酸盐腐蚀,采用该技术后,不但解决了堵塔的问题,而且含有无

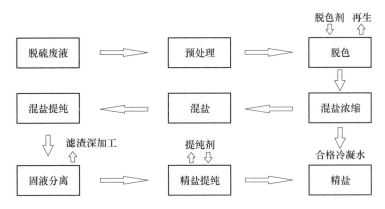

图 3-35 脱硫废液提盐工艺流程

机盐的脱色清液 SS（悬浮颗粒浓度）不大于 0.0001%，悬浮硫的截留率不小于 99%，其他杂质的截留率不小于 99%。

（3）液体橡胶防腐蚀技术和钛合金材料防腐蚀技术。根据硫氰酸盐的腐蚀性强的技术难点，采用液体橡胶防腐蚀技术和合金材料防腐蚀技术，较好地保证了系统的正常运行。

（4）有机复合萃取剂萃取分离硫氰酸钠集成工艺。萃取分离硫氰酸钠集成工艺是目前较先进的硫氰酸钠提纯技术，具有流程简单、工艺可靠性强、生产成本较低的特点。本工艺采用高效复合萃取剂，获得较好的提纯效果。

（5）延缓硫氰酸钠结块的关键技术。采用延缓硫氰酸钠结块的关键技术，在不添加任何辅助材料的情况下，可大大延缓硫氰酸钠结块的时间，对硫氰酸钠的品质具有重要意义。

E 污泥的资源化

我国每年产生的污泥量约 420 万吨，折合含水 80% 的脱水污泥为 2100 万吨。随着城市污水处理普及率逐年提高，污泥量也以每年 15% 以上的速度增长。近几年来，世界各国污泥处理技术，已从原来的单纯处理处置逐渐向污泥有效利用，实现资源化方向发展，下面介绍几种污泥的资源化。

a 污泥的堆肥化

污泥堆肥的一般工艺流程主要分为前处理、次发酵、二次发酵和后处理四个过程。

新堆肥技术如：日本札幌市在实际使用污泥堆肥时，为了防止污泥的粉末化而使一部分不能使用，目前采取在堆肥中加水使污泥有一定粒度，再使其干燥成为粒状肥料并在市场上销售。还利用富含 N 和 P 的剩余活性污泥的特点，把含钾丰富的稻壳灰加在污泥中混合得到成分平衡的优质堆肥。

b 污泥的建材化

（1）生态水泥。近年来，日本利用污泥焚烧灰和下水道污泥为原料生产水泥获得成功，用这种原料生产的水泥称为"生态水泥"。一般认为污泥作为生产水泥原料时，其含量不得超过 5%，一般情况下，污泥焚烧后的灰分成分与黏土成分接近，因此可替代黏土做原料，利用其污泥做原料生产水泥时，必须确保生产出符合国家标准的水泥熟料。

目前，生态水泥主要用作地基的增强固化材料——素混凝土。此外，也应用于水泥刨花板、水泥纤维板以及道路铺装混凝土、大坝混凝土、消波砌块、鱼礁等海洋混凝土制品。

（2）轻质陶粒。有研究报道，污泥与粉煤灰混合烧结制陶粒，每生产 $1m^3$ 陶粒可处理含水率 80% 的污泥 0.24t（折成干泥 0.048t）。这样可以大量"干净"地处理污泥和粉煤灰，处理成本也大大低于焚烧处理。轻质陶粒一般可作路基材料、混凝土骨料或花卉覆盖材料使用。图 3-36 所示为利用污泥制轻质陶粒烧结工艺流程。

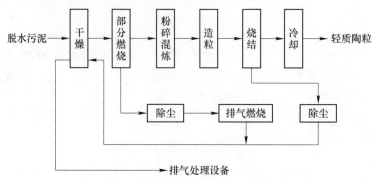

图 3-36　污泥制轻质陶粒烧结工艺流程

（3）污泥可用制熔融材料、微晶玻璃、制砖和纤维板材等。

c　污泥的能源化技术

污泥能源化技术是一种适合处理所有污泥，能利用污泥中有效成分，实现其减量化、无害化、稳定化和资源化的污泥处理技术。一般将污泥干燥后做燃料，不能获得能量效益。现采用多效蒸发法制污泥燃料可回收能量。下面介绍两种方法。

（1）污泥能量回收系统。简称 HERS 法（hyperion energy recovery system），如图 3-37

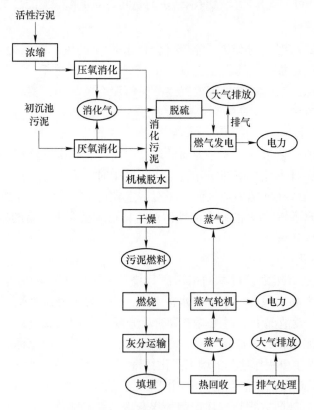

图 3-37　HERS 法工艺流程

所示是 HERS 法工艺流程。此法是将剩余活性污泥和初沉池污泥分别进行厌氧消化，产生的消化气经过脱硫后，用作发电的燃料，一般每立方米消化气流可发 2kW·h 的电能。再将消化污泥混合并经离心脱水至含水率 80%，加入轻溶剂油，使其变成流动性浆液，送入四效蒸发器蒸发，然后经过脱轻油，变成含水率 2.6%，含油率 0.15% 的污泥燃料，污泥燃料燃烧产生的蒸汽一部分用来蒸发干燥污泥，多余的蒸汽用于发电。

（2）污泥燃料化法。简称 SF 法（sludge fuel），图 3-38 所示是 SF 法工艺流程，此法是将生化污泥经过机械脱水后，加入重油，调制成流动性浆液送入四效蒸发器蒸发，再经过脱油，此时污泥成为含水率约 5%，含油率为 10% 以下，热值为 23027kJ/kg 的干燥污泥，即可作为燃料。在污泥燃料生成过程，重油作为污泥流动介质重复利用，污泥燃料产生蒸汽，作为干燥污泥的热源和发电，回收能量。

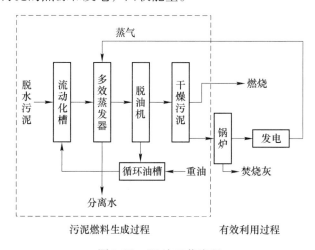

图 3-38 SF 法工艺流程

d 剩余污泥制可降解塑料技术

1974 年有人从活性污泥中提取到聚羟基烷酸（PHA），聚羟基烷酸（PHA）是许多原核生物在不平衡生长条件下合成的胞内能量和碳源储藏性物质，是一类可完全生物降解、具有良好加工性能和广阔应用前景的新型热塑材料。它可作为化学合成塑料的理想替代品，已成为微生物工程学研究的热点。

焦化厂一般将生化处理排出的剩余污泥和混凝处理的沉淀污泥进行浓缩，使污泥含水 98.5%，再经污泥脱水机脱水，成为含水 80% 左右的泥饼，将此泥饼送到备煤车间，配入煤中炼焦。因泥饼中含有大量的污染物，如苯并（a）芘约达 87mg/kg。如果泥饼用来做土地还原或做填埋，势必要造成二次污染。

F 焦化固体废弃物处理工程实例

唐钢焦化固废主要采用回用和加工外售相结合的方式处理。各除尘器回收的煤粉尘送回到配煤工艺系统中再次利用，炼焦系统各除尘器回收的粉尘定期外运利用，既减少污染又节约能源。冷凝鼓风装置机械化氨水分离槽排出的焦油渣、蒸氨塔产生的沥青渣均送备煤设施配入炼焦煤中。焦炉装煤除尘系统回收的煤尘、出焦除尘系统回收的焦尘加湿后用罐车作为产品外售。

干熄焦除尘系统回收的焦尘加湿处理后，外运。

湿熄焦粉焦沉淀池回收的焦尘用罐车作为产品外售。

焦转运站除尘系统回收的焦尘回到地面站料仓；筛焦楼除尘系统回收的焦尘加湿处理后，外运。

粗苯蒸馏装置产生的再生器残渣集中送油库装置焦油槽回收利用。

其他少量的生活垃圾则定期送垃圾场统一处理。

在传统固体废弃物回配技术的基础上，优化设计了回配工艺，提高了混匀效果，稳定了焦炭质量。为避免脱硫液盐类积累影响脱硫效果，定量排出脱硫废液送往脱硫废液提盐单元；通过对焦化固体废弃物的合理利用，实现了焦化废弃物的循环利用，对保护环境、降低成本与节约资源具有重要意义。

3.4.4　焦化废气污染及防治

焦化废气的污染主要包括烟尘、有机废气、SO_2、NO_x 等。

3.4.4.1　焦化生产废气的产生

由于焦煤在焦炉中高温热解，热解过程及装煤、出焦和熄焦过程都会产生颗粒态、气态污染物，包括无机化合物（如 CO、SO_2 等）、有机物（如 PAHs、苯系物、NMHCs 及醛类等）、重金属（如镉、砷等）。炼焦大气污染物排放伴随整个焦炭生产过程，包括焦炭工段（生产过程包括焦煤洗选、装煤、出焦和熄焦）和化产工段（焦炉煤气的净化和焦油的再加工）。

A　备煤车间

备煤车间产生的污染物主要为煤尘，煤料在运输、卸料、倒运、堆取作业过程中，不可避免地散发出粉尘颗粒，煤料在粉碎机、煤转运站、运煤皮带等部位也会产生煤尘。备煤过程向大气排放煤尘的数量取决于煤的水分和细度。

B　炼焦车间

炼焦车间的烟尘来源于焦炉加热、装煤、出焦、熄焦、筛焦过程，其主要污染物有固体悬浮物（TSP），苯可溶物（BSO）、苯并芘（BaP）、SO_2、NO_x、H_2S、CO 和 NH_3 等。其中 BSO、BaP 是严重的致癌物质，导致焦炉工人肺癌的发病率极高。主要污染源有：

（1）装煤过程装入炭化室的煤料，置换出大量的空气。装煤开始时，空气中的氧与入炉的细煤粒燃烧生成炭黑，形成黑烟。装炉煤与灼热的炉墙接触，升温产生大量的荒煤气并伴有水汽和烟尘。

（2）推焦过程。在推焦过程中空气受热发生强烈的对流运动，形成热气流。在热气流中，携带大量的焦粉散入空气中。同时，促使生焦和残余焦油着火冒烟。在熄焦车开往熄焦塔的途中，焦炭遇到空气又燃烧冒烟。

（3）熄焦过程。熄焦水喷洒在赤热的焦炭上产生大量的水蒸气，水蒸气中所含的酚、硫化物、氰化物、一氧化碳和几十种有机化合物，与熄焦塔两端敞口吸入的大量空气形成混合气流，这种混合气流夹带大量的水滴和焦粉从塔顶逸出，形成对大气的污染。

（4）筛焦工段。筛焦工段主要排放焦尘，其排放源有：筛焦炉、焦仓、焦转运站以及运焦胶带输送机等。

C 化产回收车间

化产回收车间排放的废气主要来自化学反应和分离操作的尾气（如脱硫和硫氨干燥尾气），各储槽、设备的放散气（如硫铵工段的饱和器满流槽、回流槽、结晶槽），燃烧装置的烟囱（如管式加热炉）等，排放的污染物主要是 CO、SO_2、NH_3、HCN、NO_x、有机废气等。

3.4.4.2 焦化废气污染的防治

A 备煤系统烟尘的控制

a 煤场的自动加湿系统

在煤堆表面喷水，煤堆湿润到一定程度，表面造成一层硬壳，可以起到防尘作用。喷水设施如下：沿煤堆长度方向的两侧设置水管，在水管上每隔 30~40m 安装一个带有竖管的喷头；也可沿煤堆长度方向设置钢制水槽，在堆取料机上安装喷头和泵，可以随机移动喷洒。

b 储配一体煤仓

储配一体煤仓，一般为圆筒状，占地面积小，储存量较大，且集储煤、配煤功能于一身，减少了备煤工序的生产流程，其生产效率高，成本低；筒仓储煤受环境影响相对较小，可避免大风干燥天气时扬尘污染，也可避免雨雪天造成的煤料流失和环境污染。

c 配煤槽顶部密封防尘

采用自动开启的密封盖板在槽顶部料口全长方向，安装两排铁盖板，其一端相互搭接密封，另一端用铰链与土建基础固定成"人"字形，使用时铁盖板借助卸料车或移动式带式输送溜槽的犁头自动开启，犁头移过后，两块盖板自动复位闭合密封。

胶带密封将配煤槽开口大部分用可移动的宽胶带覆盖，仅留出卸料口，胶带随着可逆皮带的移动而改变卸料口位置。

d 除尘系统

在煤粉碎机上部的带式输送机头部和出料带式输送机的落料点附近安装吸尘罩，将集气后的含尘气体送袋式除尘器中进行除尘，净化后经风机、消声器、排气筒排入大气，回收下来的煤尘返回粉碎机后的运输带上与配合煤一起进入煤塔。

B 炼焦系统废气排放的控制技术

a NO_x 减排技术

因大气中的氮氧化物破坏臭氧层，造成酸雨，污染环境。20 世纪 80 代中期，发达国家就视其为有害气体，提出了控制排放标准。目前发达国家控制标准基本上是氮氧化物，用焦炉煤气加热的质量浓度不大于 $500mg/m^3$，用贫煤气（混合煤气）加热的质量浓度不大于 $350mg/m^3$（0.017%）。随着我国经济的快速发展，对焦炉排放氮氧化物的危害也日益重视，制订了新的排放控制标准。《炼焦化学工业污染物排放标准》（GB 16171—2012）规定：新建企业焦炉烟囱废气氮氧化物浓度不大于 $500mg/m^3$。2015 年后，所有焦化企业均应满足 $NO_x<500mg/m^3$，且限制排放地区 $NO_x<150mg/m^3$。

（1）焦炉烟囱废气中的氮氧化物（NO_x）的来源。燃气在焦炉立火道燃烧时会产生氮氧化物（NO_x）。研究表明，在燃烧过程中生成的 NO_x，有 NO、N_2O、NO_2、N_2O_3、N_2O_4、

N_2O_5。大气中 NO_x 主要以 NO、NO_2 的形式存在，通常我们按 NO 占 95% 左右，NO_2 为 5% 左右考虑，在大气中 NO 缓慢转化为 NO_2，故在探讨 NO_x 形成机理时，主要研究 NO 的形成机理。

燃烧过程中生成氮氧化物的形成机理有 3 种类型：一是燃料型 NO_x，燃料中固定氮而生成；二是热力型 NO_x，在高温下 N 与 O 反应生成；三是瞬时型，由于含碳自由基的存在而生成 NO_x。焦炉烟囱废气 NO_x 来源以热力型为主。热力型 NO_x 形成机理为：燃烧过程中，空气带入的氮被氧化为 NO_x，产生 NO 和 NO_2 的两个重要反应：

$$N_2 + O_2 \rightleftharpoons 2NO$$

$$NO + \frac{1}{2}O_2 \rightleftharpoons NO_2$$

上述反应的化学平衡受温度和反应物化学组成的影响，平衡时 NO 的浓度随温度升高而迅速增加。

由于原子氧和氮分子反应，需要高温条件，所以在燃烧火焰的下游高温区（从理论上说，只有火焰的下游才积聚了全部的热焓而使该处温度最高，燃烧火焰前部与中部都不是高温区），才能生成 NO。

焦炉煤气的理论燃烧温度约为 2350℃；高炉煤气理论燃烧温度约为 2150℃。一般认为，实际燃烧温度要低于此值，实际燃烧温度介于理论燃烧温度和测定的火道砌体温度之间。如测定的火道温度不小于 1350℃，则焦炉煤气的实际燃烧温度不小于 1850℃，而贫煤气不小于 1750℃。气体燃料燃烧温度一般在 1600 ~ 1850℃ 之间，燃烧温度稍有增减，其热力型 NO 生成量增减幅度较大，这种关系在有关焦炉废气中 NO_x 浓度与火道温度之关系中也表现明显。有资料表明，火道温度 1300 ~ 1350℃，温度 ±10℃ 时，则 NO_x 量为 ±30mg/m^3 左右。当燃烧温度低于 1350℃ 时几乎没有 NO 生成，燃烧低于 1600℃ NO 量少，但当温度高于 1600℃ 后，NO 量按指数规律迅速增加。

（2）废气循环。煤气和空气在上升立火道内燃烧产生废气，经跨越孔流入下降立火道，这时有部分废气经双联立火道底部的循环孔被抽入上升立火道中，这种燃烧法称为废气循环。废气循环可以有效降低氧浓度和燃烧区温度，以达到减少 NO 生成的目的。主要减少热力型 NO 生成量。

根据动量原理及循序上升和下降气流方程式可得到双联火道废气循环的基本方程式：

$$(V_{0煤}^2 \rho_{0煤} T_{煤斜})/(273 F_火 F_{煤斜(煤嘴)}) + (V_{0空}^2 \rho_{0空} T_{空斜})/(273 F_火 F_{空斜}) - V_{0废}^2 \times$$

$$(1 + x)^2 \rho_{0废} T_{上废}/(273 F_火^2) + Hg(\rho_{下废} - \rho_{上废}) = (P_H - P_B) + \sum_{1-H} \Delta P \quad (3\text{-}3)$$

式中，$V_{0煤}$、$V_{0空}$、$V_{0废}$ 分别为煤气、空气、废气流量，m^3/s；ρ_0 为气体密度；$F_火$、$F_{煤斜(煤嘴)}$、$F_{空斜}$ 分别为火道、高炉煤气斜道（烧嘴）、空气斜截面积，m^2；$T_{煤斜}$、$T_{空斜}$、$T_{上废}$ 分别为斜道出口处的煤气、空气和上升气流火道废气绝对温度，K；H 为火道高度；$\rho_{下废}$、$\rho_{上废}$ 分别为下降和上升气流火道中废气密度，kg/m^3；$x = V_环/V_废$ 为废气循环量占燃烧产生废气量的百分率，%。

式（3-3）左边 1 ~ 4 项分别为煤气喷射力（$\Delta h_煤$）、空气喷射力（$\Delta h_空$）、火道中废气的剩余喷射力（$\Delta h_废$）上升与下降火道的浮力差（$\Delta h_浮$），右边（$P_H - P_B$）为循环孔阻力，$\sum_{1-H} \Delta P$ 为跨越孔和火道的阻力，将其合并为总阻力 $\sum_总 \Delta P$，则式（3-3）可写成：

$$\Delta h_{煤} + \Delta h_{空} - \Delta h_{废} + \Delta h_{浮} = \sum_{总} \Delta P \qquad (3-4)$$

式（3-4）推导中没有考虑循环废气与火道中废气的汇合阻力，也没有考虑喷射力的利用率，故计算的废气循环量大于实际。实验表明，喷射力利用系数 K 为 0.75 时，所得结果与实际比较一致，即式（3-4）改成：

$$0.75(\Delta h_{煤} + \Delta h_{空} - \Delta h_{废}) + \Delta h_{浮} = \sum_{总} \Delta P \qquad (3-5)$$

废气循环的原理，可简要的用以下三点来解释：

1）空气和煤气由斜道口和灯头喷出，其速度头形成了喷射力，对上升气流火道底部产生抽力，使下降气流的废气被吸进来。因喷出口断面不变，气体流量越大，气体预热温度越高时，喷射力越大。

2）上升气流的温度较下降气流的温度高些，因而产生浮力差，使上升气流有抽吸下降气流的作用。双联的两火道间的温度差越大，浮力差越大，抽吸力增加。

3）浮力差与喷射力就是产生废气循环的推动力。由于此推动力，使下降气流中一部分废气被吸入到上升流火道中，从而增加了气体通过立火道、跨越孔和循环孔等处的阻力，达到推动力阻力的平衡。即：$K \times$（煤气喷射力 + 空气喷射力 + 浮力差）= 立火道摩擦阻力 + 跨越孔阻力 + 循环孔阻力。

在现行设计的循环孔和跨越孔尺寸条件下，跨越孔阻力是主要阻力，它占三个阻力的 70%~80%，而循环孔的阻力仅占 10% 左右。

烟气循环燃烧技术用于焦炉上已很成功，目前采用废气循环方法的焦炉很多，它可使相当数量下降气流的废气进入上升气流，降低了气流温度。同时废气循环在一定程度上淡化了燃气和空气浓度，而削弱了燃烧强度。

废气循环的作用使燃烧温度降低。废气循环技术使实际燃烧温度降低，从而降低 NO 生成量，如采用废气循环的焦炉，当立火道温度不低于 1350℃，用焦炉煤气加热时，其 NO 生成量以由 1300mg/m³ 下降至 800mg/m³ 以下。而用贫煤气加热时，其 NO 生成量降幅不如用焦炉煤气加热降幅大，这是由于贫煤气中惰性成分较多，而降低了废气循环的效果。

中冶焦耐公司从 2005 年开始陆续对带废气循环的焦炉烟道废气中 NO_x 量进行了检测，其结果见表 3-18。

表 3-18　NO_x 浓度与立火道及燃烧室温度的关系

火道温度/℃	燃气实际燃烧温度/℃		NO_x 浓度/mg·m⁻³	
	焦炉煤气加热	贫煤气加热	焦炉煤气加热	贫煤气加热
≥1350	≥1800	≥1700	<800	约 500
约 1325	1780~1790	1680~1690	约 650	约 400（≤500）
1300	1775	1670~1680	约 600	≤400
1250	≤1750	≤1650	≤500	≤350

从上述关系中可见，控制废气中 NO_x 不大于 500mg/m³ 和不大于 350mg/m³ 的关键在于控制实际燃烧温度，用焦炉煤气加热时，不大于 1750℃，用贫煤气加热时，不大于 1650℃。另外，采用废气循环的焦炉，只有在立火道温度不高于 1250℃ 时，废气中的 NO_x 才能达到目标，这显然会影响焦炉的生产效率。因而需要进一步采取技术措施，以降低实

际燃烧温度，使焦炉火道温度高于 1300℃时，焦炉废气中的 NO_x 也不超标。

（3）焦炉分段加热技术。焦炉分段加热技术是将燃烧原料气分成若干段，分别导入燃烧室进行燃烧，以达到降低燃烧强度的方法。焦炉分段加热一般是只用空气分段，也有空气和贫煤气皆分段的（焦炉煤气不分段）。分段供空气或空气、贫煤气皆分段，形成分散燃烧，而使燃烧强度降低，从而降低燃烧温度。德国 Prosper 厂 7.1m 高的 1 号和 3 号焦炉为 Carl-still 炉型，分 6 段供空气，2 号焦炉为 Otto 型，分 3 段供空气，1 号焦炉的火道温度 1320℃，2 号焦炉 1340℃，3 号焦炉 1310℃（未加校正值）。据报道，其 NO_x 实测浓度为 390mg/m³。Dilingern 厂的 6.25m 捣固焦炉，分 3 段供空气和贫煤气。该厂介绍火道温度 1350℃（未加校正值），基本用贫煤气加热，1 周左右短时换用 1 次焦炉煤气加热，其 NO_x 月平均为 290～310mg/m³。Prosper 厂和 Dilingern 厂的焦炉皆无废气循环。这些厂的生产实践说明，在无废气循环的条件下，采用分段加热技术，是可以降低燃烧温度，从而降低 NO_x 浓度。

分段加热和废气循环技术各有所长，德国 Uhde 公司将两者结合起来，对降低焦炉燃烧过程中的 NO_x 浓度有叠加作用。Uhde 公司设计的 7.63m 焦炉，采用分 3 段供空气，并控制 α 值，废气循环量估计为 40% 左右，其保证值用焦炉煤气加热时，NO_x 浓度约为 500mg/m³，用贫煤气加热时 NO_x 浓度不大于 350mg/m³。

b　装煤烟尘的控制

（1）喷射法。该法是在连接上升管和集气管的桥管上安装喷射口，从喷射口喷射高压氨水（1.8～2.5MPa），使上升管底部形成吸力，即使炉顶形成负压（约 -400Pa），引导装煤时发生的荒煤气和烟尘顺利地导入集气管内，消除由装煤孔逸出的烟气，以达到无烟装煤的目的。操作中要防止负压太大，以免使煤粉进入集气管，引起管道堵塞、焦油氨水分离不好和降低焦油质量。

（2）顺序装炉。顺序装炉法，必须制订出焦炉的每个煤孔的装煤量、装煤速度。顺序装煤，适应于用双集气管焦炉；对于单集气管焦炉如果不增加一个吸源，不能采用顺序装炉法。顺序装炉法的原理是在装炉时，任一吸源侧只允许开启一个装煤孔，只要吸力同产生的烟气量相平衡就无烟尘逸出。这种装炉方法的时间增加不多，由于任何时间的吸力一样，因此不需要下降装煤套筒便可达到消烟目的。该法简单易行，不需要增加额外能源。

（3）装煤车车载除尘。装煤时产生的逸散物和粗煤气经煤斗烟罩、烟气道用抽烟机全部抽出。为提高集尘效果，避免烟气中的焦油雾对洗涤系统操作的影响，烟罩上设有可调节的孔以抽入空气，并通过点火装置，将抽入烟气焚燃，然后经洗涤器洗涤除尘、冷却、脱水，最后经抽烟机、排气筒排入大气。排出洗涤器的含尘水放入泥浆槽，当装煤车开至煤塔下取煤的同时，将泥浆水排入熄焦水池，并向洗涤器装入水箱中的净水。

洗涤器的形式有：压力降较大的文丘里管式、离心捕尘器式、低压力降的筛板式等。吸气机受装煤车荷载的限制，容量和压头均不可能很大，因此烟尘控制的效果受到一定的制约。

带强制抽烟和净化设备的装煤车也可采用非燃烧法干式除尘装煤车、非燃烧法湿式除尘装煤车。

（4）地面除尘站。装煤地面除尘站是与装煤车部分组成联合系统进行集尘，地面除尘站采用布袋式，包括干管、烟气导管、烟气冷却器、袋式除尘器、预喷涂装置、排灰装置、引风机组及烟囱等。

装煤车在装煤时，先将车上导通烟气用的连接器与地面系统固定翻板阀接口对接，然后自动打开装煤孔盖，放下装煤密封套筒，装煤开始。在开启装煤孔盖的同时，通过控制系统信号，使设置在除尘站的风机高速运转。煤料从装煤套筒装入炭化室内时产生的烟气，在除尘站风机的吸引下，进入地面除尘站，与冷风混合降温后进入袋式除尘器进行净化。净化后的气体由风机送入消音器，经烟筒排入大气。

冷却器及除尘器收集的尘粒，通过排料落入刮板运输机，再经过斗式提升机运到储料罐，最后将粉尘定期排出，打包后用垃圾车运到储煤场，作为配煤原料。

该系统的装煤车上不设吸气机和排气筒，故装煤车负重大为减轻。但地面除尘站占地面积大、能耗高、投资多。

（5）消烟除尘车。消烟除尘车适用于捣固式焦炉，在捣固式焦炉装煤时，煤饼进入炭化室对内部气体有一定的挤压作用，由于煤饼与炉墙之间存有间隙，烟尘逸出面积大，使炉顶排出的烟气十分猛烈，而且剧烈燃烧。若没有高压氨水喷淋装置，处理这种烟气的难度较大，可采用消烟除尘车消除捣固式焦炉装煤时的烟尘。

图 3-39 所示为消烟除尘车的工艺流程，首先将装煤时产生的煤尘吸入消烟除尘车，经燃烧室燃烧后的废气及粉尘通过文氏管喷淋水、水浴除尘、旋风除尘，废气以蒸汽形式通过风机排入大气，粉尘随污水排入污水槽，进入熄焦池。

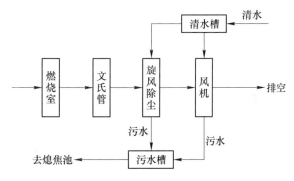

图 3-39 消烟除尘车的工艺流程

c 推焦的烟尘控制

（1）移动烟罩——地面除尘站气体净化系统。这种装置首先在德国的明尼斯特-斯太因焦化厂开发应用。移动烟罩可行走至任意炭化室捕集推焦逸散物，烟气经水平烟气管道送至地面除尘站净化。国内宝钢、首钢、本钢、酒钢采用的地面站烟气净化系统，防尘效率在95%以上，出口烟气可减至 $50mg/m^3$。

在拦焦车上配置一个大型钢结构烟尘捕集罩，烟罩可把整个熄焦车盖住。焦炉出焦时，先将拦焦机上部设置的活动接口与固定翻板阀接口对接，使其与除尘地面站导通，然后通过控制系统的信号，使设置在除尘站内的风机高速运转，同时推焦机工作，出焦开始。出焦产生的大量烟尘，在除尘站风机的吸引下，通过吸气罩、导通接口、连接管道先经过地面站的预除尘器，将大颗粒尘及带有明火的焦粉除去，然后，再经冷却器使温度降至110℃以下，进入袋式除尘器最终净化，净化后的气体经烟囱排入大气。系统各设备收集的粉尘，用刮板输送机先送入装煤除尘系统的预喷活性粉料罐，作为预喷的吸附剂，剩余部分则运至粉尘罐，定期加湿处理后汽车外运。

（2）HKC-EBV 热浮力罩。热浮力罩是根据推焦排出的烟气温度高、密度小，具有浮力这一原理设计的。其特点是具有可移动性，具有捕尘和除尘双重作用。这种热浮力罩设备小，投资和操作费用最低。但除尘效率不太高，一般为80%~93%，目前国内攀钢、武钢及包钢采用了这种热浮力罩。

这种烟罩一侧铰接在拦焦车上，另一侧支撑在一条桥式轨道上，此轨道位于焦台外侧，烟罩的行走装置，也设在这一侧并与拦焦车同步运行，烟罩可盖住常规熄焦车的 2/3，从熄焦车上排出的烟尘进入罩内，依靠浮力上升至顶部的除尘装置。先脱除大颗粒物，然后进入水洗涤室进一步除尘，再经罩顶排入大气。

（3）装煤推焦二合一除尘。装煤与出焦除尘交替运行，出焦除尘系统运行时，出焦除尘管道上的气动蝶阀开启，装煤除尘管道上的气动蝶阀关闭，地面站除尘风机由低速转入高速运行，系统进行出焦除尘操作，操作结束后，地面站除尘风机由高速转入低速运行，同时出焦除尘管道上的气动蝶阀关闭，装煤除尘管道上的气动蝶开启，系统等待装煤除尘操作，当装煤除尘结束后，系统可根据除尘器的阻力及集尘情况进行除尘器的清灰工作之后，系统等待下一个出焦—装煤—清灰循环。图 3-40 所示为装煤推焦二合一除尘的工艺流程。

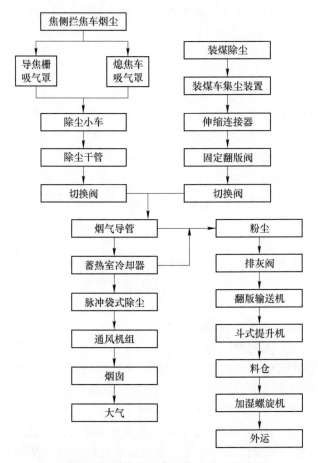

图 3-40　装煤推焦二合一除尘的工艺流程

d　熄焦的烟尘控制

（1）熄焦塔除雾器。熄焦塔内的除雾器一般采用木隔板或木隔板百叶窗式，百叶窗式除尘率高达 90%。熄焦塔除雾器也可采用耐热塑料挡板，熄焦初期产生的蒸汽与塑料板的摩擦静电效应，将焦粉吸附在塑料板上。熄焦后期，汽中含水滴较多，则塑料板起挡水作用。塑料板应定期冲洗。

（2）两段熄焦。以焦罐车代替普通熄焦车，当焦罐车进入熄焦塔下部时，因为焦罐中焦炭层较厚，约为 4m 左右，熄焦水从上部喷洒的同时，还从焦罐车侧面引水至底部，再从底部往上喷入焦炭内。熄焦后，焦炭水分为 3%~4%，因焦炭层厚，上层焦炭可以阻止底层粉尘向大气逸出，采取这一措施，是一项有效而又经济的防止粉尘散发的方法。

（3）干法熄焦。干熄焦可以有效消除在熄焦过程中所造成的大气污染，消除湿法熄焦造成的水污染。湿法、干法熄焦的比较见表 3-19。

表 3-19 湿法、干法熄焦比较 （kg/h）

污染物 熄焦方法	酚	氰化物	硫化物	氨	焦尘	一氧化碳
湿法熄焦	33	4.2	7.0	14.0	13.4	21.0
干法熄焦	无	无	无	无	7.0	22.3

e 焦炉连续性烟尘的控制

（1）球面密封型装煤孔盖。密封装煤孔盖与装煤孔之间缝隙多采用的办法是在装煤车上设置灰浆槽，用定量活塞将水溶液灰浆经注入管注入装煤孔盖密封沟。

球面密封型装煤孔盖选用空心铸铁孔盖，并填以隔热耐火材料。盖边和孔盖都做成球面状接触，炉盖与盖边非常密合，即使盖子倾斜，也能密封。

（2）水封式上升管。由内盖、外盖及水封槽三部分组成。内盖挡住赤热的荒煤气，从而避免了外盖的变形及水封槽积焦油，水封高度取决于上升管的最大压力，目前水封式上升管已得到普遍采用。

（3）密封炉门。炉门的密封作用主要靠炉门刀边与炉门框的刚性接触，这就要求炉门框必须平整，门框若变形弯曲，则刀边就难以密合。

1）改进炉门结构提高炉门的密封性和调节性，而采用敲打刀边、双刀边及气封式炉门等方法。为操作方便采用弹簧门栓、气包式门栓、自重炉门均取得良好的效果。

2）在推焦操作中采用推焦车一次对位开关炉门，防止刀边扣压位置移动。

f 焦炉烟气脱硫脱硝

脱除烟气中氮氧化物，称为烟气脱硝。净化烟气和其他废气中氮氧化物的方法很多，按照其作用原理的不同，可分为催化还原、吸收和吸附三类，催化还原法是通过还原剂把烟气中的 NO_x 还原成 N_2 的一种技术，氧化吸收法是用氧化剂将 NO_x 氧化成可用水吸收成酸类物质，再用碱中和的方法。氧化吸收法脱除 NO_x 的运行成本相当昂贵，且将污染物带入了水中。按照工作介质的不同可分为干法和湿法两类。其中干法脱硝中的选择性催化还原（SCR）和选择性非催化还原（SNCR）技术是市场应用最广（约占 60% 烟气脱硝市场）、技术最成熟的脱硝技术，具有系统较为简单、占地面积较小、不产生或很少产生有害副产物等优点。

（1）低温 SCR 脱硝技术。NH_3 选择性催化还原 NO_x 技术（selective catalytic reduction of NO_x by ammonia，NH_3-SCR）是目前国际上应用最为广泛的烟气脱硝技术。其原理是向烟气中喷氨或尿素等含有 NH_3 自由基的还原剂，在高温下直接（或催化剂的协同下）与烟气中的 NO_x 发生氧化还原反应，把 NO_x 还原成氮气和水。但其要求烟气温度普遍在 350℃以上才能完成催化还原反应。而焦化烟气烟气温度普遍为 200~300℃，且杂质含量高，所以开发低温 SCR 法技术，特别是适应性强、脱除效率高的催化剂是当务之急。

目前研究的低温催化剂主要包含两类，其一以 V_2O_5 为活性组分，Al_2O_3、SiO_2、Al_2O_3-SiO_2、ZrO_2、TiO_2、TiO_2-SiO_2、WO_3、MoO_3 等氧化物为载体的催化剂。另一类是锰基催化剂，主要有 MnO_x/TiO_2、MnO_x/Al_2O_3、MnO_x/USY（超稳定 Y 型分子筛）和 MnO_x/活性炭等。

焦炉烟气由风机送入预处理系统进行除尘、调质，使烟气的温度、尘浓度、水分、氧和 SO_2 浓度等指标满足脱硝工艺要求，然后进入脱硝塔，而作为还原剂的 NH_3 有氨储罐直接由塔顶喷入，与烟气混合。脱硝塔中装填整体或者散装的催化剂，烟气经布气管道进入脱硝区，经过催化剂层时，烟气中的 NO、O_2、NH_3 充分接触，在催化剂的催化作用下，NO 被还原成 N_2 和 H_2O，通过床层后的烟气直接达标排放。催化剂失活后，需要进行更换，而失活的催化剂可以返厂进行再生及二次活化，循环使用。整个系统由烟气收集部分、预处理部分、脱硝部分、氨源部分组成。

（2）臭氧脱硝技术。臭氧脱硝技术是基于低温氧化技术（LoTOx），利用臭氧的强氧化性，将焦炉烟气中的 NO 和 NO_2 氧化成高价态的 NO_2、N_2O_5，提高烟气中氮氧化物的水溶性，从而通过湿法洗脱。其中主要包括以下反应：

$$NO + O_3 \longrightarrow NO_2 + O_2$$
$$NO_2 + O_3 \longrightarrow NO_3 + O_2$$
$$NO_2 + NO_2 \longrightarrow N_2O_4$$
$$N_2O_4 + O_3 \longrightarrow N_2O_5 + O_2$$
$$NO_3 + NO_2 \longrightarrow N_2O_5$$
$$3NO_2 + H_2O \longrightarrow 2HNO_3 + NO$$
$$N_2O_5 + H_2O \longrightarrow 2HNO_3$$

常见的高价态氮氧化物吸收液有 $Ca(OH)_2$、NaOH 等碱液。吸收反应如下：

$$N_2O_5 + H_2O \longrightarrow 2HNO_3$$
$$HNO_3 + NaOH \longrightarrow NaNO_3 + H_2O$$

臭氧脱硝流程如图 3-41 所示。

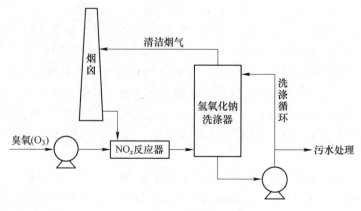

图 3-41　臭氧脱硝流程

（3）活性焦脱硫脱硝一体化技术。该工艺由温度调节（包含余热回收）、集成净化段、活性焦输送装置，氨系统等部分组成。污染废弃物资源化循环利用工艺系统由活性焦储运装置、活性焦再生装置和污染废弃物资源化利用等部分组成。

焦炉管道来气先经过余热锅炉，将烟气温度降至 $130 \sim 140℃$。进入脱硫脱硝净化塔，在脱硫段活性焦吸附烟气中 SO_2、H_2O 和 O_2，在活性焦催化作用下生成硫酸，存储在活性焦微孔中。其反应式如下：

$$2SO_2 + O_2 + 2H_2O \longrightarrow 2H_2SO_4$$
$$SO_3 + H_2O \longrightarrow H_2SO_4$$

在脱硝反应段，活性焦作为催化剂，在烟气中加入氨源可脱除 NO_x，其主要反应式如下：

$$4NH_3 + 6NO \longrightarrow 5N_2 + 6H_2O$$
$$8NH_3 + 6NO_2 \longrightarrow 7N_2 + 12H_2O$$
$$4NH_3 + 4NO + O_2 \longrightarrow 4N_2 + 6H_2O$$

同时活性焦吸附层相当于高效颗粒层过滤器，在惯性碰撞和拦截效应作用下，烟气中的大部分粉尘颗粒被捕集，完成烟气除尘净化。

在活性焦再生解吸段，吸附 SO_2 后的活性焦被加热至 $400 \sim 500℃$ 左右时，释放出 SO_2，其反应式如下：

$$H_2SO_4 \longrightarrow SO_3 + H_2O$$
$$2SO_3 + C \longrightarrow 2SO_2 + CO_2$$

解吸出的 SO_2 进行制酸，制出的稀硫酸可用于生产硫铵。再生后的活性焦循环使用。活性焦脱硫脱硝一体化工艺流程如图 3-42 所示。

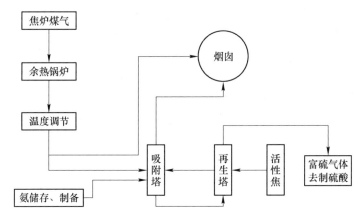

图 3-42 活性焦脱硫脱硝一体化工艺流程

活性焦脱硫脱硝一体化技术的优点为：

1）基本无固体废物、废水的产生，无二次污染，只需要一个系统就可以同时除去 NO_x 和 SO_x，其脱硫脱氮工艺，非常适合老厂改造，系统操作简便，安全可靠。

2）实现了脱除 NO_x、SO_x 和粉尘的一体化。SO_2 的脱除率可达到 98% 以上，能去除湿法难以除去的 SO_3，NO_x 的脱除率可达 85%；能除去废气中的 HF、HCl、有机化合物（如二噁英）、金属（如汞）及其他有害物质。

3）活性焦干法烟气集成净化技术已在许多国家应用，并取得了很好的环境和经济效益。且易获取，并且可再生循环利用。

4）与催化法相比，没有催化剂中毒问题；没有 VOC 泄露和氨逃逸问题；产出的副产品可生产硫黄、硫酸或其他高纯度硫系列产品，可以有效地实现硫的资源化，是有效的循环经济。

C　煤气回收系统废气防治技术

煤气净化设施向大气排放的污染物主要来源于各类设备的放散管、排气口等，排放的污染物主要为原料中的挥发性物质、分解气体等有害物质。主要污染物为：NH_3、H_2S、C_mH_n、CO 等。另为管式炉、蒸氨导热油炉燃烧废气排放的尾气，主要含 SO_2、NO_x 等污染物。

a　焦炉煤气脱硫技术

焦炉煤气净化效果，尤其是脱硫效果直接影响焦炉加热（独立焦化厂）、管式炉和导热油炉等燃烧后废气的成分，对大气造成严重污染。焦炉煤气的脱硫工艺类型较多，从脱硫目标值考虑主要包括湿法粗脱硫和干法精脱硫：

（1）湿法粗脱硫。湿法脱硫可分为物理吸收法、化学吸收法与直接氧化法三类。其中，最重要的是湿式氧化法脱硫技术。目前运用较为广泛且性能较好的脱硫方法有 PDS法、改良 ADA 法，拷胶法、茶灰法、MSQ 法、改良对苯二酚法、RCA 法真空碳酸盐（钾、钠）法。

1）PDS 法。由东北师范大学研制的 PDS 法脱硫技术，1986 年已通过吉林省科委的技术鉴定。目前在全国有上百套生产装置采用此项技术，用于半水煤气、变换气、天然气、甲醇合成气、焦炉气的脱硫。该法所需催化剂浓度极低，消耗量少，运行经济，催化剂无毒，使用方法简便，可以单独使用，无须添加其他"助催化剂"，脱硫效果好（据资料介绍，PDS 法脱 H_2S 的效率不小于 90%，脱有机硫 40%~50%）。

2）改良 ADA 法。改良 ADA 法是 20 世纪 60 年代国外开发的技术，已广泛用于化肥、城市煤气、冶金行业。改良 ADA 法技术成熟，过程完善，规范化程度高，技术经济指标好，但该法存在的主要问题是硫黄堵塞脱硫塔填料。

3）拷胶法。1976 年广西化工研究院研制成功拷胶法脱硫技术，它具有改良 ADA 法的几乎所有优点，而且无硫堵现象，由于拷胶资源丰富，价廉易得，故其运行费用比改良 ADA 法低，在焦炉气湿法脱硫中经常使用。其缺点是脱硫液需要一个繁复的制备过程才能添加到系统中去。

1986 年广西化工研究所又研制成功了 KCA 脱硫剂，其脱硫性能与拷胶剂非常近似，使用时可将 KCA 直接加入系统中，由于 KCA 脱硫剂中添加了廉价的变价金属盐，故能降低脱硫费用。

4）其余方法。用硫酸锰、水杨酸、对苯二酚组成脱硫液的 MSQ 法，由苯多酚、$NaNO_3$ 组成脱硫液的茶灰法在小型合成氨厂应用中也得到了较好的脱硫效果。

（2）干法精脱硫。主要有物理吸附法和化学吸附法。

1）吸附法。

①氧化铁法：属于化学吸附法。氧化铁法原料来源广泛，价格便宜，主要脱除原料气中的 H_2S，不能脱除有机硫。操作温度较低（一般在常温下操作），脱硫剂工作硫容较大（一般可达 25%~30%）。但脱硫精度有限（一般可脱到约 0.0001%）。

②氧化锌法：为经典的、使用广泛、技术成熟可靠的方法，也是化学吸附法，主要脱除气体中的 H_2S，脱除有机硫较难。操作温度一般为 $250 \sim 400℃$，脱硫剂硫容较大（一般可达 30%），脱硫精度高（可小于 0.00001%）。近几年已开发出常温氧锌脱硫剂，但工作硫容随操作温度的降低而迅速下降。缺点是脱硫剂价格较贵。

③活性炭法：属于物理吸附法，能脱除 H_2S 及大部分有机硫化物，具有能常温操作、净化度高、空速大、可再生等优点，但对与不含 O_2 的气体硫容较低。

对于有微量氧的气体，很适合于采用活性炭脱硫剂脱硫，脱硫效率和硫容均得以大大提高，价格也比较便宜。吸硫后的废活性炭脱硫剂卸出时，不会与空气发生氧化反应而发热甚至燃烧，造成空气二次污染和火灾危险。废活性炭脱硫剂可以送锅炉房作燃料或送焦化装置配煤而得以回收。

2）转化—吸收法。

①锰矿法：锰矿能部分转化有机硫，并有硫化氢的吸收功能，价格便宜，操作温度为 $300 \sim 400℃$。其缺点是净化度不高（一般只能脱到总硫不大于 $3 \sim 5mg/m^3$（标态））、硫容太低（一般只能达到 6%~8%）、寿命短、不能再生、易产生副反应。

②复合型脱硫剂：以四川天一科技股份有限公司开发的 MF 系列和 WC 系列脱硫剂为代表，既可对有机硫进行转化，也可以吸收转化生成的硫化氢，脱硫精度高（可小于0.00001%），且价格低廉。其缺点是在 CO 和 H_2 含量太高（如水煤气）的场合，羰基化反应较多，温度难以控制；另外，硫容也不是很高（一般只有 12%~16%）。本方法在天然气精脱硫中使用广泛。

③钴钼 + 氧化锌：能将各种有机硫化物转化为硫化氢，特别适宜于处理含噻吩的气体，转化生成的硫化氢用氧化锌除去。操作温度为 $350 \sim 430℃$，操作压力为 $0.7 \sim 7.0MPa$，空气速度为 $500 \sim 2000h^{-1}$。加氢催化剂可再生，但不能用于含 CO、CO_2 等易于发生羰基化副反应的场合（如焦炉气、水煤气等），而且价格较昂贵。

④铁钼 + 锰矿法：在以焦炉气为原料的小型化肥厂普遍使用，操作温度为 $300 \sim 400℃$。铁钼催化剂首先将气体中的有机硫转化为 H_2S，再由锰矿吸收，脱有机硫的效率约为 90%。

铁钼 + 锰矿法脱硫具有价廉、原料易得的优点，但锰矿净化度不高、硫容太低、寿命短、不能再生、易产生副反应，在中小型化肥和甲醇装置上可以使用。但在大型装置上使用时，锰矿槽要么设计得很大，使设备加工的运输困难；要么锰矿脱硫剂更换频繁，造成生产和管理上的困难。锰矿投入使用前必须进行还原，生产管理比较复杂。另外，由于硫容太低，大量使用后的废锰矿要找堆场处理，给三废处理带来比较大的困难。

⑤铁钼 + 氧化锌：与铁钼 + 锰矿法类似，但转化生成的硫化氢的吸收改由氧化锌脱硫剂完成，充分发挥了氧化锌脱硫剂硫容大的优点，但氧化锌脱硫剂价格较贵。本方法适合在大型装置上使用。

b 有害气体散逸控制技术

针对传统煤气净化系统中冷凝鼓风装置、脱硫装置、硫铵装置、油库装置的放散管、排气口等部位的面源连续性无组织排放，河钢唐钢美锦焦化公司采用散逸气体负压回收系统，如图 3-43 所示，有效降低了有毒有害废气的逸出。

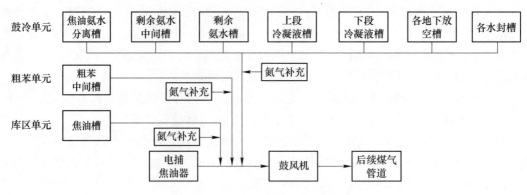

图 3-43　化产车间散逸气体控制流程

3.4.4.3　焦化废气处理工程实例

河钢唐钢美锦煤化工有限公司全物料流程均设有吸尘口，实现焦化全过程除尘，达到清洁生产要求。具体技术措施为：

（1）原料煤储运系统采用大型筒仓储煤技术，减少煤堆扬尘，并利用袋式除尘净化装置收集备煤车间煤转运、破碎扬尘点的粉尘。

（2）炼焦系统装煤烟尘、推焦烟气采取装煤、推焦二合一地面除尘站进行的方式除尘。装煤过程采用带集尘装置的装煤车结合干式除尘地面站、高压氨水喷射等措施，实现无烟装煤。出焦除尘采用带集尘罩的拦焦机 + 集尘固定管 + 除尘地面站，同时在机侧增设打开炉门、平煤及炉门清扫等处的烟尘捕集装置，焦侧增加捕烟尘挡罩以捕集摘焦侧炉门和推焦时从拦焦机烟尘罩和炉柱缝隙间泄漏的烟尘。经净化后的装煤和推焦烟气烟尘浓度均低于排放标准。

（3）干熄焦炉顶含尘废气、干熄槽放散管及循环放散气体导入干熄炉环境除尘系统。熄焦塔顶设水雾捕集和新型粉尘捕尘装置，控制效率约85％以上。

（4）煤粉碎、筛焦振动筛、胶带机、料仓各扬尘点的粉尘分别进入各自除尘系统净化后达标排放。筛储焦楼、转运站及运焦通廊封闭式设计，防止焦尘外逸。在主要扬尘部位设置冲洗地坪等洒水抑尘设施，防止二次扬尘。各系统 2015 年大气沉降监测数据见表3-20。

表 3-20　2015 年厂区大气降尘量监测统计

污染源	装煤除尘	推焦除尘	干熄焦环境除尘	焦炭缓冲仓除尘	焦转运站除尘	粉碎机室除尘
处理措施	装煤地面站	推焦地面站	脉冲袋式除尘器	脉冲袋式除尘器	脉冲袋式除尘器	脉冲袋式除尘器
排放标准 /mg·m⁻³	≤30	≤30	≤30	≤15	≤15	≤15
排放浓度 /mg·m⁻³	24.5	23.7	23.1	12.8	12.5	13.0

河钢唐钢美锦煤化工对于煤气净化系统产生的污染主要采取如下措施加以控制：

（1）煤气净化工艺流程采用 PDS 脱硫等技术，减少煤气作为燃料燃烧时 SO_2 等污染物的排放量。对于煤气净化系统的各类设备、管道，设计上考虑其密闭性，防止其放散及泄漏。

（2）硫铵装置干燥机排出的尾气经旋风分离后排入大气。

（3）油库各储槽放散管排出的气体采用呼吸阀以减少排放量。

（4）粗苯蒸馏装置各油槽分离器的放散气体分片连接，集中送吸煤气管道循环，不外排。

（5）粗苯管式炉、蒸氨导热油炉燃用脱硫净化后的焦炉煤气，以减少废气中污染物的排放量，废气经烟囱高空排放，其 SO_2、NO_x 的排放速率及浓度均符合《大气污染物综合排放标准》中的二级标准。

通过上述控制措施，工程厂区边界氨浓度、硫化氢浓度均符合《恶臭污染物排放标准》中的二级新扩改标准要求。

3.4.5 焦化噪声污染及防治

焦化工业产生的噪声主要为机械的撞击、摩擦、转动等运动而引起的机械噪声以及由于气流的起伏运动或气动力引起的空气动力性噪声。主要噪声源有：煤粉碎机、振动筛、通风机、煤气鼓风机、干熄焦排焦装置、干熄焦循环风机、干熄焦锅炉放散管、汽轮机本体、发电机励磁机本体、汽轮机防腐检查管、除尘风机、泵类、空压机等。

目前，对焦化工业噪声的控制主要采取控制噪声源与隔断噪声传播途径相结合的办法，以控制噪声对厂界四邻的影响。控制措施如下：

（1）在满足工艺设计的前提下，选用低噪声型号的设备。

（2）除尘风机、干熄焦锅炉放散管、汽轮机防腐检查管、酚氰废水处理站鼓风机、空压机等出口设置消声器。

（3）备煤粉碎机、鼓风机、除尘风机、空压机等噪声较大的设备置于室内隔声；各除尘风机及前后管道隔声；排焦装置、循环风机、汽轮机本体、发电机励磁机本体等处均采取相应的隔声措施，可防止噪声的扩散与传播。

（4）各类高噪声设备均设置于室内隔声，并采用吸声或隔声的建筑材料，可防止噪声的扩散与传播。

（5）为了防止振动产生的噪声污染，对煤气鼓风机、各除尘风机、粉碎机等振动较大的设备，设置单独基础或其他减震措施，同时各除尘风机与管道间采取软连接方式，以减轻由于振动而产生的噪声。

（6）在厂内总平面设计中，充分考虑地形、声源方向性及设施噪声强弱，利用建构筑物、绿化植物等对噪声的屏蔽、吸纳作用，进行合理布局，以起到降低噪声影响的作用。

经采取上述措施后，厂区环境噪声强度大幅降低，各高噪声设备产生的噪声得到有效控制，厂区边界噪声昼夜预计符合《工业企业厂界环境噪声排放标准》（GB 12348—2008）中的 2 类标准限值。

3.4.6 焦化系统余热利用的相关技术

焦炭是冶金、机械、化工等行业的重要原料、燃料，其中以冶金工业高炉炼铁消耗焦炭量最大，中国焦化生产工序能耗（标煤）为 90～125kg/t。炼焦生产有着大量的余热余能资源，在大型焦化厂的焦化工序能耗中，备煤约占 5%～10%，炼焦占 70%～80%，化产回收占 15%～20%。就焦炉产物带出的热量而言，1050℃左右的红焦携带显热约占 37%，700℃左右的荒煤气显热约占 36%，排往烟道的 180～250℃左右的废气带走热量约为 17%，三项余热合计占 90% 左右。从能值或者可用性角度评价，焦炭显热的能值系数（可用比或㶲值比，㶲值 e/焓值 q）为 0.56，荒煤气显热能值系数为 0.48，在工业余热中是相当高的。采用有效能分析方法获得焦炉能量的分布情况如图 3-44 所示。

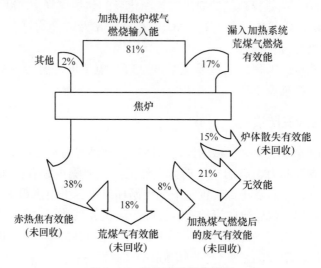

图 3-44　焦炉有效能能流图

近年来，由于能源紧缺，价格上涨，各国都大力开发节约能源的新工艺，炼焦工艺段有以下几个方面：

（1）从焦炉炭化室推出的红焦显热属第一位，每吨焦约有 1.465×10^6 kJ，其中 85% 左右可用干熄焦工艺回收利用。干熄焦是用惰性气体（通常为氮气）将赤热焦炭冷却，被加热的惰性气体引至余热锅炉产生高温、高压的蒸汽。该项技术已较成熟，经日本改造并大型化，我国宝钢焦化厂从日本引进干熄焦装置，1985 年已投产。干熄焦技术对节约能源、提高焦炭质量、减少环境污染和节约水资源都有好处，效益是多方面的。

（2）从焦炉上升管排入集气管的荒煤气，温度约 700℃，显热居第二位，如不利用，吨焦热能损失约为 1.298×10^6 kJ。我国自 1971 年首先在太钢实验采用上升管气化冷却装置生产热水和蒸汽，回收荒煤气中的部分热能，后经首钢、武钢等焦化厂不断改进，逐步形成了我国独特的工艺流程。此工艺可以改善上升管区域的工作环境，但由于存在安全隐患以及上升管壁附着焦油和积碳清除问题，该工艺没能推广。

（3）日本新日铁采用一种有机传热介质，在烟道中的换热器中，利用 300℃ 左右的炼焦烟气将有机介质加热到 150℃，再送经上升管的换热器利用荒煤气的热量将介质温度升到 195℃，又转入煤干燥器用以调节炼焦用煤的水分，可将 7%～11% 的湿煤干燥成含水 5% 的煤。干燥煤装炉可使堆密度增大，结焦周期缩短，生产能力提高 10%，炼焦耗热量可降低约 15%。

（4）中、低温烟气余热的利用在技术上较困难，尤其是低温烟气的利用在经济上不大合算，致使损失了大量能源，但近年来仍在积极研究利用。

3.4.6.1 干熄焦高效发电技术

所谓干熄焦，是相对湿熄焦而言的，是指采用惰性气体将红焦降温冷却的一种熄焦方法。在干熄焦过程中，红焦从干熄炉顶部装入，低温惰性气体由循环风机鼓入干熄炉冷却段红焦层内，吸收红焦显热，冷却后的焦炭从干熄炉底部排出，从干熄炉环形烟道出来的高温惰性气体流经干熄焦锅炉进行热交换，锅炉产生蒸汽，冷却后的惰性气体由循环风机重新鼓入干熄炉，惰性气体在封闭的系统内循环使用。干熄焦在节能、环保和改善焦炭质量等方面优于湿熄焦。

A 干熄焦工艺流程

干熄焦系统主要由干熄炉、装入装置、排焦装置、提升机、电机车及焦罐台车、焦罐、一次除尘器、二次除尘器、干熄焦锅炉系统、循环风机、除尘地面站、水处理系统、自动控制系统、发电系统等部分组成。根据设计的不同，干熄焦系统包含的主要设备也不尽相同，如德国 TSOA 设计的干熄焦就没有一次除尘器，其进锅炉的循环气体中粗颗粒焦粉的去除由干熄炉本体完成；有的干熄焦直接采用外供除盐水，因此省略了干熄焦除盐水生产这一环节，只是对外供除盐水进行除氧处理即可；有的干熄焦没有设计发电系统，锅炉产生的蒸汽经减温减压后直接并网使用等。日本新日铁的干熄焦技术工艺流程如图 3-45 所示，工艺布置如图 3-46 所示。

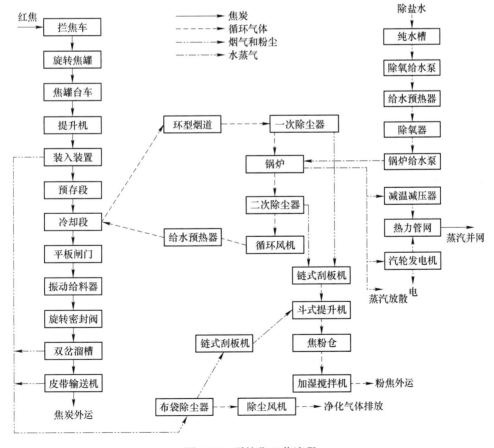

图 3-45　干熄焦工艺流程

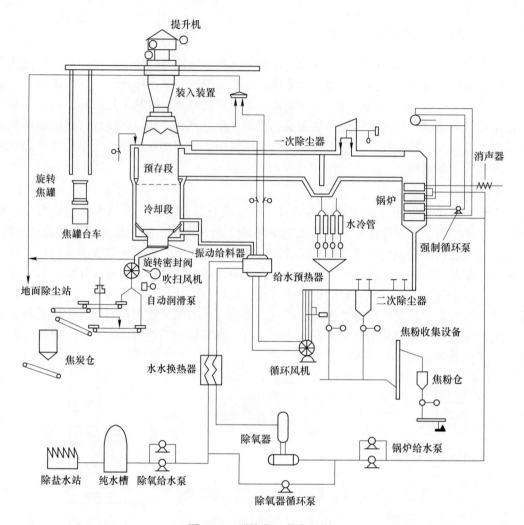

图 3-46　干熄焦工艺布置图

　　从炭化室推出的红焦由焦罐台车上的圆形旋转焦罐（有的干熄焦设计为方形焦罐）接受，焦罐台车由电机车牵引至干熄焦提升井架底部，由提升机将焦罐提升至提升井架顶部；提升机挂着焦罐向干熄炉中心平移的过程中，与装入装置连为一体的炉盖由电动缸自动打开，装焦漏斗自动放到干熄炉上部；提升机放下的焦罐由装入装置的焦罐台接受，在提升机下降的过程中，焦罐底闸门自动打开，开始装入红焦；红焦装完后，提升机自动提起，将焦罐送往提升井架底部的空焦罐台车上，在此期间装入装置自动运行将炉盖关闭。

　　装入干熄炉的红焦，在预存段预存一段时间后，随着排焦的进行逐渐下降到冷却段，在冷却段通过与循环气体进行热交换而冷却，再经振动给料器、旋转密封阀、双岔溜槽排出，然后由专用皮带运输机运出。为便于运焦皮带系统的检修，以及减小因皮带检修给干熄焦生产带来的影响，皮带运输机一般设计有两套，一开一备。

　　冷却焦炭的循环气体，在干熄炉冷却段与红焦进行热交换后温度升高，并经环形烟道排出干熄炉；高温循环气体经过一次除尘器分离粗颗粒焦粉后进入干熄焦锅炉进行热交换，锅炉产生蒸汽，温度降至约160℃的低温循环气体由锅炉出来，经过二次除尘器进一步分离细颗粒焦粉后，由循环风机送入给水预热器冷却至约130℃，再进入干熄炉循环使用。

经除盐、除氧后约104℃的锅炉用水由锅炉给水泵送往干熄焦锅炉，经过锅炉省煤器进入锅炉汽包，并在锅炉省煤器部位与循环气体进行热交换，吸收循环气体中的热量；锅炉汽包出来的饱和水经锅炉强制循环泵重新送往锅炉，经过锅炉鳍片管蒸发器和光管蒸发器后再次进入锅炉汽包，并在锅炉蒸发器部位与循环气体进行热交换，吸收循环气体中的热量；锅炉汽包出来的蒸汽经过一次过热器、二次过热器，进一步与循环气体进行热交换，吸收循环气体中的热量后产生过热蒸汽外送。

干熄焦锅炉产生的蒸汽，送往干熄焦汽轮发电站，利用蒸汽的热能带动汽轮机产生机械能，机械能又转化成电能。从汽轮机出来的压力和温度都降低了的饱和蒸汽再并入蒸汽管网使用。随着干熄焦锅炉技术的不断发展，干熄焦锅炉按压力等级可分为中温中压锅炉（3.82MPa、450℃）和高温高压锅炉（9.81MPa、540℃），按水动力循环方式分自然循环和联合循环（自然循环+强制循环）。蒸汽用于纯凝机组发电时则高温高压发电较多，但锅炉给水泵电动机功率也增大很多，在同等规模及条件下一次性投资较大。自然循环锅炉运行费用相对较低，无强制循环泵，但启动时间较长，也影响锅炉产汽量，一次性投资也略有增加。中温中压锅炉一次性投资较少，管理维护上也比较稳定可靠。联合循环锅炉启动快，便于管理。干熄焦锅炉形式有中温中压联合循环锅炉、高温高压联合循环锅炉和高温高压自然循环锅炉。唐钢美锦干熄焦锅炉选择为高温高压自然循环的锅炉。

经一次除尘器分离出的粗颗粒焦粉进入一次除尘器底部的水冷套管冷却，水冷套管上部设有料位计，焦粉到达该料位后水冷套管下部的格式排灰阀启动将焦粉排出至灰斗，灰斗上部设有料位计，焦粉到达该料位后灰斗下的排灰格式阀启动向刮板机排出焦粉。

从一次除尘器出来的循环气体含尘量约为 $10\sim12g/m^3$，流经锅炉换热后，进入二次除尘器进一步除去细颗粒的焦粉。

二次除尘器为多管旋风式除尘器，由进口变径管、内套筒、外套筒、旋风子、灰斗、壳体、出口变径管、防爆装置等组成。灰斗设有上下两个料位计，焦粉料位达到上限时，灰斗出口格式排灰阀向灰斗下面的刮板机排出焦粉，焦粉料位达到下限时停止焦粉排出，以防止从负压排灰口吸入空气，影响气体循环系统压力平衡。从二次除尘器出来的循环气体含尘量不大于 $1g/m^3$。

一次除尘器及二次除尘器从循环气体中分离出来的焦粉，由专门的链式刮板机及斗式提升机收集在焦粉储槽内，经加湿搅拌机处理后由汽车运走。

另外，除尘地面站通过除尘风机产生的吸力将干熄炉炉顶装焦处、炉顶放散阀、预存段压力调节阀放散口等处产生的高温烟气导入管式冷却器冷却并分离火星；将干熄炉底部排焦部位、炉前焦库及各皮带转运点等处产生的高浓度的低温粉尘导入百叶式预除尘器进行粗分离处理；两部分烟气在管式冷却器和百叶式预除尘器出口处混合，然后导入布袋式除尘器净化，最后以粉尘浓度低于 $100mg/m^3$ 的烟气经烟囱排入大气。

B 干熄焦的焦炭冷却机理

在干熄炉冷却段，焦炭向下流动，惰性循环气体向上流动，焦炭通过与循环气体进行热交换而冷却。由于焦炭的块度大，在断面上形成较大的空隙，而有利于气体逆流，在同一层面焦炭与循环气体温差不大，因而焦炭冷却的时间主要取决于气流与焦炭的对流传热和焦块内部的热传导，而冷却速度则主要取决于循环气体的温度和流速，以及焦块的温度和外形表面积等。

进入干熄炉的循环气体的温度主要由干熄焦锅炉的省煤器决定。省煤器进口的除盐除氧水温度为104℃左右，出省煤器的循环气体温度可降为约160℃，由循环风机加压后再经过给水预热器进一步降温至约130℃后进入干熄炉与焦炭逆流传热，干熄炉排出的焦炭可冷却至200℃以下。离开1000℃左右红焦的循环气体可升温至900~960℃，从干熄炉斜道进入环形烟道汇集后流出干熄炉。

在干熄炉冷却段内循环气体与焦炭的热交换，主要是对流传热。传热效果随气体流速增大而加强，但当循环气体的流速随循环风机转速的提高而增大时，在干熄炉冷却段内，气流通过焦炭层的阻力增加比气流与焦炭的传热增加快得多，使循环风机的电耗大幅度提高，干熄焦运行不经济。

从焦炉炭化室推出的焦炭块度并不均匀，块度大的焦炭，由其表面向内部传热缓慢而使冷却时间延长。因此焦炭的冷却时间不可能一致。但是，焦炭在装入干熄炉以及在干熄炉内向下流动的过程中经受机械力作用而使块度大的变小，焦炭块度会逐步均匀化；此外，最先进的干熄焦工艺所设计的圆形旋转焦罐及带"十"字形料钟的装入装置都有利于焦炭在干熄炉内的均匀分布，虽然在焦炭向下流动的过程中部分大块焦炭会偏析到干熄炉的外周，也可通过调整循环气体进干熄炉风道上的入口挡板来调节干熄炉内中央与周边的进风比例。这几个有利因素可使焦炭冷却时间的差别降低，排焦温度趋于一致。

惰性循环气体在干熄炉冷却段与焦炭逆流换热，升温至900~960℃后进入干熄焦锅炉。由于气体循环系统负压段会漏进少量空气，O_2通过红焦层就会与焦炭反应，生成CO_2，CO_2在焦炭层高温区又会还原成CO，随着循环次数的增多，循环气体里CO浓度越来越高。此外，焦炭残存挥发分始终在析出，焦炭热解生成的H_2、CO、CH_4等也都是易燃易爆成分。

因此在干熄焦运行中，要控制循环气体中可燃成分浓度在爆炸极限以下。一般有两种措施可以进行控制：其一，连续地往气体循环系统内补充适量的工业N_2，对循环气体中的可燃成分进行稀释，再放散掉相应量的循环气体；其二，连续往升温至900~960℃引出的循环气体中通入适量空气来燃烧掉增长的可燃成分，经锅炉冷却后再放散掉相应量的循环气体。这两种方法都可由安装在循环气体管道上的自动在线气体分析仪所测量的循环气体中H_2、CO的浓度来反馈调节。后一种方法更经济便利。

C　干熄焦的优点

由于干熄焦能提高焦炭强度和降低焦炭反应性，对高炉操作有利，因而在强结焦性煤缺乏的情况下炼焦时可多配些弱黏结性煤。尤其对质量要求严格的大型高炉用焦炭，干熄焦更有意义。干熄焦除了免除对周围设备的腐蚀和对大气造成污染外，由于采用焦罐定位接焦，焦炉出焦时的粉尘污染易于控制，改善了生产环境。另外，干熄焦可以吸收利用红焦83%左右的显热，产生的蒸汽用于发电，大大降低了炼焦能耗。

a　焦炭质量明显提高

从炭化室推出的焦炭，温度为1000℃左右湿熄焦时红焦因为喷水急剧冷却，焦炭内部结构中产生很大的热应力，网状裂纹较多，气孔率很高，因此其转鼓强度较低，且容易碎裂成小块；干熄焦过程中焦炭缓慢冷却，降低了内部热应力，网状裂纹减少，气孔率低，因而其转鼓强度提高，真密度也增大。干熄焦过程中焦炭在干熄炉内从上往下流动时，增加了焦块之间的相互摩擦和碰撞次数，大块焦炭的裂纹提前开裂，强度较低的焦块提前脱落，焦块的棱角提前磨蚀，这就使冶金焦的机械稳定性得到了改善，并且块度在70mm以上的大块焦减少，而25～75mm的中块焦相应增多，即焦炭块度的均匀性提高了，这对于高炉也是有利的。前苏联对干熄焦与湿熄焦焦炭质量做过另外的对比实验，将结焦时间缩短1h后的焦炭进行干熄焦，其焦炭质量比按原结焦时间而进行湿熄焦的焦炭质量要略好一些。

反应性较低的焦炭，对提高高炉的利用系数和增加喷煤量起着至关重要的作用，而干熄焦与湿熄焦的焦炭相比，反应性明显降低。这是因为干熄焦时焦炭在干熄炉的预存段有保温作用，相当于在焦炉里焖炉，进行温度的均匀化和残存挥发分的析出过程，因而经过预存段，焦炭的成熟度进一步提高，生焦基本消除，而生焦的特点就是反应性高，机械强度低；其次，干熄焦时焦炭在干熄炉内往下流动的过程中，焦炭经受机械力，焦炭的结构脆弱部分及生焦变为焦粉筛除掉，不影响冶金焦的反应性；再次，湿熄焦时焦块表面和气孔内因水蒸发后沉积有碱金属的盐基物质，会使焦炭反应性提高，而干熄焦的焦块则不沉积，因而其反应性较低。

据有关资料报道，干熄焦比湿熄焦焦炭M40可提高3%～5%，M10可降低0.2%～0.5%，反应性有一定程度的降低，干熄焦与湿熄焦的全焦筛分区别不大。由于干熄焦焦炭质量提高，可使高炉炼铁入炉焦比下降2%～5%，同时高炉生产能力提高约1%。但在干熄焦过程中，由于在冷却段红焦和循环气体发生化学反应，并从气体循环系统中放散掉一部分循环气体，不可避免地会损失一部分焦炭，干熄焦的冶金焦率比湿熄焦降低1%～1.25%。但由于干熄焦炭表面不像湿熄焦炭那样黏附细焦粉，实际上干熄焦进入高炉的块焦率只比湿熄焦降低0.3%～0.8%。

对干熄焦工艺本身而言，为控制循环气体中可燃气体成分浓度，有导入空气燃烧和补充N_2两种方法，这两种方法对焦炭的烧损没有显著的区别，因为空气导入口是在环形烟道。

b　充分利用红焦显热，节约能源

湿熄焦时对红焦喷水冷却，产生的蒸汽直接排放到大气中，红焦的显热也随蒸汽的排放而浪费掉；而干熄焦时红焦的显热则是以蒸汽的形式进行回收利用，因此可以节约大量的能源。干熄焦红焦热量的利用，国外曾经实验过回收热水、回收热风等流程，还有将干熄焦热量用于煤预热的实验，但都未在工业上推广应用。目前在技术上成熟的是生产过热蒸汽并加以利用，该法使干熄焦的蒸汽产量能满足整个焦化厂自用蒸汽量。至于是否进一步利用蒸汽发电，主要根据其蒸汽生产规模及蒸汽压力而定。

干熄焦的产能指标，因干熄焦工艺设计的不同有很大的差别。不同的控制循环气体中

H_2、CO 等可燃成分浓度的工艺，对干熄焦锅炉的蒸汽发生量影响很大，采用导入空气燃烧法比采用导入 N_2 稀释法，其干熄焦锅炉的蒸汽发生量要大。此外，干熄焦锅炉设计的形式和等级的不同、循环风机调速形式不同，以及是否采用给水预热器等因素对干熄焦系统的能源回收都有影响。

同湿熄焦相比，干熄焦可回收利用红焦约 83% 的显热，每干熄 1t 焦炭回收的热量约为 1.35GJ。而湿熄焦没有任何能源回收利用。

唐钢美锦焦炉干熄焦采用导入空气燃烧的方法控制循环气体中 H_2、CO 等可燃成分的浓度，循环风机采用变频调速，设计有给水预热器以进一步吸收进干熄炉循环气体的热量，干熄焦锅炉设计等级为 9.81MPa、540℃。每干熄 1t 焦炭可产生压力为 9.81MPa，温度为 540℃的蒸汽约 0.55t。

　　c　降低有害物质的排放，保护环境

湿熄焦过程中，红焦与水接触产生大量的酚、氰化合物和硫化合物等有害物质，随熄焦产生的蒸汽自由排放，严重腐蚀周围设备并污染大气；干熄焦采用惰性循环气体在密闭的干熄炉内对红焦进行冷却，可以免除对周围设备的腐蚀和对大气的污染。此外由于采用焦罐定位接焦，焦炉出焦的粉尘污染也更易于控制。干熄炉炉顶装焦及炉底排、运焦产生的粉尘以及循环风机后放散的气体、干熄炉预存段放散的少量气体经除尘地面站净化后，以含尘量小于 $100mg/m^3$ 的高净化气体排入大气。因此，干熄焦的环保指标优于湿熄焦。

3.4.6.2　烟道气余热利用

焦炉废气回收利用既可节约能耗，产生可观的经济效益，又对有效降低能耗，推动实现可持续发展战略具有重要的现实意义。

工艺流程包括：

（1）烟气流程。

$$焦炉烟道废气 \xrightarrow{约300℃} 余热锅炉 \xrightarrow{换热} 低温烟气 \xrightarrow{约150℃} 引风机 \rightarrow 总烟道排放 \xrightarrow{焦炉烟囱}$$

（2）蒸汽流程。

$$锅炉给水泵 \xrightarrow{除盐水} 余热锅炉 \rightarrow 蒸汽 \xrightarrow[约160℃]{0.6MPa} 焦化厂蒸汽管网$$

（3）发电流程。

$$蒸汽 \xrightarrow[0.6MPa]{约160℃} 螺杆膨胀机组 \rightarrow 电 \rightarrow 焦化厂低压电网$$

生产过程中使用的原料、材料和产品有：

（1）生产原料为烟道废气，最高温度为 300℃，产品为低压蒸汽（约 160℃，0.6MPa）。

（2）余热锅炉原料为烟道气体和除盐水，产品为蒸汽。

（3）螺杆膨胀机组原料为低温蒸汽，产品为低压电。

（4）主要动力消耗有：电、除盐水、压缩空气等。

3.4.6.3　荒煤气余热利用

国内外开发了多种荒煤气显热回收利用工艺，见表 3-21。

表 3-21 荒煤气显热回收利用工艺

序号	余热回收方式	用途	原理	优点	存在问题
1	上升管汽化冷却装置	产生低压蒸汽	与锅炉原理相似，软水通过给水泵加压后送到上升管汽化冷却装置的水套，在水夹套内吸热蒸发，产生0.5MPa左右的低压蒸汽	节能效果显著，经济上合理	（1）技术复杂，设计、制造、安装要求严格；（2）每个上升管汽化冷却器均属工业锅炉，安全管理级别高；（3）上升管夹套漏水问题，对炉体造成危害；（4）上升管内壁结焦炭化问题；（5）产生低压蒸汽，只用于采暖和洗澡
		加热锅炉给水	软水通过给水泵加压后送到上升管水套，加热后回到除氧罐，然后经锅炉给水泵送进锅炉	适于小型焦炉的荒煤气余热回收	（1）虽然设备较简单，水不汽化，安全性提高，但仍存在上升管夹套漏水问题；（2）上升管内水吸热升温要有严格的温度控制
2	上升管热管换热装置	锅炉热源产生蒸汽	热管蒸发段安装在上升管内，冷凝段安装在废热锅炉内，荒煤气在上升管流过热管蒸发段管束，释放显热，锅炉用软水流过热管冷凝段管束吸收工质冷凝潜热而汽化，蒸汽由上部出口导出进入汽水分离罐	热管传热效率高，可使管内外壁温差相对较小	热管以金属钾作为工质，制造运行成本较高，且系统较复杂
3	利用烟道废气和荒煤气余热进行煤调湿	提供煤调湿热量	以有机介质为热媒进行两次余热回收。80℃有机热载体先在烟道气换热器中被230℃左右的烟道废气加热至150℃，再进入上升管夹套加热至195℃，用泵送入干燥机对煤进行间接加热	利用荒煤气余热与烟道气废热，与入炉煤调湿结合	（1）工艺较复杂，泵输送流体过程的动力消耗大；（2）有机热载体容易变质，更换花费大；（3）有机介质在上升管中温度由150℃升高到195℃，刚收的热量少
4	与上升管汽化冷却相结合煤调湿	提供煤调湿热量	上升管汽化冷却装置产生蒸汽作为主要热源，在回转干燥机内与湿煤进行间接热交换，烟道废气将煤在干燥机内蒸发出的水分引入除尘器，除尘后经烟囱排入大气	回收了荒煤气余热，达到了煤调湿目的	（1）蒸汽供量不足时需外加热源；（2）以上升管汽化冷却装置为基础，存在很多局限

3.4.6.4　初冷器余热回收技术

A　初冷器余热采暖工艺

a　传统采暖工艺

焦炉煤气初冷余热采暖工艺流程如图 3-47 所示。

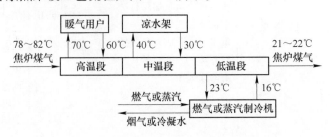

图 3-47　焦炉煤气初冷余热采暖工艺流程

b　改进型采暖工艺

初冷器采用 3 段设计，根据其运行参数，设计高效的热水型吸收式制冷机和蒸汽热泵。在夏季，将初冷器上段 70 ~ 75℃ 的高温循环热水引入热水型吸收式制冷机，驱动机组生产 16 ~ 18℃ 低温水，满足初冷器低温段冷却煤气或化产工序低温水需求，降温后的预热水返回初冷器上段循环冷却煤气，工艺原理及流程如图 3-48 所示。冬季，通过切换阀门组将初冷器中段 40℃ 循环水引入机组，用以加热采暖水，并辅以蒸汽为热源，加热至所需温度，增加供热面积，降温后的余热水循环使用，工艺流程图如图 3-49 所示。

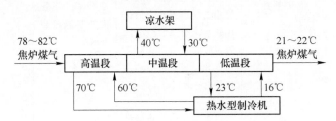

图 3-48　改进型初冷余热夏季制冷工艺流程

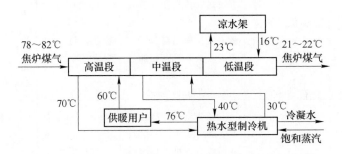

图 3-49　改进型初冷余热冬季供暖工艺流程

B　初冷器余热脱硫液再生工艺

通过调整脱硫液再生和初冷工艺，将初冷器上段循环冷却和真空碳酸钾脱硫富液再生结合起来，用部分脱硫贫液代替初冷器上段循环冷却水，以回收利用初冷器上段荒煤气从

82℃降温到77℃释放的热量。节约脱硫富液再生的蒸汽和初冷上段循环水。具体工艺方案如图3-50所示。

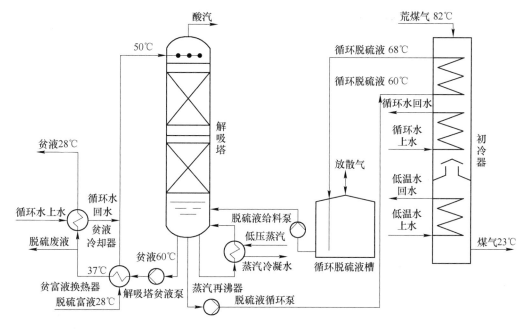

图 3-50　利用初冷器上段荒煤气热源的脱硫液再生工艺流程

（1）初冷器分3段冷却。上段与脱硫装置来的循环液换热；然后进入循环冷却水段，用循环水将煤气冷却至约40℃；最后用低温冷却水将煤气冷却至22℃。由于碳酸钾溶液有一定的腐蚀性，要求初冷器上段换热管采用不锈钢材质。

（2）用脱硫液循环泵将再生塔底的一部分贫液抽出，送往初冷器上部余热回收段，与煤气进行换热；换热后的脱硫液自流至脱硫液循环槽，再由脱硫液给料泵抽出。送回再生塔底，通过再生塔底部的闪蒸装置，产生蒸汽，作为再生塔富液再生的热源。为确保再生塔操作稳定，每台再生塔均须设置1台蒸汽再沸器，使用0.6MPa蒸汽作为辅助热源。以补充富液再生所需的热量。

3.4.7　产业链延伸技术

3.4.7.1　焦油精制

煤焦油的利用主要有3种方式：分离为化学品、直接燃烧和提质加工（催化裂解和热裂解、焦油重整和加氢），从高温煤焦油中提取的多环芳香烃化合物（如喹啉）是石油工业无法替代的。目前高温煤焦油的利用形式主要是从中提取苯、酚、萘、沥青等化工原料，发展趋势是进行加氢处理，加氢精制和加氢裂化两段工艺具有技术优势。高温煤焦油加氢要脱除含硫、含氮和含氧化合物等杂质，使多环芳烃饱和、开环、再饱和。

常用的加氢工艺包括 Rutger 公司、Koppers 公司和法国 IRH 工程公司的蒸馏工艺。山西焦化股份有限公司引进了法国 IRH 工程公司 300kt/a 的煤焦油蒸馏工艺，该工艺采用后脱盐，沥青中的氯离子含量低。法国 IRH 工程公司的改质沥青生产工艺也比较有特色，采用管式炉连续循环加热技术，解决了釜式炉加热不均匀局部过热结焦或产生中间相的问题。中冶焦耐工程技术有限公司开发的单套规模 500kt/a 的煤焦油蒸馏工艺，蒸馏塔底采用油循环加热，不需要通入直接蒸汽，含酚废水少，煤焦油脱水用导热油替代蒸汽加热，减少了冷凝水的排量。

煤焦油脱酚多采用氢氧化钠溶液碱洗产生酚盐，再用 CO_2 或 H_2SO_4 分解酚盐得到酚，常压操作。Linek 等人测定 CO_2 加压分解酚盐的吸收速率，并与实际生产的分解塔的局部吸收速率一致，设计中采用沿塔高将局部吸收速率进行积分。生产中往一号分解塔的二段加入苯，以改善粗酚和碳酸钠溶液的分离效果，二号分解塔注入微量水以防止碳酸氢钠结晶。

粗酚精制多采用多塔精馏操作，工艺过程和操作都比较复杂。白效言等人对低温热解煤焦油粗酚精馏进行模拟研究，粗酚精制采用四塔流程，得到的精馏工艺参数可以为精馏实验和设计过程提供参考。低温煤焦油酸性组分中的主要成分为苯酚、$C_{1\sim4}$ 烷基取代苯酚和 $C_{0\sim2}$ 烷基取代萘酚，从低温煤焦油中性组分中提取的 2，6-二甲基萘具有很好的应用价值。

A　煤焦油加氢工艺

低中温煤焦油中酚的含量较高。低中温煤焦油加工工艺主要可分为精细化工路线和加氢路线。精细化工路线是逐级分离煤焦油所含组分，主要产品是酚、甲酚、二甲酚等。加氢工艺是目前国内低中温煤焦油深加工的主要工艺路线。煤焦油加氢工艺主要分为加氢精制工艺、延迟焦化-加氢联合工艺、固态床加氢裂化工艺和悬浮床加氢裂化工艺，各种加氢工艺都具有特定的适用性，沸腾床-固定床或悬浮床-固定床组合加氢技术适用于较大规模的集约化生产。煤焦油全馏分加氢和延迟焦化改质后加氢等工艺，但没有考虑将低温煤焦油中相对富集的高附加值酚、萘等提取出来，从而造成资源的浪费。

B　工艺流程

焦油加氢工艺主要包括：预处理单元、预加氢单元、加氢裂化单元、酸性水汽提、干气脱硫以及胺液再生单元、制硫氢化钠单元、公用工程单元等。

a　原料预处理单元

原料高温煤焦油由罐区进料泵送入装置区，首先经过超级离心机，将原料中的机械杂质脱除，进入原料油缓冲罐，经原料进料泵升压后先后与减压塔一中油、二中油、在线精制产物换热升温至 240℃后送入常压塔底部进料，减压一中油、二中油和在线精制反应热不足或开工时利用 3.5MPa（G）进行补热。常压塔顶气体经水冷器冷却至 40℃，进入常压塔顶油水分离罐，经分离后罐中轻油经常压塔顶油泵加压后一部分回流至塔顶，一部分采出进入污油罐，罐底的含酚氨水送至污水处理厂。脱水后的塔底油经常压塔底泵输送至预加氢单元缓冲罐。

b　预加氢单元

（1）加氢反应部分。经脱水后的高温煤焦油与减压塔底返回的循环尾油混合后，经过预加氢进料升压泵与循环氢混合，与在线精制产物、预加氢产物换热升温至 300℃，再经过预加氢进料加热炉加热升温至 350℃进入沸腾床反应器，反应产物出口温度为 390℃，经过预加氢热高压分离罐分离，热高分油经过降压过滤升温至 370℃左右进入减压塔，经减压塔分离，塔底分离出的煤沥青产品出装置。热高分气与硫化氢汽提塔底油换热，温度降至360℃，进入在线精制反应器进一步精制，在线精制反应产物先后与预加氢混氢油、煤焦油原料、预加氢系统循环氢换热降温至160℃左右，与除盐水混合，将铵盐溶解防止结晶，经过空冷器冷却至50℃后再进入在线精制冷高压分离罐进行油气水三相分离，气相为预加氢系统的循环氢循环，油相经过与预加氢热低分气换热至260℃直接进入加氢裂化单元的硫化氢汽提塔。底部出来的含硫污水送至酸性水汽提。

（2）压缩机系统。本单元仅有循环氢压缩机（1开1备，往复式）。补充的新氢由加氢裂化单元的新氢压缩机提供。

来自预加氢循环氢缓冲罐的循环氢气，沉降分离出凝液后，经循环氢压缩机压缩升压至17.4MPa。压缩机出口气体分为三部分：一部分返回至在线精制空冷器入口，保持压缩机入口流量稳定；一部分与预加氢反应原料混合经换热升温后参与反应；另一部分则作为冷氢送至在线精制反应器。循环氢缓冲罐出口管线设有流量控制的放空系统，用于反应副产的不凝性轻组分的排放，以保证循环氢中的氢气浓度，该部分气体排入含硫干气总管，送至干气脱硫塔脱硫后送至全厂燃料气管网。循环氢缓冲罐的操作压力为预加氢系统的系统压力控制点，主要通过控制新氢补充量来控制系统压力。

为确保安全运行，循环氢压缩机入口缓冲罐设有高高液位检测，并可以联锁停机；罐顶设有慢速和快速两套泄压系统，供紧急状态泄压或紧急停车使用。压缩机系统各分液罐的凝液集中送至轻污油罐。

c　加氢裂化单元

（1）加氢裂化反应部分。减压中段油与分馏塔底循环尾油混合后进入裂化进料缓冲罐，油经裂化进料泵加压至17.0MPa后与循环氢混合，经与裂化产物换热升温至340℃（初期）后通过裂化加热炉进入加氢裂化反应器，开工时、反应末期或裂化产物反应热不足时，裂化进料经裂化进料加热炉加热升温至反应需要的温度。裂化反应器，装有精制剂和裂化剂，对原料进行脱硫、脱氮、脱氧和加氢裂化，反应器的各床层温升均通过向床层通入由循环氢压缩机来的冷氢来控制。

裂化反应产物经与裂化进料换热至240℃后送入裂化热高压分离罐，裂化热高压分离罐顶部气相与裂化冷低分油、裂化循环氢换热至165℃，再经裂化产物空冷器冷却至50℃送入裂化冷高压分离罐。为避免反应产生的铵盐堵塞空冷器，在裂化产物空冷器入口前注水。裂化热高压分离罐底部热高分油降压后送入热低压分离罐。裂化冷高压分离罐顶部出来的冷高分气作为循环氢送至压缩机系统循环氢缓冲罐，经循环氢压缩机提压后返回反应部分。裂化冷高压分离罐底部油水相送至冷低压分离罐。

裂化热高压分离罐的热高分油经过调节阀降压后送至硫化氢汽提塔中段进料。来自裂化冷高压分离罐的油水相，在冷低压分离罐中闪蒸，顶部出来的冷低分气送出装置至干气脱硫塔脱硫后送至全厂燃料气管网，底部出来的冷低分油经与裂化热高分气换热升温后送至硫化氢汽提塔中上段进料，底部出来的含硫污水送至酸性水汽提。

（2）压缩机系统。本单元有新氢压缩机（1开1备，往复式）、循环氢压缩机（1开1备，往复式）。

补充的新氢由外购来，进入新氢分液罐，通过新氢压缩机出口返回线上的调节阀调节新氢压缩机入口压力。新氢经过新氢压缩机三级压缩升压至17.4MPa，与循环氢混合进入裂化反应系统。

来自裂化冷高压分离罐的精制/裂化循环氢气混合后进入循环氢缓冲罐，沉降分离出凝液后，经循环氢压缩机压缩升压至 17.4MPa。压缩机出口气体分为三部分：一部分返回至裂化产物空冷器入口，保持压缩机入口流量稳定；一部分与裂化反应原料混合经换热升温后参与裂化反应；另一部分则作为冷氢送至裂化反应器。循环氢缓冲罐出口管线设有流量控制的放空系统，用于反应副产的不凝性轻组分的排放，以保证循环氢中的氢气浓度，该部分气体排入含硫干气总管，送至干气脱硫塔脱硫后送至全厂燃料气管网。循环氢缓冲罐的操作压力为加氢精制裂化系统的系统压力控制点，主要通过控制新氢补充量来控制系统压力。

为确保安全运行，循环氢压缩机入口缓冲罐设有高高液位检测，并可以联锁停机；罐顶设有慢速和快速两套泄压系统，供紧急状态泄压或紧急停车使用。压缩机系统各分液罐的凝液集中送至轻污油罐。

d　分馏部分

来自在线精制冷低分罐的冷低分油，经与预加氢热低分气换热升温至 260℃后送入硫化氢汽提塔中段进料，来自裂化冷低分罐的冷低分油，经与裂化热高分气换热升温至 230℃后送入硫化氢汽提塔中段进料，来自裂化热低分油直接送入硫化氢汽提塔中段进料。

硫化氢汽提塔塔顶气体经空冷器、水冷器冷却至 40℃，进入硫化氢汽提塔顶回流罐，回流罐顶出来的含硫干气输送至吸收脱吸塔进料，回流罐底轻烃经回流泵升压后一部分回流至硫化氢汽提塔顶，另一部分输送至吸收脱吸塔进料；罐底含硫污水与裂化冷低压分离罐底的含硫污水混合，一起送至酸性水汽提。硫化氢汽提塔底油首先后与循环尾油、分馏塔中段油、预加氢热高分气换热升温，之后送入分馏塔进料闪蒸罐，罐顶闪蒸的油气直接送入产品分馏塔，罐底油经分馏进料加热炉升温至 370℃后送入产品分馏塔。

产品分馏塔顶部气相经塔顶空冷器、水冷器冷凝冷却至 40℃后进入分馏塔顶回流罐，回流罐底 1 号改质蒽油经回流泵升压后一部分回流至产品分馏塔顶，另一部分作为吸收脱吸塔的进料；回流罐底水经分馏塔顶冷凝水泵提压后送至反应注水系统。

产品分馏塔中段侧线采出 2 号改质蒽油馏分，送至 2 号改质蒽油塔。2 号改质蒽油塔顶出来的油气返回至产品分馏塔中段，塔底采出 2 号改质蒽油产品，经产品泵升压后，分别通过稳定塔再沸器、蒸汽发生器产生蒸汽、空冷器冷却至 50℃后送至罐区。2 号改质蒽油塔塔底重沸器热源为产品分馏塔底部的循环尾油。产品分馏塔塔底的循环尾油经泵升压后，先给 2 号改质蒽油塔底重沸器供热，再分成两路，一路进分馏进料加热炉升温后返回产品分馏塔进料，一路与硫化氢汽提塔底油、吸收脱吸塔底油换热降温至 230℃，再经空冷器冷却至 175℃后，一部分作为尾油出装置，一部分作为循环尾油与蒽油原料进入预加氢反应器。

同时分馏塔通过抽出中段油分别与硫化氢汽提塔底油、吸收脱吸塔底再沸器物料换热降温至 220℃返回至分馏塔，更有利于分馏塔的稳定操作。

1 号改质蒽油、硫化氢汽提塔顶含硫干气及硫化氢汽提塔顶液化气作为吸收脱吸塔的进料，塔顶 53℃左右的含硫干气进入含硫干气管网，进入干气液化气脱硫单元。吸收脱吸塔底油与循环尾油换热至 190℃作为稳定塔进料，稳定塔顶气经过空冷器、水冷器冷却至 40℃后进入稳定塔顶回流罐，罐底含硫污水与裂化冷低分罐底排出的酸性水混合输送至酸性水气体单元；回流罐分出的油相经过循环泵一部分作为回流返回至稳定塔，一部分作为含硫液化气输送至干气液化气脱硫单元。稳定塔底油经过空冷器、水冷器冷却至40℃作为1号改质蒽油产品出装置。

e 酸性水汽提

来自冷低压分离罐的酸性水储存于酸性水储罐中，酸性水上层污油经分层后排入污油总管。

酸性水由酸性水泵加压后分成两路，一路直接进入脱硫化氢塔塔顶作吸收冷水，把氨吸收下来，控制脱硫化氢塔顶温度不大于50℃；另一路先后与脱氨塔塔顶的气氨、脱氨塔底净化水、脱硫化氢塔和脱氨塔底再沸器的蒸汽凝结水换热、升温后进入脱硫化氢塔塔顶的塔板上。脱硫化氢塔塔底用蒸汽重沸器提供汽提、分离所需的热量，温度控制在160℃左右。脱硫化氢塔塔顶提出的富含 H_2S 的酸性气，一部分送至硫化氢压缩机系统，经压缩升压后注入新氢中，剩余的 H_2S 输送至硫黄回收单元生产硫黄产品。脱硫化氢塔底分离出的含氨水自压到脱氨塔中部。脱氨塔塔底也用蒸汽重沸器提供汽提、分离所需的热量，控制塔底温度150℃左右，塔底分离出净化水，先后与原料酸性水换热、水冷却器冷却后经泵送至加氢装置的注水系统。

脱氨塔顶气氨、蒸汽经与原料酸性水换热、水冷却器冷却至70℃进入脱氨塔顶回流罐，在回流罐内气液分离后，液体（含少量氨）通过脱氨塔顶循环泵送至脱氨塔塔顶，富氨气经水冷却器冷却后进入富氨气分凝器，分离出的污水送至酸性水罐，气氨用于制备液氨。

f 干气、液化气脱硫及胺液再生单元

自加氢裂化来的含硫干气进入干气分液罐，罐顶气体直接进入干气脱硫塔底部，与塔上部进入的贫胺液接触后，从塔顶部出来经干气聚结器进一步分离凝液后，一部分脱硫干气至加氢装置燃料气分液罐；加氢裂化单元来的含硫液化气进入液化气脱硫塔底部，与塔上部进入贫胺液接触后，从塔顶部出来经液化气聚结器进一步分离凝液后，罐顶液化气作为产品出装置。干气、液化气脱硫塔底富胺液进入富胺液闪蒸罐，罐顶闪蒸气直接排至火炬，罐底液体由溶剂再生进料泵加压送至富胺溶液过滤器过滤，再经换热升温后进入溶剂再生塔。再生塔顶气体经冷却器冷却后进入溶剂再生塔顶回流罐，罐顶酸性气送至硫黄回收单元，罐底液体经溶剂再生塔顶回流泵加压后回流至再生塔顶部；再生塔底部液体经再沸器重沸后，由溶剂再生塔底泵加压，再经换热器和水冷器降温至55℃后进入贫胺溶液储罐，再生后的贫胺液经干气脱硫贫液泵加压后送至干气、液化气脱硫塔使用。为了避免胺液长时间循环使用造成胺液降解杂质积聚，影响胺液脱硫效果，在干气脱硫贫液泵出口设有贫胺液送至贫胺溶液过滤器过滤后返回至贫胺溶液贮罐的循环管线。

3.4.7.2 苯精制

粗苯的组成极其复杂，色谱分析结果表明，粗苯中可定性的组分有90余种，其中质量分数在0.1%以上的组分有30余种。粗苯中含量较多的组分有：苯族烃（如苯、甲苯、二甲苯、三甲苯、乙苯、茚满等），萘系组分（如萘、甲基萘等），非芳烃组分（如 $C_{4\sim9}$ 烷烃、环烷烃等），不饱和化合物（如1-戊烯、环戊烯、环戊二烯、二环戊二烯、苯乙烯、α-甲基苯乙烯、茚等），杂环化合物包括含氮化合物（如吡啶、甲基吡啶等），含硫化合物（如二硫化碳、噻吩、甲基噻吩、硫醇等）和含氧化合物（如苯酚、古马隆等）等。

为了得到焦化粗苯中的苯、甲苯、二甲苯等有用的化工原料必须对其做深加工处理。目前，粗苯精制技术主要包括酸洗法、加氢法和萃取精馏法。

A 酸洗法

酸洗法是我国传统的焦化苯精制方法，此法主要利用噻吩和硫酸的磺化反应和酸催化下的共聚反应来脱除噻吩。该法具有工艺流程简单、操作灵活、设备简单、材料易得、在常温常压下运行等优点，许多中小型焦化厂目前仍在使用。但是这种方法存在许多难以克服的致命缺点，特别是产品质量、产品收率和环境保护（初馏分、再生酸、酸焦油至今无有效的治理方法）等方面更为严重。近年来，虽经改进，改善了苯的质量，但仍存在许多缺点：

（1）酸洗不仅硫酸耗量大，效率低，而且产生的酸焦油难以处理，对环境有较大影响。

（2）酸洗过程中，噻吩主要靠磺化反应及与不饱和烃的聚合而除去，因此在破坏噻吩环结构的同时将生成许多无用且有害的高沸点硫化物和酸性聚合物。

（3）酸洗中，苯和不饱和烃发生共聚反应，会使苯的损失增加，损失率随所要求苯的质量的提高而急剧提高，达 0.55% ~ 5%。

（4）硫酸与不饱和烃经加成反应所生成的酸式和中式酯类易溶于苯，故将导致后面分离设备的严重腐蚀。用碱中和，会浪费碱和蒸汽。

B 粗苯加氢精制

基于酸洗法的诸多缺点，20 世纪 50 年代，美国、苏联、英国、德国等相继成功开发催化加氢精制法，所产精苯的含硫量小于 0.0001%。根据反应过程的温度，将粗苯加氢工艺主要分为高温法（600 ~ 630℃）与低温法（320 ~ 380℃）两种。根据加氢工艺方法和加氢油精制方法的不同，可将粗苯加氢工艺分为鲁奇法（Lurgi）、莱托尔法（Litol）、环丁砜法与 K. K 法。后三种方法最为普遍。其中，环丁砜法与 K. K 法在加氢精制过程中都使用萃取剂，故又统称为溶剂法。

a 鲁奇法

鲁奇法加氢反应催化剂选用 Mo-Co 及 Fe_2O_3，反应温度为 350 ~ 380℃，以焦炉煤气为氢源，操作压力为 2.8MPa，苯精制收率较高。加氢油用萃取法或共沸蒸馏法分离得到。

b 莱托尔法

莱托尔法工艺是在 20 世纪 60 年代由美国胡德利（Houdry）空气产品公司开发成功的一种高温粗苯加氢精制法。该法的加氢条件为：预反应器温度为 230℃，压力为 5.7MPa，催化剂为 Co-Mo 催化剂；主反应器温度为 610 ~ 630℃，压力为 5.0MPa，催化剂为 Cr 系催化剂。该法除了加氢精制功能外，还能将粗苯中的苯、甲苯和二甲苯经催化脱烷基反应转化为苯，故只能得到一种产品——纯苯，收率可达 100%。该法的优点是：后期分离阶段较为简单采用简单蒸馏即可。该法的缺点是：反应条件苛刻、产品单一、设备结构复杂，且投资高、经济效益差。宝钢从日本引进了一套莱托尔法工艺，1985 年开始投入生产。

c 环丁砜法

环丁砜法即美国开发的 Shell-UOP（液/液萃取蒸馏）工艺。因其在加氢精制过程中使用环丁砜萃取剂而得名。该法加氢的工艺条件为：预反应器温度为 220~230℃，压力为 3.5MPa，催化剂为 Ni-Mo 催化剂；主反应器温度为 320~380℃，压力为 3.4MPa，催化剂为 Co-Mo 催化剂。该法是一种典型的低温、低压加氢蒸馏工艺，其产品为苯、甲苯、二甲苯、非芳烃。

该工艺的优点主要有：采用轻苯加氢，可节省重苯和初馏分加氢的氢气耗量；预反应器内为液相加氢，可避免管道堵塞现象发生；经一次萃取精馏过程即可得到纯度很高的苯、甲苯和混合二甲苯等粗产品，故萃取精馏操作相对简单；加氢装置对原料适用性强，除可用于粗苯加氢外，还可用于裂解汽油重整油或混合油的加氢；产品品种多，市场适应性强；投资低、经济效益好，生产过程"三废"排放量几乎为零。

d K.K 法

K.K 法由德国 BASF 公司开发，经德国 K.K 公司改进的 BASF/VEBA 加氢和莫菲兰（morphylane）萃取蒸馏工艺。该法加氢工艺条件为：预反应器温度为 220~230℃，压力为 3.5MPa，催化剂为 Ni-Mo 催化剂；主反应器温度为 340~380℃，压力为 3.4MPa，催化剂为 Co-Mo 催化剂。

该法与环丁砜法的主要工艺基本相同，都属于典型的低温低压加氢蒸馏工艺，其产品品种都为苯、甲苯、二甲苯、非芳烃。区别仅精馏萃取过程所使用的萃取剂不同。该工艺使用的萃取剂为 N-甲酰吗啉。该工艺的优点主要有：加氢装置对原料的适用性强，原料焦化粗苯无需进行预处理，既可处理轻苯，也可处理重苯；加氢和操作压力低，设备和材料问题易解决，投资低；采用导热油作热载体，同时采用换热的方法回收利用产品及中间产品的热量，热效率高；N-甲酰吗啉萃取剂的选择性高，热稳定性和化学稳定性好且无毒；产品品种多、市场适应性强、经济效益好且生产过程几乎无污染。加氢法与酸洗法相比，解决了酸洗法存在的问题，加氢法产品质量高，产品收率高，环境保护好，经济效益好。加氢法是将粗苯中以噻吩为主的各种杂质利用加氢法全部除去，其中硫化物全部转化为 H_2S，氮化物转化为 NH_3，氧化物转化为 H_2O，不饱和烃加氢饱和；然后采用萃取精馏除去杂质，从而生产出优质苯及其他产品。但此法的缺点是破坏了噻吩，并且投资高，催化剂消耗和制氢导致装置运行费用较高。代表性项目有石家庄焦化厂 5 万吨/年，宝钢三期 5 万吨/年等。

C 萃取精馏法

粗苯萃取精馏精制技术是继酸洗法和加氢法粗苯精制技术之后的一项粗苯精制新技术，该技术的特点是采用纯物理的办法对粗苯进行分离，分离过程中不产生污染物，属于绿色环保工艺；设备全部采用碳钢材质，投资低；粗苯中的所有组分都可以得到分离回收，总体收率可以达到 100%；与酸洗法和加氢法相比，可萃取回收噻吩。目前该工艺已在河北唐山、河南新乡、山西运城、山东菏泽、新疆昌吉和山西临汾等企业成功运行。从运行数据来看，三苯收率比酸洗法提高了 4%~5%，比加氢法提高 1%~2%；纯苯纯度可以达到 99.95% 以上，总硫含量可以降到 1mg/kg 以下；甲苯纯度可以达到 99.8% 以上，总硫含量可以达到 2mg/kg 以下；二甲苯馏程在 5℃ 以内；噻吩纯度可以达到 99.0% 以上。萃取精馏法工艺流程如图 3-51 所示。

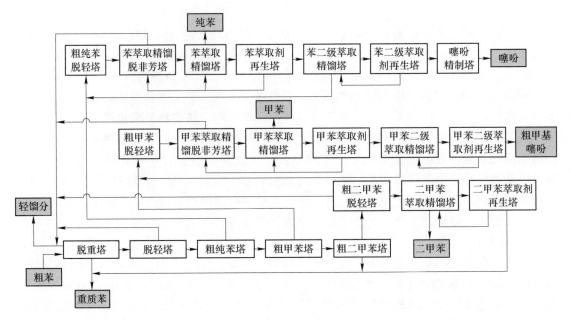

图 3-51 萃取精馏法工艺流程

　　来自罐区的粗苯经预热器预热后进入两苯塔，塔顶蒸汽经冷凝器冷凝后，部分回流，部分采出进入初馏塔，塔底物料用泵打入重质苯罐。初馏塔塔顶蒸汽经冷凝器冷凝后，部分回流，部分采出进入初馏分储罐，塔底物料用泵打入粗纯苯塔。初馏塔尾气经尾冷器二级冷凝后排入尾气吸收塔进行酸碱吸收，然后排入二单元的尾气吸收塔进行吸收。粗纯苯塔塔顶蒸汽经冷凝器冷凝后，部分回流，部分采出进入粗纯苯储罐，塔底物料用泵打入粗甲苯塔。粗甲苯塔塔顶蒸汽经冷凝器冷凝后，部分回流，部分采出进入粗甲苯储罐，塔底物料用泵打入粗二甲苯塔进料罐。进料罐的物料用泵打入粗二甲苯塔，塔顶先采出轻组分，再采出前过渡组分，然后采出粗二甲苯，最后采出后过渡组分。轻组分返回粗苯罐，过渡组分返回进料罐，粗二甲苯进入相应储罐，釜残打入重质苯储罐。

　　来自第一单元或粗纯苯储罐的粗纯苯连续进入脱 CS_2 塔。CS_2 等杂质通过塔顶采出进入粗苯罐，塔底物料经进料预热器后，进入苯脱非芳塔，塔顶采出的非芳杂质进入苯非芳储罐或进入粗苯储罐，塔底物料进入苯萃取精馏塔。苯萃取精馏塔塔顶气相经冷凝后采出进入苯冷却器。得到的纯苯进入纯苯中间罐。塔底采出的物料进入苯萃取剂再生塔。苯萃取剂再生塔塔顶采出物料进入苯二级萃取精馏塔或苯二级萃取塔进料罐，塔底采出经苯萃取精馏塔两个中间再沸器、粗纯苯塔再沸器、初馏塔再沸器、粗苯预热器、脱 CS_2 塔再沸器后进入萃取剂冷却器，冷却到相应温度后进入苯脱非芳塔和苯萃取精馏塔进行萃取精馏。来自二级萃取塔进料罐或苯萃取精馏塔塔顶的物料经预热器后进入苯二级萃取精馏塔，塔顶采出物料进脱 CS_2 塔或粗纯苯罐，塔底物料进入本塔中间再沸器一后进入苯二级萃取剂再生塔。塔顶采出进入噻吩精制塔进料罐塔底采出经苯二级萃取塔中间再沸器二、苯脱非芳塔预热器、苯二级萃取塔进料预热器，经苯二级萃取剂冷却器后进入苯二级萃取精馏塔。塔顶开始采出的苯含量较高时直接进入苯二级萃取精馏塔进料罐，后过渡组分进入噻吩进料罐，含量在99%以上的噻吩产品进入噻吩接收罐。甲苯接收罐中物料通过泵返回粗苯罐，各单元所产生的尾气，进入到尾气吸收塔下部，经过吸收后再经活性炭吸附罐吸附。吸收液来自一单元的重质苯，经冷却后进入到吸收塔，对尾气洗涤、吸收后达标排放。吸收后的富吸收液用泵打入粗苯罐。

来自第一单元或粗甲苯罐的粗甲苯进入甲苯脱轻塔，塔顶气相经冷凝器冷凝后一路回流，一路采出到粗苯罐，塔底采出物料进入甲苯脱非芳塔，甲苯脱非芳塔塔顶气相经冷凝器冷凝后一路回流，一路采出进入苯非芳罐或返回粗苯罐。塔底物料采出进入甲苯萃取精馏塔。甲苯萃取精馏塔塔顶气相经冷凝器冷凝后一路回流，一路经冷却器进入甲苯产品中间罐。塔底萃取剂经与甲苯脱非芳塔底再沸器换热后进入甲苯萃取剂再生塔。甲苯萃取剂再生塔塔顶气相经冷凝器冷凝后一路回流，一路采出进入甲苯二级萃取精馏塔或甲苯二级萃取精馏塔进料罐，塔底采出经甲苯萃取剂再生塔两个中间再沸器、一单元粗甲苯塔再沸器、甲苯脱轻塔再沸器、萃取剂冷却器进入甲苯脱非芳塔和甲苯萃取精馏塔。甲苯二级萃取精馏塔塔顶气相经冷凝器冷凝后一路回流，一路采出进入甲苯脱轻塔或粗甲苯罐或粗苯罐，塔底物料进入甲苯二级萃取剂再生塔。甲苯二级萃取剂再生塔塔顶气相经冷凝器冷凝后一路回流，一路采出进入甲苯二级萃取精馏塔进料罐或富甲基噻吩罐或回粗苯罐，塔底采出经甲苯二级萃取精馏塔进料预热器后经甲苯二级萃取剂冷却器进入甲苯二级萃取精馏塔。

来自罐区粗二甲苯罐的粗二甲苯进入二甲苯脱非芳塔，塔顶气相经冷凝器冷凝后一路回流，一路采出到罐区甲苯非芳储罐或粗二甲苯储罐，塔底采出物料进入二甲苯萃取精馏塔，二甲苯萃取精馏塔塔顶气相经冷凝器冷凝后一路回流，一路经二甲苯冷却器、进入二甲苯产品中间罐。塔底萃取剂进入二甲苯萃取剂再生塔。二甲苯萃取剂再生塔塔顶气相经冷凝器冷凝后一路回流，一路采出去罐区苯乙烯储罐，塔底采出经二甲苯脱非芳塔萃取剂再沸器后进入二甲苯萃取精馏塔循环使用。

3.4.7.3 焦炉煤气深加工

A 焦炉煤气制液化天然气（LNG）

煤气生产液化天然气（LNG）是采用甲烷化合成工艺生产 SNG，SNG 经深冷液化成 LNG。焦炉煤气含有一定量的杂质，需要对其进行净化以满足工艺过程的要求，工艺生产装置包括：压缩、脱硫、合成、液化 4 个阶段。以唐钢焦炉煤气制取 LNG 为例介绍工艺流程，如图 3-52 所示。

从气柜来压力 4kPa，温度 40℃ 的焦炉煤气经螺杆压缩机压缩至 0.45MPa，送至脱油脱萘塔脱除焦油、萘等杂质，再经粗脱硫塔，脱除无机硫至 20mg/m³（标态）以下。从粗脱硫塔出来压力 0.37MPa 的焦炉煤气，经往复式压缩机压缩至 2.8MPa，送至脱硫工段。

来自气体供应站大于等于 99.9% 的气体二氧化碳，自滤油槽前补入焦炉煤气管网，补碳后的焦炉煤气首先通过滤油槽，除去焦炉煤气中微量的油；滤油后依次经过段间调温器、产品预热器后升温至 280℃，依次经过预加氢转化器、段间调温器、一级加氢转化器，在铁钼催化剂的作用下，焦炉煤气中的不饱和烃、有机硫化合物、氧等与氢反应，转化为易于脱除的硫化氢，然后经中温脱硫槽脱除硫化氢，再经二段加氢转化器、氧化锌脱硫槽，进一步加氢转化脱除硫化氢。最终送合成工段的焦炉煤气中总硫量为 0.00001% 以下，温度约为 160～250℃，压力约为 2.5MPa。

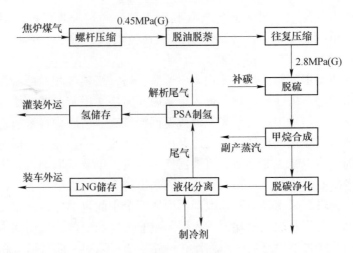

图 3-52　唐钢焦炉煤气制 LNG 工艺流程

来自脱硫工段的净化气，首先进入保护床，而后分两部分：气体 1 进入一段反应器，气体 2 进入二段反应器。其中气体 1 先于凝液储罐中的少量工艺凝液在管道中混合，再与来自循环气压缩机的循环气混合，混合后进一段反应器。一段反应器出口气体温度约为 600℃，经过冷却后进入一级废锅出口气体温度将为 335℃，再与气体 2 混合进入二段反应器，二段反应器出口温度约为 515℃，经过二级废锅冷却至约 345℃，进入三段反应器，三段反应器出口气体经过换热器换热后进入净化工段。

合成后的合成气 SNG 进入净化单元，当 SNG 中二氧化碳含量高于 0.005% 时，首先进入富胺液脱碳单元，脱除二氧化碳至 0.002% 以下，后经过脱汞塔脱汞、脱水塔脱水后进入液化单元。

净化后的 SNG 进入冷箱，在制冷换热器中预冷后抽出，进入低压精馏塔的塔釜进一步冷却后，返回制冷剂换热器继续降温到 -155℃ 抽出，进入高压精馏塔精馏，SNG 中的氢气组分从塔顶馏出，从高压精馏塔底抽出经过节流降压进入低压精馏塔中，LNG 中的氮气、氢气从塔顶馏出，LNG 从塔底抽出，此时温度为 -139℃；LNG 返回制冷换热器中降温、过冷至约 -162℃ 后，再经进一步节流至约 0.015MPa，从冷箱抽出送入 LNG 储罐储存。

提氢工序为：从塔顶馏出的富氢气经过 PSA 变压吸附提取大于 99.999% 的高纯氢气，经过压缩机加装后储存及充装。

B　焦炉煤气制甲醇

由于发达国家的炼焦装置都依托于钢厂建设，焦化装置副产的焦炉气得到了综合利用，独立焦化厂很少，因而国外尚无焦炉气制甲醇装置建成投产的报导。国内的独立焦化企业比较多，过去由于对焦炉气的综合利用和环境保护问题重视不够，独立焦化企业副产的焦炉气绝大多数都直接排往大气，造成资源的大量浪费并对环境造成极大污染。焦炉气制甲醇是近十年由中国首先提出的工艺。经国内科技人员的努力，现已有多套装置建成投产，运行状况良好。图 3-53 所示为催氏转化法焦炉煤气制甲醇工艺流程。

a　焦炉气预处理系统

从焦化装置送来的焦炉气中还含有大量萘、焦油、粉尘等易凝或易结晶的物质，在常

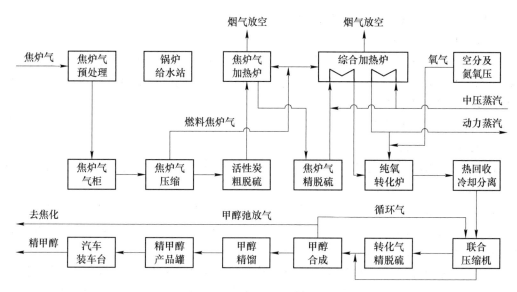

图 3-53　催化转化法焦炉煤气制甲醇工艺流程

温常压下，这些物质也许还不会凝结或结晶，但经加压后，由于其分压得以上升，造成部分这样的物质的以凝结为液滴或固体颗粒，如果不将这些物质尽量除去，将对后续工序造成危害甚至危及整个装置的安全。

如果焦炉气压缩机采用离心式压缩机，凝结的液滴或固体颗粒将对离心式压缩机高速转子造成损坏。如果离心式压缩机高速转子受到损害，高速转子的动平衡将受到破坏，轻则压缩机振动加剧，重则造成全装置停车甚至压缩机报废。

如果焦炉气压缩机采用活塞式压缩机，凝结的液滴或固体颗粒将对活塞式压缩机阀瓣造成堵塞或损坏，造成压缩机阀瓣大量回气甚至阀瓣不动作，严重影响压缩机的打气量、压缩机打气压力甚至停车检修，缩短装置连续运转周期。

凝结的液滴或固体颗粒将堵塞压缩机级间冷却器，使级间冷却器阻力越来越大，造成压缩机必须经常停车以清除级间冷却器中堵塞的凝结物质甚至更换级间冷却器的换热内件。凝结的液滴或固体颗粒可能对压力表测压管造成堵塞，使控制系统得到的压力信号为假信号。如果这个压力信号是用于控制系统压力的，将可能使系统压力超压甚至造成安全事故。

此外，凝结的液滴或固体颗粒加热到精脱硫需要的温度时会严重结焦，会对焦炉气加热设备造成堵塞并沉积在加氢催化剂和精脱硫剂的表面，缩短焦炉气加热设备检修周期及加氢催化剂和精脱硫催化剂的使用寿命。

因此，焦炉气在送到后工序之前应先进行预处理，以除去可能对后工序造成危害的萘、焦油、粉尘等易凝或易结晶的物质。经吸附处理后的焦炉气中萘含量降至 4mg/m³（标态）以下，焦油和尘已降至 1mg/m³（标态）以下。

b　焦炉气气柜系统

由于焦化系统送来的焦炉气压力仅 7kPa 左右，且供气过程有可能出现流量和压力波动，为保证甲醇装置供气稳定，焦炉气在进入甲醇装置之间设气柜缓冲。气柜设置高低限位连锁系统，超限后系统自动从气柜前泄放部分焦炉气到火炬系统燃烧处理或使焦炉气压缩机打回流甚至让焦炉气压缩机联锁停车。

　　c　焦炉气压缩系统

　　来自焦炉气气柜的焦炉气（压力约 1~2kPa、温度 40℃），经过一级进口缓冲器后进入各压缩机组，经各级压缩后，压力升至 2.3MPa（G）左右，经脱油器吸附焦炉气中可能夹带的油雾后送焦炉气精脱硫系统。

　　压缩机各级排气依次进入出口缓冲罐、冷却器、分离器，再进入下一级入口缓冲罐。

　　d　焦炉气精脱硫系统

　　甲醇合成采用催化转化法时，合成催化剂易受硫化物毒害而失去活性，必须将焦炉煤气中的硫化物除净。

　　压缩机、除油后的焦炉气进入干法脱硫罐进行干法粗脱硫，脱硫罐内装填常温活性炭脱硫剂。经干法粗脱硫后，焦炉气中的 H_2S 含量不大于 $1mg/m^3$（标态）。干法粗脱硫只能脱除 H_2S 而不能脱除有机硫。

　　经干法粗脱硫后的焦炉煤气送焦炉气加热炉预热至 250~300℃，经铁钼催化剂使焦炉气中绝大部分的有机硫与焦炉煤气中的 H_2 反应转化为 H_2S，再用 ZnO 脱硫剂吸收。精脱硫后，焦炉气中的总硫（主要为残余噻吩）不大于 $1mg/m^3$（标态）。

　　e　焦炉气纯氧转化系统

　　焦炉煤气作为制造甲醇所需合成气的原料，用于大规模生产装置时主要有两种工艺可供选择。即焦炉煤气催化部分氧化和非催化部分氧化。

　　（1）焦炉气催化部分氧化法。采用圆筒式纯氧转化炉，炉内装 CN20（或 Z204）和 Z205 转化催化剂。焦炉气进转化炉前须经脱硫，将焦炉气中总硫含量控制在 0.0005% 以下。焦炉气和氧气入炉前须与蒸汽按一定比例混配，为了防止水蒸气冷凝，焦炉气和氧气均需加热到蒸汽露点以上，因而系统中必须设焦炉气和氧气加热设备（加热炉通常以焦炉气或甲醇弛放气为燃料）。

　　转化过程中应严格控制入炉水蒸气/焦炉气比和氧气/焦炉气比，转化炉出口温度为 960~980℃，出炉转化气（折干气）中甲烷含量约 0.6%。转化气氢/碳比 $(H_2-CO_2)/(CO+CO_2)$ 约为 2.4~2.7，氢过剩，但比以天然气为原料通过一段蒸汽转化法生产的甲醇合成气氢/碳比（2.9~2.95）要低得多。

　　该法技术成熟可靠，反应温度相对较低，转化炉烧嘴使用周期长（两年以上）。主要问题是焦炉煤气入转化炉前净化要求高，需消耗加氢转化催化剂和大量氧化锌脱硫剂。

　　（2）焦炉气非催化部分氧化。采用圆筒式纯氧转化炉，炉内不需装填催化剂。转化过程主要是烃类的部分氧化过程，即：

$$CH_4 + \frac{1}{2}O_2 \longrightarrow 2H_2 + CO + Q$$

　　由于转化炉中无催化剂，焦炉气进转化炉前不必进行有机硫转化和脱除硫化氢。

　　入炉的焦炉气和氧气中也不需预配水蒸气，故可不设加热炉加热原料气（只要保持焦炉气和氧气压缩机末级出口温度），也不需消耗转化蒸汽（只需要少量烧嘴热保护用蒸汽）。

　　转化过程中严格控制入炉氧气/焦炉气比，转化炉出口温度为 1200~1300℃，出炉转化气（折干气）中甲烷含量约 0.6%。转化气中氢/碳比 $(H_2-CO_2)/(CO+CO_2)$ 为 2.0 左右（甲醇合成理想比例为 2.05~2.1），得到的合成气成分比有催化部分氧化理想。

经高温转化后，焦炉气中复杂的有机硫（COS、CS$_2$、硫醇、硫醚、噻吩等）已绝大部分转化为易于脱除的硫化氢，便于后续工序脱除。这是焦炉气采用非催化纯氧转化最大优点。

该法已用于天然气和焦化干气的转化，在宁夏宝丰也有一套焦炉气制甲醇装置投产的业绩，但转化炉烧嘴使用周期较短（目前一般为 3~4 个月），需要定期更换烧嘴。

该法工艺简单、流程短、固体脱硫催化剂和脱硫剂消耗低，但氧耗偏高，转化炉烧嘴使用寿命很短，运转过程中须经常停车检修或更换烧嘴，停车检修期间大量的焦炉气将放散。

精脱硫后的焦炉气与部分转化用中压蒸汽混合进入综合加热炉加热到约 650℃ 后进入纯氧转化炉顶部。来自空分系统的氧气与部分 3.82MPa（G），450℃ 的中压过热蒸汽混合后得到约 278℃ 的蒸氧混合气，蒸氧混合气从转化炉烧嘴进入转化炉，在转化炉烧嘴出口处与进入转化炉的蒸焦混合气混合燃烧，然后在转化炉中下部转化催化剂作用下发生甲烷转化反应。反应后的转化气由下部进入转化气热回收系统。

转化气热回收系统按顺序设置有转化废锅、给水加热器、加压塔再沸器、预塔再沸器、脱盐水加热器、水冷却器、气液分离器等，转化气经转化废锅、给水加热器、加压塔再沸器、预塔再沸器、脱盐水加热器回收热量后，再经水冷却气将转化气冷却至不高于 40℃，进入气液分离器分离掉冷凝水后送合成气联合压缩机。

f 合成气联合压缩系统

来自纯氧转化系统的新鲜合成气（转化气），温度不高于 40℃、压力约 1.65MPa，经进口分离器分离夹带的液滴后进入合成气压缩机一级入口，加压后经冷却、分离再进入二级入口，经二级压缩到 6.05MPa（G）后，不经冷却再经常温氧化锌脱硫把关以保证送到甲醇合成系统的合成气总硫不大于 0.00001% 后并入增压后的循环气管道。

从甲醇合成系统来的循环气，温度不高于 40℃、压力约 5.6MPa（G），经循环气分离器分离可能夹带的液滴后进入压缩机循环气压缩段，经压缩机循环气压缩段加压后，出口压力约 6.0MPa（G），不经冷却与常温氧化锌脱硫把关后的新鲜气混合后直接送甲醇合成系统。

g 甲醇合成系统

甲醇合成气（主要成分是 H$_2$、CO 和 CO$_2$）在催化剂的作用下，反应生成甲醇，其反应式如下：

$$CO + 2H_2 \longrightarrow CH_3OH + 90.73kJ/mol$$
$$CO_2 + 3H_2 \longrightarrow CH_3OH + H_2O + 48.02kJ/mol$$

反应是放热而且可逆的。

甲醇合成技术的关键为甲醇合成反应器和甲醇合成催化剂。世界上各种形式的甲醇合成反应器因结构设计、甲醇的单程收率、反应条件的控制措施、操作单元的组合、反应热的移除与回收设施等方面的不同而各具特色。

（1）Davy 公司的甲醇合成技术。Davy 公司在过去 30 年中一直共同从事英国帝国化学（ICI）甲醇合成技术的转让与工程设计工作。Davy 公司针对大型甲醇装置开发出管壳式径向反应器。该反应器根据入塔气在催化剂床层反应速度的变化，设置列管的疏密程度，使反应速度沿最大速度曲线进行，使高活性 51-3 型甲醇合成催化剂的性能得到了有效发挥。

甲醇合成压力在 7.6~8.1MPa 的低压条件下进行, 合成塔采用带膨胀圈的浮头式结构, 解决了列管的热膨胀问题, 为甲醇合成过程的长周期平稳运行提供了设备保障。

(2) ICI 公司的甲醇合成技术。ICI 公司最初开发了单段轴向合成塔, 随后开发了 ICI 空筒型三段轴向冷激式合成塔, 三段轴向冷激式合成塔虽然结构简单, 单位体积合成塔的催化剂装填量大, 但是碳转化率低、合成塔出口的甲醇浓度低、循环量大 (循环气与新鲜合成气的比达 10:1)、能耗高、不能副产蒸汽, 现阶段新建装置基本不再选择该项技术。1984 年 ICI 公司又开发出管壳式冷管合成塔和副产蒸汽合成塔, 解决了轴向反应器催化剂床层阻力大、温度不易控制、循环量大和催化剂寿命短的缺点。

(3) Lurgi 公司的甲醇合成技术。20 世纪 70 年代, Lurgi 公司开发了具有自己特色的甲醇合成技术专利, 合成塔结构为列管式, 管内装填催化剂, 壳程的沸腾水吸收管内的反应热副产蒸汽, 副产的 4MPa 蒸汽可用于驱动离心式压缩机或作为甲醇精馏的热源, 使甲醇的产品能耗降低。反应温度用蒸汽压力来控制, 很方便地实现了催化剂床层温度呈大致的等温曲线, 从而有利于甲醇生产过程的平稳操作。Lurgi 公司在大甲醇装置的设计理念上还采取了管壳式合成塔串联的组合型甲醇合成装置 (鲁奇大甲醇工艺), 分别采用水冷和气冷的方式移除反应热。这种生产工艺通过合成气进入串联的合成塔, 提高合成气的单程转化率, 降低了未反应气体的循环量, 同时减少了合成塔出口气冷却过程和压缩过程的能耗。

(4) Topsøe 的甲醇合成技术。丹麦 Haldor Topsøe 公司研制的 RM101 型铜系甲醇合成催化剂, 活性高、持效性好、选择性高、强度大, 可将粗甲醇中的副产物抑制在极低的水平, 该催化剂已用于 10 多套具有代表性的大型甲醇装置。Topsøe 开发的甲醇合成技术特点主要有: CMD 多床绝热式甲醇合成塔和列管式副产蒸汽合成塔 (BWR 合成塔)。

多床绝热式合成塔的流程特点为: 甲醇合成由 3 个并排的径向冷激式绝热合成塔及其间的热交换冷却系统组成。与 ICI 轴向冷激式合成塔不同的是: 在 Topsøe 的径向冷激式合成塔中装填活性高、粒度小的催化剂, 合成气沿径向由周边向合成塔的中心流动, 塔的床层减薄, 故阻力降明显降低, 合成塔的直径大为减小, 该塔型已在多套大型甲醇生产装置中得到了应用。径向塔在催化剂上部装有防止产生轴向气流的复杂机械装置, 所以该塔设计加工复杂。

托普索的管壳式甲醇合成塔是一种径向复合式反应器, BWR 列管式副产蒸汽合成塔的流程特点为: 未反应气体沿轴向通过催化剂床层, 壳程副产中压蒸汽, 塔间设换热器, 废热用于预热锅炉给水或饱和系统循环热水。合成气进塔温度为 220℃, 合成压力 5.0~10.0MPa。列管式副产蒸汽合成塔的结构简单、合成气的单程转化率高、催化剂体积少、单塔系列的甲醇装置生产能力大。

(5) 林达等温反应器。林达等温型反应器包括均温型和前置式副产蒸汽型反应器两种。

林达均温型反应器是一种采用内置 U 形冷管的均温甲醇合成塔, 在催化剂床层可自由伸缩活动装配的冷管束, 用管内冷气吸收管外反应热, 管内冷气与催化剂床层反应气并流换热和逆流间接换热。进塔原料气经上部分气区后, 均匀地分布到各冷管胆的进气管, 再经各环管分流到每一个冷管胆的各个 U 形冷管中。原料气在 U 形管中下行至底部后随 U 形管改变方向, 上行流出冷管, 热气由 U 形管出口进入管外催化剂床层, 与催化剂充分接触，经多孔板、出合成塔。林达低压均温型甲醇合成塔在内蒙天野集团、陕西渭化集团 20 万吨/年的甲醇装置等 9 套装置上成功投运。

该反应器目前使用的最大产能为 30 万吨/年的甲醇装置，使用厂家 12 家，总产能超过 117 万吨/年。

前置式副产蒸汽反应器于 1994 年开发成功，该反应器由催化剂筐、换热器和锅炉组成。首套装置于 1994 年在广州氮肥厂成功投运，目前有 7 套装置应用。其中 5 万吨/年的装置 4 套，3 万吨/年的装置 2 套，7 万吨/年的装置 1 套。杭州林达化工技术工程有限公司在内置 U 形冷管均温甲醇合成塔在基础上开发了新一代专利技术产品——大型卧式水冷甲醇合成塔已在内蒙古苏里格天然气化工股份有限公司投运。运行结果显示，卧式水冷塔设计循环比为 2.5，目前实际只有 2.1 左右，根据实际甲醇产量核算，醇净值可以高达 9，为一般合成塔的两倍，装置在满负荷生产情况下，精醇产量连续达到 624t/d，超过原设计值。

卧式水冷甲醇合成塔采用卧式结构，换热水管横向排列，不仅增加了气体流通截面，而且合成塔阻力为原轴向塔的 10%~20%，出塔气甲醇平均含量达 11.85%，将循环比下降到 1.9，这已优于世界先进水平，配套设备和管道的规模、投资均大幅下降。该合成塔的醇净值高、压差小、温差小、结构合理，由于该设备低阻力和低循环比大幅度降低了循环机的电耗，是甲醇合成技术一项革命性的突破。装置产能可达 60 万吨/年，循环比还可降到 0.5，液相催化存在的问题用气固相反应器可完全解决，技术指标超过国外先进技术。

此外，该反应器还兼具内件可单独更换、外壳使用寿命延长、列管排列布置紧凑、设备投资省等优点，换热面积可按反应过程放热大小设计，移热能力强，单个合成塔生产能力有放大的潜力。目前已有多家用户采用了林达公司提供的 30~180 万吨/年卧式水冷合成技术方案。但林达的卧式水冷甲醇合成塔在更换催化剂时，经常出现催化剂大量卡在管间卸不出的情况，使更换的催化剂装填量减少。

（6）四川天一的绝热-等温复合型管壳式反应器。在四川天一甲醇合成催化剂基础之上，四川天一科技股份有限公司开发了结合 ICI 和 Lurgi 反应器特点的绝热-等温复合型管壳式反应器，不仅承继了 ICI 反应器催化剂装填系数大、Lurgi 反应器床层温差小的优点，而且拥有自主知识产权，国内已建成投产和在建的绝大部分甲醇装置均采用该甲醇合成反应器，成熟可靠。该反应器可有效地利用甲醇合成反应热所副产的中压蒸汽，温度控制简单灵活，触媒生产强度大。

绝热-等温复合型管壳式反应器由绝热段与管壳段两部分组成。合成塔的上管板上装一层催化剂，为绝热反应段；上下管板用装满催化剂的列管连接，为等温段，反应热传给管外的沸水，以副产蒸汽的形式回收热量，通过调节蒸汽压力来实现催化床的等温分布。该反应器是基于 Lurgi 列管式反应器的改进型并有一定创新，在相同产能时，反应器体积较小，可节约设备投资。

我国在甲醇合成塔和工艺路线的开发上从模仿、改进过渡到自主开发，均取得了大量成果，30 万吨/年和 60 万吨/年低压甲醇合成塔都有多套装置成功投运，与国外缩短了差距。

来自合成气压缩系统的合成气（入塔气），先在入塔气预热器中与出塔气换热升温至反应起始温度，然后进入甲醇合成塔进行反应。合成塔的出口气体在入塔气预热器中与入塔气换热被降温后，依次进入甲醇空冷器、甲醇水冷器、甲醇分离器，未反应气体从分离器上部排出，其中大部分作为循环气返回压缩机循环段，少量未反应气体（即甲醇弛放气）全部送往焦化燃料气系统。

从甲醇分离器分离出的液体粗甲醇进入闪蒸器除去溶解的气体后，送往精馏工序，闪蒸气也送往燃料气系统燃烧处理并回收热量。

（7）甲醇精馏系统。粗甲醇经计量，加碱中和、预热后进入预蒸馏塔，从预塔塔顶除去比甲醇沸点低的低沸点物及溶解的气体，如甲酸甲酯、二甲醚、一氧化碳、二氧化碳等。

从预塔底出来的预后甲醇（基本不含低沸点杂质）用泵送入加压精馏塔精制，从加压精馏塔顶出来的甲醇蒸汽作为常压精馏塔再沸器热源，除达到冷凝加压精馏塔顶甲醇蒸汽的目的外，同时为常压精馏塔提供热量。冷凝的甲醇蒸汽除抽出部分经冷却后作为产品精甲醇送到精甲醇计量槽外，其余部分作为加压塔回流液经加压塔回流泵全部回到加压精馏塔顶部。加压塔得到的精甲醇产品约为本装置总产量的一半。

从加压塔底部出来的釜液全部送到常压精馏塔中部作为常压精馏塔进料，塔顶甲醇蒸汽经冷凝冷却后，除部分作为精甲醇产品送到精甲醇计量槽外，其余部分作为常压塔回流液经常压塔回流泵全部回到常压塔顶部。常压塔得到的精甲醇产品约为本装置总产量的一半。

甲醇合成过程中由于副反应的发生而生成微量乙醇、异丙醇、丁醇、高级烷烃类等杂质，这些杂质部分与水和甲醇形成共沸物而不易与甲醇完全分离，从而影响产品精甲醇质量。为了控制这些杂质可能对产品精甲醇质量造成的影响，从常压精馏塔中下部杂质富集区的几块塔板上抽出部分杂醇油经冷却后装桶出售，这样就可以有效控制杂质蒸发进入上部塔板甲醇蒸汽中的量，从而达到使精甲醇产品满足要求的目的。

从常压精馏塔塔底部排出比甲醇沸点高的高沸物（如水、乙醇等），经废水泵送到纯氧转化系统汽提塔处理。

预塔和加压精馏塔再沸器热源采用本装置转化气低位余热，常压精馏塔再沸器的热源为加压塔顶出来的甲醇蒸汽。

（8）甲醇库。来自甲醇精馏系统中间罐区的检验合格的精甲醇产品经泵通过外管道送到本系统产品精甲醇储罐储存。产品装车由产品甲醇泵通过管道送到汽车灌装台，由汽车灌装台设置的装车鹤管向汽车罐车外运。

3.5　石灰窑工序绿色工艺技术

3.5.1　绿色石灰工厂的设计

3.5.1.1　指导思想

以科学发展观为指导，积极贯彻落实《国家钢铁产业政策》，贯彻"淘汰落后、提升档次、节能减排"的指导方针，遵循"低碳经济、节能减排、清洁生产"的原则，以资源的高效利用为核心，以"低碳化、减量化、再利用、无害化"为建设理念，以生产过程低消耗、低排放、高效率为基本特征，以生产高性能、高品质、低成本产品为最终目标，建设具有世界先进水平的现代化石灰工厂。

3.5.1.2 基本原则

（1）合理选择先进的生产工艺和技术。从工艺路线选择、技术方案、设备选型、总图布局等各方面全面贯彻落实新一代石灰工厂的科学设计理念，通过对物质流、能量流、信息流运行轨迹的深入研究分析，构架新一代石灰工厂最优化的石灰生产流程和整体技术方案。

（2）全面贯彻落实精准设计理论。通过对每个工序和生产环节技术方案的详尽比较和科学论证，选择国内、国际上先进可靠的技术、设备，紧凑式的工艺布置，实现建设项目的最佳经济效益。

（3）认真贯彻落实循环经济和低碳经济理念。遵循循环经济和低碳经济理念，积极推行清洁生产技术，以实现资源、能源的高效利用和循环利用为核心，降低能源、水资源、矿产资源的消耗，将污染物生成量降到最小，将石灰工厂建设成为现代化、生态化、智能化、信息化的石灰生产企业；使其既能够以低成本、低能耗、高效率生产出高品质的产品，也能够综合利用原、燃料完成能源转换和合理利用，造福人类。

3.5.2 绿色工厂设计的工艺与设备

3.5.2.1 工艺布置

工艺布置体现在物流、人流的合理安排上，物流、人流减少不必要的交叉，物流、人流的工艺线路要短，节省物流、人流的运行成本。布置从建设、生产、维护、安全、环保、节能、美化等多个方面考虑，实现布置的最大合理化。

3.5.2.2 技术与设备

（1）采用国内、外成熟、可靠、经济实用的先进技术与设备，确保工程技术经济指标达到世界先进水平，所生产的产品在质量、成本上具有较强的竞争力。

（2）采用的技术与设备在生产中不产生或少产生二次污染。

3.5.3 绿色工厂的环保、安全、消防、职业卫生

3.5.3.1 环境保护与综合利用

在设计中积极采用无污染或低污染的新工艺、新技术、新设备，以提高资源、能源的利用率。

（1）废气的防治。石灰窑烟气需经除尘、脱硫、脱硝后方可排入大气，排放的烟气中粉尘含量、SO_2 含量、氮氧化物（NO_x）含量均低于国家规定排放标准。

（2）废水的治理。生产过程不产生或少产生生产废水，生活污水、生产废水经处理后方可外排。

（3）固体废弃物处置和综合利用。固体废弃物主要为除尘器收集的除尘灰，按粉尘性质配给能够利用的其他工厂参与配料。

（4）噪声的控制。在满足工艺的前提下，尽可能选用功率小，噪声低的设备，并在助燃风机、冷却风机、煤气加压机、除尘风机等设备上安装相应的消声装置。

1）将噪声较大的风机等设备尽可能置于室内以防止噪声的扩散与传播。

2）建筑设计中根据需要采取相应的隔声措施。

3）振动较大的设备采用单独基础，设备上采取相应的减振措施。

4）在总图布置时考虑地形、声源方向性和车间噪声强弱、绿化等因素，进行合理布局以求进一步降低厂界噪声。

5）经距离衰减后，可使厂界噪声满足《工业企业厂界环境噪声排放标准》中的 2 类标准。

（5）环境绿化。在厂房外设置绿化带，道路两旁种植行道树，在空地种植花卉、草坪，既可美化环境、清洁空气，又可设置隔音带，起到降低噪声的作用。

3.5.3.2　劳动安全卫生

通过采用防火、防爆、防雷、防静电，安全供电与安全供水，防设备事故、机械伤害及人体坠落，防烫伤，防酸、碱腐蚀，安全电气及照明等行之有效的措施，对有碍安全生产的不利因素作相应的防范措施，为生产的正常进行和劳动安全的改善创造良好的物质基础和环境条件。

3.5.3.3　消防

设计需认真执行"预防为主、防消结合"的消防工作方针以及国家和本行业的有关消防规定，在总图布置、建筑结构、消防供水以及火灾报警等消防设计中采取一系列防范措施，以期消除隐患，防止和减少火灾的危害。

3.5.3.4　职业卫生

设计严格执行国家及行业有关职业卫生设计标准、规定。针对生产过程中可能发生的岗位尘毒、噪声、热辐射、放射性辐射等职业危害因素采取一系列相应的控制、防护措施，以改善职工卫生条件、保证职工的身体健康。

3.5.4　绿色石灰窑的生产

钢铁、电石、氧化铝、耐火材料、烧碱、水泥等工业都是石灰消耗大户，每年生产大量的石灰，排放大量的 CO_2 和粉尘，推行绿色生产，减少石灰窑 CO_2 和粉尘排放，实现生产与环境保护双重发展。

3.5.4.1　石灰窑的发展

石灰窑的发展经由土窑—竖窑—机械化竖窑—气烧竖窑—机械化气烧竖窑、回转窑，每一步发展都伴随着科技的进步、劳动效率的提高和粉尘排放的减少。

3.5.4.2　石灰窑的种类

目前我国生产石灰的窑型有：机械化混烧竖窑、机械化气烧竖窑、麦尔兹窑（瑞士）、弗卡斯窑（意大利）、贝肯巴赫环形套筒窑（德国）、回转窑、悬浮窑。

煅烧质量比较好的窑型有麦尔兹窑（瑞士）、贝肯巴赫环形套筒窑（德国）、回转窑、悬浮窑。我国自行设计的机械化气烧竖窑的石灰质量也在不断地提高、能耗逐步减少，环保排放达到或高于国家排放标准，且投资低。

石灰窑按所烧的燃料分为：混烧窑、气烧窑、气固混烧窑。按燃料分为：固体燃料、气体燃料。固体燃料有：煤、焦炭；气体燃料有：高炉煤气、转炉煤气、焦炉煤气、电石尾气、发生炉煤气、天然气等。按窑的操作分为：正压操作窑、负压操作窑。

3.5.4.3 石灰生产中资源的循环利用

A 石灰石开采的资源合理利用

石灰生产需要大量的石灰石，矿山开采石灰石是不可再生的，现代文明需要我们必须珍惜资源，充分利用矿山仅有的资源实现资源的合理利用。

(1) 大粒度石灰石用于大直径竖窑。

(2) 中粒度石灰石用于大直径竖窑。

(3) 小粒度石灰石用于回转窑。

(4) 粉粒度石灰石用于水泥厂、烧结厂。

B 石灰窑生产节能技术应用及热量回收

石灰窑的热量支出有4个部分：石灰石分解吸收的热量、窑壳散失的热量、烟气带走的热量、石灰带走的热量。

a 石灰石分解吸收的热量

石灰石分解吸收的热量和石灰石本身的性质有关，这部分热量是不能减少的。

$$CaCO_3 = CaO + CO_2 - 177.9kJ$$

但由于不同种类的石灰窑煅烧原理、燃料供给方式不同，窑炉的热效率也不同。近年来，随着节能环保技术的推广，石灰窑的热效率有了显著提高。尤其是麦尔兹双膛并流蓄热竖窑采用独特的蓄热技术，其窑炉的热效率高达85%。

b 窑壳散失的热量

石灰窑由窑壳散失的热量占有较大的比例，通过减少窑壳散热可节省能耗，减少排放。与窑炉匹配度高的耐材及砌筑工艺不仅能大幅度降低窑炉热耗，还能通过延长窑炉使用寿命的方式间接减少耐材烧制过程对环境的影响。

早期的石灰窑壳没有隔热材料，窑墙只是满足炉窑的强度要求，热量大量由窑壳散失，且窑墙的密封不严，导致大量的热烟气由炉墙散失。通过增加钢制窑壳，杜绝窑墙的烟气散失，改造窑墙的结构，窑墙由全结构层改成工作层、隔热层、结构层，由钢壳负责窑墙的结构强度。工作层是由耐火材料组成，满足石灰高温煅烧的耐火要求；隔热层用来减少由窑壳散失的热量。目前石灰窑的隔热层是由不同的隔热材料分多次砌筑组成的。其设计从多方面考虑，材料本身的耐火度、结构强度、价格、隔热能力，综合考虑后设计的窑炉由窑壳散失的热量占石灰煅烧总热量的10%。

c 烟气带走的热量

石灰窑在生产过程中产生的余热主要为窑顶废气余热，窑炉炉体散热以及出窑石灰所带物理热。据统计这些余热总和甚至占到窑炉热耗的 15%~30% 左右，有效利用余热节能降耗，提高窑炉热效率是"绿色钢铁"的发展方向。常见余热利用方式有：

（1）利用出窑废气经高效换热器换热，供厂区采暖、职工洗浴。

（2）利用出窑废气加热燃气、助燃空气及物料干燥。

（3）利用出窑废气发展余热发电技术。

d　石灰带走的热量

煅烧后的高温石灰直接卸出窑外，必然带走大量的热量，高温的石灰也不利于运输。对窑炉卸出的石灰进行冷却，既可回收石灰的热能又可提高石灰产品的质量。冷却风冷却石灰后温度被提高，高温的冷却风可作为助燃风使用，高温的助燃风与燃料燃烧可提高燃烧温度，降低燃料消耗。石灰的出料温度一般不能超过 150℃。

3.5.4.4　煅烧石灰窑燃料的合理利用

充分利用钢铁厂、电石厂等的二次能源，减少一次能源的消耗，减少由一次能源燃烧产生的 CO_2。

3.5.4.5　粉尘的处理方法

A　粉尘种类

窑前上料系统产生的粉尘主要是石灰石粉。石灰窑烟气产生的粉尘主要含有石灰石粉、石灰粉和少量的燃料燃烧产生的废弃物或废弃物与石灰的结合产物。成品系统的粉尘主要是石灰粉。

B　粉尘治理

（1）对产尘点进行严格的密闭，密闭罩的设计因地制宜，结合生产工艺设备的特点和实际情况进行设计。密闭罩的形式有振动筛密闭罩、卸料转运点皮带机密闭罩等，密闭罩不影响生产操作，便于维护与检修。

（2）在做好产尘点密封的基础上设置机械除尘系统，使密闭罩内形成足够的负压，防止粉尘外溢，确保岗位含尘浓度、除尘器排放浓度低于国家及地方所规定的排放标准。

（3）除尘系统净化设备的选型原则根据各除尘点的粉尘性质、含尘浓度、废气温度等分别采用不同形式的干式高效的除尘设备，净化后的废气排至大气中，粉尘浓度低于国家及地方所规定的排放标准。

C　粉尘输送

原料、成品粉尘的运输一般要求采用车辆密封运输，灰仓底部设有除尘罩并使用干灰散装机进行装车外运。具备条件的采用气力输送技术。例如，原料除尘器与窑体除尘器的积尘通过气力输送至粉尘集中仓，仓底部设有干灰散装机进行装车外运，或进行加湿处理后装车外运。成品除尘器的积尘通过气力输送至成品灰积尘仓。图 3-54 所示为气力输送泵。

3.5.4.6　CO_2 的回收利用

中国签署《巴黎气候变化协定》后，杭州 G20 峰会又将绿色金融列为议题，由此可

图 3-54　气力输送泵

以看出我国下一步发展的整体方向都会倾向于节能减排，绿色发展。减少 CO_2 排放量便是其中的一个重要环节。2015 年我国钢铁工业冶金石灰累计消耗 9540 万吨，按生产 1t 石灰伴生 1.1t 纯净 CO_2 计，年产 CO_2 可达 1.05 亿吨（约相当于标准状态下 CO_2 533 亿立方米）。2017～2020 年我国将开始征收碳排放税，所以 CO_2 回收利用技术的普及迫在眉睫，不仅能减少企业赋税，下游产品还能为企业创造双重效益。

A　CO_2 回收方法

利用石灰窑气生产液体二氧化碳实际上就是窑气的提纯过程（或称分离过程）。窑气中的二氧化碳含量（按体积计）只有 25%～40%，其余部分主要是氮气，除此之外还有少量的氧气、一氧化碳、硫化物、粉尘和极少量的煤挥发分、稀有惰性气体。提纯过程也就是将二氧化碳与这些成分的分离过程。窑气除尘净化过程中可以将粉尘、挥发分和部分硫化物首先清除，然后再将二氧化碳提出，最终使之达到产品标准，与所有惰性气体分离。

B　CO_2 应用

CO_2 经过浓缩处理后，其含量可以提纯到 99.9%，CO_2 可以压缩成液体装于钢瓶中供使用，广泛用于保护焊接、铸造翻砂、制备汽水、保鲜水果蔬菜和肉类、灭火、精密仪表的局部冷冻与冷却，以及小范围人工降雨等方面。随着现代科学技术的进展，CO_2 的应用范围还会愈益扩大。

3.5.4.7　石灰窑节电技术应用

A　减少输电线路的损耗

在电力供电系统中，减少线路损耗是提高输电效率的重要途径。主要措施如下：

（1）采用高压输电。对于相同的功率，如电压提高 1 倍，则电流减少 1 半，电流在导线中产生的热量只有原来的四分之一，这样电压越高，线路耗损就越小。根据工厂需求采用 10kV、35kV 视为较为经济可行的选择。

（2）减少变压级数。输电电压每经一次电压变换，要消耗 1%～2% 的有功功率。所以减少输电电压等级，即可减少损耗。作为终端用户，采用就地一次变压的配电方式。另外要减少变压器本身的损耗，选用节能型变压器。

（3）安装无功补偿设备，优化电网的无功配置。当功率因数从 0.7~0.85 提高到 0.95 时，有功功率的损耗将降低 20%~45%。一般无功补偿应按"分级补偿，就地平衡"的原则，目前采用的无功补偿方式为高压集中补偿，其补偿效果一般，但投资少，便于集中运行维护。

B　供电系统中的无功补偿节能技术

由于电力系统中的用电设备多数为感性负载，所以会造成电力系统的功率因数降低。电网的功率因数是系统的有功功率占视在功率的百分数。在电网的运行中，高的功率因数可以减少电力系统的线路损耗，提高用电设备的效率。因此配电网的无功补偿对降损节能、改善电压质量将是一项重要的节能技术。

无功补偿容量一般占总容量的 15%~30%，可根据设备性质进行计算配置。

C　动力系统中软启动的节能技术

三相交流异步电动的缺点之一是启动性能差。如果在额定电流下直接启动即硬启动，会带来许多问题：一是启动电流很大，直接对电网产生冲击。一般电动机空载启动电流可达额定电流的 4~7 倍，若带负载启动时可达 8~10 倍或者更大，可导致电网电压瞬间下降很多，对其他运行中的设备造成不良影响；二是直接启动会造成电动机损耗增加，使电动机绕组发热，加速绝缘老化，影响电动机使用寿命，同时机械冲击过大往往会造成电动机转子断条、端环断裂、转轴扭曲、传动齿轮损伤和皮带撕裂等问题。

随着电力电子技术和计算机控制技术的发展，目前国内外相继开发了以晶闸管为开关器件，以单片机为控制核心的电子软启动器，用于异步电动机的启动控制。

D　动力系统中变频器的节能技术

实际的生产过程离不开电力传动。而电力传动都是通过电动机的拖动按照预定的生产方式实现的。随着工业化进程的发展，对调速拖动提出了更高的要求。对交流异步电动机的调速控制，不仅能使电力系统具有非常优秀的控制性能，而且具有显著的节能效果。

E　照明节能

（1）选择合理的照度。国际照明委员会（CIE）提出了对不同区域或活动场所推荐的照度范围，我国《建筑照明设计标准》（GB 50034）也提出了满足不同场所的一系列照度标准要求。CIE 和国家标准提出的照度标准并不是一个具体值，而是一个范围。进行照明设计时应遵照这些标准要求的范围，根据不同工作、生产及生活场所的具体要求，取其上限值，中值或下限值。按照满足照明需要，保护视力健康的原则合理确定照度值。在保证合理有效的照度和亮度的前提下，尽量减少照明负荷，并不是照度和亮度越高越好。

（2）选择高效光源。电光源的特性包括光效、色光、显色性和寿命等多项指标，其中光效是最重要的特性。在选择光源时，应充分考虑各种灯的特点。高大的建筑物中应该采用光效高、寿命长的高强气体放电灯，如高压钠灯、金属卤化物或混光光源。比较低矮的建筑物中，尽量选择用光效高的灯种，如荧光灯，并尽量以紧凑型代替一般型，LED 灯、新型节能灯同样是不错的考虑。

（3）采用智能照明控制系统。对于大功率的公共照明系统，可以加装节能效果明显的智能照明控制调控设备。智能照明控制系统可由对不同时段、不同环境的光照进行精确设置和合理管理。运行时能够充分利用自然光。只有当必须时，才把灯点亮。利用最少的电能达到照明的效果。麦尔兹窑系统中可以基于 PLC 的控制，把照明系统纳入集中控制，根据生产工艺的需求点亮或关闭照明，达到最大限度节约电能的效果。

3.5.4.8 噪声的处理

噪声对人体有害。石灰生产过程中，石灰石料斗、风机房风机是主要的噪声来源，防治方法如下：

（1）装卸石料。地料仓、石料仓椎体可使用混凝土结构，窑前、窑顶称量斗、加料小车内壁加装橡胶内衬，如此可降低石料直接碰撞钢板发出噪声。

（2）风机房风机。一方面在风机的入口安装多孔板管式结构消声器，利用声音的吸收反射干涉进行减声降噪处理；另一方面在风机房设计阶段就应充分考虑噪声防治，加装消声门，使用隔声材料，防止噪声透射到风机房外。

3.5.4.9 石灰生产工厂的绿化、美化

绿化是控制冶金石灰粉尘污染不可缺少的一个重要组成部分。绿色植物不仅能美化厂容、吸收二氧化碳制造氧气，而且具有吸收有害气体、吸附尘粒、杀菌、改善小气候、避震、降噪声和监控空气污染等许多方面的长期和综合效果，这是任何其他措施所不能代替的。因此，大力开展植树、种草对控制冶金石灰粉尘污染有着十分重要的意义。

3.5.5 唐钢石灰窑的发展状况

唐钢石灰窑的发展也经历了土窑—机械化竖窑—麦尔兹窑 3 个阶段。唐钢石灰窑装备在土窑阶段没有环保设施，烟气粉尘四溢。在机械化竖窑阶段，有部分除尘设施，但石灰窑的烟气及粉尘没有得到有效控制，尤其是白煤燃烧后废气中夹带的白煤粉末极易损伤除尘布袋，并有部分未燃烧的 CO 也同时排入大气，给整个石灰工厂环境造成很大污染。

在麦尔兹窑阶段，麦尔兹窑的整个生产工艺流程配备完善的环境除尘系统。石灰窑烟气安装了排放物在线监测系统，实时监测污染物排放。全面推行"5S"管理及厂区绿化、美化，形成了年产 100 万吨活性石灰的现代化绿色石灰工厂。

唐钢石灰生产绿色制造主要体现在以下几方面：

（1）石灰窑型选用了目前最节能的活性石灰竖窑，双膛并流蓄热竖窑。唐钢是国内首批引进麦尔兹双膛窑的公司，在 2006 ~ 2010 年又陆续引进了 3 座日产 600t 全自动化控制的麦尔兹活性石灰竖窑，代替了原来的日产 300t 麦尔兹窑和 4 座日产 200t 机械化竖窑。麦尔兹窑的能耗水平是同类窑型中最低的，石灰热耗在 3348.7kJ/kg（800kcal/kg）左右，大大降低了燃料消耗量。其次，合理匹配石灰窑耐材和改进炉衬砌筑技术，炉衬寿命大大提高，目前 1 号麦尔兹窑炉衬寿命已达 10 年。

（2）生产全流程无溢尘。石料入仓采用布袋除尘与喷淋降尘系统相配合综合治理粉尘。喷淋系统通过红外线感应，在卸车时自动启动，在卸料过程进行喷雾降尘，增加石料的表面湿度，从而抑制扬尘。

所有加料使用全密封 F 型电振，电振、皮带落料点采用全密闭除尘控制，除尘器过滤面积不小于 1500㎡，除尘控制点配置标准为：石料装卸点处理风量 40000m³/h；电振加料

点处理风量 6000m³/h；皮带机头落料点处理风量 6000m³/h；振筛处理风量 16000m³/h；单斗小车处理风量 16000m³/h。成品粉尘采用气体输送集中存储，减少倒运二次扬尘。

（3）原料、燃料合理选型。

1）原料。在石灰石煅烧过程中 CO_2 的分离是由石灰石表面向内部慢慢进行的，所以大粒径石灰石比小粒径的煅烧要困难，需要的时间也长。根据理论和生产实践，各种窑都由一个较为合适的原料粒度范围，采用较小的粒度比，对于缩短物料在窑内的停留时间，减少料层阻力，改善热传导条件，使得煅烧程度均一，都有重要意义，也是达到高产、优质、低耗的重要条件。

选用高品位的石灰石既可以减少在石灰烧制过程中由于工艺调整造成的能源与原材料的消耗，又可以为炼铁、炼钢工序顺利进行打下坚实的基础。

2）燃料。唐钢石灰窑采用的燃料主要为烟煤煤粉。煤粉在燃烧时，挥发分首先析出，燃烧后放热，促进碳粒的燃烧。因此，唐钢一般要求煤的挥发分大于 18%，考虑到煤粉制备系统的安全性，要求挥发分小于 25%。另一方面，要求煤粉的灰分小于 10%，硫分小于 0.4%，可磨性系数为 0.8 ~ 1.4。

（4）节电技术应用。具体为：

1）高、低压配电采用无功补偿节能技术，降低能耗。

2）麦尔兹窑动力系统中大量采用软启动和变频的节能技术，动力系统中变频调速的电动机占总容量的 40%，使用软启动的电动机占总容量的 40%。

3）大量应用照明节能技术，采用智能照明控制系统。基于麦尔兹窑 PLC 的控制，把照明系统纳入集中控制，根据生产工艺的需求点亮或关闭照明，达到最大限度节约电能的效果。

（5）石灰窑尾气余热回收。双膛竖窑产生的废气温度可以达到 150℃，在除尘器出口位置加装一套烟气-水换热器（见图 3-55），用软水作为热交换介质，在换热器内与高温烟气进行一次热交换，换热后的热水大部分直接用于厂区采暖，小部分热水对职工洗浴用水进行二次换热，供职工洗浴用。目前唐钢通过此项技术淘汰了原来的石灰厂冬季取暖燃煤锅炉。一座600t 麦尔兹窑产生的废气可以供 3000㎡ 的厂区供暖。

图 3-55　烟气-水换热器

（6）深入推行"三化融合"在绿色制造中的应用。将自动化、信息化、标准化的先进技术应用其中，实现生产过程的自动化控制、信息化综合集成处理、标准化管理，促进产品质量提升和稳定，控制和降低原材料单位消耗水平，降低生产过程能源消耗，实现生产过程的清洁和环保。

（7）窑炉烟气全部实行污染物在线监测。在除尘器烟囱处设置采样监测孔和采样监测用平台，安装烟气颗粒物、二氧化硫和氮氧化物连续监测装置，与生产 PLC 系统和环保局环境监控指挥中心联网。《石灰行业大气污染物排放标准》中规定的排放限制要求为：颗粒物 30mg/m³，二氧化硫 100mg/m³，氮氧化物 400mg/m³。麦尔兹实际排放平均数值为：颗粒物 20mg/m³，二氧化硫 14mg/m³，氮氧化物 114mg/m³。

（8）通过工艺控制减少氮氧化物（NO_x）形成。氮氧化物（NO_x）对环境的危害极大，它是形成硝酸雨的主要物质也是消耗 O_3 的因子。在石灰烧制过程中，温度介于 1500～1750℃时形成的 NO_x 急剧增加。唐钢在冶金石灰生产过程中对于 NO_x 的生成有着明确的工艺措施，将燃烧风空气过剩系数由原来的 1.0～1.30 调整到 1.00～1.10 之间，通过控制燃烧区域氧气供应量控制煅烧温度达到减少 NO_x 生成的目的。

3.6 炼铁工序绿色工艺技术

3.6.1 高炉干法布袋除尘技术

高炉煤气干法除尘能使炉顶煤气余压发电装置多回收 35%～40%的能量，且技术日益成熟，因此应大力推广。

3.6.1.1 技术介绍

布袋除尘是利用各种高孔隙率的织布或滤毡，捕捉含尘气体中尘粒的高效除尘器。其捕捉机理主要有尘粒在布袋表面的惯性沉积、布袋对大颗粒（直径大于 1μm）的拦截、细小颗粒（直径小于 1μm）的扩散、静电吸引和重力沉降 5 种。首先在布袋表面形成初层，然后由粉尘组成的初层再捕捉尘粒而达到精除尘。当布袋上集尘层达到一定厚度时，阻力增大，需要用反吹的方法去掉集尘层，反吹后布袋再投入使用，反吹时不应破坏初层。常用反吹前后的压差来判断初层是否破坏。由于保留了初层，除尘效率可保持在很高的水平。布袋除尘器一般有若干个箱体，它们轮流进行除尘和反吹，可以保证连续的完成除尘任务，除尘效率能达到 99%以上，阻力损失小于 1000～3000Pa，净煤气含尘量可降到 5mg/m³ 以下。

干法布袋除尘系统具有以下特点：

（1）干法除尘不需要用水来清洗冷却，因此没有污水循环处理系统，从根本上解决了污水、污泥排放对环境造成污染的问题，特别适合于缺水的地区。

（2）干法除尘器的阻力小，除尘效率高，约 99.8%，除尘后净煤气的含尘量一般均在 5mg/m³ 以下。

（3）干法除尘器对介质适应性强，使用范围广。无论高炉压力高低、炉容大小，均可采用布袋来净化高炉煤气。

（4）干法除尘系统的净煤气温度较高，煤气中的含湿量低，且不含机械水，这样就提高了煤气的发热值和理论燃烧温度，从而降低了用户的燃料消耗。

（5）对于高压高炉，若采用干式除尘配干式余压发电装置，由于进入余压发电装置的煤气具有较高的温度（一般为 100～200℃），和较高的压力（一般比湿法高 20～30kPa），因而可增加发电量 35%～45%。

（6）干法除尘系统的占地面积小，运行费用低。

（7）干法布袋除尘与湿法除尘的比较见表 3-22。

表 3-22　干法布袋除尘与湿法除尘的比较

项　目	常压小高炉 (顶压 20 ~ 30kPa)		高压大高炉 (顶压 100 ~ 300kPa)	
	玻璃布袋	塔-文	尼龙布袋	双文或比肖夫
系统阻力/kPa	5 ~ 7	15 ~ 25	1.5 ~ 5.0	20 ~ 30
入口含尘量/g · m^{-3}	5 ~ 12	5 ~ 12	5 ~ 12	5 ~ 12
出口含尘量/mg · m^{-3}	3 ~ 5	10 ~ 30	3 ~ 5	5 ~ 10
除尘效率/%	高 99.9 ~ 99.91	偏低 99.75 ~ 99.8	高 99.92 ~ 99.93	较高 99.88 ~ 99.90
能力系数	大 (999 ~ 1199)	小 (399 ~ 499)	大 (1199 ~ 1332)	中 (599 ~ 799)
备　注	除尘效率 = (入口含尘量 - 出口含尘量)/ 入口含尘量 × 100%		能力系数 = (入口含尘量 - 出口含尘量)/ 出口含尘量 × 100%	

3.6.1.2　应用实例

A　全干法除尘在河钢唐钢 3200m³ 高炉（当时全干法技术国内最大高炉）的应用

2006 年，河钢唐钢决定淘汰 3 座 400m³ 级工艺设备落后的高炉，通过技术集成和自主创新建设一座广泛采用节能技术的现代化大型高炉，以利于资源的综合利用，实现节能减排的目标。公司本着"安全成熟、节能减排"等原则在炼铁厂南区现有厂区内新建一座 3200m³ 高炉，年产铁水 260 万 ~ 280 万吨。

遵照节能减排原则，同时受场地限制以及无法解决湿除尘二次水污染及污泥的处理问题，南区 3200m³ 决定采用全干法除尘技术煤气处理系统。煤气干法布袋除尘以其除尘效率高、净煤气含尘量低、工艺系统简化、能够合理利用煤气显热、运行成本低等特点，在国内外 2000m³ 及以下高炉广泛应用，但一般备有湿法除尘设备，在大高炉单独应用干法除尘工艺在唐钢高炉生产历史上，甚至在全国 3000m³ 级高炉未曾应用过。通过对国内大型高炉采用干法除尘的使用效果分析，并经过专家讨论论证，综合考虑节能减排、生产规划两大因素，认为在 3200m³ 高炉采用全干法除尘是可行的。

河钢唐钢南区 3200m³ 高炉干法除尘系统设计时，充分考虑到，作为应用全干式除尘的最大高炉，没有更多的经验可以借鉴，要适当保守一点，同时又受到场地的限制，工艺参数设定见表 3-23。

表 3-23　河钢唐钢南区 3200m³ 高炉干法除尘系统工艺参数

项　目	数　值
高炉煤气发生量/m³ · h^{-1}	最大 60 × 10⁴ 正常 55 × 10⁴
荒煤气含尘量/g · m^{-3}	10
净煤气含尘量/mg · m^{-3}	≤8
箱体规格/mm × m	$\phi6032 × 16$
箱体数量/个	15
滤袋规格/mm × mm	$\phi130 × 7000$

项　目	数　值
滤袋材料	P84 复合滤料
滤袋数量/条	$468 \times 15 = 7020$
过滤面积/m^2	$1338 \times 15 = 20070$
过滤风速/$m \cdot min^{-1}$	0.457

全干法除尘在 3200m³ 高炉上投入使用以来，设备运行比较稳定，净煤气含尘量控制在 3mg/m³ 以内，净煤气温度 110℃。在开炉初期，温度控制比较理想，只遇到一次瞬时高温，对布袋没造成影响，主要是低温对布袋的影响，在冬季生产中，顶温长时间低于 110℃，荒气出口温度在 90～100℃ 之间，对输灰造成了影响，尤其是下卸灰 φ100 球阀堵塞严重。高炉针对此情况及时做出了调整，主要扩大矿批，中心焦量增加，提高炉顶温度，解决了此问题。对设备影响不大。总的来说，干法除尘在河钢唐钢 3200m³ 高炉上的应用是比较成功的，达到了设计要求，煤气含尘量控制在 3～4mg/m³，确保了热风炉用气和外网煤气用户要求，净煤气温度在 100～160℃，物理热含量高，热风炉效率高，热风温度高于 1200℃，TRT 发电量达到吨铁 40kW·h 以上，顶温较高时曾达到 20000kW。

B　干法除尘在其他高炉的应用

首钢京唐公司 5500m³ 高炉目前是使用干法除尘系统的最大高炉。首钢京唐钢铁厂工程是中国钢铁工业结构调整、提升钢铁企业整体技术装备水平的重大项目。钢铁厂年生产能力为 970 万吨/年，建设两座 5500m³ 高炉，生产规模为年产 898.15 万吨/年生铁。这是中国首次建设 5000m³ 以上的特大型高炉，设计中分析研究了世界上 5000m³ 以上的特大型高炉的设计、技术装备特点，全面实施自主创新，自主设计开发了无料钟炉顶、顶燃式热风炉、煤气全干法布袋除尘、螺旋法渣处理工艺等一系列具有创新的先进技术和工艺装备。

干法除尘系统在大型高炉上成功应用并取得了一系列重大发展，但此项技术在特大型 5000m³ 级高炉上应用仍面临着严峻的风险和挑战，这种挑战来自于高炉容积、高炉煤气量均成倍增加，煤气压力提高 50% 左右，特大型高炉系统稳定性要求更高、配套设备和施工质量要求更高。

首钢京唐 1 号高炉采用自主开发的煤气全干法除尘系统，完全取消了湿法除尘备用系统，在世界上首次实现了超大型高炉煤气全干法布袋除尘技术的突破。高炉于 2009 年 5 月 21 日送风投产，经过几年的连续生产实践，煤气干法除尘系统经历了各种工况条件的考验，整体运行稳定可靠，各项指标已经全面达到甚至超过设计指标。2009 年 6 月至今，净煤气含尘量稳定在 2～4mg/m³，最低净煤气的含尘量仅为 1mg/m³ 左右，全年平均 3.74mg/m³，优于设计值 5mg/m³；煤气温度平均为 140℃，比湿法除尘煤气温度提高约 100℃，而且煤气洁净度高、水分低，相应提高了煤气热值和热风炉理论燃烧温度。高炉热风炉在全烧高炉煤气的条件下，热风温度长期稳定在 1300℃ 左右。采用高炉煤气全干法除尘工艺，实现了"新水零消耗、废水零排放"，消除了煤气湿法除尘过程中大量有毒污水、污泥的产生，从根本上解决了新水消耗和二次水污染及污泥的处理问题。首钢京唐 1 号高炉采用与高炉煤气全干法除尘工艺相配套的全干式 TRT 系统，采用轴流全干式全静叶可调的透平机，发电机功率为 36.5MW，大幅度提高了 TRT 发电量。高炉投产以来 TRT 发电量稳步持续提高，2010 年月平均发电量稳定达到 40kW·h/t HM 以上，最高月平均达 64.9kW·h/t HM，全年发电量达到 52.1kW·h/t HM，比煤气湿法除尘工艺提高约 45%。布袋使用寿命达到 18 月，煤气管道及波纹补偿器等均未出现异常侵蚀，管道防腐措施取得初步成效。

3.6.2　炉前环境治理

炼铁高炉在生产过程中，将产生大量的烟尘。改善炼铁高炉出铁场的劳动环境，防止烟尘对大气的污染，一直是炼铁高炉环境保护工程设计和管理的重要课题之一。

3.6.2.1　出铁场平坦化

河钢唐钢 4 号高炉出铁场设计综合了国内外大型高炉的最先进技术，出铁场平坦化设计及除尘系统设计达到了国内外先进水平。

高炉出铁场系统采用了单层无填沙的出铁场平坦化结构设计，如图 3-56 所示。出铁场平台上部采用 50mm 耐热混凝土并进行表面压光处理。由于出铁场平台模板上移，通风除尘管道可以在出铁场模板下铺设。炮泥储藏间、炉前工具堆放间及摆动流嘴检修场地在出铁场下的地坪设置，通过炉前吊车、炉前检修吊装孔进行作业。正常生产时，出铁场上的所有检修吊装孔刚活动盖板封闭，以保证安全生产。出铁场除炉前泥炮、开铁口机、揭盖机及主沟沟盖在出铁场平台之上外，整个出铁场是一个宽敞、平整的大平台，方便了炉前操作及设备检修，改善了出铁场的操作环境。整个出铁场平整、光洁，设备及渣铁沟对称、整齐，为炉前操作的自动化、铁口的操作维护、高炉的高产、顺行、长寿提供了可靠的保证。炉前作业环境大为改善，同时在场地的实用性及美观性方面也有所进步。

图 3-56　河钢唐钢 4 号高炉出铁场平台

3.6.2.2　出铁场除尘系统优化

受高炉生产工艺的限制，高炉出铁场烟尘具有烟气温度高、粉尘颗粒细、阵发性强、大面积散发、烟气量波动极大等特点，给有效捕集带来困难。这些也是钢铁企业环境治理的难点之一。

出铁场除尘技术是高炉烟尘捕集效率极高的技术措施，它通过在高炉出铁口、撇渣器、主铁沟、残铁沟、渣沟、摆动沟处确定合理抽风量后，在不影响高炉炼铁工艺情况下，匹配设置便于安装、拆卸、维修的顶吸罩，侧吸罩，沟盖及一、二级沟盖，最大限度地捕集出铁场一、二次烟尘。

唐钢 4 号高炉炉前出铁场除尘风机采用 2 台 2000kW/h 电动机、风量 $2 \times 900000 \mathrm{m}^3/\mathrm{h}$ 的除尘系统，按照高炉设计，可以满足出铁场正常生产的除尘要求。出铁场设计 4 个出铁口，共计 32 个吸尘口。每个铁口设计铁口主沟侧壁吸尘口 2 个、顶部吸尘口 1 个、砂口吸尘口 1 个、支铁沟吸尘口 1 个、摆动沟侧壁吸尘口 2 个、渣沟吸尘口 1 个。另外，出铁场除尘系统分支炉顶主皮带头部吸尘口 1 个。设计 1 号、4 号残铁沟与对应铁口摆动沟共用除尘；2 号、3 号残铁沟没有设计除尘设施；为了将露在炉台外的下渣沟共用段部分产生的烟尘吸走，将渣沟共用段处的水泥基础结构设计为敞开式。

投产初期出铁场的各吸尘口除尘阀门开度状态为全开 100%，没有进行过开度调整；2 台除尘风机长期高负荷运转，能源大量消耗，但除尘效果却非常不理想，出铁时整个出铁场平台处于烟尘笼罩状态，烟尘极不可控，职工作业环境太差，污染过于严重。通过调整手动除尘阀门开度对各吸尘口的吸尘能力重新科学匹配。经过反复进行调整、验证，确定现场手动除尘阀门开度：铁口顶吸 100%、侧吸 75%、摆动沟 65%、砂口 30%、渣沟 80%、支铁沟 50% 不变、炉顶除尘仍保持 50% 开度，见表 3-24。正常生产时，彻底杜绝了烟尘外溢现象。

表 3-24 出铁场手动除尘阀门调整后数据统计

序号	吸尘口名称	调整前开度 /%	调整后开度 /%	调整前风量 /m³·h⁻¹	调整后风量 /m³·h⁻¹	风量变化百分比/%
1	铁口侧吸	85	75	125500	112500	−10.4
2	铁口侧吸	85	75	125500	112500	−10.4
3	铁口顶吸	100	100	218000	242600	+11.3
4	砂口侧吸	40	30	59900	38100	−36.4
5	摆动溜嘴	75	65	117200	100900	−13.9
6	摆动溜嘴	75	65	117200	100900	−13.9
7	渣沟侧吸	90	80	66200	60300	−8.9
8	支铁沟侧吸	50	50	47500	52800	+11.2
9	炉顶除尘	50	50	23000	25600	+11.3
10	新增摆动溜嘴除尘管道 2 个				54000	

经过改进，除尘系统满足设计要求（设计烟尘排放浓度 $25 \mathrm{mg/m}^3$），排放浓度仅在 $10 \mathrm{mg/m}^3$，远远低于《工业炉窑大气污染物排放标准》（GB 9078—1996）中规定的二级 $100 \mathrm{mg/m}^3$ 排放标准，系统运行良好。出铁场除尘技术在唐钢 4 号高炉烟除尘系统中得到很好的应用。

3.6.2.3 风口及铁口煤气治理

高炉正常生产中，若风口、铁口处漏煤气，会严重威胁生产人员的安全。另外若铁口处跑煤气，必会带来铁口在出铁过程中喷溅严重。铁口喷溅带来大量烟尘以及渣铁，极大地增加了除尘压力，造成能源浪费。大量喷溅物堆积增加了炉前工人的劳动强度，铁口维护难度大。由于在喷溅时无法看见铁口泥套情况，没法处理铁口，导致冒泥频繁，喷溅易影响出铁判断导致渣铁出不净，甚至会出现堵不上口的出铁事故和放风堵口事故，影响高炉顺行。

很多大型高炉喷溅是铁口煤气泄露造成的：铁口区的煤气泄露主要集中在两个部位，一是铁口框架与炉壳之间的连接部位；另一个是铁口通道的组合砖缝发生煤气泄露。高炉砌筑时炉壳与冷却壁之间的缝隙，一般都是压力灌入耐火泥浆，但由于泥浆本身的性能或者施工过程不利，往往会造成缝隙；而组合砖在生产中发生膨胀，与其他耐材之间也会产生空隙，这些都是造成铁口通道煤气泄漏的源头。因此高炉铁口喷溅的成因就是炉壳和冷却壁之间，组合砖缝之间有缝隙所致，要想从根本上解决铁口喷溅问题，必须消除缝隙。

河钢邯钢炼铁厂有两座 3200m³ 高炉，采用了铜冷却壁、薄壁炉衬、炭砖-陶瓷杯复合炉底、联合软水密闭循环冷却系统、并罐无料钟炉顶等一系列先进、成熟的工艺。高炉设有 4 个出铁口，32 个风口。

两高炉投产后运行正常。2010 年年初，两高炉同时反映铁口、炉基、风口平台等炉体周围煤气浓度不断升高，到 2011 年 6 月，局部位置煤气含量竟超过 0.290，严重威胁到生产人员的安全。

分析认为，随着高炉冶炼不断地进行，高炉冷却壁之间的填充料受到炉内高温、气流冲刷、冷却壁变形等因素的作用不断损耗，甚至脱掉，炉内的高压煤气由此处溢出。同时冷却壁与炉皮之间的灌浆料随着时间推移及温度的升高而逐渐干燥变形龟裂，形成无数的裂缝空隙，炉内溢出的煤气沿着这些裂缝经炉皮焊缝、风口各套接触面以及铁口等薄弱处溢出炉外。由于高炉内溢出的煤气是有较高压力的，随着时间的推移，煤气不断的冲刷灌浆料裂缝并形成更大的煤气通路，煤气泄漏也就越来越大。

为消除高炉炉体周围的煤气，经过高炉技术室和高炉车间共同研究，决定对炉体进行开孔灌浆处理，彻底封堵高炉煤气出路。本着保持炉壳及冷却壁的完整性及安全性，开孔位置尽量避开炉皮焊缝、冷却壁水管根部和热电偶孔，并均匀开孔。铁口处以铁口为中心，在距离铁口中心约 1.5m 处开孔 4 个呈矩形排列，下面两个孔基本和铁口平行略高于铁口中心 300mm，上面两个孔距离铁口高度 1200mm，共计 16 个；在每个铁口上方对应的两个风口大套下部外侧各开一个孔，共 8 个；在两个铁口之间，均匀地开两个孔共 8 个。因 3 号铁口泄漏煤气较严重，在 3 号铁口东侧多开一个孔，共计开孔 33 个。此次采用的压浆料为树脂结合的碳质压浆料，颗粒小、流动性好，有利于对细小空隙的填充和修复。

2 号高炉于 2011 年 12 月 13 日中午 13：00 至 14 日中午 13：30 进行了第一次炉体压浆，先后对 28 个孔进行了灌浆，共计灌入约 20t 料。2012 年 1 月 24 日对 2 号高炉进行第二次灌浆操作。两座高炉压浆前后铁口附近区域煤气测量变化明显。在灌浆后，煤气浓度基本上控制在 0.01% 以内，总体压浆效果比较明显。

另外，铁口出铁喷溅情况也大有改善，开口后喷溅时间大为缩短，在压浆后，基本上在 5min 左右铁流就能稳定，图 3-57 和图 3-58 所示分别为 1 高炉 3 号铁口灌浆前后开口 5min 时的状态，渣铁呈圆柱状从铁口通道内以抛物线式流出，非常稳定。说明此次灌浆操作非常成功。在成功对两高炉部分炉体进行灌浆处理后，2012 年内邯宝炼铁厂利用高炉定休时多次对风口大套和开炉前预留灌浆孔进行灌浆处理，成功地解决了高炉炉体煤气外溢的问题。

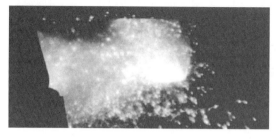

图 3-57　灌浆前 1 高炉 3 号铁口开口 5min

图 3-58　灌浆后 1 高炉 3 号铁口开口 5min

3.6.3　高炉炉顶煤气余压发电技术

众所周知，采用高压操作的高炉其煤气经过除尘装置、减压阀组后，压力减弱到 10kPa 左右并入管网。高炉煤气在减压阀组的作用下，其压力下降没有产生任何能效。TRT 工艺投入运行后，将这部分余压转化成电能并入电网，可为企业减少外购电力。

3.6.3.1　TRT 技术

炉顶煤气余压发电装置 TRT 的特点及作用在许多文章中已经做过详细的论述，本节不再赘述。下面就河钢唐钢 2000m³ 高炉湿法除尘改为干法后的 TRT 的发电效果进行描述，如图 3-59 所示为高炉干法除尘工艺布置图。

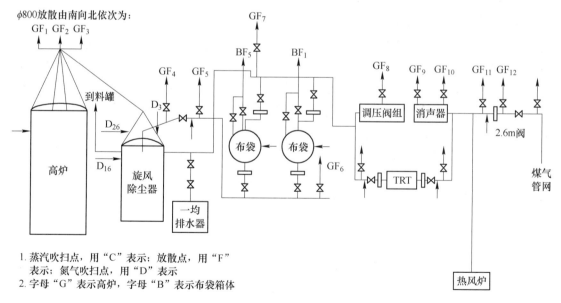

图 3-59　高炉干法除尘工艺布置图

高炉湿法除尘改为干法除尘后，进入 TRT 的煤气温度提高了 66℃，入口压力升高 42kPa，煤气流量降低了 $1 \times 10^4 m^3$，这些工艺条件变化后，TRT 日发电量提高了 $7 \times 10 kW$（见表 3-25），效果显著。

表 3-25　高炉湿法除尘改干法除尘 TRT 工艺参数对比

除尘方式	入口温度 /℃	入口压力 /kPa	出口温度 /℃	出口压力 /kPa	煤气流量 /m³	日发电量 /kW
湿　法	54	138	32	10.5	33×10^4	140
干　法	120	180	55	18	32×10^4	210

3.6.3.2　BPRT 技术

BPRT 是煤气透平与电动机同轴驱动高炉鼓风技术（blast furnace power recovery turbine）的简称。将高炉鼓风流程和煤气回收的辅助流程合并为一个流程优化控制。核心技术有：五段长轴系的计算、两套机组的联合工况集中控制、电动机与高炉煤气透平驱动切换的专用技术等。

在炼铁生产中，鼓风机是高炉生产工艺系统中的供风设备，而 TRT 节能中用于能量回收的一项重要措施，BPRT 就是将两种工艺结合起来，使煤气透平与电动机同轴驱动的高炉鼓风机组简称 BPRT 装置。该装置是电能和煤气能双能源驱动的鼓风机组。在该装置中，高炉煤气透平回收能量不是用来发电，而是直接同轴驱动鼓风机，没有机械能转变为电能和电能转变为机械能的二次能量转换的损失，回收效率更高。随着 BPRT 技术的日渐成熟，该技术在钢铁企业的工程设计中也得到了越来越广泛的应用。2004 年 5 月我国第一套 BPRT 鼓风同轴机组在安阳永兴钢铁公司 380m³ 高炉鼓风能量回收机组投入使用，该机组投运以来运行平稳，回收效率高。

A　BPRT 工艺的优越性

（1）效益高。BPRT 将传统 TRT 和高炉鼓风机组作为同一系统来设计，使 TRT 原有的发配电系统简化合并，简化了系统，合并了自控系统、润滑油系统和动力油系统等；另外，BPRT 专门合并集成了高精度顶压智能稳定装置相对于原有高炉鼓风机的控制，功能不减，安全裕度不减。BPRT 将回收的能量直接作为旋转机械能补充在轴系上，避免能量转换的损失，使驱动鼓风机的电动机降低电流而节能。

（2）不消耗任何燃料，不改变高炉煤气的品质，也不影响煤气用户的正常使用，却回收了被减压阀组白白释放的能量。

（3）在 BPRT 投运前减压阀组处的噪声为 120～125dB，BPRT 投运后，距余压透平 1m 处的噪声为 85dB，极大地改善了炼铁区域工作环境。

B　工艺流程简介

机组配置方式及工艺流程如图 3-60 所示，即电动机＋齿轮箱＋轴流压缩机＋变速离合器＋透平膨胀机。轴流压缩机旋转方向从轴流压缩机进气端看为顺时针方向；透平膨胀机旋转方向从透平膨胀机进气端看为顺时针方向。

BPRT 工艺的管路主要有两条：煤气管路和冷风管路，其中煤气管路的主要流程为：高炉煤气自干式布袋除尘器至减压阀组间管道上引出，经过入口蝶阀，入口插板阀及快速切断阀进入煤气透平做功，通过调节透平第一级静叶的角度来控制炉顶煤气压力，透平发出的机械能补充在轴系上，同电动机一起带动鼓风机做功。做功后的高炉煤气通过出口插

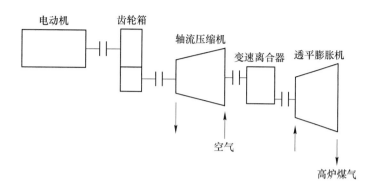

图 3-60 BPRT 机组配置方式及工艺流程

板阀、出口蝶阀并入减压阀组后的煤气管道。

在此管系中，煤气透平与减压阀组组成并联回路，高炉炉况正常并且透平正常工作时，减压阀组全关，透平的离合器处于啮合工作状态，把透平回收的功率传递给高炉鼓风机；当炉况不顺煤气量小或高炉休风时，离合器自动将高炉煤气透平断开，这时电动机满负荷工作为高炉鼓风，这样既保证了高炉的正常生产又保证了能量的充分利用。当 BPRT 装置故障时，煤气旁通管路自动开启，这时由减压阀组承担调节顶压的任务。

冷风管道的工艺流程为：室外空气经空气过滤器净化后送到压缩机，加压后经过止回阀和送风阀送入热风炉，最后送入高炉。

工厂设计按一座高炉配置 BPRT 机组进行，为确保高炉安全生产，一般同时设置一套鼓风机组作为备用。

机组的主要装置为鼓风机、煤气透平和电动机。

BPRT 机组的附属装置有：

（1）润滑油系统：给各个轴承润滑点及时提供一定量的稀油循环润滑，以满足机组在正常工况下及事故状态下润滑油供给。

（2）电液伺服控制系统：根据主控室的指令，来实现透平的开、停，转速控制，功率控制，炉顶压力以及过程检测等系统控制。

（3）给排水系统：该系统是为了防止透平积灰、堵塞，设置的软水喷雾设施，根据透平入口煤气含尘量的高低及透平积灰情况，可选择连续喷水还是间断喷水。

（4）氮气密封系统：由两个支路组成。透平机轴端密封（低压密封支路）；高压密封支路，供紧急快切阀轴封、调速阀轴封用氮气。

（5）自动控制系统：由反馈控制系统、转数调节系统、功率调节系统、高炉顶压复合调节系统、超驰控制系统、电液位置伺服控制系统、氮气密封压差调节系统、顺序逻辑控制系统等组成。

（6）其他还有大型阀门系统、空气净化系统、消声装置、冷风和煤气管道系统、补偿器、人孔等。

2012 年 BPRT 鼓风同轴机组在唐山瑞丰钢铁有限公司 1360m³ 高炉投入使用，平均每吨铁节电 40kW·h。

应用 BPRT 系统不仅回收了以往在减压阀组浪费掉的能量，而且将煤气透平产生的压力能，直接作用于鼓风机轴上，同轴驱动，节省了能量的二次转换，可同比提高能量利用效率 3%~5%，降低能耗。

3.6.4 高炉高风温技术

高风温是提高利用系数、降低焦比和提高喷煤量的重要措施，现代高温热风炉应满足以下要求：纯烧高炉煤气，利用废烟气余热进行双预热。拱顶温度不高于 1400℃，送风温度不低于 1200℃，拱顶温度与送风温度温差不大于 100℃，热效率不小于 85%，热风炉一代寿命大于 25 年。

近几年我国高炉风温有所提高，但大多数仍未超过 1200℃。提高风温具有很大的迫切性和必要性，而提高热风温度是一个综合的系统工程。

3.6.4.1 热风炉选型

根据热风炉的燃烧室和蓄热室的布置结构不同，热风炉主要分为内燃式、外燃式和顶燃式 3 种。

内燃式热风炉分为普通内燃式和 DANIELI CORUS（原荷兰霍戈文公司）改进内燃式。普通内燃式热风炉在中小型高炉使用较多，一般其拱顶温度低于 1320℃、风温低于1100℃，不能适应和满足高风温、高风压等技术发展要求。DANIELI CORUS 开发了改进内燃式热风炉，也称高风温长寿热风炉，是对传统内燃式热风炉的重大优化和改进。改进内燃式热风炉拱顶设计为悬链线形，增强结构稳定性，有利高温烟气流在蓄热室端面上的均匀分布；拱顶与大墙脱开，其载荷由炉壳承受，使两者的膨胀互不影响，改善了拱顶受力状态；采用矩形陶瓷燃烧器确保煤气与空气充分混合均匀，消除燃烧脉动并提高蓄热室的有效面积。唐钢、本钢、邯郸、武钢、鞍钢等高炉采用了改进型内燃式热风炉。

外燃式热风炉分为地得式、马琴式和考柏式，新日铁在马琴式和考柏式基础上又开发了新日铁式。外燃式热风炉是内燃式的进化与发展，其将燃烧室移至炉外，燃烧室和蓄热室纵向平行设置在两个筒体内，拱顶用联络管连接，拱顶和燃烧室顶部连接方式的变化，形成了不同类型的外燃式热风炉。其主要特点是：蓄热室拱顶与燃烧室拱顶的直径大小相同，减小了拱顶下部砌体的荷重。拱顶结构对称，烟气在蓄热室中分布均匀，传热效率提高。发展演变到现在，外燃式热风炉主要有地得式和新日铁式两种。宝钢热风炉均为新日铁式。天钢、太钢、鞍钢、马钢等高炉采用了新日铁式外燃热风炉。鞍钢鲅鱼圈、沙钢等高炉采用 PW 的地得式。

顶燃式热风炉可理解为外燃式热风炉的一种特殊形式，即把燃烧室缩短到极点后把燃烧器倒置的结构。首钢在国际上首次成功将顶燃式热风炉应用于 1000m³ 以上的高炉，但其热风出口、燃烧器、高温燃烧区都集中在拱顶，拱顶结构大且复杂，薄弱环节多，结构强度差，炉壳温度高，没有得到很好的发展。后来卡卢金小拱顶顶燃式热风炉很好地解决了上述问题，在卡卢金热风炉的基础上，国内产生并成功应用了多种改进型顶燃式热风炉。顶燃式热风炉自上到下由预燃（混）室、燃烧室、蓄热室 3 部分组成，具有结构简单、稳定性好、气流分布均匀、布置紧凑、占地面积小、投资省、寿命长等优点。煤气、空气经预燃室混匀后直接在拱顶内燃烧，高温热量集中，热损少，热效率高，较低的拱顶温度便可获得高的风温。耐火材料的工作条件得到大大改善，上部温度高，荷重小，下部温度低，荷重大，配置的耐火材料品种明显减少，组合砖数量及复杂程度显著降低，硅砖得到大量应用。河钢唐钢、莱钢、济钢、兴澄、首钢京唐等高炉采用了顶燃式热风炉。

顶燃式热风炉与外燃式及内燃式相比，主要优势有：

（1）炉内无蓄热死角，相同炉内容量蓄热面积可增加25%~30%。

（2）炉内结构对称，流场分布均匀，消除了因结构导致的格子砖蓄热不均现象。

（3）结构稳定对称，炉型简单，结构强度好，受力均匀。

（4）燃烧器布置在热风炉顶部，减少了热损失，有利于提高拱顶温度。

（5）热风炉布置紧凑，占地小，节约钢材和耐火材料。顶燃式热风炉已成为现代热风炉发展的方向。

河钢唐钢南区3200m³高炉采用3座卡卢金顶燃式热风炉，运用自动烧炉技术，纯烧高炉煤气，对高炉煤气、助燃空气进行双预热，采用两烧一送的工作制度，控制换炉周期45min，实现了长期1200~1250℃稳定高风温，对降低高炉燃料比、提高煤比起到了重要作用。

3.6.4.2 提高理论燃烧温度和拱顶温度

热风炉的结构和操作制度一定时，热风温度的高低取决于拱顶温度值，并最终受理论燃烧温度的影响。影响理论燃烧温度的因素主要有煤气的热值、助燃空气和煤气带入的物理热以及燃烧的空气过剩系数等。相应地，提高理论燃烧温度的途径主要有：富化高炉煤气（掺烧焦炉煤气、转炉煤气等高热值煤气），对热风炉烧炉助燃空气和（或）煤气进行预热，采用高效能陶瓷燃烧器，采用富氧烧炉等。

富化煤气的办法简单有效，但实际中绝大多数厂因高热值煤气紧缺而无法实现。目前为大多数热风炉采用且比较经济有效的方法是利用烧炉废气余热对烧炉助燃空气、高炉煤气进行预热。

A 热风炉助燃空气和煤气预热技术

a 热风炉烟气余热预热技术

热风炉烟道烟气（200~300℃）属中、低温余热资源，用它来预热助燃空气，可将空气预热到100~200℃；用它来预热煤气，可预热到100~230℃；也可以用它来同时预热助燃空气和煤气。目前在各种不同形式的余热回收装置中，以分离式热管换热器能够同时预热助燃空气和煤气的效果最好，实际应用的也较多，它在生产中不需操作和维护，工作安全可靠。随着防腐、防积灰等技术的发展，板式换热器因其较高的换热效率，也应会有较好的发展应用空间。

b 热风炉自身预热技术

利用热风炉送风后的余热来预热助燃空气的热风炉自身预热技术由我国首创，该技术自20世纪60年代发明以来，首先在济南钢铁厂3号高炉热风炉上实验成功。80年代后期，河钢邯钢在1260m³高炉热风炉上采用该技术。1994年，鞍钢10号高炉（2580m³）热风炉采用该项技术后实践表明,助燃空气可以预热到 500℃ ,风温最高可达 1200℃ 。由于经过热风炉预热的助燃空气温度随时间变化,为满足热风炉燃烧所需的助燃空气温度,必须设置一套预混系统,对助燃空气温度进行调控,如何解决热调热控问题是大型自身预热热风炉的关键所在。另外,采用该技术对热风炉陶瓷燃烧器和蓄热室格子砖的寿命有影响,尤其是陶瓷燃烧器承受急冷急热作用,对寿命影响较大。新建的热风炉可以对陶瓷燃烧器加以完善,而对大多数正在使用的热风炉要对陶瓷燃烧器进行改造则不现实,而且采用热风炉自身预热助燃空气预热工艺操作比较复杂。综上所述,采用自身预热技术有一定的局限性。

c 附加燃烧预热的空煤气"双预热"技术

附加燃烧预热技术是指利用过剩的高炉煤气,建造一座燃烧高炉煤气的燃烧炉来产生烟气,并把燃烧烟气与热风炉废气混合后进入换热器,分别对助燃空气和煤气进行预热,提高助燃空气和煤气带入的物理热。鞍钢炼铁厂 1993 年在 5 号高炉,1998 年在鞍钢 11 号高炉先后采用了该技术,风温分别提高了 46℃ 、90℃ 。有的附加燃烧预热技术也直接建两座前置小热风炉,燃烧高炉煤气,利用小热风炉对助燃空气进行预热,京唐公司 5500m³ 高炉采用的就是此种形式。采用附加燃烧预热技术,燃烧炉、空煤气管道占用空间,一般只适用于新建热风炉,对改造热风炉并不适用。该技术还要消耗额外的动力、燃料(高炉煤气)。所以,附加燃烧预热的"双预热"技术也有其自身的弱点。

B 提高废气温度

提高废气温度可减小拱顶温度与送风温度之间的差值而提高送风温度。与提高拱顶温度相比,提高废气温度同样可以提高送风温度,但是它却减小了拱顶温度与送风温度之间的差值。这存在着一种相互关联的关系:送风温度的提高值 = 拱顶温度与送风温度之间差值的降低值。因此可以认为,提高废气温度加大了下部气流与格子砖之间的温度差,强化了下部格子砖的传热过程,因而带来了提高风温的效果。但是,送风温度的提高,是由于减小拱顶温度与送风温度之间的差值而获得的。在提高拱顶温度的同时提高废气温度,可以获得提高送风温度和减小拱顶温度与送风湿度之间的差值的双重效果。提高废气温度,热风炉炉算子质量是一个限制环节,提高废气温度需选用优质炉算子,以力争实现废气温度达到 450℃ 以上。

3.6.4.3 采用高效能陶瓷燃烧器技术

高效能陶瓷燃烧器是用低热值煤气获得高风温的有效措施之一。高效能陶瓷燃烧器通过对其结构的优化,保证助燃空气和煤气的良好混合和充分燃烧,大大减少燃烧所需的过剩空气量(空气过剩系数 $H \leqslant 1.02$),使废气量显著减少,从而提高理论燃烧温度。同时使燃烧烟气的温度最高点出现在热风炉拱顶部位,有利于拱顶温度和热风温度的提高。高效能陶瓷燃烧器的关键是在保证完全燃烧的前提下,通过降低空气过剩系数来提高理论燃烧温度。对燃用热值 3000kJ/m³ (标态)左右高炉煤气的高效能陶瓷燃烧器来说,空气过剩系数从 1.20 降低到 1.02,其理论燃烧温度的提高不会超过 100℃ ,所以风温的进一步提高受到了限制。比较理想的做法是把助燃空气和煤气的"双预热"与高效能陶瓷燃烧器相结合,弥补两者的不足,充分发挥它们的作用。

3.6.4.4 增强蓄热室热交换

热风炉蓄热室是用格子砖堆积起来的一个庞大高温热交换装置，热风炉格子砖的换热量遵循传热公式。

$$Q = \alpha \cdot F \cdot \Delta T \cdot t \tag{3-6}$$

式中，Q 为总换热量，α 为热交换系数，F 为格子砖的加热面积，ΔT 为格子砖与气流间的温度差，t 为时间。

合理的蓄热室构造，应使格子砖孔中气流均匀分布，这是使整个砖格子在热交换中充分发挥作用的先决条件。为增强热风炉内的热交换，必须提高气流在蓄热室横截面上的配气均匀度。

增大单位体积蓄热室的换热面积有利于提高换热效率。为增大单位体积蓄热室的换热面积，蓄热室采用小孔格子砖。采用小孔格子砖，既增大了单位体积蓄热室的热交换面积，又可使气体在较小的流速下进入紊流区，增大热交换系数。在高炉单位炉容所需蓄热室热交换面积相同的前提下，单位体积蓄热室热交换面积增加的结果可以降低热风炉的高度，减小热风炉炉壳面积，减小炉壳散热损失，也有利于风温的提高。对小高炉来说，增大单位体积蓄热室热交换面积的另一种办法是采用球式热风炉结构，用耐火球代替格子砖。对耐火球直径为 $\phi40mm$、$\phi60mm$、$\phi80mm$ 的蓄热室，单位体积球床的热交换面积分别为 $87.75m^2$、$58.5m^2$、$43.88m^2$，远远大于单位体积格子砖的热交换面积。另外，球床内众多的耐火球将气流分割成许多狭小曲折的气流通道，形成强烈的紊流，有效地冲破了附面层，极大地提高了传热系数。

热风炉格子砖的加热面积越大，换热量也越大。如加热的格子砖温度一定且时间相同，则格子砖的换热面积越大，风温越高。在保证格子砖加热面积的同时，还要保证格子砖具有充足的蓄热体体积。前者是保证热风炉格子砖在单位时间内具有足够的热交换量，后者是保证必要的热储存能力，以保证送风期内稳定的高风温。在格子砖的诸多参数中，格孔直径 d 和活面积 f（单位体积格子砖横截面上孔的总面积与砖的总横截面积的比值）是最基本的参数，它们决定了格子砖的其他热工特性。当格孔直径 d 一定时，随着活面积 f 的增大，加热面积 F 增加，但蓄热体体积 V_k 是减少的。如果既要单位格砖加热面积 F 较大，又要保证足够大的单位格砖蓄热体体积 V_k，就要寻求一个最优的活面积值 f。传统格子砖与高效格子砖参数对比见表 3-26。

表 3-26 传统格子砖与高效格子砖参数对比

项 目	传统 7 孔格子砖	高效格子砖				
		19 孔		37 孔		61 孔
格孔直径 d/mm	43	33	30	28	23	20
单位加热面积 F/$m^2 \cdot m^{-3}$	38.05	44.36	48.61	50.71	59.83	64.00
最优活面积 f	0.409	0.366	0.365	0.355	0.344	0.320
单位蓄热体体积 V_k/$m^3 \cdot m^{-3}$	0.591	0.634	0.635	0.645	0.656	0.680
当量厚度 (2δ)/mm	31.07	28.60	26.14	25.44	21.93	21.25
$(V_k/F) \times 10^3$/$m^3 \cdot m^{-2}$	15.53	14.29	13.06	12.72	10.96	10.62

由表 3-26 可看到，随格孔直径的减小，格子砖加热面积增加，因活面积 f 减小，格子砖质量不但没减小，反而还稍有增加。随格孔直径 d 减小，V_k/F 值减小，表明 $1m^2$ 加热面积的砖质量是减小的，从而可以节约用砖量。这种改进格子砖的孔壁变薄，但格孔壁数量增加了，即承重的总面积不但没减少，反而略有增加，这由公式 $V_k = 1 - f$ 可以看出。由此可知，小孔径格子砖既有利于增加换热面积，又有利于增加蓄热能力，高风温热风炉应采用小孔径格子砖。小孔径格子砖烟气通道减小，孔道容易堵塞和压力损失增大。随煤气质量不断改善，烟尘减少，孔道堵塞问题可得到解决。针对压力损失增大的问题，有两种途径可以解决：一是寻求最佳的孔径（如 25mm）以平衡换热能力和能耗（电能）的关系；二是适当扩大蓄热室的断面积，降低热风炉的高度，缩短气流通道，从而减少阻力。

对小于 $1000m^3$ 小高炉来说，增大单位体积蓄热室热交换面积的另一种办法是采用球式热风炉结构，用耐火球代替格子砖。对耐火球直径为 $\phi 40mm$、$\phi 60mm$、$\phi 80mm$ 的蓄热室，单位体积球床的热交换面积分别为 $87.75m^2$、$58.5m^2$、$43.88m^2$，远远大于单位体积格砖的热交换面积。另外，球床内众多的耐火球将气流分割成许多狭小曲折的气流通道，形成强烈的紊流，有效地冲破了附面层，极大地提高了传热系数。但传统球式热风炉由于耐火球直径较小，热风炉蓄热体质量小，使得送风周期中温降较大，送风周期短，烟道废气温度低，明显表现出加热面积有余而蓄热体质量不足的缺点。为了维持较高风温，不得已采用 1 座高炉配置 4 座热风炉的方案。同时，气流通过球床的通道面积小且不规则，因而阻力损失较大。球床气孔度 e 是球式热风炉的重要参数之一，它是自由堆积耐火球球床横断面上气孔的面积，相当于格子砖的活面积。球的气孔度 e 与球的堆放排列状况有关。球的堆列成正方形状态时，e 最大（$e = 0.476$），但它最不稳定。球的堆列成品字形状态时，e 最小（$e = 0.259$），但它最稳定。热风炉球床中耐火球是自由堆放的，最初 e 约为 0.42，随着热风炉使用时间延续，耐火球会受气流运动影响而重新排列，逐步向最稳定的状态过渡。因此，球床 e 值会逐渐变小，使热风炉的阻力增大。一般在操作过程中 e 降低到 0.28 时就要换球了。通过适当加大耐火球直径可以寻找到合理的单位加热面积与单位质量比值（H/V_k）。

在热风炉蓄热格子砖表面涂覆高辐射涂层，可以提高蓄热体的蓄热、放热效率，从而提高热风温度，降低燃料消耗。山东慧敏科技开发有限公司开发的微纳米高辐射覆层技术应用在济钢 $1750m^3$ 高炉效果显著。

3.6.4.5　完善热风炉的操作制度

合理的操作制度能够提高风温。推广应用自动烧炉技术，利用在线监测废气含氧量等措施，合理控制空气过剩系数，达到强化燃烧、提高拱顶温度、降低煤气消耗目的。为适应高风温的要求，热风炉普遍采用相对蓄热面积大、蓄热量小的小孔格子砖，其特点是格砖容易被加热和冷却。在送风过程中，热风温度下降较快，因此，应当缩短送风时间，减小风温降落。缩短送风周期至 30~45min 可以减小热风温度和拱顶温度之间的温差，达到提高热风温度的目的。特别是只有 3 座热风炉的高炉，用缩短送风周期时间来提高热风温度有更明显的效果。1 座高炉一般配置 3 座或 4 座热风炉，配置 3 座热风炉时，可采用单独送风或半并联操作，而配置 4 座热风炉时，可采用交错并联送风操作。理论分析和生产实践证明，在适当缩短送风周期的前提下，采用交错并联送风能够在热风炉拱顶温度不变的条件下提高风温。

3.6.4.6 合理选用耐火材料

热风炉工作时具有高温、高压以及冷热状态周期转换的特性，在此工作条件下，确保热风炉安全、长寿，耐火材料起着关键作用。热风炉使用耐材的部位主要有热风炉本体、热风管道及烟气管道，如采用了高温预热，则部分助燃空气管道和高温预热系统内的烟气管道也需使用耐火材料。

不同热风炉形式的耐材选择原则是相通的，热风炉耐材选择很大程度上取决于温度分布，热风炉温度分区见表3-27。

表 3-27　热风炉高、中、低温度区域分布

区　　域	高温区域	中温区域	低温区域	高低温交变区域
温度范围/℃	800～1500	600～1150	350～900	35～1100

热风炉高温区温度稳定，耐材一般以硅砖为主，而炉况较差，经常休风或停产的小型热风炉也有全部使用高铝砖的。中温区与高低温交变区域一样，受"燃烧—送风"周期影响，温度会反复交替变化，同时还会受到上部耐材持续的压力作用，使耐材产生蠕变现象，这种效应对格子砖尤其明显。中温区域，耐火砖的蠕变现象占主导地位，中温区域耐材一般选择低蠕变高铝砖或高档的红柱石砖；低温区耐火砖以黏土质为主；高低温交变区为抵抗温度频繁剧烈的波动，宜选择热震稳定性强的红柱石或堇青石砖；热风炉热风管道长期工作在高温状态，温度在1100～1350℃之间，休风时还会有一定幅度的下降，热风管道工作层耐材使用抗热震和抗蠕变性能都较高的红柱石砖最好，但成本较高，如选用优质低蠕变高铝砖也可满足要求；保温隔热砖采用轻质高铝和轻质黏土砖，要重视保温隔热砖的质量，除了强度指标还要重视其导热性，导热系数越低，隔热效果越好，越有利于外部钢结构的稳定；烟气管道普遍采用轻质黏土喷涂料进行喷涂；隔热砖和管道喷涂料间采用隔热纤维毡，起隔热和吸收膨胀的作用。砌筑砖缝采用与砖材质相匹配的泥浆填充饱满，耐火泥浆用料应高于或至少不低于同材质的砖制品。热风炉各部位组合砖要机制切割成型，出厂前必须进行预砌验收。随着浇注料技术进步与成熟，其材质、性能也能满足现代热风炉工艺环境的要求。采用浇注可替代复杂的组合砖工艺，施工变得简单，而且结构整体性好，无接缝。

3.6.4.7 热风炉管系优化设计

风温提高以后，高温热风的稳定输送成为制约环节。不少热风炉的热风支管、热风总管和热风环管出现局部过热、管壳发红、管道窜风、甚至管道烧塌事故，极大地限制了高风温技术的发展，热风管道的设计必须予以足够的重视。

热风管道承受着高温、高压和弹塑性变形作用，是热风炉系统中工况最恶劣的部位，热风管道设计必须保证在此工况下的土建结构、管道钢壳、耐火材料砌体工作稳定。优化热风管道系统结构，采用"无过热-低应力"设计体系可达此目的。热风支管与热风总管的结合部采用三角形刚性拉梁的设计结构，利用了三角形稳定性的特点，将热风支管所产生的膨胀力和盲板力等作为内力，在三角形刚性拉梁的约束条件下克服在系统内部，保证了热风支管和热风总管三岔口的结构稳定，同时还可以抑制热风炉炉壳受热上涨对管道产生的影响。热风总管采用通长的大拉杆形式和合理的波纹补偿器设计，不但满足热风竖管的结构稳定、减小土建钢结构受力，同时还要满足在外界温度变化的情况下仍然保持整个管道系统的稳定，从而有效地提高了热风管道的安全性，避免了由于管道位移造成对耐火材料和钢结构的损坏。通过对热风管道的受力分析、钢壳热膨胀、盲板力影响的定量分析，耐火材料保温效果的准确计算，为热风管道耐火材料结构设计提供完整的原始工艺参数。耐火材料砌筑设计还需要在此基础上考虑耐火材料砖衬自身受热膨胀以及制造成本等因素。

热风炉各孔口在多种工况的恶劣条件下工作，也是制约热风炉长寿和提高风温的薄弱环节。热风炉各孔口耐火材料要承受高温、高压的作用，还要承受气流收缩、扩张、转向运动所产生的冲击和振动作用。热风出口应采用独立的环形组合砖构成，组合砖之间采用双凹凸榫槽结构进行加强，以减轻上部大墙砖衬对组合砖所产生的压应力。热风炉的热风出口、热风管道上的三岔口等关键部位均应采用组合砖结构。

热风管道内衬的工作层，应采用抗蠕变、体积密度较低、高温稳定性优良的耐火材料；绝热层应采用体积密度低、绝热性能优良的耐火材料，还应注重合理设计耐火材料膨胀缝及其密封结构。值得指出的是，热风管道耐火材料内衬在高温高压热风的流动冲刷作用下，容易出现局部过热、窜风、甚至内衬脱落现象。对于已运行的热风管道应采用表面温度监测系统，可以在线监控热风管道关键部位的管壳温度，并可以进行数据处理和存储，实现信息化动态管理；同时为了监控热风管道受热膨胀而产生的变形情况，设置激光位移监测仪可以在线监测热风管道的膨胀位移。通过数字化在线监控装置，可以提高热风炉管道工作的可靠性，保障高温热风的稳定输送。该项技术已在首钢迁钢大型高炉上都得到了成功应用。

热风炉拱顶晶间应力腐蚀也是热风炉设计、生产中需注意的一个重要问题。当热风炉拱顶温度达到1420℃以上时，燃烧产物中的NO_x生成量急剧升高，燃烧产物中的水蒸气在温度降低到露点以下时冷凝成液态水，NO_x与冷凝水结合形成酸性腐蚀性介质，对热风炉高温区炉壳造成晶间应力腐蚀，降低了热风炉使用寿命，成为制约风温进一步提高的主要限制因素。热风炉一般将拱顶温度控制在1420℃以下，旨在降低NO_x生成量从而有效抑制炉壳晶间应力腐蚀。同时，采取高温区炉壳涂刷防酸涂料和喷涂耐酸喷涂料，采用细晶粒炉壳钢板及采用热处理措施消除或降低炉壳制造过程的焊接应力，对热风炉高温区炉壳采取保温等综合防护措施，可有效预防热风炉炉壳晶间应力腐蚀的发生，延长热风炉寿命。

3.6.5 热风炉废气余热利用技术

热风炉是为高炉炼铁提供可靠稳定热风的重要途径，随着高炉冶炼技术的发展，热风炉结构形式不断演变，风温水平也得到极大提高，有利于高炉实现增产节焦、降耗节能的目标。

热风炉烟气作为炼铁工序重要的余热资源，烟气温度通常在200～300℃，但由于烟气流量大且连续稳定，热风炉烟气的物理显热总量巨大。经测算，首钢京唐炼铁系统热风炉废气余热总量达到17.2kgce/t，若能实现充分回收，仅热风炉废气一项，工序能耗可降低约4%。因此，实现这部分余能的"分级回收、梯级利用"，在能源形势日益紧张的背景下，意义尤显重要。以下就当前几种热风炉烟气余热利用的主要途径分别举例说明。

3.6.5.1 预热助燃空气和煤气技术

助燃空气和煤气预热是应用最为广泛的热风炉烟气余热利用技术，通过不同形式的换热器将热风炉烟气余热回收以预热助燃空气、煤气，一般在不增加其他热源的前提下，可将空气从环境温度预热至100~200℃；可将煤气从40~60℃预热至100~230℃，进而增加助燃空气和煤气物理热，提高理论燃烧温度，经计算，燃烧单一高炉煤气（热值3369kJ/m³），不预热时，其理论燃烧温度只有1280℃；而空气、煤气双预热到170℃时，能提高到1380℃。由此可见，高炉热风炉利用烟气余热进行助燃空气、煤气双预热是提高风温的有效途径。

热风炉烟气余热利用技术已成为利用单烧低热值高炉煤气获取高风温的重要手段。20世纪70年代末，国外开始研究利用热风炉烟气的热量来预热助燃空气和煤气，以弥补因高炉燃料比降低以后煤气热值降低所带来的燃烧温度偏低问题。80年代初期，国内马钢、攀钢、鞍钢、首钢等企业也先后投建热风炉烟气余热利用工程，均取得了良好的节能效果和经济效益。目前，国内外已在高炉热风炉上应用的烟气余热回收的换热器主要有回转式、金属板式、管状式、热媒式和热管式等形式，见表3-28。

表3-28 热风炉烟气余热回收各种换热器比较

形式 项目	回转式	板式	热媒式	热管式
技术成熟程度	成熟	成熟	较成熟	成熟
辅助动力消耗	大	无	有	无
漏风损失/%	8~20	无	无	无
结构复杂程度	较复杂	简单	较复杂	简单
造 价	较高	低	较高	低
预热介质	空气	空气	空气、煤气	空气、煤气
维修量	较大	小	较大	较小
体 积	小	较大	小	小
传热系数	较大	较大	大	大
安全程度	安全	安全	易燃易爆	安全

鞍钢1号高炉于2003年4月安装分离式热管换热器，无需增加外部热源，利用热风炉废烟气余热预热空气和煤气，取得良好效果，最高风温达到1205℃，其工艺流程如图3-61所示。

此外，附加燃烧炉的双预热技术就是在热风炉和助燃空气、高炉煤气之间，增设专门的燃烧炉和引风机，利用高炉煤气作为燃料，燃烧产生的高温烟气和烟道废气混合，通过不同形式的换热装置实现助燃空气单预热（或预热空气、煤气双预热），如图3-62所示。

湘钢2010年3月投产的2号高炉，为解决没有焦炉煤气使用条件下的高风温问题，在全国同类型高炉中，首次采用燃烧炉＋全焊接波纹板式预热器，预热煤气和助燃空气。

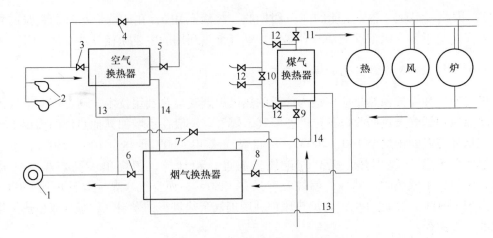

图 3-61　分离式热管换热器工艺流程

1—烟囱；2—助燃风机；3—空气入口阀；4—空气旁通阀；5—空气出口阀；
6—烟气出口阀；7—烟气旁通阀；8—烟气入口阀；9—煤气入口阀；10—煤气旁通阀；
11—煤气出口阀；12—煤气放散阀；13—蒸汽联络管；14—液体回流管

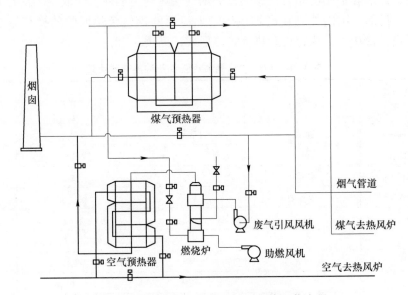

图 3-62　附加燃烧炉的热风炉双预热工艺流程

3.6.5.2　焦炭预热干燥技术

山钢股份莱芜分公司炼铁厂针对外购焦炭质量不稳定、水分波动大、影响高炉炉况顺行等问题，设计并应用热风炉废气预热干燥焦炭系统，包括防爆型引风机、配套管道及阀门、测温热电偶、焦仓、防爆型轴流风机等。该项技术考虑焦仓上方因进料无法密封，需在每个焦仓上方安装排烟气管道，排气管内安装防爆型管道式轴流风机（流量 25000m³/h（标态））将烟气抽出，可保证焦炭上料小车皮带处为负压，减少含 CO 烟气的排出概率。为确保现场安全，防止煤气中毒事件发生，在焦仓上方安装固定式煤气报警仪。

焦炭预热干燥技术改造后工艺流程如图 3-63 所示。

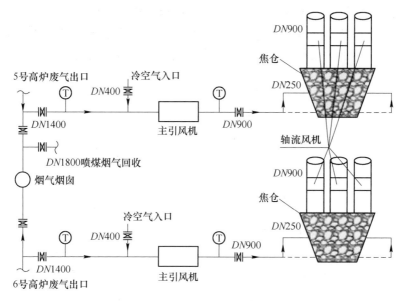

图 3-63 焦炭预热干燥技术改造后工艺流程

为确保安全，可借鉴张店钢铁炼铁厂的经验，在风机入口前安装煤气在线监测系统，当煤气浓度达到 1% 时，远程控制报警；当煤气浓度达到 3% 时，实现连锁保护停机，避免过量煤气进入焦炭仓，对槽上工作人员安全构成威胁。此外，也可自热风炉预热器空气出口处接预热后空气对矿槽、焦槽等进行预热，以降低矿槽岗位煤气中毒的危险系数。

3.6.5.3 煤粉制备的干燥气

热风炉烟气因成分仅有残余氧气、温度适宜，是喷煤制粉过程中的最佳干燥气体。尤其适用高炉工序与制粉工序布局较近的生产系统。

河钢承钢共有 3 个制粉站，消耗热风炉烟气量见表 3-29。喷煤制粉用热风炉烟气的节点通常在热风炉换热器之前，经过管道输送到喷煤烟气升温炉前的温度为 200~220℃，制备 1t 煤粉需要消耗热风炉烟气 800~850m^3，喷煤制粉使用的烟气总量占热风炉烟气总量的 10%~12%。

表 3-29 河钢承钢制粉系统消耗热风炉废气统计

制粉系统	废气来源	烟气消耗量/$m^3 \cdot h^{-1}$	煤粉产量/$t \cdot h^{-1}$
东区制粉站	3 号高炉	75000	90
西区新系统制粉站	5 号高炉	45000	55
西区老系统制粉站	2 号高炉	38000	45
合　计		158000	190

对于热风炉废气管线过长或者烟气引风机系统能力较低的工艺系统，煤粉烘干系统还需要辅以煤粉燃烧炉等热源。

3.6.5.4 热风炉烟气余热生产热水工艺

从热风炉出来的废烟气，绝大部分被应用于助燃空气和煤气的双预热以及煤粉烘干等，但由于烟气中总量很大，仍有部分烟气自烟囱直排到大气中，会造成能源浪费。在空气预热器与烟囱之间加装热水发生器回收利用这部分余热生产热水供职工洗浴,既节约加热洗浴用水的蒸汽消耗,又可降低炼铁工序的综合能耗,其流程如图 3-64 所示。热风炉烟气生产洗浴热水是烟气余热利用的一种补充形式,可根据企业实际情况参考选用。

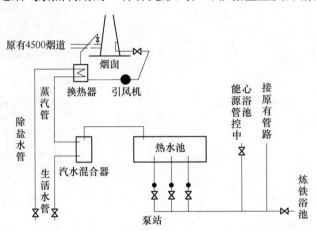

图 3-64　热风炉烟气余热生产热水工艺流程

3.6.5.5　高炉热风炉余热发电系统

高炉热风炉余热发电系统主要包括氨水混合工质动力循环系统（见图 3-65）。氨水混合工质动力循环系统中设置氨水循环系统、烟气循环通道和冷却水循环通道;烟气循环通道的两端分别连通热风炉烟气进口管路与热风炉烟气出口管路;热风炉烟气出口管路与放散烟囱连通;冷却水循环通道上分别设置冷却水进口管路和冷却水出口管路,冷却水进口管路和冷却水出口管路分别与外部冷却塔连通;氨水循环系统中的高温高压氨气通道输往发电机。

该项专利技术结构简单、能够高效率地回收高炉热风炉烟气余热。氨水工质循环利用,经济性和环保性均得到保证,换热效率高;且同时由于浓度得到严格控制,可以保证氨水工质的利用率最大化。

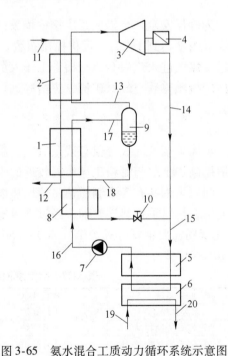

图 3-65　氨水混合工质动力循环系统示意图
1—蒸发器;2—过热器;3—膨胀机;4—发电机;
5—回热器;6—冷凝器;7—循环泵;8—高压回热器;
9—闪蒸器;10—节流阀;11—热风炉烟气进口管路;
12—热风炉烟气出口管路;13—富氨蒸汽管路;
14—乏汽管路;15—低压工作溶液管路;
16—高压工作溶液管路;17—饱和工作溶液管路;
18—稀氨溶液管路;19—冷却水进口管路;
20—冷却水出口管路

3.6.6　高炉冷却壁软水密闭循环系统

3.6.6.1　冷却壁优化设计

冷却壁优化设计包括:

（1）冷却水控制一定的钙、镁离子等因素外,还要重视冷却水水质的稳定,冷却水水质不稳定也发生结垢现象。

（2）提高冷却水水速在一定程度上可以多带走一些高炉内部的热量。

（3）通过改进冷却壁加工方式减少冷却壁水管与冷却壁本体之间的气隙。

（4）提高冷却壁比表面积（冷却水管的周长/冷却壁炉内一侧宽度），最好达到1.2以上，可以使用分段冷却。

3.6.6.2 铜冷却壁的应用

A 冷却壁

高炉冷却壁是高炉内衬的重要水冷件，安装在高炉的炉身、炉腰、炉腹、炉缸等部位，不但承受高温，还承受炉料的磨损、熔渣的侵蚀和煤气流的冲刷，必须具备良好的热强度、耐热冲击、抗急冷急热性等综合性能。冷却壁能有效地防止炉壳受热和烧红，高炉内衬砖被烧蚀后主要靠渣皮保护冷却壁本身，并维持高炉的安全生产。

冷却壁是高炉的关键部件，在高温状态下工作，要延长冷却壁使用寿命，必须选择合理的材质。

B 冷却壁材质

根据制造材质，高炉冷却壁有铸铁冷却壁、钢冷却壁和铜冷却壁三大类。

（1）铸铁冷却壁：冷却壁发展初期，冷却壁本体是一般铸铁，如HT150，HT200；第二代冷却壁本体材质为低铬铸铁；第三代冷却壁本体采用铸态高韧性铁素体球墨铸铁。

（2）钢冷却壁：钢冷却壁材质为低合金钢，分为钻孔型钢冷却壁和铸造型钢冷却壁。铸钢冷却壁可以改善铸件基体的导热性能，基体与冷却水管之间处于熔合状态，消除基体与冷却水管间的气隙层，从而从根本上提高冷却壁的整体导热效果。

（3）铜冷却壁：这种材质的冷却壁具有高导热性、良好的抗热震性能、良好的抗热冲击等性能。一般使用在高炉炉身下部、炉腰、炉腹等部位。

C 铜冷却壁的特点

铜冷却壁的特点如下：

（1）铜冷却壁导热性好、冷却强度大。铜的导热系数几乎为铸铁的10倍。铜冷却壁冷却强度大，生成的炉渣立即在冷却壁表面形成渣皮，起到保护铜冷却壁自身的作用。为了能让渣皮牢牢地镶嵌在冷却壁上，冷却壁的工作面设计成凹凸槽状口。

（2）铜冷却壁冷却均匀，在炉内易形成光滑的炉型，可减轻煤气流的冲刷和炉料的磨损。形成渣皮后，炉料、煤气流和熔融的渣铁不能直接接触铜冷却壁。

（3）使用铜冷却壁的关键在于渣皮的稳定。

D 高炉铜冷却壁的应用现状

目前，铸铁材质的高炉冷却壁多为球墨铸铁材质。铸钢冷却壁作为新一代高炉冷却壁，应用范围逐步扩大。高导热性的紫铜冷却壁的国产化及应用也得到很快的发展。

铜冷却壁自开发至今20余年，此项新技术在生产中已经得到了充分的考验。在高炉上试用成功使人们对铜冷却壁有了新的认识，在高炉上的使用也从炉身下部扩大到炉腹、炉腰。

但由于冷却壁本体紫铜的强度较低，在运输、安装的过程中易撞坏和变形，因此尚需研究导热性近于紫铜，而强度高于紫铜的新型本体材料。

铜冷却壁性能虽然很好，但是高炉操作中渣皮的稳定存在对于铜冷却壁的长寿至关重要。渣皮的稳定存在主要受两方面影响：挂渣能力和挂渣环境。挂渣能力主要考虑导热系数、水质、水速、入口水温、水管尺寸等影响。挂渣环境主要包括：上升煤气和下行炉料的冲刷；熔融渣铁的量；煤气温度；熔融渣铁的黏结性能；内型等。

河钢唐钢 1 号 2000m³ 高炉 2005 ~ 2014 年铜壁使用寿命达九年多，铜壁至今并未更换，但是出现了铜冷却壁水管损坏的现象，主要有以下原因造成铜冷却壁疲劳寿命下降：

（1）回旋逸出的高温煤气以及渣铁流动对炉腹、炉腰部位剧烈冲刷。由于炉腹、炉腰正是软熔带根部和焦炭焦窗的所在区域，软熔带气流分布的随机变化易引起渣皮的严重脱落。同时如果炉况波动，当中心气流受阻，边缘过分发展时，受边缘上升煤气流的剧烈冲刷，造成渣皮频繁脱落及再生。

（2）随着烧结矿成分波动大，球团成分不稳定等造成炉渣黏结性能变化、成渣带不稳，软熔结构波动大、渣皮不稳定。

（3）碱金属对渣皮稳定性的破坏。

（4）内型的影响。破损水管多在铜壁位置，该位置正处于炉腹和炉腰的拐角处，渣皮脱落后更易受到下降炉料的磨损。

综合考虑各种冷却壁的使用寿命、制造工艺和成本等各方面的因素，预计在一般高炉上联合使用钢冷却壁和球墨铸铁冷却壁，在大型高炉上将可能综合采用铜冷却壁、钢冷却壁和球墨铸铁冷却壁使高炉炉体冷却结构更加合理。

3.6.7　高炉操作技术

3.6.7.1　高炉操作概念

操作是指人用手活动的一种行为，也是一种技能，含义很广泛。高炉操作顾名思义是控制高炉操作，确保高炉正常冶炼的技能。高炉操作目的是确保高炉稳定顺行，实现高产、低耗、长寿、高效的运行目标。高炉操作主要由四大基本操作制度构成，即装料制度、送风制度、炉缸热制度、造渣制度。

3.6.7.2　高炉操作的重要性

在以精料为基础的炼铁生产中，业界普遍以"七分原料三分操作"或"四分原料三分设备三分操作"来分配影响高炉生产的主要因素。随着优质矿产资源的减少和优质冶金焦煤的枯竭，高炉必然会使用低品位、有害元素多的原燃料。随着优质钢材的使用，先进设备的投入，设备使用周期和稳定性得到极大改善。在这种情况下如何实现低碳生产，如何实现高炉长周期高效运行，就体现出高炉操作的重要性。高炉操作作为影响高炉生产主要因素比例将超过30%。

为了实现高炉低碳运行，节能减排的目标，高炉操作需要适应原燃料条件变化，匹配基本操作制度，为炼钢工序提供优质铁水。

3.6.7.3　高炉操作技术

A　低硅铁水冶炼技术

20 世纪 50 年代，鞍钢铁水含硅量逐年降低，由 1950 年的 1.5% 降低到 1956 年的 0.5% 左右，奠定了冶炼低硅铁水的基础。铁水含硅量和物理热具有直接对应关系。煤气利用率差的高炉需要较高的硅含量来维持炉缸冶炼所需要的热量。冶炼低硅铁水需要提高炉渣碱度，提高煤气利用率，使用高顶压操作也有利于降低铁水硅含量。低硅冶炼要求炉况长周期稳定顺行、燃料质量稳定、化学成分波动小、炉缸工作均匀活跃。

河钢唐钢早在 1978 年 100m³ 高炉，生铁含硅量就降低到 0.3%~0.5% 水平，开创了小高炉低硅冶炼的先河。1 号 1260m³ 高炉自 1989 年投产以来始终坚持低硅冶炼，到第二代炉役扩容投后铁水硅含量长期控制在 0.3%~0.4% 水平，能够确保高炉长周期稳定顺行。河钢承钢钒钛矿冶炼铁水含硅量控制在 0.2%，钛 0.15% 左右，河钢邯钢 3200m³ 高炉铁水含硅量长期稳定在 0.3%~0.35% 水平。河钢舞钢 1260m³ 高炉铁水含硅量控制在 0.3% 左右水平。

生铁含硅量每降低 0.1%，焦比可以降低 4~6kg/t，可以减排 CO_2 10~15kg/t。

B　高风温技术

维持高炉冶炼的热量有两个来源，一是风口前碳素的燃烧的化学热，另一个是热风带入的物理热。热风带入的物理热利用率最高，由 1200℃ 的风温最终降低为 150℃ 左右的炉顶煤气排出炉外。随着热风炉结构的改进、耐火材料性能改善、格子砖蓄热能力的提高、煤气空气双预热的投入，热风温度得以提高。高风温可以带入更多的热量，提高理论燃烧温度，提高煤粉燃烧效率，降低燃料消耗。

使用风温调剂热量，作用时间要快于调整喷煤和焦比。在不同的风温基础上提高相同的风温带来的节能效果不同，越高的风温提高幅度带来的节能幅度越低。表 3-30 是对应不同的风温带来减排 CO_2 效果对比。

表 3-30　风温对减排 CO_2 效果对比

风温范围/℃	700~800	800~900	900~1000	1000~1100	>1100
影响焦比/kg	25~30	20~25	15~20	10~15	5~10
影响 CO_2/kg	70	60	45	35	20

高风温有利于风口前碳素的燃烧，有利于煤粉的充分燃烧，可以扩大风口回旋区深度，使得高温区下移，中温区增加，有利于高炉的还原反应，可以更有效的提高煤气利用。高风温的使用会造成煤气体积增大，在边缘和中心煤气流不匹配的情况下，造成热风压力随风温的变化明显，可能造成换炉初期高风温时料速减慢，严重时造成悬料；换炉后期料速增加，煤量与料速不匹配，造成周期性波动。在这种情况下应该控制换炉初期风温增长速度，使用恒定风温或更改换炉方式减少风温波动幅度，在尽可能发挥热风炉能力的同时减少风温波动幅度。

河钢唐钢 1 号 1260m³ 高炉最早在 20 世纪 90 年代初期开始使用霍戈文内燃式热风炉，到 2000 年左右全部投用热风炉自动烧炉系统，在提高热风炉效率的同时减少高炉煤气消耗，有效降低高炉工序能耗，减少碳排放。国内外高炉都很重视高风温的使用效果，国内很多高炉风温超过 1200℃，个别高炉长期维持在 1250℃以上水平，极大减少 CO_2 的排放水平。

C　提高煤气利用率

高炉煤气利用率用 $CO_2/(CO_2 + CO)$ 的比值表示，代表高炉内煤气利用的程度。随着炼铁技术的进步，通过调整装料制度和送风制度，合理完成高炉煤气的三次分配过程，使得高炉煤气利用率进一步提高，很多高炉达到或超过 50%。煤气利用率的提高可以有效减低高炉燃料消耗，降低高炉工序能耗。河钢唐钢很早就开展提高煤气利用率技术的研究工作，$100m^3$ 钟式小高炉，是国内最早应用混装布料技术的高炉。河钢唐钢 $1260m^3$ 高炉到 $3200m^3$ 高炉从半倒装料制，到矿焦平铺，在发展为中心加焦料制进行了深入研究。

宝钢高炉为提高煤气利用率，采用平台加漏斗的布料方式，在国内取得了很好的示范作用。以武钢、鞍钢、河钢唐钢等高炉为代表的中心加焦技术应用，在应对原燃料条件复杂、有害元素高等情况下取得了良好的效果。以首迁为代表的发展环带煤气利用的布料方式，创造出长期稳定的低耗效果。河钢承钢、攀钢钒钛矿冶炼高炉近年高炉煤气利用率达到 48%以上水平，取得了良好的经济技术指标。

D　提高炉顶煤气压力

一般认为高炉处于 0.03MPa 以上的高压下工作，称为高压操作。国外高炉尤其是西欧和前苏联，早在 20 世纪 50 年代初期就使用高压操作，我国到 20 世纪 50 年代中后期开始使用高压操作。到 21 世纪初开始国内炼铁工业高速发展，高炉装备水平有较大提升，高炉顶压得以快速增长。目前国内不同级别高炉顶压和风压应用范围见表 3-31。

表 3-31　国内不同级别高炉顶压和风压应用范围

炉容范围/m^3	顶压范围/kPa	风压范围/kPa
<1000	100 ~ 190	190 ~ 350
1000 ~ 1999	150 ~ 230	250 ~ 400
2000 ~ 2999	170 ~ 230	270 ~ 420
3000 ~ 3999	190 ~ 235	360 ~ 420
>4000	200 ~ 270	360 ~ 475

提高高炉顶压会降低高炉煤气流速，延长高炉煤气在高炉内停留时间，促进铁矿石还原，提高煤气利用，降低高炉燃料消耗，提高余压发电量，增加产量，降低吨铁工序能耗，减少碳排放，减少高炉粉尘排放量。

唐钢为减少高炉休风粉尘排放，减少噪声污染，多回收电量，实现节能减排。休风时延长顶压回收时间，采用调压阀组和 TRT 双联控制方式，在略高于煤气管网压力时开炉顶放散，取得良好应用效果。

依据唐钢、邯钢等钢铁公司统计，高炉顶压每提高 0.01MPa，每吨铁可以减排碳 10kg 左右。

E　优化高炉炉料结构

精料是实现高炉高产、低耗、长寿的有利保证。但随着精品资源的减少，配矿成本的增加，碳减排的发展需要。使用低污染、低能耗的球团矿代替烧结矿，配加大比例块矿成为降低高炉碳排放的有力措施。河钢唐钢 2560m³ 高炉早在 2002 年开始配加 18% 的生矿比例，2015 年河钢邯钢 3200m³ 高炉生矿比例达到 25%，为减少碳排放做出很大贡献。

F 高炉长寿技术

高炉从点火投产到停炉大修期间的实际运行时间，为高炉的一代炉龄。炉役是指一代炉龄所经历的阶段，它与每立方米高炉有效容积产铁量和炉龄时间长短作为衡量高炉长寿的标准。高炉长寿与炉型的优化设计，采用合理的耐材结构，高效的冷却结构和设备，精心的生产维护等方面密不可分。国内宝钢 3 号高炉一代炉龄寿命达到 19 年，单位炉容产铁超过 10000t/m³，创造国内最长寿高炉的记录。国外高炉像和歌山和图巴朗等高炉一代炉役超过 20 年。表 3-32 为国内外长寿高炉炉役对比。

表 3-32 国内外长寿高炉炉役对比

高炉名称	炉容/m³	服役年限/年	高炉名称	炉容/m³	服役年限/年
图巴郎 1 号	4415	28.4	光阳 2 号	3800	16.9
和歌山 5 号	2700	27.4	艾默伊登 6 号	2678	16
和歌山 4 号	2700	27.4	武钢 5 号	3200	15.6
汉堡 9 号	2200	25	宝钢 2 号	4063	15.2
神户制钢 3 号	1845	24.6	宝钢 3 号	4350	19
仓哲 2 号	2857	24.4	首钢 1 号	2536	14.3
千叶 6 号	4500	20.9	首钢 3 号	2536	15.5

高炉大修需要停产，损失巨大，造成一代炉役生铁成本升高 10~20 元。造成高炉整体消耗增加，不利于高炉降低消耗和减排控制。因此需要从炉役初期就采取高炉炉缸维护措施，杜绝洗炉剂的使用，减少熔剂料的消耗，应用含钛物料进行长期护炉。采用合理有效的炉体监控模型，更直观的反映出炉体部位侵蚀情况。采用合理的布料制度和送风制度，减少有害元素带入，延长高炉寿命。

3.6.8 国内外低碳绿色炼铁前沿工艺技术

3.6.8.1 全氧高炉炼铁技术

A 技术原理

全氧高炉炼铁工艺是用全氧鼓风操作取代传统的预热空气鼓风操作的高炉炼铁工艺。根据煤气喷吹方式的不同，可以将氧气高炉分为炉缸喷吹循环煤气流程、炉身喷吹循环煤气流程和炉缸炉身混合喷吹循环煤气流程。用纯氧代替热风，与煤粉一起从炉缸风口鼓入，由于纯氧鼓风炉缸煤气量少，炉身热量不足，为了弥补炉身热量不足和提高炉料的预还原率，对炉顶煤气进行了循环利用。炉顶煤气除尘后，一部分煤气脱除 CO_2 后循环利用，一部分用于将循环煤气加热到预定温度，其中炉缸喷吹方式煤气加热温度为 1200℃，炉身喷吹方式煤气加热温度为 900℃，剩余煤气向外输出。这样不仅可以节约焦炭资源，而且提高了煤气的利用率。

B　技术特点

全氧高炉不同于富氧高炉，它是以常温氧气完全替代预热空气，同时循环利用部分脱除或未脱除 CO_2 的炉顶煤气，这是全氧高炉与富氧高炉在工艺上的最大区别。

高炉全氧鼓风后，由于取消了氮气入炉，炉腹煤气量大为减少。还原性气体浓度由普通高炉的 35% 左右变为接近 100%；炉身的还原条件与直接还原竖炉相似，矿石的间接还原度大幅度提高，直接还原度很低，由铁的直接还原造成的耗热量明显减少，使风口循环区理论燃烧温度过高。因此，目前提出的各种氧气高炉流程大都采用了在风口回旋区喷入部分炉顶循环煤气的方案，以降低风口区理论燃烧温度。

高炉全氧鼓风后由于间接还原度大幅度提高，铁矿石在低于 1000℃ 未开始软化时被还原为铁，剩下的 FeO 量很少，初渣量减少，软熔带变薄甚至消失，同时由于炉腹煤气量大为减少，使得炉内透气性得到改善，更有利于高炉高产、顺行，与传统高炉相比，高炉产量将大幅度提高。全氧高炉以常温氧气和煤粉代替热空气和部分焦炭，它取消了热风炉、降低了焦炭消耗，可减少大量污染物如 NO_x、SO_2 等的排放，与传统高炉相比更为环保；同时采用炉顶煤气循环利用技术，使炭素得到充分利用，降低了高炉能耗和 CO_2 排放量。因此，全氧高炉已得到人们越来越多的重视，是当前炼铁技术的重点发展方向之一。

C　氧气高炉的工业化试验情况

a　国外氧气高炉试验情况

1986 年日本 NKK 公司建立了一座容积 $3.94m^3$，炉缸直径 0.95m，炉喉直径 0.7m，高为 5.1m 的氧气高炉进行试验。结果表明喷吹煤粉碳氧比为 $0.94kg/m^3$ 时，生产率可以达到 $5.1t/(d \cdot m^3)$，喷吹预热循环煤气以后，降低了热流比，增大了炉子各区域热量；氧气高炉气体还原反应在温度较低区域反应较快而且碳的气化反应比例很低；氧气高炉生产的铁水硅含量要比普通高炉低。通过分析试验数据，NKK 公司预测氧气高炉进行工业化生产吨铁燃料比可以降低到 530kg。

前苏联从 1985 年到 1990 年期间，RPA 公司将该厂 2 号 $1088m^3$ 高炉改造为 Tula 氧气高炉流程，使用 100% 氧气和喷吹预热还原气体先后进行了 13 次试验，共生产出 25 万吨铁水。与传统高炉相比，喷吹脱除 CO_2 的炉顶煤气以后，焦比大幅度降低。试验最好结果为焦比最低达到 367kg/t，氧耗 $251m^3/t$，生铁产量为 1700t/d，直接还原度从基准期的 0.437 降低到试验期间的 0.08 ~ 0.09。

b　我国氧气高炉试验情况

我国的炼铁工作者对氧气高炉进行了长期的理论分析和实验研究，从理论上说明全氧鼓风炼铁的可行性。2009 年 6 月，钢铁研究总院与五矿营钢合作在营钢建立了一座 $8m^3$ 氧气高炉，进行了工业化试验，迈出了我国全氧鼓风炼铁工业试验第一步。

氧气高炉尽管可以降低燃料消耗，减少 CO_2 排放，但是由于其需要消耗大量氧气和对炉顶煤气进行 CO_2 脱除，在当前电力价格没有优势的条件下，生产铁水的成本与高炉相比没有竞争优势，需要对一些核心技术进行攻关。

D　发展氧气高炉需要解决的关键技术问题

a　高效喷吹及全流程优化控制技术

氧气高炉可以增大喷煤量，降低一次燃料消耗和减少 CO_2 排放，但这是建立在风口煤粉高效燃烧和全流程优化控制基础之上。现代高炉炼铁工艺已经非常成熟，自动化水平很高，但氧气高炉尚未进行过工业化长期生产，未知因素较多，还需要对整个流程的以下几个方面进行优化控制研究：

（1）全氧鼓风风口前理论燃烧温度很高，需要研制新型耐高温、耐磨损的长寿氧煤枪、长寿风口及其冷却参数。

（2）氧气高炉焦炭理论消耗可以降低到吨铁 200kg 左右，对焦炭质量有了新的要求，需要研究适合全氧鼓风的合理焦炭理化性能指标。

（3）氧气高炉的喷吹方式不同，炉内煤气流分布差异很大，气固反应会受到影响，需要研究不同喷吹方式下合理的高炉炉型设计参数、循环煤气喷吹量及煤气流分布状态。

（4）为了实现炼铁高效节能和自循环利用，需要进一步提高氧气高炉工艺参数的动态优化和自动控制水平。

b 循环煤气加热技术

氧气高炉为了降低能耗，对炉顶煤气进行了循环利用，而且需要将循环煤气加热到一定温度，否则大量冷煤气吹入氧气高炉，破坏了炉内的热平衡，能耗反而升高。高炉热风加热技术已经很成熟，但煤气加热要比热风加热困难得多。一方面由于氧气高炉循环煤气中 CO 含量远远高于 H_2，所以煤气加热过程中 CO 会析碳，不但降低了有效煤气量，而且会影响煤气加热效率；另一方面煤气加热存在安全隐患，加热过程中容易发生爆炸和煤气泄露等事故。

煤气加热是氧气高炉需要解决的关键问题，开发出安全可靠、工艺稳定、运行成本低廉的煤气加热技术是氧气高炉节能降耗的根本保证。尽管热风加热技术已经非常成熟，但由于煤气与热风的性质不同，热风加热技术直接用于煤气加热要有可靠的安全防爆措施。Midrex 和 HYL 的煤气加热技术比较成熟，但主要加热富氢气体，基本没有析碳的问题。氧气高炉循环煤气加热如果借鉴 Midrex 的煤气加热技术，需要解决析碳等技术难题。

c 炉顶煤气 CO_2 脱除技术

CO_2 分离脱除方法有很多种，但主要是技术成本问题。常用的 CO_2 脱除方法主要有溶剂吸收法、低温精馏法、膜分离法和变压吸附法，这四种方法的优缺点见表3-33。目前冶金行业采用的 CO_2 脱除方法主要是变压吸附法，直接还原工艺 Midrex 和 HYL 都是通过变压吸附来脱除煤气中 CO_2。变压吸附技术占地面积大，而且需要消耗大量能量来加压气体，吸附分离所需的最低压力是 0.6MPa，适用压力是 0.6~1.3MPa，适用温度小于40℃，

表3-33 不同 CO_2 脱除方法优缺点

方　法	优　点	缺　点
溶剂吸收法	工艺成熟，CO_2 纯度可达 99.99%	投资费用大，蒸汽消耗高，溶剂循环利用成本较高
低温精馏法	适用于高浓度气体，如 CO_2 浓度为 60%	设备投资大，能耗高，分离效果差，成本高
膜分离法	工艺简单，操作方便，能耗低，经济合理	效率低，电耗高，需要前处理、脱水和过滤，难得到高纯度的 CO_2
变压吸附法	能耗低，工艺流程简单，自动化程度高，环境效益好	需大量变压吸附罐，占地面积大，电耗高，不适合大流量煤气处理

输出压力 3.5MPa，输出温度小于 5℃，CO_2 脱除率大于 75%（与气体组成、压力等有关）。由于目前没有成熟的技术将分离得到的 CO_2 进行资源化利用，钢铁企业需要自身承担 CO_2 脱除成本，加重了钢铁企业的负担，所以现在需要研究出将 CO_2 资源化利用的低成本技术，提高企业脱除 CO_2 的积极性。

d　CO_2 的储存及资源化利用技术

氧气高炉需要解决的另一个核心技术是将分离得到的 CO_2 储存及资源化利用。如果炉顶煤气中分离得到的 CO_2 没有储存或资源化利用，就不能从根本上降低 CO_2 排放。CO_2 的储存及资源化利用方法主要有：油田埋藏（EOR），天然气田埋藏（EGR）和废弃煤田埋藏（ECBM）。一方面可以减少 CO_2 向大气中排放，减缓温室气体给人类带来的危害；另一方面可以提高石油、天然气和煤层气的采收率，实现减排 CO_2 和油气增产的双赢效果。CO_2 的存储目前仍处于前期研究阶段，许多技术问题尚待解决，国内外目前进行技术攻关。如果 CO_2 埋藏能够实现高效储存，提高石油、天然气等的采收率，创造的经济效益能够抵消 CO_2 分离和输送成本，那么氧气高炉就能从根本上实现节能减排和低碳冶金。

3.6.8.2　高炉氢还原铁矿石技术

A　技术原理

将含氢物质从风口或炉身部位喷入高炉，含氢物质通过燃烧和分解反应，为高炉提高热量和还原剂。宝钢提出的将煤制气产生的富氢气体，以 1000℃ 左右的高温从高炉炉身下部喷入，避开了炉腹煤气量指数的限制，直接强化直接还原过程，使炉身达到接近 Midrex 的高生产率，炉缸采用全氧喷煤强化熔炼，具有氧化铁炉的效率，生产率可望比传统高炉高出 30%~50%。为高炉冶炼大幅度的减少碳排放带来了希望。

B　技术特点

高炉喷吹含氢物质工艺的特点为：

（1）从热力学和动力学条件分析，H_2 作为铁氧化物还原剂比 CO 更具优势，有利于提高高炉生产效率。

（2）氢还原的气态产物是 H_2O 而不是 CO_2，因此喷吹含氢物质有利于高炉减少 CO_2 排放量。

C　应用现状

含氢原料主要包括：废塑料、焦炉煤气、天然气等碳氢化合物。废塑料是由碳氢聚合物和一些添加剂组成，在结构、组成上和煤、重油相似，具有很好的燃烧性能和燃烧热值，含氢量是普通还原剂的 3 倍，可以作为高炉炼铁的还原剂和发热剂，适合作为高炉的喷吹燃料。但由于国内对塑料分类回收效果不理想，导致各种不同类型的塑料混杂，而且塑料的加工造粒、含 PVC 废塑料的脱氯处理等还有待进一步完善，因此很难在高炉上大量使用。天然气的主要成分是 CH_4，由于天然气资源有限，价格昂贵，且产地分布相对比较集中，目前只有北美、俄罗斯和乌克兰的部分高炉喷吹天然气。

焦炉煤气是荒煤气经过回收化学产品和净化后形成的产品。焦炉煤气由于含有大量的氢，喷入高炉后，可降低焦炭的使用，从而减少 CO_2 的排放。日本 COURSE50 项目提出高炉喷吹改质焦炉煤气技术，采用 BIS 装置模拟了炉身喷吹改质焦炉煤气后炉内的反应和炉料还原行为。喷吹改质焦炉煤气后，炉内间接还原度增加，炉身效率提高。因此，高炉喷吹改质焦炉煤气可降低高炉的碳耗。国内鞍钢鲅鱼圈高炉进行喷吹焦炉煤气，该工艺简单、施工方便、技术安全可靠，能够充分发挥焦炉煤气中氢元素的价值，有很高的经济效益及节能减排效果。

3.6.8.3 高炉炉顶煤气循环利用技术

A 技术原理

高炉炉顶煤气循环利用是将炉顶煤气除尘净化和脱除 CO_2 后，将其中的还原成分（CO 和 H_2）通过风口或者炉身适当位置喷入高炉，从而重新回到炉内参与铁氧化物的还原，加强 C 和 H 元素的利用。该工艺被认为是改善高炉冶炼、降低能耗以及减少 CO_2 产生和排放量的有效措施。各国结合自身能源结构和生产实际，提出或者应用了多种不同的高炉炉顶煤气循环工艺，包括 HRG、JFE、OHNO、FINK、LU 等工艺。

B 技术特点

目前的研究热点为欧洲 ULCOS 项目的炉顶煤气循环再生工艺。该工艺的技术特点包括：

（1）循环利用含有 CO 和 H_2 成分的炉顶还原煤气。
（2）用低温纯氧代替热风从炉缸风口吹入。
（3）低还原剂消耗操作。
（4）炉顶煤气中 CO_2 的回收再利用。

C 应用现状

欧洲启动 ULCOS 项目以来，把高炉炉顶煤气循环利用技术作为首要研发任务，通过炉顶煤气 CO_2 脱除和储存技术，将炼铁 CO_2 排放量降低 20%~100%。2007 年 ULCOS 项目组通过对瑞典 LKAB 公司容积 8.2 m^3 的试验炉进行改造，分别开展了炉缸和炉身喷吹循环煤气试验。试验炉的主要参数有：炉缸直径 1.4m，工作高度 6.0m，炉顶压力 15N，设置 3 个风口，风口直径 54mm。

TGRBF 炉顶煤气 CO_2 脱除采用真空变压吸附技术，与膜分离法和氨溶液吸收法脱除 CO_2 技术相比，具有脱除效率高、成本低等优点。循环煤气可以加热到 1250℃。试验结果表明，采用风口喷吹循环煤气流程，冶炼参数稳定后，焦比为 360kg/t，煤粉喷吹量为 140kg/t，风口循环煤气喷吹量约为 650m^3。对于风口和炉身同时喷吹循环煤气流程，冶炼效果最好参数是焦比 260kg/t，煤粉喷吹量 170kg/t，风口喷吹循环煤气量 550m^3，炉身喷吹循环煤气量 550m^3。由此可见，炉顶煤气循环利用以后，一次燃料消耗明显降低，入炉焦比减少 20%~30%。两种流程相比，风口和炉身同时喷吹流程一次燃耗更低，燃料比只有 430kg/t，降低了 16%，但流程控制的难度要比风口喷吹循环煤气流程大。

3.6.8.4 高反应性焦炭在高炉中的应用技术

A 技术原理

高反应性焦炭是将煤和铁矿石事先粉碎、混合、成型后，用连续式干馏炉加热，将其中的铁矿石还原成金属铁、煤结焦的复合球块料，以此大幅提高弱黏结煤和低品位铁矿石的使用比率。高炉使用高反应性焦炭可使碳气化反应在较低温度下进行，进而降低热储备区温度，改善高炉内铁矿石还原反应效率，理论上可降低焦比，减少高炉二氧化碳排放量。

B　技术特点

为得到一定强度的铁焦，铁矿粉的加入量有一定限制，且不同的铁矿粉其允许的最大量不同，将易还原的铁矿粉加入时，它在结焦早期就放出大量的氧，破坏了煤中的黏结组分，因而不能得出好焦炭，其可允许的加入量很少，与此相反，不容易还原的铁矿粉则可多加入，当然其加入量与煤的性质有关，用黏结性好的煤可以加入大量的含铁原料，即大量的铁矿粉在炼焦过程中烧结、还原，加入到高炉后对高炉生产能力的提高是有好处的。

炼制铁焦时，最主要的问题是煤与铁矿粉的混匀，这是炼制高强度焦炭的重要因素。煤料的细度对均匀混合有很大关系，煤料较细，混合的较均匀，煤料与铁矿粉的密度相差较大，因此煤与铁矿粉的混合物，在运输和转载过程中要发生所谓的偏析作用，即产生铁矿粉分布不均匀的现象，使铁焦强度降低。炼制铁焦时，炉墙温度不宜过高（小于 1150℃），碳化室要保持绝对正压，否则会引起炉墙结渣。炼制铁焦时消耗的热量大，因此煤气的消耗量也增加。

该技术的不足之处是：高反应性焦炭的热强度低，在高炉内大量使用时可能会影响透气性；煤粉与铁矿粉混合和焦炉温度控制等使得铁焦生产工艺相对更为复杂。

C　应用现状

2006 年 11 月至 2009 年 3 月，日本开始了铁焦工艺的先导研究工作，并在东日本制铁所建设了 30t/d 的铁焦中试装置。

铁焦的生产存在两种生产工艺，一是新日铁对普通焦炉生产铁焦进行了研究，目的是能够使用普通焦炉生产出满足高炉要求的具有高反应性焦炭性质的炉料，同时又不影响焦炉寿命。首先在实验室进行了基础性研究，探索了配煤中添加铁矿粉对焦炭强度和反应性的影响。结果发现，煤粉中配入铁矿粉会降低煤的黏结性并因此使焦炭转鼓强度下降，但却使焦炭反应性提高很多；铁矿在 1200℃ 时与碳化硅砖发生反应使之毁坏，但在 1100℃ 条件下不会与碳化硅砖发生反应；添加到煤中的铁矿粉约 70% 在碳化中发生了还原。因此认为，若要在普通商业化焦炉中成功生产铁焦，一方面，需要调整煤种，提高配合煤的黏结性，以生产强度适当且反应性较高的焦炭，另一方面，需要对焦炉温度加以控制。二是 JFE 研究的铁焦球团，不是使用普通焦炉而是通过竖炉生产出来。对原料煤没什么要求，可以使用低级煤。制作时，把约 70% 的煤粉与约 30% 的精矿粉混合、热压后，经过竖炉碳化，形成含有焦炭与部分还原铁的铁焦产品。铁焦产品中焦炭的 CRI 达 53%；铁焦产品的压缩强度约为普通焦炭的两倍；其中还原铁的还原率超过 70%。使用铁焦复合球团时，焦炭内的金属铁作为催化剂，可以使焦炭即使在低温下也能发生气化，这样通过在低温区激活焦炭的气化反应，使储热区向低温区移动。并且铁焦中的金属铁可以降低氧化铁的还原负荷，使还原剂比降低。模拟计算表明，如果储热区温度由 1000℃ 降为 800℃，还原剂比可降低 60kg/t。

3.6.8.5 非高炉炼铁技术

A 技术原理

非高炉炼铁工艺或称非焦炼铁技术是钢铁工业发展的前沿技术，对炼铁节能减排、实现环境友好、降低炼铁对主焦煤的依赖有重要意义。根据产品的形态不同，非高炉炼铁技术可分为直接还原和熔融还原两种工艺方法。直接还原是以非焦煤为能源，在不熔化、不造渣的条件下，原料保持原有物理形态，铁的氧化物经还原获得以金属铁为主要成分的固态产品的技术方法。熔融还原是以非焦煤为能源，铁矿物在高温熔融状态下完成还原过程，获得液态铁水的技术方法。

B 技术特点

近年来，世界直接还原铁产量有所增长，但主要集中在铁矿资源好、有丰富低价的天然气等特殊条件的地区。由于缺乏所需的良好条件，直接还原技术在我国发展较缓慢。

熔融还原技术发展到今天，其技术的成熟程度、生产规模、装备的可靠程度都不如传统的高炉冶炼。目前，工业化生产的熔融还原装置只有 COREX 和 FINEX 工艺。它们的生产工艺技术尚存在不同程度的问题，主要是能耗和生产成本还难以与高炉流程竞争。其主要原因是：

（1）高炉炼铁是热风炉提供了炼铁所需的约 19% 左右的热量，而热风的来源是由约 45% 高炉煤气燃烧获得的，是廉价的。熔融还原装置没有热风炉装置，也不能用热风，是用氧气（不能加热）。因此，熔融还原装置在能源利用上竞争不过高炉流程。

（2）高炉内的铁矿石有 45% 以上进行间接还原，间接还原反应是放热反应，不需要热量。熔融还原装置是铁矿石进行大量的直接还原反应，直接还原是需要吸热的反应。因此，熔融还原装置在消耗能量上是要比高炉流程高。

（3）高炉炼铁对铁矿石质量要求是宽松的，杂质的含量和性能要比熔融还原装置对原料质量要求低。熔融还原装置对原料质量要求是较高的。如 FINEX 要求入炉料含铁品位 61%，煤的灰分在 6%~8%，燃料消耗 710kg/t，远大于高炉的 500kg/t 燃料比，这对采购和冶炼成本影响是很大的。所以，熔融还原装置在生产成本上竞争不过高炉流程。

（4）熔融还原装置设备比高炉使用寿命低，材质要求高。熔融还原装置是使用氧气进行冶炼，炉内温度很高（可达 3000℃），必然对耐火材料和设备质量要求高，且炉衬寿命低，不能向高炉寿命可达 15 年那样，造成运行费用升高。如 FINEX 要每 8 个月定修一次，需 18h，风口寿命在 2~3 个月，使设备作业率下降，成本升高，并且炼钢作业也要受到很大影响。

C 应用现状

熔融还原工艺中仅 COREX 工艺和 FINEX 工艺实现了工业化生产，但生产工艺和成本未达到预期，有待完善。

（1）COREX 工艺在宝钢的应用。2007 年宝钢引进 COREX 工艺，并改进了许多设计和工艺上的不足，现已基本掌握了其生产技术，但仍有许多问题需要进一步解决。COREX 工艺对原料、燃料要求过于苛刻，工序能耗偏高，未能实现全煤作业，仍需部分焦炭，与高炉相比铁水生产成本和单位产能投资均偏高。现宝钢 COREX3000 已搬迁至新疆八钢，目前处于停产状态。

（2）浦项 FINEX 技术。FINEX 流程是韩国浦项钢铁与奥钢联在 COREX 流程的基础上开发出来的。目前 FINEX 技术对原燃料质量的要求比较苛刻，并没有完全摆脱对焦炭和焦煤的需求。在入炉品位 61%、煤粉灰分 6%～8%、使用 50kg/t 小块焦炭、450～480m^3/t 氧气条件下，FINEX 消耗原煤指标为 710kg/t。如果原燃料质量下降，指标会进一步恶化。据浦项公司介绍，FINEX 单位产能投资和生产成本分别是高炉炼铁系统的 85% 和 95%，但该结果是否具有普适性还有待于验证。

3.7　转炉炼钢工序绿色工艺技术

3.7.1　转炉煤气回收技术

转炉煤气是指在转炉炼钢过程中，铁水中的碳在高温下和吹入的氧生成 CO 和少量 CO_2 的混合气体，其主要成分 CO 含量在 60%～80%，CO_2 含量在 15%～20%，并含有一定量的氮、氢和微量氧。转炉煤气回收技术是对转炉炼钢过程中产生的大量含 CO 的一次烟气进行净化，并有效回收能源的过程。转炉煤气的热值介于焦炉煤气和高炉煤气之间，利用价值较高，而毒性比较强。近年来，随着钢铁企业成本压力的不断增大以及国家对节能减排要求的日益严格，各家钢铁企业对转炉煤气回收这道工序越来越重视。

3.7.1.1　技术原理

目前，转炉煤气净化回收技术主要有干法和湿法两种，最具代表性的是第四代 OG 系统除尘技术和 LT 干法除尘技术，实际生产中要实现转炉煤气的正常回收涉及安全、工艺、设备等多方面的协调配合，其影响因素比较复杂。

A　LT 干法除尘转炉煤气回收系统的硬件系统

氧气转炉冶炼过程中产生大量高温烟气，烟气中含有大量的 CO 和粉尘，炉气中 CO 浓度最高可达 80% 以上。粉尘中大部分为金属铁及铁氧化物，全铁含量高达 60%。烟气由活动烟罩捕集，经过汽化冷却烟道降温至 800～1000℃，进入蒸发冷却器再通过蒸发冷却的方式降温到 200～300℃，同时捕集粗颗粒粉尘。余下的冷却后的烟气经过荒煤气管道进入电除尘器进行精除尘，同时细颗粒粉尘得到收集。净化后烟气经过轴流风机进入切换站，在这里符合回收条件的煤气经过煤气冷却器进入转煤气柜待利用，不符合回收条件的煤气、烟气则经放散烟囱点燃排放。工艺流程如图 3-66 所示。

LT 干法除尘转炉煤气回收系统主要包括蒸汽冷却器及喷雾系统、静电除尘器、风机和消声器、切换站、点火放散系统、煤气冷却器、粉尘输送存储系统等。

B　第四代 OG 法转炉煤气回收系统的硬件系统

第四代 OG 法转炉煤气回收系统为湿法除尘，即"一塔一文"系统，文氏管采用 RSW（ring slit washer）型喉口，风机采用三维叶片。当转炉炼钢产生的高温含尘煤气从炉口出来后，由活动烟罩搜集，经汽化冷却烟道吸收了部分热量后温度降至 800～1000℃后进入文丘里洗涤塔，高温烟气在塔内上部首先与喷淋水进行传热传质，同时烟尘与水雾进行撞击凝聚，使烟气中大部分粗颗粒粉尘被除去，且煤气温度迅速降低，然后经过降温和粗除尘后的煤气在塔内下部高速通过环缝水清洗装置，此时煤气得到了进一步净化，煤气温度

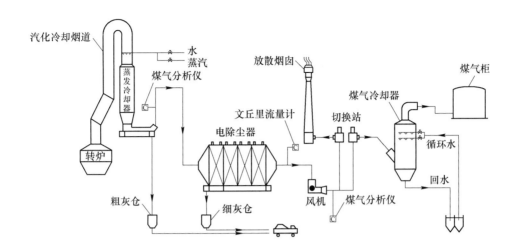

图 3-66　LT 干法除尘转炉煤气回收系统示意图

下降到 65℃左右，另外环缝水清洗装置能够根据炉口微差压检测信号自动调节环缝间距，并控制煤气去除尘塔的粉尘浓度满足标准要求。经净化处理后的烟气满足回收条件则进入煤气回收系统。

　　第四代 OG 除尘转炉煤气回收系统（见图 3-67）主要包括喷淋塔、RSW 文氏管、喷枪脱水器、煤气风机、水封逆止阀、点火放散系统等。

　　C　转炉干法除尘系统泄爆防控集成技术

　　转炉烟气是多种气体的混合气体。其中含有大量 CO、N_2、CO_2，还有少量的 O_2、H_2。当 CO、O_2 和 H_2 的浓度达到爆炸极限时，遇到电火花或其他明火就会发生爆炸。CO 是煤气回收的主要气体，降低 CO 的浓度将失去煤气回收的意义，所以为了避免爆炸要尽量降低 O_2 和 H_2 的含量。通常可采取的措施有避免干法除尘系统的负压段产生泄露，防止空

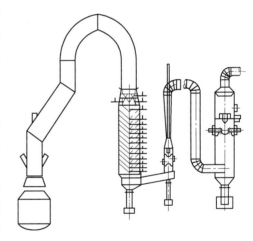

图 3-67　第四代 OG 转炉煤气回收系统示意图

气进入干法除尘系统中；在系统中充入惰性气体，避免 CO、O_2 和 H_2 的浓度达到爆炸极限；控制煤气回收进出口风机压力，保证煤气不倒流；减少设备因摩擦产生明火，设备远离火源，易燃可燃物。

　　转炉干法除尘系统的电除尘器泄爆问题是干法除尘技术一大难题。河钢集团宣钢公司针对国内钢厂的实际生产状况，对转炉各阶段泄爆机理进行了大量的生产应用分析及研究，取得了大量具有自主知识产权的泄爆控制技术包括二次下枪防泄爆七步操作法、强行点火防泄爆操作法、冶炼前期的供氧数学模型、中期双联防泄爆模型等创新技术，通过有效地控制氧气流量、氧枪操作，达到控制烟气指标的目的，杜绝了泄爆的发生。

　　a　除尘器泄爆机理研究

在转炉吹炼初期，由于烟道及除尘器里充满的是空气，含有 21% 左右的氧气。转炉吹炼开始时产生的 CO 与烟道及除尘器中的氧气在除尘器里混合浓度达到爆炸极限时，在静电除尘器电火花的作用下即产生剧烈爆燃，使除尘器内气体压力迅速上升。当除尘器本体内压力超过一定值后，电除尘器将被不同程度地损坏，所以在除尘器上装有泄爆阀，当本体爆炸压力高于泄爆阀设定开启压力时，泄爆阀立即打开，释放气体压力，以保护除尘器，这称为泄爆。即便装有泄爆阀，也难以完全避免中度以上泄爆对除尘器可能造成的损坏，更大的爆炸将导致除尘器严重损坏甚至失效，更有甚者造成风机和杯阀的损坏。

研究发现，当烟气中 O_2 和 CO 浓度分别大于 6% 和大于 9% 时，在外界条件作用下会发生爆炸，称为爆炸极限控制点，俗称 6、9 点。要防止生产过程中发生爆炸，应采取措施设法避免在烟道、静电除尘器等相关设备中出现爆炸极限控制点，避免烟气中 O_2 和 CO 浓度分别大于 6% 和大于 9% 的混合气体出现，即错开 6、9 点。同时采取技术措施减少系统中火花的发生，即在内部条件和外部条件两方面同时采取防控措施防止爆炸的产生。

实际生产表明，除尘器泄爆发生在转炉吹炼的四个时期：

（1）下枪开氧点着火后。泄爆率大约占总泄爆次数的 30%，这主要是由于吹炼开氧时点不着火或点火不好，过剩的纯氧被吸入烟道后进入电除尘器，与随后或同时产生的 CO 混合发生爆炸。

（2）转炉吹炼前期。泄爆率大约占总泄爆的 10%，这是由于初始时供氧强度大，CO 产生的速度较快，与电除尘器残留的空气混合，6、9 点错不开而发生爆炸。

（3）转炉吹炼中期。由于双渣操作、双联法炼钢或其他意外原因造成二次下枪发生的泄爆，大约占总泄爆次数的 50% 以上，是泄爆发生频繁的时期。这是由于在吹炼 200s 后转炉进入脱碳期，再次下枪吹入的氧气直接与钢水中的碳反应快速地生产大量的 CO。CO 与空气在电除尘器中达到爆炸极限，在电火花的作用下就会产生爆炸。

（4）转炉吹炼末期。泄爆率大约占到 10%，一种是由于转炉吹炼终点时拉碳较高，而此时碳氧反应仍很激烈，提枪时 CO 还在产生，当在炉口未燃尽时随烟气进入除尘器时，与随后吸入的空气发生爆炸；另一种是副枪测试时氧气半流量，烟气量降低，大量空气吸入烟道，与正在产生的 CO 混合，进入除尘器时发生爆炸。

b　零泄爆操作法

根据以上各时期的泄爆发生机理，河钢集团宣钢公司 150t 转炉开发出了以下防泄爆技术工艺。

针对吹炼前期泄爆，开发出了冶炼初期供氧数学模型，即在开吹时建立供氧量-时间函数关系，控制氧气供应量，从而限制吹炼前期碳-氧反应速度，以达到控制 CO 生成速度，防止出现爆燃极限的混合烟气产生。针对吹炼中期泄爆，开发出了双联法和双渣法炼钢供氧数学模型及转炉二次下枪七步操作法。在实际生产应用中，氧气流量、枪位均采用供氧数学模块进行自动控制。其次是开发出转炉二次下枪七步操作法，通过倒渣、静置、脱氧、摇炉、吹氮、看成分、缓慢跟枪的操作方法，控制烟气中 O_2 含量和 CO 含量，防止出现爆炸极限，防止泄爆事故发生。

脱碳期冶炼时，使用双联法处理模块程序控制和防泄爆七步操作法可以有效避免干法除尘系统发生泄爆。

针对吹炼末期泄爆。第一种是转炉出钢高拉碳引起的泄爆情况，采用调整氧枪的关氧点，提枪时上抬活动烟罩的方法，解决了内燃峰值现象。另一种是副枪测试时，烟气量低引起泄爆的情况，采用风机预降速及炉口微差压调节的方式，加以避免。

c 自动稀释氮气系统

为了避免冶炼时管道内、电除尘器内残余 CO 与冶炼时的富氧混合发生爆炸，在蒸发冷却器出口增加氮气自动稀释装置，用于稀释残余 CO，以减缓 CO 浓度上升速度，加快 O_2 浓度下降速度。

d 气流稳定技术

为了改善烟气气流状态，合理利用 CO_2 与 N_2 的柱塞气流理论，分离 CO 与 O_2，降低爆炸概率，对荒煤气管路进行了优化，减少了弯道数量，并延长了进静电除尘器的直线段，从而减少了烟气层流干扰，稳定了气流分布，降低了混合烟气达到爆炸极限的可能性，减少了泄爆发生的可能。

e 吹炼初期电场限流减少闪络

为避免转炉吹炼初期时，静电除尘器内出现的易燃气体在闪络作用下燃烧。当耦合继电器未得电时，则一次电流被限制一定的范围内，以获得最小的电晕放电，尽量避免闪络发生。若限流后仍产生闪络，每次闪络后就有一回落，此后电流限值不会上升。所以设定在吹氧前期 2min 内除尘器电源工作在设定值的 70%，则这个阶段闪络次数几乎为零，大幅度降低了爆燃的概率，并且不影响除尘效果。

D OG 法转炉煤气回收的控制要求

为保证冶炼生产过程中煤气能够安全、平稳的回收，现场对有以下一系列联锁条件来控制转炉煤气的回收，当回收条件有一项不满足时，回收系统将自动进入到放散状态，转炉煤气经三通阀送入燃烧放散塔，经点火装置点燃放散。具体条件包括：

（1）煤气柜因素：指煤气柜当前的柜位及阀门状态必须正常。

（2）氧枪因素：指氧枪复位操作正常并且氧枪联锁操作正常。

（3）风机房因素：风机房内的设备均能正常工作，风机转速、风机出口温度、炉气工况流量、三通阀后的压力均在允许值范围内。

（4）检测仪表因素：指炉气成分检测仪能够正常工作。

（5）回收限制因素：转炉处于吹炼期，炉气中 CO 浓度允许，炉气中 O_2 浓度允许。

E 提高转炉煤气回收的措施

转炉煤气回收率与转炉冶炼铁水比、供氧强度、空气吸入系数、煤气回收允许条件等因素有关。国内提高转炉煤气回收率的主要措施包括如下几个方面：

（1）在转炉冶炼工艺允许的条件下，提高转炉铁水比，提高转炉冶炼供氧强度可以达到增加转炉煤气回收率的目的。

（2）优化冶炼过程及时降烟罩，防止氧气进入烟道，避免烟气成分中氧含量超出回收上限而不能回收，避免吸入氧与 CO 燃烧使 CO 含量降低。提倡降罩早，降罩到位。吹炼开始时，先降罩，后下枪，使转炉煤气尽早达标。同时，利用炼钢间歇时间，及时清除炉口结渣，有利于尽量降低烟罩。

（3）通过二文喉口阀与炉口差压检测仪连锁进行调节，根据吹炼不同时段生成的烟气量，采取分段参数控制，以保证炉口微正压。

（4）优化转炉煤气回收参数，在保证安全的基础上，最大限度地回收转炉煤气。某钢铁公司为进一步提高煤气回收量，优化煤气回收联锁条件，将 CO 含量大于等于 39%，且 O_2 含量小于 1% 作为煤气开始回收的工艺连锁值条件；在煤气回收过程中 CO 含量高于 37% 且 O_2 含量高于 1%，转炉煤气仍然继续回收；后期当 CO 含量小于 37% 或 O_2 含量大于 1% 时，煤气进行放散。

（5）加强设备维护，减少煤气放散比例。

3.7.1.2　技术适用性及特点

转炉煤气回收占整个转炉工序能源回收总量的 80%~90%，是实现转炉负能炼钢和降低工序能源消耗的关键环节；吨钢煤气回收量可达 80~120m^3，煤气热值达 8300kJ/m^3，是较为优质的燃料。转炉炼钢工序回收的转炉煤气主要作为钢铁公司内部的加热燃料，例如炼钢厂内部的加热炉加热、钢包烘烤加热、中包烘烤加热，以及用于发电机组发电等。

国内钢铁公司将提高转炉煤气回收率作为节能降耗的主要指标进行控制。目前第四代 OG 系统除尘技术的煤气回收率可以达到 100~120m^3/t 的水平，LT 干法除尘技术煤气回收率可以达到 120~133m^3/t。

转炉煤气回收技术对钢铁工业节能减排，实现转炉低能耗炼钢起到了积极的推动作用，该技术适用于钢铁行业新建企业转炉煤气回收和现有企业的转炉煤气回收改造，已经得到了广泛应用。目前转炉煤气回收系统中主要应用的除尘技术为第四代 OG 系统除尘技术和 LT 干法除尘技术，由于 LT 干法除尘克服了湿法除尘处理后的烟气含尘量较高，电能消耗高，水资源浪费多，存在二次污染、设备腐蚀和结垢等问题。因此，转炉煤气干法净化回收技术已经被认定为今后的发展方向，LT 法可以部分或完全补偿转炉炼钢过程的全部能耗，随着技术和时代的发展要求而逐渐取代湿法除尘，这也是冶金工业可持续发展的要求。

3.7.2　烟气余热回收技术

电炉或转炉烟气余热回收是炼钢工序主要的能源回收项目。氧气转炉在冶炼生产时产生大量的含尘气体，温度是在 1400~1600℃。转炉烟气中含有大量的显热和潜热，其中潜热占主要部分，显热占 16% 左右。目前，转炉烟气中可以利用的高温显热一般采用余热锅炉进行蒸汽回收，形成的饱和蒸汽用于发电、合金烘烤等。电炉冶炼过程中产生大量的高温含尘烟气（1000~1400℃），冶炼过程中产生的废气所携带的热量约为电炉输入总能量的 11%，有的甚至高达 20%。因此，有效利用电炉炼钢高温烟气余热的经济效益和社会效益巨大。

3.7.2.1　转炉烟气余热回收技术

转炉或电炉一次高温烟气进入除尘系统前，通过汽化冷却烟道或余热锅炉回收大量蒸汽，这些含能蒸汽可进入全厂蒸汽管网中供其他蒸气用户使用，也可供就近饱和蒸汽发电设施利用。

A　转炉烟气余热回收的硬件系统

烟气余热回收系统主要包括余热锅炉、汽包、蓄热器、除氧器、补水泵、循环泵、蒸汽发电系统等,如图 3-68 所示。

本节以河钢集团唐钢公司 150t 转炉为例对余热回收系统进行介绍说明。河钢集团唐钢公司 150t 转炉为顶底复吹转炉,烟气冷却系统(余热锅炉)采用高、低压强制循环与自然循环相结合的冷却方式。如表 3-34 和图 3-69 所

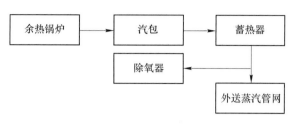

图 3-68 余热蒸汽回收系统及工艺流程

示,转炉活动烟罩部分为低压强制循环,炉口段、可移动段、末端为高压强制循环,中 1 至中 3 段为自然循环冷却。每座转炉 1 台汽包,汽包的工作压力为 1.6MPa,设计压力为 2.45MPa;每座转炉 2 台给水泵,2 台低压循环泵,3 台高压循环泵,1 台除氧器。

表 3-34 150t 转炉烟气冷却系统参数

项 目	活动烟罩	炉口段	可移动段	中 1 段	中 2 段	中 3 段	末段
循环方式	低压强制	高压强制	高压强制	自然	自然	自然	高压强制
烟道入口温度/℃	1826	1650	1405	1040	850	715	615
烟道出口温度/℃	1650	1405	1040	850	715	615	563
瞬时蒸发量/t·h^{-1}	9.6	13.7	19.9	10.3	7.3	5.4	2.8
循环流量/t·h^{-1}	280	180	330	670	495	430	200
排管规格/mm	60×5	38×5	38×5	60×5	60×5	60×5	38×5
排管根数/根	19	192	192	136	124	124	180

B 工作原理

转炉气化冷却系统工作原理是利用水汽化需要吸收大量热,从而达到为转炉烟道降温的目的。汽化冷却烟道相当于余热锅炉。转炉产生的高温烟气通过汽化冷却烟道,将热能传给低温受热面,高温烟气被冷却。受热管中的水吸收受热面传递来的热能,升温并且部分蒸发,在管内形成汽水混合物。通过循环管路的上升管进入汽包,经过汽水分离以后,蒸汽从汽包中引出,水则经循环管路的下降管重新进入上升管吸收热量,以此不断进行往复循环。

转炉烟气冷却系统通过热交换将水汽化产生高温高压可回收的蒸汽,汽包安装有出口压力调节阀和流量计,系统压力达到设定的压力后,汽包将合格的蒸汽输送到转炉蓄热器或能源蒸汽管网中。转

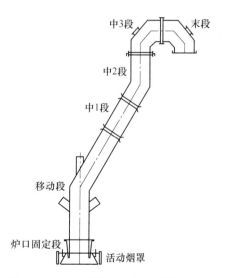

图 3-69 150t 转炉烟气冷却系统示意图

炉烟气余热具有不连续性、流量波动大等特点,烟气余热回收系统的蓄热器可以将此蒸汽转化为流量稳定的蒸汽用于发电。

余热回收系汽包内的纯水经过强制循环或自然循环在冷却部件内吸热后,变成汽水混合物返回汽包进行汽水分离,分离出的饱和蒸汽经过主蒸汽管道接至蓄热器区域。因

此，汽包内需要不断补充纯水，如果补水系统出现故障，将导致烟气无法冷却和蒸汽无法回收，系统将不允许继续生产，否则将导致余热回收系统管道爆裂，影响炼钢安全。

3.7.2.2　电炉烟气余热回收技术

传统的电炉烟气降温系统采用水冷，该工艺不能回收利用烟气中的显热，同时还消耗大量的冷却水和电能等资源，经济性和环保性差。目前，国内外投入工业应用的电炉烟气余热回收技术有废钢预热和余热锅炉技术，余热锅炉主要包括热管式余热锅炉和汽化冷却余热锅炉。本节主要对热管式余热锅炉和汽化冷却余热锅炉技术进行论述，其中热管式余热锅炉为河钢集团舞钢公司 90t 电炉。

A　热管式余热锅炉技术

a　热管式余热锅炉硬件系统

河钢集团舞钢公司 90t 电炉热管式余热锅炉主要由除氧器、热管蒸汽发生器、热管软水预热器和蒸汽聚集器、冲击波吹灰系统组成。热管蒸汽发生器、热管软水预热器主要采用高效传热元件——热管，较一般余热回收具有明显的优点，该电炉烟气余热锅炉流程如图 3-70 所示。

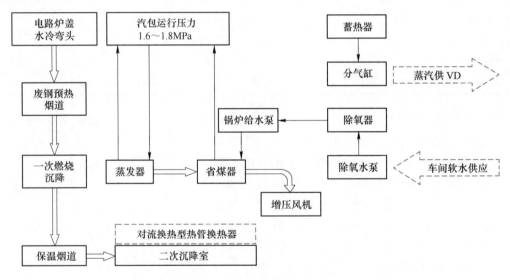

图 3-70　电炉烟气余热锅炉流程

热管蒸发器是由若干根热管元件组合而成。热管是真空工作介质相变，无外界动力的高效传热元件。是凭借充满在热管内封闭的工作介质，反复蒸发和冷凝相变，进行热量传递的高效传热元件。热管的受热段置于热流体风道内，热风横掠热管受热段，热管元件的放热段插在汽-水系统内。由于热管的存在使得该汽-水系统的受热及循环完全和热源分离而独立存在于热流体的风道之外，汽-水系统不受热流体的直接冲刷。热流体的热量由热管传给水套管内的饱和水（饱和水由下降管输入），并使其汽化，所产蒸汽（汽水混合物）经上升管到达汽包，经汽水分离以后再经主汽阀输出。这样热管不断将热量输入水套管，通过外部汽-水管道的上升及下降完成基本的汽-水循环。达到将热烟气降温，并转化为蒸汽的目的。

热管水预热器（省煤器）也是由若干根特殊的热管元件组合而成，热管的受热段置于烟气风道内，热管受热，将热量传至夹套管中，从除氧器进来的除氧水被加热到170℃以上送至蒸汽聚集器。

电炉冶炼过程中产生的高温烟尘气体通过炉盖上的第四孔进入电炉的废钢预热烟道，之后进入一次燃烧沉降室、保温烟道、二次沉降室。二次沉降室的体积很大，烟尘气体的流速在沉降室迅速降低，较大颗粒的粉尘充分沉降。高温烟气从沉降室顶部以350~550℃的温度进入热管式余热锅炉进行热交换。烟尘气体放出热量，温度降低，热管式余热锅炉吸收热量，从而产生饱和蒸汽。最后烟气降温至200℃以下，与来自屋顶大罩的二次烟气相混合，混合后的烟气进入布袋除尘器进行过滤，再由风机抽出经烟囱排入大气。软水经除氧水泵进入除氧器，再经加压水泵加压进入热管水预热器，经过预热后进入蒸汽聚集器，通过下降管和上升管与热管蒸汽发生器进行自然循环，除氧水吸收热量后，汽化形成1.8MPa的饱和蒸汽，经高压蒸汽包、分气缸输送到蓄热器，供 VD 抽真空和其他用户使用。

b 热管式余热锅炉工作原理

经二次沉降室处理后的烟气（大约在500℃）首先进入高温热管襯体蒸发器，与换热管组进行热交换（高温区），温度降到240℃左右。高温热管蒸发器吸热产出 1.6MPa 饱和蒸汽，经高压蒸汽包、分气缸输送到蓄热器。

240℃左右烟气进入低温翅片式热管省煤器，与翅片式换热管组进行热交换（低温区），温度降到220℃，采用逆流换热进行除氧水加热，除氧水进口温度104℃。经预热后出口温度达170℃，补充给高压蒸汽包。220℃烟气最后进入低温翅片式热管蒸发器，与翅片式换热管组进行热交换，温度降至200℃以下，由余热回收系统排出。该翅片式换热管组吸热，产出低压饱和蒸汽，用于给除氧水加热。热管换热器工艺参数见表3-35。

表3-35 热管换热器工艺参数

热管高温蒸汽发生器					
烟气入口温度/℃	500	给水进汽包温度/℃	170	烟气阻力损失/Pa	800
烟气出口温度/℃	243	饱和蒸汽温度/℃	201	换热面积/m²	5100
换热量/kW	16900	蒸汽压力/MPa	1.6	预计蒸汽产量/m³	5100
热管省煤器					
烟气入口温度/℃	243	给水温度/℃	104	烟气阻力损失/Pa	250
烟气出口温度/℃	220	水预热温度/℃	170	给水压力/MPa	2.0
换热量/kW	1300	给水流量/kg·h⁻¹	11000		
热管低温蒸汽发生器					
烟气入口温度/℃	220	给水进汽包温度/℃	104	烟气阻力损失/Pa	350
烟气出口温度/℃	200	饱和蒸汽温度/℃	151	蒸汽压力/MPa	0.5
换热量/kW	1200	预计蒸汽产量/kg·h⁻¹	2750		
除氧器					
蒸汽耗量/kg·h⁻¹	2400	给水量/kg·h⁻¹	12000	给水温度/℃	20
蒸汽压力/MPa	0.2	除氧水压力/MPa	0.02	除氧后温度/℃	104

B　汽化冷却余热锅炉技术

20 世纪 80 年代，德国的 OSCHATZ 公司为欧洲钢铁厂的 4 座电炉设计和制造了汽化冷却系统，在 120~140t 超功率电炉的炉体、炉盖和内排烟上都实现了汽化冷却。其中德国克虏伯 150t 超高功率电炉的炉壳和内排烟采用的汽化冷却装置，蒸汽压力 1.0~2.5MPa，蒸汽产量 13t/h。

a　汽化冷却余热锅炉硬件系统

图 3-71 所示为国内某钢铁公司电炉汽化冷却系统流程图。由图 3-71 可知，汽化冷却余热锅炉主要由汽化冷却装置、蓄热器、除氧器、锅炉给水泵、分气缸、取样冷却器、排污扩容器等设备及工艺管道组成。汽化冷却装置由汽化冷却烟道、热管换热器（蒸发器部）、汽包、热水循环泵等组成。汽化冷却烟道由 Ⅰ 段烟道、Ⅱ 段烟道、Ⅲ 段烟道、Ⅳ 段烟道及非金属补偿器等组成；热管换热器由蒸发器、省煤器及锅炉框架等组成。

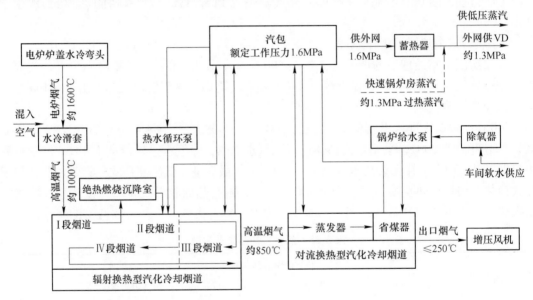

图 3-71　电炉汽化冷却系统流程

b　汽化冷却余热锅炉工作原理

高温烟尘气体通过炉盖上的第四孔抽出，经过水冷弯头、水冷滑套和 Ⅰ 段烟道进入绝热燃烧沉降室并充分燃烧，然后烟气继续通过汽化冷却烟道（Ⅱ 段烟道、Ⅲ 段烟道、Ⅳ 段烟道），温度降低至 850℃ 左右的烟气继续经过热管换热器后烟气温度降至 250℃ 左右，与二次烟气混合送至除尘系统净化达标后排入大气。

软水接入除氧器，然后通过锅炉给水泵供入省煤器加热后送到汽包。汽包下降管包括两个环路，一个环路水经过热水循环泵加压后进入汽化冷却烟道，在水冷膜式壁中与高温烟气换热，产生的汽水混合物返回汽包，形成强制循环；另外一个环路水进入热管换热器，在换热器内吸收低温烟气的热量，产生的汽水混合物返回汽包，形成自然循环。汽包内的达到一定压力的蒸汽送至蓄热器，与来自快速锅炉的过热蒸汽经降压后供外网。

清灰输灰系统流程热管换热器为双烟箱立式结构，烟气从上至下横向冲刷管排，管排积灰情况较烟道内更为严重，因此在每个蒸发器模块和省煤器模块设有激波清灰装置，利用激波清灰装置对设备进行清灰。热管换热器底部设有灰斗，用以收集烟气中及被激波清灰器清除下来的灰尘，在非冶炼期操作人员定期开启灰斗下的卸灰阀，通过设在卸灰阀下的埋刮板输灰机输送至统一存灰处，定期清理。

3.7.2.3　技术适用性及特点

目前，转炉烟气余热回收技术已经十分成熟，河钢集团唐钢公司2015年转炉烟气余热回收蒸汽达到123kg/t，转炉烟气余热回收后可以用于蒸汽发电，供钢铁企业周围居住居民生活取暖用蒸汽，企业内部夏季通风空调制冷等，蒸汽余热用于钢铁企业内部的合金烘烤、RH精炼生产等。国内某钢铁企业的100t电炉采用汽化冷却余热锅炉，年节约标煤约0.72万吨，年减少CO_2排放1.63万吨，年减少SO_2排放144t，年减少灰尘、灰渣等大气污染排放0.2万吨。

电炉或转炉烟气余热回收技术充分利用了钢铁企业炼钢工艺的余热能源，是钢铁企业节能减排，绿色制造的主要技术之一。因此，电炉热管式余热锅炉和汽化冷却余热锅炉将逐步取代传统的电炉高温烟气全水冷方式，在国内广泛推广和应用。

3.7.3　负能炼钢技术

自20世纪90年代以来，国内各钢铁企业提出了"负能炼钢"的概念，负能炼钢是一个工程概念，重点体现转炉炼钢生产过程对烟气热量回收利用状况和实际生产中能源介质消耗的控制，由于未考虑铁水带入炼钢的能量等因素，该技术概念不能从热力学平衡的角度说明炼钢实现了负能炼钢。

负能炼钢从开始的转炉工序拓展到铁水进入炼钢厂至连铸工序，工序的单位能耗指吨钢的能源消耗量与能源回收量的差值，其中工序能耗包括水、电、氧气、氮气、氩气、煤气、蒸汽等能源介质，能源回收主要由炼钢工序回收的煤气和蒸汽两部分构成，也是实现转炉负能炼钢的重要保障。

$$工序单位能耗 = \frac{能源消耗量 - 能源回收量}{钢产量}$$

炼钢生产厂为了提高能源控制水平，实现负能炼钢，从管理和工艺技术方面采取了如下几个方面的措施：

（1）钢铁企业内部成立能源管控中心，在技术改造和提高自动控制水平的基础上，通过能源成本日报表等系列系统管理措施的实施，提高钢铁企业内部能源管控水平。

（2）提高设备的作业率，实施转炉自动炼钢技术，缩短转炉冶炼周期，降低电耗。

（3）通过减少转炉煤气放散、优化回收煤气条件、炉口微差压等措施，提高转炉煤气回收量。

（4）实施转炉烟气余热回收技术，提高转炉蒸汽回收量和低压蒸汽发电量。

（5）炼钢区域风机采用变频技术，降低电耗。

（6）转炉工序水系统将净环水串级使用和回收循环利用，降低水消耗。

（7）采用钢包蓄热式烘烤和钢包全程加盖技术，减少电耗和煤气消耗。

（8）提高钢包周转效率，缩短钢包的空包时间和周转时间，减少出钢过程和钢水在包时间的温度降低。

（9）提高连铸机拉速，降低吨钢的能源消耗。

河钢集团唐钢公司某炼钢生产单元为 3 座 150t 转炉，3 座 LF 精炼，1 座 RH 炉，2 台中薄板坯连铸机，2 台薄板坯连铸机，该炼钢生产单元实施能源的技术管控，为降低能源消耗，转炉工序的煤气和蒸汽零放散，除尘风机采用变频技术，实施了钢包蓄热式烘烤和全程加盖技术，连铸工序高拉速作业。该炼钢单元从铁水预处理至连铸工序能耗为 −25.5kgce/t，其电耗占 35.4%，氧气消耗占 25.6%，煤气消耗占 18.1%，蒸汽消耗占 7.6%；转炉工序总能耗为 −32.3kgce/t，转炉煤气回收量为 118.9m³/t，蒸汽回收量为 123kg/t，煤气回收占回收总能量的 64.2%，蒸汽回收占回收总能量的 35.8%，转炉工序能源消耗主要为氧气、电和煤气，分别占 46.2%、23.0% 和 23.5%。图 3-72 ~ 图 3-74 所示分别为炼钢至连铸工序的能源消耗比例，转炉炼钢工序的能源消耗比例以及转炉炼钢工序的能源回收比例。

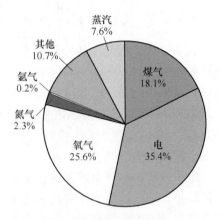

图 3-72 炼钢至连铸工序的能源消耗比例

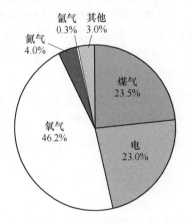

图 3-73 转炉炼钢工序的能源消耗比例

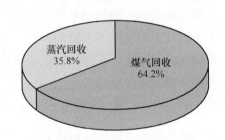

图 3-74 转炉炼钢工序能源回收比例（能量）

3.7.4 蓄热式钢包烘烤技术

目前，普通钢包烘烤器在工作时烟气的排出温度在 1000℃ 以上，排烟热损失占燃料燃烧总能量的 50%~70%，能耗高，烘烤质量差。金属自预热式烘烤方式智能将燃气预热到 200~300℃，如果进一步降低烟气温度，提高参与燃烧气体的预热温度至 1000℃ 以上，则需要采用蓄热式燃烧方式。蓄热式燃烧技术在钢包烘烤上应用后，既大幅度节能减排，又可以提高钢包的烘烤质量。

3.7.4.1 技术原理

A 蓄热式钢包烘烤的硬件系统

蓄热式钢包烘烤器主要由蓄热式燃烧系统和检测控制系统组成，其中包括蓄热式烧嘴、换向系统、供风系统、包盖、煤气供气系统、排烟系统、检测及控制设备。

a 蓄热式燃烧系统

蓄热式燃烧系统由蓄热式烧嘴（含蓄热室）和换向系统组成。双蓄热烘烤器设计有一对蓄热式烧嘴，对称布置在钢包盖的两侧。蓄热体是蓄热式燃烧的关键部件，通常采用蜂窝状耐火材料，蜂窝体的体积、比表面积等性能对蓄热效果十分关键。其中第二代双蓄热烧嘴采用蜂窝蓄热式对空气进行预热，采用金属换热器对煤气进行预热，烧嘴的空气和烟气通道装有蜂窝蓄热体，煤气金属换热器置于蜂窝蓄热体内围。燃烧时煤气和空气在烧嘴内进行混合，混合后的气体以直流的形式进入燃烧区域，火焰长而且粗壮有利于提高钢包中下部的烘烤效果。换向控制系统由一个空气换向阀、两个煤气快切阀和两个压缩空气切断阀组成，换向动作由控制系统进行控制。

b 控制系统

通过自动控制和远程手动控制对烘烤器进行控制，其中控制连锁采用 PLC 控制。钢包烘烤控制系统可以实现烘烤火焰监测、自动点火、烘烤温度检测、排烟温度检测、CO 含量报警检测。火焰监测功能主要检测钢包烘烤过程中的火焰是否正常，在非正常熄火后启动自动点火功能，在 30s 内不能够点火，则快速切断煤气发出报警。在煤气管道上安装压力变送器，当煤气压力不满足要求时报警，超出设定值时切断煤气。

控制系统的控制柜内增设模拟量的输入和输出模块，气体流量控制阀门采用电动调节阀，烘烤过程中根据红外测温器测量的实时钢包温度，自动调节控制煤气量和空气流量，按照设定的钢包烘烤曲线进行自动烘烤控制。

B 蓄热式钢包烘烤的工作原理

蓄热式钢包烘烤采用封闭式的烘烤方式，利用高频换向阀，控制高温烟气、煤气和助燃空气在两个蓄热式烧嘴交替通过，通过蓄热式烧嘴的热交换使助燃空气和煤气预热到 1000℃ 左右，烟气的排放温度降低至 150℃ 以下，达到提高节约能源，提高烘烤效果的目的。图 3-75 所示为钢包普通烘烤和蓄热式烘烤的对比。

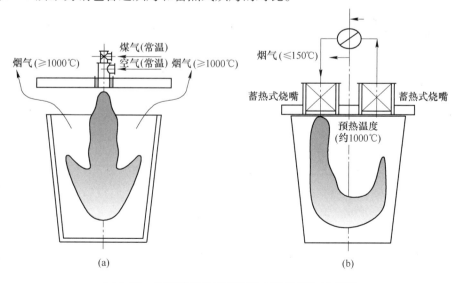

(a)   (b)

图 3-75 钢包普通烘烤和蓄热式烘烤对比示意图
(a) 普通烘烤器；(b) 蓄热式烘烤器

3.7.4.2　技术适用性及特点

采用钢包蓄热式烘烤技术可以将助燃空气和煤气温度提高至 1000℃左右，排烟温度降低至 150℃以下，与普通的烘烤器相比较节约能源消耗 30%~50%，离线钢包的烘烤时间缩短 30%~50%，减少 CO、NO_x 等有害气体的排放量，改善了现场作业环境，减少了对环境的污染。另外，蓄热式钢包烘烤过程中自动控制和监测系统的使用，提高了钢包烘烤过程的安全性。

钢包蓄热式烘烤技术成熟，适用于钢铁行业炼钢工艺的钢水保温烘烤和耐材修补后的钢包烘烤。

3.7.5　连铸坯热送热装技术

随着连铸技术的全面工业化，连铸坯的热送热装技术也得到了迅速发展和应用。1968 年，美国麦克劳斯钢公司将热连铸板坯装入感应加热炉，从而迈出了连铸坯热送热装技术的第一步。20 世纪 70 年代，由于两次石油危机的冲击使日本钢铁工业面临严重的能源问题，促使日本钢铁企业开始研究和应用连铸坯热送热装技术，并在 1973 年首先试验了连铸坯热装轧制工艺。随后，德国、法国、奥地利、美国、韩国等国相继进行了这项技术的研究和应用。20 世纪 80 年代，我国大力推广连铸坯热送热装工艺技术，各钢铁企业先后开始试验和应用，目前国内该技术已经得到了普遍应用。

连铸坯热送热装技术是钢铁制造过程中节能减排的重要工艺技术之一，是衡量钢铁生产技术和管理水平的重要技术指标。该工艺可以实现提高产量、节约能源、降低消耗、提高加热质量、提高经济效益的目标。

3.7.5.1　技术原理

A　连铸坯热送热装工艺

连铸坯热送热装技术是把连铸机生产出的热铸坯切割成一定尺寸后，在高温状态下，直接保温送轧钢厂或直接送加热炉加热后轧制的一种生产工艺。其中连铸坯的入炉温度是热送热装工艺的重要指标之一，一般要求入炉温度不低于 400℃，低于此温度效果不理想，则不属于热装的范畴。

根据连铸坯入炉温度的不同，可以将热送热装分为 4 种类型：

（1）Ⅰ型热送：连铸坯入炉温度高于 1100℃，在热送过程中边角部补充加热，然后直接进轧机进行轧制，简称直接轧制（continous casting-direct rolling）技术。

（2）Ⅱ型热送：连铸坯入炉温度在 A_3 ~ 1100℃之间，连铸坯不进加热炉加热，在热送过程中补热和均热，然后可以直接轧制，该工艺连铸坯的金属性特征基本与Ⅰ型类似，仅有一些微量元素少量析出和再溶解，简称热直接轧制（continous casting-hot direct rolling）技术。

（3）Ⅲ型热送：连铸坯入炉温度在 A_1 ~ A_3 之间，连铸坯热送至加热炉加热后轧制，简称直接热装轧制（continous casting-hot charging direct rolling）技术。

（4）Ⅳ型热送：连铸坯入炉温度在 400℃ ~ A_1 之间，连铸坯不进冷却热送保温设备（保温坑、保温车等）保温，然后进加热炉加热后轧制，简称热装轧制（continous casting-hot charging rolling）技术。

Ⅰ型热送在全无头轧制产线已经实现，Ⅲ型热送和Ⅳ型热送是一般采用的热送热装工艺。

B　实施连铸坯热送热装的条件

连铸坯热送热装涉及连铸、加热炉和轧机工序产线布置的工程问题，也涉及提高连铸坯质量的冶金技术问题，是一项综合系统工程，实施连铸坯热送热装需要具备如下条件：

（1）连铸工序和轧机钢区之间的合理衔接。从产线布局上炼钢厂的连铸设备与轧钢厂的加热炉和轧机设备布置在同一产线上，缩短连铸机和加热炉的距离，连铸坯经过辊道可以直接送入加热炉，保证物流的顺畅；必要时增加保温和温度补偿设施，例如保温辊道、保温坑等保温设施，电磁感应加热或是燃气烧嘴加热器等温度补偿设施。

（2）连铸工序和轧机工序生产能力和产品宽度规格的匹配。连铸工序和轧机工序产能合理匹配，当连铸工序的产能远大于轧机能力，势必造成多余的连铸坯下线降低温度，转至其他产线进行生产。按照连铸坯热送热装工艺组织生产时，连铸坯的生产顺序和轧制顺序是相一致的，要求炼钢、连铸和轧机生产组织要相互协调配合，一方面，结合产品订单组织钢水的冶炼，以及连铸和轧机的宽度控制；另一方面，连铸采用结晶器在线调宽技术，轧钢采用粗轧立辊定宽功能，提高轧制宽度规格的柔性组织。

（3）提高加热炉和轧钢设备的稳定运行率，减少轧钢工序的非计划停车，或是出现小的故障后可以迅速排除，从而减少因为轧钢非计划停车导致的连铸坯下线降温。

（4）无缺陷连铸坯生产是实施连铸坯热送热装最关键的技术。连铸坯热送热装工艺将高温连铸坯直接装入加热炉或直接进行轧制，目前连铸坯在线铸坯质量检测和判定技术尚不成熟，连铸坯质量缺陷率高的条件下，势必会造成大量的热轧产品降级处理。为了实现无缺陷连铸坯的生产，国内外各钢铁企业相继开发和采用了诸多冶金技术，包括炼钢工序对［P］、［S］等微量有害元素的控制技术；采用炉外精炼技术保证钢水温度和成分的稳定，以及适宜的钢水纯净度；连铸工序的钢包下渣检测技术、中间包冶金技术、结晶器和二冷段的电磁搅拌技术、结晶器保护渣技术、结晶器液位自动控制技术、倒角结晶器技术、扇形段轻压下技术等。

（5）实施一贯制质量管理，建立连铸坯分级判定准则和信息化控制系统，将炼钢和连铸生产过程中出现的异常工艺事件参与到连铸坯的分级判定中，根据连铸坯的质量分级组织不同等级产品的生产，或是组织缺陷坯的下线修磨处理，既保证了产品的质量，又很好地实现了炼钢、连铸和轧机的衔接生产。

3.7.5.2　技术适用性及特点

采用连铸坯热送热装技术，连铸坯热装温度在 300 ~ 600℃时，单位热耗约降低0.209 ~ 0.461GJ/t；连铸坯在 500℃热装，可以减少燃耗30% 左右，在800℃热装，至少可降低燃耗50%。热坯温度每提高 10℃，可提高生产作业率1.6%，降低热耗3%，每提高100℃可使燃耗减少（63 ~ 72）× 10³kJ/t。与传统工艺相比较，连铸坯热送热装技术的金属收得率提高 0.5% ~ 1%，加热炉产量可以提高 20% ~ 30%。

随着全连铸的实现和连铸技术的成熟和发展，连铸坯热送热装技术已经在棒线材、热轧板卷、中厚板等方面得到应用，钢种覆盖了普通碳素结构钢、优质碳素结构钢、耐候钢、汽车用钢、焊瓶钢、含铝冷镦钢、合金冷镦钢、管线钢等。该技术适用于钢铁行业炼钢工艺与轧钢工艺衔接紧密的企业，或是进行改造的钢铁企业。

3.7.6　薄板坯连铸技术

薄板坯连铸技术属于近终型连铸连轧技术，可生产出接近成品规格的薄板（带）坯，是连续紧凑化流程，所以薄板坯连铸-连轧工艺是钢铁工业现代化流程最新的标志。按照薄板坯连铸技术与轧钢工序的不同衔接，薄板坯连铸连轧生产技术发展为两个方向，分别为薄板坯连铸连轧生产技术和全无头轧制技术。薄板坯连铸连轧工艺与传统板坯连铸热轧工艺比较，工艺简化，设备减少，流程缩短，降低基础建设投资；生产周期短，节约能耗20%~40%，提高成材率2%~3%，降低生产成本；规格更薄，板形更优，适于生产薄规格热轧板卷，从而提高产品的附加值，替代部分冷轧产品。

该技术可提高生产能力，降低能源消耗，节省占地面积和投资费用，提高产品质量。

3.7.6.1　技术原理

A　薄板坯连铸连轧技术发展

a　研究和开发阶段

1986 年德国施罗曼-西马克公司建立了一台采用"漏斗型"结晶器的立弯式薄板坯连铸机，并以 6m/min 的拉速成功地生产出 50mm×1600mm 的薄板坯，该技术称为紧凑式热带生产工艺技术（compact strip production）。德国曼内斯曼德马克公司于 1987 年采用改进的超薄型扁形水口和平板直弧形结晶器以 4.5m/min 的拉速成功地生产出 60mm×900mm 和 70mm×1200mm 的薄板坯，该技术称为在线热带生产工艺（inline strip production）。奥钢联于 1988 年采用薄平板型结晶器及薄型浸入式水口浇出第 1 块厚度为 70mm 的不锈钢薄板坯，该技术称为 CONROLL。此外，意大利达涅利（DANIELI）、日本住友等公司也着手研究和开发工作。

b　工业应用和改进阶段

1989 年世界上第一条薄板坯连铸连轧生产线在美国纽柯公司的克劳福兹维尔厂建成投产，采用了 SMS 施罗曼-西马克公司的 CSP 技术。1992 年 1 条年产 50 万吨的 ISP 生产线在意大利的阿维迪建成投产，并于 1993 年 9 月达到设计产量。与此同时，意大利达涅利的 FTSR 技术、日本住友金属的 QSP 技术及奥地利奥钢联（VAI）的 CONROLL 技术等尚处于半工业试验状态。

针对最先投产的几条生产线所遇到的产量和质量的问题，各供货商又采取相应的措施。西马克公司加大了铸坯的厚度并减小了漏斗型结晶器连续变截面的变化程度，同时采用了液芯压下技术，目的是在不增加铸坯厚度的前提下，进一步改善铸坯的表面质量和内部质量。另外，为稳定结晶器液面、提高浇铸速度，进一步优化了浸入式水口的形状并采用了结晶器液压振动；为提高带钢的表面质量，开发了压力达 40MPa 的高压水除鳞装置，同时减小了喷嘴与铸坯之间的距离，设置了回水收集装置。德马克公司将平板型结晶器改为"橄榄形"，同时优化了浸入式水口的形状、加大了铸坯的厚度。例如，在浦项的合同中将铸坯的厚度从 60mm 增加到 75mm，以改善浇铸条件，提高铸坯的内部质量和表面质量，提高产量。另外，放弃了带芯轴的双热卷箱，采用无芯轴步进式热卷箱，最后又采用直通式辊底炉，使衔接段工艺简化、适用。

在西马克和德马克公司完善现有工艺和设备的同时，1995年4月，奥地利奥钢联设计的第一条CONROLL生产线在美国的阿姆科·曼斯菲尔德钢厂投产。意大利的达涅利公司在吸收漏斗形结晶器优点的基础上，发展和完善了漏斗形结晶器的设计思想，将漏斗形曲线穿过结晶器，延伸到扇形段，开发出H^2结晶器和"凸透镜式"结晶器。并于1995年5月在对纽柯希克曼1号线改造中首次采用，效果显著。

c 工业大发展阶段

随着薄板坯连铸连轧技术的迅速发展和完善，从1997年起，该项技术进入了工业的大发展期，世界范围内新建了数条薄板坯连铸连轧生产线。例如1998年起，中国先后有珠江钢铁公司CSP生产线投产，邯钢CSP生产线，鞍钢CONROLL生产线等。

B 全无头连铸连轧技术发展

在薄板坯连铸连轧生产技术的成熟发展基础上，意大利阿维迪公司依靠薄板坯连铸连轧工艺的丰富经验，决定投资建设一条应用ESP（连续带钢生产）技术的新线，ESP也是阿维迪的一项专利，是ISP技术的直接发展成果。2009年2月意大利阿维迪公司克莱蒙纳厂无头轧制技术ESP投入工业化生产，标志着连铸连轧技术的又一次进步。

ESP生产线连铸机采用平行板式直弧形结晶器，铸坯导向采用铸轧结构，经液芯压下铸坯直接进入初轧机轧制成中厚板，而后经剪切可下线出售，不下线的板坯进入五架精轧机轧制成薄带钢，经冷却后卷曲成带卷。ESP工艺生产线布置紧凑，不使用长的加热炉或克雷莫纳炉，生产线全长仅180m，是世界上最短的连铸连轧生产线。

C 薄板坯连铸的关键技术

a 薄板坯连铸结晶器技术

漏斗形结晶器是薄板坯连铸机的核心，漏斗形结晶器技术的采用从根本上解决了浸入式水口的使用寿命问题，使得高效连续生产薄规格铸坯变为现实。同时由于漏斗形结晶器大的上口表面积，为保护渣的熔化创造了条件。但是采用漏斗形结晶器增加了结晶器内坯壳变形，刚凝固的坯壳容易产生裂纹，限制了像包晶钢这样难浇品种的生产。

漏斗结晶器最早由西马克公司开发，并申请了专利，于1987年在美国纽柯公司克劳福德兹维尔厂得到应用。为了减缓坯壳在结晶器内从上向下运动过程中应力应变的局部集中，CSP漏斗结晶器铜板宽面的漏斗区曲面已经由早期的梯形改进为现在的矩形。结晶器横截面上鼓肚形曲线的构成方面，其漏斗区由两个凹弧和一个凸弧三条光滑连接的等圆弧线组成，漏斗区弧线与边部直线段也是光滑过渡。

为了提高结晶器铜板的传热效率，避免结晶器弯月面区域裂纹的产生，现在使用的CSP漏斗形结晶器都不采用结晶器铜板表面镀层技术。随着对薄板坯连铸连轧产品质量要求的提高，以及液芯压下技术的采用，CSP结晶器出口铸坯厚度已经由50mm增加到现在的70~90mm，结晶器宽面铜板单侧的开口度由60mm减少到50mm。

德马克公司ISP工艺的第一代结晶器为平行板立弯型结晶器，上部是垂直段，下部是弧形段，上口断面是矩形，最早利用该结晶器在该公司胡金根冶炼厂进行了薄板坯连铸试验，并于1992年在意大利阿维迪厂建成了第一条生产线。阿维迪厂ISP生产线的工业生产表明，由于采用平行板结晶器，仅能使用特殊形状的超薄型浸入式水口，导致保护渣熔化不良，浸入式水口使用寿命低。为此，阿维迪厂于 1993 年对结晶器进行改进，将平行板立弯型结晶器改为小漏斗立弯式（或称小橄榄球形）。ISP 小漏斗立弯式结晶器上口的开口度达到了 $(60 + 25 \times 2)$ mm，浸入式水口使用寿命得到了极大提高，同时改善了铸坯表面质量；ESP 技术开发的同时，对结晶器的漏斗形状进行了进一步的优化，以满足高拉速生产和表面质量的要求。

奥钢联 CONROLL 工艺的结晶器断面相对比较厚，基本属于中板坯范围。因此，采用了平行板结晶器，并采用扁平状的浸入式水口。达涅利公司 FTSC 工艺在 CSP 漏斗形结晶器的基础上开发出了 H^2 结晶器，也称全鼓肚形或凸透镜形结晶器。

b　薄板坯连铸结晶器保护渣技术

连铸过程中保护渣使用性能的发挥直接影响到连铸过程的顺利进行和铸坯的质量，与保护渣有关的连铸坯缺陷包括：纵向裂纹、凹陷、表面夹杂、振痕等，同时连铸漏钢事故也与保护渣有一定关系。薄板坯连铸在高拉速下生产时，保护渣的作用更为重要，其保护渣的结晶器传热与润滑作用直接影响连铸的工艺事故和铸坯质量。

黏度是连铸保护渣十分重要的性能，其重要性在于保护渣的黏度直接影响到保护渣和铸坯之间的摩擦力大小，影响到保护渣的消耗量和对铸坯的润滑效果，影响到保护渣对水口的侵蚀程度等。

黏度和凝固温度是控制保护渣润滑作用的两个最为重要的性质，保护渣的凝固温度影响保护渣是否能够实现对铸坯在结晶器上部和下部的全程液态润滑，以及液态渣膜的厚度；而保护渣的黏度影响保护渣液态渣膜同铸坯之间液态摩擦力的大小。由式（3-7）可知，液态摩擦力同液态渣膜的黏度成正比，同液态渣膜的厚度成反比，在不考虑黏度对渣膜均匀性影响的前提下，保护渣的黏度值越小，液态摩擦力越小。

$$F_{liq} = \eta(v_m - v_c)/d_{liq} \tag{3-7}$$

式中，F_{liq} 为单位面积液态摩擦力，Pa；v_m 为结晶器振动速度，m/s；v_c 为拉坯速度，m/s；d_{liq} 为液态渣膜厚度，m；η 为液态渣膜黏度，Pa·s。

保护渣的黏度是其消耗量的影响因素之一，保护渣的消耗量随着保护渣的黏度的增加而减少。保护渣的黏度过大，熔渣不顺畅渗入结晶器和铸坯之间的缝隙，保护渣消耗量小，不可能有效形成厚度均匀的渣膜；黏度过小，熔渣不能够均匀的渗入结晶器和铸坯之间的缝隙；保护渣的黏度过大或过小都导致铸坯润滑不良和传热不均匀。所以，保护渣的黏度值应该有一个合适的范围。Ogibayashi 等人研究发现 1300℃ 时，保护渣的黏度值 $\eta_{1300℃}$ 与拉坯速度 v_c 的乘积同连铸生产中一些现象有一定关系（见图 3-76），$\eta_{1300℃} v_c = 0.1 \sim 0.35$ Pa·s·m/min 时，熔渣渗入波动最小，结晶器热流和温度的变化最小。Wolf 研究指出，$\eta_{1300℃} v_c^2 = 0.5$ Pa·s·$(m/min)^2$ 时，摩擦力最小，熔渣渗入最稳定。Ogibayashi 等人和 Wolf 的研究结果再次表明，保护渣的黏度和消耗量存在一个最佳范围。但是，可能由于具体连铸条件（结晶器振动参数、铸坯断面、钢水温度）的不同，个别保护渣的 $\eta_{1300℃} v_c$ 值或 $\eta_{1300℃} v_c^2$ 不处于上述范围内，也能够较好地满足实际连铸生产的要求。

河钢唐钢公司开发了高拉速薄板坯连铸结晶器保护渣，最高拉速 6.0m/min，连铸坯厚度 70mm。在高拉速薄板坯连铸结晶器保护渣设计时，考虑低碳钢要求保护渣具有良好的润滑性能，常规板坯连铸通常采用低碱度保护渣，但综合考虑薄板坯高拉速下结晶器热流密度升高的特点，适当提高低碳钢保护渣碱度；中碳钢属于裂纹敏感钢种，控制保护渣

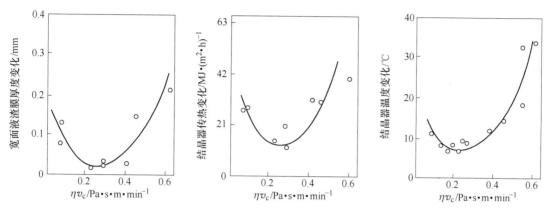

图 3-76 ηv_c 对液态渣膜厚度、结晶器传热和温度变化的影响

相对高的凝固温度和相对强的结晶性能，降低结晶器弯月面热流密度，促进坯壳均匀生长，抑制表面纵裂纹缺陷发生。耐候钢凝固收缩量大，浇铸过程结晶器热流密度呈现下降趋势，其保护渣既要保证结晶器热流密度稳定、液态渣填充均匀，同时需要具有控制裂纹的能力。各主要钢种的结晶器保护渣理化指标见表 3-36。

表 3-36 各钢种系列保护渣的化学成分（质量分数）及主要性能

钢 种	碱 度	SiO_2/%	CaO/%	Na_2O/%	F/%	Li_2O/%	熔点/℃	黏度/Pa·s
低碳系列	1.31	27.75	36.34	8.03	8.15	0.69	1123	0.099
中碳系列	1.51	24.89	37.7	5.52	10.18	—	1090	0.03
高碳系列	0.86	32.94	28.32	14.60	7.95	—	983	0.079
耐候钢	1.13	28.39	32.03	9.54	7.27	—	1101	0.067

c 薄板坯连铸结晶器窄面铜板陶瓷镀层技术

薄板坯连铸结晶器窄面铜板通常使用镀镍镀层或是裸铜板直接使用，存在的主要问题是窄面铜板快速磨损，不仅使铜板的消耗成本增加，而且由于窄面形状发生变化，铜板出现沟槽，会对铸坯质量造成不利影响，产生烂边和表面纵裂纹缺陷。河钢唐钢公司在薄板坯连铸结晶器窄面铜板上创新采用了超音速喷涂陶瓷镀层的新技术，并取得了良好的效果。

超音速喷涂陶瓷镀层技术是通过航空燃料在特殊结构的枪膛内燃烧产生高速、高压的焰流，将送入前枪管内的金属或金属陶瓷材料熔化、雾化，以 600m/s 的速度沉积到预处理过的铜板表面，形成高致密、高结合强度、高硬度、低孔隙率的金属陶瓷涂层，如图 3-77 所示。

超音速喷涂陶瓷镀层的性能特点为高熔点，能承受钢水的高温；高硬度（HRC74、HV1400），提高铜板的耐磨性。陶瓷镀层具有化学惰性和稳定性，与保护渣和液钢接触时无反应。极低的孔隙率，阻止金属铜的污染，避免星状裂纹的发生。

实际应用中，陶瓷镀层窄板使用 513 炉后的最大磨损量是 0.6mm，而裸铜板使用 90 炉后的最大磨损量达到 6mm，陶瓷镀层磨损量远小于裸铜板，使用寿命大幅度提高，提高质量的同时，避免了因窄板更换造成的结晶器频繁更换。图 3-78 ~ 图 3-80 所示分别为结晶器

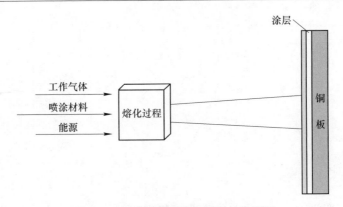

图 3-77 超音速喷涂陶瓷镀层技术原理

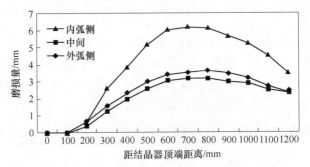

图 3-78 结晶器窄面裸铜板使用 90 炉后的磨损情况

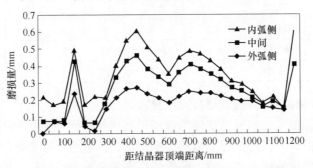

图 3-79 结晶器窄面陶瓷镀层铜板使用 510 炉后的磨损情况

图 3-80 陶瓷镀层和裸铜窄板磨损后形貌对比

（a）裸铜板窄面；（b）陶瓷镀层板使用 513 炉后形貌

窄面裸铜板使用90炉后的磨损情况，结晶器窄面陶瓷镀层铜板使用510炉后的磨损情况以及陶瓷镀层和裸铜窄板磨损后的形貌对比。

d 薄板坯连铸结晶器电磁制动技术

20世纪80年代，瑞典的ASEA公司与日本的川崎钢铁公司联合开发了板坯结晶器电磁制动技术，并在川崎钢铁公司的水岛钢铁厂进行了试验，取得了较好的效果。薄板坯连铸漏斗形结晶器内流场具有较典型的受限空间射流流动的特征，在水口两侧各形成了上、下两个方向相反的漩涡，并在结晶器熔池上部靠近窄面的狭窄区域内形成一个小的二次涡。薄板坯连铸结晶器加上电磁制动以后，水口出口射流的速度迅速减小，可减轻对窄边坯壳的冲击。涡心位置上移，下旋涡的冲击深度减小，上旋涡范围扩大，有利于夹杂物的上浮。温度分布方面，加上电磁制动以后，从水口射流出来的高温钢水过热更快消失，高温区上移，结晶器出口处铸坯中间部分温度提高且更均匀，结晶器上部温度明显提高且更均匀，有利于保护渣的迅速熔化。

意大利阿维迪公司自2005年开始在ISP上已经应用了结晶器电磁制动技术，认为对于6m/min以上的拉速，使用电磁制动（EMBR）以保持流场模式和弯月面稳定，是项重要措施。而且，为进一步提高拉速和增大质量流量带来了可能性。

e 薄板坯连铸的动态软压下技术

液芯压下（LCR）和动态软压下（DSR）是薄板坯连铸采用的关键技术。这项技术首先由德马克公司应用于ISP工艺，现在已为各种薄板坯连铸工艺所广泛采用，但具体技术不尽相同。这项技术对薄板坯连铸具有重要意义。

ISP工艺是世界上多种薄板坯连铸连轧流程中第一个在工业条件下使用液芯轻压下技术，世界首台采用液芯轻压下技术的ISP薄板坯连铸连轧生产线于1992年初在意大利阿维迪公司的克雷莫纳厂投产。该薄板坯连铸机为弧形，铸坯出结晶器时的厚度为60mm，扇形0段由12对辊组成，整段成钳式结构，内弧在液压缸的作用下可以将辊缝调整成锥形，对铸坯实施在线液芯压下。0段后面的扇形段由16对辊组成，内弧辊可由各自的液压缸单独压下，使辊缝也成锥形，对铸坯继续实施压下。

由于扇形段的辊子可以单独压下，所以根据不同的钢种、浇注速度、一冷、二冷、中间罐钢水过热度及实际浇注时间来计算薄板坯断面尺寸和液芯长度的变化，并通过调整辊缝来实现轻压下。经液芯轻压下后，铸坯厚度由60mm减为43mm（见图3-81）。

生产实际证实了液芯轻压下的效果，发现全凝固点会上移至扇形0段附近，故目前生产仅以0段1对辊完成液芯压下。其后的扇形段改为6~8对辊为一组的常规扇形段，由前后各一对液压缸来调整每个扇形段的辊缝及锥度，从而使扇形段结构大为简化。原德马克公司在后来改进的ISP流程中，将铸机改为立弯型，结晶器内腔厚度加大80~100mm，同时提供的ISP设计，0段以后的扇形段也均用6~8对辊组成传

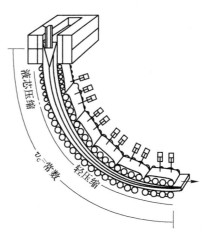

图3-81 ISP工艺的液芯压下
技术示意图

动方案。

西马克公司的 CSP 流程采用漏斗形结晶器，连铸与连轧之间铸坯厚度匹配的矛盾相对缓和，所以早期的 CSP 流程未采用液芯轻压下技术，只依靠全凝固轧制使铸坯变薄。为进一步增加结晶器的容积，将结晶器的出口厚度由 50mm 增至 70mm，以利于保护渣的加入、熔化和吸附夹杂，减少结晶器钢水的流动速度，使浇注更稳定，进一步改善铸坯的内部质量，获得更好的组织性能。近期投产的新 CSP 生产线均采用了液芯轻压下技术。

1995 年初美国 Nucor 公司的 Hickman 厂成功进行了液芯轻压下试验。该液芯轻压下工艺是出结晶器后将 50～80mm 厚的铸坯减薄至轧制所要求的厚度，基本原理如图 3-82 所示。进行液芯压下时，带液芯铸坯厚度的减薄量分配在许多辊上。扇形 1 段为钳式结构，铸坯通过时，液压缸推动内弧收缩辊缝，构成楔形，对铸坯在线液芯轻压下。扇形 1 段后的扇形段，根据不同的钢种和工艺条件，在前后各一对液压缸的驱动下，按铸坯的收缩调整辊缝，或继续收缩辊缝对铸坯实施液芯压下。

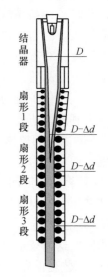

图 3-82　CSP 液芯压下
技术示意图

西马克公司开发了两种可互换的液芯压下应用方案，也可以不采用轻压下而生产出由结晶器决定厚度的铸坯。一种方式是通过液压缸和限位块把铸坯压下至所要求的厚度；另一种方式是利用控制位移的液压缸把铸坯压下至所要求的任意厚度，根据浇注参数调整铸坯导向使之成为锥形。

达涅利公司是世界上在薄板坯连铸机上实现动态轻压下技术的第一家，于 1992 年在意大利的 ABS 钢厂试验取得生产经验。1997 年 8 月，加拿大 Algoma 钢厂在薄板坯连铸机上采用达涅利公司动态轻压下装置进行第一次浇注结晶器厚度为 90mm 的铸坯，经轻压下后的最终厚度为 70mm。由于轻压下系统显示出高度的可靠性和对改进产品质量的有效性，故该厂全部薄板坯均采用动态轻压下工艺。FTSC 工艺动态轻压下技术在下一节中详细说明。

河钢唐钢动态轻压下技术最大压下量 25mm，为了满足高拉速生产要求，二次冷却加大 0～1 段冷却强度，防止鼓肚；采用 LPC 功能，通过系统中的液芯控制模型和凝固模型根据板坯尺寸、冷却模式、钢种、中间包钢水温度、拉速等条件实时调整二次冷却的参数，提高连铸坯冷却的均匀性；控制液芯压下终点。利用连铸坯液芯检测功能，控制压下终点在凝固末端前完成，保证连铸坯内部质量；调整连铸机二次冷却窄喷与中喷、宽喷的冷却强度比，避免连铸坯局部区域过冷，提高了连铸坯表面温度的均匀性。通过动态软压下技术的应用，河钢唐钢薄板坯连铸可以稳定生产高碳钢、低碳高锰合金钢等品种，连铸坯内部质量满足产品和用户要求。

3.7.6.2　技术适用性及特点

20 世纪 90 年代以来，世界上已经有数十条薄板坯连铸连轧产线投产。薄板坯连铸连轧生产线的产品覆盖了低碳钢、中碳结构钢、高强钢、高碳钢、耐候钢、中端管线钢、电工钢、不锈钢等品种。薄板坯连铸连轧产线的批量生产最薄规格达到 1.0mm，全无头生产线的批量稳定生产最薄规格达到 0.8mm，薄规格产品可以实现以热带冷，减少冷轧、退货和光整工序，极大程度实现了节能减排。

薄板坯连铸全无头轧制技术实现了连铸坯直接轧制，连铸坯的中心温度高于 1200℃，表面温度高于 1100℃；温室气体和有害气体（NO_x 和 CO）直接和间接排放较低，生产普通规格仅为普通生产工艺的 40%～50%，生产薄规格时为 65%～70%；与 ISP 相比较能耗降低 25%～30%，比传统热带钢轧机减少约 40%，其中感应加热器的热效率非常高，能够将大约三分之二电能转换成加热中间坯的能量。国内某钢铁公司全无头热轧生产线与传统热轧生产线的能耗对比见表 3-37。

表 3-37   ESP 轧线与 2150mm 热轧线吨钢能耗（标准煤）对比   （t）

产　线	电	转炉煤气	高炉煤气	合　计
ESP	0.0025	—	—	0.0225
2150	0.0125	0.0109	0.0423	0.0657

薄板坯连铸连轧生产线，尤其是全无头轧制生产线与传统连铸热轧生产线相比较具有明显的优势，在生产超薄规格热轧板卷和中低端产品领域具有推广和应用价值。

3.7.7　废钢分拣预处理技术

3.7.7.1　技术原理

通过人工拣选和安装红外线在线监测仪，对废钢进行严格的分拣预处理，杜绝含油脂等有机物废钢装入电炉，从源头上减少电炉工序二噁英的生成量。对于分选出的含有机物废钢，则不宜采取预热处理，这类废钢经另行加工处理后，缓慢连续加入电炉。该技术适用于钢铁行业新建企业和现有企业的电炉炼钢工序。

在电弧熔化废钢前，利用电炉产生的高温废气对废钢进行预热，可使废钢入炉前的温度达到 300～500℃，预热后的废气进入余热回收系统。理论上废钢预热温度每增加 100℃，吨钢可节约电能 20kW·h。若考虑到能量的有效利用率，废钢预热温度每增加 10℃可节约电能 15kW·h 左右。除了节约能源、降低消耗外，废钢预热可缩短冶炼周期，提高生产率。

3.7.7.2　技术适用性及特点

目前，得到成功工业应用的废钢预热技术可以分为 4 种：吊篮型、直流双壳炉型、竖炉型和 Consteel 型废钢预热法（见表 3-38）。该技术可提高电炉生产率，降低电耗和电极消耗，提高钢水收得率和产品质量，提高变压器利用率，减少环境污染。新建电炉均应具备烟气预热废钢的功能，该技术适用于钢铁行业新建企业电炉和现有企业的电炉改造。

表 3-38　4 种废钢预热技术特点及存在问题

废钢预热技术	技术特点	存在问题
吊篮型废钢预热法	吊篮型废钢预热效果受到废钢种类、烟气温度、预热时间等因素影响，不同电炉节省电力的大小差别较大，通常可以回收 20%~30% 的烟气余热，吨钢降低电耗 10~35kW·h（平均为 20kW·h），每炉冶炼周期缩短 3min，吨钢节约电极 0.3~0.5kg，提高生产率约 5%	吊篮型废钢预热在节约电力的同时，也带来了污染物排放问题，产生恶臭和白烟，特别是二氧芑（致癌物）的产生；另一方面，受到吊篮局部过热变形、废钢黏结的限制预热温度不能太高，预热效果有限，限制了该方法的推广使用
直流双壳炉型废钢预热法	由于换热能力和废钢类型的限制，直接采用烟气余热来预热废钢的双壳炉型实际很难取得预期效果，故多采用带有烧嘴的双壳炉型废钢预热方法	由于需要增加其他燃料，尽管吨钢耗电量能够降低，生产率提高 20% 以上，通常吨钢节电 20~40kW·h，但因增加了其他能源，导致节能效果下降
竖炉型废钢预热法	（1）德国福克斯（FuchS）系统：发展的第二代竖炉——指式竖炉，实现了 100% 的废钢预热，可回收废气带走热量的 60%~70%，与无竖炉的传统超高功率电弧炉相比，吨钢能耗要减少 50~100kW·h，提高生产率 15% 以上，并且减少环境污染；（2）IHI 系统：吨钢电耗下降 40kW·h 以上，冶炼周期缩短 5~7min，生产率比常规机组增加 30%~40%	（1）剖面不对称或呈椭圆形导致炉内受热不平衡从而引起热损失；（2）高温预热导致废钢氧化，降低炼钢收得率并增大为进行还原而需要的能量；（3）废钢保存装置抗热负荷的可靠性；（4）由于二次燃烧的空间小，增大了防止一氧化碳气体爆炸的难度
Consteel 型废钢预热法	在连续加料的同时，利用炉子产生的高温废气对运送过程中的炉料进行连续预热，可使废钢入炉前的温度高达 50~60℃，而预热后的废气经燃烧室进入预热回收系统，实现了废钢连续预热、连续加料、连续熔化，提高了生产率，改善了车间内外的环保条件，降低了电耗及电极消耗等	（1）烟气余热利用不足，废钢预热温度低；（2）动态密封准确控制难，预热通道漏风量大；（3）料跨吊车作业率非常高，影响电炉生产

3.7.8　大气污染物末端治理技术

3.7.8.1　除尘技术

A　袋式除尘技术

a　技术原理

炼钢工艺烟气除尘系统包括烟气捕集系统和烟气净化系统两部分，烟气净化系统绝大部分采用高压脉冲袋式除尘器。

布袋除尘器是一种干式高效的除尘器，它主要是利用袋式过滤元件来捕集含尘气体中粉尘颗粒的除尘装置。其工作的主要机理是粉尘通过过滤布时产生的筛分、惯性、黏附、扩散和静电等作用而被捕集。粉尘在通过或绕过过滤布袋时因筛分或惯性力作用而被截留；粉尘颗粒在 $0.2\mu m$ 以下时，由于粉尘极为细小而产生如气体分子热运动的布朗运动。

由于纤维间隙小于气体分子布朗运动的自由路径，尘粒便于纤维碰撞接触而被分离出来；粉尘颗粒间相互碰撞会放出电子产生静电，会使绝缘的滤布充电。粉尘粒径在 $1\mu m$ 及过滤风速较低时静电作用才有明显的体现。另外，过滤作用可以由滤布本身产生，也可以由积聚在滤布上的尘片产生。所以滤袋上积灰以后会提高除尘器的截留和扩散效应，直径远小于滤料孔径的颗粒也可以被捕集。布袋除尘器具有很高的除尘效率。

袋式除尘器具有除尘效率高（可以永久保证粉尘排放浓度低于 $50mg/m^3$，甚至可达 $20mg/m^3$ 以下）、结构简单、性能可靠、占地面积小等优点。净化高温、含有油雾、水雾及黏结性强的粉尘时对滤料有相应要求。炼钢工艺各工段烟气捕集系统详见表3-39。

表 3-39　炼钢工艺各工段烟气捕集系统

烟气名称	烟气捕集方式
铁水预处理系统烟气	排烟罩
转炉二次烟气	转炉挡火门封闭、厂房封闭+屋顶抽风
转炉三次烟气	厂房屋顶密闭结构，利用厂房天窗吸引排气
电炉烟气	第四孔排烟+屋顶罩、第四孔排烟+密闭罩、第四孔排烟+密闭罩+屋顶罩、导流罩+屋顶罩（也称天车通过式捕集罩）
精炼烟气	炉盖侧吸罩、半密闭罩

b　技术适用性及特点

袋式除尘技术适应性强，不受烟尘比电阻和物化特性等的影响，可去除烟气中的氟化物、部分重金属（如电炉烟气中的铅、锌）和二噁英。袋式除尘器需定期清灰，滤袋破损需及时更换。经袋式除尘器净化后的外排废气含尘浓度可达 $30mg/m^3$ 及以下，若袋式除尘器采用覆膜滤料，则外排废气含尘浓度可低于 $20mg/m^3$。袋式除尘技术适用于钢铁行业新建企业和现有企业改造中的炼钢工艺铁水预处理系统烟气、转炉二次烟气、转炉三次烟气、电炉烟气和精炼烟气等的除尘。

B　LT 干法除尘技术

20 世纪 60 年代末，德国鲁奇公司和蒂森钢厂联合开发了转炉煤气干法（LT 法）除尘技术。与湿法除尘相比较，LT 干法除尘技术不用大量浊环水洗涤煤气，采用蒸发冷却器+静电除尘器+煤气冷却器的"干式"系统。具有净化效率高、能耗低、干粉尘可设置压块系统，粉尘经压块后直接供转炉利用等特点，得到广泛应用。

a　技术原理

LT 干法除尘转炉煤气回收系统主要包括蒸汽冷却器及喷雾系统、静电除尘器、风机和消声器、轴流风机、切换站、点火放散系统、煤气冷却器、粉尘输送存储系统等。

转炉烟气由活动烟罩捕集并经汽化冷却烟道冷却至 1600℃ 左右的转炉一次烟气，首先进入蒸发冷却器降温和初除尘，温度降至 200~300℃，余下的冷却后的烟气经过荒煤气管道进入电除尘器进行精除尘，同时细颗粒粉尘得到收集，根据 CO 和 O_2 含量由阀门切换站进行煤气回收或放散操作。回收期煤气需经冷却器二次冷却，温度降至 70℃ 左右后进入煤气柜回收；放散期煤气需点火燃烧后放散，外排废气的含尘浓度可达 $20mg/m^3$ 及以下。

（1）蒸发冷却器。对转炉冶炼时产生的高温烟气采用多个双流喷嘴调节最佳水量来降温冷却，使其达到静电除尘器的工作条件，并将粗颗粒的烟尘分离出来，从蒸发冷却器底部的链式输送机和双翻板阀连续排出。蒸发冷却器还对烟气进行调节改善，降低粉尘比电阻，有利于粉尘在电除尘器中收集。

（2）静电除尘器。静电除尘器内部设有 4 个独立的电场。电场内集尘电极通过除尘器的外壳与大地连通接地，集尘电极之间形成通道，烟气流经这些通道。在集尘电极之间布置放电极并和高压供电系统连接，由绝缘子支撑，在集尘极与放电极施加极高强度的电压，产生放电作用，导致大量带负电荷的气体离子和电子依附于烟尘颗粒上，在电极和集尘电极之间的电场力的作用下，带负电的烟尘粒子移动到集尘极上，形成电晕电流。当烟尘在集尘极上积累到一定厚度后，通过对收尘极进行振打使粉尘掉落在静电除尘器底部链条输灰机中。

（3）轴流风机。除尘后的气体从静电除尘器出来后通过轴流风机。这种风机具有效率高、气流为直线型的优点。干法除尘工艺的一个重要特性是静电除尘器的低压损失，因此这种风机所需的驱动功率相当小。

（4）切换站系统。切换站装置原理上是一个干式运转的阀门站，它主要由两个严密密封的具有调节性能的杯阀组成。负责在放散烟囱和煤气柜之间进行快速平稳地切换实现高效回收煤气的目的。

（5）控制系统。控制系统有 5 个主要控制点：防泄爆控制、蒸发冷却器的温度控制、风机流量控制、切换站收回放散切换控制和电除尘器控制。

b　技术适用性及特点

中国 1997 年由上海宝钢最先全套从德国鲁奇公司引进转炉煤气干法除尘技术，随后莱钢、承钢、包钢、太钢、天铁等钢厂也相继引进。但是在实际应用中，由于干法除尘的泄爆问题对转炉炼钢生产的安全和连续稳定运行造成非常严重的影响，一度制约了该技术的国产化以及在中国的推广应用，直到 2008 年 1 月河钢宣钢 150t 转炉干法除尘项目立项前，100t 以上转炉干法除尘系统国产化技术应用在国内还是空白。

河钢宣钢干法除尘项目完全采用国产化技术，在烟气稳流技术，炉口微差压自动调节，煤气系统优化，干法除尘系统自测试等方面也做了大量的创新与改进，通过技术创新彻底解决了制约转炉干法除尘系统泄爆的技术难题，实现了三年来蒸发冷却器无结垢、静电除尘器极线极板无腐蚀和变形、电场零泄爆的目标，促进了转炉干法除尘的国产化进程。

转炉干法除尘外排废气的含尘浓度可达 $20mg/m^3$ 及以下，满足《炼钢工业大气污染物排放标准》（GB 28664—2012）中规定的现有企业不高于 $100mg/m^3$（标态），新建和大气污染物排放限值区域不高于 $50mg/m^3$（标态）的要求。转炉干法除尘净化回收技术克服了湿法除尘能耗高、二次污染的缺点，被认为是转炉烟气除尘技术的发展方向，也是冶金工业可持续发展的要求。

C　第四代 OG 系统除尘技术

1962 年发明了 OG 法转炉烟气除尘系统，随着环保要求的提高，最初的 OG 湿法除尘已经不能满足节能减排的要求，新 OG 法在原 OG 法（溢流文氏管 + RD 文氏管 + 脱水器）的基础上改进为喷淋塔 + 环缝装置 + 脱水塔的方式，现在已经发展到第四代"一塔一文"系统，文氏管采用 RSW（ring slit washer）喉口型，风机采用三维叶片。

a　技术原理

第四代 OG 除尘转炉煤气回收系统主要包括蒸汽冷却器及喷淋塔、RSW 文氏管、旋流脱水器、水封逆止阀、点火放散系统等。

由活动烟罩捕集并经汽化冷却烟道冷却至 1600℃ 左右的转炉一次烟气，首先进入蒸发冷却器降温和初除尘，然后经高温非金属膨胀节依次进入高效喷淋塔和环缝洗涤器（RSW）进行精除尘，再进入旋流脱水器脱水，最后进入风机加压，根据 CO 和 O_2 含量由阀门切换站进行煤气回收或放散操作。回收期煤气需经冷却器二次冷却，温度降至约 65℃ 后进入煤气柜回收；放散期煤气需点火燃烧后放散，第四代 OG 法外排废气的含尘浓度可达 $50mg/m^3$ 及以下。

b 技术适用性及特点

第四代 OG 系统是对传统 OG 系统进行了技术改进，将二文 RD 可调喉口改为环缝洗涤器（RSW），同时取消了一文喉口，代之以饱和器，外排废气的含尘浓度可达 $50mg/m^3$ 及以下。该技术满足《炼钢工业大气污染物排放标准》（GB 28664—2012）中规定的现有企业不高于 $100mg/m^3$（标态），新建和大气污染物排放限值区域不高于 $50mg/m^3$（标态）的要求。该技术适用于钢铁行业新建企业和现有企业改造的转炉一次烟气除尘，河钢唐钢公司 2009 年对 150t 转炉一次除尘进行了技术改造，升级为第四代 OG 除尘系统，烟气排放达到了不高于 $50mg/m^3$（标态）的要求。

3.7.8.2 氟化物治理技术

A 技术原理

特钢企业用来冶炼优质合金钢或超级合金钢的电渣炉等与转炉、电炉、精炼炉有很大不同，多使用氟系熔渣进行重熔冶炼，生产过程中由于萤石（CaF_2）的水解而容易产生气态氟化物。控制气态氟化物的方法主要有湿法、干法和半干法三大类，通过不同的工艺可将生成的气态氟化物转换成其他种类的化合物或是被吸附，从而减少 F^- 的排放。

B 技术适用性及特点

a 湿法净化

湿法净化处理，可采用液体吸收法。吸收剂可以采用水，也可以采用碱液、氨水或石灰乳等碱性物质。

（1）水吸收法。由于氟化氢和四氟化硅都极易溶于水，所以可采用水吸收来净化含氟废气。降低温度有利于吸收的进行，因此，用水吸收 HF 和 SiF_4，总是在低温下进行。HF 溶于水即成氢氟酸。SiF_4 被水吸收即生成氟硅酸。

（2）碱吸收法。采用碱性物质如 NaOH、Na_2CO_3、NH_3 或石灰乳来吸收废气中的氟化物，以达到净化和回收的目的。

b 干法净化

含氟废气的干法净化处理可采用块状、泡沫状或粉状固体碱性物质与含氟废气充分接触，发生化学反应而达到除去气相中氟化物的目的。

（1）用颗粒状石灰石吸收，石灰石与 HF 反应生成氟化钙，可作为化工原料。

（2）用固体氟化钠粉末吸收，NaF 与 HF 反应生成 $NaHF_2$，NaF 与 SiF_4 反应生成 Na_2SiF_6。

　　目前国内特钢企业主要采用干法净化，即向烟气中喷入石灰粉等吸附剂，效果良好，一般氟化物排放浓度可达 $3mg/m^3$ 及以下，甚至低于 $1mg/m^3$。部分钢铁企业采用无氟炼钢的工艺，使用无氟助熔剂代替萤石造渣，从源头上限制了氟的加入。该技术适用于钢铁行业新建企业和现有企业改造的使用氟系熔渣进行重熔冶炼的特钢企业。

3.7.8.3　二噁英治理技术

A　技术原理

　　对于电炉烟气中已生成的二噁英，目前国内钢铁企业采取的治理措施主要是使用烟气高效过滤、物理吸附和催化降解等技术（见表 3-40），使二噁英和烟尘一同被收集或吸附，从而减少外排废气中二噁英的浓度。

表 3-40　二噁英治理国内外技术

方案名称	实施方法	应用情况	技术优势	缺　点
高效过滤技术	袋式除尘	国内外均有工业实施案例	去除效率 85% 以上	收集的飞灰造成二次污染
物理吸附技术	物理吸附技术（喷入吸附剂）与高效过滤技术相结合	国内外均有工业实施案例	效率较高，去除效率能达到 90%～99%	吸附剂的后续处理
催化分解技术	使用 Ti、W、V 等氧化物作为催化剂，彻底催化降解二噁英	实验室研究	去除效率达 95%～99%	催化剂成本高，且易中毒；反应温度高（约 300℃）
戈尔 Remedia 催化过滤技术	高效除尘与催化氧化	垃圾、危废等行业大量应用	去除率可达 97%～99%	成本偏高，对烟气温度有一定要求
低温等离子体技术	低温等离子放电离解气体可产生活性基（OH、O、N、HO_2、O_3 等），而这些活性基能把二噁英类物质氧化	实验室研究	去除效果显著	等离子体发生器能耗高、寿命低，大功率电源成本高
紫外光解	紫外线照射下光解	实验室研究	可实现二噁英的无毒、清洁、高效处理	技术不成熟

B　技术适用性及特点

　　目前，表 3-41 中的三种方法技术相对成熟且经过工业验证可以脱除二噁英：

（1）在末端喷入吸附剂吸附（碱性吸附剂或活性炭粉吸附剂）。

（2）控制烟气汇合温度，采用催化降解技术彻底分解二噁英。

（3）二级除尘技术，脱除烟气中固体相二噁英。

表 3-41 三种方法的二噁英脱除效果对比

技术名称	设备投资	运行成本	脱出效率		缺　陷
吸附方法	低	大	90%~99%	高	二次污染
催化降解法	大	大	95%~99%	高	反应稳定性差；反应器需要维持300℃温度
二级除尘方法	大	大	>85%	低	占地面积大，滤袋检修工作量大

对于电炉烟气中已生成的二噁英，目前国内钢铁企业采取的治理措施主要是在确保电炉烟气得到最大限度收集的前提下，使用高效脉冲布袋除尘器作为净化设施，将大部分二噁英截留在粉尘中，外排废气中的二噁英浓度可达 $0.2ng\text{-}TEQ/m^3$ 及以下。该技术适用于钢铁行业新建企业和现有企业改造的电炉烟气中已生成二噁英的治理。

3.7.9　水污染物末端治理技术

3.7.9.1　混凝沉淀法废水处理技术

A　技术原理

废水首先进入粗颗粒分离设备，利用重力作用去除其中的大颗粒悬浮杂质，出水进入沉淀池，在沉淀池里投加 pH 值调节剂和絮凝剂，使废水在沉淀池里实现悬浮物和成垢物的共同絮凝沉淀，然后在沉淀池的出水中投加分散剂（阻垢剂）。

混凝沉淀法废水处理技术核心设备是斜管沉淀池，主要的工艺流程：生产车间 OG 法除尘产生的废水经溜槽进入粗颗粒机一次处理后，由提升泵打至斜板沉淀池，在进入斜板沉淀池之前通过加药装置向污水中投加凝聚剂和油絮凝剂，加药后的污水经进水管直接进入斜管沉淀池，在搅拌机的物理搅拌作用以及药剂的化学作用下，污水中的悬浮颗粒及油分凝聚并与药剂发生反应形成絮粒并沉降至沉淀区，同时水中的油脂和凝聚剂以及油絮凝剂接触反应，与絮粒一起沉降至沉淀区。使污水得到净化的水流通过过滤区过滤，残留污粒进一步沉降，处理后的水进入斜板沉淀池的上部，经紊流区紊流后，经出水管流至集水池，实现污水净化处理。污泥经下部排泥管排出至沉淀池进一步做泥水分离处理。

B　技术适用性及特点

沉淀池出水是否经冷却塔冷却降温后再回用，视烟气净化工艺对供水温度的要求而定。

该技术适用于钢铁行业新建企业和现有企业改造的转炉烟气洗涤废水处理。

混凝沉淀法废水处理技术引用的重点是混合絮凝装置的引用。絮凝在给水和废水处理中占重要地位。实践证明，设计时如果絮凝工艺选取合理，不仅提高出水水质，还能达到节能、节药、降低运行费用的目的。絮凝效果的好坏取决于两个因素：

（1）絮凝剂水解后产生的高分子络合物形成吸附架桥的连接能力，它由絮凝剂的性质决定。

（2）微小颗粒碰撞概率和如何控制它们进行合理有效的碰撞，这是由设备的动力条件所决定。

投加絮凝剂后，絮凝过程可分为两个阶段：混合和反应。混合阶段要求药剂迅速均匀扩散到全部水中以创造良好的水解和聚合条件，使胶体脱稳并借颗粒的布朗运动和紊动水流进行凝聚，在此阶段不要求形成大的絮凝体。混合应快速和剧烈搅拌，一般在几秒钟或 1min 内完成；反应阶段则要求絮凝剂的微粒通过絮凝，使水中的胶体形成大的具有良好沉淀性能的絮凝体。反应阶段的搅拌强度或水流速度应随着絮凝体的增大而逐渐降低，以免结成的絮凝体被打碎而影响絮凝效果。

3.7.9.2　高速过滤法废水处理技术

A　技术原理

废水先后流经旋流井（或一次铁皮沉淀池）和二次平流沉淀池（兼隔油池），以去除其中的大颗粒悬浮杂质和油质，其出水进入高速过滤器，进一步对废水中的悬浮物和油类进行过滤，最后经冷却塔冷却降温后循环使用。

现有的连铸浊环、轧机浊环处理的工艺普遍采用的是传统"旋流井 + 平流池 + 高速过滤器"处理模式。高速过滤器一般采用多介质过滤器和纤维球过滤器。其中多介质过滤器主要是用来过滤掉原水里不溶解的固体杂质截留悬浮物质。根据水体中不同的杂质而选择不同的过滤工艺，可以采用单层、双层及多层过滤。如图 3-83 所示是钢铁企业采用比较普遍的双层滤料的多介质过滤器的结构。

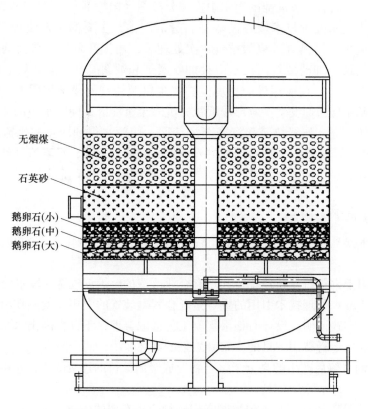

无烟煤
石英砂
鹅卵石(小)
鹅卵石(中)
鹅卵石(大)

图 3-83　多介质过滤器的结构

多介质过滤器,又称机械过滤器,主要作用是去除水中的悬浮物质、固体颗粒。悬浮固体是水中不溶解的非胶态的固体物质,它们在条件适宜时可以沉淀。用过滤器截留悬浮固体,以过滤介质截留悬浮固体前后的重量差作为衡量过滤器发挥作用的依据。过滤介质一般使用 $D = 0.5 \sim 1.0mm$ 的滤料介质。

多介质过滤器是以成层状的无烟煤、砂、细碎的石榴石或其他材料为床层。床的顶层由最轻和最粗品级的材料组成,而最重和最细品级的材料放在床的底部。其原理为按深度过滤水中较大的颗粒在顶层被去除,较小的颗粒在过滤器介质的较深处被去除。从而使水质达到粗过滤后的标准。多介质过滤器可去除水中大颗粒悬浮物,从而降低水的 SDI 值,满足深层净化的水质要求。该设备具有造价低廉、运行费用低、操作简单;滤料经过反洗,可多次使用,滤料使用寿命长等特点。直径 5m 的多介质过滤器的参数见表 3-42。

表 3-42 直径 5m 的多介质过滤器的参数

参 数		数 值
滤水面积/m²		19.63
最高速度/m·h⁻¹		40
最大滤水量/m³·h⁻¹		785
最大进水压力/MPa		0.4
滤前水质/mg·L⁻¹	悬浮物	≤40
	油	≤10
滤后水质/mg·L⁻¹	悬浮物	≤10
	油	≤5
过滤器的平均压力损失/MPa		0.05
过滤器清洗时的参数	反洗水强度/m³·(m²·h)⁻¹	40
	反洗水压力/MPa	0.15
	反洗空气强度/m³·(m²·h)⁻¹	15
	反洗空气压力/MPa	0.07

纤维球过滤器的滤料是由纤维丝结扎而成的纤维球型滤料,与传统的刚性颗粒滤料不同,它是弹性滤料,空隙率大。在过滤过程中,滤层空隙率沿自上而下的水流方向逐渐变小,符合理想滤料上大下小的空隙分布。采用气水同时反冲洗,达到清洗的目的。与传统滤料相比,纤维球滤料具有滤速高、截污量大、工作周期长等优点。

纤维球过滤器内的纤维球滤料,具有极大的比表面积和空隙率。过滤工作时由于滤料为柔性,滤料和孔隙可压缩,随着过滤时工作压力和滤料的自重,滤层空隙沿水流方向逐渐变小,形成上疏松下致密的理想分布状态;从而有效截流水中的悬浮物等杂质,降低出水浊度和悬浮物。纤维球过滤器的设备特点为:

(1) 上疏松、下致密的高滤速滤层耐压缩、易还原,过滤功能达到理想状态。

(2) 耐磨损、抗腐蚀、密度适中的化纤材质易反洗、不加药、耗水少,效益高。

(3) 设备体积小,设备体积是砂石过滤器体积的 1/3 左右。

(4) 滤速高、截污量大、工作周期长。

（5）操作简单、维护方便、运行可靠。

（6）手动或自动运行，现场或远程控制。

B　技术适用性及特点

高速过滤器具有过滤水质高、过滤速度快、水处理量大等特点；当配有程序控制时，可实现多台全自动操作；不同规格型号的过滤器需使用相应的滤料品种和规格。

该技术适用于钢铁行业对水质要求较严的连铸车间含油废水处理。

现有的连铸浊环、轧机浊环处理的工艺普遍采用的是传统“旋流井 + 平流池 + 过滤器”处理模式。过滤器已经成为连铸连轧废水处理工艺中必不可少的一个处理单元。

a　多介质过滤器应用

多介质过滤器的因素很多，但是关键因素主要集中在以下两个方面：滤层结构和反洗工艺。

滤层结构是多介质过滤器的核心处理单元，一般滤料的粒径大小和过滤精度有关。滤料的填装高度和滤料的平均粒径的关系为：滤床的高度和滤料的平均粒径的比值为 800 ~ 1000。如果只考虑石英砂和无烟煤，取滤料平均粒径 2mm，比值取 900，则滤床的高度为 1800mm。对多介质过滤器而言，要想达到好的过滤效果滤层的平整度要求很严，尤其两种滤料的分界面，所以在填装滤料的过程中，当下一层滤料填装完毕时，必须用刮板将滤层表面刮平，在多孔板和 U 形布水槽平行度能保证的前提下，尽量保证单层滤料表面和两者的平行度。为了保证滤料粒径的均匀和孔隙率，在填装滤料过程中，当单层滤料安装完成后，应反洗 1 ~ 2 次，然后将上层细小的滤料去除（尤其石英砂）。这是由于滤层表面颗粒细小，反冲洗时相互碰撞的机会少，动量小，不宜清洗干净，附着的沙粒易结成泥球，当反洗结束时，滤层重新级配时，泥球会随之长大并向深处移动。所以当过滤器运行一段时间，应检查上层滤料是否有粉化，当上层滤料粒径明显变小，有粉状存在，应将上层滤料去除，重新添加。一般钢铁企业采用的多介质过滤器的滤层结构：

衬托层（粒径 $\phi 4.0 ~ 8.0mm$）：堆积高度 100mm（天然鹅卵石）

　　　　（粒径 $\phi 2.0 ~ 4.0mm$）：堆积高度 100mm（天然鹅卵石）

石英砂（粒径 $\phi 1 ~ 2mm$）：堆积高度 800mm（天然海砂）

无烟煤（粒径 $\phi 2 ~ 4mm$）：堆积高度 1200mm（要求含碳量不小于 95%）

滤层的结构直接决定过滤器出水水质和反洗的周期等重要参数，所以滤层的结构和高度需要根据水质进行合理的布局和规划。

反洗工艺也是制约过滤器运行周期和滤料使用寿命的关键因素。主要集中在以下几个方面：

（1）排气阀排气不正常。过滤罐内的空气不能及时的排出，集留在过滤罐内，当原水从中心筒内进入 U 形布水槽内，由于罐体内的气压，原水无法均匀分布，直接从布水槽下方击穿滤料，也就是布水槽分成的 4 个扇形区域无法有效地起到过滤作用。同时由于罐体内的气压，使罐体内的压力不稳定，正常过滤过程中，罐体内充不满水，滤层在径向平面上不能有效地压实滤料，从而影响过滤效果。主要原因在于排气阀不能正常排气，使用的双筒排气阀，由于原水进水含油较多，当排气阀正常排气过程中，水气中的含油都附着在了浮球和压盖的密封垫上，当过滤器正常运行水充满过滤器时，浮球长时间在封闭状态，造成浮球在油污的作用下沾在密封垫上下不来，从而使气体不能正常排出。建议可以采用单筒快速排气阀，一般按照设计，当管径大于350mm时，多采用单筒排气阀，同时定期检查排气阀的排气状态，并加强定期清洗阀体和浮球的管理。

（2）反洗布气管有破损，从而造成布气不均匀，膨胀高度发生变化，搓动量小的地方，滤料表面的油污和杂物，不能有效的去除，在投入下一个正常过滤周期后，局部负荷增大。截留在滤料表层的污物，如果不能在一定的周期内，有效地去除，在随后的反洗过程中，会从表面沉入内部，球团逐渐增大，并同时向过滤器填充深度内延伸，直至整个过滤器失效。在现场的表现就是当一个反洗周期后，检查有的过滤器上层的无烟煤有一部分干净，有一部分表层上有一层厚厚的集油。当部分布气管破损严重的地方，还会有乱层现象。建议重新检查过滤器的布气装置，看栅管是否有变形，是否有腐蚀破损（尤其是连铸系统的过滤器的不锈钢防跑砂装置都已腐蚀击穿，中心筒明显腐蚀变薄，底部原水进水管曾腐蚀漏水处理过），检查滤帽是否有脱落，中心筒和多孔板以及多孔板和过滤器内壁结合部位是否有开焊现象，这都会造成反洗过程的布气不均匀。

（3）反洗进气阀门关不严，造成过滤器长期有气体进入，正常过滤状态下，过滤器底部仍然有压缩空气进入，造成过滤层松动，影响过滤效果，出水水质不好。同时当一个反洗周期结束，滤料重新级配，有气体进入时，会造成滤料乱层。再者，由于气动阀门关闭不严，原水出水和反洗进水从压缩空气进气管倒流。建议压缩空气进气阀门采用双向密封结构或软密封材质阀门，并且在进气气动阀门前面加止回阀和手动阀，止回阀防止水倒流进入压缩空气主管道。手动阀用来调节单罐进气强度。

（4）压缩空气调压系统不稳定。由于单罐进气阀门关不严，过滤器罐体内水回流，造成压缩空气主管压力长期在10N以上，减压阀调压范围太窄，调压精度不够，压力波动较大。建议对减压阀重新选型，采用自力式自动调压阀组，压缩空气管路重新设计，保证调压的精度和系统压力稳定。为了检测空气反洗的强度和效果，建议在空气主管加流量计，在保证压力（不大于12N）的前提下，保证主管流量300m³/h左右。

（5）过滤进水、出水阀门关不严，造成原水进水和反洗出水、原水出水和反洗进水之间相互串水，主要表现在以下两个方面：一是单台反洗进水压力达不到要求，影响反洗效果；二是当阀门关不严，气洗的过程中，滤层的上部没有水浸润，颗粒的上下扰动过程中，污物不能有效排出，反而会向深处移动。

（6）反洗工艺流程。现在的反洗没有正洗这一过程，当过滤器结束一个反洗流程后，进入正常过滤时的前几分钟，过滤器内的那一部分污水都将进入主管网。过滤器的运行好坏，必须靠一系列的检测数据才能真实的反应。所以一套完整可行的监控系统和操作系统很必要，包括反洗压缩空气主管的流量和压力的检测，单台原水进水和出水的流量等；反洗时间的自动调整等。

b 纤维球过滤的应用

对于纤维球过滤器，在钢铁企业的废水处理中应用也很广泛。尤其是随着改性纤维球等滤料的研制，在含油废水处理工艺中的优势逐渐体现。在钢铁企业中，采用"斜管沉淀池＋纤维球过滤器"的处理工艺在连铸浊环水处理中应用比较广泛。相对于多介质过滤器在含油废水处理中优势的主要体现见表3-43。

表 3-43　纤维球过滤和多介质过滤器的性能比较

项　目	纤维球过滤器	多介质过滤器	性能参数对比说明
设备高度/m	4.2	6.8 ~ 7.1	厂房建设高度每提高 1m，建设成本提高 12%，同直径砂石过滤器比双旋流过滤器在此项上建设成本提高 31.2% ~ 34.8%
设备运行质量/t	约 28	约 60	砂石过滤器运行质量较高，所以对应的基建成本必然高于双旋流高效自动过滤器，双旋流高效自动过滤器比砂石过滤器土建费用平均降低 50% 左右
滤水面积/m²	7	7	过滤面积一致
额定滤速/m·h⁻¹	45	30	有些砂石过滤器的高滤速是以牺牲过滤精度为代价的
额定处理能力 /m³·h⁻¹	315	约 210	砂石过滤器的单台处理能力远低于双旋流过滤器，所以处理相同的水量需要的砂石过滤器台数较多，占地面积也较大
悬浮物去除率/%	约 90	约 75	双旋流过滤器比砂石过滤器的过滤精度高
油去除率/%	约 85	5 ~ 15	砂石过滤器对油的处理效果远远低于双旋流过滤器
周期反冲洗用水量	是过滤水量的 2%	是过滤水量的 5%	砂石过滤器周期反冲洗用水量是双旋流过滤器周期反冲洗用水量的 1.67 倍
周期反冲洗用气量 /m³·(min·m²)⁻¹	3	7	砂石过滤器周期反冲洗用水量是双旋流过滤器周期反冲洗用水量的 2.33 倍
截污量/kg·m⁻²	17 ~ 25	7 ~ 14	双旋流高效自动过滤器的截污量比砂石过滤器高，处理相同水质、水量的工作时间比砂石过滤器提高 58% 左右
滤料更换周期	滤料使用寿命长，2 年更换一次滤料	滤料使用寿命短，需要每半年更换一次滤料	砂石过滤器滤料质量高达 42t 左右，每年更换滤料费用高，费时费工，而且淘换出来的滤料还会形成二次污染；而双旋流使用的特种滤料质量轻，便于更换
反洗方式	反洗介质从底部右旋对滤料进行反洗，从上部左旋对滤料进行反洗，模拟人工搓揉	只是对滤料表面进行清洗，滤料内部得不到彻底反洗	纤维球过滤器比砂石过滤器的反冲洗更加合理，使滤料内部能够得到彻底反洗
操作、维修	因滤料规格统一，因此不会发生跑料现象，操作方便；滤料体积轻，更换滤料省时、省力	常有跑料现象发生，操作难度较大，更换滤料费时、费力	

3.7.9.3　化学除油法废水处理技术

A　技术原理

化学除油器是一种集除油、沉淀为一体的水处理设备，通过投加化学药剂，使废水中的油类、氧化铁皮等悬浮物通过凝聚、絮凝作用沉降分离出来，达到净化水质的目的。

化学除油器结构如图 3-84 所示，实际上就是一个带有投药装置及搅拌混合器的斜管沉淀池，是专为含油污水处理而设计的一种装置。在钢铁厂，可以用于处理轧钢及连铸的含油浊循环水。化学除油就是投加化学药剂，经过混合反应，使浊循环水中的油类、悬浮物等通过凝聚作用，形成粗大的颗粒（矾花）沉淀分离出来，达到净化水质的目的。当进水含油量小于 100mg/L，悬浮物含量在 200mg/L 以上时，其出水含油量小于 5mg/L，悬浮物含量小于 205mg/L。投加的化学药剂（统称除油药剂）分为两种，一种是混凝剂，以无机高分子混凝剂聚合氮化铝（PAC）为主，投加剂量 15mg/L 以上。另一种是专用油絮凝剂，投加剂量 15mg/L 以上。据了解，专用油絮凝剂是用南方一种树木的树皮和树心两种粉状物经化学反应聚合成一种棕红色的黏稠液体，是一种天然的高分子絮凝剂，其作用与聚丙烯酸胺类有机高分子絮凝剂作用类似。分子量在 120 万以上的高分子絮凝剂与 PAC 的协同增效作用明显，两者的使用剂量大大降低，处理成本更低。

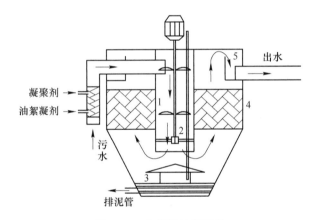

图 3-84　化学除油器结构

1—中心筒；2—搅拌装置；3—沉淀区；4—过滤区；5—紊流区

B　技术适用性及特点

投加的药剂共两种：第一种属于电介质类凝聚剂，如聚合硫酸铁等；第二种是油絮凝剂。两种药剂要分开投加，且投加次序（先投加电介质类凝聚剂，后投加油絮凝剂）不能颠倒。

为利于化学除油器的排泥，化学除油器前需设置旋流井或一次铁皮沉淀池。化学除油器后需增设拖袋式除油系统，将上层浮油刮入除油袋内，以减轻后续过滤器的负荷，收集的浮油作为危险废物进行处理。

该技术适用于钢铁行业对水质无特殊要求的连铸车间含油废水处理。

过去国内连铸和连轧废水治理的重点在分离氧化铁方面，主要用一次铁皮坑和二次铁皮坑沉淀池处理方式。一次铁皮坑的沉淀面积较小，废水停留时间一般不超过 2min，使一次铁皮坑提升泵磨损严重。二次铁皮沉淀池则因清渣设备效率低、无除油设施，导致水质差，影响循环利用率的提高。钢铁企业的用水在我国工业用水中占的比例很大（约10%），因此，钢铁企业的废水治理工作对我国实现环境和经济的可持续发展非常重要，20 世纪 70 年代中期，从联邦德国引进的连铸项目中，采用下旋流型水力沉淀池，在结构、性能上又有所改进，此后国内也开始大量采用。目前，两种形式的水力旋流沉淀池在国内已普及使用。当时，从德国和日本引进的连铸、热轧废水治理设施，在处理细颗粒氧化铁皮废水，如电除尘器清洗废水时，都采用了混凝沉淀方式。国内设计的连铸连轧工程，通过实验，也采用混凝沉淀方式来治理。引进的废水治理设施，在旋流沉淀池、二次铁皮沉淀池、污泥浓缩池等部位均设置除油设施，其主要形式是结合清泥设备，用带式或软管除油机将汇集的浮油吸附分离后，集中进行治理。为了提高循环水水质，连铸连轧浊环水系统经沉淀处理后，往往再用单层或双层滤料的压力过滤器进行最终净化，使出水悬浮物达到 20mg/L，含油量达到 5mg/L 左右。净化后的废水通过冷却塔保持循环水供水温度不高于 35~40℃。以上技术在当前的国内设计中已开始采用。冷却处理早在 20 世纪 50 年代就用于处理浊环水系统，当时采用重力式单层滤料快滤池，当进水悬浮物小于 100mg/L 时，出水悬浮物含量可达到 20mg/L。

当前国内引进的大型热轧废水治理装置和连铸废水治理装置，无论在工艺装备和控制方面，均可代表当前的国际水平。总的来说，连铸连轧废水处理在去除氧化铁皮的净化方面没有很大的困难，主要是除油技术方面的问题和由此引起的其他故障问题。连铸连轧废水治理主要解决两方面的问题，一是通过多级净化和冷却，提高循环水的水质，以满足生产工艺对水质的要求，同时减少排污和新水的补充量，使循环利用率得以提高。目前国外设计的项目，包括净环在内，整个系统的循环率可达 97% 左右，国内由于钢铁业的升温，使得多条较先进的生产线上线，也使得废水处理技术上到一个新的台阶，这就让目前大的钢铁企业废水循环率达国外水平的 97% 左右。废水处理的另一个重要内容是着眼于回收已经从水中分离的氧化铁皮和油类，从而减少对环境的污染。因此，完整的连铸连轧废水设施还应包括废油回收以及对二次铁皮沉淀池和过滤器的细颗粒氧化铁皮进行浓缩、分离的作用，同时不产生污染。

国内目前连铸连轧浊环水处理工艺主要有两种模式：一种采用旋流井、平流池和过滤器的处理工艺；另一种采用旋流井、化学除油除污器或者采用旋流井、稀土磁盘与小平流池模式。工艺过程如图 3-85 和图 3-86 所示。

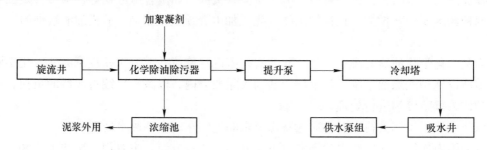

图 3-85　化学除油除污器的处理模式

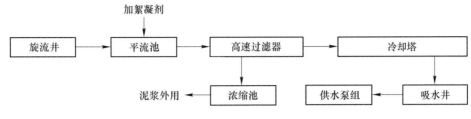

图 3-86 平流池＋高速过滤器处理模式

3.7.10 固体废物综合利用及处置技术

3.7.10.1 钢渣的处理技术及综合利用

A 钢渣的处理技术

a 热闷法钢渣处理技术

热闷法是将热熔钢渣直接倾翻入热闷装置内，打水冷却翻动后再加盖热闷，水雾遇热渣产生的饱和蒸汽与钢渣中的 f-CaO、f-MgO 发生反应，使钢渣自解粉化。

钢铁企业中常用的热闷法主要有闷罐法和热闷池法。

（1）闷罐法。闷罐法是把钢渣倒在渣坑中，待钢渣温度冷却到600℃左右时装入闷罐中，通过控制向闷罐中喷洒的水量和喷水时间使钢渣在闷罐内高温淬化、冷却。罐内水和钢渣产生复杂的温差冲击效应、物理化学反应，使钢渣淬裂。

（2）热闷池法。企业中所采用的热闷池工艺有以下 3 种方式：

1）液态渣采用热闷处理：转炉出渣后由渣罐运输至热闷车间，然后将热闷渣倒入热闷池中，喷水冷却，并用机械抓斗搅翻（防止结块），使液态渣快速固化，加满后，加盖，喷水，热闷。

2）液态渣先固化，再热闷。利用渣罐将钢渣从炼钢厂运至渣钢厂，将渣罐中液态渣倾倒在渣场，固化，待凝固成固态渣后，再将固态渣装入渣罐，利用行车将渣倒入热闷池中，装满渣后，加盖，水封，从顶部喷水，热闷。

3）利用渣罐将钢渣从炼钢厂运至热闷车间，将渣罐中液态渣倾倒入热闷池，装满渣后，加盖，水封，从两侧喷水，热闷。

热闷法的优点是：工艺技术先进，其先进性是利用钢渣本身的余热产生蒸汽，消解钢渣中 f-CaO 和 f-MgO，而不需要外供蒸汽，具有节能的特点；适应性强，对任何种类和各种流动性的钢渣均适用，针对炼钢过程采用溅渣护炉技术，钢渣黏度大、流动性差，用此工艺可实现100%处理率；利于废钢回收，机械化程度高，渣钢分离好；工艺简单，适于处理高碱度钢渣、钢渣活性较高、稳定性较好，并能处理固态渣。

其缺点为：占地面积大，处理时间长、效率低、粒度不均匀、后续破碎加工量大、处理周期长，粉渣利用价值较低。

b 滚筒法钢渣处理技术

滚筒法是将高温液态钢渣（1500～1600℃）从液罐倒入溜槽，由溜槽进入旋转且通水冷却的特殊结构的滚筒内急冷，液态钢渣在滚筒内同时完成冷却、固化、破碎及钢/渣分离，产生的蒸汽通过风机由烟囱集中排放，排出的钢与渣互不包融，呈混合状态，易磁选分离，分离出的钢渣可直接利用。

其优点为：流程短、渣钢分离好、f-CaO 低、金属回收率高、污染小、排渣快、占地面积较少、渣粒性能稳定。

其缺点为：工艺受每罐的渣量大、滚筒装置的进料口的限制，只能处理流动性好的渣，处理率低。并且该工艺使用的设备投资大、运行成本高、设备较复杂、故障率高、维修难度大。

c　浅盘热泼法钢渣处理技术

浅盘热泼法是将热熔钢渣用渣罐倒入特制大盘中，喷水急冷，降温至 500℃ 的钢渣由浅盘倒入受渣车内进行二次淋水冷却，降温至 200℃ 的钢渣倒入水渣池进行第三次冷却，最后将龟裂粉化的水渣捞出沥水后，进一步加工。

其优点为：操作者劳动条件好，而且作业安全。该工艺机械化、自动化程度高，对环境的污染少，熔渣经 3 次水冷却，大大减少渣中游离氧化钙及氧化镁等所造成的膨胀；处理后钢渣粒度小，大部分在 30mm 左右，粒度均匀，可减少后段破碎、筛分加工工序，减少能耗。

其缺点为：水资源消耗大、生产环节繁多、能源消耗大、余热资源没有回收，渣盘易变形、工艺复杂、运行和投资费用大。

d　冷弃法钢渣处理技术

冷弃法是将钢渣倒入渣罐（盘）缓冷或喷水强制冷却后直接运至渣场抛弃，国内渣山多是由此工艺而形成。此种方法占用大量的土地，钢渣资源不能利用，长时间放置造成环境的污染。

e　热泼法钢渣处理技术

钢渣倒入渣罐后，经车辆运到钢渣热泼车间，用吊车将渣罐的液态渣分层泼到渣床上（或渣坑内），喷淋适量的水，使高温渣急冷碎裂并加速冷却。然后用装载机、电铲等设备进行挖掘装车，现场建设磁选线或运至弃渣场破碎、筛分、磁选。

其优点为：工艺简单，冷却时间短，处理速度快，适用范围广，便于机械化生产，处理能力大，生产率高。

其缺点为：工艺投资大、占地面积大，不能回收余热资源，消耗大量的新水，对环境污染严重，设备损耗大，破碎加工粉尘大，蒸汽量大，钢渣稳定性差。

f　水淬法钢渣处理技术

高温液态钢渣在流出下降过程中，与多孔水喷头喷出的压力水束相遇，被压力水分割、击碎，再加上高温熔渣遇水急冷收缩产生应力集中而破裂，使熔渣在水幕中进行粒化，与水一起落入水渣池中进一步冷却。

其优点为：占地面积小、设备少、能耗小、排渣快、流程简单，处理后钢渣粒度小（5mm 左右），性能稳定。

其缺点为：处理率较低、要求钢渣的流动性好、水资源消耗大、不能回收余热资源，产生的蒸汽污染环境，熔渣水淬时操作不当，易发生爆炸，钢渣粒度均匀性差，只能处理液态渣。

g　水淬 + 热闷工艺方法

在钢渣水淬工艺设备旁建立热闷工艺闷渣池，水淬工艺无法处理的钢渣倒入闷渣池中热闷。该方法是结合了钢渣水淬工艺无粉尘和池闷工艺简单有效的优点，最大限度的克服这两种方法的缺点。只是现实分析该方法是同时采用了两种钢渣处理工艺，投资大幅度增加，钢渣处理成本高，操作步骤复杂。

h　风淬法钢渣处理技术

风淬法钢渣处理技术是将熔融的钢渣倒入封闭的空间内用风力将其吹成颗粒，落入水中进行冷却。该工艺与水淬相比，供水系统简化、基建投资少；风淬采用高压空气，液态钢渣粒化效果好，为钢渣应用创造了条件；风淬钢渣过程中，由于钢渣快速冷却，钢渣内 C_2S 仍然保留为 β 型，因此风淬后的钢渣一般不会粉化，质量稳定。

其优点为：占地面积小，设备简单，投资少，钢渣粒化效果好，安全高效，排渣快，工艺成熟，污染小，渣粒性能稳定，粒度均匀且光滑。

其缺点为：风淬工艺的要求是钢渣必须是液态，为了控制渣的流量，渣必须通过中间罐，因此风淬处理率一般不超过 50%，风淬气体利用空气时，由于氧化作用，粒化钢渣中单质铁完全氧化而无法回收，落入水池的渣粒为半熔融状态，显热无法回收，噪声大。

i　凝石法钢渣处理技术

液态钢渣倒入渣池中，同时加入石英砂，并吹入氧气，使渣池中具有一定的温度，石英砂和氧化钙发生化学反应产生硅酸钙。经凝石处理后的钢渣的碱度降低，f-CaO 也减少，体积膨胀大约是未处理钢渣的 1/10。

j　日本露天式蒸汽陈化处理钢渣——加压蒸汽陈化钢渣技术

加压蒸汽陈化钢渣技术是将钢渣在高温高压蒸汽下进行陈化处理，随着温度升高而大大缩短陈化时间。由于在封闭容器中，饱和蒸汽温度升高，加压蒸汽陈化水化反应速度比敞开式堆场蒸汽陈化提高 24 倍。这种现象已在实验室规模的小型高压容器实验中被证实。如图 3-87 所示为加压蒸汽陈化高压容器，钢渣陈化方式与时间见表3-44。

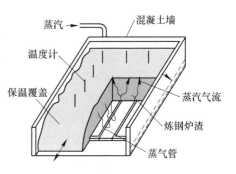

图 3-87　加压蒸汽陈化高压容器

表 3-44　钢渣陈化方式与时间

陈　化　方　式	处　理　时　间
自然陈化	2 年
热水浸陈化	1 星期
露天式蒸汽陈化	48h
加压式蒸汽陈化（0.6MPa）	2h

B　钢渣的综合利用

钢渣的综合利用主要包括以下几个方面：

（1）回收废钢铁。钢渣中含有较大量的铁，平均质量分数约为 25%，其中金属铁约占 10%。磁选后，可回收作为各粒级的废钢，其中大部分含铁品位高的钢渣作为炼钢、炼铁原料。

（2）用于冶金原料。具体为：

1）钢渣用作烧结材料。烧结矿中配加钢渣代替熔剂，不仅回收利用了钢渣中残钢、氧化铁、氧化钙、氧化镁、氧化锰等有益成分，而且成了烧结矿的增强剂，提高了烧结矿的质量和产量。烧结矿中适量配入钢渣后，能显著地改善烧结矿的质量，使转鼓指数和结块率提高，风化率降低，成品率增加。

2）钢渣用作炼钢返回渣料。使用部分转炉钢渣返回转炉冶炼既能提高炉龄，促进化渣，缩短冶炼时间，又可降低副原料消耗，并减少转炉总的渣量。

3）钢渣用作高炉熔剂。转炉钢渣中含有 40%~50% 的 CaO、6%~10% 的 MgO，将其回收作为高炉助溶剂可代替石灰石、白云石，从而节省矿石资源。另外，由于石灰石（$CaCO_3$）、$CaMg(CO_3)_2$ 分解为 CaO、MgO 的过程需耗能，而钢渣中的 Ca、Mg 等均以氧化物形式存在，从而节省大量热能。

（3）用于道路工程。具体为：

1）钢渣生产水泥及混凝土掺和料。钢渣用于筑路是钢渣综合利用的一个主要途径。欧美各国钢渣约有 60% 用于道路工程。钢渣碎石的硬度和颗粒形状都很适合道路材料的要求。钢渣可以用于道路的基层、垫层及面层。一般是钢渣与粉煤灰或高炉水渣中加入适量水泥或石灰作为激发剂，成为道路的稳定基层。

2）钢渣代替碎石和细骨料。钢渣还可以用于沥青混凝土路面，钢渣在沥青混凝土中有很高的耐磨性、防滑性和稳定性，与沥青结合牢固，相对于普通碎石还具有耐低温开裂的特性，因而可广泛用于道路工程回填。钢渣作为铁路道渣，具有不干扰铁路系统电信工作、导电性好等特点。由于钢渣具有良好的渗水和排水性，其中的胶凝成分可使其板结成大块。钢渣同样适于沼泽、海滩筑路造地。

（4）生产水泥。由于钢渣中含有和水泥相类似的硅酸三钙、硅酸二钙及铁酸钙等活性矿物，具有水硬胶凝性，因此可以成为生产无熟料水泥或少熟料水泥的原料，也可以作为水泥掺和料。钢渣水泥具有耐磨、抗折强度高、耐腐蚀、抗冻等优良特性。

（5）用作混凝土掺和料。通过磨细加工，使工业废渣的活性提高并作为一种混凝土用掺和料进入混凝土的第 6 组分——矿物细掺料。细磨加工不仅使渣粉颗粒减小，增大其比表面积，使渣粉中的 f-CaO 进一步水化以提高渣粉稳定性，还伴随着钢渣晶格结构及表面物化性能变化，使粉磨能量转化为渣粉的内能和表面能，提升钢渣胶凝性。利用钢渣微粉与高炉矿粉相互间的激发性，加以适当的激发剂可配制出高性能的混凝土胶凝材料。同时，根据不同的使用要求，还可配制出道路混凝土（抗拉强度高，耐磨、抗折、抗渗性好）、海工混凝土（良好的渗水、排水性，海洋生物附着率高）等系列产品。

（6）碳化钢渣制建筑材料。造成钢渣稳定性不好的主要因素是游离氧化钙和游离氧化镁，它们都可以和 CO_2 进行反应，且钢渣在富 CO_2 环境下，会在短时间内迅速硬化。利用这种性质，可将钢渣制成钢渣砖，再次用到不同的建筑中，其重要意义在于碳化养护材料的物理化学性能得到了重大改进。与此同时，有效控制了 CO_2 的排放，改善温室效应。

（7）用于地基回填和软土地基加固。钢渣做地基回填料主要控制钢渣在地基的膨胀性能，钢渣的膨胀性能是长期的，主要与钢渣的物化性质有关。堆放一年以上的钢渣大部分已经完成膨胀过程，块度在 200mm 以下，可以作为回填材料，回填经过 8 个月后基本稳定。在回填工程中地基下沉量一般是很大的，采用钢渣作为地基回填材料，减少了地基的下沉值，对工程是有利的。

钢渣桩加固软土地基是在软地基中用机械成孔后填入钢渣形成单独的桩柱。当钢渣挤入软土时，压密了桩间土，然后钢渣又与软土发生了物理和化学反应，钢渣进行吸水、发热、体积膨胀，钢渣周围的水分被吸附到桩体中来，直到毛细吸力达到平衡为止。与此同时，桩周围的软土受到脱水和挤密作用。这个过程一般需要 3~4 周才能结束。

（8）在环境工程方面的应用。在水处理方面钢渣主要是被用作吸附剂，因为钢渣疏松多孔，比表面大，具有一定的吸附能力，并且钢渣的密度大，在水中的沉降速度快，易于固液分离，可以用作吸附材料用于工业废水处理。

研究表明，钢渣具有化学沉淀和吸附作用。在钢渣处理含铬废水研究中，铬的去除率达到99%。钢渣处理含锌废水的研究中，锌的去除率达98%以上，处理后的废水达到 GB 8978—1988 污水综合排放标准。钢渣处理含汞废水的研究中，汞的去除率达到90.6%。

（9）在农业上的应用。钢渣作为碱性渣可以用于酸性土壤中，其中的 CaO、MgO 可改良土壤土质。含磷高的钢渣也可用于缺磷碱性土壤中并增强农作物的抗病虫害能力。硅是水稻生长需求量最大的元素，SiO_2 含量高于 15% 的钢渣可作硅肥。

（10）应用于装饰工程。由于钢渣有很大的强度，而且本身具有一定的颜色，所以用钢渣开发人造石和人造仿古建筑材料。用于大型的公园的外装饰墙、人造雕塑、人造无机坐椅等。

（11）制备陶瓷材料。用钢渣做原料，加入变性剂，可制作钙、镁铝、硅玻璃陶瓷。由于钢渣是过烧熔融体，钢渣主要是含有熔点较低的晶相，所以钢渣的加入会使得陶瓷的烧成温度较低，并且具有强度高、质量轻、热稳定性好、有利于环境保护的优点。

（12）在大气处理方面的应用。煤炭燃烧产生的尾气中，含 SO_2、NO_x 等多种大气污染物，钢渣的碱性符合处理大气的要求，钢渣中的碱性氧化物与废气中的酸性气体 SO_2 反应，从而达到净化气体的目的，所以该过程不是简单的吸附过程而是化学反应过程。其处理效果与反应条件有关。

C　河钢唐钢钢渣综合利用实绩

a　主要生产系统

2012 年 2 月，河钢唐钢建成路基用钢渣混凝土生产线，年产路基用钢渣混凝土 40 万吨。该生产线包括：粉仓 3 个、500 型搅拌机 1 台等。

2013 年 5 月，建成国内首创的地上闷渣车间，并投入使用。该车间有 12 个热渣池（8m×7m×4.5m），每个渣池有自吸式除蒸汽烟囱，每天处理热钢渣约 2000t，热钢渣温度为 800℃，处理后渣体温度为 60℃以下。整个水系统独立循环，渣池容量为 250m³。年可处理钢渣 120 万吨。

2015 年 10 月，建成集钢渣超细粉生产、深度提取粒子钢、机制砂生产为一体的"3in1"生产线，年可生产钢渣超细粉 30 万吨、机制砂 10 万吨。该生产线包括：棒磨机 1 套、球磨机 1 套、辊压机 1 套及配套设施。

2016 年 3 月，建成新的钢渣处理线，实现钢渣处理的精细化、柔性化，年处理钢渣 120 万吨。该生产线包括：自磨机、锥破设备、多级磁选、多级筛分设备。

b　工艺流程

具体的工艺流程如图 3-88 所示。

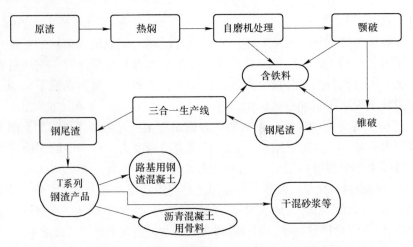

图 3-88　河钢唐钢钢渣综合利用系统工艺流程

c　钢渣综合利用系列产品

借鉴国外先进工艺、技术，开发出钢渣系列产品（见图 3-89）：路基用钢渣混凝土（水稳料）、钢渣超细粉、沥青混凝土用骨料、钢渣脱硫剂、机制砂、干混砂浆、人工礁石、电梯（装载机）配重块、制砖等，钢渣综合利用率达到 100%。

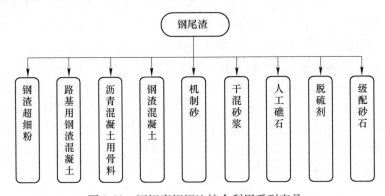

图 3-89　河钢唐钢钢渣综合利用系列产品

以路基用钢渣混凝土为例：河钢唐钢与 Harsco 公司合作开发的路基用钢渣混合料，其产品经地矿部杭州质量所、唐山守信建筑质量检测有限公司检验，完全符合国家标准，可替代目前常规的水稳料。该项技术于 2012 年 12 月申请国家专利并获批。河钢唐钢开发的路基用钢渣混合料，其产品具有强度高、韧性好、缓凝时间长、抗裂、抗折性能好的特点；其缺点是干密度较大，现场实物照片如图 3-90 和图 3-91 所示。

近四年来，路基用钢渣混合料累计销售 30 万吨以上，涉及唐山 60 个路段，全部通行顺畅，无一质量事故并无一翻修。

3.7.10.2　尘泥的处理技术及综合利用

A　尘泥的处理技术

尘泥处理技术有：

（1）直接还原金属化球团法转炉尘泥综合利用技术。直接还原金属化球团法是将混合

图 3-90 钢渣混凝土地面硬化   图 3-91 混凝土预制件

料直接送入转底炉进行焙烧，制取金属化球团，返回烧结加以利用。其特点是可避免将转炉尘泥直接返烧结利用而造成的原料重金属富集，进而影响炼铁工序的顺利进行。

（2）热压块法含铁尘泥综合利用技术。热压块法是将 LT 系统蒸发冷却器收集的粗灰和除尘器收集的细灰以及铅/锌含量低的电炉粉尘先按一定比例混合，然后送回转窑加热到压块温度，再送入压块机压成块状，经过筛分和冷却后直接送转炉利用。

国内外典型钢铁企业含锌含铁尘泥处置情况见表 3-45。

表 3-45　国内外典型钢铁企业含锌含铁尘泥处置情况

序号	企业名称	技 术 工 艺	实 施 效 果
1	新日铁	17 万~31 万吨/年转底炉，原料采用压块及圆盘造球	目前运行情况良好
2	浦项	20 万吨/年转底炉，原料采用圆盘造球	初期运行不好，目前情况良好
3	蒂森克虏伯	50 万吨/年竖炉，原料采用压块	运行情况尚可，渣钢、渣铁均可入竖炉，此工艺技术对原料的适应性强，冶炼需配入焦炭及富氧热风
4	中国台湾中钢	13 万吨/年转底炉，原料采用压块	初期锅炉换热器黏结堵塞严重，需定期清理（1~2 个月）
5	马钢	20 万吨/年转底炉，原料采用圆盘造球	初期运行不顺（作业率约 60%），能耗高，目前情况尚可
6	沙钢	42 万吨/年转底炉，原料采用压块	存在烟气系统换热器黏结堵塞问题，国产设备故障率高，作业率不高，脱锌效果尚可，炉腔温度为 1250℃，脱锌率可以达到 90% 左右
7	日照钢铁	42 万吨/年转底炉，2 台，原料采用压块	初期烟气系统锅炉黏结、堵塞，目前高温烟气直接掺冷风后进除尘器，运行能耗高（达到 400kgce/t DRI），成品抗压强度达 3000 个以上
8	莱钢	20 万吨/年转底炉，原料采用压块	初期烟气系统锅炉黏结、堵塞
9	太钢	50 万吨/年竖炉，采用压块；部分除尘灰生产冷压块返回转底炉做冷却剂使用	目前运行尚可，原料处理能力不足

序号	企业名称	技 术 工 艺	实 施 效 果
10	鞍钢	高炉瓦斯灰采用磁选、浮选，低锌泥返回烧结配料，转炉OG泥与氧化铁皮混合造球，经焙烧制成球团矿送高炉。建有一条规模6000万块制砖生产线，消纳粉煤灰和高锌尘泥	—
11	武钢	高炉瓦斯灰采用磁选、浮选，低锌泥返回烧结配料，高锌泥制砖。利用转炉OG泥与氧化铁皮混合造球，经焙烧制成球团矿送高炉	—
12	河钢集团（唐钢、邯钢）	瓦斯泥外售，转炉OG泥替代精矿粉参与烧结配料	河北地区民营钢厂多，小高炉较多，对钢厂的含铁固废资源需求量大，河钢唐钢、河钢邯钢的瓦斯泥外售后再选矿进入小高炉炼铁
13	包钢	含铁尘泥综合利用形成5个途径：烧结工艺大部分除尘灰直返烧结配料；炼铁瓦斯灰全部返烧结配料；一、二炼钢部分转炉OG泥造球后返转炉做冷却剂；瓦斯泥经磁选、重选复合处理工艺加工后返烧结工艺利用；其他含铁尘泥混合加工后返烧结工艺利用	—
14	攀钢	约含铁尘泥总量的80%返回烧结配料，其余为含有害杂质较高的尘泥废弃或外售	—
15	昆钢	高炉瓦斯泥采用回转窑脱锌后经窑渣破碎、磁选后返回烧结配料；转炉尘泥直接返回烧结配料	—
16	奥钢联	奥钢联下属各钢厂转炉尘泥压块或喷吹至转炉做冷却剂用（冶金辅料），其余尘泥以返回烧结配料用为主	—
17	安塞乐等欧洲钢厂	欧洲钢厂低锌含铁尘泥以返回烧结配料为主；高锌含铁尘泥造块后生产金属化球团（采用回转窑脱锌工艺）返回高炉利用或生产冷压块返回转炉作冷却剂用两种方式为主	—

B　含铁尘泥的综合利用

含铁尘泥的产生量大，在钢铁企业固体废物中占最大比例，含铁量一般在60%左右，同时又富含碳、氧化钙、氧化镁等有用单质及化合物，最合理的利用途径就是返回钢铁生产过程。根据含铁尘泥返回钢铁生产过程的位置不同，可以将对其进行回收利用的方法分为3种：烧结法、炼铁法及炼钢法。

（1）烧结法。烧结法是把含铁尘泥加入到烧结混料中，使其作为原料返回生产工艺，这是我国当前利用含铁尘泥的最主要的方法，这种方法对含铁尘泥的利用量占总量的85%以上，具有投入少且见效快的优点，这种方法也可以用于处理品质较低的含铁尘泥。

（2）炼铁法。炼铁法是把含铁尘泥返回至高炉利用，这是国外主要的处理方法，优点是既可以除去含铁尘泥中的锌、铅等有色金属，又能使含铁尘泥得到充分利用。

（3）炼钢法。炼钢法是将含铁尘泥作炼钢造渣剂，返回炼钢工艺，国内外的许多企业都在使用，该方法加快成渣，冷却效果较好，改善渣料结构，简化炉前操作，因冷固球团良好的起渣、化渣效果，可以减少甚至不加萤石。加入冷固球团可使转炉炼钢初期炉渣碱度提高，使 MgO 在渣中的溶解度降低，减少炉衬侵蚀，有利于提高转炉炉龄。

3.7.11 噪声控制技术

炼钢工艺噪声源较多，噪声类型也不尽相同，应针对具体情况，主要从 3 个环节进行防治：根治声源噪声、在传播途径上控制噪声、在接受点进行个体防护。

（1）根治噪声源，是一种最积极最彻底的措施。在满足工艺设计的前提下，尽可能选用低噪声设备，采用发声小或基本不发声的装置，在工艺路线上为尽早治理打下良好的基础。

（2）在传播途径上控制噪声，是目前工厂常用且最有效的噪声控制技术。在设计中，着重从消声、隔声、隔振、减振及吸声上进行考虑，结合合理布置厂内设施，采取绿化等措施，可降低噪声 35dB（A）左右，使噪声得到综合性治理。如：在工程设计施工中，排气筒直径要与废气量相匹配，同时确保烟气通过风机与排气筒时顺利排出，而不反复折叠和产生湍流；除尘风机与排气筒之间设置为软连接；在各类风机进、出口处加装管道消声器；煤气鼓风机和空气压缩机内衬泡沫吸声材料、外罩钢板封闭结构；煤气鼓风机、空气鼓风机、离心机、泵类设置单独基础或减振措施，设备与管道间采用金属软管柔性连接。

3.8 电弧炉炼钢工序绿色工艺技术

电弧炉炼钢主要利用电弧加热，在电弧作用区，温度高达 4000℃。冶炼过程一般分为熔化期、氧化期和还原期，在炉内不仅能造氧化气氛，还能造还原气氛，因此脱磷、脱硫的效率很高。电弧炉钢多用来生产优质碳素结构钢、工具钢和合金钢。这类钢质量优良、性能均匀。以废钢为原料的电炉炼钢，比之高炉转炉法基建投资少，同时由于直接还原技术的发展，为电炉提供金属化球团代替大部分废钢，因此就大大推动了电炉炼钢的发展。世界上现有较大型的电炉约 1400 座，电炉正在向大型、超高功率以及电子计算机自动控制等方面发展。

近几年来，我国在电弧炉炼钢技术上取得了明显的进步，尤其是在炉料结构多元化、能量利用技术多元化、余热利用技术、操作控制智能化以及超高功率电弧炉等方面，但与国际先进国家生产技术相比仍然有很大的差距。提高电炉冶炼效率，优化电弧炉炼钢的生产工艺，从而降低生产过程中的能源消耗，降低电炉炼钢生产对环境的污染等是电弧炉炼钢的发展目标。

3.8.1　废钢分拣预处理技术

废钢是炼钢过程中不可缺少的原料之一,生产生活中产生的废钢大都不能直接作为炉料,配以入炉,必须经过分拣预处理加工后,达到一定的质量、粒度和堆密度要求,同时还要保证废钢洁净不含杂质,方可入炉。这就要求必须要有各种各样的废钢加工设备对废钢原料进行分拣加工处理,使其变成合格的废钢产品,达到增大密度、减小粒度以及除杂净化的目的。

3.8.1.1　废钢分拣预处理技术现状

废钢加工设备主要有废钢打包压块设备、钢剪断设备及废钢破碎设备等,其中废钢破碎处理技术是公认的最先进高效的废钢加工分拣处理技术。废钢破碎机的加工种类多,生产率高,能剔除杂物,配以适当的分选设备,能将混在废钢中的有色金属分选出来,得到非常纯净优质的废钢原料。

3.8.1.2　破碎废钢的特点

废钢破碎机是废钢破碎生产线的主要设备之一,废钢破碎过程中破碎机锤击破碎废钢的同时,可以除净其表面油漆、锈迹、铬等表面镀层,锤击破碎之后分选净化,将废钢铁、有色金属及非金属物分别归类。在破碎过程中产生的高温能够融化废钢表面油漆,通过磁吸分离有色金属、玻璃、橡胶、塑料等,过程机械化程度较高。经过废钢破碎生产线分拣加工处理的废钢是洁净的优质废钢,其自然堆积密度为 $1.2 \sim 1.7 t/m^3$,是理想的炼钢炉料。在钢铁冶炼中,破碎废钢具有以下优点:

(1) 收得率高,即炼出的钢水与投入的废钢比例增高。

(2) 每炉钢的化学成分稳定。

(3) 由于有色金属及非金属物质已被分选,因此钢水中的硫磷含量低。

(4) 和其他废钢混合加料时,破碎料可填充空隙,提高入炉料密度,减少加料次数、减少电极破损、炉内受热均匀。

(5) 耐火材料炉衬的寿命延长。

(6) 空气污染及炉渣减少。

(7) 每吨钢水的耗电量低。

3.8.1.3　破碎废钢的工作原理

破碎机核心原理就是利用锤子击打撕碎废钢。在高速大扭矩电动机的驱动下,主机转子上的锤头轮流击打进入容腔内的待破碎物,通过衬板与锤头之间形成的空间,将待破碎物撕裂成合乎规格的破碎物。破碎机的主机结构如图 3-92 所示。

从技术上分析,破碎机的主要结构特点:机身采用特厚钢板加斜撑的加强结构,能确保机器强力破碎的超负荷要求,而且直接受力部分采用"榫头"结构,进一步提高机器的可靠性。衬板、锤头采用特殊耐磨材料,提高了使用寿命;而且锤头采用活动安装结构,一旦遇到不可破碎物误入破碎机内,可以甩过而避开,同时可打开破碎机专置的不可破碎物排放门,将其从机内排除,从而降低对机器的损坏程度。带着锤头与隔套并高速旋转的

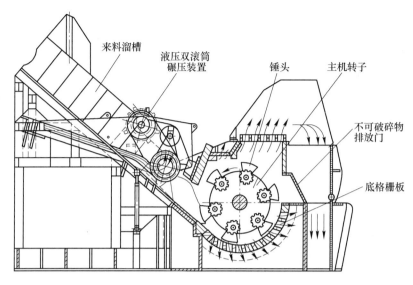

图 3-92 破碎机结构示意图

主轴及独特的底栅板结构，是高生产效率的保障。液压双滚筒碾压装置是破碎机的入料预处理机构，可将外形尺寸较大的薄壳类及轻金属构件压缩整形，变成可顺利进入破碎机进料喉口的物料，从而扩大了破碎机的加工物料范围，同时能提高破碎机的生产效率。

3.8.1.4 破碎废钢生产线的基本配置及工艺流程

废钢破碎线主设备包括：链板式上料输送机、废钢破碎主机、液压单辊送料机、排料震动给料机、皮带式出料输送机、上吸式磁选机、出料输送机、排料输送机、除铁机、回转式输送机等。

配套系统包括：电气控制系统、喷淋降尘分选系统、液压系统、电视监控系统以及上述设备、系统之间所需的电线、液压和喷淋管路等。

如图 3-93 所示是废钢破碎生产线工艺流程及常规配置设备示意图。经压扁或打包处理过的废钢原料，通过鳞板输送机运至进料斜面，进料斜面上装有可转动的一高一低的两个碾压滚筒，将其压扁并送入破碎机内。在破碎机内，有一组固定在主轴上的圆盘和一组装在圆盘之间可以自由摆动的锤头，通过高速旋转产生的动能，对废钢进行砸、撕等破碎处理，将废钢处理成块状或团状，并穿过下部或顶部的栅格，落于振动输送机上。第一次未能处理成尺寸足够小的废钢，会在破碎机内被转动的圆盘和锤头再次处理，直到能穿过栅格为止。

意外进入破碎机内的不可破碎物，由操作人员及时打开位于顶部下方的排料门，将其弹出。在破碎机进行破碎的同时，对破碎机内进行喷水，以便降温和避免扬尘。从破碎主机出来的破碎物，经过振动输送机、皮带输送机、磁力分选系统、空气分选净化系统，把黑色金属物、有色金属物、非金属物分离开，并由各自输送机送出归堆。有色金属和非金属物在输送机上会再次经磁选设备的筛选，把游离的黑色金属物拣出，从而提高黑色金属物的回收率。同时可自动进行有色金属的挑选回收，提高回收效益。整个破碎线由 PLC 控制，可实现自动控制和人机界面操作。

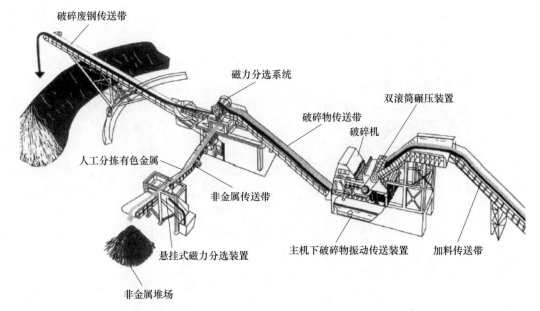

图 3-93　废钢破碎生产工艺流程示意图

3.8.2　合金废钢分类回收管理

合金钢生产从原料投入到成品产出,经历了冶炼、热加工、冷加工等工艺流程。每个工序都会有一定量的废次料产生,而形成合金废钢。

废钢是一种再生资源,对其综合利用比开发原生矿要节约大量能源。1t 普通废钢相当于 3 ~ 4t 铁矿石,1 ~ 1.5t 焦炭。对于合金废钢来说,视其品种和合金含量的多少,其冶金价值和当量能值,一般都要超过普通碳素废钢的几倍乃至几十倍。因此,合金废钢具有极大的再生利用价值。

合金废钢的管理,犹如百货超市,具有量大、品种多、形状各异的特点,不足之处是无明显标志,动态供需不平衡矛盾突出。合金废钢的回收管理,需要厚实的专业知识和强大的物流支撑;合金废钢的使用,源头在市场,落实在生产计划,操作在优化配料和工艺,基础是成分要清,追求的是合金元素和低磷特性充分利用,减少产品合金的投入。

3.8.2.1　技术管理措施

根据合金元素的价值量和废钢中的含量多少,将回收可利用的主合金元素,确定为 Ni、Mo、W、V。同钢种中含有多个贵重元素,根据价值量和含量的大小,一般确定为 Ni、Mo、W、V、Cr 的顺序,对含 Cu、Co 钢种实行特别管理,在同钢种冶炼中返回。

3.8.2.2　合金废钢回收的分类方法

按生产品种将钢类分类为 12 大类,即碳结碳工钢、轴承钢、弹簧钢、合结钢、合工钢、模具钢、不锈钢、高温合金、钛合金、精密合金、高强钢、高速工具钢。

12 大类的各种合金废钢,按可回收元素组合进行细分,形成可回收的主元素系列。

分到各系列后，再根据可回收元素的含量，按合金元素 Ni 1%、Mo 1%、W 1%、V 1%、Cr 5% 的台阶，进行了不同含量不完全等分的阶梯式再细分。细分中根据元素价值量的大小，以价值量大的为主，次要元素兼顾了冶炼配料的成分精控要求。将同大类主元素含量相近的钢种进行归并。

一些高合金的钢号、横拼金属、易造成配料困难的高 S、P 钢号，原则上基本单列，以利于该合金废钢专料专用。如：不锈钢 00Cr25Ni3，高温合金 GH1015、Y12 等。单列的还有含有害元素的一系列钢号，如含 Cu、Co 系等。一些合金元素含量较高，有一定的利用价值，利用的价值主要取决于冶炼是氧化法还是返回法的少量钢号，也进行了单列。

（1）含铜镍钼类废钢。部分品种如管线钢，富含铜、镍、钼等难氧化贵重合金元素，对其废弃品进行专项回收利用。经测算：1t 含铜镍钼类专用废钢的平均合金价值 1805.98 元。

（2）含铜类废钢。部分品种如 QRD 系列钢种，富含铜等难氧化贵重合金元素。回收的主要目的是避免其混入到普通低硫、低锰废钢中，影响其他品种钢的生产，同时由于其铜含量较高，在指定钢种上集中冶炼时可回收其中的铜，一举两得。

（3）含铜镍类废钢。部分品种如集装箱、耐候钢，富含铜、镍等难氧化贵重合金元素，对其在炼钢厂生产过程中产生的废弃品进行集中回收，供给作为冶炼集装箱的专用废钢。经测算：1t 含有铜镍类废钢的平均合金价值为 642.25 元。

（4）含锡类废钢。锡元素熔点低，易在钢中缺陷和晶界处聚集，引起钢材的加工脆化。为了避免使用锡对热轧结构钢等品种的性能质量造成不利影响，对镀锡卷板在冷轧过程中所产生的废钢实行单独回收、加工、存放及输出供应。在此基础上，组织在低牌号无取向硅钢 W20、BDG、W30GS 上进行批量锡板废钢加入试验。后续硅钢跟踪结果证明：使用锡板废钢，对成品铁损有一定改善。

（5）低铜、超低硫、低锰、高磷、高硅、特殊废钢的专项回收针对品种生产的需要，对低铜废钢、超低硫废钢、低锰废钢、高磷废钢、高硅废钢、特殊废钢等多类专用废钢进行回收再利用工作。

3.8.2.3 合金废钢回收管理

实行统一管理，通过制定"合金废钢回收管理办法"落实责任，建立分级管理回收网络。按照回收的归类标准，转换成材料代码和内部转移价，在 ERP 系统上集成；生产单元各工序落实专人和专用回收工具进行回收，回收人员属地化管理。回收工作的重点是防止混料、混品级现象。

3.8.3 废钢预热技术

伴随着钢铁生产的技术进步，我国电炉炼钢技术也得到了持续的发展，包括超高功率冶炼、富氧及燃料喷吹、偏心炉底出钢、热兑铁水等，但与国外同行相比，我国电炉炼钢的综合能耗偏高，尚未达到国际先进水平。而电炉炼钢中富氧技术的应用直接导致了电炉烟气温度上升，温度可达 1300℃，随烟气显热带走的热量占总投入热量的 13%~20%。理论上废钢预热温度每增加 100℃，吨钢可节约电能 20kW·h。除节约能源、降低消耗外，废钢预热还可缩短冶炼周期，提高生产率。

3.8.3.1　废钢预热技术现状

目前，工业应用的废钢预热技术主要有吊篮型、直流双壳炉型、竖炉型和 Consteel（康斯迪）型 4 种。

（1）吊篮型预热方式。吊篮型预热方式是将装满废钢的吊篮放入容器中进行预热，同时备用吊篮轮流连续使用。实践表明，吊篮型废钢预热的效果受到废钢种类、烟气温度、预热时间等因素影响，不同电炉节省电力的大小差别较大，通常可以回收 20% ~ 30% 的烟气余热，吨钢降低电耗 10 ~ 35kW·h（平均为 20kW·h），每炉冶炼周期缩短 3min，吨钢节约电极 0.3 ~ 0.5kg，提高生产率约 5%。随着电炉炼钢技术的发展，电炉冶炼周期缩短，要提高烟气余热回收率，就需要提高废钢预热的时间和预热废钢的比例，从而需要多个吊篮进行预热，通过串联形成吊篮型多级废钢换热，提高预热效果。

吊篮型废钢预热在节约电力的同时，也带来了污染物排放问题，特别是二噁苣（致癌物）的产生，其主要是废钢中的油分、涂料、橡胶、化学合成品等有机物和锌、镉镀层挥发物在预热装置中温度较低时加热而产生。受到吊篮局部过热变形、废钢黏结的限制，预热温度不能太高，预热效果有限，限制了该方法的推广使用。

（2）直流双壳电炉。为提高电炉生产能力，日本率先开发出直流双壳电炉，可达到 100% 废钢预热，吨钢可减少电耗 60 ~ 90kW·h。受换热能力和废钢类型的限制，直接采用烟气余热来预热废钢的双壳炉型实际很难取得预期效果，故多采用带有烧嘴的双壳炉型废钢预热方法，而且需要增加其他燃料。尽管这种方法吨钢耗电量能够减少，生产率提高 20% 以上，通常节约 20 ~ 40kW·h，但因增加了其他能源，导致节能效果下降。

（3）竖炉型废钢预热法。由于吊篮型废钢预热存在环境和预热效果的问题，在 20 世纪 90 年代初，出现了两种商业运行成功的废钢预热方法，即竖炉型废钢预热和 Consteel 型电炉废钢预热法。竖炉型废钢预热方法，是目前最为成功、应用最为广泛的电炉废钢预热方法。竖炉直接安装在电炉上方，电炉排出烟气不经管道直接进入竖炉，保证了排气热量的充分利用。双壳炉体型竖式电炉，热效率比一般烧嘴热效率要高，可回收废气热量的 60% ~ 70%，与无竖炉的传统超高功率电弧炉相比，吨钢总能耗要减少 50 ~ 100kW·h，提高生产效率 15% 以上，并且减少环境污染。连续装料型 S-EAF ——竖式双电极直流电弧炉，吨钢电耗下降 40kW·h 以上，冶炼周期缩短 7 ~ 8min，生产效率比常规机组增加 30% ~ 40%。

竖炉型废钢预热仍然存在一些需要改进的地方，如由于剖面不对称或呈椭圆形导致炉内受热不平衡，从而引起热损失；高温预热导致废钢氧化，降低炼钢收得率并增大为进行还原而需要的能量；废钢保存装置抗热负荷的可靠性；二次燃烧的空间小，增大了防止一氧化碳气体爆炸的难度。

（4）Consteel 电炉。Consteel 电炉是在连续加料的同时，利用炉子产生的高温废气对运送过程中的炉料进行连续预热，可使废钢入炉前的温度高达 500 ~ 600℃，而预热后的废气经燃烧室进入预热回收系统。它实现了废钢连续预热、连续加料、连续熔化，提高了生产率，改善了车间内外的环保条件，降低了电耗及电极消耗等。连续电弧炉是未来电弧炉的发展趋势，具有显著的节能作用。

尽管 Consteel 电炉具有显著的节能效果，但目前也存在明显的不足，主要体现在以下

3 个方面:

1) 烟气余热利用不足,废钢预热温度低。Consteel 电炉的高温烟气单纯地从废钢炉料的上方通过,主要靠辐射将热量传给废钢,比烟气穿过废钢料柱直接进行热交换的废钢预热方式如竖炉式电炉的废钢预热效果差得多。

2) 动态密封准确控制难,预热通道漏风量大。电炉与 Consteel 废钢预热通道的衔接处、预热通道水冷料槽与小车水冷料槽的叠加处、上料废钢运输机与预热通道之间的动态密封装置处是主要漏风点。动态密封要准确控制则比较难,动态密封起不到应起的作用而成为最大的漏风点。

3) 料跨吊车作业率非常高,影响电炉生产。双吸盘电磁吊车给 Consteel 废钢运输机上料,吊车作业率高,这不但要求吊车司机要有熟练的操作技能,而且经常会因上料问题影响电炉生产。

针对以上问题,我国济南钢铁集团开发了一种新型的废钢预热装置,它不仅可与新建电弧炼钢炉配套,而且也可在投资很少的情况下对现有康斯迪电炉的废钢预热装置进行改造。

3.8.3.2 新型废钢预热技术

电弧炉新型废钢预热装置(见图 3-94)由小车式振动给料装置、烟气罩、废钢预热通道、烟气(抽风)管线和烟气流量调节装置、驱动系统、助燃烧嘴与二次风系统、冷却水系统、控制系统等组成。驱动系统采用四轴非谐激振器,使预热通道内安装在桁架上的双侧壁水冷料槽产生水平方向振动,废钢在料槽内靠惯性力前进。虽然在外形上与康斯迪电炉废钢预热装置的预热段有些相似,但却与康斯迪电炉的废钢预热装置有着本质的不同。

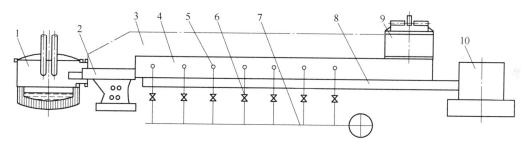

图 3-94 HCⅡ型电弧炉废钢预热装置

1—电弧炉;2—小车式振动给料装置;3—废钢预热通道;4—双侧壁水冷料槽;5—烟气抽风管道;
6—烟气流量调节阀;7—主烟道;8—振动机桁架;9—箱式液压废钢加料机;10—通道驱动装置

HCⅡ型电弧炼钢炉水平连续加料废钢预热装置,与康斯迪电炉的废钢预热装置根本区别在于:

(1) 烟气流动方向和热交换方式不同。康斯迪工艺的高温烟气主要从废钢预热通道内废钢料层的上部通过,靠辐射将热量传递给废钢,HCⅡ型废钢预热装置的高温烟气是自上而下穿过废钢料层,与废钢直接进行热交换,所以废钢预热温度高,且上下较均匀,底层废钢预热温度大于 $400℃$,上层废钢预热温度会超过 $600℃$。可节约电能 $65 \sim 100 kW \cdot h/t$。

（2）预热通道内水冷料槽的结构不同。康斯迪工艺的水冷料槽是单一结构，烟气是从尾部烟气罩侧出烟口流出，而 HCⅡ型废钢预热装置的水冷料槽是双侧壁结构。内层侧壁接触废钢，下有排烟口；外层侧壁中下部安装有抽风烟道，在抽风烟道的中间安装有烟气流量调节装置。靠此特殊结构来实现上述烟气流动方向和烟气余热与废钢的热交换。

（3）通道内废钢料层高度不同。康斯迪工艺预热通道内废钢料层高度约 0.7m 左右，HCⅡ型废钢预热装置通道内废钢料层高度可在 1.2 ~ 1.5m，较康斯迪工艺料层高度高，通道内存储的废钢量大，从而延长了废钢在预热通道内停留的时间，有助于废钢预热温度的提高。

（4）废钢上料方式不同。HCⅡ型废钢预热装置去掉了康斯迪工艺大约 30m 长的废钢运输机，采用的是箱式液压废钢加料机加料，从而缩短了设备长度，减少了占地面积，使车间废钢跨平面得以充分利用。HCⅡ型采用废钢料斗（料筐）向箱式液压废钢加料机加料，相对加料次数较少，避免了电磁吊频繁操作和多次长提升行程操作，节省了时间和操作费用，避免了因废钢上料而影响炉前生产的现象。

（5）废钢预热通道密封方式不同。康斯迪工艺的动态密封是最大的野风进入点，HCⅡ新型废钢预热装置去掉了康斯迪工艺的动态密封装置改为直接密封。箱式液压废钢加料机与通道水冷槽上方采用密封罩直接封闭，箱式液压废钢加料机侧后方与通道料槽尾部之间采用非常简单的软密封，从而大大降低了漏风量。

（6）漏风少，烟气余热可再次利用。因 HCⅡ型废钢预热装置漏风量少，烟气出口温度高，烟气量适当，为再一次余热回收（如加余热锅炉）提供了可能。正常情况下余热锅炉蒸发量可达到 23t/h 左右。

3.8.3.3　投资效益简要分析

以 1 座出钢量为 70t，冶炼周期 50min，年作业时间 7200h 的电弧炼钢炉为例，该炉年产钢约 60 万吨。康斯迪电炉废钢预热装置的改造费用初步估算约 400 万元。

改造前，原废钢预热装置可节电 25kW·h/t；改造后可节电 65kW·h/t，即吨钢可增加节约电能 40kW·h/t。这里只计算废钢预热后的节电效益，不计因废钢预热温度提高带来的如缩短冶炼周期，提高生产率等好处，仅电费一项年可节约（电费按 0.5 元/(kW·h) 计）1200 万元，4 个月即可收回改造投资。

如果在 HCⅡ型废钢预热装置后再加装 1 台蒸发量为 25 ~ 30t/h 余热锅炉，一次性投资约 700 万元。若按小时产蒸汽量平均为 20t/h 计，相当于吨钢回收 30kW·h/t 左右的电能。每吨蒸汽按 80 元/t 计算（锅炉蒸汽价格），年可收回 900 ~ 1150 万元。余热锅炉可在年内收回投资。增加余热锅炉（当然也可以采用其他换能装置收回余热）后，烟气温度可降到 200℃ 以下，符合袋式除尘装置的进风温度要求。

吨钢废气带走热量超过 150kW·h/t，经 HCⅡ型废钢预热装置预热废钢回收 65kW·h/t，余热锅炉再次回收 30kW·h/t，共回收 105kW·h/t，余热能量回收率达到 70%，处于国内较好水平，年经济效益也可达到 2000 万元左右。采用 HCⅡ型废钢预热装置后，70t 电炉仍可采用原有除尘系统，除尘风机仍为 800kW，而不必增加风机功率。

采用 HCⅡ型废钢预热装置或改造原有废钢预热装置，不到半年的时间即可收回全部投资，以后的维护费用很少，但却长年发挥着效益，故说它是一个"一本万利"的投资项目，一点也不为过。尤其是在我国电力资源匮乏，电价居高不下，而且短期内没有改观的情况下，节约电能、降低生产成本，对电炉钢企业的生产组织和获取较好的经济效益，更具有重要意义。

3.8.4 电炉炼钢加铁水技术

电炉炼钢中废钢的快速熔化与钢水的升温操作是电炉最重要的功能，将预热好的第一炉废钢加入炉内后，这一过程即开始进行。为了在尽可能短的时间内把废钢熔化并使钢液温度达到出钢温度，在现代电弧炉中一般采用以下操作来完成：以最大可能的功率供电，氧-燃烧嘴助熔，吹氧助熔和搅拌，底吹搅拌，泡沫渣以及其他强化冶炼和升温等技术。这些都是为了实现最终冶金目标，即为炉外精炼提供成分、温度都符合要求的初炼钢液为前提，因此还应有良好的冶金操作相配合。

向电炉内吹氧除了用于元素氧化，切割废钢，造泡沫渣外，还采用了氧-燃料烧嘴以增加能量供应，特别是有利于加速炉内冷区废钢的熔化。强化用氧意味着吨钢氧用量的增加，目前许多电炉从人工吹氧发展到氧枪机械手和水冷氧枪。UHP 电炉的吹氧量大多已超过了 $20m^3/t$（标态），有的甚至达到 $30 \sim 40m^3/t$（标态）。供氧量的提高要求炉料中的配碳量相应提高，因而生铁用量普遍增加，有的甚至采用热装铁水，使得电炉能量输入中化学能的比例大幅度提高。

而铁水作为电炉原料又是近几年来的一项新技术，电炉兑入部分铁水后，可以显著降低电耗、缩短冶炼时间。同时，铁水可明显稀释废钢中的有色金属元素，如果经过铁水预处理可进一步生产超低硫、磷的钢种。铁水加入比例各厂数据波动在 10%～50% 之间，一般以 30% 左右为多数。其合理的数值要根据企业本身的实际情况而定，主要与工艺流程，全厂金属平衡及产品种类有关。从铁水兑入比例对冶炼时间影响角度看，有人认为存在一个冶炼时间最短的比例值，在河钢舞钢的试验结果为 31.8%。由于铁水提供了大量的物理热和化学热，缩短了废钢的熔化和升温，从而使冶炼时间缩短，但当铁水比例超过上述临界值后，熔池脱碳成为冶炼的限制环节，因而随着铁水加入比例的增加冶炼时间反而增加。脱碳是炼钢过程的基本化学反应。电炉内脱碳反应符合炼钢过程脱碳反应的基本规律，但脱碳操作有自己的特点。在早期电炉炼钢主要通过加矿石来脱碳，由于矿石的熔化和分解要吸收大量的热量，而且脱碳反应是在界面上进行，因此，脱碳速度很慢。由于电炉炼钢以废钢为主要原料，炉料的配碳量与转炉相比要低得多，因而在通常情况下脱碳不是冶炼的主要限制环节。而且与转炉相比电炉的冶炼周期较长，因而对电炉冶炼过程脱碳模型的研究相对较少。然而，随着电炉炼钢短流程的出现，为与连铸节奏相匹配，电炉的输入能量显著加大，冶炼周期缩短至 1h 以内，有的达到了近 40min。因此，及时和准确地控制冶炼过程特别是终点的碳含量对于减少取样次数缩短冶炼时间显得十分重要。

3.8.5 转炉烟气余热回收技术

转炉和电炉在冶炼过程中产生大量含有 CO 和氧化铁烟尘的高温烟气，为回收利用高温烟气中的余热，同时降低烟气温度以便除尘和回收煤气，采用汽化冷却技术对转炉和电炉的高温烟气进行冷却。烟气余热回收技术的基本原理是在转炉或电炉一次烟气进入除尘系统前，通过气化冷却烟道或余热锅炉回收大量蒸汽，这些含能蒸汽可进入全厂蒸汽管网中供其他蒸汽用户使用，也可供就近饱和蒸汽发电设备利用。

工业上产生的高温烟气若未经回收直接排放，不仅造成环境污染，也造成能源浪费。通过烟气余热回收利用技术，将排空浪费的烟气回收利用，产生低温低压蒸汽达到节能减排的目的。汽化冷却利用汽化冷却管道中水的汽化吸热原理吸收烟气热量，一般分为自然循环汽化冷却、强制循环汽化冷却和复合式冷却（根据烟道不同段的特点分别采用自然循环汽化冷却、强制循环汽化冷却）。

转炉炼钢过程中产生富含约 $200m^3/t$（标态）的 CO 烟气，烟气主要含有 CO、CO_2、O_2 和基本成分为氧化铁的尘粒，烟气温度为 1500 ~ 1700℃，CO 含量为 40% ~ 80%，含尘量为 $150g/mm^3$。这部分烟气带出大量潜热和显热。这些有害气体直接外排，会严重污染大气环境，尽可能回收烟气中的热能和化学能，以降低炼钢工序的能耗，减少环境的污染。氧气转炉在炼钢过程中的烟气排放呈周期性变化，在转炉炼钢过程中，随着碳氧化速度的变化，熔池排出的炉气量、温度和成分也在不断变化，炉气温度则随熔池温度变化而变化。目前国内小型转炉吹氧时间约为 14 ~ 16min，大型转炉吹氧时间约为 22 ~ 24min，其他条件一定下吹炼时间越长烟气量就越多。在转炉吹炼过程中产生的烟气量不仅与吹炼时间有关还与吹氧强度有关，吹氧强度越大每分钟产生的炉气量就越大。

电炉炼钢分为熔化期、氧化期和还原期。熔化期产生的烟气主要是由于炉料（废钢）中的油脂类、塑料等有机可燃物质的燃烧产生以及某些轻金属在高温时气化而产生黑褐色的烟气；氧化期产生的烟气主要是由于吹氧、加造渣料，使炉内熔融态金属激烈氧化脱碳，产生大量赤褐色烟气；还原期产生的烟气主要是为除去钢液中的氧和硫等杂质，调整钢水的温度和化学成分，而投入炭粉或硅铁等造渣材料，产生白色或黑色烟气。在 3 个冶炼期中，氧化期产生的含尘浓度最大、粉尘粒度最细、烟气温度最高、烟气量最多。电炉炼钢过程中富氧技术的应用直接导致了电炉烟气温度上升，温度可达 1300℃，随烟气显热而带走的热量占总投入热量的 13% ~ 20%，利用烟气余热进行废钢预热或余热锅炉回收技术已经成为电炉炼钢节能减排，资源回收利用的重要手段之一。

国内外转炉炼钢烟气处理采用的主要方法分为两种方式：湿法除尘工艺即 OG 法和干法除尘工艺即 LT 法。传统 OG 法除尘工艺流程是：利用汽化冷却烟道将 1600℃ 转炉烟气冷却到 900 ~ 1000℃，然后经过两级文丘里管对炉气进行降温和除尘，使烟气温度达到 100℃ 以下，经脱水后送入煤气柜回收或放散。干法除尘工艺即 LT 法，对经汽化烟道后的高温煤气进行喷水冷却，将煤气温度由 900 ~ 1000℃ 降低到 180℃ 左右，采用电除尘法进行炉气除尘处理。烟气余热回收的技术指标要求吨钢蒸汽回收量不低于 50kg，回收的蒸汽压力波动在 0.8 ~ 1.2MPa；可以节约电能和标煤，减少 CO、SO_2 等有害气体的排放量。

目前，转炉烟气中可供利用的高温显热，一般都采用余热锅炉进行蒸汽回收。高温烟气经过余热锅炉降温并放出热量，锅炉中的饱和水吸收这些热量成为饱和蒸汽。该技术适用于钢铁行业新建企业和现有企业改造中的转炉或电炉的一次烟气余热回收。

3.8.6 蓄热式钢包烘烤技术

钢包是用于盛接钢水，用于浇注的设备，同时也是钢水进行炉外精炼的容器（如吹氩、微调合金成分、喷粉精炼等）。钢包的体积应该与炼钢炉的最大出钢量相适应，在出钢过程中钢液水平面会出现波动，故钢包会留有大约 10% 的余量以及一定的覆盖渣容量（大型钢包渣量为钢水量的 3%~5%，小型钢包渣量为钢水量的 10%）。此外钢包还要为满足钢水精炼及安全留有 200mm 以上的净空。

许多钢种需要在钢包中进行精炼处理，这导致其内衬工况极其恶劣。主要有以下几个方面：熔渣对内衬的强烈腐蚀；承受钢水温度大于模铸钢包；钢水停留时间长；内衬自身的挥发及耐钢水搅动；钢水对内衬的冲击。根据此特点钢包内衬的耐火材料应具有以下性能：在长时间高温条件下不融化软化；能够反复使用不脱落；耐钢液腐蚀性强；具有膨胀性使内衬紧实致密。

新砌钢包及盛钢水前都需对其进行烘烤，目的是使钢包的温度均匀，减少浇注过程中钢水的热量损失及延长内衬的使用寿命。对钢包进行烘烤的装置就是钢包烘烤器即烤包器。钢包烘烤器有在线烘烤器和离线烘烤器两大类，离线烘烤器又可分为卧式和立式两种。烘烤器历史发展经过了以下几个阶段：使用煤或焦炭烘烤、简单煤气管烘烤、套管式烧嘴、高速烧嘴、自预热式烘烤、蓄热式燃烧技术烘烤。

煤或焦炭烘烤由于其燃烧不完全浪费严重，烘烤效果不均匀，同时生产大量有害物质对环境污染严重；简单煤气管烘烤操作性差，效率低，危险性高；套管式烧嘴烘烤过程中，钢包上下温度差较大，导致钢包顶部过热，同时热效率低；高速烧嘴烘烤效率及质量均优于前面集中烘烤技术，但其工作环境差、设备寿命低、热量回收率低；自预热式烘烤大大地提高了烘烤质量及效率，但其无法高效利用加热器的热量；蓄热式烘烤技术的出现大大提高了对余热利用的效率，可将空气温度加热到烟气温度的 90% 左右。

蓄热式钢包烘烤技术是一种余热回收技术，采用封闭式烘烤方式和高温空气燃烧技术，利用高频换向阀使高温烟气与助燃空气和煤气在蓄热体内交替通过，相互间进行充分的热交换，从而使助燃空气和煤气预热到 1000℃ 左右、排烟温度降低到 150℃ 左右。蓄热式烘烤技术具有炉温均匀、燃料选择范围广、大量节约能源、NO_x 生成量低、噪声低及燃烧稳定性好等优点。自 1990 年蓄热式烘烤技术出现以来，其发展速度很快。欧美及日本相继开发出相应的高温空气燃烧器。北美制造公司根据其研究成果开发出的烘烤器可使能源应用减少 35%~50%，产出增加 15%~25%，加热炉热效率提高至 74%~78%。此技术在美国钢铁行业进行使用，大大降低了吨钢能耗，减少了环境污染，提高了经济效益。近年来国内炼铁行业也引进应用了蓄热式烘烤技术。此举大大降低了能耗，使得加热均匀性更好，提高了能源利用率减少污染物排放。

国内钢厂在 20 世纪 90 年代就开始了蓄热式烘干器在钢包烘烤方面的应用研究，揭开了其在国内钢厂应用的序幕。武钢公司第三炼钢厂对蓄热式钢包应用进行了跟踪研究，结果发现此技术运行稳定性高、效率高、能耗低、工艺温度提高，在节能降耗方面发挥着越来越重要的作用。河钢唐钢针对原有钢包烘烤器的缺陷对其进行了改造，应用离线蓄热技术。将相应设备进行改造，对操作工艺进行优化，提出了一些新的工艺标准。改造后的设备运行平稳，控制精度高，各项指标均达到了生产的要求，节约了燃料成本，为企业创造了经济效益，同时社会效益显著。河钢承钢也对蓄热式烘烤器进行了实际的应用研究，原有工艺不能满足转炉煤气的实际生产，故为使转炉煤气的燃烧达到混合煤气的效果，对其生产工艺进行调整，确定了风量与煤气量的配比，使其达到理想的烘烤效果。改造结果显示其火焰长度明显加长，其刚度得到提高，增加了煤气的燃烧效率，为企业降低了生产成本。

相关研究机构也对蓄热式烘烤器的应用进行了研究。东北大学以北兴特钢双蓄热钢包烘烤器为研究对象，应用先进的数值模拟技术，利用 ANSYS 软件对加热工艺进行模拟得出入口射流的最佳射流角度，对双蓄热钢包烘烤器的生产工艺提出了指导作用。辽宁科技大学以河钢唐钢蓄热式钢包烘烤器为研究对象，将 RBF 神经网络的 PID 控制方法与交叉限幅方法集合引进到蓄热式钢包烘烤装置的温度控制中。实现了其温度控制的节能优化。通过实际应用可知该系统在保证质量和产量的基础上，大大降低了混合煤气的使用，使其节能达到 32%。北京科技大学从蓄热式钢包的燃气着手，分别对 6 种典型的煤气燃烧进行研究分析，得出以下结论：蓄热式钢包烘烤器节能效率随着煤气热值的增加而降低，使用高炉煤气时节能效率可达到 73.3%，焦炉煤气仅可达到 38.19%，根据其特点提出在钢包烘烤初期选择高炉-转炉混合煤气，中后期选择转炉-焦炉煤气。

3.8.7　电渣重熔技术

电渣冶金技术自 20 世纪 40 年代开始到现在已经有了 60 多年的历史，国内外都对其进行了大量的研究和应用。

电渣重熔技术在 20 世纪 40 年代已经由霍普金斯取得了发明专利，当时存在着技术不成熟以及技术壁垒，同时其理论指导思想的错误导致了电渣冶金技术发展长期停滞不前。目前广泛应用的电渣重熔技术是由前苏联发展起来的。乌克兰巴顿电焊研究所在研究埋弧焊过程中发现了电渣焊，在此基础上进一步研究发展出了电渣冶金技术。并于 1958 年建成了世界上第一台工业电渣炉。从此以后电渣冶金进入了实际工业生产。

20 世纪 60 年代，前苏联和美国进入了航空航天以及军备竞赛阶段。前苏联作为电渣冶金技术最早应用的国家此时已经对电渣冶金进行了大量的研究应用，并取得了很大的应用效益。欧美的一些国家在最初的研究过程中有两种应用方案，真空电弧焊和电渣重熔，最后确定电渣重熔为发展方向。因为电渣重熔具有真空电弧焊技术所不具备的设备简单、操作简便、成本低廉等优点。原本从事真空冶金设备生产的厂家开始转向电渣炉开发研究及生产，如美国的 Consarc 公司，奥地利的 BohClr 公司等。在此之后很多国家已经不满足一般的电渣锭生产，先后开发出了一些新的技术如电渣离心浇注，电渣熔铸，电渣转注，电渣热封顶以及快速电渣重熔等。

电渣重熔技术在异型件制造方面得到了广泛的关注。从小到几克的小零件，大到几十吨重的电动机零件均可直接熔铸成型。目前电渣熔铸的产品有大型发电机零件，大型船舶的曲轴，石油输送管道，核电用钢等规格各异，形状复杂的零部件。

电渣热封顶即电渣热补缩的技术有两种：一种是大型铸锭的电渣热封顶；另一种是大型铸件的电渣热封顶。其主要功能是消除铸锭及铸件内部缺陷如疏松、偏析及锁孔。对于该技术的应用各国采用了不同的方法，如日本采用的是冒口加热装置，乌克兰采用的是石墨衬和耐火材料制备的保温帽，意大利采用耐火材料作为保温帽等。根据实际应用可知采用电渣热封顶技术可大幅度提高金属的成材率，生产成本也大幅度降低，改善了工作环境，大大增加了其社会效益。

随着市场需求的改变，钢锭的大型化日益成为电渣冶金发展的方向。电渣炉已由最早的 0.5t 到 20 世纪 80 年代很多国家都有了 50t 以上的炉子。目前上海重型机械厂的 200t 电渣炉是世界上最大的电渣炉；乌克兰的德聂泊尔特钢厂具有年生产 10 万吨电渣钢材的能力。

由于电渣冶金的大力发展，其设备的设计和制造不断的应用大量新技术，促进了电渣冶金技术的快速发展。如保护性气氛电渣炉、真空电渣炉以及高压电渣炉的应用，使电渣冶金的应用具有更广阔的空间。目前欧洲的奥地利、保加利亚先后建造了高压电渣炉；德国、日本及意大利等建造了真空电渣炉。真空电渣炉因其制造成本较高、工艺因素等方面的影响使其应用度较低。

我国电渣冶金起步于 20 世纪 60 年代，是世界上较早发展电渣冶金技术的国家。1960年从南方到北方我国先后有 5 个钢厂建成了电渣炉，所产钢材满足了国家国防和经济建设的需要。电渣钢具有金属纯净度高、组织致密、成分均匀、各向异性小、表面光洁度高、成材率高等优点，使其在航空航天、海洋开发、核电开发、军事设施等领域的认可度越来越高。随着钢锭大型化的趋势，国内的电渣炉也由原来的 3t 以下很少发展到现在的单重40t 钢锭已经很普遍了。

电渣炉的建造也由原来的自己建造到国外引进先进生产设备，先进的控制系统也逐步的移植到国内的电渣炉生产过程中。电渣炉的控制由原来的手动操作，简单自耦到现在的PLC 控制，部分厂家实现了计算机控制。由于我国的计算机控制方面的发展速度低于世界先进国家，目前计算机控制只是停留于冶金过程中，距控制冶炼过程及控制熔化速率、熔池深度和形状还有很长的一段距离，这也是今后需大力研究的方向。同时电渣炉的传动机构、变压器等设备方面也有很多问题亟待解决，需要进行广泛和深入的研究。我国电渣冶金研究起步较早，但在电渣重熔、电渣离心浇注、电渣复合熔铸等前沿技术普及率较低，某些领域甚至是空白。

由以上介绍可知电渣重熔技术既具有优点，又具有缺点。

电渣重熔的优点包括：

（1）性能优越：电渣产品金属纯净、组织致密、成分均匀、表面光洁。产品使用性能优异。如 GCr15 电渣钢制成轴承寿命是电炉钢轴承的 3.35 倍。

（2）生产的灵活：电渣重熔可生产圆锭、方锭、扁锭及空心锭。电渣熔铸可生产圆管、椭圆管、偏心管、方形管。所熔铸的异型铸件从几克重的金属到 150t 的水泥回转窑炉圈。

（3）工艺灵活：质量与性能的再现性高。

（4）经济合理：设备简单、操作方便、生产费用低于真空电弧重熔，金属成材率高，对超级合金、高合金及大钢锭而言，提高成材率，其效益足以抵消生产成本。

（5）过程可控：过程控制参量少，目标参量易达到，便于自动化。对产品微量化学成分，夹杂物的形态及性质、晶粒尺寸、结晶方向、显微偏析、碳化物颗粒度及结构等都能予以控制。

电渣重熔的缺点包括：

（1）电耗较高：世界各国电渣重熔电耗一般为 $1300 \sim 1600kW \cdot h/t$，而电渣熔铸空心管件电耗更高，必须采用大填充比，选用高比电阻渣系，以降低能耗。

（2）氟的污染：电渣冶金中含较多的 CaF_2。在过程中逸出 HF、SiF_4、AlF_3、CF_3 等有害气体危害工人健康，造成环境污染。必须推广低氟渣与无氟渣。

（3）批量少管理不便：电渣重熔一炉一个钢锭，批量小，检验量增加，管理不便，若以自耗电极钢母号为一批，必须以保证工艺稳定性及性能再现为前提。

在生产过程中针对电渣重熔的缺点进行研究，在降低电耗、降低氟污染及增加可控性领域进行创新，以实现低污染高效益的目标。目前我国许多钢厂都针对自己的电渣重熔设备进行相关工艺的研究。如舞阳钢铁有限公司从电渣重熔中熔渣的作用和产品性能要求出发，研究渣系对电渣重熔的影响。通过研究发现电渣重熔工艺中，渣系的选择非常重要，直接影响电渣钢的质量、电耗、成材率等。根据自身设备和工艺特点选择渣系，建立了一套适合自身电渣钢使用的渣系。在稳定生产的基础上根据不同的钢种、锭型、季节开发出不同的渣系，满足电渣钢的生产要求。大大降低了成产成本、提高了电渣锭的成材率、改善了工作环境，为公司和社会创造了效益。同时对电渣重熔炉加料机电控系统进行了改造。通过对 PLC、WinCC 和 IND331 称重终端的综合应用，大大降低了设备故障率、提高了加料精度，为电渣重熔脱氧控制提供了保证。上海重型机械厂450t电渣炉是目前国内最大的电渣炉，其结晶器内部直径达到了 3700mm，截面面积更是达到了 $10/753m^2$，在如此大截面的结晶器内部进行电渣重熔，从工艺角度来说是量变到质变的结果，并不是简单地将工艺系数放大。其核心技术有以下几个方面：超大结晶器炉内冷启动技术；结晶器内自耗电极融化速率控制技术；电渣钢锭化学成分均匀性控制技术；凝固控制技术；冒口补缩控制系统；电渣熔铸设备的保障技术等。

同时相关研究机构也对电渣重熔技术中的关键技术进行了研究。如对电渣重熔过程氟化物挥发机理进行研究，以减少氟化物的挥发减少环境污染。西安建筑科技大学与中原特钢进行合作对此进行研究，通过数值模拟与生产实践相结合提出了降低氟排放的可行性方案，指导企业进行生产，创造了良好的环境效益。东北大学根据电渣重熔过程的工艺特点和数学模型，提出了基于改进混合蛙跳算法优化的 TITO 系统参数自整定 PID 控制策略，作者提出的 ISFLA 局部搜索空间的动态调整，可提高算法效率。模拟仿真的结果同生产结果表明，作者提出控制策略同时具有较好的动态和稳态性能，控制精度提高了 1%～3%，有效地降低了铸造单位损耗。

3.9　轧钢工序绿色工艺流程技术

改革开放以来，特别是进入21世纪以来，中国钢铁工业飞跃发展，为中国社会进步和经济腾飞做出了巨大贡献。作为钢铁工业的关键成材工序，轧钢行业在引进、消化、吸收的基础上，开展集成创新和自主创新，在轧制工艺技术进步、装备和自动化系统研制及引领未来钢铁材料的开发方面实现跨越式发展，为中国钢铁工业的可持续发展做出了突出贡献。经过改革开放以来的持续发展，中国已经建设了一大批具有国际先进水平的轧钢生产线，比较全面地掌握了国际上最先进的轧制技术，具备了先进轧钢设备的开发、设计、制造能力，一大批国民经济急需、具有国际先进水平的钢材产品源源不断地供应国民经济各个部门，为中国经济社会发展、人民幸福安康提供了重要的基础原材料。

作为一个发展中国家，必须尽快掌握世界上最先进的轧钢技术，引进、消化、吸收是必需的。改革开放以来，以宝钢建设为契机，中国成套引进了热连轧、薄板坯连铸连轧、冷连轧、中厚板轧制、棒线轧制、长材轧制、钢管轧制等各类轧制工艺技术以及相应的轧制设备和自动化系统，开始了轧制技术跨越式发展的第一步。通过引进技术的消化吸收和再创新，中国快速掌握了轧钢领域的前沿工艺技术；通过设备的合作制造以及自主研发，中国掌握了重型轧机的设计、制造、安装等核心技术，逐步具备了自主集成和开发建设先进轧机的能力；利用先进的工艺和装备技术，以及严格科学精细的管理，开发了一大批先进的钢铁材料，满足了经济发展的急需，产品的质量水平不断提高。进入 21 世纪以来，轧钢战线的广大科技工作者遵循"自主创新，重点跨越，支撑发展，引领未来"的科技发展方针，以节省资源和能源、工艺和产品绿色化、实现可持续发展为目标，在工艺、装备、产品等方面开展技术创新，逐步解决制约轧钢技术发展的重大关键技术和共性技术问题，自主建设并高效运行了一大批轧钢生产线，推动了轧钢工业的跨越式发展。

经过 30 余年的快速发展，我国的产品结构发生了重大改变，其中板管比由 20 世纪 80 年代的 30%，提高到目前的 45.6%。一些重要的钢材品种，例如管线钢、电工钢、造船板、建筑钢筋等已经可跻身于世界前列，为中国经济社会的飞跃发展和国家安全的保证提供了强有力的支撑。

3.9.1 中厚板生产

3.9.1.1 连铸坯热送热装技术

A 技术原理

20 世纪 80 年代初以节能、简化生产工艺为目的，开发了连铸坯直接热轧生产新工艺。采用这种工艺不仅可以轧成小的坯料，还可以直接轧成中厚钢板、带材和其他型材。从热塑性变形物理冶金理论来看，连铸坯直接热轧或者在轧制前稍加热再进行轧制的工艺对改善钢材性能具有重大意义。

根据工艺特点可分为连铸坯直送热轧和连铸坯热送热轧，其特点各有不同，除节省能源有所区别外，轧制前连铸坯的组织状态也不一样。

第一种工艺是连铸后的热坯温度不低于轧机的开轧温度，轧前不需要重新再加热，这种工艺称做连铸坯直接轧制工艺（continuous casting-hot direct rolling，CC-HDR），热轧时可以采用再结晶区控制轧制、未再结晶区控制轧制、轧后采用快速冷却（控冷），以调整相变或碳化物沉淀时的冷却速度。钢材温度低于铁素体的再结晶温度即可采用空冷。在高温奥氏体中 MnS、AlN、NbC 和 TiC 都没有来得及析出即开始了热轧，随轧制进程将不断析出，阻止奥氏体晶粒长大，起到细化晶粒的作用。

第二种工艺流程的特点是连铸坯的温度已经低到板坯的开轧温度以下，但还没有发生奥氏体向铁素体转变，仅有 MnS、AlN、Nb 和 Ti 的碳氮化物已经部分由奥氏体析出。为了达到轧制温度，需要重新加热。已经析出的碳化物和氮化物又部分或全部固溶到奥氏体中。根据奥氏体化温度的不同，残留一部分的析出物可以起到阻止奥氏体晶粒长大的作用。这种工艺称做"热送轧制"工艺（hot charge rolling，简称 HCR）。

第三种工艺流程的特点是连铸坯温度已经降低到 Ar_3 转变温度以下，即钢温降到

（A + F）两相区内，一部分奥氏体已经相变成铁素体，MnS、AlN、NbC 等从奥氏体中析出。当重新加热时，铁素体消失，形成新的奥氏体，未相变奥氏体晶粒开始长大。一些析出物起到阻止奥氏体晶粒长大的作用。

第四种工艺流程的特点是连铸坯的全部奥氏体发生相变，形成铁素体和珠光体或贝氏体组织，即连铸坯的温度低于 Ar_1 相变温度。重新加热时，由低温产物向奥氏体转变、形核、长大，直至达到奥氏体化温度。由于连铸坯冷却时，冷却速度比较大，相变后铁素体晶粒比较细小。加热时，相变后所生成的奥氏体晶粒也比较细小。冷却时析出的碳化物、氮化物可以抑制奥氏体晶粒长大。析出物越细小、越分散、越多则抑制奥氏体晶粒长大的作用越明显。

B　技术适用性及特点

与连铸坯冷装相比，连铸坯热送热装的主要优点是：

（1）节约能源。铸坯直接热轧，可以节省不少能源；铸坯热装入炉的温度越高，节能效果越好，可节能约 35%。

（2）提高成材率，节约金属消耗。由于热送热装减少了坯料的加热时间，有的仅是局部加热，甚至不加热，减少了铁的烧损和氧化，提高了成材率，成材率可提高 0.5%~1.5%。

（3）简化了生产工艺流程，节省厂房和劳动力，投资费用减少。

（4）提高产品质量。热送热装工艺可以控制析出物的自由度，可以把加工热处理技术和微合金化技术巧妙地结合起来，实现钢的细晶粒或再结晶组织结构，在现有工艺的基础上，生产出更高强度的钢材。

（5）缩短生产周期。由于热送热装可以采取直接轧制或者在轧制前稍加热再进行轧制，减少了加热时间，使炼钢到轧钢的生产周期可缩短 30% 以上。

连铸坯热送热装技术的开发和应用将炼钢与轧钢更加紧密地联系起来，使之成为一体化的生产系统。这个紧密的生产系统是一个在物流、时间上缓冲余地小、抗干扰能力差的系统。这个生产系统能否有效运行，不仅取决于各工序间在计划、操作方面的时序能否保持高度一致，还取决于各工序产品在温度和质量方面的严格控制，因此，必须采取一系列技术和管理措施来使该系统的运行达到预期效果。这些支撑技术可分为以下几个方面：

（1）无缺陷连铸坯的生产技术。生产无缺陷的连铸坯是实现连铸坯热送热装的前提。否则，就不得不将连铸坯进行冷却，经过检查处理后进入轧制工序，这样根本上谈不上"热送热装"。提高连铸坯的质量和无清理率，采用热坯检测手段，分离出少量需要清理的连铸坯，确保进入轧制工序的铸坯质量。

（2）高温连铸坯的生产技术。为了在连铸坯热送热装工艺中获得尽可能高的装炉温度，甚至达到直接轧制的目的，必须严格控制好在连铸机内铸坯的冷却过程，提高铸坯的出机温度。高温连铸坯的生产主要采用高速浇注技术和二次弱冷技术。

（3）过程保温及补热、均热技术。为提高热装和直接轧制铸坯温度，防止热量散失，可采取：连铸机内保温、切割区域铸坯保温及加热、运输过程保温。加热炉应能灵活调整燃烧系统，以适应热坯与冷坯之间的经常转换，以快速对连铸坯进行补热、均热，达到轧制对温度的要求。

（4）炼钢-连铸-轧钢一体化生产管理技术。要使炼钢、轧钢做到合理匹配，不仅要考虑到连铸机与轧机在宽度、厚度、生产能力等方面的匹配，还要考虑到炼钢厂的炼成率、浇注成功率及其他操作、质量、设备方面的故障。要确定合理的厂房布置和送坯方式。

连铸坯热送热装的实施，不仅产量得到了提高，并且在节能、降耗方面也收到了良好的经济效益。

3.9.1.2 连铸坯复合轧制厚板技术

20 世纪 90 年代，日本 JFE 公司发明了一种利用普通连铸坯制备高性能特厚钢板的技术——真空轧制复合法。目前 JFE 公司已经利用这一技术大量生产厚度为 240mm 和 360mm 的高性能特厚复合钢板。连铸坯真空轧制复合法是在传统热轧复合法的基础上结合真空电子束焊接技术发明的一种新方法。与传统的热轧复合法相比，该方法制备的特厚钢板的界面一直处在高真空的密封环境下，因此在加热保温和轧制过程中，复合界面几乎不发生氧化，因此特厚复合钢板的结合性能明显提高。

东北大学轧制技术及连轧自动化国家重点实验室（RAL）在国内率先开展了连铸坯复合轧制特厚钢板方面的相关研究，进行了大量深入的实验和中试的研究工作，开发出了具有多项自主知识产权的复合工艺技术和生产装备。

利用连铸坯复合轧制技术制备特厚钢板的技术原理如图 3-95 所示。首先，对待复合的连铸坯表面进行清理，以将待复合钢板表面的氧化铁皮等污染物通过机械清理的方式去除，按需要组合为复合板坯；然后，将组合完成的板坯放入大型真空室内开始抽真空，当真空室内的真空度达到规定值后，用电子束将复合板坯的四周焊接密封，以防止加热过程复合界面发生氧化，影响复合钢板的接合性能；随后将焊接完成的复合板坯在一定的温度下进行加热，在相对低速和大压下条件下，对复合板坯进行轧制，并进行轧后的热处理，探伤检验，最终得到符合性能要求的特厚复合钢板。

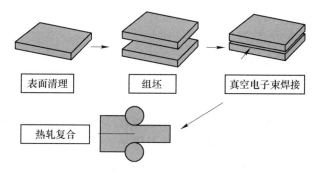

图 3-95 连铸坯复合轧制法制备特厚钢板的原理图

在连铸坯复合轧制技术工程化应用中，生产厂均进行了一系列研究，包括：复合界面夹杂物的产生原因及真空度对其的影响；加热过程复合面的扩散和相变复合机理；轧制变形中结合面处的再结晶和夹杂物变形机理；轧制道次和总压下率对复合界面的组织性能影响规律；特厚钢板轧制要保证中心渗透变形必须满足的临界压下率与形状比的关系。

其中河钢舞钢公司成功地开发了大单重复合连铸坯轧制特厚钢板成套技术：复合坯料预热、保温、加热、均热四段式加热工艺；"高温低速小压下 + 高温低速大压下"相结合的大单重复合坯料轧制控制技术；以及组合坯料防开裂控制技术、特厚钢板小压缩比轧制、特厚钢板保探伤等专有技术。

连铸坯复合轧制技术采用生产简单、来源广泛的普通连铸坯作为原料，利用真空电子束焊接进行组坯，利用热轧进行复合，因此特厚钢板的生产效率高、成本低、生产过程简单，同时生产出的特厚钢板具有良好的界面组织和极其优良的界面结合力学性能，这将在特厚钢板工业生产应用中产生显著的经济和社会效益。

3.9.1.3　锻轧结合特厚板生产技术

随着我国重工业、交通运输业、国防现代化的迅速发展，对大单重特厚板的需求急剧增加，同时需求方向也发生了很大的变化。特厚板在现有厚度规格基础上，对钢板的内部质量要求提高，对探伤标准和等级要求越来越严格。同时特厚板向更大厚度、更大单重钢板的发展趋势越来越明显。

河钢舞钢公司"锻造-轧制"相结合特厚板技术的开发，有效地解决了大规格特厚钢板的技术和设备限制。锻轧结合特厚板生产技术是一种新的大单重特厚钢板生产技术，该技术是使用锻机将加热后的大单重锻造锭锻制成大的锻造坯，然后再将锻造坯加热后轧制成材。

锻造是一种利用锻压机械对金属坯料施加压力，使其产生塑性变形以获得具有一定力学性能、一定形状和尺寸锻件的加工方法。金属经过锻造后能改善其组织结构和力学性能，能消除金属在冶炼过程中产生的铸态疏松等缺陷，优化微观组织结构。同时由于保存了完整的金属流线，锻造能使钢锭内原有的偏析、疏松、气孔、夹渣等压实和焊合，其组织变得更加紧密，提高了金属的塑性和力学性能。但锻造后的金属表面光洁度差，形状规整度低，且锻造生产效率低，能耗高。

轧制是将金属坯料通过一对旋转轧辊，金属受轧辊的压缩使其截面减小，长度增加的压力加工方法。轧制能够控制金属形状且能够消除显微组织的缺陷，从而使钢材组织密实，力学性能得到改善，且轧制后的金属表面光洁度高，形状规整。但轧制过程受轧机强度及压下量的影响，金属内部的缺陷往往无法完全消除，并且轧机开口度、与轧机配套的加热炉、机前机后滚道限制了成材钢板的规格。

生产大规格的钢板，需要的坯料单重大，生产难度大。采用钢锭成材，若钢锭铸造过大，钢锭内部将会产生加热和轧制时无法消除的内部缺陷，并且受轧机和与其配套设备的限制，过大的钢锭无法进行轧制。这些因素都限制了铸造钢锭吨数。铸造大单重的锻造锭，由于锻造锭受三向压应力并且其压下量大，锻造过程中能够很好地消除锻造锭在冶炼时产生的铸态疏松等缺陷，有利于后期轧制成材钢板探伤及性能的稳定性。锻造加工后的锻造坯，可以加工成需要的尺寸，使加工后的锻造坯能够在轧机上轧制，使用锻造坯生产大规格特厚钢板，很好地解决了使用钢锭成材造成的内部缺陷及设备限制无法轧制的问题。

锻轧结合特厚板生产技术，充分利用了锻造和轧制的优点，很大程度上解决了大规格、大单重、高探伤等级标准钢板生产过程中产生的问题。河钢舞钢公司用 78t 锻造锭生产的单重 49t 12Cr2Mo1R 钢板，填补了国内空白，被誉为中华第一板，用于中国石化重大装备国产化项目的加氢反应器壁筒制造。表 3-46 为河钢舞钢采用锻造锭生产大单重 12Cr2Mo1R 情况。

表 3-46 锻造锭生产大单重 12Cr2Mo1R 情况

钢 种	厚度规格/mm	单重/t	块数	探 伤	性 能
12Cr2Mo1R	174	49	11	合 JB/T 4730.3 Ⅰ级	合格
12Cr2Mo1R	160	44	3	合 JB/T 4730.3 Ⅰ级	合格

河钢舞钢采用的锻轧结合特厚板生产工艺既发挥了锻造改善内部组织和减轻钢板各向异性作用，又通过轧制改善了锻造钢板的表面质量，打破了采用钢锭生产大规格特厚板的吨数和厚度限制，锻轧结合特厚板生产工艺具有较高的生产效率和性能稳定性。

3.9.1.4 中厚板热处理技术

A 特厚板加速冷却（淬火）热处理装备技术

随着市场对大厚度高质量产品的需求日益增加，迫切需要生产厂提高特厚钢板淬火能力，而国内 150mm 以上特厚板的淬火装备基本处于空白，也没有可借鉴的工艺。河钢舞钢自主设计研发国内唯一 150mm 以上特厚板淬火装置，解决了大厚度钢板冷速控制难题，使得河钢舞钢调质钢板生产最大厚度可达 260mm，远超国家标准 150mm 的要求。

淬火装备的设计有以下特点：

（1）淬火装备尺寸：装置容积达 4.5m×7m×18m，极大地扩大了可淬火钢板的尺寸。

（2）大冷却水流量：该装备最大水流量可达 1200t/h，加快钢板冷却速度，并能对流量进行调节，以适应不同钢板的淬火需求。

（3）对钢板实施全方位喷淋，使钢板冷却速度一致，并配备全程自动换水和紊流装置以及钢板上下表面和水温监测系统，全程监控淬火过程中钢板和冷却水温度变化，并保证整个装置的水温基本维持在 30℃ 以下的水平，较好地保证了钢板的性能稳定性和可控性。

（4）采用合理的箱型结构，使箱内水流形成合理循环，低温冷却水迅速置换高温冷却水，并将高温冷却水排出水箱。

（5）在钢板加速冷却或淬火时，采用独特的风动搅拌系统，既打破了炙热钢板激冷时表面形成的汽膜，又加速冷却水的循环，使钢板上下表面冷却基本一致。

（6）氧化铁皮清理系统，可定期对水槽内的氧化铁皮实行自动清理。

河钢舞钢特厚板淬火装备已成功运用于国家大飞机项目 8 万吨锻压机底座用钢 20MnNiMo、海洋平台用钢 A514GrQ 的调质生产，256mm 的大厚度临氢 12Cr2Mo1R 的淬火，填补了国内空白，结束了长期依赖进口的局面。

B 中厚板热处理工艺技术

中厚板热处理工艺技术有：

（1）循环热处理工艺。循环热处理工艺是将钢加热到再结晶温度以上，保温一段时间后冷却到室温，将此过程重复多次，达到晶粒细化的目的，晶粒度最大可达到 12 级以上，无需塑性变形，进而避免了因为设备原因造成钢板组织的不均匀。循环热处理可极大地细化组织，虽然对钢的强度提升不多，但对钢板的塑性和冲击性能有很大的提升。这种热处理工艺可以对一些强度达到要求，而延伸率、冲击和晶粒度不达标的钢板进行处理，在保证强度的同时，提高了钢板的延伸率和冲击功，细化了晶粒，避免造成钢板不达标所造成的亏损，从而降低了成本。

（2）分级时效处理。对于一些需要时效处理获得高强度的钢来说，通过一般的连续加热时效的方式，虽然能够获得比较高的强度，但其塑性韧性却很难达到标准的要求。分级时效处理的工艺是将钢板在比较低的温度下保温较长时间后空冷，然后再将钢板在比较高的温度下保温较短的时间后空冷。分级时效处理的原理是在低温下使组织中的强化相得到充分地析出，并且因为温度太低而不容易长大，能够充分地弥散地分布在基体上。然后高温下基体的强化相开始长大，使钢的强度提高，由于强化相的弥散分布，对钢的塑性韧性影响相对比较小，从而达到所需的标准。

3.9.2　热轧钢带绿色工艺技术

改革开放之前，中国热轧带钢轧机只有鞍钢建国初期由苏联援建的鞍钢 1700mm 半连轧机和 20 世纪 70 年代武钢从日本引进的 3/4 连续式 1700mm 热连轧机，技术水平与国际上有很大的差距。改革开放之后，由宝钢引进 2050mm 热连轧机为契机，开始了初期以引进为主的现代化热连轧机的建设。当时德国开发的最新热连轧装备和工艺技术，例如热连轧加热炉燃烧控制技术、厚度控制技术（AGC）、板形控制技术（CVC）、立辊控宽和调宽技术（AWC 和短行程控制）、连轧张力控制技术、卷取控制技术（AJC）、加速冷却技术（ACC）等工艺控制技术以及全套的计算机控制系统，经过消化和吸收，逐步为科技人员所掌握，使中国轧钢工作者接触到世界轧钢技术的前沿。随后，宝钢的 1580mm 和鞍钢的 1780mm 引进了日本三菱的热轧工艺技术和装备。一些具有特色的技术，例如 PC 轧机、调宽压力机、自由程序轧制技术、在线磨辊技术等开始为我所用，从另一个角度武装了热轧带钢行业，推动了中国轧制技术的进步。

在引进的过程中，通过技术谈判、合作设计、合作制造和大量的应用实践，轧钢工作者消化、吸收了引进技术，逐步掌握了热连轧的核心技术，开始了自主集成创新的历程。世纪之交，中国又结合当时国际上短流程技术的发展趋势，引进了一批紧凑流程热连轧生产线，包括 CSP 和 FTSR，总计 11 套。在引进的基础上，进行了技术创新，研究了短流程生产钢材的力学性能特征、强化机制、析出物特征等重要基础理论问题，开发了具有中国特色的短流程生产线产品生产技术，例如高强集装箱用钢、微合金化高强钢、双相钢、冷轧基料、电工钢等特色产品，为国际上薄板坯连铸连轧技术的发展做出了重大贡献。

3.9.2.1　河钢集团唐钢公司热轧带钢的绿色工艺流程技术

河钢集团唐钢公司在 2000 年后，先后建设 3 条热轧带钢生产线（见图 3-96 ～ 图 3-98），并围绕绿色制造及技术工艺进步做了大量卓有成效的工作，不仅是河钢集团唐钢公司整个绿色制造的重要组成部分，而且为推动我国绿色轧制技术的进步做出了贡献。

河钢集团唐钢公司热轧带钢在节能减排及绿色制造方面的工艺技术创新主要有以下成果。

A　薄板坯连铸连轧生产线（FTSR）加热炉蓄热式燃烧控制技术

薄板坯连铸连轧生产线辊底炉与常规的步进式加热炉不同，其宽度一般仅为 2m，而长度通常都在 200m 以上。因此在设计时这种加热炉都采用了空煤气预热燃烧 + 烟道回收烟气余热的常规燃烧方式。2003 年，在世界范围内曾试图在辊底炉上采用蓄热式烧嘴（regenerative burner），但是由于蓄热式燃烧机理尚不明确，燃烧设备体积过于庞大及担忧炉

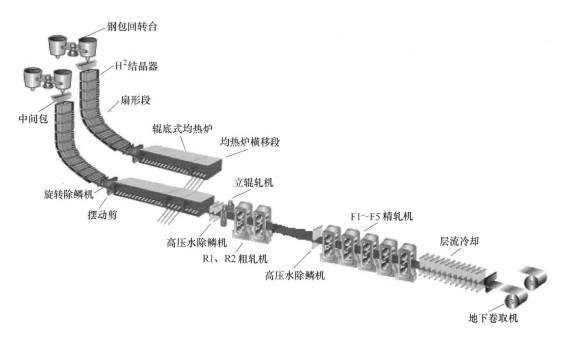

图 3-96 河钢集团唐钢公司薄板坯连铸连轧生产工艺流程

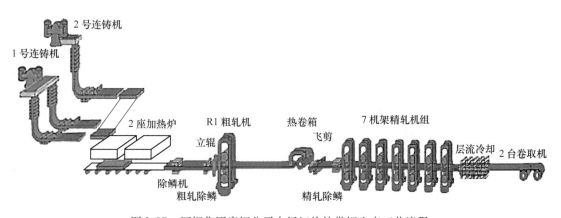

图 3-97 河钢集团唐钢公司中板坯热轧带钢生产工艺流程

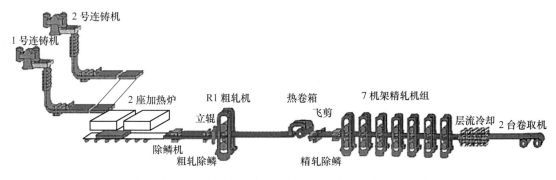

图 3-98 河钢集团唐钢公司厚板坯热轧带钢生产工艺流程

温不均匀等原因，最终认定蓄热式燃烧技术不能在辊底式上采用，放弃了该项技术。因此，随后世界范围内陆续投产的薄板坯连铸连轧生产线上的加热炉仍然采用了常规燃烧方式。

辊底式加热炉具有与其他加热炉不同的特点，没有低温预热区，只有高温加热区和保温区，从加热炉排出的温度高达 1150℃ 以上的烟气直接排到炉外，经降温后才能回收余热，最终烟气排烟温度仍然高达 400℃ 以上。另外，辊底炉的加热区长度小于其总长的 30%，其他 70% 的炉长用来对已经达到出钢温度的板坯进行在线热保温。这种结构和工作方式，决定了该类型加热炉的热效率低，河钢集团唐钢公司 FTSR 生产线加热炉热效率只有 16.7%，能源利用率有待提高。

为了提高加热炉的煤气利用率，改善加热炉热效率，满足超薄规格的轧制生产，河钢集团唐钢公司在世界范围内在辊底式加热炉上首次尝试应用蓄热式燃烧技术，蓄热式燃烧系统优势如图 3-99 所示。

经过充分研究，并紧密结合辊底炉特点，研发创新了单蓄热同心射流技术。采用此项技术可以避免在火焰根部形成回流区，能够实现高温低氧燃烧。因为煤气与空气多流股交叉混合，可以实现多层次充分燃烧，空煤气混合均匀，燃烧完全，为此可以改善板坯加热条件并减少废气及有害气体 NO_x 产生。

图 3-99　蓄热式燃烧系统优势图

为提高加热效率和加热质量，集成应用了空煤气双交叉限幅控制系统，保证热负荷变化时的合理空燃比。同时，加入适当的补偿信号，以提高系统的响应速度，使之适应加热炉热负荷周期和快速变化的需要。燃烧控制系统采用双交叉限幅控制系统，同时集成创新了最佳的燃烧控制方式及合理的供热负荷，集成研发外置形式的蓄热箱体，创新研制了炉体复合浇注保温技术。

以上技术应用后，达到非常好的效果。辊底式加热炉蓄热式燃烧技术可以将空气蓄热到 1000℃ 以上，并直接送至炉膛内燃烧，排烟温度降到 120～150℃，使烟气中的热量大部分回到加热炉中，最大限度提高能源利用率。采用蓄热式燃烧技术后，炉膛温度分布均匀，提高了加热质量。由于空气能够预热到很高的温度，从而使得燃料的燃烧温度得以进一步的提高，促进了燃料燃烧过程中碳、氢化合物的热裂解，提高了火焰向物料的辐射能力，强化了炉内的传热过程，板坯通长方向上的均匀性得到改善。通过跟踪粗轧出口高温计 RDT 的温度曲线可以看出，在通长方向上板坯的温差小于 10℃，为轧机减薄生产提供了良好的温度条件，图 3-100 所示为优化前后 RDT 温度对比曲线。

优化后单耗和成本明显降低。同时蓄热式燃烧技术应用后燃烧系统的最大加热能力由原来的 1150℃ 提升到 1250℃，煤气热效率提高 8.5% 以上，余热回收率提高 19%，取得了良好的经济效益和社会效益。

B　半无头轧制及薄规格产品生产技术

a　技术背景

第二代薄板坯连铸连轧生产线采用了半无头轧制技术，如德国 TKS 的 CSP 机组，荷兰 CORUS 的 DSP 机组，埃及 EHI 的 FTSR 机组，以及我国唐钢、本钢、通钢的 FTSR 机组，马钢、涟钢的 CSP 机组等。其特点是通过采用一系列轧制过程控制与相应的设备控制

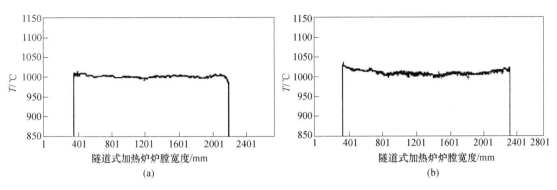

图 3-100 优化前后板坯纵向温度均匀性对比
(a) 优化前；(b) 优化后

技术，使定宽长坯轧制得以稳定实现，铸坯的长度可达到 200m 以上，可生产 2 切分至 7 切分的带卷。

半无头轧制技术主要应用于超薄带钢生产，其主要优点是：因为保持高速轧制，轧机生产效率大大提高；机架间带钢张力可以保持稳定，使带钢厚度及平直度偏差减至最小；因为解决了超薄带钢直接穿带及甩尾困难的问题，从而使薄带钢的生产趋于稳定可靠；减少了单块轧制时因带钢头尾形状不良所带来的废品量，提高了产品质量及成材率；由于采用两台底下卷取机经高速飞剪分卷后分别卷取的方法，故在生产节奏允许的情况下，可实现小吨位钢卷的分卷轧制，既满足市场需求，又不影响轧机生产能力。

半无头轧制技术减少了穿带次数，除了降低了穿带堆钢的风险外，还因减少了切头、切尾而提高了成材率。质量方面，半无头轧制技术因降低了穿带次数，减少了穿带时状态不稳定造成的拉窄、超宽、板形不良等缺陷在下游工序造成的切损。

b 半无头轧制采用的关键技术

半无头轧制采用的关键技术有：

(1) 自动变厚控制（FGC）。变厚控制是在轧制过程中改变带钢的厚度规格（由薄变厚或由厚变薄）以实现半无头轧制，变厚控制主要由二级计算机 FGC 模型设定计算，绝对厚度自动控制和活套控制共同作用而完成。FGC 通过跟踪带钢厚度规格变化点，在当前轧制计划和下一个轧制计划中加入中间轧制计划，一级基础自动化系统接受从二级过程自动化系统的模型计算值调节各精轧轧辊辊缝和速度，同时确保在整个 FGC 过程中带钢张力保持一致，缩短变厚度规格的带钢长度。例如，为稳定的生产 1.0mm 的带钢，在穿带的时候采用 1.2mm，生产了一个 1.2mm 的钢卷后，采用 FGC 功能将厚度从 1.2mm 变到 1.0mm，生产出一个 1.0mm 的钢卷后，再由 1.0mm 变到 1.2mm 稳定地生产，抛钢的时候由薄变厚，也是通过 FGC 功能实现。为使轧制过程稳定，每次动态调整的最大调整量一般不超过 0.3mm。

(2) 厚度自动控制（AGC）。厚度自动控制的作用是保证带钢在长度方向上的轧制厚度满足设定值的要求，使成品具有良好的厚度指标，厚度自动控制主要由监视 AGC、绝对 AGC 和轧辊 AGC 来共同完成，同时对弯辊力、油膜厚度、尾部厚度、轧辊热膨胀等引起的板带厚度变化进行补偿，确保厚度精度在 ±5μm。

(3) 在线凸度控制（动态 PC 轧机控制功能）。在线凸度控制的作用是在连续长时间生产中保证带钢在宽度方向上的轧制凸度指标，以满足成材率及后续冷轧工艺的要求。凸度自动控制主要包括各精轧机的轧制力跟踪控制、精轧机 F1～F5 工作辊弯辊力控制和精轧机 F1～F3 的在线动态交叉辊控制，同时在轧机出口侧出现凸度偏差时，采用凸度仪进行反馈控制。

（4）平直度自动控制。平直度自动控制是保证带钢在宽度和长度方向上各部分的伸长率保持一致避免出现带钢翘曲（即在轧制时出现边浪或中间浪），使成品具有良好的平直度指标。平直度自动控制主要包括各机架轧制力和工作辊弯辊力的协调控制，以及由精轧机出口平直度仪实现的反馈控制，当平直度仪检测精轧机出口侧的带钢平直度缺陷时，将在精轧机的 F5 和 F4 机架适当地调整弯辊力（以调整 F5 机架为主）用检测到的实际偏差值进行平直度的动态校正。

（5）轧机主速度及张力控制功能。为了保证穿带不堆钢拉钢，并使轧制处于恒定微张力状态，需设置连轧机主速度级联系统，并且在粗轧机 R1 和 R2 之间、R2 粗轧机与精轧机 F1 之间采用微张力控制，而在精轧机 F1～F5 之间用活套控制。

速度级联控制以实际的精轧机末架为基准机架，对某个机架的速度调节应根据计算的级联因子级联到所有的上游机架，以保证机架间的速度协调和升降过程的同步性，活套控制系统建立在活套高度闭环与张力控制混合功能实现的基础上，高度闭环就是在预设活套角与反馈活套角有差值时，调节上游机架的主速度，使得带钢活套量在预设的范围内，实际可调节最大量为 10%。张力控制的目的在于维持恒定微张力轧制避免产生拉钢和堆钢。

（6）半无头轧制分卷功能。当半无头轧制时，其中间薄带钢最高速度可达 18m/s，为实现高速分卷功能，装备高速飞剪和前后夹送辊、两台高速地下卷取机及夹送辊。当分段剪切点出精轧机后，飞剪前夹送辊闭合，以保证剪切点到轧机间的张力恒定，飞剪剪切后，剪后夹送辊闭合防止尾端甩尾，1 号卷取机前夹送辊通过上下辊组合运动实现辊缝方向的改变，可将带头导入所要求的卷取机，并在带头稳定卷取前夹持带钢，保持带钢张力稳定。

c　半无头轧制应用效果

通过应用半无头轧制及动态变厚轧制技术，先后进行了 160m 铸坯 1.8mm 厚度规格四分割生产，130m 铸坯 1.4～1.2mm 动态变厚轧制和 1.0～0.8mm 动态变厚轧制。应用前半无头轧制基本无法批量生产，2010 年全年半无头轧制量为 2865.7t，应用后 2012 年 1～9 月份采用半无头轧制的方式轧制 1.0～2.0mm 规格 15.63 万吨，2013 年 1～9 月份半无头轧制 20.02 万吨，如图 3-101 所示。

图 3-101　应用前后半无头轧制量

通过一系列的技术改进和创新，河钢集团唐钢公司薄板生产线生产线具备了 1.0mm

超薄规格批量稳定生产能力,薄规格生产取得显著成效,已达到国际同类生产线的领先水平。2013 年 1 月至 9 月底,唐钢 FTSR 生产线共生产 2.0mm 以下热轧薄板 100.06 万吨,占减薄产品的 73.69%;0.8mm ≤ t ≤ 1.2mm 为 9.25 万吨,占减薄产品的 6.81%,其中 1.0mm 超薄热轧薄板 20900.37t,单轧程 1.0mm 规格达到 501.74t。唐钢 FTSR 生产线实现了单轧程不大于 2.0mm 比例达到了 86.27%,单轧程不大于 1.2mm 比例达到 54.55%,单轧程不大于 1.0mm 达到了 45.1% 的世界同类生产线领先水平。

河钢集团唐钢公司薄板生产线具备生产深冲汽车板、硅钢、低中高碳钢和管线钢等高级钢的技术装备能力,品种钢规格上实现了 1.0mm × 1250mm 规格 SS400、1.2mm × 1220mm 规格耐候钢、1.5mm × 1250mm 规格 65Mn、1.8mm × 1500mm 规格 Q345B 的生产水平,超薄规格产品远销欧洲、南美、中东、东亚、东南亚等国外市场,优质的产品和良好的服务得到客户的广泛赞誉,具有很强的品牌影响力和市场竞争力。现今的河钢集团唐钢公司薄板生产线热轧生产线以最经济的手段获得薄规格和不同性能要求的产品,该生产线真正意义上实现了"以薄为主,以热代冷,降低消耗,节能减排"的目标。

C　低温轧制技术(铁素体轧制技术)

a　技术背景

现代的控制轧制已经从仅在奥氏体区(包括再结晶区和未再结晶区)轧制发展到铁素体区轧制,有的甚至在珠光体区进行温加工。对于板带钢而言,铁素体轧制工艺最初是由超低碳钢生产 CQ 钢种提出的,其目的是为了降低成本。铁素体轧制工艺最适合当生产薄带钢时,由中等厚度的连铸坯进行直接轧制,其产品可作为部分冷轧退火钢板的替代品。对超低碳 IF 钢,应用铁素体轧制能改进钢带的拉拔性能。为了得到高的 r 值,调整钢的成分和轧制工艺是必要的。

b　铁素体轧制适合生产的产品及优点

根据钢的化学成分和轧制条件,铁素体轧制适合生产的产品有:

(1) 直接应用的热轧薄带钢,可以替代常规冷轧薄板和退火薄板。

(2) 一般冷轧用钢。

(3) 深冲、超深冲冷轧用钢。

(4) 铁素体区域热轧后直接退火的钢板。

铁素体轧制的优点为:

(1) 由于低的加热温度,加热炉既节约能源又提高了生产率。

(2) 由于进入精轧机组的轧件温度降低,从而显著降低了对工作辊的磨损,因此可以延长轧辊寿命,提高轧机生产效率。

(3) 在生产薄带钢时温降比较大,精轧难以实现在完全 γ 状态下轧制,末几架精轧机产生的非均匀变形可能导致带材的跑偏和板形缺陷;此外,在奥氏体和铁素体双相区轧制时,还会引起带钢力学性能不均匀和最终产品的厚度波动(由于变形抗力的变化,引起轧制力的变化,使得厚度控制难度加大)。对超低碳钢和低碳钢,精轧在完全铁素体或绝大部分为铁素体状态下进行,就可以克服在 $\gamma \rightarrow \alpha$ 相变区轧制的危害。

(4) 铁素体轧制可以减少氧化铁皮的生成,使产品易于酸洗。

(5) 铁素体轧制的好处还在于其较软的产品特性,这在产品冷轧阶段得到体现。根据冷轧带钢轧机的实际生产能力,既可以提高轧机生产效率(在可逆轧机上,可增大压下,减少轧制道次），还可以增加来料（热轧板带）厚度，这样无论哪种情况都可以提高轧机的产量。

（6）利用铁素体轧制产品柔软特性且有好的加工成型性能，可以扩大产品品种规格范围。

（7）通过采用润滑轧制，可以提高 r 值，获得良好的深冲性能。

c　低碳钢和超低碳钢铁素体轧制的理论依据

对于低碳钢（LC）、超低碳钢（ULC）和超低碳 IF 钢（ULC-IF），合适的轧制负荷使铁素体轧制在现有轧机上实现成为可能。如图 3-102 所示，为变形温度和平均变形抗力的曲线图，从图中可以看出对于在 750℃ 到 850℃ 温度范围内轧制，轧制负荷与 920℃ 到 1000℃ 温度范围内轧制大致相当或稍高的水平。在低温轧制时，由于可能发生动态应变时效，低碳钢和超低碳钢钢种之间的差别就显而易见了。

铁素体轧制之后的卷取温度须高于 650℃，温度取决于一些工艺参数，例如轧制速度、输送辊道长度和板带厚度等。就薄板坯连铸连轧中铁素体轧制而言，卷取温度须在 680 ~ 720℃ 之间，通过应用新工艺（如应用半无头轧制来提高轧制速度等）是可以满足这个温度要求的。

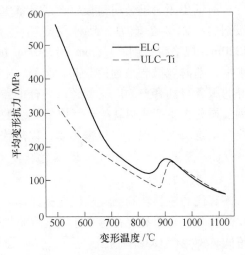

图 3-102　超低碳和超低碳 IF 钢的
平均变形抗力

d　低碳钢和超低碳钢的铁素体轧制工艺

在铁素体轧制中，粗轧机完成的是通常的奥氏体轧制，然后轧件进入位于粗轧机和精轧机之间的强力冷却段，把温度降到 Ar_3 转变线以下，即轧件在中间辊道上已经进行完奥氏体向铁素体的转变，然后进入第一架精轧机轧制。如果终轧温度保持在 750 ~ 820℃ 之间并且卷取温度在 650℃ 以上，则可以生产全部再结晶的薄带产品。而碳含量应保持在 0.03% 左右以最低程度减少轧制过程中残余奥氏体的含量。如图 3-103 所示，这些经铁素

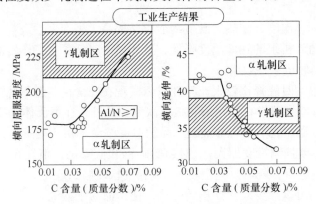

图 3-103　铁素体轧制后碳含量对横向屈服强度和延伸的影响
（终轧温度为 750 ~ 800℃，卷取温度为 650 ~ 700℃）

体轧制的超低碳钢的屈服强度接近于 180MPa，而常规轧制轧出的产品的屈服强度为 230MPa。此钢种由于采用低的加热温度而对时效不敏感。另外，在铁素体区域的应变应该确保钢卷中 AlN 的快速沉淀。这种低成本、柔软而不时效的钢种的局限性使 r 值一般较低。必须注意的是，因为薄规格带钢在辊道上运行时温降较大，所以确保卷取温度在 650℃以上不是一件容易的事，高速度轧制或近距离卷取是解决温降的有效办法。

e 铁素体轧制工艺在薄板坯连铸连轧生产线上的应用

近年来建成或在建的第二代的薄板坯连铸连轧生产线无一例外都采用或预留了铁素体轧制工艺，如德国 TKS 的 CSP 机组、荷兰 Corus 的 DSP 机组、埃及 EHI 的 FTSR 机组以及我国河钢集团唐钢公司的 FTSR 机组、马钢和涟钢的 CSP 机组。

薄板坯连铸连轧生产线采用铁素体轧制时，关键要解决 3 个技术问题：一是为实现带钢冷却，即实现奥氏体向铁素体转变，机架间距离及冷却装置的设置；二是精轧机与卷取机间距离的设置；三是带钢轧后冷却方式的选择以确保卷取温度。

D 热轧工艺润滑技术

a 技术背景

在热轧过程中，轧辊与带钢之间的摩擦是保证带钢顺利咬入，在当今世界热轧工艺通常采用轧辊润滑技术减少变形区的摩擦，工艺润滑的使用改善了变形区的摩擦条件，减小了摩擦系数，降低了轧制压力、电耗和辊耗，同时可进一步延长轧辊使用寿命，改善产品质量，在能源紧张的今天，是节能降耗的一项重要措施。因此，工艺润滑技术已在国内外热轧厂得到广泛应用。

热轧工艺润滑技术是在轧制过程中向轧辊表面喷涂一种特制的润滑剂（热轧油），通过轧辊的旋转，将其带入变形区，轧辊与轧材表面形成一层极薄的油膜。轧制润滑最早应用于冷轧，主要目的是降低轧制力，改变变形条件，提高产品质量。但随着热轧薄板生产工艺的发展，成品尺寸越来越薄，速度越来越快，生产向连续、高速、自动化方向发展。轧制力也越来越大，单个机架的设计载荷已达到了 4000 ~ 5000t。热轧薄板生产的工艺特点具有了某些冷轧的特点。并且轧辊的使用周期明显缩短，频繁地换辊造成了作业时间的损失，从而使产量受到影响。

为了解决这些问题，世界上一些公司逐渐将轧制润滑技术引入到热轧板带生产中。1954 年，这一技术首先由 QUAKER 公司在美国进行试验。后经不断演变，到 20 世纪 70 年代，欧洲各主要热轧板厂接受并逐步推广。目前，这一技术在资源相对紧张的日本尤其得到重视。20 世纪 90 年代，我国宝钢首先引进了国外公司的热轧工艺润滑技术。到目前，鞍钢、宝钢等一些生产线已将这一技术投入使用。

润滑剂喷涂方式有与轧辊冷却水混合、与蒸汽混合和直接喷涂 3 种。喷涂位置分别为支撑辊、工作辊和二者都喷。但目前在世界热轧薄板生产线上采用最多的是将润滑剂与冷却水混合后向工作辊喷涂。在润滑轧制技术中，主要难点是如何解决轧件咬入困难及防止润滑剂管路堵塞等问题。这些问题可以通过严格控制润滑剂喷射时间和按规定检修设备来解决。

b 对润滑剂的性能要求

现代热轧板工艺特点是：高温、高速、高压，润滑剂使用条件比较恶劣，因此要求润滑剂满足下列条件：

（1）要求具有优良的润滑性及足够的油膜强度，并具有适合使用状态的最佳摩擦系数。

（2）对轧辊表面具有良好的吸附性、展开性和乳化性，能够均匀地附着在轧辊表面形成牢固的油膜。

（3）轧制后的钢板表面质量良好。

（4）轧制油的稳定性好，具有较高的闪点和热分解稳定性。

（5）供油管路简单可靠，维护容易。

（6）灰分少，无发烟现象，或发烟量少，对人体无害。

（7）钢板表面的油容易除去。在以后的处理工序中，无有害或附着引起的不良影响，同时不能给以后的处理工序带来麻烦。

（8）经济性。

（9）废液容易处理（防止污染）。

以上是对润滑剂（热轧油）的一些基本要求，根据轧辊材质的不同，又对其有不同的要求。

表 3-47 列出了各种材质工作辊的特性和对润滑剂的要求。

表 3-47　各种材质工作辊的特性和对润滑剂的要求

材　质	优　点	缺　点	对润滑剂的要求
半钢辊 （阿达迈特铸铁）	价格便宜；易形成稳定的氧化膜，不会产生龟裂	耐磨性差；硬度较低	降低摩擦系数，降低磨损
高铬钢辊	耐磨性好，易形成氧化膜	易打滑，易产生龟裂；价格贵	降低摩擦系数；减轻热划伤
镍基铸铁辊	刚性好；不会产生辊裂和氧化皮黏辊	难形成氧化膜	降低摩擦系数；形成牢固的油膜
高速钢辊	耐磨性好	轧制力增大；价格贵	降低摩擦系数；尽量降低氧化皮的黏结量

c　技术方案措施

唐钢厚板坯热轧生产线工艺润滑采用西门子 VAI 公司和河钢集团唐钢公司合力建设的热轧机新的工作辊润滑系统。该工艺润滑系统的改造以提高卷板表面质量，减少能源消耗，提升轧机效率，延长轧辊辊役为目的。具体解决方案如下：

（1）工艺润滑自动控制系统，以程序包植入到原有系统中，实现在自动模式下，开启/关闭润滑系统的命令以及流量的二级自动设定、模型的反馈控制。同时使作用在每只工作辊上的油量可单独调节，以达到最佳润滑效果。

（2）对现有设备的改造采取在原设备基础上进行系统优化的模式，如增加净环水软化及加热系统、喷嘴、刮水板的优化设计等，以减少改造费用。

（3）系统研究工艺润滑投入后，对工艺控制各参数的影响，从而优化一级、二级自动化控制模型，达到稳定轧制生产的要求。

d　热轧工艺润滑应用效果

工艺润滑技术在河钢集团唐钢公司成功应用后精轧机组表面氧化膜剥落现象明显减少，轧制力降幅10%~15%，轧辊消耗得到明显降低，具体如下：

（1）轧辊表面质量提升。通过工艺润滑投入，工作辊表面状况得到很大改善，使用热轧油后F1/F2表面氧化膜剥落现象明显减少，F3/F4轧辊表面橘皮状缺陷基本消失，现阶段轧辊表面适用于生产高强汽车钢。工艺润滑优化前后轧辊表面状况对比如图3-104所示。

（a）　　　　　　　　　　　　　　　　　（b）

图3-104　工艺润滑优化前后轧辊表面状况对比图
（a）使用前轧辊表面状况；（b）使用后轧辊表面状况

（2）轧制公里数延长。进行了工作辊轧制公里数延长试验，并完善相应的技术规程、岗位规程，重新制定了精轧工作辊使用排程表，通过实际生产，轧机机时作业率提升约5%，产能突破25万吨/月，整体轧辊消耗下降约11%，降本增效取得了明显的效果。

（3）轧制力明显降低。在各个架次使用不同油量后，轧制力有不同程度降幅，特别是F2/F3/F4表现更为明显，降幅达到10%~15%，轧制S355MC高强钢各架轧制力负荷均在30MN以下，满足生产需求，实现了S500MC、420L、610L、DP600等高强钢的顺利试制。

（4）辊耗、油耗降低。通过润滑油投入，查看轧辊磨损曲线，F3/F4磨损明显降低，轧槽由原来的0.2mm降低到现在的0.06mm以内，统计此两架轧辊消耗，分别降低15%和18%；由于采用供油与供水系统独立供给，在喷嘴处油水混合，且润滑方式为雾状润滑，需油量约为普通工艺润滑的60%。

E　通过信息化支撑产品转型升级

a　技术背景

现代轧制过程是轧制工艺与自动化、数字化、信息化技术紧密结合在一起的技术。河钢集团唐钢公司厚板坯热轧生产线是公司汽车板冷轧产线主要原料供应生产线，产品质量控制和信息的一体化是保证生产合格汽车板原料的关键因素之一，所以通过信息化支撑产品转型升级，不仅保证产品质量，更重要的是提高了成材率，保证生产的稳定，降低了各种原料和介质的消耗，是绿色工业生产的重要组成部分。

b　技术方案

技术方案包括以下几点：

（1）建立 QMS 系统。QMS 系统热卷判定功能已实现基于化验数据、物理性能及关键 PDO 数据的"自动判定"，同时实现了关键过程曲线参与自动判定的功能。QMS 系统控制画面如图 3-105 所示。

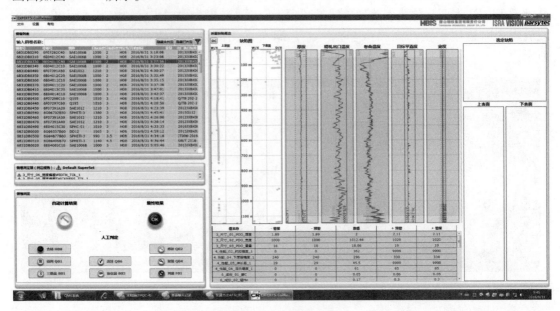

图 3-105　QMS 系统控制画面

（2）建立 TPQC 系统。TPQC 系统产品浏览器、质量助手、操作工助手与 KPI 查阅 4 个模块已上线使用，已实现产品上、下道工序的跟踪调查、联动分析与异常情况的报警功能，大大提高了分析问题的效率。TPQC 系统控制画面如图 3-106 所示。

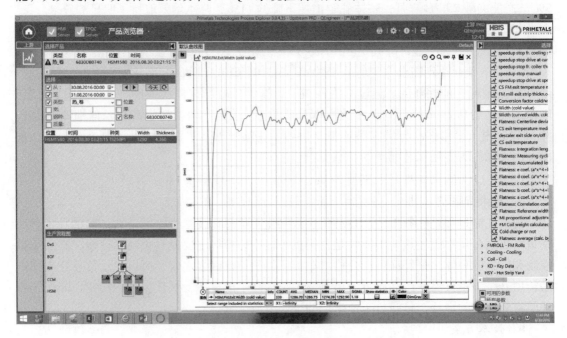

图 3-106　TPQC 系统控制画面

（3）建立 APS 系统。APS 系统主要功能包括：全局生产管理、一体化作业计划管理、生产反馈管理、计划跟踪及报表管理等，满足有限产能约束下的销产转换和钢轧一体化的优化排程及对客户所需产品准确的交期应答。APS 系统控制画面如图 3-107 所示。

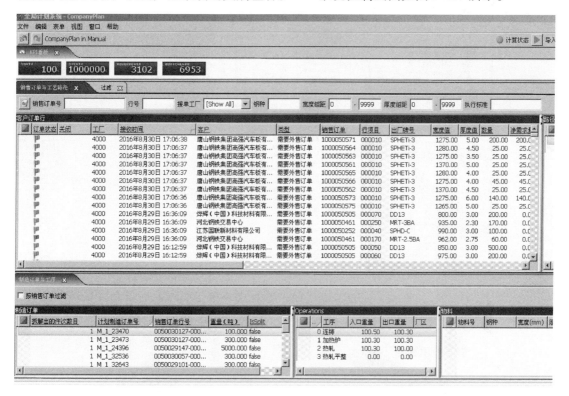

图 3-107　APS 系统控制画面

（4）建立 ODS 系统。ODS 系统作为公司级产品规范数据库和冶金规范数据库，为 APS 排产、MES 生产执行、L2 模型计算与控制、QMS 质量监控与判定等正常运行提供了支撑，实现了以用户为中心的质量一贯制管理。ODS 系统控制画面如图 3-108 所示。

（5）建立 MES 系统。MES 系统将 ERP、APS、ODS 等系统的生产管理信息细化、分解，将操作指令传递给自动化控制系统。同时，MES 还将自动化系统的执行结果数据收集上传，从而实现了自动化与信息化的融合。

（6）建立热轧表面检测系统。该套系统大体分为钢带表面照片收集和缺陷分类识别两个部分，具体的工作原理是：钢带在通过表面检测设备时由高频相机对钢带上下表面进行拍照确认，后处理程序根据相机传输的钢带表面照片，对照其缺陷模型里计算的不同缺陷的特征值，如长宽比、面积比等，判断相机收集到的照片上显示的缺陷类别，并在检测终端上显示判断结果。通过对通条钢带表面照片的分析查看，完成对钢卷整个表面质量情况的评估。利用表面检测系统进行钢带表面质量检验，其优点一是表面检测设备可以实现钢带表面质量的通条检验，产品缺陷的探测手段彻底改善，提高了对产品质量的掌控能力；二是可以快速发现钢卷表面出现的质量问题，及时调整工艺进行控制，降低带缺陷产品数量；三是为产线的质量改善和全流程的质量跟踪提供了很好的平台。具体的系统布置如图 3-109 所示。

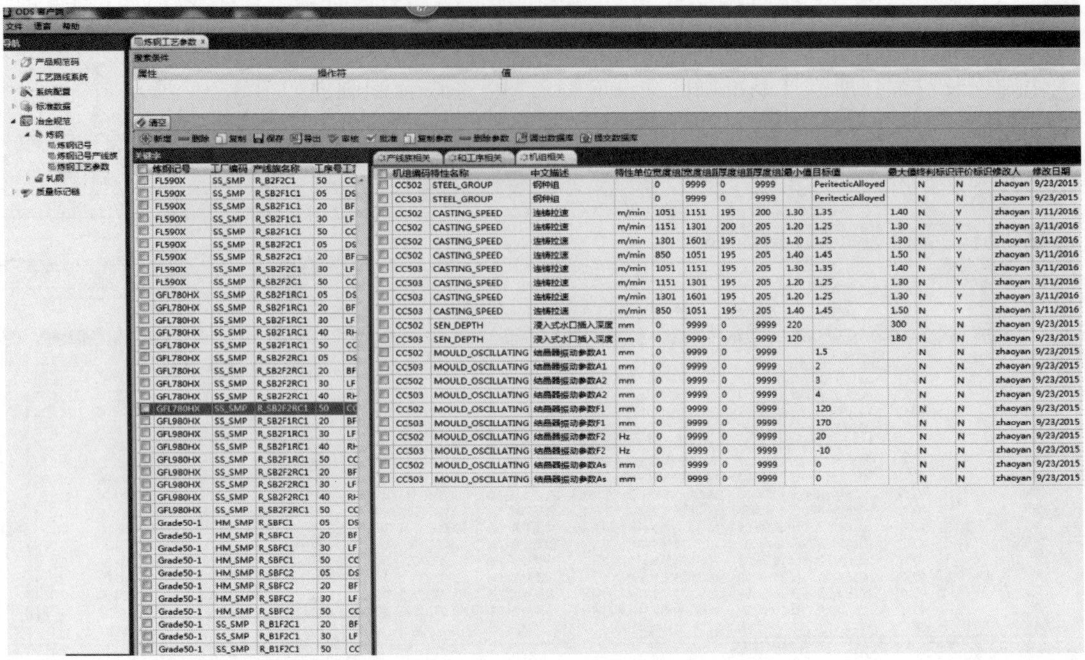

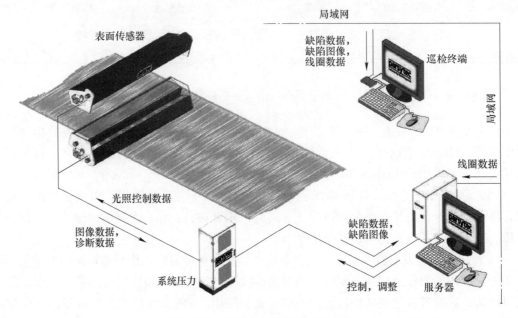

图 3-108　ODS 系统控制画面

图 3-109　热轧表面检测系统示意图

c　应用效果

新建立 APS、ODS、QMS 等系统并对原有 SAP、MES 等系统进行改造，系统上线后，下游工序生产计划通过 APS 系统推送到上游生产 MES 系统中，经过按规则转换，将生产计划下发到轧线二级系统中，实现了信息化和自动化的贯穿；ODS 系统投入运行后，通过将产品执行标准固化到系统中,使内控标准、出厂标准等标准信息对生产过程进行约束,实现了标准化与信息化的融合;各热轧工序岗位操作人员可以利用信息系统的工艺参数发到2级并指导自动化生产,实现了自动化与标准化的融合,为快速提升质量水平打下了坚实基础。TPQC系统将高端产品的KPI指标图形化界面集中显示出来,大大方便了技术人员查看分析,同时将产品生产过程参数全流程匹配在一起,使生产过程中的关键控制点全部进入到系统并匹配到每个钢卷上,使全过程质量控制理念得以实现。这样不仅保证产品质量,更重要的是提高了成材率,保证生产的稳定,降低了各种原料和介质的消耗,成为绿色轧制的重要组成部分。

3.9.2.2 连续高效节能的无头轧制的工艺流程技术

近年来,国内外轧钢生产技术发展的主要方向是调整结构、扩大品种、缩短工艺流程,节约能源和降低生产成本,热轧生产逐渐向紧凑、连续、高效、节能的无头轧制方向发展。无头轧制就是实现钢坯在轧机中连续轧制,或者实现连铸坯的直接轧制。

热带无头轧制技术目前主要有两种:一是在常规热连轧线上,在粗轧机与精轧机之间将中间板坯快速连接起来,在精轧过程中实现无头轧制,称为中间坯连接无头轧制。二是现在的薄板坯直接无头连铸连轧技术,如ESP技术。

A 中间坯连接无头轧制技术

为了降低成本,许多钢厂努力采用价格更为低廉的热轧薄带钢代替冷轧带钢,激烈的市场竞争对热轧带钢代替这一规格范围冷轧带钢的要求越来越强烈。但由于传统热连轧精轧机组生产均以单块中间坯进行轧制,进精轧机组时的穿带、加速轧制、抛钢、甩尾等过程不可避免。因此,难以保障带钢头尾厚差和穿带质量均匀性,产品质量和轧制作业率均受到影响,生产带钢的最小厚度也受到限制,于是便开发了中间坯连接无头轧制技术。

中间坯连接无头轧制技术是在常规热连轧线的基础上,在粗轧后中间坯进入精轧机前,与前一块的中间坯的尾部焊接起来,并连续不断地通过精轧机。这种技术扩大了传统热连轧的轧制范围,可以生产0.8mm厚度的超薄带钢。

中间坯连接无头轧制技术最早是日本川崎千叶厂在3号2050mm热连轧机上首先开发成功的,于1996年8月生产出0.8mm厚的热轧带钢,与普通热连轧相比,其主要的工艺、设备有以下特点:设置专用的高温连铸坯直接热装进入步进梁式加热炉;设置大能力定宽压力机;设置切头尾飞剪,为带坯的头尾焊接做准备;设置带坯头尾对焊机,千叶采用电磁感应加热焊接;设置带坯边部加热器;设置高性能精轧机和高速飞剪,对于厚度0.8~1.2mm、宽度1200mm带钢可以实现稳定轧制,无头轧制带钢全长96%~99.5%的厚度精度为±30μm,带钢全长宽度变化为3~6mm,温度变化为±(15~20)℃,轧机产量可提高20%。目前千叶厂采用无头轧制技术生产超薄带钢的产量占总产量的比例接近1/3。

继川崎千叶厂之后,1997年10月日本新日铁大分厂亦实现了无头轧制,这是世界上第二套无头轧制热连轧机组。与千叶不同的是,新日铁开发的焊接设备采用的是激光焊。

中间坯连接无头轧制技术的主要优点为:

(1)提高穿带效率:川崎千叶厂3号热带轧机采用由最多15块中间坯组成的无头轧制,在该组轧制中除了头块坯的头部和最后一块坯的尾部外,从精轧机组到卷取机如同轧制一块板一样。

（2）提高质量稳定性和成材率：无头轧制使整个带卷保持恒定张力，实现稳定轧制并且不发生由轧辊热膨胀和磨损模型引起的预测误差及调整误差而产生的板厚变化和板凸度变化，可显著提高板厚精度。超薄热带的厚度精度可达 ±30μm，合格率超过 99%。超薄热带还显示出优良的延伸率和较好的微观组织结构。

（3）提高生产效率：无头轧制各板坯连接处的穿带速度可达 1000m/min 以上。单块坯轧制中的间歇时间在无头轧制中减为零，可显著提高薄规格轧制效率。

（4）可生产薄而宽的钢板和超薄规格板：无头轧制的主要目的之一在于稳定生产过去热轧工艺几乎不可能生产的薄宽板和超薄规格钢板。采用无头轧制时，可将非常难轧的材料夹在较容易轧制的较厚材料之间，使其头尾加上张力进行稳定轧制。

（5）通过润滑轧制和强制冷却轧制生产新品种：在无头轧制中，当第一块板坯的头部通过精轧机组后，直到最后部分板带通过机组的较长时间内都可实现稳定润滑，因此，在能进行稳定润滑的同时又可减少材料损耗 1/6～1/10。

B　ESP 无头轧制技术

ESP（endless strip production）无头轧制技术是意大利 Arvedi 公司与 Siemens-VAI 公司在 Arvedi 公司原 ISP 生产线多年操作、改造、优化等经验的基础上合作开发的另一项热轧带钢生产新技术。该项技术为完全连续式带钢生产方式，使用单条连铸生产线便能发挥出色的生产能力，大批量地生产优质超薄带钢，从钢水到成型热轧卷材，转化成本最低，其特点是流程简化、设备布置紧凑、能源利用率高、可更大比例地生产薄规格产品。

建设在意大利 Arvedi 公司的世界上首条 ESP 薄板坯铸轧生产线于 2009 年 6 月正式投入工业化运行。该生产线设备极为紧凑，总长仅为 191m，从钢水到热轧卷材只需 7min 就能完成，在全球首次实现各种优质带钢的无头轧制。这套设备额定产能 200 万吨/年，生产带卷最宽可达 1600mm，最薄可达 0.8mm。ESP 能够生产从低碳到高碳以及合金钢的完整产品系列，有冷成型用钢、通用结构用钢、耐候钢、压力容器用钢、汽车加工用高强钢、管线用钢等。其生产的高品质超薄带钢，部分可以代替冷轧产品，直接进行酸洗和镀锌。

ESP 工艺与传统薄板坯连铸连轧工艺相比，具有能源消耗低和污染物排放少、厂房和设备投资少、生产灵活性强特点。其生产工艺流程如图 3-110 所示。

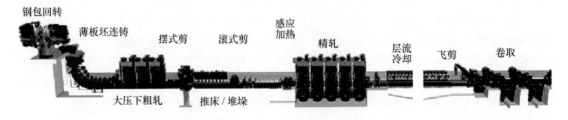

图 3-110　ESP 无头轧制生产工艺流程

ESP 生产线配置的连铸机更先进，拉速更高。该设计包括：浸入式水口的形状配合特殊的结晶器几何形状，数学模拟和水模型测试表明，连铸机拉速可达 4～7m/min，从而保证无头生产所需的秒流量。

为适应 ESP 连铸机高拉速的大通钢量，配备了结晶器电磁制动系统（EMBR），非常有效地控制结晶器内钢水的流场，稳定结晶器液面，从而使结晶器内达到理想而稳定的冷却状态。

连铸机出口配有大压下轧机。充分利用铸坯高温及反梯度温度分布的特性，对板坯实施大压下轧制，并带来如下良好效果：可以改善铸坯内部组织，使最终产品的各向同性更好；变形抗力小，降低轧制能耗；调整中间坯厚度及凸度，以满足最终产品的要求；延长工作辊的单元轧制量以适应无头轧制的要求。

中间坯感应加热装置，可灵活调整带坯。通过热加载能力和功率密度控制，实现精确、灵活的带钢温度控制，针对每个钢种进行准确的温度调节。

ESP 采用高性能精轧机组、全液压地下卷取机，可保证薄规格产品高质量、稳定卷取，可进行单块钢或无头两种方式轧制，一个浇次内的无头轧制比例可达到 92%。

ESP 无头轧制工艺与传统薄板坯连铸连轧工艺相比其主要优点为：

（1）可以大比例生产薄规格和超薄规格产品。在常规热连轧机上由于板坯厚（200~250mm）、变形量大、道次多、轧辊热膨胀大、轧制不稳定等原因，在生产薄规格（不大于 2mm）时对产量影响较大。而 ESP 产量主要取决于连铸，铸坯进入轧机时全程在感应炉内加热保温，不需升速轧制，而且开轧温度较高，因而较适宜生产薄规格带钢。其中最薄带钢规格可达 0.8mm × 1540mm。

（2）适合生产高强度薄钢带。ESP 和其他薄板坯连铸连轧一样，由于薄板坯连铸坯厚度薄，一般为 50~90mm，在结晶器及二冷区快速冷却，因此柱状晶短，等轴晶区宽，晶粒细化；同时采用液芯压下，以及在随后的直接轧制中取消了 $\gamma \rightarrow \alpha$ 相变区的中间冷却，使得产品组织得到弥散强化，从而使产品的机械性能提高，十分有利于生产高强度钢带。

（3）产品几何尺寸精度高，性能均匀。由于 ESP 采用无头轧制，采用自动化控制系统和感应加热使全长带钢温度均匀，其厚度和宽度精度、板形、性能均匀度均达到比常规热连轧还高的水平。

（4）生产无取向电工钢坯料具有独到优势。由于 ESP 无二次加热，再结晶充分，晶粒均匀，可实现低温轧制，高温卷取。据马钢、武钢、钢研院联合实验证明，CSP 供冷轧生产无取向硅钢，磁性可提高一个等级牌号，成材率提高 2%。

（5）可以代替部分冷轧产品。用薄规格热轧带钢替代冷轧带钢，直接进行酸洗和镀锌，可节省冷轧、退火和光亮精整所需要的能源。

C　生产示范效果

生产示范效果包括：

（1）中间坯连接热带无头轧制。中间坯连接热带无头轧制在低成本大批量生产薄规格和超薄规格板带（厚度 0.8~2.0mm）实现以热代冷、提高成材率 1%~2%、提高板厚板形精度、降低生产成本，综合节能（能耗、辊耗、材料消耗等）超过 20%，减少排放 20%~30%。

（2）ESP 无头轧制技术。

1）能源消耗低：ESP 生产线电耗 180kW·h，天然气 1.5m³/t(标态)；常规热轧机组电耗 105kW·h/t，混合煤气 860MJ/t，与常规热轧机组相比，ESP 线综合节能可达 75% 以上。

2）新水消耗低：ESP 线补充新水约 1.1m³/t，常规热轧线约 1.818m³/t，约减少 40%

的新水消耗。

3）温室气体排放低：由于 ESP 线能耗较低，且在能源消耗结构上以电的消耗为主，燃料消耗只有 0.058GJ/t，有害气体排放（NO_x、CO_2）约 0.05t/t；而常规热轧以煤气或柴油的消耗为主，达到 1.223GJ/t，有害气体排放（NO_x、CO_2）约 0.22t/t。与常规热轧生产线相比，ESP 线的直接和间接温室气体排放可降低 77% 以上。

D　在我国的技术应用前景

a　中间坯连接无头轧制技术应用前景

中间坯连接无头轧制技术适合于对现有常规热连轧线进行局部改造后实施。其关键技术是在粗轧与精轧之间将粗轧后的中间板坯在几秒钟之内快速连接起来，在精轧过程中实现无头轧制，并在卷取机前采用高速飞剪切割分卷。作为无头轧制的关键技术，目前的中间坯连接技术仍有其局限性，另外该生产线投资较高，自 20 世纪 90 年代后期日本建成两条生产线、韩国建成 1 条生产线以来，近 20 年没有新的应用，因此，对该技术应进一步考察调研给予关注，不建议近期推广。

b　ESP 无头轧制技术应用前景

ESP 无头连铸连轧技术在国外已经开始工业化应用。2009 年意大利 Arvedi 公司建设世界上首条 ESP 无头轧制生产线正式投入工业化运行后，由意大利 Danieli 公司负责改造的韩国 POSCO 钢铁公司的无头轧制生产线也投入工业化生产。

韩国浦项公司无头轧制生产线（浦项称为 "CEM" 生产线，与 ESP 是同一种技术范畴）的特点是：将厚度为 80mm 板坯经 3 台粗轧机 5 台精轧机无头轧制成所需规格带钢，不需中间加热和均热以及热卷箱等设施，铸机拉速高至 8m/min，单流铸机可年产 180 万吨。意大利阿维迪公司新建的 ESP 工艺无头连铸连轧带钢机组，也是在原 ISP 工艺基础上，除电感应加热器外，在连铸连轧机架和精轧机架间不再设置任何过渡设备并实现无头铸轧，这种工艺充分跟踪控制带钢温度，减少热能消耗，降低轧机功率和轧钢能耗。由于采用无头铸轧，成品率大幅度提高，带钢凸度和平直度控制力增强，可获得良好的带钢质量，能生产高附加值产品，如厚度为 0.8mm 带钢及特殊钢种（如低合金高强度钢、双相钢、硅钢、铁素体不锈钢等）。

ESP 生产线尽管降低生产成本的效果没有国外计算的效果好，但节能减排的效果非常明显，"十二五" 期间应进行工程技术研发，在 "十三五" 期间得到应用。

3.9.2.3　热轧带钢产品发展方向

热轧宽带钢品种结构优化应以 "低成本、高强化和特色化" 为重点发展方向，发展成型性优异的高强及超高强热轧钢板、高钢级管线钢、700MPa 及以上强度等级的工程机械用钢、710MPa 及以上高强度大梁钢、高耐候结构钢、590MPa 及以上车轮钢等高强热轧板产品；发展技术含量高、生产难度大、市场定位高的特色产品，主要包括：抗氢致裂纹（HIC）和抗硫化物应力腐蚀（SSCC）管线钢、超薄规格高强度集装箱板为代表的极限规格产品、相对腐蚀率低于 30% 的新型铁路货车车体用耐候钢和汽车用热轧酸洗板等；发展热轧酸洗板、超薄规格热轧带钢等 "以热代冷" 减量化产品，满足下游行业降低成本的需求。

A 汽车用板

为了适应汽车轻量化的要求，汽车用钢向高强韧化发展。今后重点发展的热轧汽车结构板品种为：

（1）汽车结构用热轧高强板。包括 DP 钢、TRIP 钢，强度为 780~980MPa，最高强度可达 1200MPa。

（2）710~810MPa 高强度汽车大梁板。

（3）780~1000MPa 级别轮辋用钢以及轿车安全件用热轧超高强板。目前轿车安全件用的热轧超高强板只有宝钢一家可以生产，国内的市场占有率不高，主要依靠进口。

B 机械用板

机械行业用热轧宽带钢，主要是用于剪切加工成中厚宽带钢的中厚板，以及部分机械覆盖件用热轧薄板。目前，国内机械行业用热轧宽带钢以 Q235、Q345 等普通碳素结构钢为主，强度级别较低。随着机械行业的装备大型化，以及对节能减排要求的提高，高强度机械用热轧板是未来发展的方向。

C 管线钢

高压、大口径和长距离输送代表了油气管道的发展趋势，与此对应的是高钢级管线钢的发展需求。为了满足高钢级管线钢的性能要求，对管线钢的成分设计、洁净工艺、TMCP 技术提出了更高要求。管线钢重点发展的品种及研发方向为：

（1）X80 及以上高钢级管线钢。

（2）抗应变设计管线钢。

（3）海底厚壁管线钢。

（4）抗氢致裂纹（HIC）管线钢。

（5）厚壁管件和冷热弯管。

（6）研究经济型管线钢生产工艺，开发低成本管线钢。

D 耐候、耐火等特殊性能钢

开发出屈服强度 600MPa 级耐大气腐蚀钢和 700MPa 级高耐大气腐蚀钢，用于集装箱生产，与美国的高耐候 COR-TEN 钢相当的建筑用抗拉强度 400MPa 级和 490MPa 级耐火耐候钢。

3.9.2.4 热轧过程中废水处理工艺技术

轧钢生产过程中会产生大量的废水，这些废水如果直接排放，不仅污染环境，而且造成水资源的严重浪费。因此，各轧钢厂需要对其废水进行处理，以达到国家轧钢废水排放标准或者厂内相应回用标准。2007 年，我国《钢铁工业水污染排放标准》（征求意见稿）要求：新建生产线从本标准实施之日起，现有生产线自 2011 年 1 月 1 日起，轧钢企业总排放口废水排放限制化学需氧量（COD）、悬浮物（SS）、油类分别为 30mg/L、20mg/L 和 3mg/L。该排放标准对钢铁企业轧钢废水处理提出了新的要求，钢铁企业必须对原有技术进行改造和升级，才能满足日益严格的环保标准。

A 热轧废水处理的常用工艺

a 絮凝—沉淀—过滤工艺

絮凝—沉淀—过滤工艺是最传统的热轧废水处理工艺，首先对收集的废水进行初沉淀，去除其中大颗粒的悬浮物，然后送至二次沉淀池，进行絮凝沉淀。处理后浮油用刮油机或撇油机收集去除，废水则加压送过滤器过滤冷却，最后按不同压力分别送用户循环使用。该工艺可以去除废水中大部分的悬浮物和油类物质，处理后 SS≤20mg/L、含油量≤5mg/L。其典型三段式废水处理工艺流程如图 3-111 所示。

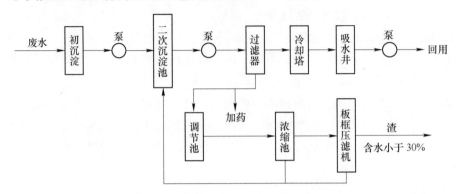

图 3-111　典型三段式废水处理工艺流程示意图

絮凝法在国内外含油废水处理中应用较为广泛。絮凝法包括化学药剂絮凝和电絮凝。化学药剂絮凝主要是向废水中投加絮凝剂，通过絮凝剂的水解聚合作用、分子链架桥作用以及吸附作用达到絮凝，然后通过沉淀或气浮的方法将油去除；电絮凝主要是通过外加电压产生凝聚。目前钢厂普遍应用化学药剂絮凝，采用的絮凝剂主要有聚合氯化铝（PAC）、聚合硫酸铁（PFS）、聚硅硫酸铝（PASS）等无机高分子絮凝剂和丙烯酰胺和聚丙烯酰胺（PAM）等有机絮凝剂。

沉淀法是水处理中最基本的方法之一，通过沉淀法，可以去除废水中大部分颗粒较大的悬浮物，并有一定的除油效果。常用的沉淀设备有平流式沉淀池和旋流式沉淀池。过滤法可以将废水中的悬浮物和胶体杂质去除，特别是去除沉淀法不能去除的微小粒子和细菌。根据滤料的不同，常用的过滤器有石英砂过滤器、活性炭过滤器、核桃壳过滤器等，根据实际情况可单独使用也可联合使用。

b　沉淀—絮凝—气浮—过滤工艺

沉淀—絮凝—气浮—过滤工艺主要以气浮组合的方式，取代了絮凝—沉淀—过滤工艺中的二次沉淀池。该方法适用于对处理后水质要求较严格或原水水质较差的热轧废水处理；处理后含油量≤5mg/L，含铁≤1mg/L，SS≤20mg/L，COD 去除率为 60%~80%。

气浮法又称浮选法，就是在废水中通入空气，使水中产生大量的微气泡，微气泡与水中的乳化油和密度接近水的微细悬浮颗粒相黏附，黏合体因密度小于水而上浮到水面，形成浮渣，从而加以分离去除。根据水中形成气泡的平均直径大小、溶入条件和气泡形成方式，气浮法分为溶气气浮、布气气浮和电解气浮，目前应用较多的为溶气气浮。

c　稀土磁盘工艺

稀土磁盘技术是最近几年我国新开发的热轧废水处理技术，主要是利用稀土永磁材料的磁场力作用，使热轧废水中的铁磁性物质微粒通过磁场力的作用吸附在稀土磁盘表面；对于非磁性物质微粒和乳化油，采用絮凝技术或预磁技术，使其与磁性物质黏合，一起吸附到磁盘表面去除。根据轧钢废水特性，稀土磁盘技术可以和其他技术组合，形成多种稀土磁盘工艺，如沉淀—稀土磁盘—过滤、沉淀—絮凝—稀土磁盘—过滤、沉淀—絮凝—稀土磁盘—气浮等工艺。典型的沉淀—絮凝—稀土磁盘—过滤工艺如图3-112所示。该方法处理后 SS≤20mg/L，含油量≤5mg/L，废水循环率大于95%。

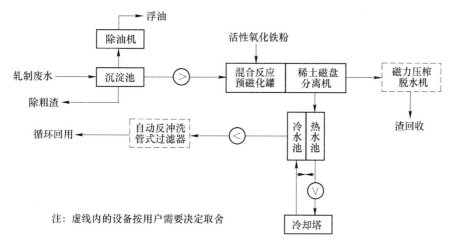

图 3-112　稀土磁盘法处理热轧冷却废水工艺流程

B　目前国内热轧废水处理现状与结果

目前，国内热轧废水的处理主要采用絮凝、沉淀、稀土磁盘、气浮、过滤等组合工艺对水中的 SS 和油类物质进行去除，表3-48列出了国内部分钢厂热轧废水处理情况。

表 3-48　国内部分钢厂热轧废水处理情况

钢　厂	处 理 工 艺	处理效果
宝钢热轧厂	絮凝 + 沉淀 + 过滤	SS < 20mg/L，含油量 < 5mg/L
武钢热轧厂	絮凝 + 沉淀 + 过滤	SS < 50mg/L，含油量 < 10mg/L
攀钢热轧厂	絮凝 + 沉淀 + 稀土磁盘 + 过滤	SS≤20mg/L，含油量≤5mg/L
首钢京唐热轧厂	沉淀 + 絮凝 + JAF-40 型射流气浮 + 过滤	含油量 < 10mg/L，溶气效率95%
包钢薄板连轧厂	絮凝 + 沉淀 + 过滤	含油量≤5mg/L
本钢热轧板厂	絮凝 + 沉淀 + 过滤	含油量≤5mg/L
鞍钢热轧厂	絮凝 + 沉淀 + 过滤	SS≤20mg/L，含油量≤5mg/L

从表3-48可以看出，国内钢厂热轧废水处理主要采取絮凝 + 沉淀 + 过滤工艺，处理效果基本可以满足再生水用作直流冷却水和洗涤用水的水质标准，但不能满足补充水和工艺用水要求。稀土磁盘工艺作为一种新兴的热轧废水处理工艺，因其具有占地面积小、投资少、运行维修费用低和能够实现油泥全部回收等优点，最近几年在热轧废水处理领域得到了较快的发展。此外，包钢对钢渣吸附 + 陶粒过滤工艺处理热轧废水进行了研究，出水 SS < 5.5mg/L，含油量 < 3.5mg/L；武钢对改性纤维球过滤工艺进行了中试研究，出水 SS < 7mg/L，含油量 < 5mg/L。但这些工艺还没有大规模工业推广应用。

C　轧钢废水处理工艺发展趋势

从轧钢废水的处理现状看，其工艺将呈现下面的发展趋势：

（1）稀土磁盘工艺将逐步用于整个热轧废水处理领域。从热轧废水处理工艺的现状看，传统絮凝＋沉淀＋过滤工艺已经不能满足日益严格的环保标准。稀土磁盘工艺作为一种新的热轧废水处理工艺，近几年得到了广泛的发展，现已作为钢铁行业热轧废水处理最佳可行技术被推广。稀土磁盘工艺能够较好地去除水中的悬浮物和油类物质，并且实现油泥的全部回收，符合循环经济的理念，是未来热轧废水处理的发展趋势。此外，最新的研究还将磁盘技术与生物技术相结合，利用膜生物反应器的原理构造磁生物反应器。

（2）以超滤技术为代表的膜分离技术将广泛用于冷轧含油废水处理领域。膜分离技术作为一种新型废水处理技术，具有其他废水处理方法不可比拟的优点。膜分离技术主要有微滤、超滤、反渗透和纳滤。超滤技术作为新的油水分离技术，已经广泛应用在冷轧含油废水处理领域，同时无机陶瓷超滤膜以容易清洗、使用寿命长、热稳定性高和价格低廉等优点，逐步取代了有机超滤膜。此外，从长远的观点来看，MBR 将是 21 世纪最有发展前景的工业污水处理和中水回用技术。

（3）生物法将用于冷轧含铬废水的处理。尽管目前生物法还没有用于冷轧含铬废水处理，但从宝钢的中试结果看，生物法处理冷轧含铬废水，工艺流程简单，系统具有较强的耐冲击负荷的能力，单位铬去除成本较低，铬去除效率高，污泥产生量少，适合未来的环保要求。但生物法处理含铬废水，出水中容易带有一定的色度，可以在生物法后增加活性炭吸附工艺对色度进行去除。

（4）轧钢废水中有效成分的回收利用将是未来废水处理工艺的发展方向。目前轧钢废水的处理还只是考虑对污染物的去除，而较少的考虑废水中各种有效成分的回收利用，如利用酸洗废液和酸洗漂洗水中的铁和酸，进行含铬废水的还原处理；利用酸洗废液和酸洗漂洗水中的酸和盐，对乳化液进行破乳；利用酸性废水和碱性废水本身的中和，对含铬酸、废油与乳化液的再生回收等。因此，在轧钢废水进行分类处理的基础上，充分回收利用钢厂资源将是未来废水处理工艺的发展方向。

（5）轧钢废水治理将从末端治理为主向源头控制为主转移。在轧钢工艺的选择上，应逐步淘汰资源、能源消耗大，污染物排放量大，水资源消耗大的工艺；在废水处理工艺的选择上，应尽量选择能源消耗低、无二次污染的技术，如生物法、膜分离法等；在轧制油和钝化液的选择上，尽量选择环保型产品。

总之，轧钢废水的处理，对于钢铁企业减少污水排放和新水补充量，提高废水循环利用率具有重要的意义。在轧钢废水处理工艺的选择上，应充分考虑废水的种类、水量、成分和排放制度，因地制宜地选择净化组合工艺。此外，对于冷轧废水必须分质进行处理，尤其是含铬废水，在治理前绝不能与其他废水混合，这样有利于降低处理难度，减少运行费用并提高处理效率。未来将积极开发废水深度处理新工艺和新型水处理药剂，高效、低成本地处理轧钢废水。

3.9.2.5　轧钢绿色工艺流程与技术展望

改革开放以来，中国轧钢行业高速发展，基本建成了工业化轧钢技术体系。大力采用国际上的先进技术，利用自动化、机械化、电气化手段，快速推进生产发展。但是，在大量生产工业产品的同时，大量消耗资源和能源，大量排放。这种资源和能源的消耗以及对环境的破坏，已经超过人类和自然界可以忍受的底线。从技术层面来说，这种发展主要依靠引进、跟跑，真正中国自主创新的技术不是很多。由于缺乏创新，没有特色，各个轧钢厂利用几乎同样的工艺、同样的设备，生产同样的产品，甚至存在的问题也是同样的。企业缺少特色、缺少绝活、核心竞争力不强。钢铁工业的这种无序发展和产能的剧烈膨胀，造成严重供大于求，同质化竞争十分激烈。中国轧钢行业目前存在的严重不平衡、不协调和不可持续问题已经引起了各方面的重视，必须大胆创新，努力转变发展方式，走新型工业化的发展道路，让中国的热轧板带厂健康发展。这就要求工业化的技术体系向生态化的技术体系转变。中国的钢铁行业，中国的轧制行业，尤其需要由工业化的技术体系向生态化的技术体系转变。

生态化技术体系的特点是减量化、低碳化、数字化。因此，中国应当依据生态化技术体系的特点，针对面临的资源、能源、环境问题，加强技术创新，实现"绿色制造，制造绿色"这一生态、绿色化的大计方针。

所谓生态化、绿色化，即节省资源和能源；减少排放，环境友好，易于循环；产品低成本、高质量、高性能。

轧制技术的生态化、绿色化特征在轧制过程创新与轧制产品研发上具体体现在4个方面，即"高精度成型；高性能成型；减量化成分设计；减排放清洁工艺"。今天比以往任何时候都要突出现代轧制技术生态化、绿色化特征，着力围绕"高精度成型；高性能成型；减量化成分设计；减排放清洁工艺"开展创新研究，解决一批前沿、战略问题和关键、共性问题，推进中国轧制技术的发展。在世界轧制技术的发展中，留下中国人的印记，将是中国轧制科技工作者长期、艰巨而光荣的任务。

大规模引进、新建轧钢生产线的阶段已经过去，今后的任务是对现有的生产线进行针对性地改造，通过改造出特色，通过改造出创新，出质量，出效益，出高水平的产品，实现减量化和低碳化。在改造的过程中，要广泛采用信息化技术，将信息化技术融于钢铁材料的生产全过程，实现轧制过程的实时感知、分析与控制。

中国的改造要联合机械制造业、信息产业等相关行业，通过行业的交叉和融合，研究出、制造出与生态化要求相适应的未来一代轧制技术与装备以及信息化系统，为生态化的工艺技术服务。轧钢工业的改造要面向下游产业，与下游产业合作，采取EVI等先进方式为下游产业服务。对于轧钢这个成材工序来说，这一点尤为重要。这场改造应当是一场群众运动。动员广大群众出主意，提建议，紧紧围绕企业面临的关键、共性问题，进行系统诊断，为生产线的技术改造提出方案。在此基础上，大力推进企业的技术创新，围绕生态化（减量化、低碳化、数字化）这个核心加强技术改造，在资源、能源、环境可以承受的范围内，生产社会需求的高质量、高性能产品，实现企业、国家和社会的平衡、和谐、可持续发展。

3.9.3 棒线材生产工艺及技术

3.9.3.1 棒线材热送热装技术

20世纪70年代兴起的连铸坯热送热装工艺是一项系统性新技术，使炼钢-连铸-热轧生产一体化，其优点直接体现在节省加热能源、降低氧化烧损、提高加热炉生产能力和产品质量、缩短生产周期、降低生产成本等方面。

连铸坯热送热装是指铸坯在 400℃以上的热状态下装入加热炉，一般将铸坯温度达到 400℃作为热装的低温界限，400℃以下热装节能效果降低，一般不再称其为热装。铸坯在 650~1000℃热装节能效果最好，钢坯加热热耗计算见表 3-49。

表 3-49　钢坯热装时的节能量、节能率

热装温度/℃	空气不预热		空气预热 500℃		空气预热 900℃	
	节能量/MJ·t⁻¹	节能率/%	节能量/MJ·t⁻¹	节能率/%	节能量/MJ·t⁻¹	节能率/%
100	71.59	5.09	56.31	4.00	49.91	3.55
200	153.41	10.91	120.66	8.58	106.94	7.60
300	239.70	17.04	188.53	13.40	167.09	11.88
400	329.83	23.45	259.42	18.44	229.92	16.34
500	431.46	30.67	339.36	24.12	300.77	21.38
600	540.77	38.44	425.33	30.23	376.96	26.80
700	693.54	49.30	545.49	38.78	483.46	34.37
800	859.09	61.07	675.70	48.03	598.86	42.57
900	960.73	68.29	755.64	53.71	669.71	47.61
1000	1061.08	75.43	834.57	59.33	739.67	52.58
1100	1160.16	82.47	912.50	64.87	808.73	57.49
1200	1257.96	89.42	989.42	70.33	876.91	62.33

根据冶金学特点所划分的钢坯加热形式见表 3-50。

表 3-50　连铸坯热送热装和直接轧制概念及发展

形式	名　称	热送温度	工艺流程特征	开发时间
I	连铸坯直接轧制	>1100℃	输送过程中边角补热和均热后直接轧制	20 世纪 90 年代
II	连铸坯热直接轧制	A_s~1100℃	输送过程中补热和均热后直接轧制	20 世纪 80 年代
III	连铸坯直接热装轧制	A_1~A_3	热坯直接装加热炉加热后轧制	20 世纪 70 年代
IV	连铸坯热送热装轧制	400℃~A_1	热坯经保温缓冲装加热炉加热后轧制	20 世纪 60 年代
V	连铸坯冷装炉加热轧制	室温	冷坯加热后轧制	轧钢初期

采用一般热送热装工艺（形式 IV）可节能 35%；采用直接热送热装工艺（形式 III）可节能 65%；采用直接轧制工艺（形式 II）可节能 70%~80%。采用热送热装工艺，加热炉产量可提高 20%~30%，金属氧化烧损减少，成材率可提高 0.5%~1.0%，生产周期缩短 80%以上，建设投资和生产成本降低。

一般来讲，实际生产过程热送热装效果的优劣，取决于钢坯入炉温度（热装温度）和热装比例（热装率）。热装温度与连铸坯下线温度、连铸机到轧钢加热炉的流程设计以及环境温度有关。热装率与连铸机和轧机的产能匹配以及故障率有关。

河钢唐钢建设的"4 号转炉→5 号连铸机→二棒材"这一典型的高效率生产线，在转炉出钢后，连铸机直接从浇钢跨接受钢水，钢水最短 7min 即可到达 5 号连铸机。充分利用车间布置上的优势，5 号连铸机对二棒生产线自设计开始就确定连铸坯全部直供，从连

铸机火焰切割机至加热炉提升台架仅 60m 的距离，钢坯从火焰切割机到装入加热炉的输送时间约 120s，入炉温度一般为 820~870℃，最高可达 900℃。由于铸坯直供和转运时间的有效控制，二棒生产线的能耗大幅度降低，其中加热炉能耗为 0.53GJ/t、煤气单耗 64.9m³/t。而 6 号连铸机至一棒生产线采用的是常规工艺布置，连铸坯热装加热炉温度为 750℃左右，热装率平均 86.83%，加热炉能耗为 0.78GJ/t，煤气单耗 93m³/t。

3.9.3.2 棒材定重供坯技术

在生产螺纹棒材的钢铁企业中，大多采用定尺方式对铸坯切割之后进行轧制。连铸坯经过轧制后，一般要产生不定量的非定尺材。非定尺材越少，成品材收得率越高，取得的经济效益越显著。在实际生产中发现，即使连铸坯的长度相同，质量也不一定相等。因此，如果能够把连铸坯供坯方式改成以重量为标准，必然能够减少非定尺材的产生。近年来，部分钢厂在定重供坯方面做了大量的工作，取得了不少研究成果。河钢唐钢借鉴其他钢厂的经验，把定重供坯分成若干个单元，逐步分析解决问题。通过反馈控制手段，自主研发了一套精确、高效的连铸坯定重切割技术，取得了很大成果。

为了降低生产成本，生产螺纹棒材时连铸中间包通常采用定径水口进行浇钢生产，通过控制中包液面高度和快速更换水口来保证拉速的相对稳定，钢水经过结晶器、二次冷却区和空冷区，通过火焰切割将连铸坯切割成一定长度后，经热送轨道直接供给棒材生产线轧制，不仅提高了生产效率，同时降低了加热炉的燃气消耗。在此过程中，影响单根连铸坯重量的因素主要有工艺和设备方面。工艺方面主要有：钢水浇注温度、拉速、中间包液面高度、结晶器铜管过钢量、冷却长度、冷却区水量；设备方面主要有：称量系统精度、定尺定重摄像系统精度等。在工作中，为了确认工艺方面是否对铸坯密度有影响，曾做过一些实验，随机抽取同一钢种的 12 支铸坯，使其长度相同，对其质量进行称量之后，铸坯单重最大差值为 14kg，因此需要对其进行人工调节。

不同规格的棒材产品需要铸坯重量是不同的，假设生产某一规格（如 $\phi18$）的棒材产品，需要的铸坯重量为 G_0，即为理论坯重，根据式（3-8）计算出理论长度 L_0。

$$G_0 = \rho \times (A \times B \times L_0) \tag{3-8}$$

式中，ρ 为密度；A、B 为铸坯断面尺寸；L_0 为铸坯理论长度。

在中间包开浇时，给定一个理论长度 L_0，之后的每根铸坯长度根据上一根铸坯重量对定尺进行微调，使铸坯单重始终保持在一定范围内。为了保证铸坯调节精度，在采用高精度控制设备后，采用如图 3-113 所示的模型。

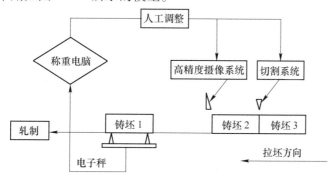

图 3-113　定重供坯控制示意图

如图3-113所示，铸坯1在秤上称重后，操作人员通过称重电脑显示的单重，对铸坯2的长度进行调节，在切割系统中设定目标长度。切割系统通过摄像系统采集铸坯2头部的位置，与目标长度进行对比。当铸坯2长度符合目标长度时，发出切割指令，完成一次切割循环。

连铸坯称重主要有"动态称重"和"静态称重"。动态称重是指在传送辊道间采用液压升降执行机构将连铸坯和秤架共同托起，让传送辊道与连铸坯分离。其特点是设备简单、投资少、稳定性差、称量精度不高。"静态称重"是将4只或6只称重传感器组成单台面或双台面秤架，在秤架上安装整套辊道传送机构，此称重法称为"静态称重"。其特点是稳定性好，但称重时需要称量秤架和辊道自重，这两部分远大于铸坯质量，从而使得称重精度有所损失。经过综合考虑，采用"静态式"称重，秤体本身不动，利用直供辊道下降，使待称重的铸坯落到秤体上进行称重，如图3-114所示。

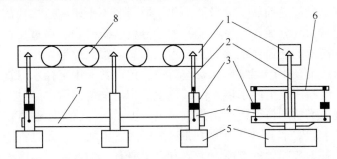

图3-114 称重结构图

1—连铸机直供辊道；2—支撑立柱；3—称重传感器；4—称重拉杆；5—秤基础；
6—平梁；7—秤大梁；8—传动辊

由于铸坯的长度为11.9m左右，且称量时内部温度在900℃以上，如果只用前后两根立柱对铸坯进行支撑，铸坯在称量时中间可能弯曲，对称量结果不利，因此在称量铸坯时采用3根立柱对铸坯进行支撑。

在选择传感器装置时，充分考虑了传感器的恶劣工作环境和不可移动性、传感器信号线的保护和准确信号的传输等方面。在传感器上方加上保护罩，以免辊道冷却水对其造成影响，而秤体受力装置基本是固定不变的，这样就保证了秤体装置能够长期稳定工作。当铸坯称重时，通过液压装置控制辊道下降，铸坯落到秤上，称重完成后，液压装置控制辊道上升，铸坯和辊道一起上升到位置后，铸坯继续前行脱离辊道进行下一根铸坯称重。为了辨别铸坯的位置，在每个流辊道的末端都安装热检。当某个流有铸坯时，热检发出信号传递给电脑，电脑接收到信号后等待称重结果，如果有称重记录则保存，没有称重记录则不保存。

定尺切割系统由摄像硬件系统、切割系统和软件控制系统构成。摄像机采集到铸坯图像信息后，经双屏蔽视频电缆传输到工控机，利用图像识别模块，反馈到软件系统。软件系统根据铸坯头部的位置，可选用自动或手动两种方式给切割系统发送指令，完成对铸坯长度的切割控制。

火切机是通过控制铸坯长度来实现铸坯保持在定重范围内的，何时切割铸坯就决定了铸坯是否符合要求。原有的铸坯切割系统没有提供公共接口，模拟摄像机精度也不能满足需要，因此需要对原有的系统进行改造。如图 3-115 所示，采用高精度的数码摄像机代替原来的模拟摄像机，摄像头由 1 台增加到 2 台，每个摄像头控制 3 个流。把摄像头位置由切割机一侧移到切割机上部，为了防尘防水，采用全不锈钢防护罩，1 号摄像头负责 1 流、2 流、3 流，2 号摄像头负责 4 流、5 流、6 流，铸坯切割精度由 10mm 提高到 4mm。

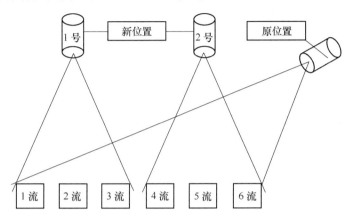

图 3-115　摄像头改动示意图

软件控制系统共分两部分，第 1 部分是质量采集模块，第 2 部分是切割模块。两个模块所需的数据通过网络数据库进行交换。质量采集模块通过 PLC 设备将炉号、流号、称重时间、铸坯标重、铸坯称重、生产班组和拉速等数据存到数据库中，然后自动计算出每班每流的定重率。在铸坯称量过程中，轨道下降铸坯降落到秤体上时，秤体不可避免地会出现微小振动。传感器在短时间内也不可能完全稳定下来。为了能从仪表取到较为合理的铸坯单重值，考虑到生产节奏，规定铸坯在秤体上停留时间为 3s，软件在 3s 内取 200 个称量值，然后取平均值，取离平均值绝对值最小的值作为铸坯单重。称重结束后 PLC 发出称重完毕信号，运行热送辊道将热坯送入加热炉，再继续将下一支待称铸坯送入秤体，完成一次称量循环。切割模块主要由图像采集模块、算法模块、亮度对比度模块和调整模块等组成。操作人员根据上一根铸坯单重、拉速变化和中间包过热度来确定下一根铸坯的长度。

实际使用时，连铸坯的生产是以中间包的寿命为生产周期的，因此定重供坯的调节过程也是以一个中间包为调节周期。实际生产过程中使用定径水口。拉速是通过控制中间包液面高度和更换不同口孔径的定径水口（滑块）来进行调节，因此做不到固定拉速浇钢，只能使拉速稳定在一个范围。在开浇过程中，连铸坯到达切割机去除头坯后，第一根铸坯依据定尺进行切割。第二根铸坯的切割长度是依据第一根铸坯的质量进行调节的。之后每一根铸坯在切割时都要参考前一根铸坯的质量，进行人工干预。在使用过程中发现，拉速波动是影响铸坯质量的首要因素。尤其当拉速剧烈波动时，铸坯的定重调节就会处于不可控状态，需等到拉速相对稳定后才能恢复调节，而当拉速波动小于 ±0.05m/min 时，铸坯单重变化不大。

3.9.3.3　棒线材无头轧制

棒线材无头轧制就是没有头尾的轧制，或者说没有间隔的轧制，是一支无限长的钢坯通过各道次轧机轧制成钢材，随后根据成品棒材的定尺、线材的盘重进行剪切。棒线材无头轧制主要有焊接型无头轧制和铸轧型无头轧制两种。焊接型无头轧制就是将出加热炉的钢坯，在进入第一道轧机前，利用闪光对接焊的方式快速地将钢坯头尾焊在一起，形成一支无头尾的整体钢坯，使其连续不断的轧下去，直到轧辊轧槽磨损到更换为止。在焊接型无头轧制中，焊接部位能作为产品使用是该类型无头轧制的先决条件。焊接型无头轧制不需要解决连铸与轧机的产能匹配问题，适用于传统轧制系统的改造。投入有限的资金，实现钢坯出炉后的焊接，就实现了无头轧制，这种类型的无头轧制被广泛采用。焊接型无头轧制的关键技术是钢坯的焊接速度、焊接质量以及在焊前的除鳞、对中以及焊后的毛刺清理。铸轧型无头轧制就是将连铸机与轧机布置在同一条生产线上，从连铸到成材，钢坯不断。铸轧型无头轧制适用于新建连铸轧制生产线，要考虑连铸与轧机的产能匹配。由于生产组织难度大，这种类型的无头轧制在棒线材生产中较少采用，而在薄带钢生产中用得多。为解决产能匹配问题，在薄带钢轧机间设有卷取装置，来缓冲产能的不匹配。棒线材的无头轧制省却了在轧制过程中轧件头尾的剪切，不会产生轧机咬入和吐出轧件时负荷波动，避免了堆钢及棒材短尺，固定了盘重，因此提高了轧机和轧辊的寿命，也提高了轧机的生产效率及成材率，成材率可达到 99%。

前苏联重型制造业中央科学研究院早在 20 世纪 40 年代末，率先着手对棒线材无头轧制技术进行研究，并于 50 年代研制出世界上第一套用于构造无头长坯的移动式闪光对焊机，以实现在线预热钢坯的焊接。20 世纪 90 年代，日本 NKK 公司和意大利达涅利公司相继研制出了以移动式闪光焊机为核心设备的棒线材无头轧制系统。NKK 公司称之为棒材无头轧制系统（endless bar rolling system，EBRS），而达涅利公司则将该系统称为无头焊接轧制系统（endless welding rolling，EWR）。2000 年，达涅利公司成功地研制出了世界上第一套以连铸连轧技术为核心的棒线材无头轧制系统（endless casting rolling，ECR），用于意大利乌迪内 ABS 公司的 50 万吨/年特殊钢棒线材工业生产。我国第一家采用焊接无头轧制技术的是河钢唐钢公司棒材厂，之后新疆八一钢铁公司和湖南涟源钢铁公司也采用了该项技术；河北邢台钢铁公司引进了日本 NKK 设备。但在实际生产中出现一些问题：钢种的变化影响焊接质量；铸坯在连铸机的定尺火焰切割中，端面不齐整，有凹凸或端面被割斜；铸坯端面形状脱方，不是矩形；焊接系统故障多；去除焊瘤困难。因此，对于连铸坯焊接型无头轧制，提高连铸坯端面质量，加强焊接技术研究很有必要。

一套完整的焊接型棒线材无头轧制系统由加热炉、夹送辊、除鳞装置、焊机、活动辊道、毛刺清理机、钢坯保温装置、液压站（包括焊机液压站和去毛刺液压站）和轧机系统组成。无头轧制与传统轧制的铸坯加热和轧机轧制、轧后冷却相同，因此无头轧制系统主要指上述棒线材无头轧制系统中位于加热炉与第一架粗轧机之间的装置（或设备），即钢坯的加速送进装置（夹送辊）、钢坯的除鳞装置、钢坯的焊接装置（焊机）、毛刺（焊瘤）清除装置、活动辊道（又称摆动辊道）、钢坯的保温装置、焊机液压站和去毛刺液压站。

钢坯焊接原理为：前后两根钢坯由焊接机的两个夹持器分别夹持，其中与前支钢坯接触的部分为负极（电压为 0V），后夹持臂与钢坯接触部分为正极（电压为 10V）。通过低电压、大电流闪光对焊后，将铸坯头尾焊接在一起。

钢坯的焊接过程始于加热炉出口侧，从加热炉出来的钢坯，经除鳞机去除表面氧化铁皮后，钢坯的头部与前一支已进入粗轧机的钢坯尾部闪光对焊成一体。由于钢坯的焊接是在动态过程中完成的，故需要电动机带动焊机运动。焊机由一个预先设定的位置启动，沿着轨道按轧制方向行走，并加速达到与钢坯相同的运行速度，然后焊机的两个夹头将钢坯的两个端头锁住，完成钢坯的对中。焊接过程首先是将钢坯两头熔化，然后用力将两端头对齐压紧焊接好。焊接程序是根据钢坯的端面尺寸和形状而定的。当钢坯形状不规则时要增加焊接周期。一旦焊接完成，剪切液压缸驱动毛刺清理机对存在于焊接区的毛刺进行清除。然后焊机返回原始位置，准备下一个焊接过程。

焊接时间长短要按照生产钢种和焊接时的钢坯温度来决定。对于 $130mm \times 130mm$ 的小方坯，焊接周期大约是 25s，单纯的电闪速熔化焊时间约为 7s。此种焊接装置适用的焊接范围是 $100mm \times 100mm$ 到 $200mm \times 200mm$ 之间的方坯、直径 $100 \sim 200mm$ 的圆坯和在此之间两边边长不超过 30% 的扁坯，适用焊接钢种包括全部的碳素钢和合金钢（包括不锈钢）。

主要焊接设备包括：

（1）移动式闪光焊机。移动式闪光焊机是钢坯无头轧制系统的核心设备，可在移动过程中自动对运动着的大截面预热钢坯实施焊接。

（2）夹紧装置与馈电装置。夹紧装置由固定夹钳和移动夹钳组成，通过液压油缸（即夹紧油缸）驱动，分别用于夹持前一钢坯的尾部和后一钢坯的头部。馈电装置由馈电钳口和驱动油缸等组成，通过馈电钳口与钢坯的接触向钢坯馈电，以提供钢坯焊接所需的电流。方坯固定夹钳由固定钳口、活动钳口、夹紧油缸等组成。固定钳口固定在台车架上，活动钳口由夹紧油缸驱动，并通过缸体安装在台车架上。为了实现钢坯的自动对中，保证钳口在钢坯 4 个表面上提供最佳接触，方坯夹钳采用了 V 形钳口，两钳口的作用线与钢坯轴线垂直，且与水平面成 45°夹角，钳口采用循环水冷却。移动夹钳由固定钳口、活动钳口、夹紧油缸、活动台架和导轨等组成。移动夹钳的钳口结构、油缸布置特征、钳口的冷却方式与固定夹钳相同，只是移动夹钳可以沿钢坯轴线移动。移动夹钳的导轨固定在台车架上，其轴线与钢坯轴线平行，活动台架安装在导轨上并可沿导轨移动，固定钳口固定在活动架上，活动钳口通过油缸缸体安装在活动台架上。

（3）顶锻装置。顶锻装置由两个顶锻油缸组成，分别布置在钢坯轴线的两侧。为了减小焊接小车沿钢坯轴线方向上的结构尺寸，顶锻油缸活塞杆头部安装在台车架上，而其缸筒则安装在移动夹钳的活动台架上。顶锻油缸用于控制两钢坯间的闪光间隙，提供足够的顶锻力使两钢坯在闪光后结合在一起。

（4）焊接变压器。焊接变压器用于提供直流大功率焊接电流，因为直流焊接电流可以提供更为平缓的焊接次序。焊接变压器安装在焊接小车上，这样可以优化动力传输、减小能量损失。

毛刺清除设备主要用于清除钢坯焊缝处的焊瘤及毛刺，以避免在轧件上形成表面缺陷，影响产品的质量。毛刺清理系统由横向切刀、纵向切刀、夹送辊、测量辊及修边机组成。除测量辊动作靠气缸实现外，其余均靠液压缸提供动力。钢坯在与 1 号轧机相同的速度通过时，实现焊瘤的去除。

钢坯保温装置由焊接出口辊道和保温罩组成。其作用是支撑和输送来自焊机的焊后钢坯，并对钢坯进行保温，均匀基体钢坯和焊缝的温度，以提高最终轧件的质量。保温罩的开闭由两部液压缸实现。

意大利达涅利公司成功开发出将高效连铸与热轧结合在一条生产线上生产特殊钢线棒材的新工艺，称为 Luna 无头铸轧技术。意大利乌迪内 ABS 公司已将此技术应用于年产50 万吨的特殊钢线棒材生产线，并于 2000 年 8 月正式投入工业生产。

Luna 无头铸轧型生产线的主要技术特点是，在同一条生产线上同时进行高效连铸和热连轧，这与薄板坯连铸连轧生产板带产品完全相似。连铸坯是 160mm × 200mm 的大方坯。按照产量要求，连铸机可采用单流或双流连铸，在连铸机后面设有两个淬火箱。

在连铸机和连轧机之间设有 125m 长的辊底式加热炉，其作用是调控连铸坯温度，使坯料在长度方向上和横断面上都能以最佳温度分布进入轧机。加热炉前面是 65m 长的双流隧道炉，作为工序间的生产缓冲，以控制生产时的物流量，热缓冲能力约为 45t。

传统轧制工艺要求轧机反复频繁地咬入钢坯。这就不可避免地造成对轧机的反复冲击，加大了轧件的堵钢率，增加了轧机的作业载荷，加剧了轧辊的磨损，缩短了轧辊的使用寿命，提高了轧机的故障率，降低了整个轧制过程的稳定性；无头轧制工艺有效地消除了传统轧制工艺的不足，延长了设备的使用寿命，稳定了轧机的轧制参数，提高了成品的尺寸精度和收得率。由于焊接后无头方坯轧制时只需剪切一次头、尾，而且成品棒材长度一致，不会出现短尺棒材，因此产品的收得率得以提高。由于生产时轧制参数保持稳定，这使得易损耗件的寿命得以延长，减少了孔型、导卫和剪刃的磨损。加上机械和设备寿命的延长，设备维修量减少，所有这些使得操作和维修人员的需求减少，从而都有利于降低操作费用。对于年产 15 万 ~ 20 万吨产量的轧机，采用焊接无头轧制后可提高产量 5%；90 万 ~ 100 万吨年产量的轧机，采用无头轧制后产量可提高 14%。

3.9.3.4　棒线材直轧

为了在棒线材生产过程中实现节能减排、降成本，人们把目光转向连铸坯余热的合理利用。钢水浇注到结晶器凝固成钢坯后，部分热量由结晶器和二冷区的冷却水带走，但仍有大量的余热留在连铸坯中。如何把这部分余热利用起来，人们曾经做过很多尝试。例如热送热装、无头轧制、直接轧制技术等。

棒线材直接轧制技术的特点是在铸坯切断后，经感应加热器补热，再送到粗轧机组进行轧制；或免去加热补热工序，而直接送入轧机进行轧制。

直接轧制技术的关键在于尽最大可能的提高铸坯温度以及保证连铸和轧制间的产能匹配和生产稳定。

带感应加热器补热的直轧生产线目前国内已有很多，一般是在粗轧机组前面设置 1 ~ 2组感应加热器，对铸坯表面尤其是角部进行补热，然后再送入粗轧机组进行轧制。

近年来在我国又开发了一种新型棒线材免加热直接轧制工艺，提出通过合理提高连铸坯温度，实现棒线材免加热直接轧制的想法，并在一些棒线材厂家得到应用。

棒线材免加热轧制 DROF（direct rolling of free-heating for bar and rod）新工艺的要点是：合理提高铸坯温度，把高温铸坯切断后，经专门铺设的快速辊道直接送入轧线进行轧制。采用 DROF 工艺时，铸坯不经加热炉，也无须补热，完全省去了加热炉的燃料消耗和感应加热器的电能消耗，可以大幅度节省能源，降低二氧化碳等污染物的排放。

与常规的棒线材生产工艺相比，DROF 工艺具有如下特点：

（1）DROF 工艺开轧温度在常规轧制和低温轧制之间，随着轧制过程的进行，由于变形热作用，3 种轧制工艺的温度偏差逐渐缩小，终轧温度相差不大，如图 3-116 所示。

（2）未经加热和补热的铸坯，其中心温度高，表面温度低，有限元模拟计算的铸坯断面温度场如图 3-117 所示。这种温度分布有两个优点：一是在粗轧道次，轧件内软外硬有利于变形渗透，有利于压合铸坯内部缺陷，提高产品质量；二是用测得的表面温度来估算轧制力时，得到的结果偏于安全。

（3）因到达切断点的时间不同，沿铸坯长度方向前端温度低，后端温度高。这种温度分布有利于克服常规轧制时因轧件头尾部咬入时间差带来的轧件尾部温度低的缺陷。

（4）与常规轧制工艺相比，DROF 工艺开轧温度低，这有两个优点：一是产品强度可提高约 10MPa；二是可避免因开轧温度高而出现魏氏组织的可能性。DROF 工艺的缺点是粗轧机组的轧制力比常规轧制工艺有所升高，导致吨钢电耗略有增加。

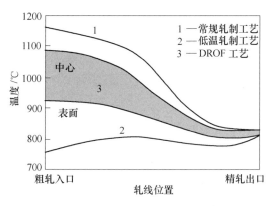

图 3-116　3 种轧制工艺轧件温度范围的比较

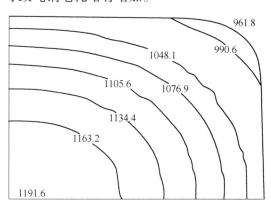

图 3-117　铸坯 1/4 断面温度分布
（有限元模拟计算结果）

为实施 DROF 工艺，需要采用以下关键技术来保证生产的顺利进行：

（1）合理提高连铸坯温度。合理提高铸坯温度对实施 DROF 工艺至关重要，所谓合理主要是指不出现漏钢事故，可采取以下措施：

1）优化结晶器与二冷区的冷却工艺制度。

2）在可能的情况下提高铸坯拉速。

3）采用液压剪替代火焰切割、前移切割点等措施缩短铸坯等待时间。

4）在铸坯以拉坯速度运行期间内加盖保温罩以减少铸坯温度损失。

（2）采用铸坯温度闭环控制系统。为保证铸坯温度能够持续稳定地满足开轧温度的要求，需要对铸坯的温度进行在线控制，其控制原理如图 3-118 所示，要点如下：

1）引入安全距离的概念，把从凝固终点到铸坯切断点之间的距离称为安全距离。利用对凝固过程的有限元数值模拟，建立安全距离预报数学模型。为保证不发生漏钢事故，安全距离至少应大于 0.5m。

2）根据安全距离的要求，利用冷却水参数对铸坯温度场影响的数学模型，由计算机设定出初始的冷却强度与冷却水阀门组态。

3）利用测温仪在线实时检测铸坯表面温度，将实测温度与计算机设定的温度进行比较。如果实测温度与设定温度的差值大于给定的允许值，则对冷却强度和冷却水阀门组态进行实时调整。

4）如果实测温度低于允许值，说明铸坯温度偏低，不能满足轧制的要求，需要减少冷却强度，同时验算安全距离。

5）如果实测温度高于允许值，说明铸坯温度过高，会出现漏钢危险，需要增加冷却强度，同时验算安全距离。

6）上述过程重复进行，确保铸坯温度维持在允许范围内，此时既不会发生漏钢事故，也能够使铸坯温度满足轧制要求。

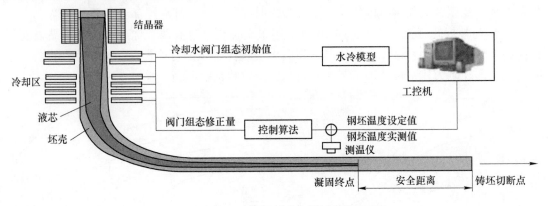

图 3-118　铸坯温度闭环控制原理

（3）增设铸坯快速运送系统。在现有机组上通过技术改造实施 DROF 工艺，需要把切断后的铸坯迅速提速，增建绕过加热炉的快速辊道，把铸坯直接运送到粗轧机组进行轧制。为了减少铸坯运送时间，保证铸坯送到粗轧机组时仍有较高的温度，可采用以下措施：

1）把主送辊道的速度提高到 3～5m/s，使铸坯在切断后能够在 1min 内由铸机运送到粗轧机组。

2）在快速辊道上加盖保温罩，防止铸坯过快温降。

3）开发送坯节奏控制系统。根据连铸机与轧机的节奏匹配，自动把切断后的铸坯按照优化的次序尽快运送到粗轧机组的机前辊道和待轧区间辊道。

4）增设低温坯剔除系统，把不能满足轧制要求的低温坯运送到剔坯台架。在轧机检修和故障状态下把铸坯运送到钢坯垛。

5）建立炼钢—连铸—轧钢一体化生产管理系统，保证调度指挥信息畅通。

（4）粗轧机组负荷余量的优化分配技术。实施 DROF 工艺后开轧温度有所降低，导致轧件的变形抗力增加，轧制力升高，因而轧制功率增加，有时会引起粗轧机组个别道次轧制负荷超限。为解决此问题，可采用粗轧机组负荷余量的优化分配技术，其要点是：

1）建立能够反映 DROF 工艺铸坯温度内高外低特点的轧制力和轧制功率数学模型，按照轧制规程对各个道次的负荷余量进行精确计算。

2）观察现行轧制规程下各个道次的瞬时负荷与平均负荷的变化趋势，找出存在负荷超限现象与可能的潜在危险道次。通常第三、第四道次的压下量较大，容易成为潜在危险道次。

3）重新分配压下量，增加关注道次的负荷余量，减小其超限的可能性。

4）正确选择电动机的过载系数，合理设定超限报警条件，允许在轧件头部咬入瞬间电动机实际功率超过其额定功率，避免频繁虚假报警。

DROF 工艺节能减排降成本体现在以下方面：

（1）节省加热炉燃料消耗。由于不经过加热炉直接轧制，常规工艺下加热炉的全部消耗得以节省下来，其节能减排降成本的优势非常明显。下面的计算中，取标准煤的热值为 29.3kJ/kg；每吨标准煤的二氧化碳排放量取 2.62t；煤的价格随市场波动较大，按照运到现场每吨标煤 500 元估算。对冷坯装炉的厂家，按吨钢可节约标准煤 40kg 计算，吨钢可节能 1.2GJ，年产 100 万吨的生产线可节约标准煤 4 万吨/年，折合节能 1.2×10^6GJ/a，每年可减排二氧化碳 10 万多吨，直接经济效益 2000 万元/年。对采用热送热装的厂家，按吨钢可节约标准煤 40kg 计算，吨钢可节能 0.6GJ，年产 100 万吨的生产线可节约标准煤 2 万吨/年，折合节能 6×105GJ/a，每年可减排二氧化碳 5 万多吨，直接经济效益 1000 万元/年。

（2）减少加热过程的氧化铁皮损失。按照目前的统计，棒线材加热炉因氧化而损失成材率约为 0.8%~1.5%。如成材率损失按照 1% 计算，年产 100 万吨的棒线材生产线可减少氧化损失 1 万吨，按照钢材与氧化铁皮差价 1500 元估算，直接经济效益 1500 万元/年。

（3）其他节能减排降成本因素。除了节省加热炉燃料和减少氧化损失这两项主要因素之外，采用 DROF 工艺还有以下因素可以节能减排降成本：

1）可节约铸机和加热炉冷却水，包括循环水和新水，同时节约循环水用电。

2）可节省加热炉的维修和操作费用，避免每年加热炉大修期对生产的影响。

3）降低了开轧温度，有利于实施控轧控冷工艺，优化合金成分，提高产品性能。综合考虑上述因素，对目前采用热送热装的厂家，进行 DROF 工艺改造后年产百万吨的生产线将产生经济效益 2000 万元/年以上，折合经济效益超过 20 元/吨。

（4）DROF 工艺的实施效果。近期 DROF 工艺已成功用于一批棒线材生产企业，有些新建带肋钢筋生产线已经不再建设加热炉。在市场低迷的情况下，这些企业把 DROF 工艺作为维持生存的一个应对手段。

DROF 工艺具有诸多优点，但也存在以下负面影响：

（1）取消了加热炉，没有了加热炉对产能的调节作用，如果炼钢、连铸能力小于轧钢能力，则将导致轧钢产量降低。

（2）连铸与轧机的工序衔接刚性增加，生产管理难度加大。铸机和轧机的检修和故障将影响到整条生产线，对事故多发的生产线，不宜采用 DROF 工艺。

（3）降低开轧温度将导致轧制力升高，轧机的电耗增加，对设计余量较小的机组需要对有超限隐患的机架进行电机和传动系统的负荷能力验算，必要时应对轧制负荷分配进行优化。

3.9.4 型钢生产工艺和技术的发展

近年来我国型钢生产技术飞速发展，其装备水平基本接近国际先进水平。我国型钢生产技术用 30 年的时间，走过了约 50 年的发展路程。这 30 年来，我国型钢生产发生了 3 个重大变化：一是从横列式轧机发展为连续式轧机；二是从手工或机械操作转向自动化或计算机控制；三是从早期的工业化发展至现代化。

30 年前我国的中型轧机主要是 ϕ500~650mm 轧机，产品供求关系大体平衡。产品品种是工、槽、角钢、轻轨和矿用钢等。ϕ650mm 轧机大多兼作开坯机，在生产部分型钢的同时，生产板坯、方坯、方钢和圆钢及扁钢。轧机轴承为胶木瓦，弹跳大，轧件尺寸公差大。没有型钢专用冷床和精整线。当时生产品种较多的厂家仅有鞍钢中型厂、河钢集团唐钢公司中型厂和马钢二轧厂等几家。当时我国有两套轨梁轧机、3 套大型轧机。重轨存在的主要问题是：钢轨单重较小，尺寸精度低，不能适应铁路高速重载的需求。大型材占钢材总量的比例明显低于工业发达国家，尤其是我国没有万能轧机，H 型钢生产基本为空白。主要轧机的装备水平仅为 20 世纪 50 年代的世界水平。

3.9.4.1　我国型钢生产现状

A　中型材

由于连铸比的迅速提高，ϕ650mm 轧机失去了开坯功能。现存的中型轧机只能成为专门的型材轧机。轧件尺寸精度差和精整工艺不完善问题成为改造重点。中型材生产的主要技术进步有：成品轧机的轴承改造；精整线的长尺冷却、长尺矫直改造；型材使用步进式冷床；冷锯切定尺。鞍钢中型厂、马钢二轧厂等的改造为代表。

轧机布置采用连续和半连续生产工艺。轧机结构：粗轧采用二辊可逆、精轧采用短应力线连轧机，进行线下装配，采用电动链式牵引小车和液压操作的横移平台实现快速整体换辊。在开坯机前后设有推床及翻钢机。较早些的兴澄钢铁公司引进了中型连轧机，以生产特殊钢为主，轧机的适应性较广；通化钢铁公司自建的中型连轧机，以生产普碳钢的工、槽、角钢为主；近期建成了山东石横半连续型钢轧机和河钢集团宣钢公司的全连续型钢轧机。近 10 年来，我国建成了小型 H 型钢和大型 H 型钢生产线若干条，实现了 H 型钢规格全覆盖，满足了国内需求并出口国外。

B　轨梁和大型材

（1）H 型钢轧制工艺的开发。轨梁和大型材方面，包钢轨梁厂在无万能轧机的情况下，与原东北工学院合作，在原有二辊轨梁轧机上加装立辊框架，在国内首先进行了 H 型钢轧制，满足了国内急需。攀钢轨梁厂与原东北工学院合作，进行了万能孔型轧制重轨和 H 型钢的工艺研究。

（2）万能轧机的研制。第一重型机器厂与东北重机学院合作，研制了国内第一套万能轧机，1991 年在马钢二轧厂投产；沈阳重型机械厂研制了 1 套万能轧机，1994 年在鞍山市轧钢厂投产。

（3）引进万能轧机。马钢和莱钢分别于 1997 年和 2000 年建成了当时世界上较先进的 H 型钢生产线，从而使我国在大型材的品种方面，与工业发达国家无明显差别。由于万能轧机的投产，马钢在我国 H 型钢市场开发方面做出了开拓性贡献。

（4）引进万能轧机轧制重轨。为提高重轨的尺寸精度和平直度，满足我国铁路提速和建设高速铁路的需求，国内几家重轨生产厂均投入大量资金，引进了万能轧机和最先进的重轨加工线。鞍钢大型厂万能轧机的改造完成；攀钢、包钢的万能轧机改造工程分别于 2004 年底、2005 年投产。这几套万能轧机生产重轨的共同特征是：使用连铸矩形坯；装备了世界上最先进的高精度万能轧机；采用了型钢轧制 AGC 技术；装备了世界上最先进的平、立复合矫直机、重轨加工线和探伤线。重轨生产标准均按 300km/h 轨标准执行。重轨的定尺长度从 25m 改成可生产 100m。2004 年我国已经建成并达到国际先进水平的 H 型钢轧机有 3 套, 其中串列式布置 1 套, 产品最大规格 H800mm, 使用连铸异型坯。半连续式布置两套, 产品最大规格分别为 H400mm 和 H350mm。

3.9.4.2 河钢集团唐钢公司大型型钢生产线

A 河钢集团唐钢公司大型型钢生产线简介

河钢集团唐钢公司大型线于 2013 年建成投产, 厂区位于乐亭县临港工业园区, 南邻京唐港, 北临唐港高速和沿海高速公路, 水路、陆路运输便利。该产线拥有 12m 弧四机四流大矩形坯连铸机、步进式加热炉、高压水除鳞机、φ1100mm 两架开坯粗轧机、φ1050mm 两架精轧机、滑座式高速热锯、步进式大冷床、9 辊双支撑变节距式矫直机、定尺冷锯机、码垛机等。大型线年设计生产能力 50 万吨, 目前产品以大规格角钢、高强 U 形钢、电极扁钢、钢板桩、方钢为主, 其中角钢产品型号从 18 号至 30 号, 厚度规格 12 ~ 35mm 全覆盖, 产品广泛应用于特高压输变电工程和工程结构。

大型线生产工艺流程为: 高炉铁水→120t 转炉→120t LF 精炼炉→4 号连铸机→步进梁式加热炉→高压水除鳞机→BD1 粗轧机→BD2 粗轧机→F1 精轧机→F2 精轧机→步进式大冷床→9 辊双支撑变节距矫直机→定尺冷锯机→码垛机→打捆→称重。目前大型线产品情况见表 3-51。

表 3-51 大型线产品介绍

序号	品种	规格	牌号	执行标准	产品主要用途
1	角钢	18 号、20 号、22 号、25 号、28 号、30 号（厚度：12 ~ 35mm）	Q235B/C、Q345B/C/D、Q420B/C、Q460B/C、S355JR/J0、S450JR/J0（欧标）	GB/T 700、GB/T 1591、GB/T 706、QTB102（企标）及欧标	热轧等边角钢主要用于特高压输变电工程以及工程结构
2	矿用 U 形钢	36U 40U	Q470	GB/T 4697	高强矿用 U 形钢主要应用于煤矿及隧道支护
3	电极扁钢	（150 ~ 245）×（100 ~ 180）系列	Q195、SAE1006	行业标准	电极扁钢主要用于电解铝行业阴极钢棒
4	钢板桩	PU 400 × 170	Q295P、Q345P、Q390P、Q420P	GB/T 20933	钢板桩主要用于码头、港湾、船坞、堤防护岸等止水围堰
5	方钢	100 方、120 方、130 方、140 方、150 方、180 方等	Q235、Q275、Q235Cr、Q275Cr、美标 SAE1011 ~ SAE1045 以及低合金钢 Q345、Q420 等	技术协议	出口

河钢集团唐钢公司大型生产线产品技术特点有：

（1）钢水全部经过 LF 精炼，化学成分均匀，夹杂物少，钢水洁净度高。

（2）连铸采用全程保护浇注、结晶器电磁搅拌、末端电磁搅拌等技术，铸坯低倍质量得到有效控制。

（3）采用 250mm×360mm、320mm×460mm 两种大矩形坯大压缩比轧制，压缩比 7.0 以上。

（4）ϕ1100/1050 高刚度轴承轧机，轧机精度高，产品尺寸全部按正公差标准控制。

（5）采用 9 辊双支撑变节距式矫直机长尺矫直，大角钢弯曲度控制在 0.15% 以内，角钢表面无矫直压痕。

（6）Q345 级及以上强度角钢采用 V 微合金化工艺技术，角钢强韧性匹配良好，产品力学性能和低温冲击性能优良。

B　河钢集团唐钢公司大型线绿色工艺和技术

a　加热炉燃烧系统采用蓄热燃烧技术

加热炉燃烧系统采用蓄热燃烧技术，通过炉墙侧部的空气蓄热烧嘴、煤气蓄热烧嘴进行供热。整个加热炉在沿炉长方向上设置多个供热点，上、下侧部同时供热。各段空气蓄热烧嘴、煤气蓄热烧嘴的分布见表 3-52。

表 3-52　空气和蓄热烧嘴的分布及燃料配比

供热段		煤气蓄热烧嘴个数/对	空气蓄热烧嘴个数/对	煤气喷口煤气量/$m^3 \cdot h^{-1}$	各供热段煤气量/$m^3 \cdot h^{-1}$	空气烧嘴空气量/$m^3 \cdot h^{-1}$	各供热段空气量/$m^3 \cdot h^{-1}$	燃料配比/%	
Ⅰ加热段	上	3	3	2470	7400	1500	4500	13.6	30.1
	下	3	3	3015	9040	1830	5490	16.6	
Ⅱ加热段	上	4	4	2290	9170	1400	5570	16.8	37.3
	下	4	4	2800	11210	1700	6800	20.5	
均热段	上	4	4	2670	8005	1620	4860	14.7	32.6
	下	4	4	3260	9785	1980	5970	17.9	
总计		22	22		54610		33190	100	100.0

高炉煤气和空气都采用半内置分立式蓄热烧嘴进行预热，高炉煤气、空气蓄热烧嘴采用左右间隔布置。这种烧嘴已经在多台加热炉上运行，效果良好，并取得了很多经验。实践证明，这种布置方式火焰组织容易，炉温均匀，氧化烧损较小，加热曲线如图 3-119 所示。

根据相同加热炉的经验，为满足本钢坯两端温度有差别的加热要求，本加热炉在设计时考虑了下述特殊对策：

（1）采用高喷速、大交角的燃烧方式，保证在炉宽方向上的温度均匀性。

（2）采用上、下加热分别设置手动阀门，保证钢坯两面温度均匀。

（3）在产量较小时，通过关闭部分烧嘴，保证工作烧嘴维持较大喷速，维持炉温的均匀性。

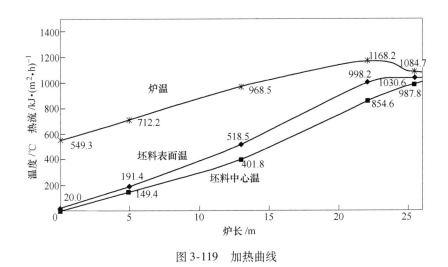

图 3-119 加热曲线

（4）采用烧嘴喷口和炉墙整体浇铸，保证加热炉的寿命。

b 高压水除鳞技术的运用

钢坯在高温状态下将会被氧化，在其表面形成一层致密的氧化铁皮。轧钢生产中由于在加热炉加热钢坯表面形成一层较厚且致密的氧化铁皮，如果不能完全去除，在轧制过程被轧辊压入，经退火、矫直脱落后成品表面形成凸凹痕迹，严重影响产品表面质量。残留的氧化铁皮也会加速轧辊的磨损，降低轧辊的使用寿命。因此，必须在钢坯轧制前去表面的氧化铁皮。为了在轧制前将氧化铁皮清除而又保证温度不致下降太多，国内外热轧除鳞普遍采用基于流体力学原理的高压水去除一、二次氧化铁皮，用高压水的机械冲击力除去氧化铁皮是一种最为经济的除鳞方法，形式上比较统一，但布置上有较大差异，主要是根据产品的轧制工艺、产品形状及产品标准的要求而确定。

随着轧制技术的发展和产品质量的高要求，对除鳞技术和除鳞效果的要求也在不断提高；同时，近 10 多年来，射流技术在中国有了飞跃的发展，对高压水除鳞技术的发展也起到了很大的推动作用，现在高压水泵、喷嘴、喷射阀等设备及零部件的专业研究部门和生产厂已具备很强的配套能力，高压水除鳞的趋势将始终向高压力、大打击力、钢坯温降小、节约能源及装备低故障率高寿命的方向发展。

高压水除鳞系统中，工作水源由水源进水总阀门至水源自动反冲洗过滤器，然后通过管道分配给各台高压泵，高压水泵产生的高压水进入除鳞喷嘴。在喷嘴的作用下，高压水形成一个具有很大冲击力的扇形水束，喷射到钢坯表面。在这个高压扇形水射流束的作用下，氧化铁皮经历了被切割，急冷收缩，与基体母材剥离，并被冲刷到离开钢坯表面的过程，从而将氧化铁皮清除干净。

河钢集团唐钢公司大型线在加热炉出口 BD1 轧机前设置有一套高压水除鳞装置，用以去除出炉后钢坯表面的氧化铁皮；保证最终成品的表面质量。由轧钢工艺技术人员根据轧制工艺、产品的质量标准等工艺技术要求给出的除鳞系统设计参数如下：

坯料规格：断面 250mm × 360mm，320mm × 460mm，250mm × 460mm，长度 3.8 ~ 8m

生产钢种：普碳钢、低合金

钢坯出炉温度：1050 ~ 1150℃

除鳞系统工作压力：20～22MPa

除鳞后钢坯表面温降：$\Delta T \leqslant 20℃$

控制气源：压缩空气（取干燥仪表用气），压力：0.4～0.6MPa，粒度≤5μm

喷嘴与钢坯喷角：15°

喷水时间：12s

间歇时间：60s

集管数：5 个除鳞环

除鳞喷嘴散射角：30°

喷嘴间距（除鳞）：100mm

每个喷嘴流量：84L/min

喷嘴数量：20（上下各 6，左右各 4 个）

总流量（最大）：1680L/min

　　c　双机架开坯轧机的采用

　　由于坯料采用矩形坯，开坯道次较多，设计采用两架串列式脱头布置的 BD 轧机，坯料在开坯轧机上可轧制十几道次，这样可轧制的成品规格将有较大的灵活性，同时可降低轧制周期时间。轧件的翻转和对中分别由轧机前后的推床翻钢机（BD1）和带有液压夹钳式翻钢装置的推床（BD2）完成。采用辊组连同轴承座和导卫装置一起由液压驱动的换辊小车进行快速换辊，降低换辊时间。二辊可逆式开坯机（BD 轧机）采用两架 φ1100mm 二辊可逆式开坯机，前后配有推床和翻钢机。可根据产品规格的不同，在粗轧机上轧制 8～10 道次。二辊可逆式开坯机带轧辊快速更换小车，可在 20min 内实现换辊。

　　d　双机架精轧机的采用

　　采用 1 架可逆水平二辊精轧机和 1 架水平/万能可转换精轧机。F1 轧机采用二辊水平可逆闭口式，F2 轧机采用短应力线拉杆式无牌坊，万能、二辊可互换，不可逆轧制。两架轧机脱头布置，当生产方圆钢等简单断面轧件时，可直接在第一架精轧机上出成品；当生产工字钢等品种时，第二架精轧机可转换为万能机架，当轧制角钢等其他产品时，第二架精轧机采用二辊模式，生产组织灵活。

　　e　三段步进式大冷床

　　大型线冷床形式为国内先进的液压驱动的三段步进式。冷床入口设有预弯小车，用于对角钢、钢轨等预弯，以降低冷却后的弯曲度。为保证钢轨和型钢可靠地从冷床输送到冷床出口辊道上，冷床出口侧的下料小车上装有单独的电动机和传感器，以确定弯曲轧件的位置并将其安全输送到辊道上。三段步进式冷床可以根据生产需要控制每步步长，合理利用冷床的空间。根据轧机生产节奏控制，唐钢大型线冷床可实现分段控制，可实现第三段单动，第二、第三段联动，以及第一段单动等，合理的利用大冷床空间，延长钢材冷却时间，有效的缓冲轧机和精整生产速度冲突。大型线冷床宽 78m，长 41m，既可冷却 78m 长的轧件，也可冷却两根 39m 长的轧件；冷床入口和出口均设置有翻钢装置，可对工字钢、槽钢轧件进行翻钢，提高其冷却效率。冷却形式采用自然风对流冷却和风机强制冷却两种组合模式，冷床地坑连通车间外部，冷床上方车间顶部预设自然通风天窗，自然风经过地坑进入冷床底部，经过天窗排除，形成对流，带走钢材散发出来的热量。

　　f　长尺冷却、长尺矫直、冷锯锯切工艺

　　由于型钢端面形状的不对称性，轧制后的成品钢材往往不够平直，其断面形状也不够正确。在钢材冷却过程中，由于冷却不均会使钢材发生弯曲或瓢曲。在其运输过程中还会因顶撞挡板或其他障碍物而造成歪曲或端部扭偏。因此矫直工序成为型钢精整工序中的关键工序之一，它对产品的最终质量起着决定性的作用。随着市场竞争的日益激烈，用户对产品质量的要求越来越高。作为型钢生产厂家，应在不断完善轧制工艺的同时，增强精整能力，特别是完善矫直工序，提高型材矫直质量，以满足用户要求。目前国内只有少数的型钢生产厂实现了长尺冷却、长尺矫直工艺。把传统的型钢精整工艺改造成长尺冷却、矫直工艺，无论是厂房，还是冷床、切断设备等都需要有较大的改造，而且投资较大、工期较长。这也是制约型钢厂长尺冷却、矫直工艺改造的主要问题。采用长尺冷却、长尺矫直、冷锯锯切工艺，锯切质量和精度高，矫直质量好，产量高，成品的头尾平直，提高了产品的精度和成材率。

河钢集团唐钢公司大型生产线以生产国家电网用大规格角钢为主，为保证成品质量，大型线精整采用长尺冷却、长尺矫直、冷定尺、码垛等先进型钢生产工艺，提高了产品的平直度、尺寸精度、断面质量等。矫直机采用 9 辊双支撑变节距式矫直机，德国进口设备，设备精度 0.01mm，矫直机本体可根据需要升降，九辊间距可根据需要移动调整，单个矫直辊可实现水平轴向调整，保证矫直后钢材弯曲度控制在 0.15% 以内。该矫直设备配套专用换辊机械手，可实现自动快速换辊。矫直规程采用小压量矫直，与常见大压下量矫直相比较，减少矫直设备负荷，减少设备事故率。采用小压量矫直，压量分摊到各矫直辊，在满足去除钢材残余应力的同时，减少单独一两个辊的矫直力，以保证钢材外形质量，钢材表面无矫直压痕。同时，建立了成熟的矫直模型，实现品种钢矫直过程中矫直温度，矫直压量，矫直力匹配。两台德国进口高速运转滑座式定尺冷锯由液压缸传动，锯片由电动机、斜齿轮传动。锯机可实现快速更换锯片，配备了无级调节定尺机，可满足各种定尺长度要求。

3.9.4.3 H 型钢轧制绿色工艺技术

H 型钢具有断面经济、力学性能优越、质量轻、施工快捷、抗震性能好、节能降耗等优点，在国内外已被广泛应用于高层建筑、工业厂房、火力发电、机械制造、起重机械、石油化工、海洋工程、桥梁闸坝、地铁工程等领域。

世界上最早出现的 H 型钢生产设备是在 1902 年由卢森堡研制的轧制 H 型钢的生产线，至今已有上百年历史。经过了近一个世纪的发展，H 型钢的生产方式也发生了质的变化。20 世纪 50 年代初，H 型钢逐渐取代了工字钢。20 世纪 50 年代以前发展不快，自 20 世纪 50 年代开始出现了一个飞跃，尤其是在日本，出现了现代化的万能轧机。根据时间，H 型钢的发展可粗略分成如下阶段：20 世纪 60 年代新建万能轧机，产量迅速提高；20 世纪 70 年代装备了计算机控制，提高尺寸精度，实现了 H 型钢的多机架万能孔型连轧；20 世纪 80 年代前半段适应连铸技术的发展，开始采用连铸板坯和连铸异型坯轧制 H 型钢；20 世纪 80 年代末出现了外部尺寸一定的新形 H 型钢。

自 1998 年 8 月马钢万能轧机轧出中国的第一根 H 型钢以后，H 型钢这一新型钢材品种在我国进入了一个崭新的时代。中国热轧 H 型钢专业化生产发展速度相当迅猛，从起初马钢一条生产线，后来莱钢、日照、津西的 H 型钢生产线建成；除此之外还有包钢、鞍钢、武钢、攀钢等轨梁厂的改造，这些厂增加了万能轧机，采用万能法生产重轨，从而改善了重轨质量，同时也能生产 H400 以下的 H 型钢。热轧 H 型钢的生产标志着一个国家钢材品种的发展水平和轧制技术水平，同时也标志着该国的钢结构技术水平。自从 H 型钢问世以来，它的轧制设备和轧制方法得到了很快的发展。

A　H 型钢轧制工艺

在 H 型钢的生产历史上，自万能轧机出现以后，一共出现过以下几种轧制工艺：

（1）跟踪可逆轧制工艺。最早的 H 型钢工艺布置均采用跟踪可逆式布置。基本配置为一架开坯机（BD）、一组由一架万能轧机（Ur）及一架轧边机（E）组成的万能粗轧机组，一架万能精轧机（Uf），即 BD-UrE-Uf 布置。这种布置轧制道次多、产量低、产品质量不高，缺少竞争力。

（2）H 型钢连轧。20 世纪 70 年代，由于计算机自动控制技术的飞速发展，微张力控制技术的开发，H 型钢连轧生产方式在中小规格 H 型钢生产线上得到应用，并且单线年产规模超过了百万吨大关。但是连轧具有投资大、生产品种规格范围有限及大型工器具准备量大的缺点，限制了它的广泛应用。

轧制线采用 1 架二辊可逆式粗轧机和 7 架精轧机连续轧制的半连续式布置形式，轧机离线换辊和机架快速更换。采用方形、矩形坯轧制 H 型钢和其他型钢，粗轧机可根据产品规格的不同，连铸坯在粗轧机上轧制 7～15 道次，在切深孔主变形道次中采用闭口式孔型轧制，最后一道为了保证轧件的对称性和尺寸精度，采用平配开口孔。

（3）X-X 轧制工艺。与此同时，一种投资省、生产品种规格范围较大的串列式可逆轧机工艺布置也出现了。这就是在传统的万能粗轧机组中增加一架万能轧机．在万能精轧机组前增加一架轧边机。万能轧机区呈 Ur-E-Ur-E-Uf 布置。由于这时的万能粗轧机组具有连轧功能。故产量提高幅度较大。

后来出现了 1-3-1 轧机布置形式，取消了万能精轧机前的轧边机，是对上述传统布置形式的优化，为了进一步节省厂房设备等投资，也出现过 1-4 轧机布置形式设计。即将精轧机前移至万能连轧机组后，但万能精轧机不参与万能往复轧制，轧辊处于打开空转状态，只是在最后道次轧辊闭合至设定值，完成精轧任务。

以上这三种工艺布置也被称为 X-X 轧制法，是指坯料经过开坯机轧制后，通过两架具有 X 孔型的万能轧机和一架轧边机组成的中轧机组，中轧机组是串列式可逆轧制，随后进入万能精轧机，轧制一道次完成轧制出成品。

（4）X-H 轧制工艺。20 世纪 80 年代，一种用 X-H 轧制工艺生产 H 型钢被推向市场。它取消了万能精轧机组，把第二架万能轧机配置成直腿的"H"形孔型。X-H 轧制法最初是由 SMS-MEER 公司在德国堤灵恩的一家钢厂进行试验并取得成功，现在已广泛应用在国内外多条生产线上。这种新型的轧制方法被 SMS-MEER 公司称作 X-H 轧制法。

与配一架独立的精轧机架可逆机组不同的是，X-H 轧制工艺只是一组轧机，该机组由一架万能粗轧机（配 X 孔型）一架轧边机和一架万能精轧（配 H 孔型）组成。万能轧机之间的水平机架既用于 H 型钢轧边又用于其他型钢的成型。通常，该机架也是可移动的，并有几个孔槽。与传统轧机布置的区别在于精轧机直接布置在万能粗轧和轧边机后面。现又发展成异型坯连铸、热送、均热保温、三机架"X-H"串列式可逆轧制、冷却、精整到成品联成一体的节能紧凑型短流程工艺生产线。是一种占地少、低投资、低生产成本、高效率和竞争力强的工艺生产方式，是 H 型钢生产技术发展的一次飞跃。

与传统轧制工艺相比 X-H 轧法在实践操作中被证明有如下优点：具有较高的生产能力；较低的轧制压力及驱动功率；可提高轧辊的使用寿命；可实现控温轧制；延长了轧件长度。X-H 轧制方法是目前世界上生产 H 型钢比较流行的轧制方法，已经被多数新建或新改造的 H 型钢厂广泛采用。

（5）MPS（multi-purpose section）多规格轧制工艺。MPS 轧制工艺是西马克基于近终形异型坯连铸工艺的基础上发展起来的一项型钢轧制工艺，在初轧中显示出极大的优势。经过 30 多年尤其是近 20 年的发展，异型坯连铸工艺已经细分为两类：即传统的异型坯连铸工艺，腹板厚度在 77~180mm；近终形异型坯连铸工艺，腹板厚度在 50~77mm。使用近终形异型坯连铸工艺可以降低 H 型钢的生产成本，并适应多品种小批量的市场需求。

在开坯粗轧过程中，采用近终形异型坯连铸机和轧机之间直接连接；没有开坯机架，只有平位压下粗轧机组，即 H-V 孔型轧制。H 孔型和 V 孔型布置在不同机架上，一对 H-V 孔型形成可逆连轧或者是多机架 H-V-H-V-H 孔型形成连轧。H 孔型只轧腰厚，V 孔型只调整轧件宽度，H-V 孔型开坯技术，V 孔型所有规格可以共用，H 孔型也可以多规格共用。其优点是：减少轧制力；容易实现柔性轧制规程；减少轧制道次；辊径小、辊身短、工具费用低；易于适应多品种、小批量的生产方式；开坯轧制对称变形，简化导卫；轧辊形状简单。

通过近终形连铸异型坯和 H-V 孔型开坯技术，H 型钢可以实现 MPS（multi-purpose section）轧制，其优点为：容易实现柔性轧制规程；低能耗；高收得率；人员少；高效率、低成本，生产成本可以降低 30%。与传统的轧线相比，这种轧制工艺提供了一种最经济的型钢生产方式，受不同的当地实际情况和产能发挥水平的限制，一般吨钢加工成本可降低 30~50 美元，而且这一技术首次实现了利用万能轧机生产全部系列钢板桩的工艺。

（6）LYE 孔型轧制技术。近年来，以日本为代表出现了一种将万能孔型和轧边孔型合二为一的 UE 孔型轧制技术。该轧机的最大优点是可以减少 H 型钢轧制时产生的腰部偏心（俗称偏振），可以少建设一台轧边机，同时也避免了相应的轧辊消耗，经济效果明显。

B 国内典型 H 型钢产线介绍

a 马钢大 H 型钢厂

马钢大 H 型钢是国内典型的采用 1-3-1 串列式轧机布置的生产线。

1-3-1 串列式轧机布置，即为开坯机-万能粗轧机 1、轧边机、万能粗轧机 2-万能精轧机（BD-U1EU2-Uf）布置。坯料经过开坯机可逆轧制后，通过两架万能粗轧机和一架轧边机组成的粗轧机组，采用串列式可逆轧制，随后进入万能精轧机，轧制一道次后即可得到成品尺寸。

其生产工艺流程是：异型坯→步进式加热炉→高压水除鳞→二辊可逆式开坯机→切头热锯机→万能粗轧机组→万能精轧机→定尺热锯机→步进式冷床→变节距辊式矫直机→定尺冷锯机→检查台架→堆垛台架→改尺冷锯机→压力矫直机。

b 莱钢大 H 型钢厂

莱钢热轧 H 型钢大型生产线采用 1-3 布置，是国内第一条引进的 X-H 轧制法的生产线，是莱钢"十五"期间实施产业结构调整的重点工程。该工程融合了当今世界 H 型钢生产技术先进的设计理念，代表了当今世界 H 型钢生产的最高水平，创造了多项全国之最，主要技术经济指标均达到国际一流水平。

工艺流程是：异型连铸坯→加热炉→高压水除鳞→开坯机可逆轧制→热锯切头/尾→万能轧机可逆轧制→热锯切头尾及倍尺分段→冷床→矫直机→成排台架→冷锯切定尺→码垛机收集→打捆机包装→成品入库。

冷坯由原料跨吊车吊运至上料台架，经上料台架将钢坯送至入炉辊道，或是热坯从连铸车间经快速移钢台架直接进入入炉辊道，经称重、测长后由托钢机送入步进梁式加热炉加热。钢坯加热后由托钢机托出加热炉，再经高压水除鳞后进入二辊可逆式开坯机往返轧制 5～9 道，切"舌头"后，进入万能串列机组轧制 10～14 道，成品经热锯分段后进入组合式冷床冷却，冷却的轧件再经矫直、成排，由冷锯机切成 6～24m 定尺，最后经堆垛、打捆、称重、挂标牌后吊运入库、发货。

其主要特点为：开坯轧机为闭口式可逆二辊轧机，由 1 台变频调速电动机传动。上辊采用液压平衡和电动压下，下辊为电动轴向调节。设置液压回松装置，并可实现过载保护和轧制力测量。导卫下横梁可在轧辊准备区手动调节。采用电动链式牵引小车和液压操作的横移平台实现快速整体换辊。在开坯机前后设有推床及翻钢机。

万能串列机组 CCS（紧凑式滑移机架）是型钢轧机设计领域的最新发展，为大型型钢轧机的新一代机架，具有以下优点：

（1）采用新型换辊方式，可同时更换整个机组的轧辊及导卫。

（2）轧机导卫安装在轴承座上的支撑梁上，可在轧辊准备区预装、预调节。

（3）牌坊间距可调，具有更高的机架刚度。

（4）采用全液压压下和全新 TCS 控制系统。

（5）使用介质塔代替部分机器配管。

万能串列机组机架布置为：Ur-E-Uf，即由 1 架万能粗轧机、1 架轧边机和 1 架万能精轧机组成，3 个机架呈连轧布置，Ur 与 Uf 结构形式完全相同。根据产品的不同，可采用万能模式，也可采用二辊模式完成精轧道次轧制，其中 H 型钢和槽钢采用万能方式轧制。水平轧边机架可移动，因此可在轧辊辊身上配置 1 个以上孔型，从而提高了轧辊的利用率。

c　津西大 H 型钢厂

河北津西钢铁公司大 H 型钢生产线采用 X-H 轧法。采用 X-H 轧制方法轧制大型 H 型钢，较常规工艺，可以至少减少一架万能轧机，从而实现低投资，同时可以减少万能轧辊数量，实现低运行费，较高的机时产量。

津西大 H 型钢厂共有 4 架轧机，1 架开坯机，两架万能轧机及 1 架轧边机。万能串列轧机机架布置为：Ur-E-Uf，即由 1 架万能粗轧机、1 架轧边机和 1 架万能精轧机组成，3 机架呈连轧布置。其中，Ur/Uf = 万能/二辊组合式机架，E = 可逆轧边机。

轧件经开坯机轧制后，在万能机架上进行万能轧制，轧制 H 型钢时采用 X-H 轧法，两架轧机同时轧制。第一架轧机将使用 X 孔型设计，而第二架轧机根据最终产品设计成 H 辊形。轧件在万能轧机组往返轧制 5～7 次（万能道次 10～14 道）。

3.9.4.4　钢轨生产绿色工艺技术

20 世纪 50～60 年代，我国先后在鞍钢、包钢、武钢、攀钢建设了钢轨生产线。鞍钢钢轨生产线是一列式 3 机架 850mm 轧机；包钢、武钢、攀钢为"1 + 3"的二列式布置，第一列为 1 架 ϕ950mm 二辊可逆轧机，第二列由两架横列式 ϕ800mm 三辊轧机和 1 架 ϕ850mm 二辊轧机组成。当时，钢轨生产均以钢锭为原料，经初轧机开坯二火轧制成材，除生产重轨外，还可生产工、槽、角钢等产品。随着世界技术的进步，1998 年至今，我国改造了多条轨梁生产线，以现代化的串列式万能连轧机代替了落后的横列式轧机，使我国轨梁生产旧貌换新颜。

随着铁路运输向高速、重载方向快速发展，对钢轨提出了高纯净度、高强度、高韧性、高精度和高可焊性的要求。为此，钢轨生产企业必须做到"三精"，即精炼、精轧、精整。鞍钢、攀钢、包钢和武钢都对钢轨生产系统（包括炼钢、连铸、轧制及精整）进行了非常彻底的改造。包钢、攀钢保留了原有的横列式钢轨生产线，新建了一条轨长 100m 的钢轨生产线。鞍钢和武钢拆除了旧生产线，利用原厂房和公辅设施新建了轨长 100m 的钢轨生产线。钢轨的生产技术包括 3 个层次：钢轨用钢种的研究和发展；钢轨钢的冶炼和连铸技术；钢轨的轧制、精整和检测技术。

为实现钢轨高精度的要求，轧钢工艺采用的新技术有：采用步进梁式加热炉，提高加热效率，使钢坯加热更加均匀；采用 3 级高压水除鳞，加热炉后和 BD1 机前设有压力为 25MPa 的高压水除鳞装置，在串列式连轧机组前后均设有压力为 27MPa 的除鳞机。此外，在钢轨生产中采用的最为独特的新技术是万能法轧制和长尺钢轨精整。

A　孔型轧制法与万能轧制法的比较

在老式横列式轧机上只能采用传统的孔型轧制法，孔型轧制法存在以下缺点：

（1）轨头踏面形状精度难以保证。轨头踏面处于成品孔开口处，而轨头踏面是按自由展宽或有限的限制展宽而形成，因此轨头踏面质量难以保证。

（2）钢轨的断面形状不对称。孔型轧制法从第一个轨型孔至最后成品孔，轧件处于上下左右完全不对称的条件下轧制，导致钢轨断面形状不对称。

（3）轨高和轨底的尺寸精度不高。轨高取决于轨头的局部自然展宽，而自然展宽取决于温度、压下量、轧辊的表面状态；轨底尺寸取决于成品孔腰部的压下量、成品前孔轨底部分开口边和闭口边的厚度，多种因素的变化易使轨高和轨底的尺寸超差。

（4）轨头和轨底的加工量小，质量相对较差。

（5）轨头踏面处于自由宽展状态，导致沿重轨长度方向的轨高存在差异，从而导致轨头踏面平直度较差。

B　万能轧制法的优点

万能轧制法的优点包括：

（1）万能法轧制钢轨，钢轨整个断面均匀受到轧辊的同时压下，其形状和尺寸精度更容易保证，钢轨断面尺寸精度高。

（2）采用万能轧制法，钢轨头部形状呈外凸状，而且在整个轧制过程中保持这一形状，从而避免了产生鱼鳞状或皱折缺陷。

（3）轧辊因辊径不均匀所产生的速度差减小，轧辊与轧件的磨损减小；轧辊辊环可以更换，因此，轧辊消耗低。万能轧机轧辊消耗（不包括开坯机）为 1.0kg/t 左右，而孔型轧制法轧辊消耗（不包括开坯机）一般在 2.0kg/t 以上。

（4）轧辊孔型简单，调整轧辊位置可以补偿轧辊磨损。

（5）导卫装置简单且容易安装。

（6）钢轨的表面质量好，更容易识别钢轨表面缺陷。

C　万能轧制法的形式

钢轨万能轧制工艺最早于 1964 年在法国 Sacilor 钢轨厂得到应用，其万能轧机生产线由 7 机架轧机组成（与攀钢新线的布置形式完全相同）。轧机布置方式为 1-1-2-2-1，即两架开坯机（BD1 + BD2）呈串列布置，开坯机后的 5 架轧机（其中 3 架为万能，两架为轧边机）分 3 组。万能轧制工艺：在 U1 ~ E1 组成的万能粗轧机组中往复轧 3 道次，第一道次 U1、E1 压下，第二道次只有 U1 压下，E1 空过，第三道次，U1、E1 均压下；在 U2 ~ E2 机组中各轧 1 道次，Uf 轧机轧最后一道。

20 世纪 90 年代，一些以生产大型 H 型钢为主的可逆连轧机（如韩国浦项 INI 钢铁公司），由两架万能轧机和 1 架可移动轧边机组成串列式轧机组，在 SMS 公司的技术支持下成功轧制出钢轨，随后这种万能轧机的布置形式应用于中国的鞍钢、包钢、武钢和邯钢，以及印度 Jindal 公司、美国 SDI 公司。这种布置形式具有投资省（少两架轧机、缩短距离），钢轨在轧制过程中运输距离短、热损失小，轧辊消耗低等优点，成为当前钢轨万能轧制法的主流布置形式。

现代钢轨轧制工艺采用 1-1-3 的布置形式，即两架开坯机 BD1 和 BD2，呈串列式布置，精轧机组由 Ur-E-Uf 组成，其中 Ur、Uf 为结构相同的万能轧机，E 为二辊轧边机。在这种双机架开坯机的钢轨生产线中，一般在 BD1 机架布置 1 个箱形孔，1 个梯形孔和 3 个帽形孔（帽形切深孔-帽形延伸孔 1 -帽形延伸孔 2），往复轧制 7 个道次（在轧制其他品种时可多达 13 道次），以机前机后的推床翻钢机进行移钢和翻钢。在 BD2 机架上布置 3 个轨形孔（轨形切深孔-轨形延伸孔-万能预备孔（leader pass）），轧制 3 个道次，以机前钳式翻钢机翻钢。

由 BD2 万能预备孔（leader pass）轧出的轧件，再进入 3 机架串列式可逆连轧机 Ur-E-Uf 中轧制 3 道次，第一道次 Ur、E 压下，Uf 空过；第二道次只有 Ur 压下，E 空过；第三道次，E 横移更换轧边孔型，Ur、E、Uf 均压下，形成 3 机架连轧，在 3 机架经受 4 道次的万能轨形孔轧制。

3 机架万能可逆式连轧机组由万能粗轧机 Ur、轧边机 E、万能精轧机 Uf 组成，3 个机架串列紧凑布置，称为 CCS 轧机。机组可往复轧制，最多可轧制 10 个道次。该机组既可用万能模式轧制重轨、H 型钢及 I 型钢，也可换成二辊模式轧制钢板桩、槽钢、角钢和其他型钢。为保证产品的尺寸精度，机架上设有全液压的压下位置控制系统 HPC，全自动辊缝控制系统 AGC；采用机架操作侧牌坊打开的方式，由换辊小车自动换辊，换辊时间约 20min。

CCS 轧机为闭口式设计，具有以下特点：

（1）万能轧机传动侧的横扼能自动升起，当以二辊模式轧制钢板桩时，可使用小直径轧辊，保证轧辊的充分利用。

（2）水平轧边机架可以轴向移动，允许在辊身长度上配置两个孔型。

（3）从机架的操作侧自动更换轧辊和导卫，包括全套轧辊和导卫从轧制线拉出，并移到一边，全套组装好的轧辊和导卫台车与机架牌坊连接，并将轧辊和导卫推进轧线。

（4）带对中导板的升降辊道布置在串列式轧机的机前和机后，用于调整轧线高度和轧件对中。

（5）配置有全液压压下和轧辊轴向移动装置。

（6）采用介质塔代替各个介质管线。

D 重轨在线热处理技术

重轨生产技术中，双频感应加热、压缩空气欠速淬火、二次水冷控制钢轨变形等在线热处理技术及相应装备取得了突破，成功开发出高强、耐候、全珠光体的全长热处理钢轨，100m 长应用于 350km/h 高速铁路的重轨已开始投入试用，产品质量达到国际先进水平。

3.9.4.5 型钢生产过程中绿色工艺技术的应用

型钢生产过程中绿色工艺和技术的应用包括：

（1）加热炉采用蓄热燃烧技术。加热炉燃烧系统采用蓄热燃烧技术，通过炉墙侧部的空气蓄热烧嘴、煤气蓄热烧嘴进行供热。整个加热炉在沿炉长方向上设置多个供热点，上、下侧部同时供热。

（2）孔洞式热滑道技术。该滑道改变 20 世纪 70 年代以来国内外传统的设计理念，有效地解决了由于传统滑道的吸热、遮蔽作用而引起的钢坯加热温度不均匀，造成加热炉生产效率低、燃料消耗高等一系列问题，并详细阐述了这种滑道的设计思想、结构特点和工作原理。生产实践结果表明：这种新型滑道设计结构新颖、节能效果显著，现场施工简单，使用稳定可靠，适用范围广，是贯彻落实精品化战略，改变钢铁企业经济增长方式，替代传统滑道的理想产品。多年来，几十余座各种类型加热炉生产实践证明，采用孔洞式热滑道可以减小钢坯加热黑印温差 70%～80%，节约能源消耗 10% 以上，加热炉加热能力提高 10% 以上，提高产品质量，优化产品品种结构，为企业创造了显著的经济效益。

采用这种滑道使钢坯在加热过程中，钢坯与垫块的接触面减少 40%～60%，热遮蔽系数减少 60%～75%，并且减少了金属垫块的消耗数量，黑印阴阳面温差不高于 20℃。

（3）热送热装技术。为了节能降耗，同时由于无缺陷优质连铸坯生产技术的日趋成熟，热送热装技术在各轧钢车间得以普遍应用。

（4）高压水除鳞技术。轧钢过程中，由于钢坯在加热炉加热表面会形成一层较厚且致密的氧化铁皮，如果不能完全去除，在轧制过程被轧辊压入，经退火、矫直脱落后成品表面形成凸凹痕迹，严重影响产品表面质量。在加热炉出口 BD1 轧机前设置一套高压水除鳞装置，可以去除出炉后钢坯表面的氧化铁皮，保证最终成品的表面质量。

（5）低温轧制技术。低温轧制，国外也称中温轧制或温轧，是一种主要为降低坯料加热能耗、减少金属烧损，而在低于常规热轧温度下进行的轧制技术。该技术将开轧温度降至 1000～1150℃ 以下，加大了粗、中轧部分的轧制压力，从而需要提高粗、中轧机的强度，增大了粗、中轧部分的能耗，但综合考虑加热炉加热温度的降低而节约的燃料，综合平衡后仍可节能 20% 左右。大型线采用该技术，开轧温度降至 1050～1150℃，充分利用双机架开坯轧机的能力，以降低加热温度，降低煤气消耗。

（6）控轧控冷技术的应用。20 世纪 80 年代，在荷兰阿姆斯特丹举行的世界钢铁会议上指出：在轧钢技术方面，今后主要集中在控制轧制、加强冷却以及棒线材的无头轧制 3

项技术上。可见，控制轧制和控制冷却技术将在理论和应用方面得到迅猛发展。目前，控制轧制被广义地解释为对从好性能的轧制方法。目前控制轧制的分类尚不统一，但多数将控制轧制分为奥氏体再结晶控制轧制（又称为 I 型控制轧制或常规轧制，轧制温度高于950℃）、奥氏体未再结晶区控制轧制（又称为 II 型控制轧制或常化轧制，轧制温度为950℃ ~ Ar_3）和 $y + 171$ 两相区控制轧制（又称为热机轧制，轧制温度小于 Ar_3）。

实践证明，在轧钢厂采用钢坯低温加热，其燃料单耗的降低量大于低温轧制动力单耗的上升量。在控制轧制中由于低温轧制，再结晶奥氏体细化，使钢材的屈服强度和韧性得到一定的提高。此外，采用控制轧制技术，在一定条件下可以取代一般热轧的轧后常化处理或轧后淬火回火处理。这样，既节约了燃料消耗，又简化了生产工艺。

（7）双机架开坯轧机、双机架精轧机串列式脱头布置轧制工艺技术。

（8）1 + X 半连续轧制工艺技术。

（9）全液压的压下位置控制系统 HPC；全自动辊缝控制系统 AGC；换辊小车自动换辊技术。

（10）先进检测、控制与电子实验室技术。轧钢过程检测技术的全过程、多目标、精确及实时快速的特点日渐突出。实现了对轧钢全过程各种主要工艺参数的实时测量、记录与监控，还涵盖了对轧件形状、尺寸、表面状态（质量）、轧辊表面状态和设备磨损状况等的测量与监控实现轧制全过程的控制和生产线的顺利运行提供了基本依据。

（11）环保型纳米水溶性轧制润滑剂。环保型纳米水溶性（非油）ATY 系列轧制润滑剂具有较多的优点：冷却效果好，无油烟，轧机及钢材表面无油污残留，实现了清洁生产；有效降低了轧制力；轧后带钢表面光洁度高，不存在宏观缺陷，没有油斑产生；轧后钢卷温度在生产过程中的正常范围之内，不影响带钢表面质量和板形，具有良好的润滑性和冷却性等。

（12）冷床预弯技术，长尺冷却、长尺矫直、冷锯锯切型钢精整工艺技术。

（13）H 近终形连铸异型坯和 H-V 孔型开坯技术，H 型钢可以实现 MPS（multi-purpose section）轧制技术。

（14）钢轨生产采用万能法轧制、长尺钢轨精整和在线淬火技术。

（15）柔性生产工艺。现代化的大生产应当是大规模定制方式，生产过程既要大规模进行，又要满足用户的个性化需求。因此，如何增加现有生产过程的柔性是非常重要的。开发所谓柔性轧制技术，就是利用同一种材料，通过对轧制、冷却过程的控制，生产出不同强度级别、不同组织和性能的产品。从而可大大简化炼钢、连铸过程的生产操作，有利于生产的组织和调度，为实现生产的大规模定制奠定基础。

3.9.4.6　型钢生产发展前景

目前我国型钢生产的设备和技术已达到或基本达到国际先进水平。今后的技术进步，提高设备水平不再是主要课题，型钢产量与需求的矛盾也不再是主要问题，主要问题仍是品种和质量。目前我国执行的型材标准，主要仍是为适应生产厂的水平和能力而制定。而国外钢铁厂并不满足于按标准生产，用户需求才是生产的标准。因此，从尺寸公差、钢水纯净度、化学成分稳定性、力学性能均匀性、轧件表面质量和包装质量等方面比较，我国与工业发达国家还有很大差距。

在中型材方面，中型材轧机的发展方向，一是扩大配套能力，同时向小型材和大型材的领域扩展，加强与小型轧机和大型轧机的规格配套能力。在大、中、小产品规格的衔接范围内，都有一些小型轧机和大型轧机生产困难的规格，中型轧机则有一定优势。二是品种开发和产品开发。前述品种钢和专用型钢，由于产量和轧机规格的关系，横列式或布棋式中型轧机比小型连轧机更有竞争力。从以上发展前景看，中型轧机的改造方向不应是连续式轧机；较好的一个发展方向是在现有两列式轧机基础上，增加1台或两台万能和二辊可更换式轧机；扩大品种范围，扩大与小型轧机和大型轧机的规格配套能力。

在轨梁和大型材方面，国内重轨的生产能力可以确保需求。目前国内重轨轧机的改造均按世界先进水平进行，生产标准按300km/h轨标准执行，定尺长度按可生产100m执行。因重轨不是市场自由竞争的产品，并且轮轨系统高速铁路的运行速度也有一定极限，故这批重轨轧机改造完成后，在可预见的较长时间内不会有明显变化。H型钢在我国经过十几年的发展，技术日臻成熟，产品已能满足高、中端用户的需求。适于使用二辊轧机轧制的大型材，迄今为止，我国还有部分生产空白。例如：钢板桩、大型船用型钢、大型铁路车辆用型钢、机械工程用钢。

第4章 国内辅流程绿色钢铁工艺技术

钢铁工业除了不可或缺的主流程外，还有大量同样不可或缺的辅流程，如制氧厂、发电厂、建材厂、水泥厂、化工厂及钢渣处理厂等，有的钢铁公司还有耐火材料厂、海水淡化厂和制盐厂等，加上大量节能、环保和二次资源利用设备，如TRT、CDQ、烧结余热发电、CCCP、CMC及新的余热回收设备等。此外，还包括上述流程中的主要能源的统一管理机构——能源管控中心，本章将对上述中一些内容作简要介绍。

4.1 节能、环保、二次资源利用工艺技术和材料

4.1.1 钢铁流程能源管控中心系统

4.1.1.1 概述

能源管控中心系统是采用现代计算机技术、网络通信技术和分布控制技术，实现能源系统的实时监视、控制、调整，具有故障分析诊断、能源平衡预测、系统运行优化、高速数据采集处理及归档等功能，提高能源管理水平；及时发现能源系统故障，加快故障处理速度，使能源系统更安全；使能源系统的运行监视、操作控制、数据查询、信息管理实现图形化、直观化和定量化。

在钢铁生产全过程中对各类能源介质进行全面监视，分析并及时调度处理，及时进行能源使用情况分析、能源平衡预测，系统运行优化、专家系统运行、高速采集数据和反馈，实现能源系统的集中管理控制，基本实现对企业外购能源、企业内部的能源转换、余热余能的回收和利用等。整个能源供给系统实施全方位管理，以求实现能源合理配置、优化使用，确保生产、降低消耗、提高能效。它是对全厂范围内能源系统进行监控和调整的大型在线管理系统，体现在企业全程的能源监控设施的一整套硬件中，更关键的是体现一种能源的系统管理模式。

能源管控中心系统是衔接企业资源计划系统、生产运营管理系统以及生产工艺自动化系统的关键系统。其关键技术，将各个单元的不同能源系统相互联系起来，进行统一调整，对各种能源介质的发生与使用进行全面的监视，适时地进行能源介质切、投的处理，以保证能源介质的系统安全与经济使用。并对某一单元出现异常或事故时，在最短的时间将可能造成对钢铁生产的影响限制在最小的范围内。做到能源流的监视、能源的经济分配、运行方式的合理化、事故时刻的紧急处理。运用EMS强大的功能和手段对各能源介质实现有效在线调控，充分利用企业二次能源，确保系统经济合理运行，节能和环保效益贡献突出。

4.1.1.2 能源管控中心主要建设内容

能源管控中心是企业能源供给、调节和相互转换的指挥中心。主要建设内容有能源中

心调度室及其相关的计量、检测及控制系统等。通过遥测和遥控、监视仪表、电子计算机、工业电视、有线和无线通信等高度现代化、自动化的手段，使企业达到能源生产设备的控制和经济运行。其装备如图4-1所示。

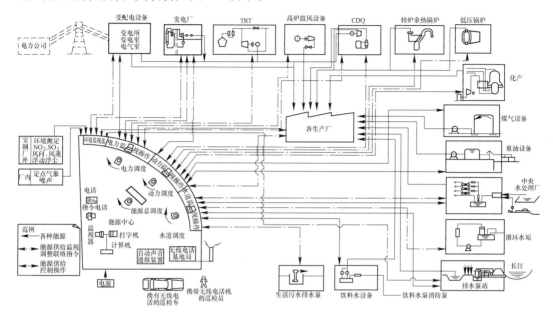

图4-1　能源管控中心装备

4.1.1.3　能源管控中心功能

能源管控中心系统通过信息化和自动化的手段，采集海量计量数据，涵盖上下游所有工序从能源采购到消耗回收的全过程的能源数据。通过对数据的汇总、分析、处理、展示、报告和对数据的深度挖掘，能够帮助企业实现如下目标：

（1）提高企业能源生产和消耗的可视化程度，使能源数据透明直接的传递。

（2）能源管理到工序，能源成本追踪到产品批次，能耗指标考核到班组、到岗位。

（3）降低能源消耗，提高能源转换效率和利用效率，在价值最大化的基础上实现能源成本最小化，内部能源成本最小化的目标。

（4）辅助过程分析，持续推进能源生产和消耗过程的改进，从粗放型的能源管理跨越到精细化，集约型的能源管理。

（5）辅助管理决策，实现管理循环和持续改进的互为推动，实现能源介质优化节能、工艺创新节能、能源结构优化节能、管理优化节能增效的目标。

（6）减少各类环境污染物的排放，实现企业的社会责任，为绿色经济、循环经济做出贡献。

4.1.1.4　能源管控中心相关技术的应用

A　现代自动化及信息技术的应用

能源管控中心系统作为能源生产管理的支持平台，将综合应用当今先进、成熟、安全、稳定并有良好业绩的软硬件系统，对不同的使用人员将采用不同的人机界面，并在系统中采用适用的技术，包括数据库技术、网络技术、安全技术、冗余技术、WEB 技术等。系统使用方便、界面友好、遵守行业规范、扩展容易并有良好的自诊断功能。

　　B　节能调度技术的应用

　　为使系统运行稳定并显著提高经济效益，节能调度技术将起到重要作用。

　　C　以客观信息为依据的基本能源管理技术

　　(1) 实现能源各类报表编制分析自动化，减少工作量。

　　(2) 实现能源管理粗放管理向精益化管理转变。

　　(3) 实现能源管理由事后管理向事前管理转变。

　　(4) 实现能源管理由单体节能管理向系统节能管理转变。

　　(5) 实现能源管理由经验化管理向科学定量化管理转变。

　　D　无人值守管理技术

　　无人值守是实现扁平化能源调度管理的基础条件。

　　无人值守三要素为：良好的现场自动化系统设计；良好的、并与现场控制系统相适应的能源中心系统（EMS）；一套配套可行的管理体制和调度技术。

　　无人值守三优点为：显著提高劳动生产率（运行管理人力成本在传统方式的 20% 左右）；显著提高能源系统的整体运行安全水平（可在运行管理、故障处理、现场人身伤害等方面）；显著提高能源供需的动态平衡水平从而实现良好的平衡节能环保效果。

4.1.1.5　能源管控中心在能源管理中发挥的优势作用

　　能源管控中心系统在提高能源系统的运行、管理效率的同时，提供一个成熟的、有效的、使用方便的能源系统整体管控解决方案；一套先进的、可靠的、安全的能源系统运行、操作和管理平台。

　　实现能源系统安全稳定、经济平衡、优质环保。

　　(1) 在线监控、平衡调整。实时掌握系统运行情况、及时采取调度措施，使系统尽可能运行在最佳状态，并将事故的影响降到最低。

　　(2) 能源系统实现分散控制和集中管理。针对能源工艺系统的分散和能源管理要求集中的特点，在公司层面建立能源管控中心系统可以实现满足能源工艺系统特点的分散控制和集中管理。

　　(3) 减少能源管理环节，优化能源管理流程。能源管控中心系统的建设，可实现在信息分析基础上的能源监控和能源管理的流程优化再造，实现能源设备管理、运行管理、停复役管理等自动化和无纸化。

　　(4) 减少能源系统运行管理成本，提高劳动生产率。能源系统规模较大，结构复杂。传统的现场管理、运行值班和检修及其管理的工作量大，成本高，通过能源中心建设，可简化能源运行管理，减少日常管理的人力投入，节约人力资源成本，提高劳动生产率。

　　(5) 加快能源系统的故障和异常处理，提高对全厂性能源事故的反应能力。能源调度可以通过系统迅速从全局的角度了解系统的运行状况，故障的影响程度等，及时采取系统的措施，限制故障范围的进一步扩大，并有效恢复系统的正常运行。这在能源系统非常情况下特别有效。

（6）通过优化能源调度和平衡指挥系统，节约能源和改善环境。能源管控中心系统的建成，将通过优化能源管理的方式和方法，改进能源平衡的技术手段，实时了解钢厂的能源需求和消耗的状况，将能有效地减少高炉煤气的放散，提高转炉煤气的回收率，采用综合平衡和燃料转换使用的系统方法，使能源的合理利用达到一个新的水平。

（7）为进一步对能源数据进行挖掘、分析、加工和处理提供条件。数据是财富，数据可以成为信息，它将为公司的高端能源管理提供现实的可能性。

4.1.1.6 能源管理中心节能效果

能源管理中心系统的目标是公司整体效益最大化，区别于局部改善的节能技术，能源管控中心技术致力于"系统节能"，关注全局优化，以改善整体能源系统综合能效为目标，实现企业能源利用效益最大化，如图 4-2 所示。

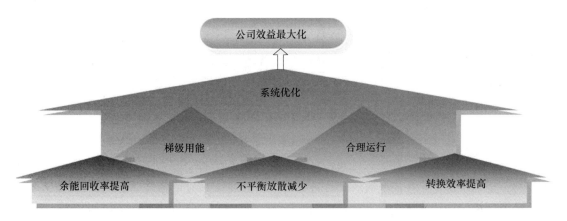

图 4-2　钢铁企业能源利用效益最大化途径

4.1.1.7 案例介绍

为实现能源精细化管理、提高能源与资源利用效率，唐钢投资 1.5 亿元建设了能源管控中心，于 2010 年投入使用。

A　能源管控中心功能定位

唐钢能源管控中心作为公司的三级能源管控中心系统，立足于现有的信息化平台，充分利用现有的资源，实现能源管控中心（EMS）、ERP 系统、PI 系统的无缝连接。能源管控中心系统以实时数据为基础，同时提取 ERP、MES/DSS 系统的生产实绩、生产计划、财务数据等信息，经过系统的分析和处理，给岗位操作人员和能源管理专业人员提供全面、真实的在线数据。功能定位是：能源管理到工序；能源成本追踪到产品批次；能耗指标考核到班组、到岗位。

　　B　涵盖范围

　　唐钢能源中心涵盖焦化、北区炼铁、南区 3 个主厂区、240 个子工序，3800 多个能源计量点、60000 条管理数据通信量、每天处理数据量达 200000 点。

　　C　能源管控中心功能

　　唐钢的能源管控中心功能分为两部分：

　　（1）以监视功能为主的调度系统，主要实现对各种动力能源介质（电力、煤气、蒸汽、水、氧气等）的监视、平衡调度。该职能主要设置在能源中心大厅内，系统设置有动力监控台、给排水监控台、供汽系统监控台、电力系统监控台以及总调监控台。分别对高炉煤气、焦炉煤气、转炉煤气、混合煤气、氧气、氮气、氩气、压缩空气、蒸汽、生产新水、电力等动力能源进行监控和平衡调度，对各种能源介质实施扁平化管理。通过在线管理和调整，满足工艺系统节能要求，同时提高故障监测及分析处理效率。

　　（2）以报表、统计功能为主的绩效分析系统，主要实现各个子工序的能源报表、能源绩效分析功能：该功能主要是在 Ampla 系统里完成，系统完成能源信息管理和能源决策的支持。对动力能源生产过程的静态信息以及动态信息进行统一管理，主要功能模块有以下9 个：工序能源分析、班组能源分析、产品批次能源管理、能源计划管理、能源订单管理、能源计量管理、能源绩效管理、能源实绩管理、能源报表中心等功能。

　　针对能源信息平台数据的二次挖掘，建立面向用户管理层的能源信息分析结果、能源平衡报告和使用预测、能耗分布、高耗能设备跟踪、能效分析和关键能耗绩效指标显示，有效支持能源决策以及优化能源运行。能源分析管理系统能够为公司领导和各级能源管理人员提供总体的决策支持和精细化的分析结果，切实提高能源管理水平，节能增效。

　　D　实施效果

　　唐钢能源管控中心的建立，实现了能源介质可视化管理、量化考核，能源利用效率显著提高，特别是煤气发电系统取得了显著效益，2013 年，自发电量完成 $24.14 \times 10^8 \mathrm{kW \cdot h}$，在装机容量相同的情况下，较 2010 年同期多发电 $3.2 \times 10^7 \mathrm{kW \cdot h}$，创效 1600 万元；通过对煤气综合平衡利用，高炉煤气放散率由原来的 0.74% 降低到 2015 年的 0.15%，年减少高炉煤气放散量 $8.208 \times 10^7 \mathrm{m}^3$，节能效益 650 万元；通过对转炉煤气回收实时控制自动调整，提高转炉煤气回收和转炉余热回收二次能源利用效率，2015 年吨钢转炉煤气回收提高 $3.0 \mathrm{m}^3/\mathrm{t}$，实现效益 546 万元，吨钢蒸汽回收提高 $5.0 \mathrm{kg/t}$，实现效益 437 万元；2015 年，为了满足焦炉煤气退出生产序列，依托能源管控中心，开展提高转炉煤气热值攻关活动，使转炉煤气热值由原来 $5651 \mathrm{kJ/m}^3$（$1350 \mathrm{kcal/m}^3$），提高到 $6697 \mathrm{kJ/m}^3$（$1600 \mathrm{kcal/m}^3$）以上，年创效益 850 万元，合计实现经济效益 4083 万元。

4.1.2　转炉蒸汽回收及饱和蒸汽发电技术

4.1.2.1　基本原理

　　转炉炼钢产生大量烟气，烟气温度高达 1600℃，载有大量显热，这些显热的回收利用对于降低转炉工序能耗具有重要意义。目前回收转炉烟气显热的普遍方法是利用余热锅炉产生蒸汽。

转炉炼钢的工艺决定了转炉高温烟气具有间歇性、波动性、周期性,其生成处于一个相对稳定的动态过程。受转炉烟气的影响,转炉余热锅炉(水冷烟道)产生的低参数饱和蒸汽同样也具有间歇性、波动性和周期性的特点。在吹氧期,烟气温度和流量不断增大,随之产生的蒸汽流量和压力也增大;当烟气温度和流量达到最大值时,蒸汽的压力和流量也达到最大值。吹氧结束后,烟气流量逐渐降到最低,此时锅炉的产汽量也降到最低。由于蒸汽参数很不稳定,给蒸汽的余热利用带来了困难。

当前大部分钢铁企业中转炉余热锅炉生产的饱和蒸汽除供自身消耗外,还有大量剩余。若采用饱和蒸汽发电,既可充分利用饱和蒸汽,又可避免蒸汽放散造成的浪费,还能提供电能,产生新的效益。

饱和蒸汽发电系统主要可分为余热锅炉系统、蒸汽蓄热系统、饱和蒸汽轮机发电系统、凝汽系统和给水除氧系统。在转炉吹炼期内,烟道式余热锅炉吸收转炉烟气余热产生饱和蒸汽,饱和蒸汽送入蓄热器系统,蓄热器空间压力升高,蓄热器中饱和水成为不饱和水,一部分蒸汽加热蓄热器中不饱和水至饱和状态,积蓄热量,一部分蒸汽经过调压阀调压至一定压力再进入汽轮机膨胀做功,驱动发电机发电;在非吹炼期,余热锅炉不产生蒸汽,蓄热器中空间压力不断下降,饱和水成为过热水发生闪蒸,产生连续蒸汽,经调压供汽轮机使用,完成变压蓄热器的放热过程,从而实现转炉饱和蒸汽发电系统的连续稳定运行。在汽轮机中做完功排出的乏汽进入凝汽器冷凝成凝结水,然后经凝结水泵加压送至除氧器,与补充的软水经热力除氧后,由给水泵加压,然后一路送至余热锅炉汽包循环使用,另一路作为调节变压蓄热器水位的补充水直接进入蓄热器。整个过程按照以上工艺流程不断循环往复,实现饱和蒸汽余热向电能的转化。

4.1.2.2 应用效果

河钢集团唐钢公司转炉烟道汽化冷却系统设计产汽能力为 90~100t/h,压力为1.5MPa 的饱和蒸汽。针对蒸汽温度低、压力波动大、含水量高等特点,汽轮机采用特殊低温设计,保证机组通流部分稳定运行。选定机型为 N15-1.0 型纯凝式汽轮机,额定功率 15MW。

主蒸汽来自转炉汽化冷却系统产生的饱和蒸汽,通过专用管道送至蓄热器系统,经蓄热器出口调节阀后进入两级汽水分离器后进入汽轮发电机系统,做功后乏汽经凝汽器冷凝成凝结水后经由凝结水泵送入厂区软水管网。

机组投运后,炼钢转炉汽化系统蒸汽实现了零放散,吨钢蒸汽回收提高到了 100kg/t,年发电量达到 7×10^7 kW·h。另外,年回收凝结水 50 万吨,为公司创造直接经济效益近4000 万元。

4.1.3 全燃高炉煤气发电技术

4.1.3.1 技术概述

全燃高炉煤气锅炉发电技术是以钢铁企业富余煤气为锅炉燃料,从而用于驱动蒸汽轮机发电机组进行发电的技术,主要包括锅炉、汽轮机、发电机三大核心设备。它充分高效回收利用了钢铁企业各类富余煤气，且可作为企业重要的煤气缓冲用户，同时省去了一般火力发电厂输煤和制粉系统、排渣及除尘系统等。具体原理是企业富余煤气经净化处理后，由管道输送至锅炉炉膛内，锅炉内由于煤气的不断燃烧，由化学能转变为热能，将产生的具有一定压力和温度的蒸汽引入汽轮机，经过膨胀做功将热能转换成机械能，最终汽轮机通过联轴器带动发电机上具有磁场的转子，将机械能转换成了电能。其工艺流程如图4-3 所示。

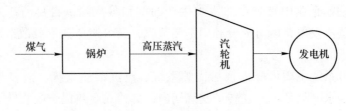

图 4-3　工艺流程示意图

4.1.3.2　主机设备选型

A　锅炉

（1）型式：全烧煤气，高温超高压、一次再热、全钢炉架、自然循环汽包炉，单炉膛、Ⅱ形结构，露天布置，前后墙对冲燃烧方式，平衡通风锅炉。

（2）燃料：高炉煤气。

（3）型号：NG-260/13.7-Q。

（4）容量和参数：

　　　最大连续蒸发量（BMCR）：260t/h

　　　过热蒸汽压力：13.7MPa

　　　过热蒸汽温度：540℃

　　　再热蒸汽流量：200.4t/h

　　　再热蒸汽进/出口压力：3.112MPa/2.739MPa

　　　再热蒸汽进/出口温度：356℃/538℃

　　　省煤器进口给水温度：234℃

　　　锅炉热效率：89%（保证值）

B　汽轮机

（1）名称：78MW 中间再热、凝汽式汽轮机。

（2）形式：超高压，一次中间再热、凝汽式汽轮机。

（3）型号：N78-13.2/538/538。

（4）功率：额定功率为78MW；最大功率（VWO）为83MW。

（5）转速。额定转速为 3000r/min。

（6）性能保证工况参数（THA 工况）。

　　　主汽门前压力/温度：13.2MPa/538℃

　　　主蒸汽流量：240t/h

　　　再热主汽门前压力/温度：2.739MPa/538℃

再热流量：200.4t/h

排汽压力：4.9kPa

给水温度：234℃

汽轮机保证热耗：8382kJ/(kW·h)

（7）回热加热级数：2 级高压加热 +1 级除氧加热 +3 级低压加热。

C 发电机

发电机参数为：

额定功率：78MW

最大功率：与汽轮机的 TMCR 工况匹配

额定电压：10.5kV

额定电流：6475A

额定功率因素：0.85（滞后）

额定频率：50Hz

额定转速：3000r/min

旋转方向：从汽轮机端向发电机端看为顺时针方向

相数：3

接法：YY

短路比：≥0.57

瞬变电抗（不饱和值）：≤29.4%

超瞬变电抗（饱和值）：≥21.9%

励磁方式：机端自并励静止励磁系统

冷却方式：密闭循环空气冷却，转子副槽通风冷却方式

4.1.3.3 设备工艺流程

A 锅炉系统

a 锅炉燃烧系统

高炉煤气在钢厂内通过架空管道接至燃气锅炉前，然后送至各燃烧器。

单台锅炉煤气主管道上设有电动蝶阀、电动敞开式插板阀进入煤气加热器，加热后经锅炉左、右两侧，从各角煤气的主管上引出分支管接至每个燃烧器，各个分支煤气管道上设有气动快速切断阀、气动调节阀、煤气放散阀，起保安作用。单台煤气主管路上合适位置加装压力表和流量表。

b 锅炉烟风系统及附属设备选择

锅炉燃烧用助燃空气经吸风消声器、送风机进入空预器预热后进入锅炉助燃，进入炉膛前的各热空气支管道上设有空气调节装置。锅炉炉膛内燃烧生成高温烟气，经屏式过热器、高温过热器、再热器、低温过热器、省煤器、空气预热器、煤气加热器后进入引风机，由引风机将低温烟气送入现有烟囱排入大气。

c 给水系统

给水系统的作用是将经除氧合格的给水升压送至锅炉省煤器。在此过程中，给水在各级高压加热器中由来自汽轮机相应的各段抽汽加热，以提高循环效率。给水系统还分别向过热器减温器、再热器减温器（由给水泵中间抽头给水提供）和高压旁路减温减压装置提

供减温水。

给水系统采用单元制，每台锅炉设置两台 100% 容量的电动调速给水泵，每台给水泵均设有最小流量装置，当给水泵在小流量运行时，保证给水泵不产生汽蚀。泵入口装设精滤网。

两台立式高压加热器采用大旁路系统，进出口装设旁路四通阀，系统简单、操作运行维护方便。给水系统设一台旋膜式除氧器，采用定压-滑压运行。水箱的有效容积 $85m^3$，可以满足锅炉最大蒸发量约 15min 的给水量。

给水系统在给水操作台主路上不装设调节阀，仅在旁路管上，设有一调节范围为 0 ~ 30% 的给水启动调节阀，供启动和低负荷时使用。正常运行工况，通过控制给水泵转速来调节给水的压力和流量。

d　锅炉加药、排污及排汽系统

(1) 炉水校正加药系统。锅炉炉水采用磷酸盐除垢，加药点在锅炉汽包。两台炉选用磷酸盐加药装置一套。配有加药泵 3 台，溶液箱和自动搅拌机 2 个，正常运行时加药泵 2 运 1 备。

(2) 排污系统。锅炉汽包均有连续排污及定期排污系统，按锅炉特点，每台锅炉各设一个连续排污扩容器和定期排污扩容器。锅炉排污水在扩容器内扩容降压后排入附近降温排水井。

B　汽机系统

1 座锅炉配 1 台汽轮机。78MW 超高压中间再热、单轴、凝汽式汽轮机给水回热系统设有 2 级高加、1 级除氧和 3 级低加，加热器疏水采用逐级自流方式，除氧器定/滑压运行方式，主蒸汽管道、再热热段管道采用 12Cr1MoVG 管材，再热冷段管道采用 20 钢管料，高压给水采用 20G 管材。

a　主蒸汽、再热蒸汽系统和汽轮机旁路系统

主蒸汽系统管道采用 1-2 制布置，再热冷段蒸汽系统管道采用 2-1 制布置，再热热段蒸汽系统管道采用 1-2 制布置。在主蒸汽和再热蒸汽管路上设置 30% 容量的两级串联旁路、三级减温系统。本工程从主蒸汽管道接一路蒸汽，经减温减压后，作为厂区低压蒸汽的备用汽源。

b　抽汽系统

汽轮机具有 6 级抽汽，分别作为 2 台高加、1 台除氧器、3 台低加的加热蒸汽。1 段、2 段抽汽分别供 1 号、2 号高压加热器；3 段抽汽除供除氧器外还作为辅助蒸汽汽源；4 ~ 6 段抽汽分别供 4 ~ 6 号低压加热器。

为防止汽机进水和防止停机或甩负荷时汽机超速的措施，1 ~ 4 段抽汽管道上均设置气动止回阀和电动隔离阀，5 段、6 段抽汽设有电动门，用于切断该级抽汽。

c　凝结水系统及设备

凝结水系统配置 2 台 100% 容量的立式凝结水泵，1 台运行，1 台备用。凝结水管路上设置流量调节阀和流量测量孔板，对凝结水流量进行调节和监控，以控制除氧器水箱水位。

在凝结水泵出口轴封冷却器后设置有至凝汽器的再循环管道，以保证凝结水泵启动时的最小流量，防止泵汽化，另外在机组启动和低负荷时保证有足够的水量流经轴封冷却器。

d　疏放水系统

本机组按滑参数起停运行方式。热力系统启动及暖管等疏放水大部分经汽机本体疏水扩容器后，回收入凝汽器及热井。

本机组为中间再热型，疏水量较少，因此，不设疏水箱系统。由化水车间来的除盐水在机组正常运行时直接向凝汽器及水环式真空泵补水。除氧水箱溢放水排入定期排污扩容器。

e　抽真空系统

每套汽轮机系统设置两台水环式真空泵，从凝汽器接一根母管，在泵前母管分两路分别进真空泵。在泵前各分支管上设有逆止阀和蝶阀。启动时两台泵同时运行。正常运行时，一台运行，一台备用。

f　汽轮机油系统

每套机组润滑油系统包括主油箱、启动油泵、润滑油过滤器、主油泵、交流润滑油泵、直流润滑油泵、顶轴油系统及顶轴油泵、两台100%的容量的冷油器、两台100%的容量的排油烟风机、全部管道、仪表及所需全部附件。

g　循环冷却水系统

循环冷却水系统主要为汽机房内冷油器、发电机空冷器、真空泵、凝结水泵、低加疏水泵、抗燃油装置、给水泵、化学取样冷却器、鼓、引风机等辅助设备提供冷却水。

4.1.3.4　应用及效果

目前，中温中压参数全燃煤气锅炉汽轮发电机组的平均热效率为25%左右，如采用高温超高压参数，则机组热效率还可提高约10%左右。

以年产1000万吨钢的钢铁联合企业计算，按吨铁产生高炉煤气1700m³计算，扣除高炉热风炉等自耗后，可富余高炉煤气量约60亿立方米。

如采用高温高压参数全燃高炉煤气锅炉发电技术，除可利用上述富余煤气外，同时年可增加企业自发电量$2 \times 10^9 kW \cdot h$（约占全厂用电量的40%），相当于节约标煤60万吨标煤，年减少CO_2排放155万吨。

4.1.4　高炉冲渣水余热利用技术

高炉冲渣水是高炉炼铁产生的一种副产品。高炉冲渣水温度约为85℃，属于工业低温余热资源，具有温度稳定、热量大的特点。对于高炉冲渣水的利用，很有必要，但也有很大的难度，如水质差、易结垢、腐蚀性强等。目前国内有一些公司开发了可回收高炉冲渣水的技术，主要是利用冲渣水显热用于城市冬季采暖，该余热用于发电等技术也在探索中。

4.1.4.1　高炉冲渣水特性

高炉冲渣水在冲渣过程中直接接触 1550℃以上熔融状态的高炉渣，高炉渣中的硅酸盐类物质必然有部分溶解于水中，并且常年反复利用，随着淬渣蒸汽以及池水表面的蒸发，实际是一个不断浓缩的过程，高炉渣中的硅酸盐等盐碱类物质在冲渣水中基本已经达到了饱和状态。换句话说，高炉冲渣水实际是一种硅酸盐类的饱和水溶液。

4.1.4.2　换热设备形式

利用冲渣废水中的余热，就需要有能够防腐、防堵塞和结垢功能的换热设备，目前市场上常用的水-水换热设备主要有以下几种：

（1）板式换热器。该换热器具有结构紧凑、传热效率高、占地面积小等众多优点，是目前广为使用的一种水-水换热器，而且其换热板片一般采用不锈钢材质，具有良好的抗腐蚀性能。

但该设备由于结构紧凑，板片一般采用冲压技术压成凹凸不平的换热面，对于水质要求较高，如果水中含有杂质时，例如含氧化钙、二氧化硅、氧化铝、氧化镁杂质，它们在冲渣水中以固体颗粒或悬浮物的形式存在，杂质将会在采暖系统的金属容器表面沉积，极容易造成换热面积污染而导致传热系数急剧下降，严重时会造成通道堵塞，无法使用。在工程实践中经常发生因换热设备堵塞造成的停机事故，清洗也比较麻烦，容易对设备造成损伤。

当氯离子、硫酸离子在水中的浓度较高时，氯离子是一种具有腐蚀性的物质，在腐蚀过程中形成闭塞电池，能够产生自催化过程，因此高炉冲渣水中的氯离子是造成设备腐蚀的主要成分；冲渣水中的硫酸根离子是高炉渣中的有机物分解产物，它和氯离子一样能够产生腐蚀作用，渣水中的硫酸根含量越高，腐蚀作用越强。

（2）壳管式换热器。壳管式换热器在化工、炼油、石油化工、动力、核能和其他工业装置中得到普遍采用，特别是在高温高压和大型换热器中的应用占据绝对优势。这种换热器结构坚固，处理能力大、选材范围广，适应性强，易于制造，生产成本较低，清洗较方便，在高温高压下也能适用。

但在传热效能、紧凑性和金属消耗量方面不及板式换热器、板翅式换热器等高效能换热器先进。壳体和管壁的温差较大，易产生温差力，壳程无法清洗，管子腐蚀后连同壳体报废，设备寿命较低，不适用于壳程易结垢场合。

由于高炉冲渣废水中含有大量杂质和具有腐蚀性，壳管式换热器极容易造成堵塞和腐蚀，无法保证连续稳定运行。

（3）真空相变换热技术——直热机（见图 4-4）。"直热机"采取"真空相变技术"使废水闪蒸、汽化，以清洁的水蒸气携带大量废水热能与清水进行换热，是一种清洁、高效提取高温工业废水热能的方法。

"直热机"无需对废水进行过滤及二次加热，仅需要消耗极小的电能，就可从冲渣水中提取出大量热能。彻底解决了热能提取过程中换热装置的换热壁面结晶、挂垢、腐蚀等问题。设备配备高效真空泵，始终保持适当的真空状态，保证废水大量闪蒸汽化。以清洁的水蒸气携带废水大量汽化潜热，与清水进行换热。

4.1.4.3 应用情况

A 高炉冲渣系统基本情况

唐钢南区 3200m³ 高炉，综合利用系数为 2.4，渣铁比为 0.35，对应 2 个渣池，每个渣池间隔 2h 一次，每次冲渣时间为 1.5h，高炉冲渣水是冷却塔冷却；高炉的冲渣水温度夏季为 90℃，冬季为 85℃；采用明特法冲渣工艺。

高炉粒化渣有两套系统，东场为 1 系统，西场为 2 系统，每套系统包括：冲制塔、搅笼池、浊环池、沉淀池、热水池、冷水池、冷却塔、皮带。每套泵房有 3 台热水泵、3 台冲渣泵、2 台斜面墙泵、2 台过滤网反冲洗泵、2 台无密封无泄漏耐磨自吸泵。

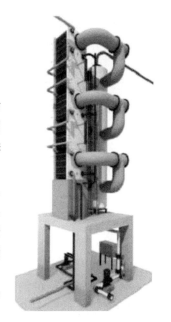

图 4-4　直热机

（1）热水泵：开 2 备 1，每台泵的流量为 1550m³/h，扬程 40m，实际上冷却塔流量为 2600m³/h。

（2）冲渣泵：开 2 备 1，每台泵的流量为 1550m³/h，扬程 37m，实际冲渣流量为 2500m³/h。

（3）冷却塔：3000m³/h（每套冲渣系统 1 套），冷却塔内置冲渣水节流装置，调节冷却塔所用水压、水量、满足热水泵压力、排量需要。冷却冲渣水在冷却塔设计最大流量范围内，降温能力为 45℃，可以保证进水温度 90℃±5%，出水温度 45℃±5%，冷却后的冲渣水流入储水池。

（4）冷水池：可用水量 950m³。

（5）沉淀池及热水池：2 个，容积 750m³/个。

B 高炉渣热量计算

高炉渣温度约 1550℃，火渣比热容为 1940kJ/（kg·℃）

南区 3200m³ 高炉渣余热回收计算数据见表 4-1。

表 4-1　南区 3200m³ 高炉渣余热回收计算数据

序　号	项　　目	技术数据
1	炉渣计算温度/℃	1550
2	高炉炉容/m³	3200
3	利用系数	2.4
4	渣铁比	0.35
5	炉渣热焓值/kJ·kg⁻¹	1940
6	日产铁量/t	7680
7	日产高炉渣量/t	2688
8	炉渣热量/MW	60.36

C　可利用余热的计算

根据对东场渣场高炉冲渣水上下塔温度的实际测量，其结果见表 4-2。

表 4-2　高炉冲渣水上下塔温度　　　　　　　　（℃）

项　　目	高	中	低
上塔温度	91.1	70.3	60.7
下塔温度	75.6	62.6	59.2
温　差	15.5	7.7	1.5

渣池上塔的流量为 $2600m^3/h$。截取高、中、低 3 个比较有代表性的温度点进行可回收的热量计算，得：

$$Q_{高} = 2600m^3/h \times 1.163 \times 15.5 = 46.87MW$$
$$Q_{中} = 2600m^3/h \times 1.163 \times 7.7 = 23.28MW$$
$$Q_{低} = 2600m^3/h \times 1.163 \times 1.5 = 4.54MW$$

西场渣池所对应的情况与东场渣池一样。

因冲渣水余热随着冲渣水温度的变化而变化，当冲渣水温度越高，能够回收利用的热量越高，反之，当冲渣水温度越低，能够回收利用的热量越低。结合采暖水的供回水温度要求，可提取的最大余热量为 $Q_{高} + Q_{低} = 51.41MW$；考虑到测量误差以及冬季运行过程中池水表面散热量加大等诸多变化因素，最低余热开发量为 50MW。

D　系统配置方案

在两个渣池附近分别建设一个换热站，每个站内配置一套换热设备，无论渣水何种温度，两侧设备均同时运行，加热后的采暖水并入同一供热主管网，向外供热。

在东西渣池附近分别建设换热站，每座换热站内配置 4 台额定制热量为 8MW 的直热机组，共计匹配 8 台，合计额定换热能力达到 64MW，达到承诺保底提热量 45MW 的 142%。单座换热站的最大换热能力可达 46.8MW；最小换热能力为 4.5MW。具体分析计算详见下文：原有淬渣工艺流程如图 4-5 所示，余热回收利用如图 4-6 所示。

4.1.5　超细节能材料——高辐射率高温涂料

高辐射率高温涂层技术采用经过特殊设计成分的超细材料（含有大量纳米微米颗粒）制备具有高辐射率（最高达 0.93）的节能涂料，并开发了特殊的涂层与基体镶嵌技术，以达到强化辐射-传导传热和提高涂层寿命的目的。在实验室完成了大量研究基础上，先后在高炉热风炉、焦化炉、轧钢加热炉、锅炉上应用了本技术，取得了理想的节能效果。以高炉热风炉为例，在涂覆了厚度 270μm 的涂层，涂层与基体材料间有 3mm 左右渗透区，保证了涂层与基体间的良好结合和抗剥落能力（这是与其他涂料技术不同的主要特点）。该技术先后在国内外近 400 座热风炉上应用，结果表明：节能新涂层提高了涂层的表面温度，增加了与外界的温差，强化了传热，提高了格子砖蓄热、放热能力，缩短了格子砖蓄热、放热时间，减小了送风混前温度的波动，降低了排烟温度，提高了热效率，提高了热风温度，降低了燃料消耗。新涂层还增强了耐火砖的物理性能和热工性能，有利于热风炉的长寿，加上涂层光滑，气体流动阻力减少，减少了电耗。本技术还可以推广到各种工业的高温传热场合。

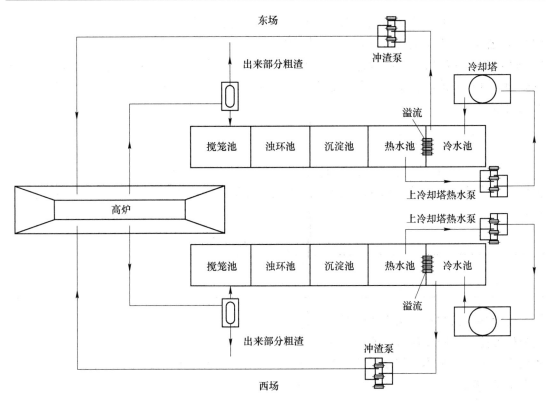

图 4-5 原有高炉冲渣水工艺流程示意图

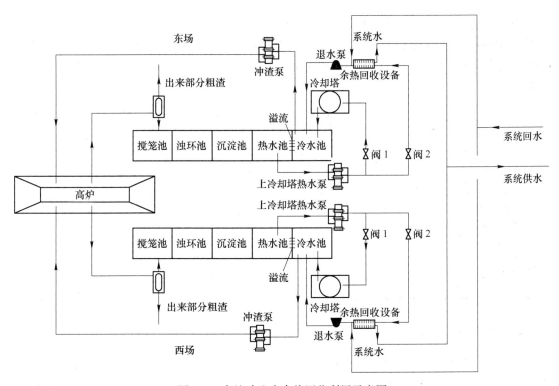

图 4-6 高炉冲渣水余热回收利用示意图

高温高发射率节能涂料问世以来，其节能效果引起了世界范围的重视，典型产品有英国 CRC 公司的 ET-4 型红外涂料、美国 CRC 公司的 C-10A、SBE 涂料、欧澳多国联营的 Encoat 红外辐射涂料等。我国也有十几家企业和单位对高温节能涂料进行研究和开发。国内研制的红外节能涂料也有一些产品应用于各种炉窑及加热元件上，并取得了一定的经济和社会效益。

4.1.5.1　涂层的制备

涂层由高发射率基料、悬浮剂和黏合剂等组成，主要组分比例见表 4-3。将上述各组分按配比称重、混合后，采用超细化处理工艺，使基料颗粒达到微纳米级，获得微纳米涂料基料。

表 4-3　涂料主要组分比例

组　分	耐火粉料	增黑剂	烧结剂	黏合剂	悬浮剂
比例/%	30 ~ 40	10 ~ 20	2 ~ 3	1 ~ 3	30 ~ 50

将涂料与已制备的无机树脂混合，并加入热塑性高聚合物及少量的表面活性剂，通过高速机械搅拌，制成黏稠的流体，即获得高发射率节能涂料。热风炉蓄热体表面涂层的制备流程如下：蓄热体（格子砖或蓄热球）→吹风清理→喷前处理液→浸泡涂料→阴干→高温自烧结固化。

4.1.5.2　涂层的主要性能

表 4-4 是 1 号、2 号、3 号样的发射率和 1 号样的热性能指标。从表 4-4 中可知，经 100℃、1000℃和 1300℃烧结 1h 后，涂层的发射率均达到 0.90，1300℃烧结后的涂层高达 0.92，最高达 0.93。从 1 号样的热性能指标可看出，涂层保持与普通硅砖相当的热性能参数。

表 4-4　涂层的主要性能指标

性　能	试　样		
	1 号(100℃ × 1h)	2 号(1000℃ × 1h)	3 号(1300℃ × 1h)
发射率（ε）	0.90	0.90	0.92
耐火度/℃	1810	—	—
热膨胀系数/℃$^{-1}$	9.7×10^{-6}	—	—
线膨胀率/%	1.125	—	—
导热系数/W·(m·℃)$^{-1}$	0.977	—	—
抗热震性/次	12	12	12

4.1.5.3　涂层的微观形貌

图 4-7 所示是涂覆高发射率基料后的截面图，从图 4-7 可看出，超细颗粒涂覆到基材表面后，能渗透到基体的内部，并形成一定厚度的渗透层，使两者成为一体而难以剥落。

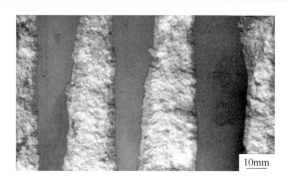

图 4-7 格子砖涂层截面照片

4.1.5.4 涂层对基体材料性能的影响

A 高辐射率涂层对耐火材料物理性能的影响

涂层对耐火材料基体物理性能的影响见表 4-5。

表 4-5 涂料对高铝砖物理性能的影响

试 样	体积密度 /g·cm^{-3}	气孔率 /%	耐压强度 /MPa	抗折强度 /MPa	抗热震性 /次	高温蠕变 /%
未涂覆	2.43	25	49	5.8	16	-1.42
涂覆	2.48	21	64	6.3	16	-0.62

从表 4-5 中可看出，涂刷涂料的试样在上述性能与不涂涂料的试样相当或略有提高，没有对耐火基体造成损害。

与高铝砖实验方法相同，表 4-6 是涂料对硅砖物理性能的影响。

表 4-6 涂料对硅砖物理性能的影响

试样	体积密度/g·cm^{-3}	气孔率/%	耐压强度/MPa	抗折强度/MPa
未涂	1.78 (1.80)	22.4 (19.9)	21 (28)	10.0 (12.2)
涂覆	1.84 (1.81)	17.9 (19.3)	20 (31)	11.3 (12.7)

注：括号内数值为试样经过 1300℃×3h 处理后的检测值。

从表 4-5、表 4-6 中可以看出两者在热震稳定性上基本相当，而高铝砖质子砖涂刷涂料后的高温蠕变性却有显著的提高。说明涂料不仅不会对耐火基体有害，反而能提高炉体的使用性能。

B 涂层对格子砖升、降温速率的影响

图 4-8 是涂和未涂涂层的热风炉格子砖放入恒定温度（1200℃）炉膛内的升、降温曲线。从图 4-8 可看出，涂料试样蓄热和放热能力都比未涂覆的格子砖强，这对提高热风炉送风温度和放热量很有益。

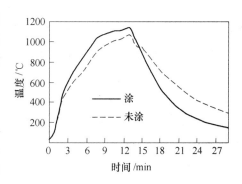

图 4-8 有涂层和无涂层格子砖的升降温曲线

C　涂层对格子砖蓄热量和节能率的影响

采用量热器法测定了涂层在中温（800℃）和高温（1200℃）下对格子砖蓄热量和单位节能率的影响。表 4-7 是涂覆格子砖在 800℃和 1200℃温度下，分别经过 1 次、5 次、10 次和 15 次热震实验后的节能率。

表 4-7　不同状态下的格子砖表面涂层的节能效果

热震次数	节能率/%	
	800℃	1200℃
1	8.2	18.4
5	7.8	16.7
10	8.9	17.8
15	7.5	15.4

从表 4-7 可看出，涂层在中温阶段的节能率小于高温阶段的节能率。试样经过多次热震实验，其节能率没有明显变化。

4.1.5.5　工业应用结果

本技术自 2004 年起，已在国内外近 400 座不同型号高炉热风炉上应用（包含韩国 POSCO，加拿大 ARCELLORMITTAL 等），取得了提高热风炉风温 15～25℃、延长送风时间、节能约 5%、提高热风炉热效率 5% 的效果。

4.1.6　工序界面节能技术

"界面"是指钢铁工艺流程中不同工序间相互衔接的那些部位（以长流程为例），例如：烧结厂与炼铁厂、炼铁厂与炼钢厂、炼钢厂与轧钢厂等。这些部位的许多问题很容易因为管理属性模糊，常被忽略，如节奏控制、节能和环保等。根据近年来的实践，仅在界面处的节能潜力就比一些主要工序的工艺节能、技术节能潜力大，如从传统的多罐送铁水改为"一罐到底"送铁方式，每吨铁水就能获得 25kgce 的节能效果。

"十二五"以来，为了节能和推广流程节奏，中国钢铁工业将铁、钢、轧关键界面的物质流、能量流协同优化技术作为钢铁流程创新和推广的重点。

（1）开发炼铁-炼钢-热轧界面物质流、能量流协同优化运行技术。以炼铁-炼钢界面"一罐到底"模式为依托，应用研究结果，以优化的运行机制、合理的结构提升炼铁-炼钢界面动态运行，实现物质流、能量流、信息流的协同优化，构建"一罐到底"技术包。主要从物质流、能量流协同运行的角度，构建与物质流耦合的能量流分配模型并进行分析；对动态运行过程中铁水温度变化规律进行研究；分析一体化排程条件下，炼铁-炼钢界面合理运行模式及相关要素的研究；研究在炼铁、炼钢、热轧排程综合成本效率最优化条件下，主工序与不同界面间的最佳运行模式。

（2）开发铸-轧界面基于物质流、能量流和信息流的协同优化技术。主要进行凝固组织控制—组织控制—形变 + 相变组织，铸、轧、材一体化技术。在连铸时进行保护浇注、低过热度浇注、轻压下、液芯压下、OM 等；在轧制前，进行热装热送直轧、低温均热、清洁燃烧等；在轧制时，采取负荷分配优化、工艺润滑、控轧控冷、在线热处理；之后进行加速冷却、边部屏蔽冷却、冷却路径控制、超快速冷却等的研究。

进行在铸-轧-材一体化物理模型、工艺模型、控制模型、虚拟生产技术等，以及铸-轧-材一体化组织演变模型、性能控制模型、在线与离线预报等方面的研究。

4.1.7 钢渣制备陶瓷技术

传统的三元陶瓷（以下简称"传统陶瓷"）以自然资源——黏土为主要原料，辅以长石、石英等矿物原料，经过粉碎、配料、造粒、成型、干燥、烧结、切割抛光等工艺制造而成，传统陶瓷又称为"黏土质陶瓷"或"三组分陶瓷"，是属于 $K_2O(Na_2O)$-Al_2O_3-SiO_2 三元体系材料。

一般陶瓷的化学成分如表4-8所示。

表4-8 一般瓷体的化学组成

组 成	CaO + MgO	$K_2O + Na_2O$	Al_2O_3	SiO_2	Fe_2O_3	烧失
质量分数/%	0.5 ~ 3	4 ~ 8	16 ~ 24	64 ~ 74	0.5 ~ 1.5	2.5 ~ 7

近年来关于使用低品质原料、工矿业废弃物等作为原料制备陶瓷做了大量的研究。根据所制备陶瓷所基于体系不同，国内外利用固体废弃物制备陶瓷的研究主要分为以下两类。

第一类是传统陶瓷体系，使用低品质原料或固体废弃物替代传统陶瓷体系中的某一种或多种原料。早在 20 世纪 90 年代，随着陶瓷工业的快速发展，各陶瓷企业竞争日益激烈，降低成本成为企业发展生存的重要法宝，而长石作为传统陶瓷体系中价格最高的原料，因此开始了减少长石矿物用量的研究。如白志民等研究了透辉石的加入对三组分陶瓷性能的影响；Toya，Schabbach 等利用城市污泥制备了微晶玻璃陶瓷制品，Ozdemir 等利用高炉渣和黏土制备了陶瓷材料。但是这些研究都仅仅是利用低品位矿物或工矿业固体废弃物来替代三元组分中的某一组分来制备传统陶瓷材料，并大多基于实验室的研究。同时由于传统陶瓷对化学组成的限制，例如氧化钙含量不能超过10%，氧化铁含量不能超过3%，从而限制了氧化钙含量超过 10% 和氧化铁含量超过 3% 的、堆存量超过 4 亿吨的钢渣、堆存量超过 3 亿吨的赤泥、尾矿等工业固废的利用。

传统陶瓷的抗折强度较低，高者约 60MPa 左右，低者刚刚达到国家的 35MPa 标准。突破传统体系对钙和铁等成分的限制，制备高钙、高铁、高性能和高附加值的产品是陶瓷业利用工业固体废弃物急需开发的技术。

第二类是非传统陶瓷体系，它着重验证全部或大部分利用固体废弃物制备陶瓷材料的可行性。有关这方面的研究越来越多，如大连工业大学的高文元利用粉煤灰、炉渣、废玻璃，废陶瓷、黏土为原料，糖滤泥为造孔剂制备了多孔保温和透水陶瓷，其主晶相为石英、莫来石和钙长石，陶瓷基于 SiO_2-CaO-Al_2O_3 体系，烧结时间长达 1000min，该研究处在试验研究阶段。北京科技大学在国家"十一五"和"十二五"支撑项目和 863 项目支持下，先后全部和大部分利用工业和社会固体废弃物开发出了多种高性能陶瓷、微晶和纤维产品，突破了传统陶瓷的硅-钙体系的成分限制，创建了硅-铝-铁体系产品和理论体系。新产品的很多性能，如抗折强度，超过国家标准的 4 倍。

由此可知，在开发利用工业废弃物的过程中，需要突破传统陶瓷体系的一些限制，创建新的一些体系理论和标准。

下面以钢渣制备 CaO-SiO_2-Fe_2O_3 体系的高强度陶瓷为例，阐述其中一些基础研究结果：

4.1.7.1　硅-钙-铁钢渣陶瓷新体系的成分设计

用 FactSage 软件并结合相图模拟了不同钢渣掺加比例样品中物相的演变规律，如图 4-9 所示。

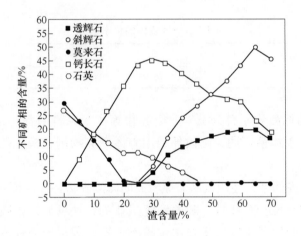

图 4-9　不同钢渣掺量的陶瓷晶相演变

根据样品不同的最终物相组成将硅钙体系分为硅钙铝的钙长石体系和硅钙镁铝的辉石体系。钙长石体系烧结温度较低，抗折强度约 50 ~ 90MPa；硅钙镁铝的透辉石体系烧结温度较高，一般为 1150 ~ 1200℃，制品的抗折强度为 60 ~ 150MPa。两个体系典型的成分组成如表 4-9 所示。

表 4-9　两个陶瓷体系典型化学组成（质量分数）　　　　　　　（%）

陶瓷体系	SiO_2	Al_2O_3	MgO	CaO	Fe_2O_3	K_2O	Na_2O
硅钙铝体系	53.79	14.97	1.52	17.90	5.37	1.30	1.53
硅钙镁铝体系	50.56	10.53	11.50	18.01	6.17	0.56	0.70

与传统三元陶瓷相比，以辉石为主晶相的 CaO-SiO_2-Fe_2O_3 体系陶瓷具有优异的物理力学性能和优越的工艺条件，两者产品的对比结果如表 4-10 所示。

表 4-10 辉石陶瓷体系与传统陶瓷体系的不同

项　目	辉石陶瓷	传统陶瓷
组成 （质量分数）	$CaO\text{-}MgO\text{-}SiO_2\text{-}Fe_2O_3\text{-}Al_2O_3$ CaO 10%~28%，Fe_2O_3 3%~20%	$SiO_2\text{-}Al_2O_3\text{-}K_2O$（$Na_2O$） CaO <3%，$Fe_2O_3$ <1%
物　相	辉石和非晶相	石英、莫来石和非晶相（65%~80%）
抗折强度/MPa	60~140	30~50
吸水率/%	0.02~0.5	~0.5

4.1.7.2 CaO 和 Fe_2O_3 组分在 $CaO\text{-}SiO_2\text{-}Fe_2O_3$ 体系陶瓷中的作用

在传统陶瓷体系中含 CaO 高的原料在较高的温度（1150~1200℃）下容易生成玻璃相，并且这种玻璃相具有短性或速熔特性，也即该种玻璃相的黏度随着温度的增加而急剧降低，由于黏度对温度的变化敏感，使得不同温度下坯体的烧结、收缩差异比较大，从而造成坯体的变形、发泡等问题，说明含钙高的陶瓷坯体烧结范围较窄。

但在 $CaO\text{-}SiO_2\text{-}Fe_2O_3$ 体系陶瓷中 CaO 组分能够促进样品在致密化开始之前完成析晶反应，其生成的晶相为后续烧结过程中起骨架支撑作用，随着烧结温度的样品的物理力学性能参数变化如图 4-10 所示，XRD 分析结果如图 4-11 所示。在 1100℃之前，吸水率、收缩率和抗折强度并没有明显的变化，而在 1100~1220℃之间三者发生剧烈的变动，并且在 1220℃时达到最佳的烧结温度，之后开始过烧。因此，可以根据三个性能的变化率将烧结过程分为三个阶段，分别在图 4-10 中标为Ⅰ、Ⅱ和Ⅲ。结合吸水率、收缩率和抗折强度的数据的情况可以推断，Ⅱ阶段属于致密化阶段，也即在此阶段伴随着液相的生成。Ⅲ阶段属于过烧阶段。通过两图的对比可以发现样品在 1100℃就基本完成了最终物相的结晶过程，而在 1100℃以上尽管主晶相由透辉石相转变为含铝透辉石相，但是其都属于辉石组矿物，只是在原透辉石晶相中的固溶反应。最终的物相组成基本为单一的辉石相。图 4-9 的样品不同温度下的物理力学性能分析，样品在烧结过程的Ⅰ阶段就基本完成了结晶的过程，在阶段Ⅱ样品发生快速的致密化过程，意味着液相的生成。

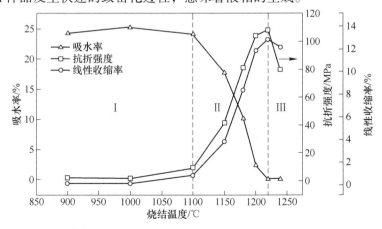

图 4-10 陶瓷在不同烧结温度下的线性收缩率、吸水率和抗折强度

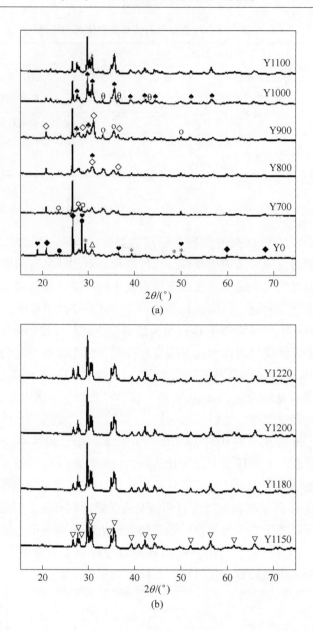

图 4-11   不同烧结温度下陶瓷样品的 XRD 图谱

△—larnite- Ca_2SiO_4 ； ◆—Quartz； ♥—Talcum- $Mg_3Si_4O_{10}(OH)_2$ ；

● —α- Quartz； ＊ —Calcite- $CaCO_3$ ； ♣—Enstatite- $MgSiO_3$ ；

○—Hematite- Fe_2O_3 ；°—Anorthite- $Ca(Al_2Si_2O_8)$ ）； θ—Andradite- $Ca_3Fe_2(SiO_4)_3$ ；

◇—Akermanite- $Ca_2Mg(Si_2O_7)$ ）； ♠—Diopside- $CaMgSi_2O_6$ ；

▽—Diopside aluminian- （ $Mg_{0.851}Fe_{0.026}Al_{0.080}Ti_{0.003}Cr_{0.040}$ ） （ $Ca_{0.720}Na_{0.027}Mg_{0.179}Fe_{0.071}Mn_{0.003}$ ） （ $Si_{1.891}Al_{0.109}$ ） O_6

结合 XRD 结果推断在 1100℃ 以下温度区间内样品内部发生的反应为：

$$CaCO_3 \longrightarrow CaO + CO_2$$

（4-1）

$$Ca(OH)_2 \longrightarrow CaO + H_2O \tag{4-2}$$

$$3MgO \cdot 4SiO_2 \cdot H_2O \longrightarrow 3MgSiO_3 + SiO_2 + H_2O \tag{4-3}$$

$$Al_2O_3 \cdot 2SiO_2 \cdot 2H_2O \longrightarrow Al_2O_3 \cdot 2SiO_2 + H_2O \tag{4-4}$$

$$MgSiO_3 + 2CaO + SiO_2 \longrightarrow Ca_2Mg(Si_2O_7) \tag{4-5}$$

$$MgSiO_3 + 2CaO \cdot SiO_2 \longrightarrow Ca_2Mg(Si_2O_7) \tag{4-6}$$

$$CaO + Al_2O_3 \cdot 2SiO_2 \longrightarrow CaAl_2Si_2O_8 \tag{4-7}$$

$$Ca_2Mg(Si_2O_7) + MgSiO_3 + SiO_2 \longrightarrow 2(CaMgSi_2O_6) \tag{4-8}$$

$$CaO + MgSiO_3 + SiO_2 \longrightarrow CaMgSi_2O_6 \tag{4-9}$$

计算反应式（4-5）~式（4-9）反应的不同温度下的吉布斯自由能结果如图 4-12 所示。从图 4-12 可以发现反应式（4-5）~式（4-9）的反应自由能在 700~1300℃ 时均为较低的负值，从而证明这些反应在 700~1300℃ 的可能性。因此含钙元素的组分，尤其是游离氧化钙具有较高的反应活性，能够在较低的温度下与黏土、叶蜡石以及滑石的分解产物生成钙长石、透辉石和镁黄长石等物相，并最终转化辉石主晶相，促进了样品在致密化过程之前完成初次析晶过程，生成的晶体作为后续烧结过程中的坯体起到骨架支撑作用，利于陶瓷制品的烧结。

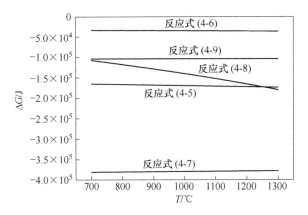

图 4-12　反应式（4-5）~式（4-9）在 700~1300℃ 时的反应自由能

通过图 4-11 容易得出高铁的钙铁榴石相和赤铁矿相在 1150℃ 消失，有资料指出钙铁榴石相熔化的温度为 1130~1160℃ 之间，高铁元素物相的熔化促进了烧结的致密化过程，并且在致密化过程中发生了二次结晶，也就是由于液相的产生和烧结温度的升高，离子的扩散速率增加，从而使更多阳离子在辉石相中的固溶成为可能。也即富铁元素的组分起到了明显的助熔作用促进了烧结致密化的进行。坯体中的铁氧化物在烧结初期小于 1100℃ 时并未与体系中其他组分发生反应，而在大于 1150℃ 时钙铁榴石的熔化、铁氧化物（包括 RO 相）与碱金属和硅氧化物形成低温共熔物而熔化促进了样品的快速致密化，并且由于液相的产生促进了二次析晶过程的进行，使得制品形成单一的辉石主晶相，有助于力学性能的提升。

4.1.7.3　钢渣陶瓷的工业化试验

利用钢渣制备陶瓷的工艺与传统陶瓷的生产工艺基本一样，主要流程如图 4-13 所示。

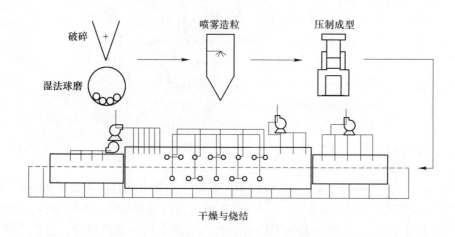

图 4-13　陶瓷工业化实验工艺流程示意图

　　烧制完成后对制品的物理、力学和化学性能进行了检测评估，成品的照片如图 4-14 所示，主要检测评估指标及结果为：

　　（1）烧成线性收缩率　干燥后的生坯尺寸为 660mm × 660mm，烧成成品的尺寸为 585mm × 585mm，样品的烧成收缩率为 11.4%，略大于传统陶瓷 6%～10% 的收缩率要求，但可以通过调整压机磨具尺寸来达到样品符合标准尺寸的要求。

　　（2）表面平整度　通过测量工具测量成品的表面平整度，成品的表面平整度达到尺寸差小于 ±1.5% 的国家标准。

　　（3）吸水率　分别取两个样品的四个边角和中心位置样品根据国家标准进行吸水率测量，测得样品平均吸水率为 0.045%，最大吸水率 0.21%，远小于国家关于瓷质砖的吸水率要求小于 0.5% 的标准，属于瓷质砖系列。

　　（4）抗热震性　按照 GB/T 3810.9—2006 测试方法将样品分别置于 15℃ 和 145℃ 之间 10 次循环，观察样品未见明显缺陷，制品的抗热震性达到国家标准。

图 4-14　施釉陶瓷成品图片

（5）抗折强度　按照 GB/T 3810.4—2006 测试方法利用抗折试验机测试样品的力学强度，样品的平均抗折强度为 93.4MPa，远超于国家关于瓷质砖抗折强度标准大于 35MPa 的要求。

（6）铅和镉的溶出量　按照 GB/T 3810.15—2006 测试方法测试样品的重金属浸出，测得样品均未检出 Pb、Cd 溶出量，完全符合国家标准。

（7）放射性核素限量　按照 GB 6566—2010 测试方法测试样品的放射性核素限量，测得结果为内照射指数 $I_{Ra} < 1.0$，外照射指数 $I_r < 1.0$，达到国家规定的 A 类装饰装修材料标准，其产销和使用范围不受限制。

通过上述样品检测可以看出利用钢渣所制备的陶瓷制品的物理和化学性能完全满足或优于国家相关标准，其力学性能更是达到国家相应标准的近 3 倍（最高达到 4 倍），并且按照传统陶瓷的生产工艺就能够制备钢渣陶瓷。铁元素的存在使得所制备的陶瓷素坯呈褐色或棕色，可以通过施釉的方法改变试样表面颜色，取得一定的艺术效果，利于产品的推广，施釉后效果如图 4-14 所示。

4.2　水处理中心

4.2.1　项目背景

4.2.1.1　关停地下水深井取水迫在眉睫

2008 年以前唐钢南区生产用水主要有深井水、中水两大水源，其中深井水作为生产新水，其水质远高于其他两种水源，深井水担负着降低南区循环水系统总体盐分浓缩程度，用以制取高品质软水、除盐水供应生产系统的重要任务。根据唐山市人民政府唐政函[2006] 60 号唐山市人民政府关于印发《唐山市人民政府关于关停城市规划区自备井工作实施方案》的通知要求，关停城市规划区自备井工作任务分三步进行，规划中将唐钢分在了一、二步当中。按规划中的要求，在关停深井之前将大幅度提高提水资源费，如不早日采取深井水替代措施，将给唐钢老区造成巨大经济损失。同时减少开采地下水，保护自然生态，也是唐钢作为特大型国有企业理应承担的社会责任。

4.2.1.2　现有工业废水处理回用设施和用水、排水方式不适应当前河钢唐钢主体生产装备的发展水平

河钢唐钢南区现有废水回收再利用系统，首先是处理能力不够，造成仍有大量污水未经处理直接外排。其次是产水水质太差，该系统除极少部分经过反渗透膜脱盐用来作为锅炉用除盐水的部分水源外，其余大部分仅通过简单的去除悬浮物后，直接作为生产系统补水或经离子交换仅仅去除钙镁硬度后进行回用，造成河钢唐钢南区各循环水系统的含盐量不断累积，各用户为了减少对设备的损害，均加大了排污量和深井水的使用量。即使如此，各循环水子系统也仍然不同程度的存在着腐蚀和结垢问题，对生产设施和产品质量造成了一定的影响。

河钢唐钢南区的软水、除盐水制备系统分散于河钢唐钢南区各个用水点附近，大多采

用离子交换方式制备生产用软水、除盐水。其对水源要求高，必须采用深井水为水源；其排放污染大，所产生的反洗再生废液直接排放到厂区主排水沟，经废水回收再利用系统处理回用后，造成各系统补水中有害杂质如氯离子等严重超标，加剧了对设备的腐蚀和对产品表面质量的影响。

4.2.2　唐钢水处理中心

河钢唐钢水处理中心，总投资 3.65 亿元。主要包括处理城市中水和工业废水预处理系统、废水深度处理系统。通过对城市中水和工业废水进行深度处理，替代原来使用的深井水，以实现节约新水、改善循环水系统水质的目标。设计水处理能力为：工业废水 3000m^3/h，城市中水 3000m^3/h，外供净化水 4200m^3/h，外供软化水 1000m^3/h，除盐水 300m^3/h。该中心的投入运行，标志河钢唐钢已率先成为全国第一家以城市中水作为唯一生产水源的特大型钢铁联合企业。随着它的投运，河钢唐钢全部关停南区深井水，实现厂区内工业用水的综合处理和循环利用，实现吨钢耗新水为零，并实现工业废水零排放，达到了国内先进水平。

4.2.2.1　工艺流程简述及现场生产制造流程图

A　废水处理工艺流程及现场生产制造流程图

吸取冶金行业的成功经验，采用先进且实用的石灰乳絮凝软化-高密度沉淀池——V 形滤池工艺。该工艺国内钢铁行业已有较多的成功业绩。

厂内各车间的工业废水和生活污水经管网收集后自流入格栅间，格栅间设粗、细机械格栅以截留较大的悬浮物和漂浮物；格栅间的水自流入调节池进行均质、均量，并设置除油机去除表面浮油；调节池的水经潜水排污泵加压提升至絮凝配水构筑物。向絮凝配水构筑物内投加石灰、絮凝剂，以去除水中的油、悬浮颗粒、胶体离子、硅化合物、有机物和 Fe 离子，同时降低水中碳酸盐硬度和碱度；絮凝及配水构筑物出水自流入高密度沉淀池，沉淀池反应区中形成的大颗粒絮凝体在斜管沉淀区中沉淀分离出来；高密度沉淀池上清液自流入后混凝池，后混凝池出水自流入 V 形滤池，截留水中没有沉淀下来的微小悬浮颗粒；滤池出水进入清水池，定期投加杀菌灭藻剂和缓蚀阻垢剂，净化水送化水站系统进行除盐。

调节池和高密度沉淀池中的浮油经集油管收集后由厂方统一处理。

高密度沉淀池沉淀下来的污泥排至污泥浓缩池，其中部分回流至高密度沉淀池，污泥浓缩池污泥经污泥泵提升至全自动厢式压滤机内，进行机械脱水后，泥饼则装车外运，滤液排至调节池。

中水、废水处理工艺流程如图 4-15 所示。

a　城市中水处理系统

城市中水来自唐山市污水处理厂，经过滤精度 10mm 格栅去除水中杂物，进入调节池均质均量，停留时间 1h，由提升泵提升至 3 座高密度沉淀池，单座处理能力 1050m^3/h，产水进入 4 座 V 形滤池，单座处理能力 786m^3/h，高密污泥经板框压滤机脱水后至烧结回用。

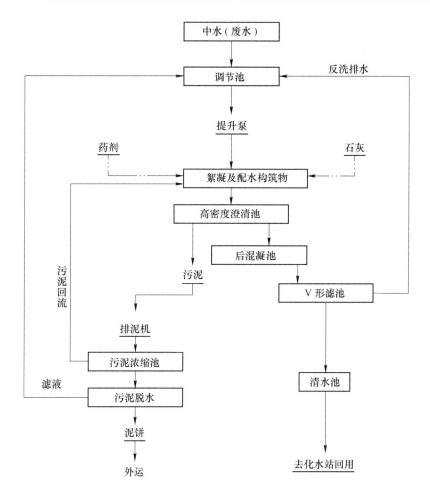

图 4-15 唐钢废水处理工艺流程框图

高密度沉淀池作用为：高密度沉淀池集混凝絮凝、斜管分离和污泥浓缩功能为一体，提高了处理效率，减少占地。投加水处理药剂次氯酸钠、聚铁、石灰、酰胺、碳酸钠和硫酸，达到杀菌，去除 SS、油类、暂时硬度和碱度的目的。核心工艺采用通过 3%~5% 污泥回流，对水质波动适应性强，出水浊度不高于 0.5NTU，比传统平流沉淀工艺效率提高70%，降低药剂消耗 30%，产水进入下一工序，产生的污泥经板框压滤机脱水后回用于烧结配料工序，其结构如图 4-16 所示。

b 钢铁工业废水预处理

钢铁工业废水来水经过滤精度 25mm 和 10mm 格栅去除水中杂物，进入调节池均质均量，停留时间 2.5h，由提升泵提升至高密度沉淀池（3 座，单座处理能力 1050m³/h），产水进入 V 形滤池（4 座，单座处理能力 786m³/h），高密污泥经板框压滤机脱水后至烧结回用。

B 深度处理工艺流程及现场生产制造流程图

水处理中心脱盐水系统流程如图 4-17 所示。

在反渗透进水施加 0.8 ~ 1.5MPa 的压力，克服渗透压，实现脱除钢铁废水中钙镁离

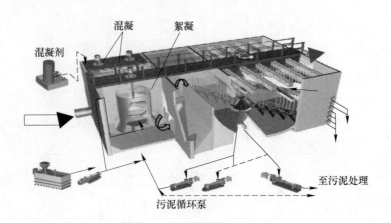

图 4-16　高密度沉淀池结构简图

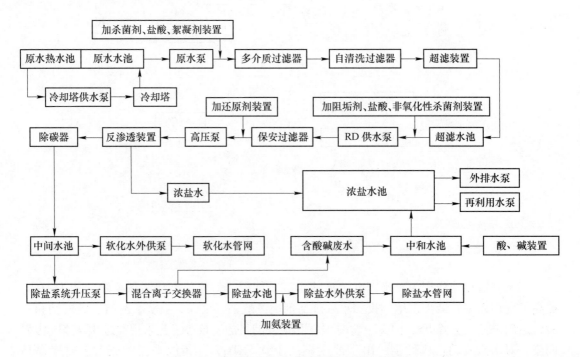

图 4-17　唐钢水处理中心脱盐水系统流程简图

子、硫酸根、氯根和二氧化硅等盐分的目的,脱盐率可达 98% 以上。投加水处理药剂盐酸、阻垢剂、杀菌剂和还原剂,达到减少膜系统污染和保护膜元件的作用。反渗透系统污染后,通过化学清洗恢复产水能力。如图 4-18 所示为反渗透结构简图。

钢铁工业废水深度处理系统,通过双膜法脱盐处理,解决了系统盐分平衡的问题。由于工业废水硬度高、盐分高,用中水作为系统补充水,工业废水作为反渗透进水,比传统采用中水直接采用反渗透脱盐处理,减少新水资源消耗 10%,水资源综合利用率由 96% 提高到 98% 以上。表 4-11 ~ 表 4-14 分别列出了中水预处理线出水水质,工业废水预处理线出水水质,深度处理站软水水质以及深度处理站除盐水水质。

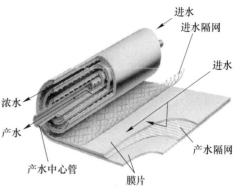

图 4-18 反渗透结构简图

表 4-11 唐钢中水预处理线出水水质

序号	项　　目	出　水　值
1	pH 值	7~9
2	SS/mg·L^{-1}	≤5
3	总碱度/mg·L^{-1}	≤100
4	暂时硬度/mg·L^{-1}	≤100
5	总钙硬度/mg·L^{-1}	≤100
6	浊度/NTU	≤5

表 4-12 唐钢工业废水预处理线出水水质

序号	项　　目	出　水　值
1	pH 值	7~9
2	SS/mg·L^{-1}	≤5
3	总碱度/mg·L^{-1}	≤100
4	暂时硬度/mg·L^{-1}	≤100
5	总钙硬度/mg·L^{-1}	≤100
6	COD$_{Mn}$/mg·L^{-1}	≤25
7	BOD$_5$/mg·L^{-1}	≤10
8	油（非溶解油）/mg·L^{-1}	≤2
9	浊度/NTU	≤5

表 4-13 唐钢深度处理站软水水质

序号	项　　目	出　水　值
1	pH 值	7~9
2	总硬度/mg·L^{-1}	<1.5
3	电导率/μS·cm^{-1}	<100
4	二氧化硅/μg·L^{-1}	<100

表 4-14　唐钢深度处理站除盐水水质

序号	项　　目	出　水　值
1	pH 值	7 ~ 9
2	总硬度/mg · L^{-1}	约 0
3	电导率/μS · cm^{-1}	≤0.2
4	二氧化硅/μg · L^{-1}	<20

4.2.2.2　水处理效益

（1）减少了外排废水、涵养了地下水源，创造了可观社会效益，又提高了设备运行的安全稳定性和经济性。

（2）河钢唐钢以建设科学发展示范企业为目标，全面贯彻建设生态唐钢、科技唐钢、效益唐钢、和谐唐钢的科学发展理念，以循环经济为立厂之本，进行了一系列卓有成效的工作，在厂区发生天翻地覆变化的同时，率先实施了水资源的循环利用，水处理中心的建成展示了唐钢领导科学发展的理念，见证了河钢唐钢科学发展的实践。

（3）水处理中心的建成标志着河钢唐钢在可持续发展的道路上走在了领先位置。

（4）水处理中心投运后，南区全部关停深井水，将城市中水作为唯一的生产水源，实现厂区内工业用水的综合处理和循环利用，实现了废水零排放，每年可减少新水用量 1752 万吨，河钢唐钢深井水成本为 3.93 元/吨，每年可节约 6885.36 万元。同时经压滤机挤压产生的泥饼运至烧结区利用，实现了废物零排放，使河钢唐钢成为钢铁企业节能减排的楷模。

4.2.3　中水利用要解决的难点

（1）解决了中水无法直接替代深井水作为高品质的生产系统补水难题。根据国家相关政策，河钢唐钢必须关停全部深井，城市污水处理厂的中水将成为唐钢的唯一水源，如果将城市中水全部直接替代深井水作为高品质的生产系统补水，将会出现设备结垢，微生物滋生、管道腐蚀等问题。

经过严谨论证和科学决策，决定引进国际先进的法国得利满水处理专利技术，建设城市中水预处理设施，处理能力为 3000m³/h。该系统工艺参数可靠性以及设备性能和备用按照处理后污水作为唐钢生产唯一水源的情况来考虑，通过采用高密度沉淀池和 V 形滤池等技术，大幅度降低悬浮物和浊度，通过投加石灰并配合碳酸钠药剂去除部分暂时硬度和永久硬度，投加 NaClO 杀菌剂进行消毒，最终实现了中水对深井水的替代。

（2）解决了工业废水简单处理回用后水质差，循环水系统盐分浓缩及用、排水方式不合理的问题。新建工业废水预处理系统采用了和中水预处理系统相同的工艺路线，处理能力为 3000m³/h。经工业废水预处理系统处理后，产水指标在悬浮物、浊度、含油量达标后，该系统产水除一小部分直接与中水预处理系统产水进行勾兑回用外，剩余部分作为新建工业废水深度处理系统的原水。工业废水深度处理系统采用多介质、超滤、反渗透、双级混床工艺，生产软水（反渗透产水）、除盐水（混床产水），外供软水能力为 1000m³/h，外供除盐水能力为 300m³/h，该系统的副产品——浓盐水被输送至高炉炉渣、烧结布料、转炉炉渣等对含盐量要求不高的场合进行回用。工业废水深度处理系统建成后，唐钢南区各分散的离子交换软水站和除盐水站全部停用。该系统投运后，使唐钢南区彻底实现了工业废水分质回用和未处理污水零排放。

4.3 制氧绿色技术

4.3.1 制氧机的发展

4.3.1.1 制氧与冶金

氧、氮、氩等气体产品是钢铁企业非常重要的二次能源介质，有氧才有钢。目前炼铁、炼钢、轧钢的综合氧耗已达 $100 \sim 140 m^3/t$，氮耗 $80 \sim 120 m^3/t$，氩耗 $3 \sim 4 m^3/t$。钢铁行业一年的氧气消耗量超过 750 亿立方米，氮气达 626 亿立方米，氩气达 21 亿立方米（不含放散、外销量）。

A 氧气与冶金

众所周知，因钢铁冶炼及燃烧过程通常都是氧化反应，所以冶金离不开氧。

电炉用氧可以加速炉料的熔化及杂质的氧化，既可提高生产能力又能够提高特种钢的质量。冶炼碳素结构钢的吨钢耗氧 $20 \sim 25 m^3$，而高合金钢吨钢耗氧 $25 \sim 30 m^3$。据统计，电炉吹 $1 m^3$ 氧气可节电 $5 \sim 10 kW \cdot h$。

转炉炼钢在 20 世纪 60 年代初开始推广应用。此法是在转炉中吹入高于 99.2% 纯度氧气，氧气与碳、磷、硫、硅等元素发生氧化反应。这既降低了钢的含碳量，又清除了磷、硫、硅等杂质，还可以利用反应热来维持冶炼过程所需要的温度。表 4-15 列出了转炉冶炼前后铁水冶炼成分变化。

表 4-15　转炉冶炼前后铁水冶炼成分变化　　　　　　　　　　（%）

项　目	C	Si	P	Mn
铁　水	4.0	0.5	0.12	0.25
钢　水	0.05	0	0.015	0.07

注：炼一炉（150t 转炉）钢中有钢渣 19t，其中 FeO 含量 20%。

转炉炼钢氧化反应方程式为：

脱碳反应：　　　　$90\%:[C]+[O]=\!=\!=CO(g)$

　　　　　　　　　$10\%:[C]+2[O]=\!=\!=CO_2(g)$

脱硅反应：　　　　$[Si]+2[O]=\!=\!=SiO_2$

脱磷反应：　　　　$2[P]+5[O]=\!=\!=(P_2O_5)$

锰合金氧化：　　　$[Mn]+[O]=\!=\!=MnO$

钢渣中氧化亚铁的耗氧量：$Fe+[O]=\!=\!=(FeO)$

按照唐钢热轧部 150t 转炉计算，总计耗氧 10.67t，折合体积为 $7467m^3$。

若为 1t 铁水，则总计耗氧 0.0711t，即为 2221.875mol 氧气，化为体积为：$49.77m^3$。工业用氧的纯度一般为 99.5%，因此 1t 铁水炼成钢理论实际耗氧为：$49.77/99.5\% = 50.02m^3$。

在河钢唐钢实际生产中，考虑到板坯切割以及杂动用氧，吨钢耗氧为 $53 \sim 56m^3$，氧气纯度要求大于 99.2%，工作压力大于 1.5MPa。

高炉富氧鼓风能够显著地降低焦比，提高产量。提高高炉鼓风中含氧，可以增加煤粉的喷吹量，提高生铁产量。当吨铁喷煤量达到 200kg/t 时，要求鼓风含氧量在 25%~29%。鼓风中含氧量提高 1%，生铁产量增加 3%，每吨铁的喷煤量可增加 13kg。目前，富氧含量一般为 23%~25%，最高达 27%。高炉鼓风量很大，每吨铁需要 1200m³ 的空气。虽然富氧程度不高，氧气消耗量也是相当大的。按照 3% 富氧计算：

$$X \times (99.5 - 21)\% / 1200 = 3\%$$
$$X = 1200 \times 3\% / 0.785 = 45.86$$

虽然炼铁对氧气纯度没有什么特殊要求。但是，为了与炼钢用氧达到相互调配，冶金企业一般仍选用纯度大于 99.2% 的氧气，氧气一般从鼓风机出口混入。

近年来，国内外采用还原法（COREX）炼铁新工艺取代高炉炼铁。与高炉炼铁相比，单位投资可以降低 20%，生产成本可下降 20%~25%，这种冶炼方法不需要焦炭，而且废水废气的排放量大为减少。以此方法炼铁，吨铁耗氧 550~650m³，纯度要求纯度在 95% 以上。

B　氮气与冶金

氮的化学性质不活泼，在冶金行业被用作保护气体和转炉溅渣护炉和复吹气源。例如，冷轧、镀锌、镀铬、热处理、连铸用的保护气；作为高炉炉顶、转炉烟罩的密封气，以防可燃气体泄漏；作为转炉溅渣护炉用气；作为干熄焦装置中焦炭的冷却气体；以及替代部分空气仪表气体（氮气窒息，需要注意安全性，要求混合后含氧大于 19.5%）等。一般保护气要求的氮纯度为 99.99%，有的要求氮纯度在 99.999% 以上。

C　氩气与冶金

氩气是转炉炼钢复吹和钢包吹氩精炼工艺的主要气源。由于氮气在高温中能溶解在钢水中，钢包吹氩搅拌是最基本也是最普通的炉外处理工艺。吹氩可以均匀钢水温度和成分，同时上浮的氩气泡能够吸收钢中的气体，同时沾附悬浮于钢水中的夹杂物并带至钢水表面被渣层所吸收。对氩气的要求是：满足吹氩和复吹用供气量，气压稳定，氩气纯度大于 99.95%，无油、无水。

4.3.1.2　氧气的生产方法

A　化学法

化学法是将氧化物在一定条件下分解，放出氧气。例如氯酸钾、氧化钡、高锰酸钾、双氧水等。由于化学法原料贵且消耗量大，生产能力小，此方法仅适用于实验室和微型的医疗用氧。

B　电解法

把水放入电解槽中，加入氢氧化钠或氢氧化钾以提高水的电解度，然后通入直流电，水就分解为氧气和氢气。每制取 1.0m³ 氧，同时获得 2.0m³ 氢。这种方法应用初期，制取 1.0m³ 氧要耗电 12~15kW·h，目前制氧最低能耗约为 3~4kW·h/m³。所以，电解法不适用于大量制氧。

C　空气分离法

目前国内最常用的空气分离制氧技术有：吸附法、膜分离法、低温法及化学法吸收等，各种生产方法的工艺原理和生产特点见表 4-16。

表 4-16 不同空气分离法工业制氧技术特点对比

工艺名称	工 艺 原 理	工 艺 特 点
变压吸附制氧	利用分子筛对不同分子的选择吸附性能来达到最终分离目的	该技术流程简单，操作方便，运行成本低，但获得高纯度产品较为困难，而且装置容量有限，所以该技术有其局限应用范围。适用于高炉富氧用户
膜分离法	利用膜渗透技术，利用氧、氮通过膜的速率不同，实现两种组分的粗分离	这种方法装置更为简单，操作方便，投资小但产品只能达到28%~35%的富氧空气，且规模只宜中小型化，只适用于富氧燃烧及医疗保健领域应用
低温法	利用空气中氧氮氩组分沸点的不同，通过一系列的工艺过程，将空气液化，并通过精馏来达到不同组分分离的方法	可实现空气组分的全分离、产品精纯化、装置大型化、状态双元化（液态及气态），产量高，原料空气无需储存购买。故在生产装置工业化方面占据主导地位。钢铁企业采用此法
化学吸收法	化学吸收法是指高温碱性混合熔盐在催化剂作用下能吸收空气中的氧，再经降压或升温解吸放出氧气，其代表是20世纪80年代开发的Moltox系统	从熔盐中脱出的氧，纯度为98%~99.5%。此法用于大型空分制氧有很大前途，氧气产量在500t/d以上，与传统的低温法制氧比较，效率可提高约50%，同时还可生产大量的高温水蒸气

上述低温法制氧按不同的分类方式又各具特点，具体见表4-17。

表 4-17 按不同分类的低温法制氧工艺特点

分类方式		工 艺 特 点
按制冷方式	按工作压力	高压流程的工作压力高达10.0~20.0MPa，制冷量全靠节流效应，不需膨胀机，操作简单，只适用于小型制氧机或液氮机
		中压流程的工作压力在1.0~5.0MPa，对于小型空分装置由于单位冷损大，需要有较大的单位制冷量来平衡，所以要求工作压力较高，此时，制冷量主要靠膨胀机，但是节流效应制冷量也占较大的比例
		低压流程的工作压力接近下塔压力，它是目前应用最广的流程，具有低的单位能耗。钢铁企业采用此流程
	按膨胀机的形式	活塞式膨胀量小，效率低，只用于一部分旧式小型装置
		透式由于效率高，得到最广泛的应用。对低压空分装置，由于膨胀后的空气进入上塔参与精馏，希望在满足制冷量要求的情况下膨胀量尽可能地小，以提高精馏分离效果
		增压透平是利用膨胀机的输出功，带动增压机压缩来自空压机的膨胀空气，进一步提高压力后再供膨胀机膨胀，以增大单位制冷量，减少膨胀量。此法能耗低、安全性高、运转周期长。在新的低压空分流程中得到越来越广泛的应用。钢铁企业采用此流程
按净化方式	冻结法净除水分和CO₂	空气在冷却过程中，水分和CO_2在换热器通道内析出、冻结；经一定时间后将通道切换，由返流污氮气体将冻结的杂质带走。根据换热器的形式不同，又分为蓄冷器和板翅式切换式换热器。这种方式切换动作频繁，启动操作较为复杂，技术要求高，运转周期为1年左右
	分子筛吸附净化流程	空气在进入主换热器前，已由吸附器将杂质除净干净。吸附器的切换周期长，使操作大大简化，纯氮产品量不再受返流气量要求的限制，运转周期可达两年或两年以上，目前受到越来越广泛的应用。钢铁企业采用此流程
按分离方式	精馏塔内的精馏过程	根据产品的品种分为生产单高产品、双高产品、同时提取氩产品或全提取稀有气体等流程
		根据精馏设备分为筛板塔和规整填料塔等。后者具有流量大、阻力小、操作弹性大、效率高等优点。钢铁企业上塔采用规整填料塔，下塔采用筛板塔

分类方式		工　艺　特　点
按产品的压缩方式	分离装置外压缩	装置外压缩是单独设置产品气体压缩机,对装置的工作没直接影响。技术比较成熟,设备的可靠运行和维护有保证。制氧企业采用此流程
	分离装置内压缩	装置内压缩是用泵压缩液态产品,再经复热、气化后送至装置外。相对来说内压缩较为安全,但是,液体泵是否正常将直接影响到装置的运转。能耗比外压缩流程高
按精馏制氩工艺	全精馏无氢制氩	流程简单,设备少,粗氩塔 Ⅰ、Ⅱ 分离出无氧粗氩(99%)→精氩塔分离出高纯氩(99.999%)
		粗氩塔 Ⅰ、Ⅱ 及精氩塔 3 个塔,粗液氩输送泵,冷箱高。钢铁企业采用此流程
	加氢制氩	流程复杂,设备繁多; 粗氩塔分离出粗氩(95%)→粗氩增压→加氢除氧→冷却、吸附干燥→冷却低温→精氩塔分离出高纯氩(99.999%); 粗氩塔、精氩塔两个塔、氩换热器、粗氩增压机、冷却器、氩纯化器、空气冷却器、水冷却器、水分离器、氩干燥器以及有制氢设备的制氢车间

4.3.1.3　制氧机的发展历史

1852 年英国科学家焦耳和汤姆逊发现焦耳 - 汤姆逊效应为低温技术领域的第一里程碑。

1902 年,德国卡尔·林德博士发明了以高压节流循环制冷、单级精馏塔空气分离制氧。1903 年,林德公司制造出世界第一台 $10m^3/h$ 的制氧机。

1902 年法国工程师克劳特发明了活塞式膨胀机,并建立了克劳特液化循环。这成为低温技术领域的第二里程碑。1910 年法国液化空气公司设计制造世界第一台中压带膨胀机的 $50m^3/h$ 的制氧机。

1939 年,苏联科学家卡皮查院士发明了高效率(>80%)径流向心反动式透平膨胀机。这是透平膨胀机发展的基础,卡皮查低压液化循环是现代大型制氧机的基础。卡皮查低压液化循环和全低压制氧机的问世成为第三里程碑。

100 多年间,随着科学技术的不断发展和新技术的不断涌现,气体分离与液化设备不仅在品种、等级、性能和设计、制造技术等方面得到了很大的发展,从手动控制到计算机集成控制系统,优化操作、自动变负荷,全自动操作均在实现。制氧技术和制氧机的发展始终围绕着安全、智能、节能、简化流程、降低成本的目标进行着。

我国制氧工业用 50 年的时间,经历了六代变革,完成了国外 100 年的发展历程。表 4-18 列出了六代制氧机流程比较。

表 4-18　六代制氧机流程比较

项　　目	第一代	第二代	第三代	第四代		第五代	第六代
流程形式	铝带蓄冷器	石头蓄冷器	切换式板翅式换热器	切换式板翅式换热器	常温分子筛吸附	常温分子筛吸附、增压透平膨胀机	填料上塔全精馏无氢制氩
技术来源	仿制前苏联	测绘首钢 $6000m^3/h$ 空分	测绘太钢 $6000m^3/h$ 空分	引进林德技术	引进林德技术	自主开发	自主开发
开发制造年份	1958～1965	1966～1970	1970～1978	1979～1987	1979～1987	1987～1995	1996 至今
氧提取率/%		75	79	87	87	95～97	98～99
氩提取率/%			约48	27～39	27～39	50～55	70～85

项　目	第一代	第二代	第三代	第四代		第五代	第六代
氧气纯度/%	99	99.6	≥99.6	≥99.6	≥99.6	≥99.6	≥99.6
氩气纯度/%			99.999	99.999	99.999	99.999	$(1\sim2)\times10^{-4}O_2$
空气切换损失/%	6	4	2	0.5	0.5	0.5	0.5
切换周期/min	3	3.5	4	≥108	120 或 240	120 或 240	120 或 240
蓄冷器或主换热器热端温差/℃	5	2.4～3（石头）6（蛇管）	3	≤3	≤3	≤3	≤3
冷凝蒸发器温差/K	1.8（主）3.2（辅）	1.8	1.3	1.3	1.3	1.3	1.1～1.3
空压机排气压力/MPa	0.53～0.57 16～20	约0.5	约0.54	约0.56	约0.56	约0.56	约0.41
制氧能耗/(kW·h)·m⁻³		0.7	约0.6	0.53	0.54～0.56	0.471	0.41～0.43
运转周期/年		0.5	0.5	1	2	2	2

4.3.1.4　内压缩流程

内压缩流程是最近几年新兴的空分流程。来自主冷凝蒸发的液氧被液氧泵压缩到所需要的压力，然后在换热器中被气化和复热。为了使加压后液氧的低温冷量能够转换成为同一质量等级（或同一低温级）的冷量，使装置实现能量（冷量）的平衡。必须要有一股逆向流动的压缩空气在换热器中与加压后的液氧进行换热。在使液氧气化和复热的同时，这股压缩空气则被冷却和液化，然后送入塔内参与精馏，使加压的液氧的低温冷凉被吸收后保存下来，如此循环不断，达到最经济运行的目的。由于热动力学的原因，这股压缩空气必须在增压机中被压缩到高于液氧的压力。

在一些不同的流程中，也可以用氮气作为循环介质来吸收和转移加压液氧的低温冷量。对高压压力氮有大量需求的工艺过程，常用以氮气作为在循环介质的内压缩流程，这样可以减少转动设备，因而可以节约投资。

用高压氮气来使加压液氧气化复热并回收其低温冷量的缺点是：由于氮气的冷凝温度比空气低，氮气的潜热比空气小，这就意味着为气化同样数量的加压液氧，需要被压缩的氮气量要比空气气量更多，而且，氮气的压力高于空气的压力。由于被压缩的氮气来自冷箱，在冷箱里的氮气流路由压力损失。因此，循环氮压机的吸入压力要低于相应的增压空气压缩机的吸入压力，这意味着氮压缩机的压缩比要大于增压空气压缩机的压缩比。因此，在同样规模的内压缩流程中，氮压机的尺寸要比增压控股器压缩机的尺寸大，耗功也要高一些。

在对氮产品没有特别要求的情况下，常用空气来压缩使加压液氧气化复热并回收其低温冷量。另外，再循环氮气主要作为吸收和转移低温冷量的一种载体，而空气则不仅完成了这种功能，还与精馏有机地结合起来了，能使精馏过程更加有效。

4.3.1.5　内、外压缩流程比较

外压缩流程就是空分设备生产低压氧气，然后经氧压机加压至所需压力供给用户，也称之为常规空分。内压缩流程就是取消氧压机，直接从空分设备的分流塔生产出中高压的氧气供给用户。与外压缩流程相比，内压缩流程主要的技术变化在两个部分：精馏与换热。外压缩流程空分是由精馏塔直接产生低压氧气，再经主换热器复热出冷箱；而内压缩流程空分是从精馏塔的主冷凝蒸发器抽取液氧，再由液氧泵加压至所需压力，然后再由一股高压空气与液氧换热，使其汽化出冷箱作为产品气体。可以简单的认为，内压缩流程是用液氧泵加上空气增压机取代了外压缩流程的氧压机。

从制造和运行实践综合分析，内压缩流程具有以下特点：

（1）安全可靠高，表现在两个方面：一是取消氧压机无高温气氧火灾隐患；二是因连读从主冷取出液氧，可以有效地防止碳氢化合物在液氧中积累。内压缩流程中的液体产品泵采用一开一备的方式，备用泵为在线冷备用，一旦运行泵出现故障，备用泵在 10s 内自动启动直至工作负荷，无需专人监管，提高了装置的可靠性。但低温高压离心液体泵制造水平要求高，通常采用进口泵，国外现代离心液氧泵最高压力可达 10MPa。

（2）产液量大：外压缩流程尽管采用增压膨胀，但因机前压力低单位制冷量少，所以受冷量平衡的限制，总液体产品产量为只能达到氧气产量的 8%。而内压缩流程液体产品总量可达到 10%~20%。杭氧制造的 50000m³ 制氧机液体产品的总产量也达到了氧产量的 12%。

（3）转动设备减少，故障率低，便于维护。占地面积小，节省了氧气压缩机厂房。

（4）投资高：因为内压缩流程不是简单的液氧泵代替氧压机，在流程中，由于需要回收液体的冷量必须提供一股高压空气与之换热，因而需要设置增压机和高压板翅式换热器。在国外，内压缩流程比外压缩流程投资显著降低。但是在国内为了确保其可靠性，目前普遍采用国外高压板式、液体泵等部机，造成内压缩流程投资提高 10%。

（5）能耗高：内压缩流程的复热不足冷损大，因此能耗比外压缩流程高 5%~7%。

（6）氧、氩的提取率低：由于内压缩流程进塔空气的含液量大，影响精馏塔的回流比，因此氧提取率低 1%~2%。

4.3.1.6　深冷分离内外压缩流程选择

空分设备的运行可靠性涉及设备质量、操作水平等各方面的因素。外压缩流程空分技术成熟，用户的操作也都很熟练，可靠性高。内压缩流程相对来说要复杂一些，自动化控制的要求更高。目前可以说，外压缩流程空分设备也是完全适应国内需要的。而内压缩流程空分设备，目前情况下，更适用于特定的用户。

冶金行业对空分设备的选择。冶金行业对用氧压力的要求通常在 2.0~3.0MPa 之间，那么内压缩流程空分设备或者外压缩流程空分设备均可以实现。由于氧气氮气供应压力低，普遍采用外压缩流程，部分对液体有大量需求的客户也有选择内压缩流程。

化工行业对空分设备的选择化工（石化）行业对用氧压力的要求一般比炼钢要高的

多，一般都在 4.0～9.0MPa 以上，所需的制氧规模也非常大，动辄"30000"以上。这样一来，采用内压缩流程的空分设备就是唯一的选择了。

4.3.2　钢铁企业制氧系统绿色工艺

4.3.2.1　典型钢铁企业基本情况

目前河钢唐钢（含不锈钢公司）具有年产 1100 万吨钢的年生产能力，钢材产品主要为板、棒、线、型等 4 大类，共 140 多个品种、400 多种规格，主要生产热轧薄板、冷轧薄板、镀锌板、彩涂板、不锈钢板、棒材、线材、型材等钢材产品。高质量的产品要求高质量的动力介质供应，其中，炼铁用中压氧气压力大于 0.55MPa，炼钢用高压氧气压力大于 1.2MPa，氧气纯度大于 99.2%。炼铁用中压氮气压力大于 0.6MPa，高压氮气压力大于 1.5MPa，纯度大于 99.99%；冷轧用氮气压力大于 0.6MPa，纯度要求大于 99.999%，氮中含氧在 0.0005% 以内。制氧厂产品质量要求见表 4-19。

表 4-19　制氧厂产品质量要求

产品 用户	氧　气		高压氮气		中压氮气	
	纯度/%	压力/MPa	纯度/%	压力/MPa	纯度/%	压力/MPa
炼　钢	≥99.2	≥1.2	≥99.99	≥1.2	≥99.99	≥0.45
炼　铁	≥99.2	≥0.55	≥99.99	≥1.5	≥99.99	≥0.6
冷　轧	—	—	≥99.99	≥1.5	≥99.999	≥0.6

转炉炼钢耗氧量为 1t 铁水炼成钢理论实际耗氧为 50.02m^3，实际生产包含杂动切割气吨钢耗氧在 53～56m^3。高炉富氧按 3% 计算时，1t 铁水富氧 45.86m^3。表 4-20 列出了河钢唐钢不同高炉、转炉对工业气体的需求量。

表 4-20　河钢唐钢不同高炉、转炉对工业气体的需求量

单　位	用户设备配置	氧需求量 /$m^3 \cdot h^{-1}$	氮需求量 /$m^3 \cdot h^{-1}$	氩需求量 /$m^3 \cdot h^{-1}$
一钢轧厂	3 座 150t 转炉	33000	34000	500
二钢轧厂	4 座 50t 转炉	27000	16800	150
炼铁厂	2000m^3 高炉 2 座，3200m^3 高炉 2 座	51000	37000	—
不锈钢公司	高炉 4 座：450m^3 高炉 2 座，550m^3 高炉 2 座； 转炉 3 座：80t、100t、110t 转炉各 1 座	27000	26000	1500

目前河钢唐钢本部和不锈钢公司共有制氧机组 7 套，氧气生产能力为 176000m^3/h。其中唐钢本部有 3 套制氧机组，分别为 40000m^3/h 制氧机组 1 套，20000m^3/h 制氧机组 1 套，17000m^3/h 制氧机组 1 套，小计生产能力为 77000m^3/h；炼铁分公司有 2 套制氧机组，分别为 25000m^3/h 制氧机组 1 套，8000m^3/h 制氧机组 1 套，小计生产能力为 33000m^3/h；不锈钢分公司有 2 套制氧机组，分别为 25000m^3/h 制氧机组 1 套，15500m^3/h 制氧机组 1 套，小计生产能力为 40500m^3/h。各空分产品产量见表 4-21。

表 4-21　各空分产品产量

单　　位	机　　组	氧气/m³·h⁻¹	氮气/m³·h⁻¹	氩气/m³·h⁻¹
唐钢本部	1 号空分	40000	40000	1360
	3 号空分	17000	10000	615
	4 号空分	20000	20000	750
唐钢炼铁区域	1 号空分	25000	25000	900
	2 号空分	8000	20000	350
不锈钢分公司	1 号空分	15500	15000	550
	2 号空分	25000	25000	900

4.3.2.2　典型钢铁企业制氧工艺流程

河钢唐钢空分装置均为外压缩第六代空分流程。轻则影响用户生产设备的正常运行，重则影响整体投资的成功与否。空分设备的运行可靠性就取决于设备质量、操作水平等各方面的因素。

目前，内压缩流程已经是完全成熟的空分工艺流程，国内的空分制造商也已完全掌握了相关的技术，从空分设备成套供货的角度来说完全没有问题。但是，我国的透平机械制造业与国外同行相比还有较大的差距，在这样的情况下，可以说在这个关键的环节上国内的机械制造行业还没有做好内压缩流程空分设备完全国产化所需的工作。而外压缩流程作为经过多年发展、技术已成熟的空分工艺，适用于绝大多数的需求。用户在新建空分项目的时候，不同的空分设备制造商所推荐的方案都有其自身的利益考虑，用户应作多方考察，多进行技术交流和探讨，究竟选择内压缩流程还是外压缩流程，一定要根据自身的需求和国内设计制造的实际情况来做决策。我单位全部采用外压缩流程，尤其目前液体市场行情不好情况下，外压缩流程运行成本比内压缩低。

河钢唐钢制氧采用低温空分制氧工艺，全低压空气压缩、分子筛吸附纯化、带增压透平膨胀机制冷、规整填料上塔、全精馏无氢制氩工艺技术，该技术可有效利用膨胀机的输出功，带动增压机压缩来自空压机的膨胀空气，以增大单位制冷量。此工艺的特点为：能耗低、安全性高、运转周期长。

空气经过滤器净化去除灰尘和机械杂质后，在空压机中被压缩，然后进入空气冷却塔，利用循环冷却水和水冷却塔冷却后的低温水进行冷却和洗涤，而后进入切换使用的分子筛吸附器，以清除空气中的水分、二氧化碳和碳氢化合物，从而获得纯净空气，净化空气部分作为仪表空气外输。

出分子筛的纯净空气分为两路，一路空气作为膨胀气体，经增压机增压端增压后被冷却水冷却至常温再进入主换热器与返流气体换热，从主换热器中部抽出进入膨胀机，膨胀后的空气进入上塔中部参与精馏。另一路直接进入主换热器与返流气体换热，被冷却至液化温度，进入下塔。

在下塔，空气被初步分离成液氮和富氧液空，部分液氮回下塔作为下塔的回流液，另一部分液氮经过冷器过冷后经节流阀节流进入上塔顶部，作为上塔回流液，下塔底部38%富氧液空经过冷器过冷后节流进入上塔中部进一步精馏。上塔顶部得到纯度为 99.9% 的氮，经过冷器、主换热器复热后出分馏塔；在上塔上部抽出污氮气，经主换热器复热后出分馏塔，污氮气出冷箱压力为 0.016MPa；部分污氮气去纯化系统再生分子筛，其余送水冷塔后进入主换热器加热至大气温度后放空。

氮气出分馏塔后或进入管网送用户，或经氮压缩机增压后进入管网送用户；氮气出冷箱压力为 0.009MPa。

上塔底部得到纯度 99.6% 的氧，经主换热器复热至大气温度后出分馏塔；出冷箱氧气压力为 0.017MPa。

合格的氧气出分馏塔后，经氧压机压缩后经过调压站送往用户。

从分馏塔上塔相应部位抽出约一定量的氩馏分气体，一股氩馏分气送入粗氩塔，粗氩塔在结构上分为两段，第二段粗氩塔底部抽取的液体送入第一段顶部作为回流液，经粗氩塔精馏得到的精氩气，由粗氩塔顶部引出送入精氩塔，精氩塔的底部装有 1 台蒸发器，以塔底部引出的中压氮气作热源使液氩蒸发，同时氮气被液化，在精氩塔的顶部装有冷凝器，以精氩蒸发器引出的液氮作为冷源，使绝大部分上升气体冷凝作为精氩塔的回流液。经过精氩塔的精馏，在精氩塔底部得到不大于 0.0002% O_2 的精液氩，引出冷箱作为产品液氩，送入液氩储槽（0.06MPa、−182℃）。分离氩所需的冷源也来自膨胀机。

液态产品采用装车泵通过专用管道输送至槽车中，控制室监控液态储罐内的液面。

其典型工艺流程如图 4-19 所示。

4.3.2.3 典型钢铁企业制氧工艺流程特点

钢铁企业制氧系统工艺流程组织，首先要在安全生产的前提下进行，尽可能优化组合，以满足以下要求：

（1）低电耗、低投资和运行费用，以降低生产成本。

（2）安全运转和便于运转维修。

（3）变负荷工况调整适应能力要强。

所以在流程设备选择时具备以下特点：

（1）空压机选用四级压缩高效率的等温型压缩机。

（2）空分装置上塔及氩塔选择规整填料塔，降低系统压力，从而降低能耗。

（3）空分装置具有较高的产品提取率，氧-氮提取率大于99%。氩气提取率大于76%。

（4）氧压机、氮压机选择时，尽可能选择等温效率高，变负荷区域广，安全稳定好的设备。

（5）选择稳定可靠的 DCS 控制系统。

（6）制氧机选择要在用户在减负荷生产时，能够通过机组合理匹配降低介质放散。

（7）配置强大的生产后备汽化系统，能够满足空分机组故障停车时介质供应，满足客户需求。

（8）配置足够量的氧-氮-氩气体缓冲球罐系统，缓冲制氧系统生产连续性和钢铁用户用氧间断性的矛盾，同时要考虑球罐缓冲时间大于启动液体泵时间。

（9）膨胀机选择等熵效率高于85%的增压透平膨胀机。

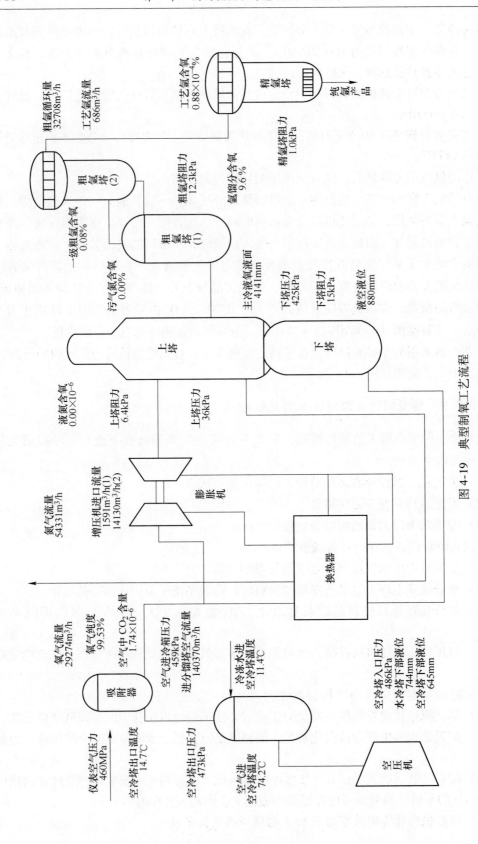

图 4-19 典型制氧工艺流程

4.3.3 钢铁企业制氧系统最佳节能模式的理论研究及实践

4.3.3.1 钢铁企业制氧系统现状

氧、氮、氩等气体产品是钢铁企业非常重要的二次能源介质，有氧才有钢。制氧系统一年的耗电量超过 $4 \times 10^{10} kW \cdot h$，占工业总用电量的 1.31% 左右。为了确保生产供气的安全性和稳定性，提高制氧系统的抗风险能力和生产调控能力，制氧机组常常采用提高氧气产量的方式。这样不仅能耗大，而且由于气体供应量大于需求量，势必会造成多余气体的放散，造成巨大的能源浪费。有些企业氧气放散率高达 10%，瞬时放散率则可能更高。

近年来，大型、超大型制氧机的投产与运行，炼钢间断性用气与制氧机组连续供气的矛盾更加突出。对于上述问题的解决迫在眉睫。主要难点有：

（1）缺乏适宜的理论分析方法，以往依据计算单一氧耗的方法已无法衡量现代多产品制氧机节能效果。

（2）连续供氧与间断用氧的矛盾：低温法制氧机启动时间长，一般可连续运行两年以上。转炉一炉钢的冶炼时间一般为 30min，吹氧时间仅持续 15min。制氧机的变负荷范围一般是 70%~110%，调节速度 5min 调节负荷的 1%。制氧机的这种变负荷调节速度与炼钢间断用氧的变化速度不匹配。

（3）氧、氮、氩产品供需的矛盾：制氧机属于多产品同时生产，除了氧气产品外，还有氮及氩产品。在炼钢不吹氧的时候，氮的需求量反而增加，需氩量不变，制氧机为适应氧气用量的减少而进行减量运行时，就不能满足氮和氩的供应。

（4）市场对液态产品的需求与制氧机减量运行的矛盾：制氧机减量运行的同时，会减少液态产品的供应，难点还在于是否外加液化装置以及液化装置最佳容量的确定。

（5）输气系统的改造，实现与新炼钢工艺的匹配，进一步降低制氧综合能耗。国内钢铁企业的氧气输送管网压力一般是 2.5~3.0MPa，炼钢实际需氧压力为 1.2MPa，这就造成了输送能耗的极大浪费，也增大了制氧综合能耗。其难点在于确保用气单位的用气需求与生产工艺的安全。

4.3.3.2 现代钢铁企业制氧系统最佳节能模式理论基础——㶲效率分析

现代钢铁企业的制氧机组的节能减排技术应从4个方面着手（见图 4-20），即制氧机、氧气输送系统、氧气使用系统和液氧储存系统。制氧系统的能耗指标有制氧单耗和制氧综合能耗。作为多产品同时产出的制氧系统，只使用制氧单耗作为评判依据根本无法对制氧系统的各种节能措施进行判定，原因是能耗的计算并不能反映出能量质上的差别以及可回收有用能的大小。

制氧系统采用氧气放散率指标来评价系统是否达到优化配置，即制氧系统的氧气供需关系达到最优，但该指标只是从量上反映了系统无氧气放散，不能从质上反映系统是否节能，因为不同的氧气放散率对应着不同的消耗功，㶲分析方法则能依据调整情况准确地反映系统的效率变化。㶲（exergy）是指体系与环境作用从所处的状态达到与环境相平衡状态的可逆过程中，对外界做的功。它不仅考虑了能的数量的多少，而且反映了质量的高低。和能量分析方法相比，㶲分析依据的是热力学第一定律和热力学第二定律，而能量分析仅

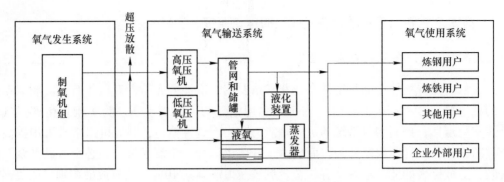

图 4-20　钢铁企业供氧系统示意图

依据热力学第一定律；㶲分析体现的是能量的质量数量平衡，而能量分析体现的仅仅是能量的数量平衡；显然，㶲平衡与㶲效率更能从本质上反映装置的完善程度，指明有效㶲的方向。

传统方法中采用制氧单位电耗的大小作为评价制氧系统的指标，但不能反映制氧系统的产品和所消耗功之间的关系，而㶲分析方法则考虑了所有产品的贡献。此外，单一制氧系统的能耗计算无法反映整个气体供应体系的节能问题，㶲分析方法直接由产品和系统消耗的功来评判系统的节能效果。以㶲效率作为目标函数，比较制氧机的最佳运行工况，从而为制氧机经济运行模式的选择和节能措施的实施奠定理论基础。

使用㶲分析软件对唐钢的制氧系统、输送系统等进行了详细的㶲效率分析，获得的重要结论如下：

（1）大型多产品制氧机㶲效率分析：

1）液体产品的比㶲值大于气体产品的比㶲值，这意味着假设机器的效率不变，随着液态产品产量的增加，系统的流程效率也将随之增大。

2）气态产品中，氧气的比㶲值大于氮气的比㶲值，这意味着制氧机变负荷操作时，增加氧气产量所提高的㶲效率最大。

3）液态产品中，比㶲值由大到小依次为，液氩、液氮和液氧，这意味着当其他条件不变时，增加液氩产量所提高的㶲效率最大。

（2）外液化系统与制氧系统的㶲效率对比分析：液化系统分液氧和液氮两种情况。液化系统的㶲效率高于制氧系统的㶲效率。即投入外加的液化装置对于提高系统㶲效率是有利的。

因此，对制氧系统而言，采用最高的液体产量进行生产对于提高系统㶲效率是有利的；液体产品中液氩产量的增加对㶲效率贡献最大；气体产品中气氧产量的增加对㶲效率贡献最大。制氧机系统在设计工况下的效率最高，制氧机的最佳运行模式为在最大液体产量的设计工况下运转，使液体产量达到极致，系统效率也最高。制氧系统变负荷幅度不宜过大，应控制在 10% 以内，以确保制氧系统在最高效率点工作。

4.3.3.3　基于制氧㶲分析的节能技术的工程实践

A　内外结合的氧氮互换的制氧机变负荷操作（CVOROX）

大幅度的变负荷主要由液化装置承担，这属于制氧机的外部变负荷；制氧机在最大液体产量的优化工况下满负荷工作，仅承担10%以内的小幅度的变负荷，这属于制氧机的内部变负荷。这种首创的变负荷调节方式即称为内外结合的氧氮互换的制氧机变负荷操作。这种变负荷调节方式有效地解决了连续供氧与间断用氧的矛盾，平衡了氧、氮、氩产品的供需关系，也解决了制氧机调节速度与用氧速度的匹配问题。

a 单套制氧机10%变负荷

氧气需求处于低负荷时，加工空气量不减量，保证氮产品与氩产品的生产，对于氧气则使用外加液化装置转变为液态后存储，仍有富裕时采用制氧机实施10%以内的小幅度的变工况运行策略。在制氧机组群内部实施制氧机组的手动变负荷。各机组通过制定变负荷操作的步骤，河钢唐钢气体公司进行集中可视化和制氧系统智能化的改造，将生产现场中8套制氧装置的主要工艺参数、液化装置的主要参数、氧氮转化装置的主要参数、各主要用户的压力及流量曲线、纯度等进行可视化集中调度，根据供需曲线的变化确定变负荷的时间段及变负荷的速度，在各机组优化运行的前提下确定各机组的优化范围在10%左右（0～10000m³/h（标态）），以确保产品产量的最大化和设备的稳定运行。

b 增设300t/d的液化机组与氧氮转换装置

在现代制氧机多产品㶲分析的基础上，投入液化装置可以提高整体的㶲效率，为满足河钢唐钢供氧与用氧的波动，经过实际测算最终河钢唐钢投入了300t/d的液化机组与氧氮转换装置。优势技术包括：

（1）液化装置可以实现随机调节，既可单独生产液氧或液氮，也可以在生产液氧的同时生产部分液氮，灵活的氧氮互换方式适应市场对不同产品的需求。液化流程与氧氮互换流程如图4-21和图4-22所示。

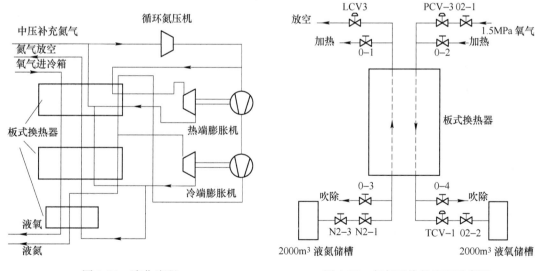

图4-21 液化流程　　　　　　　图4-22 氧氮互换的流程示意图

（2）采用气氮双膨胀机制冷循环装置，等熵效率高，能耗低，热端和冷端膨胀机等熵效率分别达到92%和88%，每天可实现节能1.2×10^4kW·h。

（3）原料氧气来自1.5MPa高压管网以替代原设计的3.0MPa管网，每天增加液体产能15t。

（4）优化循环氮压机工艺流程（见图 4-23），增加压缩机入口系统缓冲能力和事故状态泄压能力，有效地解决了事故状态下因气体倒流而引起的压缩机倒转引发的压缩机轴承和叶轮烧损的事故。

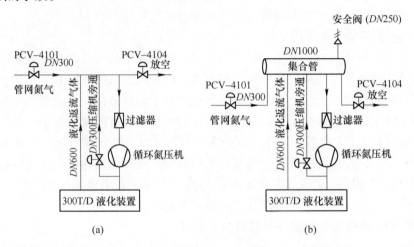

图 4-23　循环氮压机改造对比图

（a）改造前；（b）改造后

（5）在先进的集中可视化制氧系统中，实施制氧机组群与液化机组、氧氮转换装置之间的有效配合，液化装置的调整量在 $0 \sim 9000 m^3/h$（标态）之间可自动调节，氧氮转换装置的调整量在 $0 \sim 5000 m^3/h$（标态）之间可自动调节。

300t/d 液化装置不仅可单独生产液氧和单独生产液氮，还可在生产液氧的同时生产部分液氮。氧氮互换的外液化装置进行变负荷调节，可以根据氧氮用量进行削峰填谷，以此实现氧气和氮气的供需匹配（液体储罐适宜容量的确定方法：根据全年氧气/氮气供需曲线，综合考虑液化装置（膨胀机）的效率点和液化系统的投资成本获得液体储罐的最佳容量）。

B　氧氮输送系统的优化改造

输送系统的优化改造必须以确保用气单位的用气需求及生产工艺的安全为前提。随着冶炼工艺的革新，用氧压力可以降至 1.5MPa。不论氮气还是氧气，随着输送压力的降低，压缩过程的㶲损耗都会降低。当氧气输送压力由 3.0MPa 降至 1.5MPa 时，系统的㶲效率由 74.37% 提高到 74.74%，压氧能耗降低 20.13%。传统设计用氧管网的输送压力为 3.0MPa，随着冶炼工艺的革新，炼钢氧枪处氧气压力可以降至 1.2MPa，考虑管网损失氧气输送压力确定为 1.5MPa。

优势技术包括：

（1）实施唐钢氧氮输送和调压系统改造，改造前一钢、二钢、高炉等用户的氧氮管网系统和调压输送系统为 3 套独立系统单独运行，改造后供气管网实现了总管供气、分支运行，有效地解决了用户冶炼周期不均匀造成用氧压力波动的生产实际难题。同时，改造后整个管网的容量增加了一倍，极大地增加了系统的缓冲能力，系统压力波动由原来的 1.3MPa 降至 0.5MPa，为氧氮产品实现零放散奠定了基础。

氧气调压站在行业内首次实现双回路节能调节系统（见图 4-24），供应炼钢的氧气压

力设定 1.5MPa，首先由氧压机回路直接供应用户氧气，当氧压机回路压力低于 1.55MPa
时，球罐回路氧气将补充到用户管网中；当用户管网压力大于 1.5MPa，氧压机回路压力
高于 1.55MPa 时，高压球罐回路调阀关闭，氧气调节回路氧气向高压球罐回路补充，利用
球罐将氧气储存到 3.0MPa。氧气止回阀 V-13 的首次应用，使球罐回路不能向氧压机回路
串气，改变了以往氧压机回路和球罐回路同时调节用户压力的做法，真正实现了氧气调压
系统的节能。

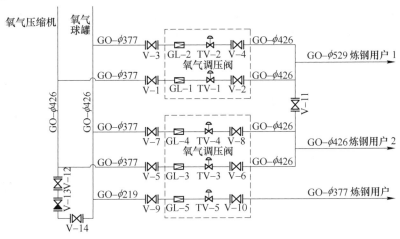

图 4-24　氧气调压系统图

（2）改变缓冲球罐的安装位置，降低氧压机排气压力和进炼钢车间氧气管路调压阀前
压力；增加球罐缓冲能力，降低能耗。

（3）优化调压站设计。新建调压站采用调节阀并联运行方式，当用户有检修、用气量
减少时，调压站可以实现部分切除，进行同步检修，清洗检查入口过滤网等关键部件，相
应地可以大大提高调压站运行的可靠性与安全性。改造后的调压站和储存系统如图 4-25
所示。

图 4-25　改造后的调压站和储存系统

（4）改造炼铁氮气供应系统。针对炼铁系统既无高压氮气的需求，也没有高压氮压机的实际，利用 100t/d 液化装置循环氮压机向原有的 1 台 400m³ 氧气球罐和 1 台 400m³ 氮气球罐补充高压氮气，球罐压力最高可达 2.5MPa，而使用压力为 0.7MPa，这样在电网或氮压机发生故障时，就有 13600m³ 的氮气可以瞬时补充到管网中，为用户提供足量的氮气，而不会影响高炉的安全运行。

C　钢铁企业制氧系统近零排放技术集成

（1）回收氧氮氩的闪蒸气、泄漏气和储罐放散气。自行研究与开发出多项具有创新性的节能改造技术，真正实现了氧、氮、氩的零放散。主要内容包括：液氩储罐闪蒸气回收技术、3.0MPa 中压氩罐放散气回收技术、充液槽车放散气体回收技术、循环氮压机密封氮气回收技术和焦炉煤气提氢装置解析气回收技术等，通过采用上述多项技术措施，全面实现了氧、氮、氩产品零放散的目标。

（2）实施以"零缺陷"为基础的预知性设备管理体系。依靠现代化的点检定修制管理手段，完善岗位巡检、专业点检与精密点检密切配合的三级点检机制，实现设备的劣化动态管理，通过设备的劣化趋势分析，实现设备预知性维修，有效地避免设备的过修与欠修，最大限度地实现经济性维修，该体系实施后设备连续 14 个月无设备故障停机，实现了设备可控、稳定、高效运行。

D　实施效果

实施效果包括：

（1）项目实施后，河钢唐钢气体公司在 2011 年实现了氧、氮、氩产品的近零放散。河钢唐钢 2013~2015 年氧气放散率对比如图 4-26 所示。

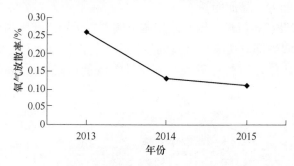

图 4-26　2013~2015 年唐钢氧气放散率汇总图
（放散率 =（生产量 - 使用量）/ 生产量 × 100%）

（2）制氧单耗显著下降，制氧综合电耗下降 9%，压氧能耗降低了 20.13%。

（3）液体产量及储备能力增加，生产后备系统更趋稳定。液氧储存能力增加 2000m³，液氮储存能力增加 2000m³；生产后备系统由原来的 $6.5 \times 10^4 m^3/h$（标态）增至 $10.5 \times 10^4 m^3/h$（标态），一旦机组或压缩机出现问题，5min 之内即可启动生产后备系统，显著提高了生产保供的可靠性。

（4）系统缓冲能力有效提高，介质供应可靠、稳定。氮气供应系统增加 13600m³ 缓冲能力，压力波动由原来的 0.7MPa 变为现在的 0.4MPa。

（5）提高了液体产量，创造了可观的经济效益。2010~2012 年增加液体 331478t，增效 9887 万元。

（6）通过对循环氮压机工艺流程的设计优化，解决了机组循环氮压机轴承、叶轮烧损事故和效率低的生产实际难题。

（7）减小了富氧富集区，提高了周围环境的安全性。

（8）消除了噪声对周围居民的不良影响。噪声值由原来的 68dB 降至 55dB。

（9）年减排二氧化碳 3.6 万吨。

4.3.4　发展展望

4.3.4.1　自动变负荷

随着智慧工厂的不断发展，空分工厂也在向智慧工厂发展。空分设备的自动控制领域也在不断地增加，自动变负荷控制市场也逐渐增加。特别是在自动控制基础上实现远程集中控制。

空分设备是冶金、化工、石油、医疗和航空航天领域广泛采用的大型设备。我国每年用于空分设备的能源消耗很大，约占空分产品成本的 70%~80%，但能源利用率相对较低。由于工业气体需求呈现阶段性、间歇式的特点，空分设备生产负荷也随之大幅度变动，手动调节速度慢，氧气放散量高，经济损失大。据统计，我国钢铁企业的氧气放散率一般在 7%~12%，有的甚至超过 20%，放散率每降低 1% 可节约成本约 200 万元/年。空分行业中，在不同负荷要求之间切换的变负荷技术统称为自动变负荷控制。

对于空分设备的节能降耗具有很好的推进作用，市场需求较大。在节能减排、低碳环保日益得到重视的今天，如何设计高效、节能的自动变负荷先进控制系统，已成为当今空分行业的一个迫切需求。现对近几年国内外大型空分设备的自动变负荷控制系统的发展更加急迫。

4.3.4.2　集中控制

随着新建项目的发展及人力资源优化，各空分机组操作人员及维护检修人员都相应减少，为保证人员优化后生产的正常供应及设备安全稳定运行，根据目前的设备配置情况，必须进行相应的改造，提高自动化操作水平，以适应目前的操作情况。

以成为专业化、国际化、现代化的气体公司为目标。但目前自动化水平仍待提高，经国外专家现场专业评估，拟对现有的设备配置、人员结构管理等各方面进行优化，实施集中控制（ROC）。ROC 系统的改造可以有效地消除误操作，设备运行更加稳定，运行成本至少可以减少 5%。

4.3.4.3　改变富氧方式

富氧可提高风温、降低焦比及增加产量。高炉鼓风中氧含量每增加 1%，铁产量可提高 4%~6%，焦比降低 5%~6%。到了大型空分阶段，其工艺流程经过了中压流程到全低压流程，经过了石头蓄冷器流程、全低压切换板式流程、常温分子筛吸附增压膨胀机流程、同时如何提高填料塔在 500kPa（G）左右的精馏效率，以及塔高所带来的布置及投资问题，也成为近些年来行业探讨的热点问题。

此外，由于高炉富氧对氧气纯度没有要求，目前钢铁行业也有在研究变压吸附富氧的。

4.3.4.4　开发稀有气体

法液空有一套新型小型空分设备在浙江绍兴华越微电子公司运转，为 $500m^3/h$、99.999% N_2，不带膨胀机（为日本液空制造），冷源为普通液氮定时注入塔内，维持塔内冷量平衡与精馏工况，进普液氮，出高纯氮，已运行多年。实际上就是外加冷源，灌液启动，启动时多灌一些液氮，正常时可少灌，做补偿冷损。

常州华源蕾迪斯有限公司原有意大利 SIAD 公司 $1000m^3/h$ 制氮设备一套，含氧 5×10^{-6}，并生产液氮 $58m^3/d$，单耗 $0.54 \sim 0.58kW \cdot h/m^3$ N_2。因生产发展需要，第二套 $1000m^3/h$ 制氮设备，需要考虑是照原样再引进还是更新工艺。如不用膨胀机，则进口总投资可省 75 万美元，且能耗每年可下降 100 万元人民币以上。为此，他们决定不配膨胀机与空气预冷系统，采用外部液氮直接向分馏塔喷淋。该套外加冷源、不用纯氮气出来的比例为 $1:(25 \sim 30)$。对这种节省投资、节约能耗的新型空分设备，我国气体行业用户在扩置时应提出，制造厂在设计时应开发。

4.3.4.5　开发超高纯空分设备

超高纯气体指纯度高于 99.999% 的气体，是一种高纯化学试剂。为适应一些科学研究和尖端技术的特殊需要而制备。一些对气体要求特别纯净的部门，需要超纯气体的纯度高达 99.9999% 以上，每升气体中粒度大于 $0.5\mu m$ 的尘粒数应小于 3 个。

超纯气体的制备大多是从工业气体加以纯化，有吸附法、吸收法、薄膜扩散法、电解法、生化法、辐射法、光解法、低温精馏法、催化法等。例如超纯氢气、氮气、氦气、氩气，先通过空气分离提取较纯气体，再经低温吸附得到超纯气体；粗氩也可以从合成氨弛放气中提取；粗氦、氖从核裂变气中提取，再经纯化而得超纯气体。

超高纯氮气在集成电路、半导体和电真空器件制造中用作保护气和运载气，化学气相淀积时的载气，液体扩散源的携带气，在高温扩散炉中用作器件的保护气。在外延、光刻、清洗和蒸发等工序中，作为置换、干燥、储存和输送用气体。显像管制造中要求氮气纯度为 99.99% 以上。在航天技术中，液氢加注系统必须先用超高纯氮气置换，再用超高纯氢气置换。

4.4　绿色物流

4.4.1　概述

4.4.1.1　定义

绿色物流是指在物流过程中抑制物流对环境造成危害的同时实现对物流环境的净化，使物流资源得到充分利用。对于高投入、高消耗、高排放的钢铁行业，随着国家节能减排力度的逐步加大，原燃料价格持续高位运行，资源和环境正成为制约钢铁行业发展的瓶颈，因此发展绿色物流成为了众多钢铁企业的共同选择。

钢铁工业绿色物流就是钢铁工业设计并实施的一个绿色物流管理系统。此系统建立在维护全球环境和企业可持续发展基础上，改变原来企业经营发展与物流，消费生活与物流的单项作用关系，在抑制物流对环境造成危害的同时，减少资源消耗，形成一种能提高企业节能减排工作水平的绿色物流系统。

4.4.1.2　特点

钢铁工业绿色物流的特点是由钢铁供产销的特点所决定的，它除了具有一般绿色物流的特点以外，还具有钢铁工业自身的特点：

（1）钢铁工业绿色物流以可持续发展理论为指导，以生态学理论为基础，通过对物流与环境之间的相互制约以及物流与生态之间相互关系的研究，谋求生态、环境与钢铁工业的协调发展。

（2）钢铁工业在生产制造过程中消耗大量资源，它带来的环境污染主要为废气、固体废弃染、废水等污染，因此为了实现绿色物流必须将污染消除在源头和生产过程中，实施清洁生产。

（3）钢铁工业的物流具有物料流动量大，工艺过程复杂，资金占用量多的特征，涉及多种运输方式和物流装备，而绿色物流的实施与这些因素的绿色转型有密切关系。

4.4.1.3　基本原则

绿色物流的基本原则包括：

（1）资源节约原则。绿色物流首先要注重物流过程对环境的影响，强调对资源特别是能源的节约。钢铁工业需要应用新的技术，合理优化机车结构，降低运输能耗，逐步提高节能效益，促进运输的节能化。

（2）循环利用原则。强调逆向物流与正向物流的循环利用，减少能源消耗。特别要合理利用运输能力，科学编制列车运行图，实现双向流动，减少空载；要加强机车检修管理，提高机车检修水平，确保车体最佳的工作状态；要加强固体废弃物回收物流的管理，做好回收再利用工作。

（3）依靠技术创新与成本控制原则。在模式上，强化集约化运营；在环境上，强化绿色运营；在作业中，强调标准化；在技术上，强调智能化运营的理念和原则抓好低碳运营。同时，成本控制也是公司实现绿色发展的重点环节。

（4）可持续发展原则。绿色物流的根本目的是实现经济效益、社会效益和环境效益的统一，符合可持续发展的目标。企业须从促进可持续发展的基本原则出发，在创造商品的时间效益和空间效益以满足消费者需求的同时，注重保持生态平衡和保护自然资源。

4.4.1.4　现状

我国属于钢铁生产与消费的大国，因钢铁庞大的生产体系与消费体系使得钢铁物流的管理至关重要。钢铁工业物流的近况为：

（1）社会库存创下新低，流通环节规模不断收缩。2012 年以来，我国钢铁流通企业遭遇大规模洗牌。全国钢贸商数量从 20 万家迅速缩减至 10 万家左右，市场活跃度进一步降低，且普遍面临融资难的问题，因此控制库存成为规避企业经营风险的一项举措。2013年起我国传统的"钢材冬储"操作方式逐渐被淡化，2014 年我国钢铁流通企业冬储操作现象仍有存在。

（2）钢铁物流效率稳步提升。近年来，钢铁行业物流效率稳步提升，物流专业化水平持续提高，但总体来看，我国钢铁物流费用率仍高于发达国家，降低钢铁物流成本仍有巨大潜力。数据显示，2013 年我国钢铁行业利润率仅为 2.2%，行业实现利润 2588 亿元。如果我国钢铁物流费用率达到日本的水平，意味着可以降低 2000 亿左右的物流成本。

（3）钢铁工业物流积极适应钢铁电商平台的发展。钢铁行业产能过剩使得"卖方市场"朝"买方市场"转变，原先的钢铁企业分销体系发生了巨大改变，需要新的营销模式来替代。钢厂、贸易商、第三方平台等纷纷加大了对钢铁电商平台的投资力度，资本融资也在不断创造奇迹，国内钢铁电商得以蓬勃发展，目前国内钢铁电商平台已经超过 200 家。钢铁电商对物流服务提出了更高的要求，钢铁物流更加便捷迅速，从而使钢企有效对接市场需求，提高产品销量。

4.4.1.5　存在的问题

近年来虽然我国对于钢铁工业物流的管理提高了重视度，但同发达国家相比，我国的物流管理依然存在许多问题。

（1）钢铁工业物流的专业性不强。目前我国钢铁工业仓储、运输、配送、物流装备等方面的专业水平相对落后，使物流的发展速度难以跟上现代钢铁工业物流管理高标准的要求。

（2）钢铁工业对于物流整体规划的力度不够。因未能合理地进行总体规划和生产规划，导致物流的成本过高或运输速度较慢等，从而使物流管理的整体效益偏低。

（3）缺少物流管理的专业人才。因为钢铁工业物流管理人才的短缺，加之对专业人才的培养也比较困难，使钢铁工业缺少专业人才，从而不能给物流的可持续发展带来有力的保障。

（4）物流管理的信息化程度低，现代化的管理水平不高，物流标准化建设相对滞后。

4.4.1.6　应对措施

针对物流存在的问题有以下几种应对措施：

（1）构建布局合理的现代化绿色物流网络，对钢铁工业所需的多种运输方式及配套设施实施绿色规划。

（2）钢铁工业的物流装备主要有各种车辆、天车运输装备、皮带及管道运输装备等，作为绿色物流的重要组成部分，物流装备要通过新技术、新能源、智能化等科技手段，实现绿色化。

（3）全面推进清洁生产工艺与节能环保技术的应用，在集中一贯制下对钢铁供应链的各个流程进行绿色规划。

（4）钢铁工业信息化的建设正在全面推广到各项生产经营活动，为绿色物流的信息化提供了必要的条件，通过信息化提升管理效率，提高物流信息的及时性和准确性，是实现绿色物流的有效方法。

4.4.2　钢铁企业绿色物流总体规划

4.4.2.1　厂区绿色物流规划改造

A　概述

河钢唐钢主厂区位于唐山市区东部，分为南区和北区，两区相聚 8km。受历史原因、地理位置和市区环保要求影响，炼铁区主要安排在北区，便于存放大宗原料，主要采取火车运输为主、汽车为辅的方式；炼钢和成品主要安排在南区，成品倒运发货主要依靠汽车，火车比例有限；两区之间依靠鱼雷混铁车进行铁水运输。2012 年前，厂内成品倒运主要依靠汽车，近年来随着公司绿色钢铁的理念逐步推广到物流环节，同时解决公司厂内汽车运输及降低成本问题，实现冷轧原料火车运输，减少汽车二次倒运，其他产品充分利用厂内现有成品库条件，最大程度满足路用火车运输，其余部分利用厂内新建铁路运输到新建成品库。

B　总体思路

为实现公司厂内成品取消汽车运输，全部实现火车运输，以减少汽车尾气排放实现绿色运输，以及最大限度地利用火车运进原料和运出成品以降低成本，做了物流绿色改造规划。思路是在充分利用现有成品库的基础上，在一级料场新建热板成品库和平整分卷及棒材库；在现开发院内新建冷轧成品库和线材库。外销的汽车装运全部在这里进行，大部分火车装运也在此进行。对工厂站进行改造，以满足不断增长的铁路运输需要。另对原来没有铁路运输条件的轧线成品库新加了铁路，东部区走行线增加了复线，提高了铁路矿粉、焦炭、冷轧原料等的运输能力。

C　改造内容

a　新建成品库

新建一个冷板成品库和线材成品库，在北库区新建库房为联跨排架结构，由西向东依次是平整分卷跨、热板卷成品跨、棒材成品跨。

库区完成后，河钢唐钢内部板材卷库存能力达到 12 万吨。其中 3.5 万吨为冷轧周转原料；每天外销周转量为 1.2 万吨。其余库容满足热板卷 6 天库存量。棒材库总容量为 3.5 万吨，满足 5 天库存量。线材库总容量为 1.8 万吨，满足 5 天库存量。至此，1810 生产线原成品库和新建成品库均可以路用铁路发货。1700 生产线原成品库全部供冷轧原料，其余成品铁路运至新建成品库待发。公路运输的外销板卷和棒材全部由新建成品库发货。线材和中型尽可能采用铁路运输方式，新建线材成品库可以路用铁路发货。按冷轧元月份日发货量最高 8521t 计算（823 卷），成品库存考虑市场因素，建成库存量为约 3 万吨的综合库，按品种、规格、合同号单独存放，新建成品库具备铁路、公路双重发货条件。

b　工厂站站场改造

南区工厂站是唐钢南北区路车、厂内专用车的集散站，是南口铁路接轨站，对外负责南口到达所有路车的取送车作业、南区路车卸车作业、南北区路车中转作业和南北口路车发货空重车的集结分散作业；对内担负公司炼铁厂所铸生铁入库作业、炼铁南区落地焦炭返装保产作业以及热轧薄板的开发移库作业。

工厂站原有站场股道 10 条，正常运输作业保留 1 条空线作为走行线，其余 9 条线路作为容车线，最大容车数 240 车，按照安全规定有效作业率 75%（超过后将造成堵塞），有效容车 180 车，参照现车辆站场停留时间 6.71h 计算，该站场每日有效周转车数 328 车；而该站 2012 年时每日作业车数已高达 356 车，车站站场作业率已高达 82.1%，每日都有堵塞，已影响运输各项正常作业。

按照公司后续物流规划，总体增加站场作业 608 车，该站作业达到 968 车，原有站场根本无法满足运输生产需要，工厂站将成为公司南区物料到发的瓶颈，一方面影响运输生产，另一方面导致路车在厂停时增加，增加了公司费用支出，甚者影响公司正常生产。因此需要及时就该站进行扩容改造，增加站场容车数量。此次工厂站改造，增加线路位于现有线路东侧，共增加了 7 条线路，总长度 6200m。

c　新增区域铁路

中型修建一条线路进 5 跨，线路长 180m，装车有效货位满足 11 车以上。实行全部铁路入库，入库到现有成品库卸后再装路车外发，若需汽车外发时由铁路倒运至开发高线库倒装汽车。

东部区走行线铁路复线，提高 4 号高炉矿粉的火车运输比例，实现焦炭的全部火车运输。同时增强东库发货，冷板、高线装车，冷板原料供应的运输效率。

D　改造效果

规划实施后，1810 热板、棒、线成品库均有直接装路用火车的条件，火车运输比例大幅增加。1700 热板大部分为冷轧原料，尽可能多的直供冷轧，余下部分火车运至新建成品库。1810 热板部分供平整，余下部分发货。中型火车运至现东成品库，装路用火车发货。高炉用铁精粉，可以全部火车运输，取消汽车运输。

E　物流总体规划展望

随着环保对钢铁企业越来越高的要求，处于城市中的河钢唐钢逐步退出城市成为必然。随着淘汰落后产能，到期高炉停产，制约老厂区物流规划的限制逐步消除，如何利用有限资源进行物流优化是重点关注的问题。同时，沿海千万吨大钢项目即将启动，在新厂区规划中，要将绿色物流理念贯穿始终，依托港口、铁路、高速实现水运、铁运、陆运、皮带运输等多种组合运输方式，实现绿色经济合理的钢铁物流。

4.4.2.2　绿色物流设施设计

物流运输方式概括分为：空运、水运、陆运 3 种方式，针对每种方式，要建设各种相应的设施来实现绿色物流方案。以陆运为例：有铁路运输、公路运输、管道运输、皮带运输、升降机运输等多种运输方式。对各种运输方式如何实现、如何组合、如何规划布局才能达到绿色物流的目的，近几年物流企业越来越重视这一问题，并积极地探索。河钢唐钢在此方面，面对自己的实际情况，做了一些积极的探索，取得了良好的效果。

A　拓展可用空间

a　淘汰落后产能

2008 年河钢唐钢共拆除了第一炼铁厂 450m³ 以下高炉 4 座，第一炼铁厂 60m² 烧结机组，第三轧钢厂，电炉炼钢厂。

b　拆除重复设施

2008 年唐钢采取果决措施，开始陆续拆除各二级单位的小食堂、小浴室、多余的办公楼、备件库、私搭乱建设施、空中可入地管线等重复设施。按统计拆除总占地面积共计 281549m²。

c　效果

河钢唐钢通过如上措施的坚决实施，厂区内星罗棋布着几十个小浴室、小食堂、小车棚、驻扎的外委施工队伍工棚等形成的"院中院"、"墙中墙"消失了，空中纵横交错的管线入地了，备件库减少并统一管理了，由此腾出了大量的土地资源和空间，为实现绿色物流规划设计提供了基础。

B　科学利用空间

采取以下几种措施科学利用空间：

（1）分区集成建设生活服务区。利用拆除后腾出的土地，分区建设服务区。服务区设施包括：食堂、浴室、更衣室，配套停车场、打卡机。

东部区在原三轧和电炉炼钢厂位置规划了东门停车场、第三服务区和钢城花园；南部区，拆除原动能部，新建了南门停车场，将原多功能体育馆改为浴室，形成第四服务区；西部区，拆除二钢轧办公楼、浴室、库房等设施，新建西门停车场和第二服务区；北部区，拆除原小高炉及附属，新建北门停车场、滨河门停车场及第一服务区。职工到服务区后步行进入厂区，时间控制在15min之内。

通过服务区的建设实施，职工们上班先进入停车场，然后进入服务区更换工作服，接着步行去工作岗位。下班是先进入服务区洗澡换衣，然后到车场乘车回家。职工个人的汽车、自行车等交通车辆，不再进入生产厂区，厂内车辆数量骤降，交通状况明显提升，为绿色物流的进展起到助推作用。

（2）实行门禁制度，规划人流物流秩序。推行门禁制度，实行人车分流，根据公司出入口的分布、路网情况和最终货物流量，做了老厂区内物流规划方案，以实现物流的有序、快捷、低耗。

1）建华门。一铁全部拆除后，在现220kV·A变电站东侧，增设建华门。门宽18m。设两台汽车衡作为热板成品出口。仅东侧为人员进口，通行汽车和自行车入车场，出车场打卡进厂区。原有北门取消。

2）滨河门。原铁厂门、机修门封闭。热板成品库北侧的路取直并拓宽到18m，直到滨河路，新建滨河门。门口宽度18m。此门为主要的人员出入口，只通行进入车场的员工车辆和进入厂区的公务车辆。

3）东门改造。东门在拆除后北移拓宽，氧气厂北侧道路尽量顺直。现有两台60t汽车衡拆除。东门不再通行需过秤的车辆。门口宽度为18m。东门北侧为型材发货车辆，南侧为人员入口及车场，人员打卡步行进厂。

4）南门改造。将既有的经警办公楼和消防队楼拆除，南门口向西拓宽，门口宽度24m。原有汽车衡位置调整。此门为冷板和棒材成品出口。

5）原技校门改名原料门，依然是原料主要入口。

6）在冷轧南侧和二钢西侧新建停车场位置，均新开面向厂外交通干线的人员进口。

（3）厂区道路改造，保障物流畅通。只有宽敞的道路，才能带来快捷的物流运输，因此唐钢大刀阔斧地又进行了厂区道路的改造。

1）新修景观大道——迎宾路，宽15m，最宽处达18m。北起公司建华门，南至公司广场北，形成一条贯穿厂区西部的主干道路。

2）重新修建热轧北路，沿热板成品库北侧道路取直并拓宽至18m，东起高线北路，西至滨河门。既有机修门、铁厂门及门内老路取消。

3）调直冷轧东路，路宽12m，从南门延伸至氧气北路。

4）氧气北路西段，从冷轧东路路口至高线西路路口段，拓宽至 12m。

5）对氧气厂北路、东门路段进行改造，尽量取直，拓宽至 12m。

6）棒材路由 9m 拓宽至 11m。

7）高线路拓宽至 12m，部分路段取直。

（4）厂区建设立交桥，取消区域内铁路道口，使物流立交无阻。厂区内建了一座立交桥——英姿桥，这是唐山市迄今为止唯一的企业内部立交桥，也是国内少有的企业厂区内部立交桥。

立交桥位于一钢和二钢主厂房之间的区域，东侧是铁水运输站场和高线路，西侧是建陶，二钢在南，一钢在北。整个区域通过原一钢东侧的一条 7m 宽的道路，与站场铁路平交后再与高线路相接。而此区域分布着两个炼钢的散装料仓，一钢的合金料仓。所有的散料白灰，一钢合金料，还有一钢的废钢，一钢和二钢的生产废泥，都要通过这条道路运输。

过去，这条路段经常堵车，路牙早已经轧坏，路面积灰量大，雨水排管堵塞。有的职工抱怨，从那里经过，晴天一鞋土，雨天一脚泥。怎样才能让这块区域与高线路顺畅相连是需要考虑的问题。高线路、铁路站场本身就有着 4m 的高差，到一钢南路还要跨过铁水线和渣线。一钢南路向东延伸的方案不可行。换个思路，考虑是否可以建设一座立交桥，从高线路跨过铁路直接与一钢南路相交。设计人员对现场进行了实地勘察，采集了详细的数据。由于现场比较狭窄，而立交桥需要的引道较长，如何充分地利用现有地形，减少引道的长度，保证与铁水运输线的安全距离，是立交桥成与否的关键。经过多次的修改和完善，在厂区内建设一座立交桥的方案，获得通过，并得到了实施。

现在一桥飞架在厂内生产交通咽喉区域，东西连接高线和一炼钢厂，桥下辅路连接二炼钢厂，桥下铁路取消 9 处道口，实现了生产物流的立体交叉，安全、方便、正点、畅通无阻。

河钢唐钢通过如上规划和建设的实施，所有职工打卡进厂，厂区再也看不到自行车、私家车乱停和混行的状况；所有物流车辆在规定门位进出、按规定的时间、规定路段行驶，有序畅通。

改造后的河钢唐钢厂区道路，形成三横三纵的主干线。三横分别是从滨河门沿创新路至 3200m³ 高炉东的北门路；从迎宾路沿一钢南路经立交桥到高线路；从西门经棒材路、氧气北路至东门。三纵分别是：从西门向北穿过建陶，直到建华门的迎宾路；从南门开始，经南门路、高线路到铁北路；从东门开始，沿 3200m³ 高炉、烧结东侧至原料门。改造后的唐钢厂区物流环境得到优化，道路布局合理通畅，道路宽阔四通八达，极大地满足了河钢唐钢物流的需要，基本达到了厂内绿色物流的要求，为此唐钢也成为国内乃至国际绿色钢铁企业的典范。

4.4.2.3　河钢唐钢铁路系统设施绿色规划

依据河钢唐钢的总体规划，满足唐钢供产销环节的运输流通，共设计建造 120km 的铁路线路，10 个分站点（包含 3 个子分公司站点），采用铁路信号微机联锁系统实现电气化集中联锁控制 398 组道岔，同时引进无线调度系统完善调度通讯网络。物流公司秉持建设"生态唐钢、科技唐钢、效益唐钢、和谐唐钢"的理念，在铁路、公路等固定设施的建设上以"一次性投入、周期性点检、减少设备故障维修"的原则，提高设备使用年限、降低日常维护费用、消除设备事故来实现整体性的降本增效。在物流设施的建设上以"智能化、自动化、高度集中、低耗能、减少人工操作环节"为发展方向。

A 铁路系统设备技术的应用

2008年厂容改造以来，物流公司完成铁路线路路基改造50km，木枕改混凝土枕线路5km，木枕改混凝土枕道岔20组，铁路线路使用寿命延长至20年。铁路设备的改造，增强了设备的稳定性能，减少了维修量，先后清退外委保驾人员80人，实现自主维修。

同年，引进远程监控无人道口系统替代有人值守道口管理模式，由电务部门负责道口设备的维修养护工作，由调度人员对铁路道口进行远程监督控制。该系统的成功运行直接取消了原有26个有人值守道口，150余人的道口段。构建的铁路道口远程监督控制平台，利用光纤通信技术、视频技术、继电控制等手段，使分散的本地控制改为远程集中监督控制，集合了调度监督系统、道口控制系统，增设了道口自动通知、道口自动信号、道口自动栏木机、道口视频监控等设备，使铁路行车调度人员远程监控到设施和现场情况成为可能。采用"报警并集中监控"的道口安全防护设备，精简了现场操作人员、减少因道口工瞭望条件不好而造成起杆、落杆时间掌握不准，造成交通阻塞时间过长等现象，提高了铁路运输效率和道口通行能力。

2015年，物流公司对生产调度系统进行优化改造，将各个分站的调度系统进行集中管控，建立物流调度系统集中管控平台，集合了铁路信号微机联锁控制系统、无线调车系统、调度集中监控系统，利用了Profibus技术、光纤通信技术、无线传输技术等手段。通过4个月的设计实施，实现了各个分站调度人员集中办公远程控制并监督各分站铁路设施的运转。

B 冶金物流铁路系统的发展

由于受到历史原因、地理环境、费用投入等因素的影响，冶金企业铁路系统发展十分缓慢，造成大量落后淘汰的设备设施堆积，严重影响冶金企业绿色物流的发展规划，如何利用有限的资源发展物流铁路系统，改善高消耗、多人力、高污染的现状是需要重点关注的问题。

（1）新技术、新设备的引进。目前许多冶金企业使用的铁路系统设备还多是20世纪90年代生产的，由于当时的技术发展程度所设计的系统，自动化程度低，需多人操作维护，属于高耗能系统，现在随着技术的不断革新，智能化、模块化成为铁路信号系统设备的发展趋势，如公司对天津信号的PWMG3型智能化电源屏、北京康吉森微机联锁MCIS等设备的引进。

（2）提高职工技术能力对现有设备进行技术革新。受费用等方面因素的影响，铁路系统设备不能够全面引进新技术、新设备进行全面改善。因此，就必须根据现有的设备状况和现场环境，通过系统的培训提高职工技术能力，实现对现有设备的技术革新，如对480型轨道电路的改进消除大多数轨道电路分路不良的区段、无线调度系统的技术革新改善了平面调车远距离信号盲点等问题。

4.4.3 钢铁绿色物流运输流动装备工艺及技术

4.4.3.1 机车车辆装备工艺及应用技术

A 遥控及摄像监控装置在机车上的应用

河钢唐钢现有内燃机车共计37台，机车年作业量达12000万吨·千米，为河钢唐钢铁路物流运输提供了可靠的动力支撑。随着公司不断发展，对行车安全、作业效率、经济化运行提出了更高的要求。河钢唐钢物流公司本着"受控、高效、零缺陷、经济化运行"的设备管理理念，在不断提高设备基础管理水平的同时，寻求先进技术在内燃机车设备管理领域的应用。先后采用机车遥控技术和机车摄像监控技术，并针对"四新"技术装备制定了安全标准化操作规程，从而实现了机车乘务员岗位数量下降，机车作业效率提升，炉下作业本质安全，机车经济化运行。

机车遥控技术是利用无线通信技术、电子技术和电脑控制技术，实现机车遥控操纵功能。通过在机车操作系统与无线遥控系统有机融合，乘务人员可以离开驾驶室，通过遥控器对机车进行控制，在炉下、视线较差等区域乘务员可以较好的观察路线，提高机车行驶安全系数，同时通过机车遥控系统的研发和应用可以打破正、副司机以及连接员的岗位界限，减少岗位配置，提高人工劳效。

机车遥控技术目前是国际前沿技术，在国内该技术只有零星的应用，河钢唐钢物流公司铁路机车遥控系统的研发与应用是国内首次将该技术全面应用到实际生产运行中，经历两年多的反复调试改进，2013 年 11 月该项目通过验收，在 14 台内燃机车完成了遥控系统技术改造（见图 4-27）。通过该应用的实施，充分发挥了现有机车设备的装备优势，充分利用现有的人力资源，也实现了以节能降耗、工作环境改善、企业增效为出发点的研发与实施目标，具有重要的经济意义和现实意义。

图 4-27　铁路机车遥控系统

机车摄像监控技术就是操纵司机可以通过车载电视观察外侧实际情况，减少外侧瞭望，改变传话的呼唤应答方式，实现机车单人操作。2015 年河钢唐钢物流公司组织技术人员对国内机车设备先进管理技术、先进应用技术进行调研，调研结果显示机车辅助瞭望设备可在内燃机车应用，摄像监控技术在城市道路、机关、工厂、商店等公共场所已广泛应用，技术成熟。机车摄像监控技术相比机车遥控技术，前者除了具备后者优势的同时，还具有技术改造费用低、设备故障对行车影响风险小等特点。2015 年 12 月该项目通过验收，在 16 台内燃机车完成了摄像监控技术改造，每台机车可以核减乘务人员 9 人，年可减少人工成本 9 人/台×10 万元×16 台 = 1440 万元。

B 铁水罐车的选型及与生产配套能力

钢铁企业炼铁至炼钢运送炽热铁水的物流装备因环保因素及公路危险性，一般采用铁道铁水罐车，一些规模不大的企业采用汽车运输铁水罐，目前有极少炼铁至炼钢工艺距离很近的钢企采用电动铁水罐车运送铁水。对于普遍采用的铁道铁水罐车，一般分鱼雷混铁罐车和敞口式铁水罐车，铁水罐车的载重量完全由炼钢生产工序的转炉容量确定，以保证生产流程的一贯和顺畅。

鱼雷混铁罐车被国内外大型钢企广泛采用，其拥有载重量大（200～350t 不等）、出铁口小（保温效果好）、带电动倾翻装置、可进行罐内脱硫等优点，但也有车体长大、通过曲线性能差的缺点。敞口式铁水罐车则拥有车体短小灵活、通过曲线性能好、可与炼钢工序采取一包到底工艺的优点，同时也有载重量小、敞口保温性能差的缺点。这两种铁水罐车的选型由钢企的生产能力、钢质要求、工艺水平、总图线路规划、环保要求而确定，必须具备相应的配套能力。

C 多功能铁道车辆开发及应用

在绿色环保政策严格要求下的钢铁企业，正逐步将严格的低耗高效纳入厂内铁路运输中，重去重回、路径优化的经济化策略对物质载体装备——铁道车辆就有了新要求。

钢铁企业的原料、半成品、成品在厂内倒运或外发由于物料不同选择的铁道车辆就不同，散货如矿粉、焦炭、煤基本使用敞车，生铁块使用砂石车，钢坯及型钢采用平车，板卷基本由各钢厂自行在平车基础上安置托架改造成专用板卷车完成运输。但每种车均是为满足单一物料运输而设的车辆，而环保及成本压力要求车辆有更多的功能，路用敞车到达矿粉或焦炭，卸空后外发钢材或加活动托架运板卷已成为钢企重去重回策略的常态，这种模式非常适合钢铁原料和产成品长途铁路运输。厂内倒运实际上也有类似的潜力可挖，通过设置固定或移动装置，达到车辆装备的功能拓展，以及散料与非散料车的功能互用，只要满足车辆的载重和集重要求，将多功能铁道车辆的作用发挥出来，这就给减少车辆装备数量、减少线路占用、优化路径、重去重回、车辆充当移动库这些经济策略提供装备支持，也为生产调度系统提供了更大的发挥空间。

D 重载冶金铁道车辆在河钢唐钢的应用工艺技术及创新

钢铁企业内部受规模、机车数量及燃油经济性的限制，对重载冶金铁道车辆的需求也越来越大，鱼雷混铁车、敞口式铁水车等轴重都接近或超过 40t，这样这些重载铁道车辆的低耗经济运行就十分重要，而非重载车辆的占线路、利用率低、高消耗的劣势就显现出来。下面举例说明重载冶金铁道车辆在河钢唐钢的应用工艺技术及创新。

国内重载鱼雷混铁车轮对轴承装置基本采用 352132X2/HA 轴承或同类轴承，该轴承额定载荷、配合长度和轴向承载能力均较小，检修流程复杂，安装、加油操作频繁，检修维护质量控制难度较大，速度较高运行引起燃轴的因素太多。而 353130B 双面带密封的双列圆锥滚子轴承是铁路列装到 70t 车上的主型轴承，性能好、价格便宜、不易燃轴。352132X2/HA 轴承最多使用两个周期 2.5 年，其间进房加油及预防燃轴性换轮时有发生，而 353130B 轴承可使用 4 周期 5 年以上，因轴承内含油且全密封其间不需加油，只需进房检查测量，不必进行预防燃轴性换轮。352132X2/HA 和 353130B 轴承的技术参数对比见表 4-22。

表 4-22 352132X2/HA 和 353130B 轴承技术参数对比

项 目	352132X2/HA	353130B	参数优劣标准
轴承内径 d/mm	160	150	保安全下小者优
轴承外径 D/mm	270	250	保安全下小者优
内径装配长度 B/mm	150	172	承载长度大者优
基本径向额定动负荷 C_r/kN	872	1070	承载能力大者优
基本径向额定静负荷 C_{0r}/kN	1720	2180	承载能力大者优
脂润滑极限转速 v_1/r·min^{-1}	800	800	极限转速大者优
油润滑极限转速 v_2/r·min^{-1}	1000	1100	极限转速大者优
轴承质量 m/kg	28.2（未加轴箱前后盖）	38.9	小者优
密封方式	轴箱盖加石棉垫密封	自体全密封	全密封结构优

通过技术指标对比可知，在反映轴承性能的所有指标中，除轴承外径、轴承质量在一个水平上，其余所有指标 353130B 轴承均优于 352132 轴承。而且密封方式上 353130B 轴承存在组装、维护、检查方便的优点，在国铁使用中作为主型货车轴承经受了多年的检验，而 352132 轴承存在检修质量不好控制、密封不严、检查不便、耗费大量人力和油脂的缺点。因此 352130B 轴承整体技术性能明显优于 352132 轴承，通过研究后鱼雷混铁车、中厚板敞口式铁水车、百吨板卷车上进行该类重载轴承改造后达到了低耗无油脂、延长使用寿命 1 倍的优良效果。

重载冶金铁道车辆由于运速工况和国铁差距大，设计标准却采用老的国铁标准，小曲线、重载低速运行下有很多节能降耗的潜力可挖，以上只是简单一例。

E 节能环保及 GPS 在冶金铁道车辆中的运用

冶金铁道车辆运用中存在金属粉屑飘洒和降温的现象，同时调度及信息化系统对车辆设备有定位和调度要求，因此节能环保及 GPS 在冶金铁道车辆中有较多运用。

鱼雷混铁车和敞口式铁水车运行中存在金属粉屑飘洒的现象，目前一般在炉下接铁后进行吹扫和吸尘，避免金属屑飞扬。矿粉原料车一般加强苫盖和铺底，既防止了飘洒又减少亏吨。鱼雷混铁车和敞口式铁水车由于装载 1500℃的铁水，炼铁至炼钢运行及调倒集结期间存在较大的热量损失，一般降温十几度，降温后炼钢时必须再加温，能量损耗较大，折合到年产量千万吨费用近亿，因此有的钢厂都做了铁水车加盖的尝试，有在出铁处吊装保温盖、炼钢入口吊下保温盖的，有利用空气制动风管进行风缸驱动开闭保温盖的，但由于操作工序麻烦、保温盖高温下易变形、铁水飞溅卡滞等因素，有短期实验使用，如宝钢和河钢唐钢，但没有长期使用的成功案例，有待于今后解决。调度信息系统及物联网都要求铁道车辆定位，铁水罐车甚至还要求精准定位，因此射频卡技术及 GPS 在冶金铁道车辆中的运用就较为普遍，但装载炽热物料的冶金车辆如铁水车、钢渣车在安装时往往出现射频卡等装置被炙烤失效的状况，因此安装位置很有讲究。做到精准定位更有利于提高信息化调度系统的效率，提高设备的周转率，达到节能降耗的目的。

4.4.3.2　汽车运输装备应用技术及绿色规划

A　厂内货物运输汽车的选型及与生产配套的能力

选择正确的车辆型号能够极大地降低车辆的使用成本，货车选型过程中主要有以下几项：

（1）汽车的动力性。这是汽车首要的使用性能。汽车必须有足够的平均速度才能正常行驶。汽车必须有足够的牵引力才能克服各种行驶阻力，正常行驶。这些都取决于动力性的好坏。汽车动力性可从以下三方面指标进行评价：汽车的最高车速；汽车的加速能力；汽车的上坡能力。不同类型的汽车对上述三项指标要求各有不同。轿车与客车偏重于最高车速和加速能力，载重汽车对最大爬坡度要求较严。但不论何种汽车，为在公路上能正常行驶，必须具备一定的平均速度和加速能力。

（2）汽车的燃料经济性。为降低汽车运输成本减少尾气排放，要求汽车以最少的燃料消耗，完成尽量多的运输量。汽车以最少的燃料消耗量完成单位运输工作量的能力，称为燃料经济性，评价指标为每行驶100km消耗掉的燃料量（L）。

（3）汽车的制动性。车具有良好的制动性是安全行驶的保证，也是汽车动力性得以很好发挥的前提。汽车制动性有三方面的内容：制动效能；制动效能的恒定性；制动时方向的稳定性。

（4）汽车的操纵性和稳定性。汽车的操纵性是指汽车对驾驶员转向指令的响应能力，直接影响到行车安全。汽车的稳定性是汽车在受到外界扰动后恢复原来运动状态的能力，以及抵御发生倾覆和侧滑的能力。对于汽车来说，侧向稳定性尤为重要。当汽车在横向坡道上行驶。转弯以及受其他侧向力时，容易发生侧滑或者侧翻。汽车重心的高度越低，稳定性越好。

（5）汽车的行驶平顺性。汽车平顺性是保持汽车在行驶过程中，乘员所处的振动环境具有一定的舒适度的性能。这与汽车的底盘参数、车身几何参数，以及汽车的动力性以及操控性等有密切关系。

（6）汽车的通过性。汽车在一定的载重量下能以较高的平均速度通过各种坏路及无路地带和克服各种障碍物的能力，称之为汽车的通过性。各种汽车的通过能力是不一样的。轿车和客车由于经常在市内行驶。通过能力就差。而越野汽车、军用车辆、自卸汽车和载货汽车，就必须有较强的通过能力。采用宽断面胎、多胎可以减小滚动阻力；较深的轮胎花纹可以增加附着系数而不容易打滑，全轮驱动的方式可使汽车的动力性得以充分的发挥；结构参数的合理选择，可以使汽车具有优良的克服障碍的能力，如较大的最小离地间隙、接近角、离去角、车轮半径和较小的转弯半径、横向和纵向通过半径等，都可提高汽车的通过能力。

（7）其他使用性能：

1）操纵轻便性：使用驾驶汽车时需要根据操作的次数、操作时所需要的力、操作时的方便情况以及视野、照明、信号等来评价。

2）机动性：市区内行驶的汽车，经常行驶于狭窄多弯的道路，机动性显得尤为重要。

3）装卸方便性：与车厢的高度、可翻倒的栏板数目以及车门的数目和尺寸有关。

（8）容量。容量表示汽车能同时运输的货物数量。用载重量和载货容积来表示。质量利用系数反映出汽车结构的合理程度。质量利用系数 = 额定载重量/空车质量。

货运车辆的数量和单车容量要与生产所需进行科学的配比，这样才能有效提高运输效率降低生产成本。

为满足生产需求，有皮卡车、轻型卡车、中型卡车、挂车四大类多种吨位载货汽车。所有车辆调配实行"预约派送制"由物流公司汽运队统一调派。各单位、部门日常计划用车根据生产需要提前向物流公司汽运队提报用车计划。公司根据载货需求派出相应型号汽车，汽车使用过程中尽量保证往返满载，减少空车现象，提高能源利用率。

B　厂内人员新能源汽车运输的管理及应用

为拓展物流公司运输业务降低运营成本费用，同时响应国家节能减排号召，公司于2015 年底购置新能源电动汽车共计 191 辆。由物流公司汽运队统一管理，实行"集中充电、合规请用、按需派车、有偿使用"的原则，按"轻、重、缓、急"合理派车。用于替换唐钢公司及各二级单位公务用车、保卫部各厂区巡防车、检修公司现场作业用车、员工通勤车。在汽运队院内建立大型充电场和子分公司建立小型充电站以满足充电需求。采用"日用夜充"的使用方式，尽量使用谷电，同时充电场所使用的电能均为唐钢自发电，既能降低使用成本又能提高能源的利用率。

电动汽车投入使用后每年每辆车可减少污染物（一氧化碳、二氧化碳、碳氢化合物、氮氧化合物、粉尘微粒）排放量 3350kg（以 2.0L 排量，国Ⅵ标准，每年 1.5×10^4 km 计算），191 辆车每年可减少污染物排放共计 639.85t。可节约使用成本每辆车每年 2.6 万元，191 辆共计 496.6 万元。

C　重载汽车车辆及汽车吊在唐钢的应用技术

汽车吊是装在普通汽车底盘或特制汽车底盘上的一种起重机，其行驶驾驶室与起重操纵室分开设置。这种起重机的优点是机动性好，转移迅速。缺点是工作时须支腿，不能负荷行驶，也不适合在松软或泥泞的场地上工作。

D　电动汽车及混合动力汽车的最新技术

电动汽车是指以车载电源为动力，用电动机驱动车轮行驶，符合道路交通、安全法规各项要求的车辆。相对于传统内燃机汽车，它具有零排放、低噪声、加速性能好、使用成本低等优点。但电池问题始终限制电动汽车发展，与燃油汽车加油快续航长相比，电动汽车电池成本高、充电时间长、续航里程短，但这并不能阻碍电动汽车的发展。目前国内五洲龙公司已成功将石墨烯复合电池应用于 11m 长的客车上，这是全球首台成功运用石墨烯复合电池组的新能源汽车。新能源汽车续航里程有望突破 600km 大关。除了续航里程优势，石墨烯复合电池的安全性能也可圈可点，在被穿刺、挤压后，电池不会泄漏、无明显升温、不起火、不爆炸，将大幅提升车辆的安全系数。

混合动力汽车，一般是指油电混合动力汽车，就是采用传统的内燃机（柴油机或汽油机）和电动机作为动力源的汽车。混合动力是介于内燃机与电动机之间的驱动形式，是由传统汽车向纯电动汽车过渡时期的产物，混合动力汽车既发挥了发动机持续工作时间长，动力性好的优点，又可以发挥电动机无污染、低噪声的好处，二者"并肩战斗"，取长补短，汽车的热效率可提高 10% 以上，废气排放可改善 30% 以上，代表车型有丰田普锐斯和比亚迪唐。

E　节能环保（含吸排罐车等）及 GPS 在汽车车辆中的运用

吸引压送车主要是承运钢铁厂炼铁的高炉重力、干法、炉前、槽下、烧结、炼钢、焦化等部位的环境及工艺除尘灰的粉尘物料转运工作。当车辆到达粉料仓时，启动车辆真空吸料系统，通过地面设施的供料系统将物料吸入车载承载罐内；当车辆到达接料仓时，启动车辆压排系统，通过地面设施的接料系统将车载承载罐体内的物料压排到接料仓内。整个吸料、运输、排料等过程均在密闭的条件下进行，粉尘不外泄飞扬，节约能源，符合国际环保标准。

4.4.3.3　天车运输装备绿色工艺及技术

A　天车的选型及与生产配套能力

天车属于桥式起重机，横架在车间、仓库及露天料场固定跨上方，可沿轨道移动，取物装置挂在可沿桥架运行的起重小车上，使取物装置上的重物实现垂直升降和水平移动。它具有操作方便、起重量大和不占地面作业面积等特点，是冶金行业物流吊装发运环节中不可缺少的设备。

天车的选型需要综合多方面因素，如可靠性、经济性、安全性等。

（1）可靠性。天车的可靠性指天车在正常工作时间内持续稳定吊装发运的能力，要求正常工作时间内不出故障或者少出故障。首先需要根据生产现场工作强度需求测算天车的工作级别，然后由工作级别确定天车的基本需求，如金属结构强度、配套元器件（电动机、减速机、钢丝绳等）的需求等，满足这些基本需求的天车才能有较高的可靠性。

（2）经济性。天车的经济性要求在整个使用寿命周期内尽可能以最小的投资满足生产需求，需要指出的是，这里说的最小的投资，不仅包括初期天车购置费用和大修理费用，即一次性投资费用，还应包括天车的日常使用和维修费用，即经营费用。天车的使用年限越长，其一次投资费用分摊到每一年的费用就越低，但是，设备的经营费用是逐年增加的。因此，在天车选型时，需要对天车的使用年限进行合理计算，使一次投资费用的年分摊费和年经营费用的总和最少，以满足经济性需求。

（3）安全性。天车的安全性要求天车在设计上符合安全标准，安全防护设计到位，严禁出现存在安全隐患的设计，安全性的要求可参考《起重机通道及安全防护设施》（GB/T 24818）。

B　天车的维检模式及创新

天车配置到生产现场后，应根据其使用情况，合理地制定维护检修模式，以保持天车稳定的吊装运输能力。天车设备维护检修管理要以服务物流吊装发运为目的，同时建立天车维护检修管理系统，与天车相互关联的产品生产和物流发运过程作为整体系统加以识别，提高天车维护检修的有效性和效率。

天车新型维护检修模式包括以下几种：

（1）以天车全生命周期为主线，以"点检定修制"为重点，以预防维修为基础、以点检为核心，采用多种维修方式并存的维修策略，以便早期发现天车故障隐患，及时进行处理。

（2）推行操检合一，全员参与天车维护管理，天车操作人员负责天车的日常点检，提倡自检自修，参与专项检查等天车维护管理工作。

（3）建立天车管理信息系统，以天车的日常点检维修为主线，收集天车的使用和维护信息，并进行统计分析，分析天车各零部件的使用劣化趋势，以建立预防性维护保养过程体系，减少天车设备事故的发生。

（4）建立天车维修标准体系，推行现场标准化作业，对各项基准、技术标准、管理方法、行为动作及时间系列进行科学地标准化，以提升天车管理水平。

（5）加强对天车操作人员和维护检修人员的天车专业知识培训，增强其使用和维护检修技能，储备专业化协力资源。

C　遥控天车应用和无人天车技术

天车作为物流吊装发运的主要运输工具，其操作方式将直接影响物流吊运效率，近些年来，大型冶金行业生产线向高空发展，传统的控制方式天车操作人员需在跟随天车小车运动的司机室内操作，离吊装对象较远，会因判断不准确产生定位误差，这样增加了吊装发运的故障率，同时，天车操作人员属于高空作业，加大了天车操作人员的危险系数。因此，天车智能遥控装置应运而生，应用天车遥控控制系统，可代替司机室操作面板，操作人员可以打破司机室的限制，在吊装对象附近，根据现场状况移动操作，这样可以详细观测到吊装过程，降低吊装发运故障率，提高吊装发运的准确性。同时天车遥控控制系统可以进行功能拓展，增加自动变速优化控制、自动运行跟踪、主动和被动急停、自动和手动响铃报警、身份码识别等功能，并与天车变频调速系统连接，以形成遥控无极变速系统，可有效提高吊装发运作业效率。

无人天车即无人值守天车，利用先进的自动化技术，实现物流天车自动发运。通过利用射频识别技术，在天车运行范围内安装电子标签等射频设备，实现天车的高精度自动定位；利用 PLC 程序技术，编译天车吊装程序，实现天车的自动吊装等功能；通过利用无线网络通信技术，在库区建立无线通信系统，实现天车自动吊装发运的远程控制；通过利用网络管理和数据服务器，建立车辆信息和货运信息数据库，实现车货信息自动识别与自动匹配；通过利用传感技术对天车关键部件进行检测，实现故障的自我诊断，以建立天车实时监测系统。无人天车技术，能够实现远程自动控制、现场无人值守的发运方式，并实现实时监控。应用无人天车技术，可以大量减少天车操作人员，提高控制精度，提高物流发运自动化程度和智能化程度。河钢唐钢高强汽车板厂的上料、下线及发货已较好地实现了无人值守天车。

4.4.3.4　对皮带及管道运输装备的绿色规划

A　带式输送机的选型及与生产配套能力

皮带运输机，是运用皮带的无极运输物料的机械。

皮带运输机是矿物冶金中的主要设备，广泛应用于大型现代化矿粉煤炭运送的生产环节上。如今，冶金工业逐步向大型化、自动化和绿色化发展，对物流运输中皮带机要求越来越高，因此，在皮带机选型时，皮带运输机的稳定性、经济性和安全性就十分重要。

（1）稳定性。皮带运输机的可靠性指皮带运输机在正常工作时间内保持稳定的矿粉及煤炭的运送能力，要求正常工作时间内不出故障或者少出故障。

传统的继电接触器存在劳动强度大、能耗严重、维护量大、可靠性低等缺点,严重影响皮带运输机的稳定性,PLC 可编程控制器性能优越、结构相对简单、灵活通用、可靠性强、使用与维护相对方便,应用 PLC 可编程控制器可将传统的继电接触器控制系统与计算机技术结合在一起,可为物流运输提供可靠的控制应用系统,能够提高自动化程度,保障皮带运输机的稳定性。

(2)经济性。皮带运输机的经济性要求在整个使用寿命周期内尽可能以最小的投资满足生产需求,需要指出的是,这里所说的最小的投资,不仅包括初期购置费用和大修理费用,即一次性投资费用,还应包括皮带运输机的日常使用和维修费用,即经营费用。因此,在皮带机选型时,需要对皮带机的使用年限进行合理计算,使皮带运输机的使用寿命内,全部的投资费用最少,以满足经济性需求。

(3)安全性。皮带运输机的安全性要求设备在设计上符合安全标准,安全防护设计到位,严禁出现存在安全隐患的设计。

皮带运输机应用区域多为点多、线长、环境复杂的生产运输现场,危险性较大。为保证皮带运输及使用的安全性,可根据人机学原理,应用声光提醒及延时启动技术,对皮带运输机添加声光报警延时启动安全系统。

B 带式输送机的运用技术及环保研究性

购进皮带运输机后,要根据实际需求合理地将天车设备配置到生产现场,合理安排运送计划。同时制定专门的使用管理制度、安全管理制度和使用操作规程,建立皮带机管理系统,界定各级部门的职责范围,将天车使用管理责任落实到每个岗位。

皮带运输机使用中的扬尘是主要粉尘污染源之一。目前通用的有三套除尘方案,一是 LJD 全自动(零排放)皮带除尘消尘器;二是采用布袋除尘器;三是水雾除尘。

(1)LJD 全自动(零排放)皮带除尘消尘器。一套 LJD 全自动(零排放)皮带除尘消尘器有两组喷雾水嘴,每组有 2~4 个喷嘴。其呼吸器中采用日本针毡复膜式布袋,其防静电、表面透气不透水,也可以防止火星损伤布袋。除尘效率设计为 98% 以上。LJD 皮带除尘消尘器,在没有水或者停水的情况下,消尘器还可以继续使用。但除尘效果要比有水时差一些。除尘效率下降 15%。

(2)布袋除尘器。现场需进行土建施工,安装管道钢结构架等。大功率的风机 1 年会消耗大量的电。一般两年之内需更换布袋一次。维护成本高。但布袋除尘器,属于比较成熟的除尘技术。除尘效果较高,可达 98%。

(3)利用工业生产水在风压的吹送下。经过喷雾水嘴(保证喷头的雾化效果和雾化角度),形成伞状水雾喷下。喷向皮带转运站漏斗上下方的扬尘点,使用防尘罩使尘源封闭,将尘源限制在一定的空间内,增加尘粒与水滴的碰撞几率和速度,提高除尘效率。使含尘气体的湿度增加,尘粒相互凝聚,体积增大而沉积到燃料表面,一起送至原煤仓,而达到消除粉尘,净化环境的目的。用水量也很低,可满足生产的要求。

4.4.4 集中一贯管理的供应链绿色生产调度规划

钢铁制造业产业链的全过程,从产品投产到售出,制造加工时间仅占 10%,剩余 90% 的时间为储运、装卸、分装、二次加工、信息处理等物流过程。因此,实现物流供应链绿色化无疑成为绿色钢铁的重要手段,绿色物流强调的是低投入高效益的方式,在实现钢铁工业绿色化的同时也降低了物流成本。

4.4.4.1　采购物流绿色规划

钢铁行业作为资源密集型产业，其多渠道的大宗燃料、冶金辅料及备品备件的采购特征和大批量、多品种的产品多级分销网络形成了与其他行业不同的物流管理体系，为了实现社会的可持续发展，保持钢铁产品的竞争力，保证钢铁产品未来的生存空间，推进节能环保、建立钢铁企业绿色供应链和实施绿色规划已成为钢铁业发展的必然选择。

供应链关注的重点是一个整体，它将链上的各个供产销部分当成一个互相联系、相互融合的集合体，采用集成的思想和方法进行物流运作。绿色采购是供应链的开端，要求企业准确把握采购决策，采购绿色材料，充分、合理利用采购资源，减少采购过程的资源浪费，减少对环境的污染。

A　采购物流信息化

采购物流信息化可以加快原料库存信息的响应速度，促进物流整合，提高工作效率和操作准确性。我国钢铁企业有多年工业化和信息化建设的经验与成果，具有实现采购物流信息化的良好基础，基于 RFID、GIS/GPS、无线数据通信技术和自动化技术的信息系统，以其连接面广、智能应用的特点，能为实现钢铁企业采购物流的高效化、绿色化、信息化提供有效的技术支持，实现计划、验配、进厂、计量、卸料和入库等环节的信息化管理，已成为企业取得竞争优势、减少库存、加快资金周转的有效途径。

B　采购计划科学化

原料采购计划问题一直备受各大钢铁企业的重视，怎样合理制定采购计划，与生产的要求达到平衡，并实现成本最小化是一个全局性的问题，具体方法有：

（1）科学制定供应商量化评价指标体系。选择良好的供应商，以确保其稳定供货。通过与供应商签订长期供货标准合同可以缩短采购时间，还可以实现及时供货和降低库存的目标。

（2）与核心供应商建立战略联盟。战略性的伙伴关系消除了供应过程的组织障碍，为实现准时化采购创造了条件，也为降低采购成本，提高供应链竞争力提供了基础。

（3）根据不同类型物料确定采购合理的周期。钢铁企业采购物料的种类很多，企业应根据环境变化，分析影响采购周期的主要因素，对订货周期在系统中加以维护，避免单一采购策略所带来的资金浪费。

（4）建立与钢铁企业 ERP 系统相对应的管理机制。针对企业在采购、生产、销售等供应链环节出现的种种问题，通过相应的管理机制，来推动采购行为与生产更为紧密的协作，进而提高整个供应链的反应速度。

（5）积极完善企业采购的内部控制制度。如建立完善的采购汇报制度，对采购流程的各个环节进行文件化、程序化的管理。

C　采购物料绿色化

钢铁企业通过制定相应的绿色采购政策，倡导资源节约、环境友好、产品全生命周期价值最大化的理念，引导供应商文明健康、清洁生产，追求经济效益、环境效益和社会效益的协调。采购人员采购绿色物料需要以提高寿命、降低消耗、节约能源、减少排放、循环使用为原则，建立优先、限制及禁止采购目录，使更多绿色标准、绿色认证和绿色制造措施引入钢铁行业自身产品的生产流程，而且带动供应商改善自身管理，促进供应商实施环境管理体系认证，履行节能环保的社会责任。

D 采购运输绿色化

钢铁企业所采购物料多为铁矿石、煤炭等原料、燃料，由于需求量较大，因此将耗费企业高昂的采购、运输与搬运成本。绿色运输以降低能源消耗、减少废气排放为前提。

首先，应系统规划货运网点与配送中心布局，优化组合各种运输工具，合理选择运输路线，避免空驶、迂回运输或重复运输，有效提高运输车辆实载率与往返载货率，在条件允许的情况下提高大型轮船、火车、管道的运输比例；其次，应提高运输车辆内燃机技术并优先使用清洁燃料，减少运输过程中的燃油消耗和尾气排放，实现节能减排的目标；最后，应防止运输过程中可能出现的泄漏和翻车问题，以避免对局部地区造成环境危害。

E 采购绿色物流的实施方案

采购绿色物流的实施方案有：

（1）供应商优化。钢铁企业供应商的数量过多而复杂，并且供应能力参差不齐，加大了企业对供应商管理难度。国内大型钢铁企业，如宝钢、河钢、首钢等，专门设置了供应商考核小组，建立有效的绿色评价机制对供应商进行考核，淘汰了一部分实力不足的供应商，而与实力较强的供应商建立长期合作，确保了供应产品的质量和速度。同时将供应商分为大、中、小3个等级，每个等级实行不同的管理和采购系统。

（2）利用 ERP 系统实现资源集中管理。ERP 系统是企业资源计划的简称，目的为企业决策层及员工提供决策运行手段的管理平台，实现供应链管理。千万吨级的钢铁企业，对每一项物料的采购计划都有严格的要求，尤其对供应商的供货的反应速度和库存的控制要求进一步加强，以实现物流成本的控制。而实现 ERP 系统对接之后，供应商和企业都有机会降低交易成本，而供应商将更为依赖企业 ERP 系统所提供的各种数据资料，为下一步的物料供应做出更有效的计划。实现 ERP 管理的直接效果是，企业能够通过系统了解最真实全面的物料进出及库存信息，整个过程不需要人工干预，从而提高了效率。

（3）建立面向生产商的采购模式。在物流采购环节中，从生产者到使用者，经过多层供应商层层加价转的现象十分普遍，而钢铁企业要想实现绿色发展，必须建立更为直接的采购模式，摆脱中间商的环节，直接与生产厂商交易，减少物流环节。物流环节的减少不仅仅带来物流成本的降低，更重要的是压缩了诸多物流作业环节，从而实现了社会资源的节约。

（4）优化采购物流组织过程。钢铁企业的采购需求具有多样化的特点，大宗原燃料如铁矿石、煤炭、焦炭等，资源地相对集中，但采购量巨大，小规模的物料如合金、化药等辅料资源地分散，且采购规模较小，需要采取不同的物流运输策略。

以唐钢为例，大宗原燃料主要以企业为主导组织物流运输，包括进口矿、煤炭、焦炭、地方矿等。首先，从资源地的选择上更倾向有利于物流运输的组织，缩短采购半径，结合不同地区的运输能力合理平衡资源采购量；其次，与生产节奏紧密结合，平衡运输计划，做到均衡发运，避免多次调卸产生的物料损失及能源消耗；再次，严格监控各种物流运输过程，如水路、铁路、公路运输过程的物料装载方案，按照物料的物理状态，如粉状原料使用封闭罐体运输，块状原料使用集装箱运输，避免运输过程中的物料飘洒、遗漏；然后，规范对承运商的管理，建立市场化的招投标制度，利用市场机制培育运输能力强，服务质量好的承运商，保障绿色物流运输要求；最后，开展重去重回业务，引入双程配载运营模式，相继开通港口、本部和子分公司之间的多条"重去重回"运输业务，提高了运输效率。

小规模的物料，如合金、化药等主要以供应商为主组织物流运输，由于合金、化药等原料含有重金属和化学成分较高，一旦运输过程中有洒落对环境影响较大，因此，唐钢在物料进厂环节进行严格检验，对于包装破损、物料洒落、质量数量不符等情况拒绝收料和付款，促进了供应商重视物流过程的绿色运输。同时物料到厂后，储存至指定仓库，其中设有危化品专用仓库，避免仓储过程对环境的不利影响。

4.4.4.2　生产物流绿色规划

生产物流是企业生产的重要环节，生产物流的合理与均衡稳定能够保证生产过程顺畅运转，缩短生产周期，压缩库存占用，为企业生产的连续性提供了重要保障，一个企业的生产物流状况对生产环境和生产秩序有决定性的影响。

A　生产物流计划的匹配性

钢铁生产过程是高温、高耗能等工艺过程，生产过程环节多、流程长、参与者多，且伴随着原料、燃料、辅料的物理和化学变化，需多个部门联合作业。生产物流作为主要生产工序的串联者，已经成为主要的生产工序之一，它存在于每一个生产环节，又将诸多个生产环节串在一起，从原料进厂直至产品销售出厂都离不开物流组织。因此，物流计划的制定与生产计划要严格保持一致，在仓储、转运、装卸等作业环节要与所服务的生产环节保持同步，同时生产物流又具有连续性、并行性、节奏性、协调性的特点，生产物流的专业化水平直接决定了生产工序的协作水平。

B　生产物流工艺流程的改造

生产过程的组织包括时间组织和空间组织两个部分内容。在企业既定的生产组织基础上，参照产品结构和市场状况，优化生产过程的组织。降低生产过程中的在制品占用，尽量缩短生产周期，从而提高物流运作效率。采用先进生产工艺。生产物流和生产工艺路线不可分割。复杂的工艺路线可以导致生产物流的流程增加，从而增加物流成本。企业应该结合自身具体情况，由工艺管理部门和技术部门通力协作，并发动各级相关人员大胆创新和尝试，寻找适合本企业的、科学的、先进工艺。结合企业的具体情况，改造工艺技术，缩短工艺路线。

C　生产物流组织结构的优化

钢铁企业目前存在较大的问题主要在物流成本上，要想获得比较优势就必须以更高效率、更低成本提高物流效益。因此，物流流程优化成为企业流程优化的关键流程。另一方面，组织结构是流程优化的根本保证。因此，要以高效的物流流程为目的，以此为核心设计企业组织结构。企业的工作绩效衡量要以物流的合理与效率为基准，对阻碍物流畅通、增加物流成本的管理层次尽可能地削减，减少物流的中间环节，设立的仓储管理部门、配送中心和运输部门等的数量和权限、物流网络的规模都以物流流程的效率提高为基准。同时，成立企业物流综合管控中心，负责从全局角度把握物流的整体优化，具有对其他部门的业务指导职能。

D 生产物流过程的信息化

信息技术替代了原来的部分工作，如办公自动化系统替代了大量的办公管理，管理信息系统替代了文件、单证等收存和转发。更进一步，信息技术改变了原来的业务流程。物资入库子流程原来需要经过财务部门、库存管理部门之间多次单证的流转和确认，网络出现以后，单证流在网上实现，转发和确认速度加快、过程简化、方便快捷。以信息流替代物流、速度取代库存是信息技术渗透到物流过程的重要特点，也是依托信息技术改造传统物流流程的依据。

E 河钢唐钢生产绿色物流的实施方案

河钢唐钢生产绿色物流的实施方案包括以下几点：

（1）构建物流管控体系。主动转变观念，将物流管理提升到企业战略高度，整合采购、生产、销售物流业务，成立物流管控中心，发挥物流业务及费用集中管控的专业管理职能，协助二级单位实施物流优化方案，落实管理制度的落实。推动由"企业物流"向"物流企业"的转变，实现物流管理的系统化，使企业管理形成"向物流要效益"的氛围。

（2）改善物流作业流程。企业生产物流系统规划设计的核心内容是服务于生产系统的物流组织流程图，包括厂区的合理布局，厂内设施的平面布置，各种物流环节的衔接，物流设施的改造等，以实现物流资源的集约利用。唐钢主要采用以工艺流程优化来减少物流周转，如通过实施铁前原料厂改造工程、钢后钢渣处理场改造工程、泥浆管道运输工程、料场棚化工程等，既实现了物料的封闭运输和储存，又达到了减少物流作业、降低物流成本的效果。

（3）强化物流计划管理。物流计划的有效性和合理性是提高物流效率的基本保证，应与生产计划紧密结合，通过整合产前、产中、产后的物流信息，对企业内部生产物流实施一体化管理，合理控制物料的采购、仓储、发运，保持适宜的库存，做到按需采购、按需存储、按需发料。

（4）有效利用人力资源。河钢唐钢通过组织机构优化和作业长的持续推进，逐步实现了集中一贯、费用低、高效率的精干有序管理。其中从事物流的员工总数两年内优化415人。通过实施铁路调度系统集中管理模式。变革延续多年的厂内铁路运输生产管理体制，以总调度室为班底，整合车站区域调度室，成立了总调度室，实现了"调度集中、跨站作业、一车到底"集中一贯的管理模式。

4.4.4.3 销售物流绿色规划

钢铁企业的销售物流是指从产品下线到最终消费者的产品流通过程，整个过程主要涉及仓储、运输、加工配送等物流作业环节（见图4-28）。

目前销售物流功能往往不能满足市场的需求，主要存在的问题有：铁路运输比例大，运输灵活性差成本高，企业仓储资金周转慢，资源利用率低、对环境的影响较大。现代大型钢铁企业都面临着销售物流各环节能力不足的困境，需要进一步优化销售物流各环节流程，降低损耗，为钢铁企业贯彻绿色物流理念奠定基础。

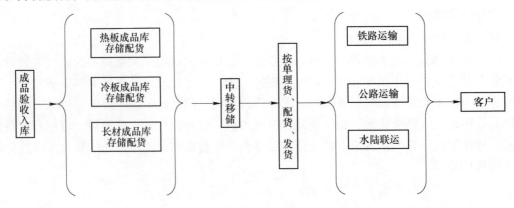

图 4-28　钢铁企业销售物流主要作业环节

A　仓储管理在物流体系中的应用及绿色规划

a　仓储在钢铁企业物流体系中的作用

2016 年是"十三五"规划的开局之年，钢铁被《国务院关于化解产能严重过剩矛盾的指导意见》中列入严重产能过剩行业，是大气污染的主要排放源和河北治污的重要对象，河钢唐钢针对影响钢铁生产、销售、物流等各环节突出问题，以"去产能、去库存、去杠杆、降成本、补短板"为目标，统筹推进供给侧结构性改革各项工作，优化提升供给结构，促进产业转型升级，实现绿色产业化发展。由于仓储在物流中承担改变"物"的时间状态的重任，在物流系统中被视为一大支柱，由于市场的变化和客户的个性化需求越来越多，对仓储库存管理提出了更高的要求仓储环节往往会出现库存大、周转慢和成本高等问题。通过加强库存管理而缩短生产周期和流通周期，不仅能大幅度降低成本，而且会带来竞争优势。

b　国内钢铁企业仓储管理现状

从 20 世纪 50 年代起，国内钢铁企业就建立了生产设备的库存。多年的储备，使设备种类繁多，情况复杂。通常企业长期以来一直沿用传统的库存管理模式，保证生产经营的连续性，但是随着全球经济的风云变幻，钢铁产量过剩，使大部分流动资金被存货所占用，同时增加储存成本和管理费用，产品使用效率降低，严重影响了企业经济效益的提高。

c　公司在仓储管理模式上的探索及应用

物流公司所管辖的仓储库区总面积达 9.3 万平方米，仓储量 20.32 万吨，起重设备天车、龙门吊共计 45 部，库区按属性主要分为两大类：原料库和成品库；按外形分为：线材、型材、板材。仓储库区一般均与生产线相连，产品下线后直接进入仓储库区进行货物管理，缩短入库距离，提高工作效率。

为有效解决仓储环节存在的问题推进绿色物流发展模式，公司不断学习和借鉴其他企业先进的管理体系，对仓储管理模式上进行了绿色流程规划，在仓储管理原有的原料和产品简单堆放的基础上，进行现代化合理管控，使用管理系统和先进作业设备，提高作业效率，降低成本。

仓储库区管理采用人工与自动化相结合的管理模式，人员采取四班三运转的工作模式，确保仓储库区 24h 不间断作业。管理系统有河钢唐钢计质量三级系统、MES、物流管控平台、自动化仓储管理系统以及无人化仓储管理系统。

（1）针对优化库存，平衡生产与销售计划等问题，各库区结合库区实际管理情况采取和制定适合该库区的管理方法。以平整成品库区为例，该库区主要负责平整一线和二线钢卷的下线、入库、仓储、发运；冷轧、平整基料降温、周转、置换；铁路外发资源的倒运与装载等作业。库区总仓储面积 1.2 万平方米，总仓储量 4.5 万吨，可码放钢卷 3115 卷。库区在传统的管理基础上进行绿色规划，对仓库的进、出库及库存进行有效管理。合理分配仓储位置，对仓库的货位进行可视化查询；实现库区、库位、入库单、出库单标准化管理，保证工作人员 24h 不间断发货。库区定期为生产和销售部门提供库存信息，实生产和销售部门对库存进行合理分配和规划，科学有效地制定排产计划，较少数据流通环节，确保数据的实时性和准确性，逐步达到绿色化仓储管理的要求。

在货物码放和仓储方面，库区对钢卷货物采用先进先出和 ABC 分类法相结合的管理方式，不断提高仓储管理水平。如：钢卷下线时根据钢卷种类、规格、型号、质量等进行归类码放；在匹配发货订单时采用先进先出的方法进行操作。如果遇到紧急发运作业时，库区采取订单货物集中管理方法，即把该订单内需要发运的钢卷集中码放进行降温、转运等作业，既节省装车时间又减少天车吊卷、倒卷往返次数，大大提高作业效率。

（2）库区结合传统仓储管理模式，以传统的仓储管理模式为依托，采用先进的仓储管理设备、系统和管理发放对仓储管理进行绿色规划。以高强汽车板为例，该库区分为原料库和成品库，原料库仓储面积 7500m^2，仓储量 2.4 万吨；成品库仓储面积 1.3 万平方米，仓储量 2.4 万吨。在原料库仓储管理方面，由于库区自动化程度高，工作人员在作业过程中协同组织，积极联系基料供应单位，准确把握来料节奏，平衡调度计划指令，并结合不同区域基料发运计划，优化原料库备料区与受卸区仓储布局，缓和产线库区仓储受限不足的问题，突出承运车辆运力补给，确保基料快捷运输。在上料环节，结合酸轧线上料计划，同步制定每日基料倒运计划，提高倒运计划与上料计划的一致性，加快基料周转率，进一步缩短了库占周期。MES 系统、物流管控平台系统与无人化仓储管理系统相结合，将标准化与自动化两者合理匹配，针对产线生产组织节奏快、物料吊装起落频次高等特点，有效提高上料、备料、卸料 3 项作业程序契合度，加快设备响应速度，提高作业效率。

在成品库仓储管理方面，库区围绕合同定单组织发运，详细梳理仓储库存结构，重点关注连退卷与镀锌卷下线、入库、仓储、发运等环节相关产品信息数据上传，实现可发资源的可视化。同时，根据销售部门下达的交货单情况，把握产品销售区域流向，提早计划安排发运，确保在规定时间内将货物运达指定地点。针对部分品种集港发运比例大、车源需求比例高等情况，适时与承运方沟通协调，增加运力安排。为做好产线出口发货工作，库区以集港备货期为前提，提早介入，精准掌握资源结构，以满足客户的发货需求。

（3）不同系统的数据成功对接，促进仓储进行绿色规划管理。库区 MES 系统和 SAP 系统数据对接上线，实现产销一体化管理，为库区精细化管理以及客户满意度的提高提供了有力支撑。

（4）重视对专业人才的培养。近年公司逐步推行和完善作业长制度，通过区域划分作业长管辖，有针对性的管理各作业区。自主管理的推行使工作人员积极配合仓储管理的优化，发现问题自主解决，最大化体现绿色物流，绿色仓储管理。

d　仓储管理未来发展

仓储随着物流体系的不断发展和完善，在今后一个时期内，仓储管理会发生一些重要变化，现有的钢铁仓储物流应该从网络化、信息化、管理的现代化等方面，加强自身的建设，以适应钢铁市场的需要。

(1) 传统仓库向现代物流中心、物流园区转变，主要是仓库功能的增加和仓储设施的升级。

(2) 自动化立体仓库概念的出现，是仓储管理模式发生根本性变化，彻底打破传统仓储管理模式，推进仓储管理绿色流程的规划。利用立体仓库可实现仓库高层合理化，存取自动化，操作简便化，自动化立体仓库，是当前技术水平较高的形式。自动化立体仓库的主体由货架，巷道式堆垛起重机、入（出）库工作台和自动运进（出）及操作控制系统组成。货架是钢结构或钢筋混凝土结构的建筑物或结构体，货架内是标准尺寸的货位空间，巷道堆垛起重机穿行于货架之间的巷道中，完成存、取货的工作。

(3) 随着钢铁工业的快速发展，钢铁物流园区作为现代钢铁物流产业发展的一个新趋势，建设速度加快，并越来越受到我国各级政府和相关企业的重视和支持。现代化的钢铁物流园集现货交易、仓储、加工、金融、信息、办公、商业、住宿、餐饮、景观、停车等功能于一体，对用地规模的需求越来越大，通常的用地规模都在千亩以上，这就为仓储管理的绿色规划创造了条件。在物流园内可利用市场经济手段获得最大的仓储资源配置，以高效率为原则进行仓储管理规划，盘活资产，提高设备和仓储利用率。实现资源共享，本地、区域甚至全国联网仓储方面，对入库产品可进行信息化管理，建立数字化立体仓库，实现传统仓库向现代仓储中心转变，有效提高仓储效率，确保储存质量。

B　运输在物流体系中的应用及绿色规划

物流是企业的第三利润源泉，运输则是第三利润源泉的主要源泉。由于钢铁行业运量的巨大，导致运输是整个销售物流环节中占用成本最大的环节，也是影响环境的最重要因素之一，所以钢铁企业物流运输的绿色化对于该行业对绿色物流的推进有重要作用，同时也在一定程度上推动物流的优化、成本的降低。

a　钢铁行业销售物流运输环节的现状

钢铁行业销售物流运输环节的现状为：

(1) 运输方式的选择比较单一，运输结构存在失衡的现象。

(2) 钢铁企业销售物流具有规模大、品种多的特点，这对运输组织提出了挑战。

(3) 大量不合理运输的存在。主要是运输效率不高、空载或者装载不足、对流运输或重复运输等现象普遍存在，从而提高了运营成本。

(4) 信息化管理水平不高，缺乏统一调度和对各项信息实时监控，没有及时地对信息系统加以更新造成信息滞后。

(5) "超载"现象较普遍，严重破坏基础设施。目前我国汽车运输"超载"问题相当严重。据统计，超载严重到相当于额定载重的 3～4 倍的程度，超载车辆达到运输车辆总量的 50% 以上。大部分汽车运输公司主要依靠超载运输来节约成本和提高经济效益，完全不顾超载产生的严重后果。

b 钢铁行业物流运输绿色化的实施策略

钢铁行业物流运输绿色化的影响因素主要有运输方式、运输工具、物流网络以及物流组织模式等。所以在规划绿色运输的实施过程中要充分考虑以上因素。

（1）大力优化运输方式和运输结构，建立铁路、公路、水运等多种运输方式组成的综合运输体系。运输方式的选择标准就是是否能够节约物流成本，提高钢铁企业的经济效益。

优化运输方式包括三个方面：

1）选择灵活的环境友好的运输方式。运输工具的经济性在距离上有一定的合理范围，即经济运距。一般来讲，长距离运输时水运要优于铁路运输，铁路运输又优于公路运输，空运则是最不经济的；

2）提高车辆装载效率，减少空载现象；

3）要实行共同配送。通过以城市一定区域内的配送需求为对象，人为地进行有目的、集约化的配送。有利于提高配送服务水平，使企业库存水平大大降低，甚至实现"零"库存，降低物流成本。总之就是结合其他几种运输方式，降低单一运输的比例。

（2）合理选择运输工具，推广新能源交通工具的使用。在组织运输活动时，应根据具体情况选择使用不同的运输工具。如考虑运输工具的特点、商品的自然属性、市场需求的缓急程度以及运输条件等因素。一般来说，运输速度主要取决于运输工具和基础设施的现代化程度。如铁路的重载运输、船舶的大吨位运输、卡车的集装箱运输等都是运量大、速度快的运输工具。运输工具和基础设施的现代化程度越高，商品在流通中停留时间就越短。通过新能源交通工具的推广，可以最大限度地降低运输工具对环境的危害。

（3）构建高效率的销售物流运输网络，减少无效运输。通过共同配送，要求统一集货、统一送货，这样运输量可以明显减少，从而能够消除重复交错运输，降低空载率，能够明显提高市内运输效率，开展共同配送企业可以大大降低库存量，节约物流成本。对企业来说，要向物流绿色化发展就必须开展共同配送，从而节约能源，减少环境污染。发展第三方物流，由供需双方以外的物流企业提供物流服务。这样，物流企业可以从更高的角度、更广的视野寻求运输过程的最优化，从而减少运输车量，提高运输效率，降低废气和噪声污染。

（4）重视信息化技术在绿色运输环节的应用。信息技术对钢铁企业物流一体化管理的实现方面，具有双重作用，一方面直接对钢铁企业的物流一体化提供基础的支撑作用，另一方面可以间接地通过提高物流组织的管理效率来促进钢铁企业内部物流一体化。钢铁企业生产流程复杂，运输频繁，物流繁琐，通过标准化的信息管理，可以降低组织内部的交易成本，提高信息决策处理的速度和准确性。信息技术的应用可以避免过去信息交流的不规范和随意性导致的效率低下问题。从高层物流管理层到作业层之间的信息的共享，可以减少不必要的中间报告环节，大大节省了时间，提高了工作的效率。建立自动化、标准化的信息管理要抓好两个关键环节，一是在物流信息资源的采集要及时、准确；二是要建立数据库、支撑物流信息系统和决策系统。

c 河钢唐钢在绿色运输环节的成功经验

河钢唐钢在 2012～2015 年的销售运量如图 4-29 所示。

由图 4-29 可以看出，河钢唐钢销售物流运量近 4 年都较为稳定且运量较大，鉴于运

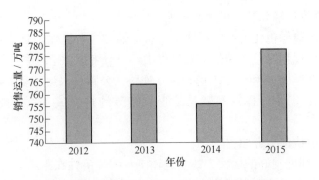

图 4-29   河钢唐钢 2012 ~ 2015 年的销售运量

输在物流中的重要作用，河钢唐钢以绿色运输为推行绿色物流的有效切入点，积累了很多成功的经验：

（1）采取多种运输方式，实现运输结构的优化。河钢唐钢根据实际的销售模式、配送地点和运输方式的具体特点进行综合分析，充分运用好各种运输方式，设计好运输方案，根据产品的特征和不同的运距，有针对性地选择快速、价廉、安全的运输方式。使各种运输方式合理搭配，达到运输一体化的目的，从而减少能源浪费和环境污染。以 2015 年为例，河钢唐钢的运输结构如图 4-30 所示。

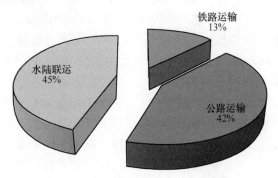

图 4-30   河钢唐钢销售物流运输结构

从图 4-30 中可以看出，河钢唐钢销售物流方式主要有铁路运输、公路运输以及水路联运 3 种方式，其中公路运输占据主导地位，这主要与其销售区域有关，在公路运输方式中，有 94% 是配送至京津冀地区。所以河钢唐钢在选择运输方式时根据多种因素通过经济比选确定，以此实现运输结构的优化以及运输费用的降低。

（2）优化整合各种运输资源，构建优质、高效的销售物流网络。河钢唐钢以满足客户个性化需求为导向，以降低自身及客户的销售物流成本，改善物流服务，提高物流效率为核心，充分发挥优势，按照现代物流理念，统筹规划，特成立了"物流经营管理部"专门制定优化整合方案，指导企业进行现代物流管理创新。通过建立物流优化与整合的数字模型，将产品销售至用户的销售物流全过程进行系统优化，使整个销售物流运输网络达到最优化的程度，实现河钢唐钢销售物流的集约化、有序化，最终减少资源消耗，降低物流成本。

（3）通过郢易达平台对承运商进行招标，降低运输成本。通过搭建"郢易达平台"

对承运商进行招标，一是可以建立"准入"门槛，把好外部承运公司的评审选择关，建立外部承运公司档案，真实详细地评估其营运能力和信用等级，确保物流质量；二是通过公开招标，可以最大限度地降低物流成本，减少各种损耗，为贯彻绿色运输的理念奠定基础。

（4）运用物流管控平台等进行物流信息化管理。河钢唐钢积极集成公司现有系统相关数据，开发物流信息化系统，支撑公司物流集中管控平台建设。该平台包含整个的销售物流环节的管理，集成现有的三级及四级系统数据，形成完善的物流管控平台。通过可视化的运输系统，为客户提供查询服务；有利于及时优化物流各环节作业，降低物流费用，使物流顺畅运行，提高物流整体水平，更好为公司生产服务，提高企业竞争力。

（5）实施双程配载方式，提高运输效率，降低物流成本。物流公司中，物流运输成本在物流业务中占有较大比例，因而物流合理化在很大程度上依赖于运输合理化，而运输合理与否直接影响着运输费用的高低，进而影响着物流成本的高低。过去车队卸后空车全部排空，长期以来行成了"重来空回"的运输组织模式，造成了运力资源的浪费。

为了为充分利用卸后的空车，提高货车使用周转率，有效降低运输费用，物流公司于2015年5月开始推行汽运"重去重回"物流运输模式，开通了公司厂内、子分公司钢材集港运输与京唐港、曹妃甸港口外矿等大宗原料汽运双程配载运输线路，优化了物流流程，并通过定制化物流服务，极大地提升客户满意度，呈现双赢局面，随着运输市场行情的不断变化，为了更有效地实现"重去重回"运输模式，物流公司对运价进行调整，运输成本逐步降低，钢材厂内运往港口运价每吨下降3元，本部运往不锈钢运价每吨下降1元；矿粉每吨下降12.5元。2015年物流公司组织汽车"重去重回"运输共73万吨，节省运费404万元。

（6）优化出口产品的生产、集港，缩短出口流程，降低港存占用；加强与海关、港口的协调工作，有效降低海关政策对出口装船的影响，使货物尽快装船离港；强化租船订舱工作，保证货物集港后尽快装运。

（7）重视对绿色物流管理方面人才的培养。目前绿色物流业的专业人才较为缺乏，是制约绿色物流发展的瓶颈。公司通过实施作业长制实现对相关人才的培养，使其具有系统物流知识，对业务环节、作业流程、行业标准，服务规范、现代物流技术等都有研究，成为公司绿色物流发展的智库。

C　加工配送在物流体系中的应用及绿色规划

a　加工配送在钢铁企业物流体系中的作用

钢材加工配送作为钢铁物流体系的一个重要组成部分，越来越受到钢铁企业的重视，这不仅是钢材的一种现代营销模式，也是企业的"第三利润源泉"。加工配送在钢铁营销链条和物流体系中占据着十分重要的地位。

钢材的加工包括对钢材进行开平、横切、纵切、分条、冲片、模具、冲压、拼焊以及对建筑材料的切割、套扣、成型等内容，配送服务是指按客户的要求把用户指定的各种钢质、规格的钢材配货组批，按时送到客户指定位置的过程。加工配送不仅使客户方便用料、提高成材率、减少钢材库存量和节约成本，还可以提高钢铁路流通和物流企业产品附加值、增加效益和优化资源配置。

b　国内钢铁企业加工配送发展现状

近年来，我国的钢铁物流业发展迅速，传统的钢材市场向现代化钢铁物流发展转型；政府和相关企业注重钢铁物流园区的扶持和建设，注重钢铁物流的信息化、自动化、网络化建设。钢铁企业以及大型钢铁贸易企业竞相投资兴建加工配送中心，一些钢铁企业为提高企业自身竞争力和盈利空间，在贴近钢材消费地区设立钢材加工配送中心，从传统贸易方式向用户直供、深加工领域转变。

c　公司在加工配送环节的探索与发展

公司结合市场需求和物流发展趋势，随着客户个性化要求越来越多，决定对加工资源进行集中化、专业化管理，对配送范围、生产线分布、仓储能力、加工工艺等因素进行综合研究评定，建设 3 个加工库区：热轧成品库北库区、华冶加工库区、商贸库区，3 个库区分别针对客户订单要求，对卷板进行平整、分卷、开平等工艺的加工生产。

加工配送库区使用的管理系统与仓储库区管理系统保持一致性，这样既做到了数据资源的共享，又能及时跟踪货物生产加工情况。

为了减少重复交错运输，降低空载率，提高运输效率，减少污染，公司开展多库区共同配送，这里的共同配送是指多个库区联合实施的配送活动。配送时采用物流管控平台，通过计算机和通信设备对所属车辆进行调度，对路线上的车辆实行监控和调配。开展共同配送可以大大降低库存量，节约物流成本，社会资源得到充分利用。

d　加工配送未来展望

（1）为实现钢铁工业可持续发展，大力发展非钢产业，减少我国铁矿石资源的开采，保持铁矿石的储量，缓解铁矿石的资源危机。未来可以考虑对废钢进行加工再利用，引进破碎生产线并配备先进的磁选和分拣设备，将混在废钢里对炼钢有害的有色金属及杂质分选出来，得到非常纯净优质的黑色金属原料，对废钢的加工利用有利于促进循环经济的发展和环保升级。经过废钢破碎生产线加工处理的废钢是洁净的优质废钢，其自然堆积密度为 $1.2 \sim 1.7 t/m^3$，是理想的炼钢炉料。

（2）加工配送中心的发展。我国现阶段加工配送中心还处于初级发展阶段。随着市场经济的发展和社会化分工，钢材加工配送服务模式受到企业的欢迎。目前，国内已有百余家钢材加工配送中心，主要分布在华南、华东、中南等经济发达地区。这些钢材加工配送中心很多由外商独资或合资投建，韩国浦项、日本商社在中国都建有钢材加工中心，主要服务对象集中在外资、合资企业和一些上规模的民营企业，涉及汽车、家电、电器等行业。加工配送中心的常规服务有：仓储管理、加工服务、现货销售和配送服务。发展加工配送中心可提高物流服务水平，提高效率，更好适应钢铁生产、钢材贸易和下游客户发展需要。提高物流服务附加值如库存协同管理、电子商务、集中采购、钢材深加工、及时配送服务、信息咨询等。

4.4.4.4　逆向物流绿色规划

A　钢铁逆向物流内涵

逆向物流（reverse logistic）这个名词最早是由 Stock 在 1992 年提交给美国物流管理协会（CIM）的研究报告中提出的。逆向物流是一种包含了产品退回、物料替代、物品再利用、废弃处理、再处理、维修与再制造等流程的物流活动。逆向物流包含正向物流中的各项活动，但以相反的方向运作。逆向物流以广泛的视角不仅包括废旧产品或包装物的回收利用，还包括生产过程中废品和副产品的回收利用及退货处理。正向物流和逆向物流共同构成了一个闭环的供应链系统。

钢铁逆向物流是以顾客满意和环境保护为目的，而将钢铁产品、资源和相关信息从供应链下游向上游回流的过程。它包括退回物流和废弃物物流两大部分。其中退回物流指不合格产品的返修、退货以及周转使用的包装物等从需方返回到供方的物品流动。废弃物物流指将经济活动中失去原使用价值的物品，进行回收、分类等，并送到专门处理场所的物品流动。

B 钢铁逆向物流的必要性

钢铁逆向物流的必要性包括以下几点：

（1）提高满意度，实现顾客价值。作为钢铁生产商，应努力塑造良好的企业形象，向顾客提供环境友好程度高的产品，满足顾客的消费需求，从而增强企业的竞争优势。

（2）减少污染，减少自然资源的消耗，提高资源的回收利用率。结合钢铁行业的特点，钢铁的制造原料主要为矿石、废旧钢铁、有色金属、焦炭等资源，这些都是不可再生资源，储量有限，而且消耗过程中环境负担重。对钢铁企业的逆向物流实施有效的控制，不仅可以节约资源和企业的生产成本，还有利于环保，可以给企业带来巨大的收益。

（3）面对国内钢铁需求不断扩大的趋势，钢铁产量巨大。目前，我国的钢铁年产量已经超过4亿吨，是世界第一产钢大国。同时我国钢铁企业每年从国内采购的废钢数量达到3000万吨。可见，研究钢铁的逆向物流问题紧迫而具有现实意义。

C 钢铁逆向物流存在的问题

钢铁逆向物流存在的问题有：

（1）钢铁回收控制不严。不少大中型机械制造企业，每年度的金属废料切屑、料头、边角余料、废品等达到上千吨。目前，大多数企业只对其按黑色、有色和稀贵金属分类，对废旧钢铁回收利用不能按牌号分选储存，导致废旧钢铁混料严重，影响回炉重熔的品位。钢材按用途分为三大类，即结构钢、工具钢、特殊用途钢。但是相当多的废旧钢铁，其化学成分都是混杂的，牌号混淆，价差很大，许多高品质的废钢只能以低价品位销售与再利用。

（2）钢铁回收企业规模小。传统废旧钢铁回收企业经营规模小，重数量、轻品位和质量，降低再回收利用的价值，依靠买卖价差作为利润的主要来源。资金和技术实力不足，场地狭小，废旧钢铁混放的现象比较普遍，具有清洗、去锈、除杂等分选或精选手段的企业较少，能将回收的废旧钢铁转化为开发产品的原料的企业更少，利用资源优势，转化为产品和经济优势的能力不强，资源利用程度处于较低水平。

（3）市场秩序不规范。钢铁回收企业数量多而且分散，导致市场管理效率低下，以次充好现象普遍。这直接导致废旧钢铁入厂前成分混乱，进而影响钢铁生产企业对于废旧钢铁的再利用，同时也出现了压级、压价或哄抬物价、假招标等形式的不正常竞争。

（4）主管部门扶持力度不足。科技投入、政策支持、网络建设、发展循环经济的措施不够，力度不足，多种经济成分参与废旧钢铁回收利用市场后，宏观层面的引导、服务、协调、监督、调控等有些环节不到位。

D 钢铁逆向物流管理策略

从政府及相关机构角度看钢铁逆向物流管理策略有：

（1）制定相应的法律法规。建立钢铁生产及回收环保监管体系，出台相关标准、法规和管理制度，最大程度地减少在钢铁生产过程及回收处理过程中可能产生的环境污染，规范废钢铁回收企业的生产行为，严格按照环保要求对废物加以处置，确保人们生活环境不受危害。

（2）建立废旧钢铁回收网络和集散市场。建立实际的回收网络，规范网络中各主体的行为。同时利用现代信息技术，建立全国范围内的废旧钢铁回收网络，使各相关主体及时、准确地获取产品信息。

从钢铁相关企业角度看钢铁逆向物流管理策略有：

（1）重视回收利用。废旧钢铁产生较多的企业要有专门机构和人员负责废旧钢铁的回收工作，制定回收处理部门的职责，并对这些人员进行培训。同时，将废旧钢铁按照成分、特性进行分类，以便资源的重复利用。

（2）回收企业采用科学的回收处理方式，并提高从业人员素质。提高回收分拣的自动化程度，提高操作工人的技术水平和操作能力，使其具有钢铁材料的牌号、成分、分类的知识，掌握废旧钢铁的分选、除杂、精选操作，提高废旧钢铁的回收分类质量和回收效率。

（3）钢铁产品设计中融入绿色理念。绿色设计是在传统产品设计的基础上创新而成的，其制造的产品不仅满足用户需求和企业赢利，而且在其整个生命周期中力求将环境和资源的负面影响降到最低程度。绿色设计追求的是产品的环境性、功能性和经济性的统一。在产品设计阶段，将充分考虑产品结构的可拆装性、可维修性、可回收性、可重复利用性、组件的兼容性以及产品的持续适用性，从而增强产品的可回收性，减少产品在整个生命周期中对环境的污染。

（4）钢铁生产企业采用先进的生产技术和低能耗、低污染设备，减少在制造生产过程中带来的环境污染及材料浪费等。在生产过程中采用低污染的生产方式，减少废料的产生，并对已产生的废料进行重复利用。

4.4.5　绿色物流信息化

钢铁物流是以"铁钢物料"为载体，以"物流"为运作，以"信息"为核心，集采购、销售、厂内、回收、第三方物流为一体，资金流、信息流、物流相互促进、相互融合的综合板块，具有服务对象众多、辐射范围广以及运输量巨大等特点，是涵盖完整供应链的物流体系。但相较国内外物流行业来看，钢铁物流发展迟缓，缺乏机动性，一直存在管理陈旧、高能耗、高成本、低效率等弊端。

随着信息技术的发展，企业尝试运用信息技术与装备实施管理与提升，收到了良好效果，逐步确定了信息化在现代物流发展中的重要地位。河钢唐钢在以往的发展中，始终将物流信息化建设作为一项重点工作来抓，紧密围绕物流生产活动与精细化管理，建立了较完善的物流信息体系，合理布局，打造精益物流，开创了对内降本增效，对外创效的有利局面。

绿色物流对河钢唐钢物流提出了更高标准，它以低碳、环保、低耗、高效为宗旨，利用先进的物流设施、管理、服务与技术装备等手段，在考虑全局和长远发展的前提下，实现对物流环境净化，物流环节优化，使物流资源得到最合理的应用，建立绿色物流体系。

在此前提下，河钢唐钢物流坚持信息化科学发展原则不动摇，逐步建立信息化、自动化、网络化、智能化、标准化的管理体系，推进物流不断发展壮大，并且部分举措已与绿色物流发展并轨。近年来，在两化融合战略目标下，以信息化带动工业化，河钢唐钢物流在生产过程中自动化智能化，管理信息化和管控一体化等方面都取得了长足进步。

4.4.5.1　依托于信息技术飞跃的供应链全流程信息可视化

钢铁行业物流是协同运作的体系，需要将供应链上的所有参与者有机地联系起来，其中，信息是载体，是钢铁物流活动的神经中枢，它同时联系着供应链上不同物流信息系统的各个层次和各个方面，对供应链起着管理与监控作用，能有效提高效率，改善物流现状。实时、准确、完整的供应链信息对宏观调控及微观调整起到绝对支撑作用。

河钢唐钢应用信息技术、通信技术对供应链信息进行采集、分类、传递、汇总、分析，实现了各环节信息的无缝对接，可视化展示物流全程动态，支持公司的管理决策，并提供专业化的物流服务。

A　唐钢物流可视化管控平台

a　物流信息资源的采集与集成

系统通过与其他系统对接、加装设备、人工维护的方式，将供应链各节点及点间动态数据进行采集，并按照物流活动顺序进行分类整理。

（1）与其他系统对接完成数据自动获取。内部与企业生产系统 SAP、计质量、MES、铁运进行数据对接，完成部分物流环节信息采集，包含：采购订单接受与匹配，车辆计量是否完成，成品配货、装车、发货完成，铁路车辆摆到、离去等信息接入，对企业内部物流节点进行追踪，准确记录进度。平台与船讯网、国铁做数据交互，获取船运及铁路运输在途信息，第一次使企业物流运输视角延伸至供应链两端。

（2）应用设备辅助信息采集。在河钢唐钢各物流区域通过加装固定式、便携式读卡设备，记录汽车车辆进出厂、进出库、装卸等实时数据。通过承运政策进行规范，要求承运车辆加装 GPS 定位设备，完成汽车车辆实时跟踪和记录；对临时承运车辆河钢唐钢与供应商、承运商协商，专项开发手机 APP，向司机推送河钢唐钢运输公告、路况、天气等信息，同时完成对车辆定位追踪。

（3）通过人工维护确保数据链完整。河钢唐钢物流是由多部门机构协同完成的活动，针对系统外重要数据，平台采用人工维护的方式予以补偿，如原料供应商维护装车发运，河钢唐钢驻外人员维护物资到达集散地等。

b　物流信息的动态可视化展示

平台以供应链各节点及点间动态数据完整采集为实施基础，为实现直观、高效查询监控，开发"河钢唐钢物流信息综合展示"模块。该模块分为两部分：运输载体地理位置追踪和物流节点信息追踪。

（1）运输载体地理信息追踪。河钢唐钢物流主要运输方式为公路运输、铁路运输、船运，平台在信息采集过程中通过接入公路 GPS 数据、国铁数据、船讯数据，实现了全部运输载体地理信息追踪，为图形化展示做了前期准备。平台在河钢唐钢物流公司综合调度室设置 2×8 拼接大屏，以百度地图为基础展示公路运输车辆位置；以中国铁路交通地图为背景，在地图上将列车沿途到站确报信息以连续打点方式进行展示；PC 端程序内嵌 AIS

海图查询页面，可按船名分别查询。

（2）物流节点信息追踪。平台内按照不同物流类型组建模块化节点追踪看板，用不同灯色显示车辆已完成的环节和将要执行的环节，配套车辆 GPS 定位，可直观掌握车辆位置和业务执行情况，加强厂内物流执行管控，对快速流通起着至关重要的作用。

　　c　以供应链可视化为基础的精细化管控

多元化信息实时、准确的采集，既为物流决策宏观调控提供依据，也为微观调整提供支撑。

（1）库存概念向供应链上游成功延伸。对物资运输信息的精准掌握使河钢唐钢物流第一次将库存延伸至在途，厂内实际库存和在途物资统筹考虑。首先，直观通过在途信息可提前组织场地、接卸设备、作业线路，预先安排运输生产任务，调整作业方案及运输节奏，降低拥堵风险，使后续环节更加顺畅；其次，信息高度透明化使降低厂内库存成为可能。在掌握在途信息前提下，确保生产同时降低库存资金占用是河钢唐钢物流又一项成功举措；有效控制发货频次，避免不均衡发货带来的库存积压甚至厂外二次装卸情况的发生，杜绝物料损耗和非必要物流成本支出。

（2）物流运输标准化管理。河钢唐钢物流有对内服务于生产的职责，长久以来，相当大比例的运输计划是由生产单位、部门直接向物流调度系统外口头传达，作业模式相对粗放。而科学的物流活动都源自运输需求，因此平台建立标准化运输需求管理，由生产单位在系统内部维护生产用料运输需求单和转储运输需求单，物流部门针对运输需求单进行车辆调度，车辆以运输需求单号为主键记录该运输需求执行情况，物流部门以每车生成的跟踪单号对其作业过程实施监控，系统记录运输需求单已执行量、剩余量，更有利于规范物流秩序。

（3）加强承运商管理。为使物流运输长期保持高效，平台为承运商建立车源提报、车辆签到、循环应用三大机制。生产单位的运输需求单会根据对应关系下发至不同承运商，承运商自行提报车源，确定车序，由物流调度根据承运商提供的车源车序进行车辆调度和装车准备，做到"运输未动，信息先行"，使物流部门第一时间掌握承运商运力情况，提前组织；承运商接到车辆调度反馈，立即按照顺序抵达现场打卡签到，如超过时间限制，该车将进入"黑名单"，不能承接此次以及后续运输任务，必须向物流运输部门陈述原因解除限制，若单车达到累计次数，将通知承运商更换司机；车辆本次运输完成后，由物流部门进行跟踪单审查，确认无误后审批，该车辆即可恢复到车源提报序列，进行后续运输任务承接。这种机制下物流部门对承运商管控力加强，同时保证运输正点率和运输效率。

（4）兼顾厂内物流秩序管理。平台的设计考虑了厂内运输车辆秩序管理，以避免厂门、厂内线路拥堵造成不便，同时确保各库区、装卸点业务顺利开展，通过实际调研，结合各装卸点的接卸能力和厂区合理行车密度，严格控制厂内容车数。在厂区门外设置临时等待区域，安装 LED 显示屏，显示装卸点车辆情况，当出现车辆空缺时，指示车辆进入厂区，驶入装卸点，如此循环，依次进入，使厂内物流秩序得到了有力控制，对厂内交通安全及维持环境整洁创造良好条件。

　　d　通过建立门户为客户提供更优质的物流服务

河钢唐钢物流管控平台的运用，增加了一些新型的客户关系，建立钢铁企业与客户物流信息与需求的交流与互动。

（1）向客户提供物资信息查询。由于平台与生产系统对接，成品物资具备送达方、售达方等信息，客户登录门户网站录入客户名称，平台将过滤筛查物权属于该客户的物资信息，显示目前所处的物流环节，如成品已经发运，客户可查询物资在途地理位置，为其提供便利。

（2）建立物流运输评分机制。平台支持客户对每一次运输质量评分，默认运输服务为五星，当出现运输速度迟缓，服务态度不良，包装或物资受损等情况，客户可按照实际情况降低星级评分，并填写原因，物流部门收到信息反馈后组织相关人员核实，存在运输问题的车辆，将向其所属承运单位追责。此举有利于持续优化物流运输服务水平，提升企业形象，是肃清不良因素，促进良性循环的有力手段。

（3）建立客户反馈通道。客户通过平台提供的信息交互窗口反馈意见、建议，物流部门可向其提供专业的物流咨询、政策等。通过管控平台与客户建立相互联系，建立一种多赢的合作模式。一方面可以通过平台信息了解到客户的需求，持续优化；另一方面客户可及时了解钢铁物流动态。

e 基于供应链全流程可视化的数据价值深度挖掘

河钢唐钢物流在供应链信息采集经历了较为漫长的过程，形成完整的信息链实属不易，唐钢认识到，完整的数据积累是企业的宝贵财富。信息的高度透明可视不仅为物流生产组织提供便利，也是长久以来物流生产活动的记录，为数据潜力的挖掘与科学运用奠定了基础，平台依托强大的数据整理、分类、统计、分析能力，对数据的深层次运用做出尝试。

（1）完善的报表功能。系统以实时、准确的物流信息作为前提，按照不同维度，开发多元化报表，满足物流各部门使用，涵盖发运、在途库存、厂内库存、物流节点查询、仓储信息、周转量、完成量、欠交量、物流成本等，为其提供最直观的数据统计。

（2）基于大数据分析下的趋势预测。物流的趋势性预测主要集中在物资流向、流量、流速三方面，河钢唐钢物流将服务对象归类，对内面向冶金生产，对外面向客户，通过以往数据积累进行分析，得出未来短期内服务对象的需求量，随着数据日益积累，预测结果越来越具有参考价值，物流部门则参照预测结果提前组织物流生产活动或调整方案。

B 钢铁物流成品仓储可视化管理系统

仓储是物流各环节之间存在不均衡性的表现，仓储也正是解决这种不均衡性的手段。钢铁物流成品仓储是物流其他环节之间的衔接，例如生产的初加工与精加工之间，生产与销售之间等，其高效运行是钢铁物流活动高效的前提，粗放的成品仓储管理势必成为遏制钢铁企业物流高效顺行的"瓶颈"。

河钢唐钢成品仓储管理均有生产信息系统覆盖，如计质量系统、MES系统等，这些生产系统均有基础的仓储管理功能，记录成品仓储的物资转移，并向上层企业SAP系统传递数据，触发物料移动、成本核算、过账等动作。但单纯依靠生产系统实施成品仓储管理存在弊端，系统只关注成品物资进、存、出结果，并不着重突出专业化物流仓储管理内容，如货位使用率及空闲率、库存物资码放是否合理、展示是否直观等。

河钢唐钢物流以如何科学使用仓储场地，加速决策，提升作业效率三方面为出发点，建设成品仓储可视化管理系统。

（1）数据远程采集。以物资条码化管理为实施基础，规范条码生成标准。开发手持终端程序，实现条码识别，利用产品唯一编号与产品信息做数据对应，识别条码同时显示该产品明细，信息通过库区无线网络回传至生产系统。

（2）仓储可视化展示。应用 3D 建模技术，将库存信息以图形展示，使库区物资码放、库区使用情况更加直观，对货位的科学使用、高效决策起到积极作用。

C　围绕企业内调度集中的铁运可视化体系

河钢唐钢铁路运输机构参照国铁建立：通过车站的设置，逐步形成了区域作业特性明显的协作型运输，并确立了以车站为生产单位的管理格局，但河钢唐钢铁路运输贯穿企业生产的采、卸、集、装、发等环节，其中包含大量工序间运输，具有很强的内部保产特性，客观上又要求必须以统筹规划、高度协作来保证企业正常生产节奏。此时，以车站为单位的运输组织逐渐露出弊端，不利于铁路运输组织的全局部署，不利于运力均衡使用、不利于协同运输，甚至一度成为束缚。河钢唐钢物流针对此困境立即做出改革创新，简化运输组织机构，收取车站运输组织权限，由河钢唐钢物流调度室统一指挥，实现铁路运输调度集中。这样一来，各车站以企业铁路运输的整体作业效率为目标，形成运力互补。

此项举措的顺利实施离不开铁运信息可视化的预先建设，它是一切铁路运输组织活动的先决条件。

（1）分散式车站铁路运输可视化。车站铁运可视化以微机联锁系统为基础，系统在铁路线路设置轨道电路、色灯信号机、动力转辙机，以 PLC 采集站场行车动态，并将实时数据在联锁图上展示，反映线路占用、信号、道岔情况，满足基本的铁路行车指挥需要。

调度系统在微机联锁上层建设，通过建立调度计划系统化管理功能，结合轨道电路时序性变化，完成铁路行车指挥与铁路运输组织两个层面的融合，实现各车站机车与车辆位置、车序、空重状态等信息在联锁图上的追踪展示。

（2）围绕调度集中的全局铁路运输可视化。为满足河钢唐钢铁路运输统一指挥及部署，河钢唐钢物流开发了全局可视化信息系统——调度监督，该系统绘制了河钢唐钢铁路运输全图，提取各车站可视化信息，整合在全图上显示并按实际衔接，是河钢唐钢物流进行企业内铁路运输调度组织的直接依据。

4.4.5.2　信息技术与自动控制技术深度融合下的物流生产高度自动化

河钢唐钢物流着眼于供应链各环节的执行效率，应用新的辅助手段和管理模式消除"高投入、低产出"的瓶颈，并使其具备一定先进性，正向拉动上下游环节实现协同、持续调优。其中，信息技术和自动控制技术是有效提升管理，实现过程自动化的两大"法宝"，河钢唐钢物流经过摸索，完成多项行业领先成果，为行业间推广起到良好的示范作用。

A　自动化仓储管理系统

仓储是物流各环节之间存在不均衡性的表现，仓储也正是解决这种不均衡性的手段。仓储集中了上下游流程整合的所有矛盾，所以物流的整合、优化很大一部分归结为仓储的运行控制。从仓储的经济效益来看，仓储的花费在整个供应链中占得比重较大，如果能采取合理的布局节约货物的占地空间、减少人工的需求量、加快存货周转次数，就能为缩减物流成本做出不小的贡献。

河钢唐钢物流承担着唐钢所有产成品仓储环节，作业点多且业务复杂，部分库区甚至是兼具产成品下线、中转、销售发运的综合型仓储，有保产特性，管理难度较大。最初，河钢唐钢物流在仓储管理上投入了大量人力，但效果却不尽如人意：物资流动不畅、账目混乱等情况客观存在，延误生产、影响交货期、发错货等事故时有发生，对企业正常的生产经营及市场形象均造成影响。

"自动化仓储管理系统"是河钢唐钢物流为结束仓储管理"高投入、低产出"局面做出的创新尝试，系统由河钢唐钢物流自主研发，以自动控制装备为基础，融合信息技术与无线网络通信技术，辅助实现仓储业务过程的自动化以及仓储精细化管理。

a 仓储物资追踪自动化

系统以工业级编码电缆定位技术为基础，实现对吊具位置的三维定位并生成坐标，通过对库区货位、层高的测量对应坐标范围，使天车吊具在任意货位都能自动识别；运用天车限重设备采集空闲及吊运物重差，设置门限值，使系统在天车作业过程中自行识别动作类型；信息化介入作为该系统功能完整的前提，确保本库区与上游信息链路畅通，自动获取待入库物资信息，并将信息与车上 PLC 采集的起吊、放吊动作匹配，以定位技术为基础实现物资追踪；系统将物资追踪数据通过无线网络回传至数据库，生成匹配货位的库存表。"自动化仓储管理系统"使用后，系统自动追踪并记录物资在库内的码放位置，现场入库、倒垛、出库等业务无需人工记录货位，准确率达到100%，仓储管理人员直观了解库内物资存放情况，极大提升了仓储环节作业效率，避免错误发生。与此同时，系统应用后每班减少室外精整工两名，降低人工成本投入。

b 仓储信息管理自动化

信息化和自动化是两个不同的概念，但随着工厂自动化与企业信息化的整合与集成，模糊了自动化与信息化的分界，形成了一种新型的管理模式，其技术基础是工厂自动化与企业信息化的融合、衔接和集成。"自动化仓储管理系统"是信息化与自动化融合的一个典型实例，它以信息流的高度完整性、实时性为建设前提，预先获取待入库物资信息，运用系统的自动控制技术完成物资在仓储环节的追踪与记录，将结果一方面反馈至仓储生产管理系统，另一方面在系统自身内部存储，做专项统计分析，并协同"成品仓储可视化管理"系统完成可视化展示。

c 现场信息采集自动化

"自动化仓储管理系统"为实现物资的定位追踪预留一条备用通路——手持终端数据采集，在设备、网络、电力等出现异常情况下，利用手持终端通过扫描物资条码完成数据采集，更新库存。

B 无人化仓储管理系统

河钢唐钢物流实现仓储自动化管理后，在提升效率、减少操作、削减人工投入以及加强管理等方面均收到丰厚回报，受到一致好评。但河钢唐钢物流不满足止步于此，与唐钢微尔自动化公司联手，继续深入研究信息化与自动化在钢铁物流仓储中的更高级应用。2015 年末，随着无人化仓储管理系统在河钢唐钢高强汽车板原料库、成品库的成功应用，使河钢唐钢成为国内第一家达到无人化仓储管理水准的钢铁企业。无人化仓储管理延续了自动化仓储管理的设计理念，但将信息化与自动控制技术融合提升到全新的高度。

（1）以信息化为基础实现仓储作业计划无人化制定。仓储环节全无人化管理单凭自动控制技术是远远不够的，河钢唐钢高强汽车板原料库是接收原料兼具上线投料的保产型库区，河钢唐钢高强汽车板成品库是销售外发兼具包装线下线的综合型库区，两者业务迥异，涉及系统多。要建立仓储无人化管理，信息化必需先行：一方面通过梳理业务、分析流程、归纳现场作业环节，设计数据链路，为各作业环节的自动执行做基础准备；另一方面在信息中抽取并分析仓储上下游物资供需关系，为自动服务生产做铺垫。系统收集数据并运算，自动生成作业计划，并按优先级执行。

（2）信息化和自动化融合下的无人化作业执行。无人化仓储管理系统几乎集合了所有工业级智能化仓储管理的先进技术：编码电缆定位、激光定位、旋转编码器、传感器、PLC 运行控制、条码化管理、远程数据采集、无线网络通信等。系统将作业计划转化为运行指令，驱动自动控制单元执行，实现天车作业无人化。在此过程中，系统自动判断优先级，合理安排作业顺序；规划走行路径，科学控制运行速度；与其他天车信息交互，规避互动作业时的运行风险；在产线作业时与步进梁联锁；实时监测库内物料分布，必要时自动控制过跨车完成库内转运。系统投入使用后，在无人操作的情况下保持正常生产，彻底颠覆了传统的天车控制理念和库区管理理念。

（3）仓储管理的无人化调优。系统在保证最基础的上下游物资供需同时，融入仓储精细化管理思路，将高强汽车板原料库、成品库打造成河钢唐钢物流精品库区。

1）仓储货位科学应用。河钢唐钢物流将以往仓储管理经验融入系统设计，确定货位使用及组垛准则，原料库按钢质规格分类存储；成品库按照交货单组垛。对加速捡货保产，加速物资流通起到决定性作用。

2）待用原料自动预备。为提升原料卷上线速度，在仓储中按功能划分"备料区"。系统从高强汽车板 APS 全程排产系统获取投料计划，并获取最高优先级权限，从仓储中按照排产计划预先备料，按上线顺序在备料区合理存储；当需要从相邻库区调用资源时，系统将自行联锁并驱动过跨车，协同天车自动输送物料进备料区。

3）物资存储智能调整。随着库情变化，系统会根据现场场地使用情况不断调整库区存储，以保证上料、下线、发货装载、入库卸车的高效畅通。

4）自动配货与吊装。无人化仓储管理系统以高强汽车板 MES 系统装配单为依据，在库区过滤符合发运条件的物资，形成配货单据，在精整工确认后，系统将配货单据转化为作业计划，自动指挥天车吊装。

C　企业内平交道口全自动控制

平交道口是铁路线路与外界公路交通的交叉点，对钢铁企业来说，运输部门在平交道口一方面要同时兼顾公路、铁路交通安全，另一方面要保证铁路运输有良好通过率，确保运输准点到达。因此，平交道口控制实质是安全与效率并重的管理。

河钢唐钢物流承担着厂区内部所有平交道口的安全防护工作，目前已经全部实现人工远程道口控制，道口管理人员与行车调度人员联合办公，通过观察现场视频图像，操作拦木机远程动作。目前，河钢唐钢物流正在研究厂内半封闭平交道口全自动化控制，实现自动控制拦木机升降，消除由于操作人员误放、延时放杆造成的交通拥堵，机车等待等问题，精确的升降时机把控在保证行人车辆安全同时，保证了机车的最优通过率。

（1）运用传感技术实现安全防护。分析列车经过平交道口特点，在铁路线路道口起点和终点加装轨道传感装置，设置地点的选择充分考虑列车行驶速度，拦木机动作时间等因素，使列车在按限速行驶至道口时，确保道口杆落下，声光报警启动；同时兼顾厂内公路交通，道口封闭不能过早，造成车辆行人拥堵。拦木机动作过程中，道口杆下方有障碍时将暂停动作，防止砸车、砸人。

（2）融合信息技术确保准确率。钢铁企业厂内平交道口很多都是站场咽喉的延伸，因此列车在道口折返作业占据比例较大。折返作业时，列车其中一种情况是接近道口但不通过，单纯由传感器控制可能出现"误放杆"情况，这是基于设备控制时系统做出的硬性安全防护，但会对公路交通产生影响。为消除这种缺陷，控制系统与铁运系统做数据接口，获取列车运行路径、车长等信息，提前预知列车在平交道口的作业形式并判断是否需要安全防护，如需要，由传感器控制拦木机动作时机；如不需要，在列车经由传感器时驱动系统声光报警，拦木机无动作。

4.4.5.3　信息化集成技术创新下的钢铁物流铁路运输安全化

安全，是铁路行车的头等大事，铁路运输生产的根本任务就是把物资安全、及时地运送到目的地，其作用、性质和特点，决定了铁路运输必须把安全生产摆在各项工作的首要位置。由于钢铁物流铁路运输以重载、特种运输为主，行车安全的重要性更为突出。近年来，随着唐钢物流《行规》、《站细》的不断完善，对行车安全管理的不断加强，千人负伤率持续下降，但要彻底杜绝行车事故发生，保证生命财产及物资安全，就需要运用辅助手段，改变原有现场行车安全完全依靠人工保障的高风险作业模式，从行车条件、行车环境等因素着手，形成以信息化、人工双重保障行车的安全机制，借助先进的安全辅助系统从本质上消除事故发生的可能。

唐钢物流自主研发的铁路运输车载安控系统弥补了铁路行车安全防护薄弱的不足，一举完成了联锁上车、行车信号上车、行车安全预警以及特种作业安全辅助等功能，在行车作业过程中为乘务人员提供现场实时动态信息，以安全预警提示风险因素。

A　钢铁物流铁路行车安全化

a　DGPS技术辅助进路控制安全

唐钢铁路行车安全依赖轨道电路的区段防护机制，并以此作为进路是否形成的依据，但由于轨道电路受外界影响较大，当客观存在钢轨锈蚀、油污，或轨道电路电压偏高等不良条件时，微机联锁系统有一定几率采集错误数据，就是通常所说的"丢车"，此时，微机联锁可以排放共用"丢车"区段的其他进路，这也就意味着在特定的条件下存在极高的行车风险，可能导致"撞车"、"四股道"、"挤道岔"、"脱线"等严重行车事故的发生。分析其原因，轨道电路本身处于室外，或多或少的存在这种弊端，要彻底杜绝这种风险，就必须建立一套独立的机制与轨道电路配合。

河钢唐钢物流创新性地应用差分GPS技术来弥补不足，通过差分基站建设，安装车载终端，地理信息测绘实现机车车辆在铁路线路上的精确定位，并实时将车辆位置信息回传，在河钢唐钢物流综合调度室大屏幕上展示，调度员、信号员可以掌握机车车辆第一手地理位置信息，避免在轨道电路异常干扰下的危险行为。

b　危险预警功能为行车提供安全防护

其次，铁路运输车载安控系统将站场联锁图传送至车载终端，实时显示信号机、道岔、区段、进路等状态，让乘务人员对行车条件提前预知，行车环境一目了然。系统通过

DGPS 技术采集机车车辆所在的位置、速度，在系统内部与风险点坐标比对运算，实现行进距离道口、尽头挡，禁止信号 60m 时语音预警，起到辅助信号瞭望和警示作用；同时设置全程超速报警，为乘务人员规范操作和安全行车提供直接依据，从根本上保障行车安全。

B　RFID 技术实现炉下特种车辆作业安全

在钢铁物流内部铁路运输中，铁水运输是生命线，它是炼铁工艺与炼钢工艺之间的衔接，安全与效率在这一环节更加凸显。其中，机车顶送鱼雷混铁车在高炉下对位接铁是这一运输循环的起始，因此如何保证这一作业过程的安全与高效是长久以来困扰唐钢物流的难题。原因是在上述作业场景中机车是顶送作业，机车司机无法看到前方行车情况，要实现目标罐罐口正对出铁口定点停车是需要攻克的最大难点。河钢唐钢物流之前采取炉上人员、地面连接员、司机三方紧密配合的方式作业，即当高炉下允许信号点亮时，机车司机按规定以不超过 5km/h 的速度行进并随时准备停车，连接员在出铁口附近线路外侧，受炉上人员指挥并目测，同时通过对讲机指挥司机速度控制和定点停车。

用这样的作业模式保证安全和作业效率存在着隐患，首先，司机相当于在"致盲"情况下行车，是严重的安全行车与人身安全隐患；其次，机车司机与连接员的配合默契程度，机车司机在突发情况下的反应速度，操作灵敏度都是不能忽略的客观原因，稍有不慎就会造成一次对位失败，需反复微调，丧失效率，甚至发生撞挡、脱线等行车事故；另外，因司机完全依据语音指挥控制机车走行速度及停车时机，为防止意外发生，会在得到连接员指令同时迅速操控，这样就造成机车的反复启动、急停，对车体、钩舌的磨损和碰撞积累非常大。

系统应用了一种基于 RFID 射频识别技术的机车自动识别行车标志的方法，该方法通过对 RFID 的电子标签的设置，在机车上安装设置 RFID 读写器及声光报警装置。当机车通过装有 RFID 标签的线路时，机车上的 RFID 读写器自动识别线路上的 RFID 标签信息，在机车运行过程中动态提示鱼雷混铁车罐口距离出铁口的距离，使司机做到心中有数，便于精准控制车速，使对位成功率达到 100%，并有效防范危险的发生。

4.4.5.4　借助互联网思维实施突破的钢铁物流智能化

互联网技术不仅影响着人们的日常生活，同时影响着市场的商业贸易，进而影响着企业的运行。2015 年，李克强总理在政府工作报告中提出"互联网 +"战略行动计划，利用互联网平台和信息通信技术，助推传统产业的转型升级，促进电子商务、工业互联网和互联网金融健康发展。"互联网 + 钢铁"是钢铁产业链商业模式、管理模式融合创新的结果，钢铁企业将由钢铁制造逐步向制造与服务并重方向转型。物流作为钢铁生产及销售的链接和辅助环节，运用互联网技术，整合各类相关信息和资源，实现货物、车辆的实时跟踪，将对钢铁业的发展起到促进作用。

河钢唐钢借助"互联网 +"政策，运用互联网技术，构建了郅易达平台，该平台是面向社会的货主、车主进行汽车运输交易撮合的同城大宗商品综合性物流服务电子商务平台。

A　智慧物流项目建设背景

智慧物流项目建设背景为：

（1）国家对物流行业发展的政策导向。2014年国务院印发《物流业发展中长期规划（2014～2020年)》（简称《规划》），部署加快发展现代物流业，提出到2020年基本建立布局合理、技术先进、便捷高效、绿色环保、安全有序的现代物流服务体系。《规划》明确提出"加快推进交通运输物流公共信息平台发展"，标志着我国物流业已步入转型升级的新阶段。随着科学技术的发展，由高新技术代替传统人力已经成为不可逆的趋势。在国家政策支持与关键技术攻关的催化下，智慧物流行业将迎来爆发式的发展。

（2）河钢唐钢"智慧物流"项目。"智慧物流"项目是唐钢2015年"互联网＋"4个重点项目之一，已获公司经办会批准、发规部立项实施，并于2015年8月25日召开了河钢唐钢"互联网＋"项目建设启动大会。

B 智慧物流项目建设的必要性

唐山市是我国重要的工业城市之一，运输空驶率现象严重，企业自备汽车资源60%处于闲置状态。目前许多货主为找不到车源而担心生存问题，同时一大批货主因为找不到价格合理的运输车辆而万分焦急，来自这两方面的弊端形成了一个怪圈，由于信息的不对称，物流网络缺乏规划，没有一个合理的运输体系设计，造成车货信息不能合理匹配，车辆空驶率高，空载的费用消耗被分摊到总成本中，使得车辆利用率低，企业物流总成本居高不下。

为车源方和货源方搭建一个高效撮合、降本增效、灵活简便的线上物流资源对接、线下物流全程跟踪服务的公共物流服务平台，可有效增加运输车辆负载率，提高车辆利用率，降低社会运输成本。

C 智慧物流项目——郅易达平台简介

郅易达平台筹建于2015年7月，于2016年2月正式上线，是一个货与车在线匹配的信息服务平台，运用物联网、云计算和大数据分析等信息技术手段，通过高效撮合、降本增效、灵活简便等手段吸纳整合社会多方资源，打造的一个集运输、金融、汽车后市场等服务于一体的物流综合服务平台。平台旨在"立足京津冀、服务社会、实现共享经济"。

郅易达平台采用先进的迭代式的开发方式，根据用户的需求还将不断地开发和完善。平台包括招投标平台、金融平台、物流平台3个子平台模块。

招投标平台严格按照国家发改委发布的《电子招投标办法》设计，秉承了大型企业的先进管理理念和实际操作经验，同时结合了最佳的信息化实践，实现了从招标准备、招标、投标、开标、评标、定标、项目结案等全招投标业务流程网络化。通过信息化的手段，提升招标业务的透明度和规范性，降低了交易成本、提升了效率。

郅易达平台与中信银行合作建立平台金融监管账户。符合资质要求的企业用户，包括托运人与承运商都可以在郅易达平台建立虚拟账户，并实现与自身实体账户的绑定，虚拟账户的主要用途包括：现金交易管理与保证金管理。目前，托运人与承运商的交易内容包括：保证金管理、转账、支付、退款、融资等。

物流平台可以根据承运商车辆的运力情况及货物的分类来自动选择相关的车辆，节省人力劳动，提高了效率。同时能实现分段、分量管理，对于一些距离相对较长的专线运输，分段、分量的运输组合可以大大节省整个运输的成本。当承运商生成运单后，该消息会通过APP发送至相关的司机。司机点击"确认收货"后，系统便开始记录相关的地理位置信息，直至司机将货物运送至目的地，司机点击"货物送达"，这期间司机的运行轨迹会实时显示在监控平台上。

此外，郓易达平台仍在继续开发完善，将逐步搭建大数据分析平台、汽车后市场平台等。郓易达平台实时收集并分析平台产生的各类运行及运营数据，并为平台运营人员及会员提供数据分析增值服务。通过大数据分析平台的数据分析，从各个维度对承运商及托运人进行评估，提高贸易撮合的质量，为金融融资服务提供数据支撑。汽车后市场平台专注于汽车销售以后，围绕着汽车的使用提供各类服务，主要涵盖的业务有：汽车金融（购车贷款、保险等）、汽车维修保养（维修、机油、机滤、改装等）、汽车配件（轮胎、导航、行车记录仪等）、二手车交易、汽车文化（俱乐部、车友会等）以及新能源车业务（城市客运、汽运）等几个行业。

郓易达平台打造绿色物流全新模式主要体现在以下几个方面：

（1）节约人力，提高效率。郓易达平台的建设使用，极大地提高了平台用户的工作效率，信息传递更加快捷，避免了频繁的电话问询或纸张信息的传递，高效便捷，节约成本。平台将货主、车队紧密联系在一起，使各方、各环节的单独处理工作串联起来，方便各个环节的审核、批复，减少了重复劳动。

郓易达平台的上线运行，不仅降低了物流成本，也推动着河钢唐钢低碳物流信息化水平的不断提高，带动了物流行业的绿色发展。通过平台，用户能科学地管理作业流程来降低物流成本，减少碳排放，以达到绿色物流的要求。

（2）实现绿色物流实时跟踪。互联网技术通过数据的及时传递、信息的实时共享，可以有效地解决运输、仓储等作业过程的控制与跟踪等难题，优化了管理流程，促进了绿色、智能发展。

郓易达平台由招投标环节开始介入和参与用户业务流程，通过快速及时的信息传递和收集处理，实现平台用户整个业务流程的自动化和网络化，同时实现用户对货物、车辆的全过程的监控和管理，促进平台使用方的成本降低，保障物流过程的高效运行。

（3）全力构建绿色信息平台。郓易达平台为用户提供便捷的操作环境，不仅提高了用户业务环节的效率，促进流通、降低交易成本，也进一步推动了整个钢铁产业链低碳的发展。

郓易达平台通过大数据分析、云计算等手段对数据进行分析、统计，预测未来发展趋势，运用智能的运输系统等技术，优化平台用户的车辆运输路径、绿化钢铁供应链。同时平台汽车后市场服务的提供，也能降低环境污染，使整个链条健康、低碳发展。

（4）提供优质供应链供给。钢铁供应链是以钢铁为对象，以信息为核心，资金流、信息流、物流相互促进、相互融合，涵盖钢铁行业、现代物流业和信息产业等行业的供应链体系。互联网形成直接面向消费者的"去中介化效应"，一方面，极大削弱了渠道商、分销商等传统商业角色对供应链利益的瓜分，消费者直接受益；另一方面，有利于供给侧直接面对终端消费者，利于充分互动及获取一手市场信息。

郓易达平台在钢铁供应链的关键环节上掌握用户信息，引入大数据分析、云计算等工具，通过对用户提供以及在网络平台上采集到的多维度的信息资源的对接、整合、趋势分析，结合信息需求中的供应链契约设计和战略构想，增加供应链预测能力，科学调控供应链各个环节。能有效改善电话问询等传统方法下获取信息的高成本、时效性差等问题，充分利用大数据时代信息聚合在供应链运营中的价值创造能力。

（5）助推供给侧改革。"十三五"规划纲要强调，要突出抓好供给侧结构性改革，并提出了去产能、去库存、去杠杆、降成本、补短板的五大任务，钢铁行业成为化解过剩产能的重点领域。借力"互联网＋"战略，是钢铁产业去产能、去库存、去杠杆、降成本、补短板的新出路。

郅易达作为大宗商品综合性物流服务电子商务平台，将传统的钢贸模式与电子商务融合，是钢铁产业商业模式的创新和转型，带来了钢铁产业采购模式、营销模式、管理模式、盈利模式的变化。通过郅易达，构建一个专业化、规模化的钢铁原材料、产成品的交易平台，推动钢铁供应链的优化升级，从而扩展平台使用方的销售渠道，增强用户对于运价等的话语权，实现现金结算，加速资金周转，建立有市场影响力的交易生态圈。

融入"一带一路"战略，与沿线国家地区互联互通，是郅易达平台逐步完善和发展的方向。郅易达平台不仅服务于河钢唐钢，更服务于社会，广泛吸取社会资源，更好地服务平台用户。借助"一带一路"战略拓展平台用户，扩大货源、车源，运用大数据分析指引行业发展，努力打造高效智能的物流综合服务平台。

4.5　信息化、自动化和计量技术

4.5.1　背景

钢铁工业是我国国民经济的重要基础产业，作为产业链的前端，带动机械制造、航空、机车、汽车、建筑等诸多行业发展，在工业化进程中具有战略地位。钢铁冶金生产工艺流程包括铁前、炼铁、炼钢、连铸、热轧、冷轧、深加工等，整个生产过程是典型的化学与物理过程集成的混合型工业流程，具有大批量、多品种、非线性、远离平衡态、高温、高压、多相的复杂系统时空多尺度特性。

随着经济进入周期性与结构性深度调整时期，作为周期性特点较强的钢铁行业，受经济增速放缓、经济机构优化、生态环境约束等影响，钢铁市场供需失衡，产能严重过剩，同质化竞争激励，行业发展受到明显制约，钢铁工业面临的市场环境也随之发生变化。

4.5.1.1　市场需求客户化

钢铁行业从 2010 年开始，经历了由卖方市场向买方市场的转变。市场模式由以生产销售为中心，转变为以客户为中心，客户对钢铁的需求差异化扩大。为了适应外部市场环境的变化，钢铁企业必须对生产经营模式实施全面调整，使之适应客户差异化的个性需求。这要求企业生产组织模式需满足客户对于响应速度、交货周期、定制化服务的要求，同时具备更强的成本控制能力。钢铁企业必须实现由"集中化、通用化、标准化"的传统大批量制造生产模式向"分散化、个性化、专业化"的新型生产模式的转变。

4.5.1.2　制造过程服务化

钢铁行业在产品设计、制造、销售等过程中开始融入模块、节能、个性、服务等理念，服务型制造成为一种新的产业形态。钢铁工业在新的服务型制造环境影响下，开始通过促进钢铁行业供应链协同管理，建立和完善以订单为核心、多品种、小批量、快速灵活的柔性生产组织模式，通过客户订单的全程追踪等形式推动钢铁企业服务化转变。

4.5.1.3　制造技术智能化

新一代信息技术的发展，使得柔性制造、网络制造、绿色制造、智能制造、服务型制造等日益成为生产方式变革的重要方向，并引发了国际社会对制造业发展新理念、新模式、新道路的广泛讨论。

智能制造正成为新一轮产业竞争的制高点。世界各国均积极应对新一轮科技革命和产业变革带来的挑战。我国于 2015 年发布的《中国制造 2025》，明确提出以新一代信息技术与制造业融合为主线，以智能制造为主攻方向。同年，工业和信息化部、国家标准化管理委员会专门发布了《国家智能制造标准体系建设指南》，提出智能制造标准体系框架，为企业实施以智能制造为目标的信息化架构体系再造提供了具体标准和依据。

4.5.1.4　制造工艺绿色化

实施绿色制造，建设资源节约型和环境友好型的钢铁企业，是钢铁工业当前产业调整和技术优化的重点之一。绿色制造是综合考虑资源效率和环境影响的现代制造模式，其目标是使产品在整个产品生命周期过程中，即从设计、制造、包装、运输、使用到报废处理，对环境的负面影响最小，对各种资源综合利用率最高，同时使企业的经济效益和可持续发展效益协调优化。

绿色制造的实施和完善，将实现对钢铁工业的制造成本、生产效率、产品质量、环境效益的协同优化。绿色制造以世界各国制造业未来发展的重要主题，推进产业结构与生产制造模式变革。美国将其列为《先进制造伙伴计划 2.0》中 11 项振兴制造业的关键技术之一，并提出了"无废弃物加工"的新一代制造技术。英国提出实施绿色制造以提高现有产品的生态性能，重建完整的可持续工业体系。德国"工业 4.0"将资源效率（含环境影响）列为"工业 4.0"的八大关键领域之一。我国在《中国制造 2025》中将全面推行绿色制造作为战略任务和实施重点。

4.5.1.5　钢铁企业绿色制造运行模式

根据钢铁制造系统的特点，运用绿色制造技术的生产组织和技术系统的形态与运作方式，形成了钢铁企业绿色制造运行模式，如图 4-31 所示。

该模式以人、组织、技术、管理的有效结合为实施手段，通过物流、能源流、信息流、资金流的有效集成信息化架构体系支撑，实现钢铁企业质量高、成本低、服务好、同时满足绿色制造的要求。

钢铁绿色制造运行模式反映了钢铁企业绿色制造系统在运行过程中所遵循的规律及其表现形态，同时说明了钢铁企业实施绿色制造解决方案的框架和运行机制需要通过信息化架构体系的支撑来实现。

该模式为有效实施钢铁绿色制造提供了参考模型，它包括绿色制造运行环境层、绿色制造系统支撑层、产品生命周期主线层、过程目标层和最终目标层。这五层之间联系紧密形成一个有机的整体。钢铁制造过程目标层，即资源消耗越小越好，环境影响越小越好，

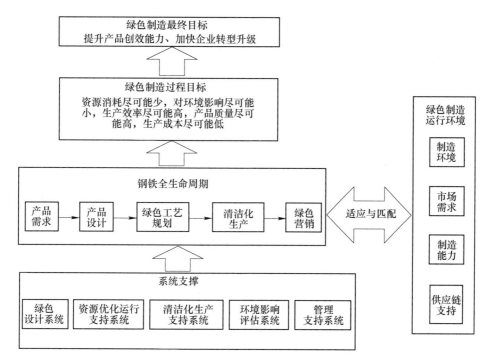

图 4-31 钢铁企业绿色制造运行模式

职业健康与安全越大越好，生产率越高越好，质量越高越好，成本越低越好，通过这六个过程目标，最终实现绿色钢铁企业的经济效益与可持续发展效益协调最大化。

4.5.2 现状

4.5.2.1 架构设计

河钢唐钢支撑企业绿色制造运行模式的信息化架构体系如图 4-32 所示，架构体系以顶层设计的视角进行统筹规划，符合中国智能制造标准体系规范并支撑企业绿色制造运行模式，其中 1 级为基础自动化层，直接控制现场设备；2 级为过程控制层，提供模型优化控制及生产过程控制；2.5 级为数据衔接层，包括工厂数据库，负责采集并按规则匹配 1 级、2 级工艺、质量及生产实绩数据，为 3 级以上系统提供数据支撑；3 级为车间管理层，包括生产制造执行系统、物流系统、能源系统、天车系统、设备点检等，用于将高层级生产管理信息细化、分解，将操作指令传递给底层系统，同时将底层生产实绩反馈至高层级系统；3.5 级为专业执行层，包括公司级订单设计系统、公司级计划排程系统、公司级质量管理系统，解决 4 级 ERP 系统在计划层面对无限产能约束问题，实现全流程的计划排程、订单设计及可追溯质量管理；4 级系统为企业管理层，包括企业资源计划管理系统及办公自动化系统，业务涵盖财务、成本、采购、生产、销售、质量、人力、设备等，从企业管理层面统一规划企业运作；5 级系统为决策支持层，是在 4 级基础上的功能扩展，包括 KPI 指标考核系统及商务智能系统。体系内系统纵向贯通、横向集成、协同联动，实现了柔性化的生产组织，定制化的产品设计，并提供一体化的质量保障。

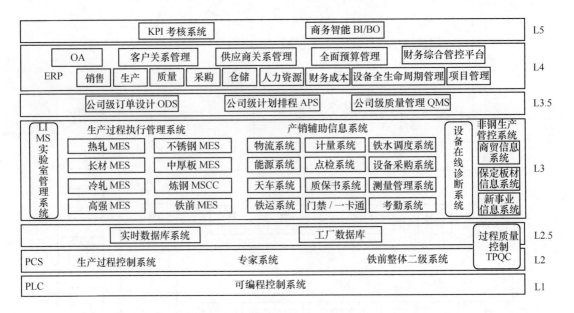

图 4-32　唐钢信息化五级架构体系

4.5.2.2　系统应用

A　企业资源计划管理

四级企业资源计划管理系统，业务涵盖财务、成本、采购、生产、销售、质量、人力、设备等，从企业管理的层面统一规划企业运作，规范企业的基础数据管理，整合企业资源，建立有效保障的企业控制体系。财务管理方面通过优化集团财务管理模式、组织职能、财务业务衔接流程，整合财务业务信息流，完善预算和成本管理体系、财务分析模型等，实现财务管理由职能型向管理型和决策支持型转变。采购管理方面集中统一管理采购基础信息，包括物料编码整理优化、供应商信息质量检验信息等，完善计划、采购、结算等业务控制体系，改进采购管理的执行策略，全面集成采购业务和采购财务，提高执行效率。销售管理方面根据销售实绩、市场预测、产能、库存、价格、成本、渠道等信息制定综合销售计划，及时应答客户的订单，通过产销衔接，实现销售业务与销售财务的全面自动集成，提高了效率及合同兑现率。生产管理方面通过销售订单、产能、库存等信息的集成管理，为生产计划的制定提供依据，用生产计划指导生产并及时获取生产实绩信息，提供有效的生产调度支持手段，实现全工序、多产线生产调度的物流平衡、成本最优，及时准确地掌握生产过程中的物流信息，实现快速准确的成本核算。设备管理方面实现了以推进设备点检定修制为中心，建立一套规范、实用、可靠、高效、可扩展的设备综合管理信息系统。通过信息化系统的约束，落实制度、落实责任，达到精细化管理。质量管理方面通过建立钢铁规范体系，与生产管理、销售管理集成的检化验计划制定，检化验实绩收集，质保书管理，积累检化验信息，进行质量分析和质量数据挖掘。人力资源管理方面通过完善人力资源管理体系，建立人力资源管理基础信息平台，实现人力资源管理与相关业务间的集成，服务广大员工，支持企业战略，推动管理变革。

B　客户订单定制化设计

在个性化、差异化产品质量需求逐渐成为钢铁行业终端客户的需求常态时，好的产品质量的定义也从"标准符合"转向"用户适用"，定制化的设计是信息化架构体系再造首先考虑的问题。河钢唐钢以公司级订单设计系统的建设为核心，建立起企业产品规范数据库、冶金规范数据库、工艺路径数据库，统一质量管理标准。针对客户销售订单进行质量设计展开，输出自铁水预处理、转炉、精炼、连铸、热轧、冷轧、退火、镀锌等产品制造流程中各个工序的产品参数、计划参数、工艺控制参数，实现集中、一贯的质量设计，如图 4-33 所示。

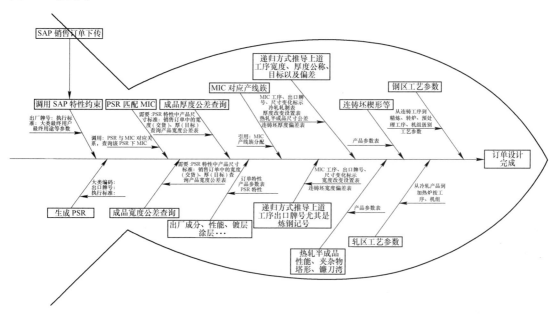

图 4-33　订单设计展开示意图

在系统设计中，充分融合汽车行业生产件及相关服务业质量管理体系 ISO/TS16949 的管理思想，实现了 APQP（advanced product quality planning）产品质量先期策划以及 FMEA（failure mode and effects analysis）失效模式和效果分析。对质量偏差进行预测，制定动态质量设计标准，即引用质量标记链概念，例如炼钢关键指标偏移理想目标范围，后续热轧工序通过调整原工艺参数，对产品进行补救。一贯制的质量设计思想，促使架构体系中的信息化与自动化进行刚性连接，确保每一道工序的质量设计结果能够下传到二级自动化系统参与模型控制，保证了生产过程中质量控制参数的可靠性，实现了设计制造一体化。除基于实际销售订单的质量设计外，系统提供支持新产品研发的质量设计管理，通过模拟设计进行提前校验和检查，减少试生产资源浪费，缩短产品从开发到量产的周期。

C　智能化计划排程组织

引进国际一流的高级计划与排程管理理念，将计划排产模块从 4 级 ERP 和 3 级生产制造执行 MES 系统中分离出来，以 3.5 级公司级计划排程系统的建设为核心，建立起产销一体化管理平台，通过科学的智能优化算法，动态平衡企业资源，实现基于有限产能约束下的资源调配。通过对企业物料需求、资源能力、时间约束的实时掌握，能够为销售订单预测确实可行的完工时间，对客户提供准确的交货期应答服务。通过全局透明的按单追踪与闭环计划反馈机制，实现从销售订单评审、销售订单接收、销产转换、公司及各分厂生产计划、作业计划、再到件次计划等产销作业链全过程的一贯制计划优化管理。

智能优化排程从全局、钢轧一体化、冷轧一体化等 3 个层次进行计划作业管理。其中，全局生产计划承接质量设计的工艺路径方案输出，并根据产线生产能力限制为生产订单推荐最佳工艺路径，平衡产线设备负荷，协调上下游产线生产步调，提高中间过程的物流衔接，提高资源利用率，减少物料周转，缩短制造周期。钢轧一体化作业排产充分考虑连铸与热轧机的生产规程差异，借助智能算法，优化出坯计划与热轧轧制计划协同，保证生产效率，并快速响应各种紧急修磨等突发情况造成的挂单调整、计划调整要求。冷轧一体化作业排产通过对大量异质化工序的自动归并，提高了设备的批量通过能力，方便计划人员更好地应对紧急订单、重要订单对计划提出的快速响应要求，实现生产计划的灵活组织与动态调整，实现柔性化制造过程管理。

D　全流程可控质量管理

设计实施国内钢铁行业最长生产流程的质量管理体系，实现基于客户订单质量需求的，集设计与制造全流程于一体的质量管控在信息自动化体系内的纵向贯通。满足客户对产品定制化的需求及产品质量稳定性的需求。

质量一体化平台包括质量设计、制造过程质量控制两部分内容。其中质量设计即为上文介绍的公司级订单设计系统，制造过程质量管控部分主要由全过程质量管控及在线质量监控协同作业，用于进行质量监控、在线判定、质量追溯和质量趋势分析。全流程的质量管理颠覆了过去只是关注局部或者分段工序的理念，建立起涵盖钢铁产品生产全部工序，包括炼铁、转炉、连铸、热轧、冷轧，直至最终产品等各个环节的质量管控体系。在面向智能制造的信息自动化体系架构中，打破了原有架构体系信息化与自动化的壁垒，实现了 $1\sim5$ 级系统的全线垂直贯通，使质量设计结果输出至下游执行系统并直达产线控制层。通过在线的质量调控和离线的质量分析，实现产品质量全程可控，对于异常状态可以进行实时监控与调整，达到品质最优化，降低废品率及改判率。管理措施与系统手段双重作用，创造性地实现了产品制造过程质量信息参与产品最终判定，相较于传统的成品抽样判定要更加精确、全面，保障了产品的整体可靠性，满足客户对于质量稳定性的要求，对于定制化产品的质量符合以及重点品种的提质上起到积极的推动作用。

E　制造执行系统

通过 MES 在计划管理层与底层控制之间架起一座桥梁，一方面，MES 系统对 ERP 系统、APS 系统、ODS 等系统的生产管理信息细化、分解，将操作指令传递给底层控制系统，另一方面，MES 将底层设备的运行状态，采集设备、仪表的状态数据，从而方便、可靠地将控制系统与信息系统联系在一起，并将生产状况及时反馈给计划层。

F　全方位能源要素管控

以构建高效、清洁、低碳、循环的绿色节能制造体系为目标，河钢唐钢对架构体系中的能源管理系统不断优化，提高能源系统基础测量、计量仪表的配备率及检测精准度，实现全方位能源要素的智能管控，提高资源利用效率，降低能源消耗，促进节能减排。

建立能源管控中心，通过工厂数据库及能源系统 SCADA 服务器，对唐钢全公司范围内离散的能源动力介质（如水、电、煤气、蒸汽、压缩空气、氧、氮、氩等）进行全面收集和集中管控。转变传统的粗放型能源管理月计划模式，启用生产订单的管理模式，让能源管理从最大限度地保供到有目的、有数量地组织生产，从而提高能效。加强能源计量管理、细化能耗成本分析，使能源成本不再单纯的局限于吨钢能耗指标，而是直接管理到生产的各个工序甚至批次、件次的能源消耗。统筹全局能源要素，通过对水、电、风、气等各种能源介质在焦、烧、铁、钢、轧等各个生产工序之间的流转过程的在线监控、调整与平衡调度，满足能源供需平衡、满足工艺系统节能要求，提高故障监测及分析处理效率，对能源的高效利用提供了有力系统支撑，保障了二次能源的合理使用与调配。

随着能源管控系统的不断优化，实现了河钢唐钢能源管理从管理节能、技术节能到系统节能、智能节能的全面蜕变。河钢唐钢实现了工业用新水"零"购入、废水"零"排放、废弃物"零"丢弃的3个"零"目标，企业自发电比例达到70%以上，固体废弃物综合利用能力达到100%。完成了从生产型企业向资源节约型、环境友好型企业的转变。

G 全物流管控体系

河钢唐钢年货物周转量高达3亿多吨，原燃物料年仓储量2000余万吨，成品、冷料年仓储量1737万吨，随物料移动发生的物流业务是构成企业基础管理的一个重要方面。

河钢唐钢全物流管控体系，将物流和库存概念进行融合，构建起一个基于库存管理和物流服务的大物流管理系统，转变过去的传统概念，即物流只是"原燃物料进厂后至产成品出厂前"，库存只是"库区实际货物存放量"等。将企业前后向的关联项综合考虑，从整个物流链的全局角度进行分析，不再局限于厂内运输。优化各环节的衔接，建立起全过程可视化物流管控体系，实时掌握物流信息，将原有物流向前追踪到资源地，向后延伸至客户端，建立起集采购物流、销售物流、仓储管理、配送运输、在途监控于一体的全方位物流体系，从而合理安排库存，提高物流响应速度。强化物料配送管理，减少周转过程，降低因多次装卸运输所产生的资金浪费及物料耗损。

全物流管控体系纳入了供应物流、企业内物流、销售物流、回收物流、废弃物流和社会物流等6个方面。之前建设的重点在于企业内物流和销售物流，经过整个信息化体系的诊断及分析后，将物流管理的触角通过信息化系统的方式延伸至企业商务活动的上下游，即与供应商和客户形成信息共享，打通与社会物流合作的信息接口，充分满足企业内部人员及客户对于货物在途状态的实时掌握需求，使物流信息透明化、实时化、共享化，提升物流服务水平。

H 设备全生命周期管理

通过建立设备状态在线诊断系统及设备全生命周期管理平台，从管理层面、执行层面、监测层面多维度入手，形成全方位体系化的设备管理架构，覆盖设备前、中、后全周期，以及设备选型、设备采购、安装、调试、点检、备件供应、设备报废、转移、费用等全部业务范围的管理体系，使企业设备管理情况清晰透明，有效提升了设备管理专业化水平，更好地服务于生产制造。

设备状态在线诊断系统通过关键产线关键设备的全面运行状态检测，建立智能化的设备分析模型，辅助检修人员和设备管理人员进行设备劣化趋势分析。通过该系统，可及时了解设备的当前运行状况，判断未来运行发展趋势，并通过在线监测系统远程诊断，确定设备故障原因、发生的部位，为运行及维护人员提供有效的维修建议。通过对机组关键设备的在线监测，建立相应的状态管理功能，实现设备管理人员对设备故障早知道、早预报、早诊断，把故障消灭在萌芽之中，从而提高设备运行完好率、减少设备停机时间及降低维修成本，促进设备管理水平提升。

I　测量管理体系系统

河钢唐钢首创冶金行业测量管理体系管理系统，将信息化管理手段融入到企业测量管理工作，实现了公司及其下属子分公司测量管理体系的网上运行，推动测量管理体系规范化、标准化，使测量管理的各项工作有效受控，推动了体系认证审核工作的顺利进行，支撑测量管理体系持续改进。

业务范围涵盖新设备的进厂、检定、安装、维护、封存、停用、报废，实现了整个测量设备全生命周期的管理；同时，对测量过程、校准规程、人员信息、体系审核及管理评审等进行网络化统一归口管理，提高了测量管理的专业化水平。

目前，测量管理系统受控计量器具数量已经达到 45000 余台（套），新上项目 100%配套建设检测手段。通过检定、校准计划能够自动生成，使公司计量器具的配备率以及周期受检率均有大幅提升。

J　天车系统

对传统天车进行了全面改造，为天车系统增加了智能调度层、控制层以及辅助系统控制的传感器、执行器等基础层，实现全自动无人天车控制系统。

通过与生产制造执行系统以及公司级计划排程系统的对接，将库区信息实时反馈至排程系统，使得公司级计划排程系统将生产实绩与生产计划相结合，以最优的计划下发给制造执行系统执行接收，并处理发布到产线 2 级进行实际生产，从而彻底解决工序生产计划与物料需求计划难以实时协调的实际难题。

系统能够生成调度指令、根据基础设备的参数自动化控制天车运行，为车间提供了精细的库区管理、准确的物流跟踪、解决天车负载不均问题。通过智能天车的应用，我们的库区人员得到极大优化；通过智能分配库位及行车路径优化，确保了库区空间合理使用；通过系统控制实现天车平稳运行，减少行车故障；通过逻辑地址与物理地址的精确对应，确保自动发货组织有序、运转高效。

K　工厂数据库

工厂数据库是唐钢信息化架构体系再造过程中的一大创新，在整体架构体系中的定位为 2.5 级，介于信息化系统与自动化系统之间，功能上满足信息化系统对于底层数据的采集需求。唐钢原有信息自动化架构体系中，数据采集分散，未按照既定规则进行匹配。而在唐钢面向智能制造的信息化架构体系中，工厂数据库中的底层数据更为广义和泛化，涵盖了生产过程的实时信息、底层数据的关系匹配与逻辑计算、实时数据按照上层信息系统需求而进行过滤与处理后的信息等。因此，在工厂数据库中，不止包括实时数据库，还包括关系型数据库、位置型数据库，在存储内容上涵盖了离散型、连续型，线性、非线性等不同类型的数据资源。

在实际的制造过程中，生产计划下发至 2 级系统，2 级系统通过模型计算将产品参数转化为控制参数下发 1 级系统，1 级系统控制现场设备按计划动作，实现各工序可控生产，并向上反馈生产实绩。在此期间，铁水成分、钢坯质量、板坯表面质量、辊速、炉温、延伸率等各类生产、质量数据流转于各个系统之间，计划数据与实际数据混杂，各独立的生产环节之间缺乏直接的沟通联系。工厂数据库（见图 4-34）将这些数据按照一定规则整合、串接，形成完整的数据链条，支撑所有 3 级以上系统进行信息提取与收集。

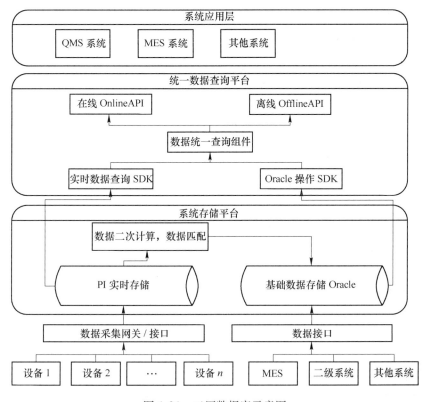

图 4-34　工厂数据库示意图

L　自动化控制系统智能升级

河钢唐钢面向智能制造的信息自动化架构体系，彻底打通二三级系统之间的通信壁垒，实现整个 5 级系统的纵向贯通，解决了信息化与自动化脱节的问题，大大提高信息化系统与自动化系统的数据交互效率。从而有效提升现场生产作业效率，保障数据传输的时效性及准确性。为智能工厂底层设备的互联互通、生产资源要素的智能管控打下基础。

在钢区，通过对基础自动化系统进行改造升级，各工序 2 级控制模型的不断优化，实现了准确的温度控制、成分预测以及造渣预报、动态脱碳控制等功能。重点建设炼钢动态调度系统（MSCC），通过特定工艺参数、牌号以及工艺路径的数据设定，管理从铁水需求、转炉、精炼到浇铸和钢包管理的一系列生产过程，在满足工艺和物流管理需求的基础上，达到生产序列和生产截止期的最佳匹配，削减缓冲时间，提升钢区冶炼作业效率。炼钢动态调度系统与 1 级、2 级系统的完善有效支撑了自动化炼钢的实现。

在轧区，通过对 1 级、2 级控制系统与模型的不断完善，对自动化设备的改造升级，各种检测仪表的配备，实现了物料的跟踪、轧制过程各种工艺参数的有效控制，使信息化系统的质量设计经由自动化系统的联动作用而实现，满足生产和质量的稳定性需求。建设业内领先的智能化全自动无人天车系统，充分运用传感器、车辆识别、三维定位等技术，智能分配库位、优化行车路径，确保库区空间合理使用、自动组织有序高效的出入库管理。

M　客户关系及电商平台

在客户服务管理方面，建立起客户关系管理系统及电子商务平台，实现了唐钢信息化架构体系向产业供应链的外延——客户端的延伸。对于意向客户，规划建立统一的意向客户资源管理库，将客户基本信息、主营品种等纳入系统管理的统一范畴，提供登记、检索、跟进，使意向客户成为公司销售的新源泉。针对新客户或老客户新询盘的业务，及时进行商机跟进。对客户预计销量、产品意向、商机状态进行实时更新，方便公司掌控新的商机进度。

电子商务平台可提供网上信息查询功能，客户可以利用互联网快捷查询订单、发货及结算等业务信息。同时具有产品信息发布功能，便于客户及时了解唐钢的产品最新动态。通过网上竞卖系统，进行计划外资源和待处理积压钢材的竞卖销售业务，增加公司的交易量和利润额。

N　推行日清日结，强化成本控制能力

为了强化成本管控，唐钢以信息化系统为依托，在全公司内推行日清日结，"日清"指的是工厂、工段、班组当日生产经营过程中的产量要清、质量要清、成本要清、效益要清。"日结"包括三方面内容：一是结果，即对当天的各种表格、台账进行认真统计核算，得出正确的结果以便分析；二是结论，即对统计结果进行认真分析，与计划指标相对比，找出影响指标完成好、坏的各种因素，确定问题点；三是解决，建立健全持续改进机制。

系统支撑方面，通过对之前适应月结的相关系统流程和规则进行优化、升级和改造，使信息系统能够满足日清日结管理的需求，出具成本日报和效益日报，自动计算各单位标准成本符合率，从而即时反应企业成本控制情况，并对各生产数据采集的工序计量设备和能源计量仪表进行配套的改造和完善，实现生产现场数据的自动采集，提高工作效率，减少人为因素的影响。

O　统一接口平台，实现信息化系统充分集成

在河钢唐钢面向智能制造的信息化架构体系中，重新规划设计及改造的应用系统数量达几十个，一个完整的数据流转需要经由多个应用系统。整个体系的协同作业，需要对各相关应用系统的异构数据进行充分集成，而复杂的数据结构和分散的业务流程为系统集成增加了难度。为提高系统集成的效率和稳定性，确保整个体系不会因接口服务异常引发大规模的系统瘫痪，河钢唐钢搭建了独立的接口平台，满足各个业务系统不同类型的数据交互需求。异构的数据以既定的格式推送至接口平台上，供其他系统读取使用。统一接入平台的使用，使信息架构体系层级更加明晰，提高了体系内数据传输的效率、保障了业务系统的稳定性。

4.5.3　展望

通过信息化架构的设计及系统实现，实现了采购、销售、生产、质量、财务、物流、工程及设备的一级管控；建立起信息高度共享、数据高度一致、系统高度安全、人员精简高效的企业运作模式；保障了集团关于生产经营方式转变、改革创新、面向市场、服务客户等重点工作的落实。

以整体架构为指导，在企业管理、生产管理、自动化控制及装备方面继续开展完善、优化、提升工作，推动支撑钢铁绿色制造运行模式的信息化架构体系的建设。实现对钢铁工业的制造成本、生产效率、产品质量、环境效益的协同优化。

企业管理方面，充分利用大数据技术，开发面向决策和管理的深度应用，积极推行财务全面预算管理、决策支持系统等信息化深度应用平台；同时进行端到端的集成探索，延伸企业供应链管理，实施效益测算计划系统及销售与运营管理系统，与企业计划排程系统有机融合，构建贯穿供应链上下游的智能一体化协同作业计划系统，实现面向外部市场环境的精准计划，使企业产品效益最大化，构建企业间信息化生态系统。

生产管理方面，推进实施铁前制造执行系统、LIMS 实验室管理、支持新产品研发的订单设计系统，并且将计划排程系统、全过程质量管控平台、订单设计系统进行更大范围的扩展与进一步的完善，为企业更好地满足市场与用户需求、提升服务水平、稳定产品质量提供有力保障。

同时推进产线的自动化改造，充分利用物联网技术，收集生产中的各项信息，优化二级模型控制，为产品设计、生产管控、无人管理提供信息支撑。实施钢包调度系统、钢区天车调度系统、磨辊间智能管理系统、天车自动定位及库区管理系统，实现生产作业全流程自动化、智能化。同时在关键或危险岗位引入智能机器人应用，替代人工作业，提升工作效率，保障生产安全（如捞锌渣机器人）。通过各个工序的自动化控制升级达到车间各个生产单元的智能作业升级，促进产线自动化流水作业连续高效，最大限度的发挥产线的潜能。

逐步推进河钢唐钢实现主体产线工业 3.0 的近期目标。未来十年，我们将以国家智能制造标准体系为基准，以《中国制造 2025》行动纲要为指导，逐步推进主体产线智能装备、智能控制、智能车间、智能工厂的全面建设，提升企业综合竞争实力，最终真正实现河钢唐钢智能制造的转型。

第5章　钢铁绿色新技术的基础研究

5.1　烧结烟气过程固硫、固硝技术

国内外的环保实践证明，"过程治理"和"源头治理"技术的成本比"末端治理"技术低，许多场合可以达到同样的效果，而且"过程治理"和"源头治理"技术是目前国家鼓励研究的环保技术，它对解决环境污染的思维方法的变革，会起到很大的推动作用，并带来越来越多的创新成果。

烧结烟气中的 SO_2 和 NO_x 排放有严格的国家环保标准，如何使烧结烟气中 SO_2 和 NO_x 的浓度和总量排放达到国家排放标准，以烟气脱硫为例，通常有三种途径：末端治理、过程抑制、源头治理。

目前大多数钢铁公司采取的方法主要是末端治理的技术，如现有的钙基、镁基、氨基等脱硫技术，这种方法是有效的，但通常这种方法的建设投资和运行成本都较高，有的还存在脱硫副产物难处理的问题，这对钢铁工业大面积推广末端脱硫技术带来一定的难度。

为了开发新的低成本的烟气脱硫技术，北京科技大学开发了一种"过程抑制 SO_2"产生的技术，并已经完成了实验室试验。

"过程抑制 SO_2"产生技术通过以下两种途径来实现：（1）通过添加不同的固硫剂；（2）烧结主要操作参数的控制。

该研究首先分析了影响固硫效果的主要因素，如烧结温度、烧结时间、原始 SO_2 浓度、固硫剂种类及其粒径、燃料变性添加剂等，通过热天平（最高加热温度可达1300℃）、管式加热炉（最高加热温度可达1200℃）、烧结杯和不同测试仪器等对上述主要影响因素进行了实验研究，并对有机硫和无机硫析出 SO_2 随温度和时间的变化规律也做了研究，在多种固硫剂中选定了两种易得的、中低成本的固硫剂做了实验，得到了不同固硫剂在不同条件下的固硫效果。

研究表明：

（1）低成本固硫剂 A 从烧结温度 600~900℃ 开始，固硫效果就很明显，不同的入口 SO_2 浓度的固硫率不同；从固硫剂吸收 SO_2 的热力学计算可知，当烟气中含氧量低到一定程度，其主要成分1在1000℃以下时，是不可逆的 SO_2 吸附剂，其主要成分2在750℃以下时是不可逆的 SO_2 吸附剂，由此可以设计出具备较宽工作温度区间的固硫剂，以保证在烧结料层垂直方向不同温区都有固硫能力和充分的固硫时间，达到进一步提高固硫率的目标。

（2）低成本固硫剂 B 从烧结温度1000℃以后，固硫效果也很明显，且随温度的升高、气流速度提高（动力学条件）、加热时间的延长和固硫剂粒度减小而明显提高。目前低成

本固硫剂得到的最高固硫率可以达到70%。

（3）中等成本的固硫剂从中低温开始就获得理想的固硫效果，固硫率可以达到90%，而且有效温度范围很宽。对中等成本的固硫剂来说，唯一要考虑的是与其他脱硫技术比较成本问题。

（4）实验室烧结杯试验还验证了添加固硫、固硝剂不会降低烧结矿的质量和产量。

（5）研究了烧结操作参数（烧结温度、烧结时间等）的改变对固硫、固硝效果的影响，结果表明：操作参数对固硫、固硝的效果也很显著。

烧结过程固硝的研究：

同样的方法也在烧结"过程固硝"中进行了研究，只是所用固硝剂与固硫剂不同，其中还实验了添加廉价催化剂对固硝结果的影响研究。

由于烧结固硫、固硝技术有国家专利和合作伙伴合作合同的约束，故不能具体介绍有关细节。但是研究结果表明：不用传统的"末端治理"的方法，同样可以达到降低烟气 SO_2 和 NO_x 排放的目的，有的"过程治理"技术可以实现直接达标，无需投资建设烧结烟气的"脱硫、脱销"装置，减少投资和运行成本。该方法还需要得到工业试验验证。

下一步工业试验还要做以下工作：

（1）进一步考查固硫、固硝技术对烧结产品质量和产量的影响。

（2）新技术对烧结过程二噁英、粉尘量的影响。

（3）从烧结—高炉—铁水预处理工序统一做硫平衡和流向分析，考虑其对铁水质量和铁水预处理过程的影响。

（4）考察 SO_2 是否可能在其他场合外泄。

（5）对不同固硫、固硝技术作经济分析（与其他脱硫脱硝技术相比）。

只要上述问题没有负面影响，就可以考虑进行工业生产。

5.2 钢铁渣协同其他工业和社会固废生产高附加值产品的研究

钢铁工业的固体废弃物（简称"固废"，国外也叫"固体二次资源"）包括固体渣、尘、泥和废弃耐火材料等。钢铁渣（钢渣和铁渣）的生成量大（每吨钢产生150~200kg钢渣，每吨铁产生300~400kg铁渣）。本节主要介绍钢渣的利用（铁渣利用在下一节介绍）。

钢渣又分"高温钢渣"和"低温钢渣（冷渣）"，目前中国钢渣利用率，由于统计方式不一致，有报道30%的，也有报道90%多的。

尽管钢渣和铁渣都是经过高温处理的无机原料，但钢渣与铁渣相比，钢渣利用有以下几个难点：

（1）由于钢渣是过烧的硅酸盐，活性大大低于铁渣；

（2）易磨性差；

（3）含铁量高；

（4）尽管高温钢渣余热量大（2000kJ/kg(68kgce/t)），但高温熔渣的余热回收困难；

（5）有的钢种的钢渣还含有重金属和其他有害元素；

（6）全世界目前还没有可以借鉴的工业规模的处理技术；

（7）相应的理论体系不健全。

世界范围钢渣利用的趋势如下：

（1）从渣中回收高价元素。

（2）利用高价元素以外的其他元素（主要是 Si、Ca、Mg、Al 的氧化物），制备新的无机材料产品。

（3）将渣中有害元素无害化。

（4）同时利用钢渣中的"热能"和"资源"。

河钢唐钢刚刚完成的国家"十二五"支撑计划项目，连同"十一五"的支撑计划项目，都是同时利用钢渣的"热能"和"资源"来制备不同的高附加值产品（陶瓷和微晶，高炉熔渣直接制备无机纤维产品）和余热发电。

上述项目有关钢渣利用的主要研究内容包括：

（1）钢渣陶瓷产品的成分设计：根据目标产品的成分要求，根据钢渣成分，利用其他工业和社会固废的成分设计出目标材料需要的成分组成。

（2）钢渣改质：将熔融态钢渣和设计出的其他固废在高温熔渣中混合和改质，通过补热，制备出合格的熔体。

（3）中间产品的晶相结构控制：将改质后的熔渣，通过不同冷却速度，控制微晶玻璃和陶瓷半产品的矿相组织。

（4）产品制备和评价：（微晶玻璃和陶瓷产品）冷压成型—高温热处理或烧成—冷却—性能测试。

（5）建立新的钢渣材料理论体系：利用钢渣直接制备陶瓷等产品，其成分无法满足传统陶瓷的要求，必须建立新的成分体系和开发出满足或超过传统陶瓷产品的强度等要求，所以必须将传统陶瓷的 Si-Al 体系改变为钢渣陶瓷的 Si-Ca-Fe 理论体系。

钢渣利用技术的特点为：

（1）开发了跨行业资源循环链接技术：除利用钢渣外，还利用发电厂的粉煤灰、尾矿、赤泥、城市水处理污泥等。

（2）同时利用钢渣的资源和能源。

（3）开辟了高固废掺量（最高 60%）的微晶玻璃和陶瓷的制备技术。

（4）建立了一套将传统陶瓷的 Si-Al 体系改变为钢渣陶瓷的 Si-Ca-Fe 理论体系，建立成分设计、原料处理（除铁等）、成型工艺、烧成或热处理工艺、冷却制度等系统工艺、装备等。

钢渣微晶玻璃制备的技术路线见图 5-1 ~ 图 5-3。

上述钢渣产品的有害元素，如 6 价铬等，经过第三方权威机构检测，已经很好地满足了国家陶瓷标准的要求。

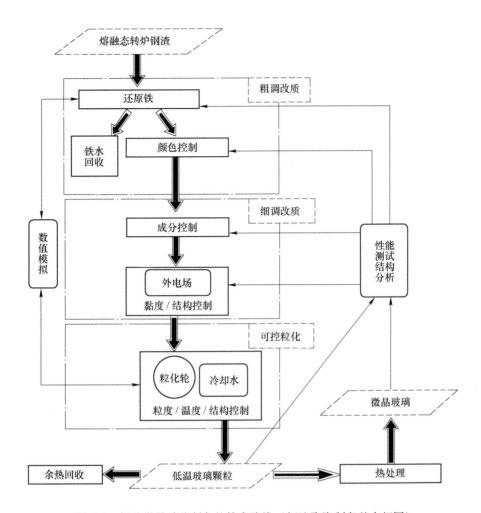

图 5-1 钢渣微晶玻璃制备的技术路线（钢渣陶瓷制备基本相同）

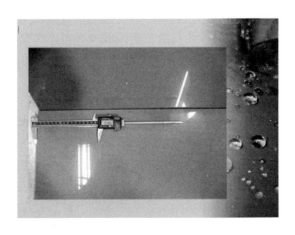

图 5-2 不锈钢渣陶瓷（达到国家陶瓷标准产品）

图 5-3　转炉钢渣陶瓷（达到国家陶瓷标准产品）

（转炉渣 50%，其余为陶瓷厂固废和铝制品工艺固废）

5.3　高炉熔渣直接制备纤维质高附加值产品研究

我国高炉炼铁能力强，高炉渣的产量高，原来高炉渣主要作为水泥工业的原料，出路基本能平衡。现在由于水泥工业的产能限制，高炉渣开始过剩，所以寻求新的高炉渣出路已经变得很急切。鉴于中国住房建设规模一直较大，对节能建筑保温、隔音和防火的要求越来越严，所以新型的，同时能保温、隔音和防火材料的市场越来越大。同时能实现保温、隔音和防火的原料就是纤维材料，而高炉渣成分基本满足上述纤维材料的要求。由于刚出炉的高炉渣的温度高（1400℃），符合制备纤维的条件，只要适当调整酸度、温度，即可直接送到高速离心机器制备纤维。河钢唐钢和国内一些单位开展了该技术的基础研究和工业化实验，取得了理想的结果。

下面是该技术的一些基础研究内容：

该研究突破了传统纤维产品采用冷料混合和熔化的方法，采用将调质剂冷料添加到熔融高炉渣中进行酸度调质和温度调整。

研究表明：高炉渣主要由玻璃相、黄长石和少量的铁橄榄石组成，并随着矿渣中调质剂比例升高，玻璃体相逐渐增多，黄长石含量逐渐减少。当添加剂 A 添加比例≥19%，添加剂 B 添加比例≥28%，添加剂 C 添加比例≥41% 时，调质后的渣可以全部为理想的玻璃相。

研究中根据高炉渣成分及酸度系数不足的缺陷，采用添加剂 A + B + C 为调质剂进行调质。采用 XRF、XRD、DTA 等分析手段，结合黏度系数 M_η，酸基比 K/O、氢离子指数 pH 值，实测黏度（温度范围：1360 ~ 1520℃）等参数进行分析，研究了调质剂种类及加入量对调质渣特性和调质渣析晶活化能的影响。结果表示：随着调质剂的添加，酸度系数，K/O 值和 M_η 值逐渐升高，pH 值逐渐降低。当三种调质剂的添加比例达到最优时，其析晶活化能也达到了要求，且化学性质稳定，能满足制备矿棉纤维及其制品的要求。

矿渣棉纤维外观如图 5-4 所示。

利用高炉熔渣直接制备矿渣棉的好处：利用了高炉渣的余热，除一些产品因为调制剂添加量稍多时，高炉熔渣的温度有些降低，需要补热外，基本可以利用高炉渣的热量，解

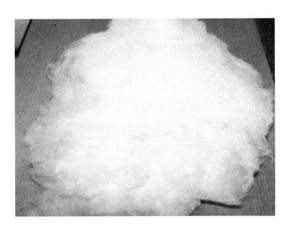

图 5-4 矿渣棉纤维的外观

决了传统纤维用冷料加热付出很高的能源成本问题（约占总成本的30%）。研究了不同种类和比例的添加剂加入高炉渣后的酸度、黏度、电导值、pH 值等的变化规律，为工业试验和补热工序提供基础数据。

另外，还对添加了添加剂后不同组成的高硅-钙体系高炉渣的不同矿相结构进行了研究，掌握了矿相变化规律，保证了纤维产品的性能。

对调质后的渣的析晶动力学也进行了研究，以避免析晶现象的发生，造成矿物化学稳定性受影响，产品变形，最终影响矿棉产品的质量和品级。图 5-5 是某调制剂在不同温度下的 DTA 曲线。

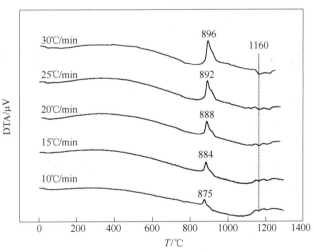

图 5-5 不同升温速度下某调质渣的 DTA 曲线

图 5-5 说明随着升温速度的增大，析晶峰温度也逐渐增大，不同添加剂的调质渣析晶温度有较大区别，要根据不同调质渣来控制析晶，保证纤维产品质量。研究还对析晶动力学方程组进行了计算，可以定量得到析晶活化能，析晶活化能越高，纤维产品就越不容易析晶。该计算也可以用来设计调质剂种类和数量。

高炉渣制备纤维产品后，可以设计多种深加工的建筑和工业使用的功能产品，有的将具备很高的附加值，是高炉渣利用的另一个好途径。

5.4　富氧燃烧技术研究

全世界对燃烧技术的要求统一为以下三点：高效、洁净、安全。

在中国燃烧技术发展中，对"高效"和"安全"燃烧较重视，但对"洁净"燃烧的研究相对较少。20 世纪 90 年代开始在中国应用的"蓄热式燃烧技术"（HTAC），起到了较好的节能作用，但在"洁净"燃烧方面下的功夫不够，加上在国内推广 HTAC 技术术过于匆忙，出现了一些和燃烧要求不相称的现象，导致 HTAC 技术的推广受到了影响。

发达国家也因为高热值燃料应用单预热的 HTAC 技术效果不是想象的那么好，加上 HTAC 系统相对较复杂，系统稳定性不够理想，影响了加热产品的质量，导致 HTAC 技术推广势头停止了。后来又因为温室气体税收的实施和燃烧后脱销成本过高，既节能又源头脱销的"富氧燃烧技术"被提出和推广。

工信部几年前已经将"富氧燃烧技术"与"蓄热式燃烧技术"一起列入了国家鼓励推行的节能减排技术目录，该技术被认为是一个既节能又环保的技术，作为国家鼓励推广的技术。

富氧燃烧技术是一个老技术，之所以近年来又被发达国家提出和大力应用，主要原因是：

（1）环保排放要求越来越严，如 NO_x、温室气体（CO_2 等）排放和能耗的限制等，富氧燃烧由于是"低氮燃烧"技术，对难以消除的 NO_x，起到了源头减少的作用；加上富氧容易实现高效燃烧，CO 等燃料的不完全燃烧现象可以大大减少，所以 CO 气体排放减少了，因为节能，又导致需要上税的 CO_2 温室气体得到了削减，这些都是富氧燃烧技术得以扩大推广的主要原因。

（2）制氧设备的能力越来越强，具备了向大型需氧设备的供氧能力。

多年的生产实践和理论分析都可以分析出富氧有以下优点：

（1）可以提高燃烧温度，提高了各种工业炉的产量。

（2）加快了燃烧速度和减少了烟气量，提高了炉子热效率和节能。

（3）减少污染气体的排放，如 NO_x、CO_2、CO 等。

（4）投资低、系统维护简单。

（5）操作简单和控制容易等。

富氧燃烧技术的研究由来已久，相对成熟，但对以下问题研究较少：

（1）富氧燃烧技术的钢坯加热质量，例如：如何控制钢坯的氧化烧损和什么是影响富氧燃烧钢坯氧化的主要因素？

（2）富氧燃烧条件下，近钢坯表面的炉气温度梯度和氧浓度梯度。

（3）是一次集中供氧还是多次分散供氧效果更好？

（4）烟气循环如何抑制 NO_x 的产生？

图 5-6 是研究以上富氧燃烧课题的实验室试验系统。

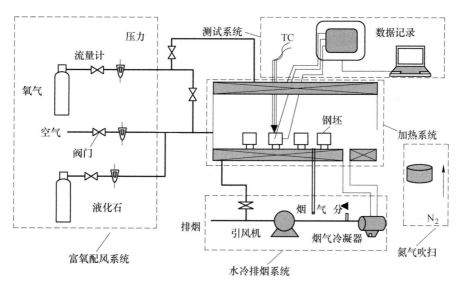

图 5-6 实验室富氧燃烧试验系统

富氧燃烧试验的主要研究内容：

（1）富氧浓度与钢坯加热时间的关系。

（2）钢坯氧化速度与氧浓度的关系。

（3）氧浓度与燃料消耗量的关系。

（4）炉膛温度、氧浓度、加热时间对钢坯氧化烧损影响大小的顺序。

（5）富氧与 NO_x 与 CO_2 排放的关系。

（6）烟气循环对 NO_x 的抑制作用等。

图 5-7 是钢坯表面炉气温度梯度测试系统示意图。

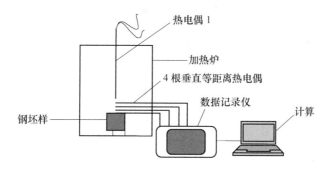

图 5-7 钢坯表面炉气温度梯度测试系统示意图

富氧燃烧试验室研究结果表明：

（1）在一次集中供氧的富氧燃烧条件下，影响钢坯氧化烧损主次顺序加热时间＞氧浓度＞炉气温度，当氧浓度在 26%~33% 时，钢坯的烧损率减少了约 25%，钢坯在炉内的加热时间也减少了 30%，节约煤气消耗量 46%，富氧燃烧氧浓度不宜高于 36%。

（2）对钢坯表面附近炉气温度梯度的测量结果表明，富氧燃烧使钢坯附近炉气温度梯度增大，高温区集中。富氧使钢坯与界面的炉气温度升高，提高了钢坯表面温度升温速率，缩短了钢坯在炉内的加热时间，减少钢坯的氧化烧损，增加了产量。

（3）利用扫描电镜及能谱对钢坯氧化铁皮断面层进行了分析，发现富氧使氧化层中致密的 Fe_3O_4 层明显增厚，阻碍了氧向钢基体的扩散，致密的氧化层能起到保护钢坯的作用。而随着氧浓度的增加，氧化铁皮表面变得更平整和致密，进一步阻止了氧的深入扩散和继续氧化。

（4）钢坯氧化烧损分为两个阶段，前期氧化剧烈，以界面反应为主，遵循直线规律，后期氧化较为缓慢，以离子扩散为主，遵循抛物线规律。活化能随着氧浓度的增加而减小。氧化反应前期活化能都低于后期活化能，这说明界面反应比离子扩散容易。

（5）NO_x 排放控制：单纯烟气循环和分散供氧技术时，烟气循环能更好地降低 NO_x。

（6）综合比较三种供氧方式（一次供氧、多次供氧、烟气循环供氧），烟气循环供氧方式综合效果最好。在氧浓度为 26% 时实施烟气循环，燃烧时间、钢坯氧化烧损和燃料消耗量明显降低，NO_x 排放大幅降低。

富氧燃烧技术尽管已经列入国家鼓励推广的节能技术，但在中国目前实际应用富氧燃烧技术的钢坯加热炉还极少，仅高炉喷煤和少量锅炉采用富氧燃烧技术。究其主要原因就是经济效益不理想的问题，因为氧气价格较贵，国内加热普碳钢较多，导致系统综合经济效益偏低，而国外加热炉加热优质钢采用富氧燃烧技术就有较好的综合经济效益。

国内要通过细化富氧燃烧技术的研究，提高富氧燃烧技术的综合效益，可以先在优质钢轧钢加热炉上应用。

近年来，受钢铁厂去产能影响，制氧厂氧气量显得富余，还有不少氧气放散的现象，如果利用放散的氧气在轧钢加热炉上附加连接一根富氧管路，在有放散氧气的时候，实施富氧燃烧技术，既可以减少氧气损失，又可以获得富氧燃烧的好处。

5.5　钢铁工业低质余热回收和利用的基础研究

5.5.1　烧结余热产生低压蒸汽发电的基础研究

5.5.1.1　烧结余热强化换热与高效回收技术

针对烧结余热资源品质较低、波动大等特点，提出了烧结余热回收以烧结产品冷却机废气余热回收为主，并保证系统稳定运行、提高余热回收效率的技术要求，具体研究内容如下：

（1）对烧结烟气的热物理性质进行了系统测试分析。

（2）建立了烧结和冷却过程数学模型，通过数值模拟和现场验证，得到了环冷机烧结产品冷却过程的余热分布与操作参数的定量关系以及影响环冷机冷却效果的关键工艺参数。

（3）以年净发电量为目标函数，提出有凝结水加热器的双进口双压余热锅炉发电工艺，研究表明：该工艺是烧结环冷机余热高效回收的理想方案。

（4）研究了低压蒸汽发电系统动态特性的关键参数：如热端温差、窄点温差、接近点温差等。

（5）研究了烧结机烟气选择性脱硫与余热利用协同优化工艺，既保证发电效率，又保证了烟气脱硫需要的条件。

（6）研究了烧结余热双源联合发电的方法及装置、环冷机废气余热利用中低温废气余热利用与余热锅炉入口气体温度的控制方法。

（7）研究了多压多进口发电余热锅炉的关键技术。

5.5.1.2　转炉烟气余热高效回收工艺和技术的基础研究

以河钢唐钢某典型转炉作研究对象，利用 Fluent 商业软件，采用定壁温边界条件，对汽化冷却烟道内的流体流动和高温传热等过程进行了三维数值模拟，得到了烟道内烟气的速度和温度分布，研究了壁面发射率、壁面温度以及烟道直径对换热效果的影响。

针对转炉余热发电工艺中的转炉烟气余热回收不连续的特点，研究了如下内容：

（1）提出了评价不连续热能品位的新指标——当量电。

（2）研究了转炉热负荷周期性波动与转炉余热锅炉水循环特性之间的关联规律，提出了基于水循环安全性及以水降压速率为边界条件的水冷烟罩结构的优化方法，建立了基于水循环安全性的水冷烟罩直径、上升管管径以及上升管长度的优化模型和优化参数。

（3）研究了圆形刚性限位封闭式膜式壁热变形方式的特殊性，提出了转炉余热锅炉具有刚性限位的圆形封闭式膜式壁结构和水冷管肋根疲劳撕裂机理。

（4）系统研究了转炉余热发电系统热力参数的约束条件，以提高汽轮机进口主蒸汽压力及过热度为目标，提出转炉余热叠能蓄热发电理论，并发明转炉余热叠能蓄热发电的新工艺。

（5）研究了蒸汽与发电系统优化运行与自动调节方法。

通过余热锅炉周期性动态特性研究，开发了使用 C 语言为基础语言、选择与 GCC 同源的 MinGW 作为编译器、CodeBlock 作为 IDE、使用 API 进行编程的余热电站动态仿真系统，对锅炉启动和变负荷工况进行动态模拟计算，确定系统温度、流量、压力等参数的运行规律，建立最佳的启动和变负荷曲线以改善系统的动态特性。

以发电效率、余热回收效率、技术经济合理性和主工艺工况波动适应性协同优化为目标，比较了不同热力参数对发电系统经济、技术性能的影响，优化了：

（1）热力系统实际采用的热力参数；

（2）优选了发电系统除氧方式；

（3）研究确定了发电系统稳定性最佳的调节方案。

以河钢唐钢北区和南区区域蒸汽系统平衡与优化调度为基础，在示范工程建设和运行方面：以烧结余热回收的热源参数、废气流量与温度等参数的现场测试为基础，提出了烧结余热发电系统设计方案，北区烧结系统 4 台环冷机，配套建设 4 台双温双压余热锅炉，共用 1 套 25MW 补汽凝汽式汽轮发电机组，以提高发电机组运行稳定性、加大装机容量以提高发电机组效率；示范工程运行一年多来，每吨烧结矿烧结余热蒸汽回收量达 70kg 以上，烧结余热吨矿发电量 18kW·h，年发电 140×10^6 kW·h，创效 7000 多万元。通过转炉炼钢汽化冷却烟道、蓄热器等设备改造与工艺优化，炼钢厂 3 座 150t 转炉和 4 座 50t 转炉所回收余热蒸汽联合建设 1 套 15MW 低温余热发电机组，实现吨钢余热蒸汽回收量达

80kg 以上，吨钢发电量 12kW·h，年发电量约 70×10^6 kW·h，经济效益 3500 万元左右。

5.5.1.3　二次能源利用集成与能量系统优化

通过二次能源的界定及主要二次能源利用途径与技术分析，结合二次能源产生量理论计算和河钢唐钢生产流程及二次能源产生量与利用现状分析，提出了河钢唐钢烧结余热回收、转炉煤气回收等二次能源利用改善建议；针对唐钢转炉煤气回收，计算分析并得到了不同冶炼条件下，转炉烟气蒸汽回收和转炉煤气回收的理论极限值，提出了蒸汽回收和转炉煤气回收的潜力与主攻方向；以河钢唐钢副产煤气利用现状与潜力调研为基础，分析了煤气利用改善对自发电模式的影响，提出了河钢唐钢能源结构和二次能源利用优化模式；通过进一步强化能源管理、能源介质的优化调度与匹配，构建了钢厂能量系统优化关键技术平台，建设了能源管控中心，实现高炉煤气"零"放散，吨钢转炉煤气回收量达到 120m^3 以上，蒸汽等能源介质优化管理。

理论研究、关键技术重点攻关和高标准示范工程建设，使河钢唐钢烧结和转炉余热回收及发电技术达到了国际先进水平，为钢铁企业以多种能源介质优化利用和动态调控为目标的能源管控中心建设和运行提供了支撑基础，起到了节能降耗、降本增效、提高企业经济效益的巨大作用：2010 年，河钢唐钢吨钢综合能耗达到 569kgce，利用余热余能和副产煤气等二次能源自发电比例达到 56% 以上，并实现吨钢能源成本降低 100 元，增效 10 亿元的目标。而且课题成果对于钢铁工业节能减排具有较强的示范推动作用，对企业降低吨钢综合能耗具有积极作用，应用前景广阔。

5.5.1.4　烧结过程热控制及低质余热回收中强化换热技术研究

A　烧结和冷却过程数学模拟

a　烧结过程模拟

对于带式烧结机纵向断面床层，可以视为是由若干个固定床相衔接而组成的。通过描述固定床在不同时刻温度变化就可以描述床层长度方向不同位置上的温度分布。建立数学模型时作如下简化：（1）认为固相粒子内部的热传导足够强，忽略颗粒内部的热传导；（2）料层内部对流换热占绝对主导地位，忽略其它传热方式；（3）烧结机为绝热体系，与环境无热交换；（4）不考虑料层的收缩；（5）气体为活塞流，不考虑回流现象；（6）焦粉和碳酸钙的反应均发生在颗粒表面，且焦粉为完全燃烧反应。铁矿石熔融凝固等热效应较小的过程视作简单的吸热放热反应纳入模型。

控制方程组：

质量守恒方程：
$$\frac{\partial(\varepsilon\rho_g)}{\partial t} + \nabla \cdot (\rho_g \vec{V}) = \sum_{i=1}^{3} R_i M_i$$

动量守恒方程：
$$\frac{\partial(\rho_g \vec{V})}{\partial t} + \nabla \cdot (\rho_g \vec{V}\vec{V}) = -\nabla p + \nabla \cdot (\bar{\bar{\tau}}) + \vec{S}$$

气相能量方程：
$$\frac{\partial(\varepsilon\rho_g C_g T_g)}{\partial t} + \nabla \cdot (\vec{V}\rho_g C_g T_g) = A_s h_p (T_s - T_g) - C_g T_g \sum_{i=1}^{3} (M_i R_i)$$

固相能量方程：
$$\frac{\partial(\rho_b C'_s T_s)}{\partial t} = A_s h_p (T_g - T_s) + \sum_{i=1}^{2} (\Delta H_i R_i)$$

组分守恒方程：$\dfrac{\partial(\varepsilon\rho_g Y_i)}{\partial t} + \nabla\cdot(\rho_g\vec{V}Y_i) = -\nabla\cdot(\varepsilon\rho_g\vec{J_i}Y_i) + \sum\limits_{i=1}^{3}(M_i R_i)$

初始条件（$t=0$ 时）：$T_s = T_s^0$，$T_g = T_g^0$，$C_{O_2} = C_{O_2}^0$，$C_{CO_2} = C_{CO_2}^0$

边界条件：

（1）入口边界（$y=H$）：当 $0<t<t'$（点火时刻），处于点火阶段，此时：$T_g = T_g'$；$V_x = V_x'$，$V_y = V_y'$；$C_{O_2} = C_{O_2}'$，$C_{CO_2} = C_{CO_2}'$；当 $t'\leqslant t<t''$（保温时刻），点火结束处于保温阶段，此时：$T_g = T_g''$；$V_x = V_x''$，$V_y = V_y''$；$C_{O_2} = C_{O_2}''$，$C_{CO_2} = C_{CO_2}''$；当 $t>t''$时，进入正常烧结阶段，此时有：$T_g = T_g'''$；$V_x = V_x'''$，$V_y = V_y'''$；$C_{O_2} = C_{O_2}'''$，$C_{CO_2} = C_{CO_2}'''$。

（2）两侧壁面边界：$\dfrac{\partial T_w}{\partial x}=0$

烧结数学模型的求解由 Gambit 网格划分软件、FLUENT 流体力学计算软件和 C 语言编程共同结合实现。通过计算可以求出烧结床层物料的温度场、结构参数、气体的压力分布、温度分布和组分含量等。

根据唐钢烧结工艺参数，计算得到整个烧结机料层在纵向断面的温度分布（图5-8）、不同时刻下烧结床层气-固温度分布（图5-9）、烧结烟气成分分布和温度变化（图5-10、图5-11）、床层物料温度与气体压力的关系（图5-12）、床层孔隙率变化（图5-13）。

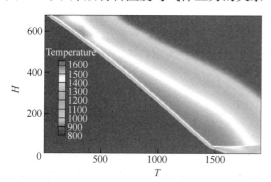

图5-8 烧结机料层纵向断面温度场

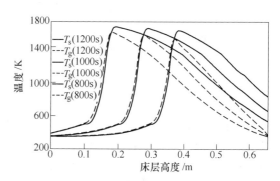

图5-9 烧结机料层高度气-固温度分布

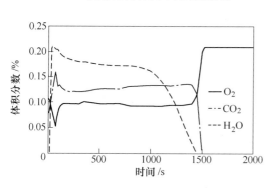

图5-10 烧结过程烟气成分分布

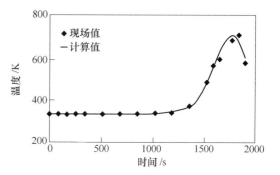

图5-11 烧结出口烟气温度分布

b 烧结矿冷却过程数学模拟

环冷机整个床层可以视为是由若干个固定床相衔接而组成，通过描述固定床在不同时刻温度变化就可以描述床层径向不同位置上的温度分布。在传热分析和建模时通常做如下

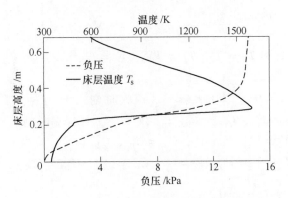

图 5-12 床层温度与气体负压分布曲线

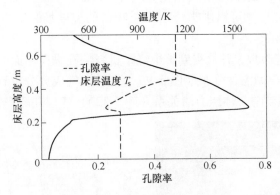

图 5-13 床层孔隙率变化曲线

简化：料层矿块与空气热量交换以对流换热为主，忽略其他传热方式；气体为活塞流，不考虑回流现象；同一料层高度，在水平方向上无热量与质量传输；由于烧结矿块较大（$B_i \geqslant 0.5$），采用"厚材系数"的近似方法，引入有效换热系数，从而将矿块简化成薄材颗粒，考虑表面对流换热热阻和物料内部热阻。

气流连续性方程：
$$\frac{\partial(\varepsilon\rho_g)}{\partial t} + \nabla \cdot (\rho_g \vec{V}) = 0$$

动量方程：
$$\frac{\partial(\rho_g \vec{V})}{\partial t} + \nabla \cdot (\rho_g \vec{V}\vec{V}) = -\nabla p + \nabla \cdot (\overline{\overline{\tau}}) + \vec{S}$$

能量方程—气相能量方程：
$$\frac{\partial(\varepsilon\rho_g C_g T_g)}{\partial t} + \nabla \cdot (\vec{V}\rho_g C_g T_g) = A_s H_{eff}(T_s - T_g)$$

能量方程—固相热平衡方程：
$$\frac{\partial(\rho_b C'_s T_s)}{\partial t} = A_s H_{eff}(T_g - T_s)$$

初始条件：在 $t = 0$ 时，$T_s = T_s^0$，$T_g = T_g^0$

边界条件：入口边界（$y = 0$）：$T_g = T'_g$；$V_x = V'_x$，$V_y = V'_y$

两侧壁面边界：
$$\frac{\partial T_w}{\partial x} = 0$$

等效对流换热系数：$h_{eff} = h_p/b = h_p/(1 + rB_i)$

针对唐钢环冷机设备参数、操作参数，采用商业 CFD 软件 FLUENT 对控制方程进行离散求解。环冷机一号风机回收段平均烟气温度在 420.5℃，二号风机回收段平均烟气温度 236℃，可作为余热回收段（图 5-14）。在给定的参数下计算，分别得到烧结矿床层高度 0.2m、0.4m、0.8m 和 1.2m 处的冷却过程温度曲线（图 5-15）。

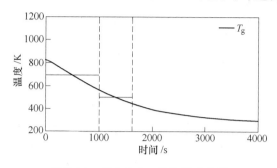

图 5-14　环冷机出口烟气温度曲线　　　　图 5-15　烧结矿冷却过程温度曲线

（1）风量的影响（图 5-16）：随着风速的增加，对流换热系数增加，烧结矿总冷却时间减少，冷却效率提高，但余热回收效果下降。

（2）给料温度的影响（图 5-17）：给料温度越高，出口烟气平均温度越高，余热回收量增加。同时，由于烧结矿前期高温阶段冷却速度很快，但对于冷却效率并没有很大的影响。故减少烧结矿从烧结机到环冷机过程中的热量损失，能有效提高余热回收效果。

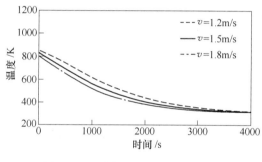
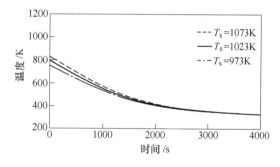

图 5-16　不同风量下出口烟气温度　　　　图 5-17　不同给料下出口烟气温度

（3）烧结矿当量块径的影响（图 5-18）：随着烧结矿块当量直径减小，出口平均烟气温度提高，能够有效提升冷却效率，余热回收效果更好。

（4）床层孔隙率的影响（图 5-19）：床层孔隙率越小，矿块与冷却空气接触比表面积越大，换热更充分，冷却效率和余热回收效果都得到改善。

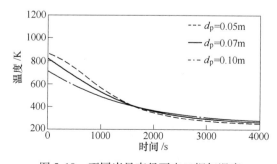
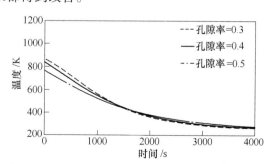

图 5-18　不同当量直径下出口烟气温度　　　　图 5-19　不同孔隙率下出口烟气温度

B　烧结余热高效回收关键技术

a　烧结机烟气选择性脱硫与余热回收一体化工艺

烧结机机尾高温段烟气由于具有含尘量高、含有 SO_2 气体等特点，余热回收工艺设计需和烟气处理综合考虑。边界条件：（1）电除尘器入口烟气温度要求高于80℃，以避免结露、酸腐蚀；（2）为提高系统的脱硫效率，合理操作温度为酸露点以上15~20℃；（3）在工艺允许的情况下，进行选择性脱硫，以提高脱硫效率，并降低烟气脱硫装置投资和运行费用。

为此，以河钢唐钢烧结机烟气测试参数为依据，提出了4种方案（图5-20）：方案一：全部烟气脱硫；方案二：选择性脱硫；方案三：选择性脱硫，余热回收——三段式烟道；方案四：选择性脱硫，余热回收——四段式烟道。通过比较脱硫烟气处理量、 SO_2 排放量、余热回收量等指标（表5-1），认为：当除尘器入口烟气要求大于80℃时，以选择性脱硫、进行余热回收方案为佳；当除尘器入口烟气要求大于120℃（北方钢厂、冬季），以全部烟气脱硫、不回收烟气余热方案为佳。

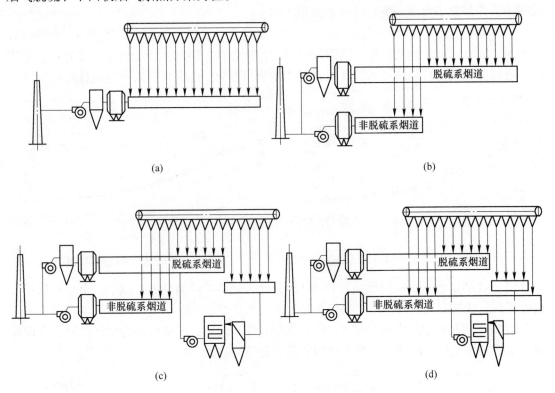

图5-20　烧结机余热回收工艺方案示意图

（a）方案一：全部烟气脱硫；（b）方案二：选择性脱硫；（c）方案三：选择性脱硫，余热回收——三段式烟道；
（d）方案四：选择性脱硫，余热回收——四段式烟道

b　烧结余热回收废气温度稳定化调控技术与废气循环工艺

由于烧结生产工况变化必然引起热源参数波动，在热源参数预报的基础上，通过合理的余热回收工艺设计实现废气温度调节与稳定化，是系统稳定、安全运行的关键技术。烧结余热回收废气温度稳定化调控主要有烟气混合、废气循环两种途径（图5-21）。

表 5-1 不同烟气处理与余热回收方案指标比较

项　目		方案一		方案二		方案三		方案四	
		绝对值	增减/%	绝对值	增减/%	绝对值	增减/%	绝对值	增减/%
烟气温度/℃	脱硫系	183.8	—	221.2	—	124.9	—	133.2	—
	非脱硫系	—	—	103.2	—	103.2	—	149.1	—
脱硫烟气处理量/m³·h⁻¹		346869	基准	236921	−31.7	236921	−31.7	206869	−40.4
烟气 SO₂ 初始浓度/mg·m⁻³		3075.6	基准	4436.5	+44.2	4436.5	+44.2	4983.2	+62.0
烟气 SO₂ 排放浓度/mg·m⁻³		307.6	基准	348.4	+13.3	348.4	+13.3	498.3	+62.0
SO₂ 排放量/kg·h⁻¹		106.7	基准	120.8	+13.2	120.8	+13.2	134.1	+25.7
余热回收量/MJ·h⁻¹		0	—	0	—	30103		23478	—

（1）单风罩工艺（图 5-21（a））：将环冷机高温废气集中于 1 个风罩进入余热锅炉。此工艺设备结构形式简单，但无法进行废气温度调节，余热锅炉产汽量、蒸汽参数随废气温度变化而波动，运行稳定性差。（2）双风罩工艺（图 5-21（b））：环冷机高温废气、中温废气分别集中于 2 个风罩，将第二个风罩作为调节热源，对余热锅炉入口烟气温度进行调节。此工艺可通过调节中温废气流量实现余热锅炉入口烟气温度调控，且不改变烧结矿冷却制度，但由于废气温度波动频繁而存在较大热损失。（3）单风罩废气循环工艺（图 5-21（c））：环冷机高温段废气集中于一个风罩，废气经余热锅炉换热后作为冷却气体循环使用。此工艺可有效提高废气温度，并通过调节废气循环比例实现废气温度调节，但烧结矿冷却制度改变，对烧结矿质量、冷却效果产生影响。（4）双风罩废气循环工艺（图 5-21（d））：高温段废气集中于一个风罩，中温段废气作为循环冷却气体。此工艺通过中

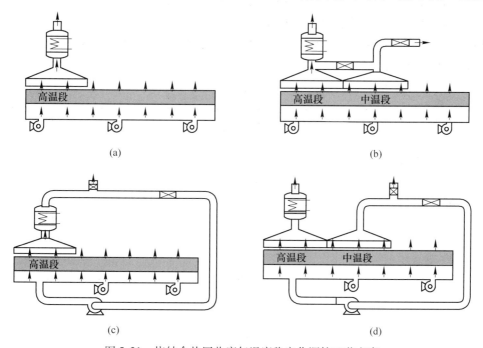

（a）　　　　　　　　　　　　　　　　　　（b）

（c）　　　　　　　　　　　　　　　　　　（d）

图 5-21 烧结余热回收废气温度稳定化调控工艺方案

（a）单风罩工艺；（b）双风罩工艺；（c）单风罩废气循环工艺；（d）双风罩废气循环工艺

温废气循环而较大幅度提高废气温度，并通过调节中温段废气循环量实现废气温度调节，从而有效提高余热回收效率，但在烧结矿冷却制度改变的同时，要求循环风机能承受更高温度，并且由于循环气体温度较高，流速加快，有可能产生局部流态化和管道行程。

c　发电型余热锅炉装置结构及技术特点

发电型余热锅炉开发是为了解决现有技术上存在的中低品位余热回收率低的问题，而提出的一种同时回收不同品位余热的三进口双压发电型余热锅炉，此锅炉根据分级回收、梯级利用的理论，对废气余热按热量品位的不同分段回收，以最大限度地回收废气余热量。

发电型余热锅炉的本体结构为上窄下宽，其中三段热废气分别经各自的废气管路进入三进口余热锅炉，以适应热废气品位不同的需要；同时汽水系统也为双压系统，产生两种不同压力的蒸汽，分别进入汽轮机的主汽口和补汽口用于发电。

d　双工质余热锅炉装置

该装置是一种双工质热源烧结发电型余热锅炉系统。余热锅炉其炉体内依次设置有中压过热器、套管式中压蒸发器、中压省煤器、套管式低压蒸发器和凝结水加热器；冷却机产生的热空气经由热空气进口管路通入该发电型余热锅炉上部，发电型余热锅炉底部的热空气出口管路与该立式冷却机连通；烧结机中温烟气经由中温烟气入口管路通入发电型余热锅炉中上部的套管式中压蒸发器，烧结机低温烟气经由低温烟气入口管路通入发电型余热锅炉中下部的套管式低压蒸发器；发电型余热锅炉产生的中压过热蒸汽经由主蒸汽管道通入凝汽补汽式汽轮机的主汽口，发电型余热锅炉产生的低压饱和蒸汽经由补汽管道通入凝汽补汽式汽轮机的补汽口，凝汽补汽式汽轮机驱动发电机发电。

e　环冷机热工测试及余热源参数确定

环冷机设备与工艺参数：河钢唐钢北区环冷机有 280m^2 和 190m^2 两种型号，其主要设备与工艺参数见表 5-2。

表 5-2　烧结环冷机的主要参数

项　　目	280m^2 烧结环冷机	190m^2 烧结环冷机
有效冷却面积/m^2	280	190
回转中径/mm	ϕ33000	ϕ24500
料层厚度/mm	1400	1400
正常处理能力/t·h^{-1}	450	315
给料温度/℃	750~850	700~800
排料温度/℃	~100	~100
鼓风机型号	G4-73-11No25	G4-73-11No22
流量/m^3·h^{-1}	324000	308000(434000)
风压/Pa	5082	4266(4864)
转速/r·min^{-1}	730	730
功率/kW	630	400(900)
电压/kV	10	6
防护等级	IP54（户外型）	IP54（户外型）

1~3号环冷机热风温度与流量测试数据见表5-3~表5-5。

表5-3　1号环冷机风温与风量

截面	距离/m	热风温度/℃	风量/m³·h⁻¹
1	3.5	351.99	63567.5
2	9.5	363.42	51031.1
3	12.1	349.38	26153
4	14.7	370.14	33948
5	18	334.41	35176.5
6	20.7	356.64	35220.7
7	23.7	364.48	32682.3
8	26.7	325.01	33822.8
9	29.7	343.83	34885.9
10	32.7	278.57	43178.7
总计			389666.6

表5-4　2号环冷机风温与风量

截面	距离/m	热风温度/℃	风量/m³·h⁻¹
1	2.7	427	56797.34
2	9.2	466.47	101346.6
3	20.3	410.5	113383.5
4	28.8	378.69	80643.73
5	34.8	328.08	70334.98
总计			422506.1

表5-5　3号环冷机风温与风量

截面	距离/m	热风温度/℃	风量/m³·h⁻¹
1	3.5	380.4	54348.67
2	6.5	386.1	39194.64
3	9.5	468	53715.79
4	12.5	429.2	54239.44
5	15.5	405.4	45327.36
6	18.5	372.7	40610.5
7	21.5	402.8	56006.88
8	24.5	383.5	71683.52
9	30.5	426.1	78537.09
10	33.5	418.5	57899.55
11	36.5	377.5	64668.3
12	39.5	358.2	54406.33
13	42.5	341.9	45949.66
14	45.5	332	37802.43
15	48.5	308.9	35679.04
16	51.5	290.1	38530.91
总计			828600.1

f　热力循环系统方案

根据国内外同类设施余热利用技术经验，目前国内已普遍采用的有单压系统、闪蒸系统和双压系统三种热力循环系统。在双压技术中，可以在主蒸汽压力较高的前提下，也就是在工质循环热效率较高的情况下，保证较低的排气温度。双压系统将相对高温烟气产生较高参数的蒸汽，而相对低温烟气产生较低参数的蒸汽，使能量分布优化，系统充分吸收低参数热量，发出更多的电能。因此，在相同的条件下，单压、双压、闪蒸三种系统中，双压系统发电能力是最高的。

经调研，国内济钢烧结发电项目采用的是双压系统。回收段烟气温度在 300～400℃间，为充分利用烟气的热量锅炉选用了双压余热锅炉。在中压蒸发器下部和省煤器上部布置一组低压蒸发器，生产低压饱和蒸汽，因此，该锅炉可以产生两种参数的蒸汽，即 2.06MPa、375℃ 的过热蒸汽和 0.39MPa 的饱和蒸汽。过热蒸汽作为主蒸汽进入汽轮机发电，低压饱和蒸汽一部分作为补汽进入汽轮机，另一部分供除氧器。针对此系统进行了改进型研究：一种方案是在原系统上增设了凝结水加热器，汽轮机做过功的乏汽温度为 T_n，经凝结水泵先在凝结水加热器中被加热到一定温度 $T_{n1} = 90℃$ 左右后，进入大气压力式除氧器与补充水一起被低压汽包产生的饱和蒸汽加热到 $T_y = 104℃$，后面的热力过程与济钢双压系统相同，由于凝结水加热器的存在，使得进入除氧器的热水温度提高，加热除氧的低压饱和蒸汽用汽量减少，补汽流量增大，使得机组最终的发电功率增大，废气出口温度降低。为最大程度地提高发电量，参考水泥行业的余热发电系统，又在上述两种方案的基础上分别增设低压过热器。这样，系统的补汽又可分为低压饱和蒸汽和低压过热蒸汽两种。

对以济钢双压发电为原型的四种双压余热发电系统进行对比分析时，热源热废气温度为 400℃、流量为 390000m³/h（标态）。高压汽水系统中热端温差 25℃，窄点温差 20℃，接近点温差 10℃；低压汽水系统热端温差 30℃，窄点温差 20℃；汽轮机相对内效率 0.82，保热系数 0.98，机械效率及发电机效率均为 0.96，排气压力 0.01MPa。表 5-6 和表 5-7 是在上述参数下，补汽为饱和蒸汽，压力保持 0.39MPa 不变，当主蒸汽压力变化时的主要计算数据统计表。表 5-8 和表 5-9 分别为补汽为过热蒸汽的无凝结水加热器和有凝结水加热器的双压系统主蒸汽压力改变时，发电功率及余热利用率等数据统计表。

表 5-6　原有双压余热发电系统不同主蒸汽压力数据统计

余热锅炉主汽压力/MPa	余热锅炉主汽温度/℃	余热锅炉补汽压力/MPa	余热锅炉主汽量/kg·h⁻¹	余热锅炉补汽量/kg·h⁻¹	余热锅炉排烟温度/℃	余热利用率/%	循环总效率/%	发电功率/kW
1	375	0.39	42042.77	875.3993	152.5110	61.4101	12.7612	7655.529
1.6	375	0.39	39150.47	4309.683	153.2196	61.2384	12.0770	7922.539
2.2	375	0.39	36911.37	6994.725	153.7691	61.1052	11.3444	8082.058
2.8	375	0.39	35036.63	9258.878	154.2295	60.9937	10.6164	8192.579
3.4	375	0.39	33398.13	11248.21	154.6321	60.8961	9.9056	8276.738

表 5-7 有凝结水加热器补汽为饱和蒸汽双压系统不同主蒸汽压力数据统计

余热锅炉 主汽压力 /MPa	余热锅炉 主汽温度 /℃	余热锅炉 补汽压力 /MPa	余热锅炉 主汽量 /kg·h⁻¹	余热锅炉 补汽量 /kg·h⁻¹	余热锅炉 排烟温度 /℃	余热 利用率 /%	循环 总效率 /%	发电功率 /kW
1	375	0.39	42042.77	4241.681	135.7840	65.4628	12.1020	7858.389
1.6	375	0.39	39150.47	7718.476	136.2814	65.3423	11.4093	8181.809
2.2	375	0.39	36911.37	10438.49	136.6570	65.2513	10.6698	8382.370
2.8	375	0.39	35036.63	12733.19	136.9657	65.1765	9.9357	8526.097
3.4	375	0.39	33398.13	14750.04	137.2316	65.1121	9.2193	8638.719

表 5-8 无凝结水加热器补汽为过热蒸汽双压系统不同主蒸汽压力数据统计

余热锅炉 主汽压力 /MPa	余热锅炉 主汽温度 /℃	余热锅炉 补汽压力 /MPa	余热锅炉 补汽温度 /℃	余热锅炉 主汽量 /kg·h⁻¹	余热锅炉 排烟温度 /℃	余热 利用率 /%	循环 总效率 /%	发电功率 /kW
2	375	0.3705	200	37608.04	134.8584	65.6871	10.2041	8311.646
2.3	375	0.3705	200	36578.20	140.7874	64.2505	9.8990	8084.201
2.5	375	0.3705	200	35938.45	144.4814	63.3555	9.7080	7942.135
2.7	375	0.3705	200	35330.22	148.0010	62.5028	9.5253	7806.552
3	375	0.3705	200	34468.41	152.9994	61.2917	9.2649	7613.662

表 5-9 有凝结水加热器补汽为过热蒸汽双压系统不同主蒸汽压力数据统计

余热锅炉 主汽压力 /MPa	余热锅炉 主汽温度 /℃	余热锅炉 补汽压力 /MPa	余热锅炉 补汽温度 /℃	余热锅炉 主汽量 /kg·h⁻¹	余热锅炉 排烟温度 /℃	余热 利用率 /%	循环 总效率 /%	发电功率 /kW
2	375	0.3705	200	37608.04	116.5993	70.1110	13.7871	8645.988
2.3	375	0.3705	200	36578.20	122.8902	68.5868	13.4117	8412.777
2.5	375	0.3705	200	35938.45	126.8091	67.6373	13.1770	8267.156
2.7	375	0.3705	200	35330.22	130.5424	66.7328	12.9528	8128.211
3	375	0.3705	200	34468.41	135.8438	65.4483	12.6336	7930.589

通过上述数据对比:在相同的热源及其他参数选取相同且不考虑投资成本的情况下,补汽为饱和蒸汽的双压系统中有凝结水加热器的双压系统无论在发电功率、余热利用率及循环总效率等经济指标上都要优于无凝结水加热器的双压系统。在相同的热源及其他参数选取相同且不考虑投资成本的情况下,补汽为过热蒸汽的双压系统中有凝结水加热器的双压系统无论在发电功率、余热利用率及循环总效率等经济指标上都要由于无凝结水加热器的双压系统。

g 烧结余热发电示范工程概况

河钢唐钢炼铁厂北区烧结车间现有 265m² 烧结机 1 座,180m² 烧结机 3 座(后扩容为 190m²),其余热发电技术采用浙江西子公司的双压余热发电技术,共配置四套双压余热锅炉,四套余热锅炉配一套 25MW 低温补汽凝汽式汽轮发电机组(图 5-22)。该项目于 2010 年 3 月 18 日土建开工,同年 4 月 28 日安装开工,并于 8 月 30 日 15 点 56 分一次冲转并网发电成功。

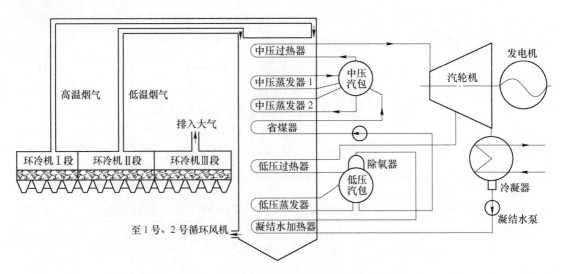

图 5-22　唐钢烧结余热发电系统流程

h　烧结余热发电示范工程技术特点

（1）采用高效的烧结双通道、双压技术的单体余热锅炉配置补汽式汽轮机余热发电系统技术。余热锅炉采用双压无补燃自然循环锅炉，适用于烧结环冷机排放烟气的余热回收及除尘。

锅炉采用双通道烟气进气系统，高温烟气经部分高压受热面换热，低温烟气经部分低压受热面换热，高温烟气烟温降至与低温烟气相当后，两股烟气混合再与其余的受热面换热，充分利用烟气的不同品质，实现烟气热能的梯级利用。双压蒸汽系统锅炉比单压蒸汽系统锅炉吸收的焓值越接近烟气所含的焓值，即烟气余热的回收利用率越高。双压蒸汽系统能更充分利用烟气各能级的热能，降低排烟温度，提高烟气余热的利用率。

余热锅炉尾气采用循环风机送进环冷机，实现烟气循环利用，不但提高了锅炉的进口烟温，提高了锅炉的蒸发量和主蒸汽温度，同时大幅度减少了烟气中烟尘的排放。

余热锅炉产生的两路不同压力的过热蒸汽，高压蒸汽进入汽轮机高压段做功，低压蒸汽从低压段入口进入汽轮机做功，完全能够满足普通低压汽轮机的进汽要求；和闪蒸饱和蒸汽余热锅炉相比，不但大幅降低了汽轮机的造价，同时提高了汽轮发电机的发电效率。

锅炉效率不小于 93%，在负荷不小于 40% 工况下能长期稳定运行。锅炉的主要部件（汽包、集箱等）设计使用寿命大于 30 年。锅炉自带除氧器，采用自身除氧，除氧蒸汽由锅炉低压系统提供。

（2）采用余热烟气全循环技术；减少废热、灰尘排放量，做到污染物零排放，同时提高发电量。本设计采用 1 台循环风机代替环冷鼓风机和锅炉引风机，不但节约了设备消耗，而且提高了风机的效率，消除了鼓、引风机不同步造成的能量浪费。

（3）采用可靠的密封技术，有效减少漏风量。

（4）采用先进的双压汽轮机组，提高发电效率。余热锅炉高压蒸汽进入汽轮机高压段做功，低压蒸汽从低压段入口进入汽轮机做功。

（5）该系统运行可靠，机组年运行小时数大于 8000h。

i　余热电站动态仿真

（1）数据采集和处理：采集河钢唐钢烧结电站运行工况数据（表5-10～表5-12），将采集数据按照不同类别分类整理成电子表格，剔除波动较大数据。

表5-10　中压汽水系统测试工况数据

汽包压力/MPa	主汽压力/MPa	主汽温度/℃	主汽流量/t·h⁻¹	2号给水泵电流/A	给水压力/MPa	给水温度/℃	给水流量/t·h⁻¹
1.49	1.41	342.58	20.43	98.13	5.08	145.13	20.67

表5-11　低压汽水系统测试工况数据

汽包压力/MPa	补汽压力/MPa	补汽温度/℃	补汽流量/t·h⁻¹	给水压力/MPa	给水温度/℃	给水流量/t·h⁻¹
0.53	0.47	217.63	3.68	1.28	43.63	28.57

表5-12　汽轮机测试工况数据

进气量/t·h⁻¹	主　汽		补　汽			排汽缸温度/℃	凝汽器真空度/kPa
	压力/MPa	温度/℃	压力/MPa	温度/℃	流量/t·h⁻¹		
81	1.29	337	—	—	—	39.3	93.7

（2）图形采集和处理：对烧结余热电站DCS操作系统各个界面进行图像采集，主要包括1号、2号、3号、4号锅炉界面、低压锅炉汽水系统、中压锅炉汽水系统、废气系统，汽轮机的主蒸汽系统、凝汽系统。将采集到的图像整理分类，然后按照采集到的DCS界面图使用AutoCAD、PhotoShop等工具软件绘制仿真软件各操作界面。

（3）程序开发。确定使用C语言为基础语言，选择与GCC同源的MinGW作为编译器，CodeBlock作为IDE，使用API进行编程，同时保证程序运行效率、硬件操控性和移植方面的要求。根据DCS系统及实际需要，将程序界面分为参数输入、主汽系统、锅炉总貌、低压系统、中压系统、烟气系统六部分。

为保证程序运行高效性和代码重用性高，实行模块化的代码结构。按照计算流程主要有以下几个模块：初始化模块、数据获取模块、主体计算模块、结果输出模块和曲线计算绘制模块。在程序的运行过程中，根据需要多次或单次调用不同的模块。避免了代码的冗余，提高了代码重用率，减小程序内存占用，保证了计算的高效性。

源程序完成后，利用实际生产中的各种工况数据对程序进行调试、修正。对比程序计算结果与实际生产数据（表5-13），分析数学模型与程序模型，查找问题，对程序内的部分结构与参数进行必要的调整，保证各工况下程序的计算精度。

表5-13　运行工况参数与程序计算结果对比

名　称	主汽压力/MPa	主汽温度/℃	主汽流量/kg·h⁻¹	副汽压力/MPa	副汽流量/kg·h⁻¹	废气出口温度/℃	净发电功率/kW
唐钢数据	1.48	350	18.5	0.47	3.68	139	17375
程序结果	1.48	352	18.4	0.47	3.64	143	17702

ｊ　烧结余热发电示范工程运行效果

　　河钢唐钢炼铁北区烧结余热发电项目：1 套 25MW 烧结余热发电机组，吨矿余热蒸汽回收量达 70kg 以上，吨矿发电量近 18kW·h（夏季接近 20kW·h）（图 5-23 和图 5-24）。2010 年 11 月至 2011 年 10 月，累计发电量为 13665.86 万千瓦时，创效益约 7500 万元。

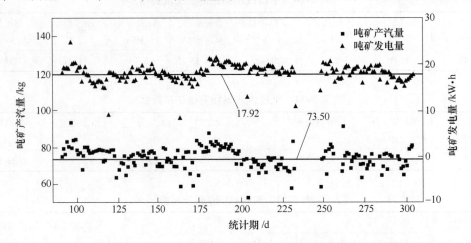

图 5-23　2010 年 11 月~2011 年 10 月烧结吨矿蒸汽回收量与发电量

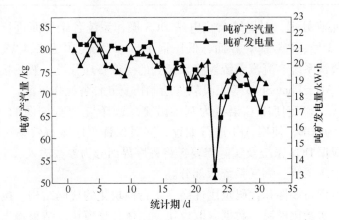

图 5-24　2011 年 7 月烧结余热吨矿蒸汽回收量与发电量

5.5.2　转炉烟气余热高效回收技术开发与工艺设计

5.5.2.1　转炉汽化冷却烟道内流动与传热过程数值模拟

A　基本数学模型

连续性方程：
$$\frac{\partial \rho}{\partial t} + \frac{\partial (\rho u_i)}{\partial x_i} = 0$$

动量方程：
$$\frac{\partial (\rho u_i)}{\partial t} + \frac{\partial (\rho u_i u_j)}{\partial x_i} = \rho \delta_i - \frac{\partial p}{\partial x_i} + \frac{\partial}{\partial x_i}\left[\mu\left(\frac{\partial u_i}{\partial x_i} + \frac{\partial u_j}{\partial x_i}\right) - \frac{2}{3}\mu\delta_{i,j}\frac{\partial u_j}{\partial x_i}\right]$$

能量方程：
$$\frac{\partial (\rho T)}{\partial t} + \frac{\partial (\rho u_i T)}{\partial x_i} = \frac{\partial}{\partial x_i}\left(\frac{\lambda}{c_p}\frac{\partial T}{\partial x_i}\right) + \frac{s_h}{c_p}$$

湍动能 k 方程：$\dfrac{\partial(\rho\kappa)}{\partial t} + \dfrac{\partial(\rho\kappa u_i)}{\partial x_i} = \dfrac{\partial}{\partial x_j}\left(a_\kappa\mu_{\text{eff}}\dfrac{\partial\kappa}{\partial x_j}\right) + G_\kappa - \rho\varepsilon$

湍流耗散项 ε 方程：$\dfrac{\partial(\rho\varepsilon)}{\partial t} + \dfrac{\partial(\rho\varepsilon u_i)}{\partial x_i} = \dfrac{\partial}{\partial x_j}\left(a_\varepsilon\mu_{\text{eff}}\dfrac{\partial\varepsilon}{\partial x_j}\right) + G_{1\kappa}\dfrac{\varepsilon}{\kappa}G_\kappa - G_{2\kappa}\rho\dfrac{\varepsilon^2}{\kappa}$

B 辐射传热模型

采用离散传递辐射模型（Discrete Transfer Radiation Model）求解辐射传递方程（RTE）。DTRM 模型假定在某立体角内离开微元表面的辐射可用单一的（辐射）射线来表示，忽略散射作用。辐射强度的变化 $\mathrm{d}I$ 沿其行程 $\mathrm{d}s$ 的微分方程可写为：$\dfrac{\mathrm{d}I}{\mathrm{d}s} + aI = \dfrac{a\sigma T^4}{\pi}$。

C 计算条件

入口条件：质量流量入口 30.32kg/s；进口面发射率：0；

出口条件：压力出口 -200Pa；出口面发射率 0；

壁面条件：壁面温度 200℃（比 1MPa 的饱和水蒸气的温度略高）；壁面发射率 0.8。

D 模拟结果分析

烟气速度场分布如图 5-25 和图 5-26 所示，烟气速度分布基本均匀，但在烟道弯头部分出现局部高速区或低流速区，在尾部烟道甚至局部出现回流。由于烟道的弯曲变化，烟气流动方向的急剧改变，造成在弯头部分烟气流速分布的不均匀，对烟气与壁面的传热不利。

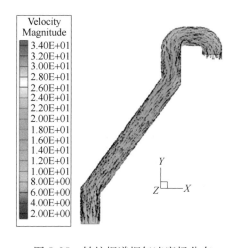
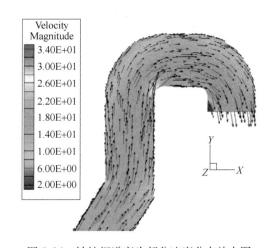

图 5-25 转炉烟道烟气速度场分布   图 5-26 转炉烟道弯头部分速度分布放大图

E 影响因素的分析

（1）壁面发射率对换热效果的影响：随着壁面发射率的增加，在烟道内的总换热量和辐射换热量呈增加趋势，而对流换热量有一定的减少。在烟气流量和温度一定的情况下，烟气出口温度体现了烟气与壁面换热量的多少，出口温度越低，烟气与壁面换热量越多（图 5-27）。

（2）壁面温度对换热效果的影响：壁面温度越高，与烟气的温差越小，换热量越少

（图 5-28 和图 5-29）。

（3）烟道直径对换热效果的影响（图 5-30 和图 5-31）：随着烟道直径的增大，烟道出口平均温度下降，热量被进一步回收。同时，随着烟道直径的增加，总换热量和辐射换热量都随之增加，但辐射换热量和对流换热量的差距越明显。

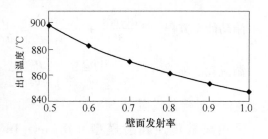

图 5-27　不同壁面发射率下烟气出口温度

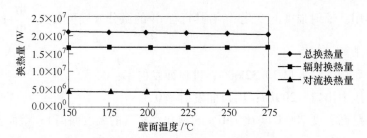

图 5-28　不同壁面温度下的换热量

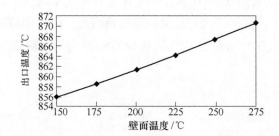

图 5-29　不同壁面温度下烟气出口温度

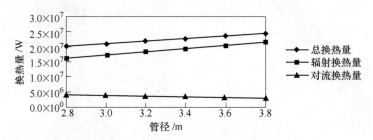

图 5-30　不同烟道直径下的换热量

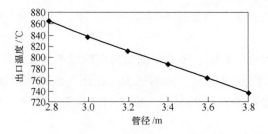

图 5-31　不同烟道直径下烟气出口温度

5.5.2.2 转炉余热量质评价及余热回收关键问题

A 转炉余热热能评价

转炉烟气携带的能量包括化学热及物理热。根据热力学第二定律，一般用"㶲"来衡量可用能的大小，但转炉余热的质量采用㶲的概念进行评价并不绝对完善。事实上，对于余热的动力回收而言，热能品位是指热能向机械能的可转换性。因此，热能的品位除了与余热温度水平有关外，还与余热的连续性有关。具体来讲，转炉煤气的特点是温度高，但不连续，若单纯从㶲的角度来讲，转炉煤气的显热所拥有的㶲值很高，具有很高的可转化性，但实际上，由于其不连续性，转炉煤气显热的可转化性并不高。计算表明，单位体积 1600℃不连续转炉煤气显热的转化能力只能与单位体积 350℃连续转炉煤气显热的转化能力相当。为此，提出采用"当量电"的概念对物理显热的品位进行评价。

所谓"当量电"是指单位余热在实际工业条件下所能转化出的电能的量，单位为 $kW \cdot h/kJ$。余热当量电由下式决定：

$$P = Q_1 \cdot \eta_{rd} = Q_1 \cdot \eta_{rh} \cdot \eta_{fd}$$

式中，P 为余热发电机组的装机容量，kW；Q_1 为单位时间入炉废气携带的热量，kJ/s；η_{rd}、η_{rh}、η_{fd} 分别为发电系统热电转换效率、余热回收率和发电机组发电效率，%；其中：$\eta_{fd} = \eta_1\eta_2\eta_3\eta_4\eta_5\eta_6\eta_7$。$\eta_1$、$\eta_2$、$\eta_3$、$\cdots$、$\eta_7$ 分别为余热锅炉保热效率、热力循环取热效率、管道效率、理想朗肯循环热效率、汽轮机相对内效率、汽轮机机械效率和发电机效率，%。

可以看出，余热发电机组的热电转换效率决定于 8 个因子效率，当量电的概念同时考虑了温度、连续性及热能性质对转化性的影响。

因此当量电效率的定义式应该为：

宏观性定义： 当量电效率 = 余热发电量/余热量

内因性定义： 当量电效率 $= \eta_{rh} \cdot \eta_{fd} = \eta_{rh} \cdot \eta_1\eta_2\eta_3\eta_4\eta_5\eta_6\eta_7$

表 5-14 为采用㶲及当量电所反映的转炉煤气热能品位。

表 5-14 热能品位表示方式的比较

热能品位形式	㶲/kJ·m⁻³	当量电/kW·h	能 级
化学热	9156.60	0.9371	0.63
物理热	1602.28	0.0292	0.90

B 转炉余热发电关键问题

a 主蒸汽参数的稳定性问题

主要包括：余热锅炉蒸汽量的波动：转炉烟气参数波动导致汽化冷却装置中非稳态传热问题，最终导致转炉余热锅炉主蒸汽热力参数波动；余热锅炉主蒸汽压力的波动情况：由于转炉烟气热负荷不稳定，所以余热锅炉主汽压力波动量也较大；变压式蓄热器输出蒸汽参数波动：对唐钢实际运行转炉调研发现，前烧期及后烧期热负荷在 0 至最大值之间波动，转炉水冷烟罩中的热流密度波动速度达 $117kW/m^2$，波动范围最高达 $350kW/m^2$，压力 3min 内波动最高达 75%，水位波动速率高达 100mm/min，波动幅度高达 300mm。余热锅炉热力参数不稳定对余热锅炉、蓄热器以及汽轮机的工作状态均产生不利影响：余热锅炉出口蒸汽流量及温度波动将严重破坏余热锅炉水循环的平衡性，最终使余热锅炉因承受巨大热应力、疲劳应力的冲击而爆管；余热锅炉热力参数及蓄热器热力参数的变化导致汽轮机进口蒸汽流量、压力及温度的强烈波动，导致汽轮机安全性、经济性受到影响。

　　b　汽轮机进口蒸汽带水的问题

　　由于转炉炼钢存在周期性的工艺特点，因此为保证汽轮机进汽流量的连续性和稳定性，需设置变压式蓄热器。在吹炼期内，余热锅炉产生的蒸汽引入变压蓄热器内，蒸汽将蓄热器内的水加热并凝结成水，使蓄热器内水的焓值升高，完成蓄热器充热过程，同时供出蒸汽；非吹炼期，余热锅炉不产生蒸汽，调压阀前压力不断下降，蓄热器中的饱和水降压后发生闪蒸，饱和水成为过热水，立即沸腾而自蒸发，产生连续蒸汽，经调压供汽轮机使用，完成变压蓄热器的放热过程。经调压阀调压至 0.8 ~ 1.3MPa 的蒸汽进入汽轮机，在汽机内膨胀做功，驱动发电机发电。

　　吹炼期内，汽轮机进口蒸汽来自余热锅炉汽包经减压后的蒸汽，具有一定的过热度，对降低汽轮机末级叶片的水蚀是有利的；非吹炼期，汽轮机进口蒸汽来自蓄热器输出蒸汽，如果蓄热器没有过热措施，将输出饱和蒸汽，导致汽轮机入口蒸汽湿度增加，影响汽轮机的安全性。因此在工业化设计中，应该保证蓄热器输出的蒸汽应具有一定过热度，以确保汽轮机进口蒸汽干度不低于 0.995，使用过热蒸汽可获得较佳效果。

　　c　汽化冷却系统频繁爆管的问题

　　转炉余热锅炉的运行工况随转炉运行工况变化而急剧变化。转炉吹炼时，大量高温烟气流过余热锅炉，余热锅炉热负荷急剧增加，管壁温度、介质温度随之升高；吹炼停止时，余热锅炉热负荷急剧减小，管壁温度、介质温度随之下降。并且，工况变化非常频繁。目前，炼钢转炉余热锅炉的使用寿命很短，上段冷却烟道的寿命为 6 年左右，下段冷却烟道的寿命为 2 ~ 3 年，靠近转炉的活动烟罩因存在钢水飞溅，运行条件更加恶劣，寿命只有 1 年左右。从炼钢转炉余热锅炉的运行工况看，设备损坏主要由三个方面的问题引起的：热膨胀问题、低周疲劳问题和水循环安全性问题。

　　d　转炉余热发电系统㶲效率过低的问题

　　主要包括：蓄热器㶲损失过大：蓄热器金属耗量与蓄热器充放热压力有关，为确保蓄热器投资回收年限，蓄热器输出压力一般选择为 0.8 ~ 1.3MPa 范围之内，即蓄热器输出蒸汽的温度不超过 200℃，蓄热器的㶲损失高达 85% 左右；排烟㶲损失过大：转炉煤气在 20℃ 一个大气压下，爆炸浓度在 12.5% ~ 75%，与氧气混合爆炸范围在 13% ~ 96%。为了避免转炉煤气爆炸，最多只回收 800℃ 以上的转炉煤气显热。

　　e　转炉余热发电系统热力参数约束条件

　　(1) 汽轮机约束条件：饱和汽轮机出口乏汽干度一般不低于 0.76；饱和汽轮机进口乏汽干度一般不低于 0.995；工质在饱和汽轮机中做功能力尽可能提高；饱和汽轮机进口工质的压力、温度、流量波动满足汽轮机的相应要求。

　　(2) 蓄热器的约束条件：蓄热器出口压力须满足汽轮机要求；蓄热器进口压力需满足余热锅炉要求；蓄热器进口蒸汽压力需在产汽量与蓄热器造价的平衡点上。

　　(3) 余热锅炉的约束条件：余热锅炉出口蒸汽压力过高，循环动力减小，循环恶化机率升高，余热锅炉出口蒸汽压力须首先保证水循环的安全性；余热锅炉出口蒸汽压力需考虑水泵电耗；余热锅炉出口蒸汽压力需考虑尽可能降低余热锅炉㶲损失；余热锅炉出口压力尽可能提高蓄热器的产汽量。

转炉余热锅炉的热力参数对水循环特性具有重要影响，蒸汽压力提高时，蒸汽做功能力提高，但循环动力降低，已引起循环恶化。目前，余热锅炉蒸汽压力与循环特性之间的关系尚停留在定性的层面上，所以，在转炉余热热力参数优化中，应增加循环特性的权重，建立二者之间的数学模型。同时，转炉余热热力参数的优化过程应加强㶲分析方法的应用，明确转炉余热发电㶲损失在各节点的分布情况，找到循环的弱点，提出提高㶲效率的方法。

5.5.2.3 转炉余热高效回收与关键技术研发

A　基于水循环动态安全性的水冷烟罩结构优化方法

a　不同吹炼阶段水循环的恶化机理及模型

研究发现，不同吹炼阶段水循环的恶化机理有本质上的不同。尽管不同吹炼阶段水循环主动力（运动压头）的表达式相同，但各阶段的边界条件有本质上区别。水循环主动力（运动压头）的表达式：

$$S_{yd} = h\bar{\rho}_{xj}g - \int_0^h \rho g dh$$

$$\rho = \cfrac{1}{\cfrac{x_0 + d_x}{\rho_1} + \cfrac{1 - (x_0 + d_x)}{\rho_2}}$$

$$\frac{q\pi rh}{M} = xh_{汽化}$$

不同吹炼阶段的边界条件：

（1）前烧期循环恶化机理及边界条件：前烧期内热负荷的特点是在 2～3s 内由 0 迅速上升到最大值，工质压力连续升高，该阶段循环恶化的原因主要是由于导汽管含气率为 0 及压力升高导致上升管与下降管密度差减小造成的。该阶段的边界条件为：前烧期内工质压力处于连续升高期，但最大压力出现的时间具有 2～3s 的滞后，所以，前烧期工质压力变化的边界条件为 4～6s 内压力由初始值线性升高至额定值；循环开始启动时，由于循环尚未建立，导汽管中为饱和水，不参与形成循环动力，而且锅筒高度与循环动力无关；由于水冷管中工质流向与转炉烟气流向相同，烟罩中热流密度值不能再采用平均值，需要通过数值模拟确定热流密度场的分布，作为计算当地截面含气率的边界条件。

（2）后烧期循环恶化机理及边界条件：后烧期负荷波动方向与前烧期相比完全相反，工质压力连续降低，该阶段循环恶化的原因主要是由于工质减压闪蒸后，下降管产生大量蒸汽，不但大幅度削弱循环动力，而且对工质在上升管中的分配造成不利影响，流量较低的上升管将形成柱塞流，柱塞流使管子因第二类传热恶化而过热，同时管子也会受到汽水交变冲击作用，在过热与交变应力的双重作用下，水冷管爆破。该阶段的边界条件为：后烧期工质压力变化的边界条件为 2～3s 内压力由额定值线性降低至 0 值；导汽管中工质的含汽率按上升管出口工质含汽率与最大闪蒸含汽率的代数叠加值计算。

（3）正常吹炼期循环恶化机理及边界条件：正常吹炼期负荷波动方向及时间具有无序性，但也可以分为升压期与降压期，循环恶化机理同前烧期与后烧期，该阶段循环恶化的程度较前两期弱。

b　转炉汽化冷却系统热流密度场的数值模拟

转炉汽化冷却烟罩热流密度场的分布通过温度场、浓度场及流场描述，其中，浓度场可以看成均匀场。利用 Fluent 软件，采用 RNGK-ε 湍流模型，对水冷烟道温度场、速度场及压力场进行数值模拟。通过对水冷烟道温度场、速度场及压力场数值模拟结果进行拟合，可以比较准确的描述烟罩内热流密度场的分布。

c　基于水循环动态安全性的水冷烟罩结构优化方法

（1）烟道直径与转炉烟气辐射特性的关联方式（图 5-32）：随着水冷烟罩直径增加，烟气有效辐射层厚度增大，转炉烟气发射率增加。热流密度随烟道直径的增加而增加，但增加的趋势变缓。

（2）水冷烟罩直径与水循环回路的循环特性的关联方式（图 5-33）：随烟罩直径增大，热流密度加大导致水冷管各断面含汽率增加，循环回路上升管与下降管间密度差增加，故循环推动力随烟罩直径的增加而升高。同时，由于上升管及导汽管含汽率增加、循环回路中工质比容增大，循环回路中的流动阻力损失也随烟罩直径的增加而升高。烟罩直径较小时，循环回路的循环推动力大于回路流动阻力，循环正常；但随着烟罩直径的变大，回路流动阻力的增加速度快于循环推动力的增加速度，所以循环的净动力随烟罩直径变大逐渐变小；当烟罩直径达到一定值时，回路流动阻力超过循环推动力导致循环恶化。

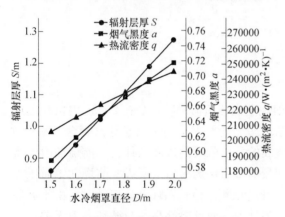

图 5-32　烟道直径与转炉烟气辐射特性　　　图 5-33　烟道直径与循环特性关联曲线

（3）水冷管直径与水循环回路的循环特性的关联方式（图 5-34）：随水冷管直径增加，由于单位受热面对应循环水量增加导致循环倍率上升，循环驱动力与循环阻力同时降低，但阻力降低的速度比驱动力降低的速度快。管径较小时，循环阻力大于循环驱动力，循环恶化；只有当管径超过一定值时，循环驱动力才会超过循环阻力，建立正常的水循环。

（4）水冷管高度与水循环回路的循环特性的关联关系（图 5-35）：随水冷管长度增加，由于水冷管出口含汽率增加导致循环倍率下降，循环驱动力与循环阻力同时升高。水冷管高度过低时，由于水冷管出口截面含气率过小，循环阻力大于循环驱动力，循环恶化；当水冷管高度过高时，由于水冷管出口截面含气率过大，循环阻力大于循环驱动力，循环同样恶化；只有当水冷管高度在一定范围内时，循环驱动力才会超过循环阻力，建立正常的水循环。

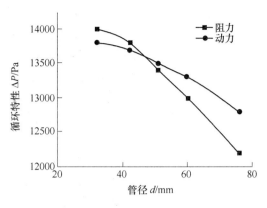

图 5-34 水冷管直径与循环特性

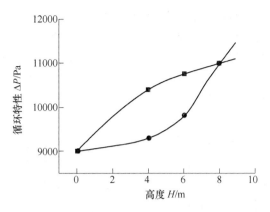

图 5-35 水冷管长度与循环推动力及循环阻力

d 优化结果

转炉汽化冷却器直径、水冷管直径、水冷管长度对于水循环安全均存在最佳范围，即便是复合循环回路，三者的匹配方式也需要在自然循环方案下，以后烧期热负荷波动特性为边界条件进行优化。表 5-15 为以实际闪蒸速率为边界条件的优化结果。

表 5-15 以实际闪蒸速率为边界条件的水冷烟道优化结果

项 目	烟罩直径/mm		水冷管直径/mm	循环方式
	位 置	取 值		
活动烟罩	上部直径	$\phi 3542 \pm 10$	$\phi 60 \times 4$	低压强制循环
	下部直径	$\phi 4593 \pm 10$		
炉口段	上部直径	$\phi 2828 \pm 10$	$\phi 38 \times 4$	高压强制循环
	下部直径	$\phi 3166 \pm 10$		
可移动段	上部直径	$\phi 2820 \pm 10$	$\phi 38 \times 4$	高压强制循环
	下部直径	$\phi 2820 \pm 10$		
中 段	上部直径	$\phi 2820 \pm 10$	$\phi 60 \times 4$	自然循环
	下部直径	$\phi 2820 \pm 10$		
末 段	均径	$\phi 2820 \pm 10$	$\phi 60 \times 4$	自然循环

B 基于低周循环应力安全性的水冷烟罩结构优化

(1) 转炉水冷烟罩热变形的特殊性：转炉水冷烟罩的膜式壁采用圆形封闭式膜式壁，水冷管上下部均有环形集箱刚性限位，且烟罩及限位结构存在较大的不对称性。转炉水冷烟罩结构的特殊性决定了其受热后膨胀方式的复杂性。环形膜封闭式壁受热后的膨胀分为长度方向膨胀与圆周方向膨胀。长度方向膨胀将使水冷管弯头变形受到附加弯矩作用，尤其是水冷管与集箱焊接部位受到附加弯矩作用。另外，由于水冷管通过弯头与环形集箱连接，其长度方向膨胀由于受环形集箱约束而使烟罩直径变小，封闭膜式壁直径变小将导致肋片弯曲，管子变成椭圆，肋根受到巨大的附加弯矩作用。在无限位的情况下，环形膜封闭式壁受热后圆周方向的膨胀有使膜式壁环形直径变大的趋势，但同样是由于环形集箱的约束，直径无法变大，导致肋片进一步弯曲，管子进一步变成椭圆，肋根受到的附加弯矩作用更大。

(2) 转炉水冷烟罩危险点的应力特征及应力模型：转炉烟罩水冷管爆破形式基本上属

于肋根撕裂，理论分析也说明危险点在肋片与水冷管焊接处，危险点处是应力集中水平最高的地方。转炉水冷烟罩危险点所承受的常规应力包括：水冷管所受内压应力、水冷管壁径向温差应力及水冷管与肋片间的焊接应力；转炉水冷烟罩危险点所承受的特有应力包括：水冷管长向膨胀受限所受压应力、烟罩长向膨胀受限导致的直径缩小使肋片收到的附加弯矩，以及烟罩周长膨胀导致的烟罩直径膨胀受限使肋片受到的附加弯矩。

（3）解决方案：为了降低水冷烟罩事故率、提高水冷烟罩寿命，须采取应力分散结构，避免众多应力叠加在一处的结构。

（4）采用具有分散应力性能的反弯矩弹性肋片（图 5-36）：反弯矩弹性肋片降低肋根应力的原理为：水冷烟罩受热后烟罩长度及周长均增大，由于环形集箱约束水冷烟罩直径实际上有所减小，所以导致反弯矩弹性肋片发生了两类变形：一类变形是肋片总体变长，该变形是肋根处受到逆时针弯矩作用；第二类变形是肋片中心弧度变形减小，中心弧度变形后其恢复原形状的趋势对肋根处施加顺时针弯矩，两个相反方向的弯矩具有一定的抵消作用，从而降低了肋根处的应力水平。反弯矩弹性肋片的安装错位角可以前错位，也可以后错位，实际安装时后错角度与前错角度交替进行，以便使管子两侧所受弯矩方向相同，管子可以通过自身微小扭转来分散肋根应力（图 5-37）。

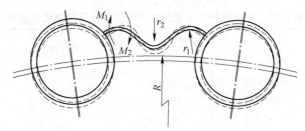

图 5-36　具有分散应力性能的反弯矩肋片

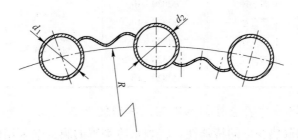

图 5-37　反弯矩肋片交错安装示意图

C　基于叠能理论的转炉余热发电新工艺

a　三大热力设备对热力参数优化的约束条件

（1）饱和汽轮机进口热力参数优化的约束条件：应确保汽轮机进口主蒸汽干度在 0.995 以上，蓄热器出口蒸汽应该有一定的过热度；主汽压力应兼顾蓄热器经济性及稳定性。

（2）余热锅炉蒸汽压力的约束条件：余热锅炉蒸汽压力受循环方式、循环恶化临界条件、闪蒸度、蓄热器充热压力、余热锅炉结构应力的约束。自然循环方式下，余热锅炉蒸汽压力受限于循环高度的约束，强制循环条件下，余热锅炉蒸汽压力受限于循环动力消耗的约束。

（3）蓄热器充放热压力的约束条件：蓄热器充热压力受到余热锅炉安全与经济性、汽轮机经济与安全性和蓄热器经济性约束。

b 蓄热器充放热压力的优化

蓄热器充放热压力优化的目标函数包括发电系统净发电量、水循环安全性、汽轮机安全性及稳定性，而且水循环安全性、汽轮机安全性及稳定性是优先保证组。各目标函数的关联表达式为：

$$系统的净发电量 = f(P_e, G_g, G_q, P_q, P_n, N_z)$$

$$水循环的安全性 = f(P_e, G_g, \Delta, J)$$

$$汽轮机的安全性及稳定性 = f(G_q, P_q, \delta_p, P_n, N_z)$$

c 基于叠能理论的转炉余热发电新工艺

基于叠能理论的转炉余热发电新工艺流程（图5-38）：余热锅炉产生两种压力的蒸汽，强制循环的一路产生高压蒸汽，进入高压叠能蓄热器，其余回路产生低压蒸汽，进入低压基能蓄热器。工作时，低压基能蓄热器降压产生低压饱和蒸汽，而高压叠能蓄热器降压产生高压饱和蒸汽，低压饱和蒸汽进入高压饱和蒸汽的气相空间，与高压饱和蒸汽进行间壁式换热，低压饱和蒸汽吸收热量产生一定的过热度，高压饱和蒸汽凝结放出汽化潜热，将高压蒸汽的汽化潜热转化为低压蒸汽的过热热。本系统将高压蒸汽的汽化潜热叠加在低压饱和蒸汽的热能之上，将高压蒸汽的潜热转化成了低压蒸汽的过热热，同时还能部分解放乏汽干度对蒸汽压力的约束，主汽热能品位被提高。采用压力分级叠能蓄热方案的效果是，在保证乏汽干度的情况下，提高了汽轮机进口主蒸汽的压力，并且汽轮机进口主蒸汽实现了一定的过热度，从而依靠热能叠加实现了能级提质，最终在余热锅炉输出热能一定的条件下，提高了余热发电量。

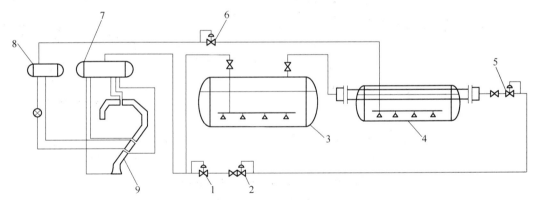

图5-38 基于叠能理论的转炉余热发电新工艺的流程图

1—低压蒸汽调节阀；2—低压蒸汽减压阀；3—低压蓄热器；4—高压蓄热器；5—主蒸汽减压阀；
6—高压蒸汽调节阀；7—低压基能汽包；8—高压叠能汽包；9—水冷烟罩

5.5.2.4 转炉余热回收与低压余热蒸汽发电示范工程

A 转炉饱和汽轮机选型计算与分析

（1）定流量下饱和汽轮机发电功率随进汽压力的变化规律：在额定蒸汽流量75t/h、干度0.995的情况下，分析不同排汽压力下的饱和汽轮机发电功率随进汽压力的变化规律（图5-39）。可知，蒸汽流量一定时，饱和汽轮机的发电功率随着进汽压力的增加而增大，且变化幅度近似相等。在相同的进汽压力下，水冷机组的发电功率比空冷机组高，而且随着排汽压力的增加发电功率逐渐减小。

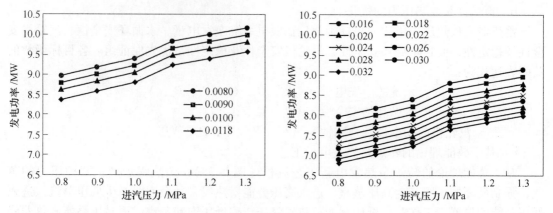

图 5-39　水冷机组和空冷机组发电功率随进汽压力变化

（2）定排汽压力下饱和汽轮机发电功率：随进汽压力的变化规律在排汽压力 16kPa 和 32kPa 的情况下，分析不同流量（45t/h、75t/h、80t/h）下的饱和汽轮机发电功率随进汽压力变化的规律（图 5-40）。一定排汽压力下，饱和汽轮机的发电功率随着进汽压力的增大而增大。在流量 80t/h、进汽压力 0.8MPa 时，排汽压力为 16kPa 时的汽轮机发电功率比排汽压力 32kPa 时大 1.4MW。即在相同的进汽压力时，随着排汽压力增加，汽轮机的发电功率逐渐减小。

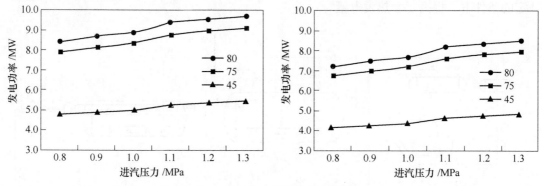

图 5-40　发电功率随进汽压力变化曲线

（排汽压力为 16kPa 和 32kPa）

（3）定进汽压力下饱和汽轮机发电功率随排汽压力的变化规律：进汽压力 0.8MPa 和 1.2MPa 时，不同流量（45t/h、75t/h、80t/h）下的饱和汽轮机发电功率随排汽压力的变化规律（图 5-41）。进汽压力一定时，饱和汽轮机发电功率随着排汽压力增大而减小，且减小幅度近似相等。在进汽压力 0.8MPa、排汽压力 8kPa 时，流量为 80t/h 的工况下汽轮机发电功率大于进汽压力 0.8MPa、排汽压力 8kPa 时，流量为 75t/h 的工况。

　　B　转炉余热蒸汽回收技术改造

（1）转炉汽化冷却烟道改造及其节能效果：为提高转炉汽化冷却余热蒸汽回收量，对转炉汽化冷却及除尘进行技术改造，将转炉烟气汽化冷却烟道增高了 4m，不仅强化了辐

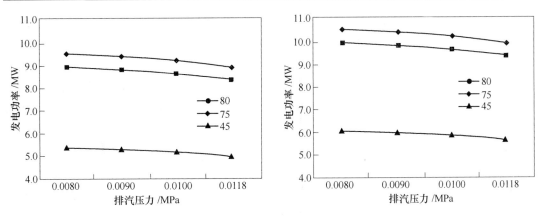

图 5-41　发电功率随进汽压力变化曲线
（排汽压力为 0.8MPa 和 1.2MPa）

射换热，还解决了挂渣问题。

（2）改造汽包和蓄热器：为提高余热蒸汽压力，对汽包与蓄热器进行改造见表 5-16
和表 5-17。

表 5-16　烟道直径加大后各参数的对比

项　目	质量流量 /kg·s^{-1}	辐射换热量 /W	总换热量 /W	辐射换热量 所占比例/%	出口温度 /℃
实际结果	13.747	—	12523140	—	850
现有烟道的计算结果	13.7469	8610020	12097604	71.2	865
烟道加粗后计算结果	13.7473	11866703	15227390	77.9	648
各参数变化	—	37.8%	25.8%	9.4	−25.1%

表 5-17　汽化冷却系统改造前后蒸汽参数的变化

项　目	改造前		改造后	
	汽　包	蓄热器	汽　包	蓄热器
设计压力/MPa	1.6	1.6	2.5	2.5
运行压力/MPa	0.8	0.8	2.0	2.0
现行压力/MPa				0.8
蒸汽温度/℃	203	203	230	230
最大蒸发量/t·h^{-1}	6	15	20	50
数量/个	4	1	4	2
现行压力下的蒸发量/t·h^{-1}			16	

C　蒸汽平衡状况

（1）蒸汽源：为工业锅炉、余热锅炉和汽化冷却装置，汽源分别位于南区动力厂锅
炉、一钢轧转炉汽化冷却、二钢轧转炉汽化冷却、一钢轧 1810 线余热锅炉、一钢轧 1700
线加热炉、二钢轧棒线加热炉。

（2）蒸汽输配系统：唐钢南区的蒸汽系统分为中压管网和低压管网，余热蒸汽主要进
入低压管网。

（3）蒸汽用户：一钢自用蒸汽主要是除氧器加热、铁皮球烘干等，用量 15t/h。二钢

自用蒸汽主要是连铸塞杆烘烤、设备伴热等，用量为8t/h。冷轧酸洗车间用于酸洗液加热，用量为30~53.6t/h。其他生活用汽约为14t/h，其余全部放散。

（4）南区蒸汽系统优化初步方案：通过本次调研，对唐钢南区蒸汽（包括发电用蒸汽）进行了蒸汽规划，为提高发电量，提出把转炉余热蒸汽单独用于发电。通过调研得出，转炉蒸汽提出后，剩余可以满足南区蒸汽用户的需求，如果有新增蒸汽用户，将来可以用锅炉冷凝水和汽机抽汽作为补充。

D　低压余热蒸汽发电示范工程建设和运行效果

经现场改造后，河钢唐钢转炉吨钢回收蒸汽达100kg以上，根据南区蒸汽总体平衡状况，决定建设15MW低温余热蒸汽发电机组。该系统主要包括汽化冷却余热锅炉、饱和蒸汽轮机、发电机三大主体设备及蒸汽蓄热、排汽冷却、给水除氧三大汽水系统。一钢有3座150t/h转炉及其配套的汽化冷却系统，蒸汽为1.4MPa的饱和蒸汽，流量约为67.5t/h；二钢有4座55t/h的转炉，产汽量为45t/h，蒸汽为1.3MPa的饱和蒸汽。一钢、二钢产生的蒸汽均通过母管分配到蓄热器中，变成参数稳定的蒸汽流，然后通过两级脱水提高其干度后进入到饱和汽轮机中做功，乏汽冷凝后进入软水箱，二钢给水直接返回至汽包，一钢给水经热力除氧后返回至余热锅炉汽包中，实现转炉余热和软化水的回收利用。

南区转炉低温余热发电及煤气发电项目投资2.5亿元：建设1套15兆瓦低温余热发电机组，利用炼钢转炉余热蒸汽发电，已于4月份投入运行，吨钢余热蒸汽回收量达80kg以上，非采暖期吨钢发电量在11kW·h左右，年发电总量近70×10^6kW·h，年增效益约3500万元（表5-18）。建设2台130吨全燃煤气锅炉及配套的25兆瓦、30兆瓦发电机组，利用富余煤气发电，已于3月份建成投入运行并网发电。示范工程在前期攻关基础上，先后对锅炉鼓、引风机设备参数选定、煤气系统和煤气燃烧保护系统布置等十多项工艺装备进行不断优化，保证了工程设计科学、合理。南区低温余热发电工程1号机组从破土动工到投产运行仅用了3个多月的时间，创造了国内同类基建项目工期最短、投产达效最快的"唐钢速度"。

表5-18　2010年11月~2011年10月转炉余热回收与发电

时　间	低温余热发电 /×10^4kW·h	钢产量/t	吨钢蒸汽回收 /kg	吨钢煤气回收 /m^3	吨钢发电 /kW·h
2010年11月	489.06	728667	80.91	113.09	6.71
2010年12月	199.5	698987	92.33	124.46	2.85
2011年1月	87.3	699743	90.78	119.35	1.25
2011年2月	247.1	680310	90.17	119.67	3.63
2011年3月	480.4	733315	90.60	121.95	6.55
2011年4月	740	722817	85.21	117.95	10.24
2011年5月	843.2	767976	93.15	121.39	10.98
2011年6月	736.50	659764	81.18	122.87	11.16
2011年7月	854.46	766313	88.12	123.86	11.15
2011年8月	704.25	712888	88.23	122.83	9.88
2011年9月	788.10	726804	89.25	130.31	10.84
2011年10月	811.59	756721	93.49	126.89	10.73
合　计	6981.46	8654305	88.69	122.08	8.07

5.6 生命周期评价（LCA）简介

气候变化和自然资源的可持续利用是当今社会所面临的主要挑战之一，因此也成为世界各国的首要环境议题，并且在可预见的未来仍将是首要议题。人们已经认识到产品设计和消费行为可以影响产品的整体环境表现及使用效率。产品生产商更加密切关注产品的生产、使用和报废环节，这已成为材料选取过程中一个日益重要的因素。在用于评估材料及消费产品的环境、经济和社会表现（包括其对气候变化和自然资源的影响）的工具和方法中，生命周期评价（life cycle assessment，LCA）提供一种全面性的分析方法，将产品在生产、使用和报废等所有阶段的潜在影响都予以考虑。生命周期评价是对产品系统或生产活动从地球上获取原料到生命终期再到废物丢弃各个阶段对环境产生的负担和影响进行定量分析和评估的工具。这一工具也逐渐在工业领域、政府部分和环境团体得以推广，主要为与环境相关决策和材料选择时提供决策依据。

开展生命周期评价工作的关键，是要意识到生命周期方法是评估产品对环境影响的最佳途径，因而也是帮助社会在选材及其经济性方面做出明智决定的最佳方法。单纯地关注产品生命周期中的某一阶段（如材料生产）的环境影响会歪曲事实，因为这可能会忽略生命周期中另一个阶段（如使用阶段）所增加的影响。基于合理的方法和透明的报告体系的生命周期评价，是协助决策制定的重要工具。

生命周期评价的工作程序属于国际标准化组织（ISO）14040 系列标准之一。生命周期评价将产品生产过程、这些过程所用原材料的提取、用户对产品的使用和维护、产品报废（回收、再利用或废弃），以及各个环节之间不同运输方式带来的环境影响都予以考虑。钢铁产品生命周期示意图见图 5-42。

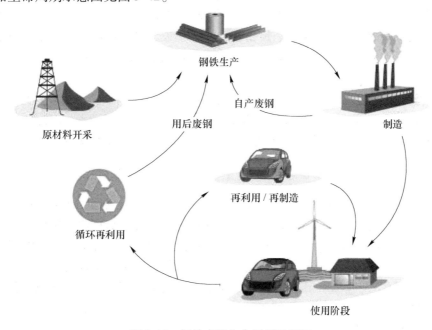

图 5-42 钢铁产品生命周期示意图

生命周期评价的使用日益广泛，越来越多的国家或地区建立起了覆盖主要行业的数据库，许多制造行业的组织机构设有专门的 LCA 工作部门，市场上也有越来越多的 LCA 软件包。如今生命周期评价也是大学开设的一门课程。

5.6.1　世界钢协的生命周期评价工作

钢铁的市场应用广泛，是众多产品（如用于汽车、建筑和包装行业）的主要组成材料。在早些时候，钢铁行业就意识到建立合理的分析体系以收集世界生命周期清单分析数据（LCI）、支持市场开发和满足用户需求的必要性。世界钢协为开展 LCA 工作或应用 LCA 的公司制定了一套完整的指南，建议在进行 LCA 研究和资料披露时均采用最高标准。这是为了防止将复杂的问题进行简单化、片面化地分析，这在使用 LCA 对替代材料进行对比分析时尤为重要。

世界钢铁协会自 1995 年起开始通过世界各地的会员公司收集 LCI 数据，并启动了世界钢铁协会的 LCI 分析方法和研究工作。世界钢铁协会的分析方法为世界范围内的环境效率衡量工作提供了一个共同的基础。LCI 数据把钢铁产品"从摇篮到大门"（即原材料开采到钢铁产品输出给客户）的输入（资源利用、能源）和输出（环境排放）方面的信息进行量化，而这些输入和输出源自：

（1）资源提取和材料的回收利用；

（2）出厂前的钢铁产品生产；

（3）流程中废弃物的处理；

（4）产品报废后钢铁的回收和循环利用。

世界钢铁协会生命周期清单研究定量分析了大约 15 种钢铁工业产品工序制造的资源利用、能源和排放对环境的影响：从获取原料到钢铁产品输出到使用地，其间通过高炉/氧气顶吹转炉和电弧炉工序生产。初步研究的 15 种产品有：热轧钢卷、酸洗热轧卷、冷轧钢卷、冷轧退火钢卷、镀锡钢卷、镀铬板、热镀锌板、电镀锌板、有机涂层扁平钢、中厚板、钢管、螺纹钢/线材、工程用钢、型钢和先进高强钢等。这些产品代表着 80% 以上的钢铁产品。

这些数据在世界范围内的 LCA 研究中得到应用，不仅包括各个行业，还包括大专院校（通常受行业和政府委托开展 LCA 研究以帮助其决策），以确保做出明智的选材决定。世界钢铁协会的 LCA 研究工作有助于找出提高钢铁行业生态效益的方法。

5.6.2　开展生命周期评价项目的意义

一次生命周期评价项目的实施，不仅可以全面地分析产品或人类活动对环境影响的结果，还能对生产流程进行彻底的梳理。生命周期评价的核心是数据库，用详实完整的数据来反应生产过程中的各种活动。从原材料准备到产品出库的所有环节，究竟哪些流程不合理，哪些还有压缩成本的空间，哪些工艺还能进一步优化。全盘掌握现场生产活动中的每一个消耗和产出环节，科学准确地获得每一个输入物料的吨钢损耗，直观地对各个产线进行对标。在产线诊断时，能够提供切实可靠的数据，做到有据可依，对优化工艺、提高产品质量稳定性有很大帮助。

生命周期评价也越来越受到各个国家和组织的重视。生命周期评价作为一种科学评估生产活动的方法，它被各种环保法案和标准所采用，常见于欧美和国际标准。欧盟议会法案 PEF（产品环境足迹）正在制定中，该法案要求在列表中的 25 种类别的产品如果在欧盟销售都必须拥有 LCA 评价结果。在 PEF 法案发布后，如果没有 LCA 评价结果，列表中的产品是无法在欧洲销售的。也就是说，生命周期评价 LCA 是进入欧洲市场的许可证。

5.6.3 河钢集团积极开展生命周期评价工作

世界钢铁协会和欧盟钢铁委员会都把生产线和产品的 LCA 作为 2050 年前全世界钢铁工业发展的第一要素。

LCA（life cycle assessment）是国外专家经过多年实践和摸索，开发出的一种新的能诊断生产过程和产品"洁净度"的工具，它可完成生产过程和产品对生态环境和人类不良影响的定量诊断，它是一种全面的综合资源、能源、环境和人类健康等的分析方法。这一工具已经在工业领域、政府部门和环境团体得以广泛推广，它为企业提供诊断后，还可以为生产线分部改造和提高综合水平提供决策依据。

近年来，河钢、宝钢等钢铁公司，改变原有发展理念，提出了"人、钢铁、环境和谐共生"的绿色发展理念，大力实施绿色行动计划。上述钢铁公司规划到"十三五"期末，形成完备而又独特的绿色发展体系；实现绿色矿山、绿色采购、绿色物流、绿色制造、绿色产品、绿色产业的"六位一体"的绿色体系，保证企业绿色运行。

河钢集团和宝钢集团均已经正式加入世界钢铁协会 WSA，在 LCA 的合作项目上，河钢集团和宝钢都派人到布鲁塞尔世界钢协总部工作和学习一年，主要学习 LCA 方法，参与世界钢协 LCA 项目的研究。

通过向世界钢协选派访问研究员，河钢集团和宝钢集团逐步展开了对 LCA 的应用。自 2014 年开始，河钢集团在原有的生产线对标基础上，将项目推进到各子公司的每一条生产线，为 LCA 项目的开展积累了大量数据，该项工作目前还在继续进行中。

2016 年河钢集团参与了世界钢协新一期的 LCI 数据收集项目，截止目前，全世界参与这个 LCI 新项目的公司有 47 家，包括了与 130 多个钢铁生产企业的对标，并借助世界钢协的成熟模型对全流程的钢铁生产进行一次全面系统的生命周期评价分析。河钢集团和宝钢集团将利用世界钢协的平台和自己的实践，在 LCA 研究上赶上国外先进企业的前进步伐，通过不断学习不断完善，建立起中国自己的生命周期评价体系。

第6章　中远期需要研发的
绿色钢铁工艺技术

中国钢铁工业还需要大量中国原创的钢铁新工艺、装备和技术，但是目前还有较多课题有待研究，下面举其中几个例子。

6.1　新的钢铁流程和工艺的研究

钢铁流程是影响整个钢铁工业效率和经济、环境效益的最先导因素，钢铁流程的结构和构建流程的若干分工序的水平，本征地影响整个钢铁公司的综合水平。

尽管短流程比长流程综合效益高，但受我国目前条件的限制，我国还不得不采用能耗高、污染重和耗时长的长流程，这种持续还需要一定时间才会改变。

我国殷瑞钰院士提出了《钢铁工业流程工程学》，是基于钢铁工业的物质流、能源流和信息流，专门研究了流程系统、流程结构以及构成流程各工序的硬件配置和优化方法，这对提高钢铁工业的综合水平有很重要意义。流程工程学的研究已经出现大量理论和取得了大量成果，也填补了我国钢铁流程研究的空白。

另一个新流程就是简化现有流程：应用新技术将一些工序省略，如石灰石转炉炼钢技术，就是省略了石灰窑烧石灰工序，既保证了转炉炼钢质量和产量，又提高了流程的效率和经济效益，是很好的一种简化流程的方法。还有一些正在开发的技术可以实施同样的简化流程功能，得到明显的技术、经济和环境效益。

新的钢铁工艺是影响钢铁产品质量和产量、节能减排和资源高效利用的重要前提因素，随着钢铁工业多功能理论的提出，对炼铁炼钢新工艺的需求越来越急切，国内外开发的多种新工艺，如 COREX、FINEX 等炼铁新工艺还存在不同问题，至今没有达到理想的程度。

但是，对新炼铁炼钢工艺的探讨，如上述那些新工艺的研究，都是值得鼓励的，毕竟随着钢铁工业的长期和深入实践，发现现有的炼铁炼钢工艺存在的问题越来越多，急需新的炼铁炼钢工艺的出现，因为那是大节能减排和高效高质的钢铁新技术。

尽管现在中国还没有这方面理想的研究，但还是要鼓励继续探索新的炼铁炼钢新工艺和装备的研究，因为不少新的思路、新的装备、新的材料等已经出现，需要突破传统思维，开发颠覆性的工艺、装备和技术，才能使一个钢铁大国变成钢铁强国。

6.2　对全流程和产品实施生命周期评价

根据世界钢铁协会的规划，到 2050 年，全世界钢铁工业要对全流程和产品实施 LCA（生命周期评价）。我国目前虽然有一些钢铁公司、大学和研究院所在从事 LCA 研究和应用，但深入了解者和应用者还太少，不利于与国际接轨、产品出口和进一步提高钢铁流程、工艺、装备和产品水平的提高。

LCA 的研究应该在我国所有钢铁公司普及和应用，并在应用中不断完善和提高 LCA 水平。

6.3　高球团比例高炉炼铁工艺和技术研究

烧结工序的能耗比球团工序的能耗高很多、污染物产生量也高很多（最高温度低），所以国外许多钢铁公司采用几乎 100% 球团（如瑞典、芬兰等国）或高比例球团的高炉炼铁工艺（如美国、加拿大等），他们都取得了很好的综合效益。

国内由于铁矿粉的质量和烧结——球团的成本问题，遇到了一些需要解决的课题，国内有些钢铁公司几年前就开始在摸索，例如河钢集团，在了解国内外同类研究和应用结果的基础上，结合自身铁矿粉的条件，开展了一系列的研究，目前已经超过 60% 球团炼铁的水平了，研究工作还在进行中。

这是绿色工艺和技术的好技术，需要结合各个钢铁公司的条件开展持续的研究。

6.4　一次、二次资源高效循环利用和余能利用新技术

我国钢铁工业在一次和二次资源高效利用方面还存在以下问题：
（1）复杂共伴生矿有价元素的分离、富集和提取技术；
（2）钢渣铁渣"热"和"资源"同时高质回收利用技术；
（3）废弃耐火材料的回收利用；
（4）分散、间歇和低品位难回收余热资源的高效回收利用；
（5）钢铁工业其他余热余能的回收和利用；
（6）其他工业二次资源和社会废弃物在钢铁工业的利用。

6.5　高温、高压、含尘、高速环境下的参数测试、大数据处理和智能化过程控制

随着"中国制造 2025"、"工业 4.0"、智能制造、大数据和云计算等时代的到来，钢铁工业面临了一个全新的时代，但由于钢铁工业的特殊性，许多工艺、装备内的参数难以获得，给上述工作带来在线数据不足等问题，所以开展这方面的研究，将成为钢铁工业更上一层楼的重要课题。

恶劣条件下的过程参数测量技术和装备开发，将是钢铁工业提高水平的另一个重要课题，如钢水、铁水、钢渣、铁渣温度、成分、速度的在线测量和三维数据获取方法、高温含尘含油流体温度、杂质浓度等参数的在线测量、PM2.5 等粉尘测量方法和源头控制方法等，都是高质量冶炼和稳定产品质量的保证，这些都是急需研究的课题。

另外大数据技术和智能制造技术的研究也是下一步需要开展的重要课题，数据的准确性是上述课题的重要前提，急需提前布局研究此类课题。

第 7 章 绿色钢铁系统评价

7.1 根据"绿色钢铁"的定义评价

本书第 1 章中对"绿色钢铁"的内涵阐述中已经给出了对绿色钢铁的定义,由此可以对钢铁流程、工艺和技术的绿色程度做出一定判断,但是用定义来评价"绿色钢铁"的绿色程度偏于宏观,是一种定性评价,不够具体和定量,因此不便于定量比较不同钢铁流程的"绿色"程度。

7.2 根据国家和钢铁行业制定的"绿色钢铁评价体系"进行评价

为了贯彻落实国家制定的"中国制造 2025"和"绿色制造工程实施指南(2016 ~ 2020 年)",2016 年国家工业和信息化部发出了"开展绿色制造体系建设"的通知,其中包括钢铁工业的绿色制造体系的评价,在建设绿色制造体系后,对其"绿色程度"的评价也制定出了一套定量的评价体系(以评分的方式),该方法即将出台。

中国工业和信息化部提出的定量评价方法,从框架上看,是至今为止出现的一个较全面的定量绿色评价体系,它对新建、改建和扩建的钢铁企业制定了不同的评价方法,其中包括对公司规模、生产过程洁净度、产品的洁净度(含产品的生态设计)、能源消耗、资源消耗、污染物排放(含厂房内污染物和温室气体排放)、基础设施(含土地)和管理等的程度。由此可以期待即将出台的定量的"绿色钢铁"评价体系,将对中国钢铁工业的"绿色化"和"去产能"起到积极的推动作用。

上述提及的即将出台新的绿色评价方法是目前为止,中国首次设计的较全面"绿色制造"评价体系,从内容的顶层设计看,它是一种适合中国目前国情的"绿色制造"评价方法。

7.3 根据"LCA"方法定量评价钢铁工艺和技术的绿色度

LCA(life cycle assessment)方法即"寿命周期评价"方法,它是对产品系统或生产活动从地球上获取原料到生命终期再到废物丢弃各个阶段对环境产生的负担和影响进行定量分析和评估的工具。在设定的工业系统边界内,对涉及工业流程的原料获取、生产制造、产品应用和回收,能源利用、二次资源的利用以及对环境和人的危害程度作综合定量分析,对上述影响因素的负面程度进行排队,由大到小确定下一步对工业流程改进的先后顺序,并制定相应的改造方案,如果需要,改造和运行后的工业流程还可以继续进行 LCA 诊断,LCA 过程可以反复进行,由此不断提高工业流程的软硬件水平和应用效果。

LCA 是这一工具已经在工业领域、政府部分、环境团体和国际组织得以推广,而且已经列入国际标准化组织(ISO)14040 系列标准。LCA 方法除了优化流程和产品的生产过程,还为环境决策和材料选择提供决策依据。

目前国外已经有一些 LCA 的专用软件，如 GABI 软件等，可以依不同条件对工业流程进行定量分析，LCA 软件要求是有足够和详尽的工艺、原料、能源和技术数据输入。

LCA 方法是由发达国家提出的定量和全面的评价工业"绿色度"方法，这是目前国际上普遍接收的一种定量评价方法，它既能诊断出现有工艺流程、产品和技术的"绿色度"和薄弱环节，提出下一步的改进方向，由此制定改进"绿色度"的措施；还可以反复进行同样的 LCA 诊断和评价，由此不断改进流程、产品和技术的"绿色度"和综合水平。

世界钢铁协会（WSA）和欧盟钢铁委员会已经将 LCA 方法列在世界钢铁工业 2050 年前要在全世界推动的第一项工作。世界钢协为开展 LCA 工作或应用 LCA 的公司制定了一套完整的指南，建议在进行 LCA 研究和资料披露时均采用最高标准。这是为了防止将复杂的问题进行简单化、片面化地分析，这在使用 LCA 对替代材料进行对比分析时尤为重要。

世界钢铁协会自 1995 年起开始通过世界各地的会员公司收集 LCA 数据，并启动了世界钢铁协会的 LCA 分析方法和研究工作。世界钢铁协会的分析方法为世界范围内的环境效率衡量工作提供了一个共同的基础。LCI 数据把钢铁产品"从摇篮到大门"（即原材料开采到钢铁产品输出给客户）的输入（资源利用、能源）和输出（环境排放）方面的信息进行定量分析。

世界钢铁协会生命周期清单研究定量分析了大约 15 种钢铁工业产品工序制造的资源利用、能源和排放对环境的影响：从获取原料到钢铁产品输出到使用地，其间通过高炉/氧气顶吹转炉和电弧炉工序生产。初步研究的 15 种产品有：热轧钢卷、酸洗热轧卷、冷轧钢卷、冷轧退火钢卷、镀锡钢卷、镀铬板、热镀锌板、电镀锌板、有机涂层扁平钢、中厚板、钢管、螺纹钢/线材、工程用钢、型钢和先进高强钢等。这些产品代表着世界 80% 以上的钢铁产品。世界钢铁协会的 LCA 研究工作有助于找出提高钢铁行业生态效益的方法。

如今 LCA 方法已经是国内外越来越多大学开设的一门课程。

LCA 的使用日益广泛，越来越多的国家或地区建立起了覆盖主要行业的数据库，许多制造行业的组织机构设有专门的机构，专门从事 LCA 工作。

LCA 方法由于具备定量——综合诊断、评价和优化流程和绿色化产品的评价，将会在中国钢铁工业由"钢铁大国"向"钢铁强国"进程中越来越多地被采用并取得意想不到的效果。

参 考 文 献

[1] 曾高强. 原料环保存储技术分析及其在钢铁行业的应用 [J]. Baosteel BAC, 2013 (2)：1～6.

[2] 严允进. 炼铁机械 [M]. 北京：冶金工业出版社, 2009.

[3] 刘玠, 马竹梧. 冶金原燃料生产自动化技术 [M]. 北京：冶金工业出版社, 2005.

[4] 仇晓磊, 王跃飞. 宝钢原料场绿色物流技术的进展 [C]. 第十二届全国炼铁原料学术会议论文集, 中国银川, 2011.

[5] 张振文, 宋伟刚. 带式输送机工程设计与应用 [M]. 北京：冶金工业出版社, 2015.

[6] 朱云. 冶金设备 [M]. 北京：冶金工业出版社, 2013.

[7] 廖鸿, 罗云, 陶超, 等. 滚筒式混匀取料机料耙驱动改造 [C]. 2013 年全国烧结球团技术交流年会论文集, 2013.

[8] 肖扬, 段斌修, 吴定新. 烧结生产设备使用与维护 [M]. 北京：冶金工业出版社, 2012.

[9] 赵勇, 张怀春, 张岳文, 等. 唐钢炼铁厂原料库的设计特点 [C]. 2010 年度全国烧结球团技术交流年会论文集, 2010.

[10] 陈明祥. 大型整体式贮煤筒仓结构设计中的几个问题 [J]. 武汉大学学报（工学版）, 2007, 40 (增刊)：128～132.

[11] 孙兵, 李东平. 大型煤筒仓在焦化行业的应用 [C]. 苏、鲁、皖、赣、冀五省金属学会第十五届焦化学术年会论文集（上册）, 2010.

[12] 孟惜英, 祁建征, 梁复, 等. 超大直径筒仓壁无内支撑滑升施工技术 [J]. 建筑技术, 2011, 42 (7)：625～627.

[13] 刘洪忱, 谭福生, 宋德志. 大型群体筒仓漏斗施工技术 [J]. 建筑技术, 2005, 36 (1)：51～53.

[14] 许贤敏. 国外圆筒仓的加固实例 [J]. 特种结构, 2000, 17 (2)：56～59.

[15] 张毅, 李刚. 环保型封闭料场及在宝钢原料场改造中的应用 [J]. 烧结球团, 2014, 39 (4)：47～49.

[16] 张毅, 李刚. 钢铁企业环保型料场贮存方式的特点及比较 [J]. 宝钢技术, 2015 (6)：45～49.

[17] 谷显革. 环保料场技术在某钢厂原料场工程中的应用 [J]. 钢铁技术, 2015 (3)：35～41.

[18] 蒋仲安, 杜翠凤, 牛伟. 工业通风与除尘 [M]. 北京：冶金工业出版社, 2010.

[19] 吴旺平, 马洛文, 谢学荣, 等. 新型抑尘环保技术在宝钢原料场的应用 [C]. 第十届中国钢铁年会暨宝钢学术年会论文集, 2015.

[20] 葛学宏. 一种设有增气槽的空气压缩机：中国, CN203239512U [P]. 2013-10-16.

[21] 王耀武. 粉粒物料运输车：中国, CN203047865U [P]. 2013-07-10.

[22] 周静. 一种稳定烧结配加污泥装置：中国, ZL201320418648.1 [P]. 2013-07-15.

[23] 邹伟生, 袁海燕, 罗绍卓. 长距离管道输送发展现状及在矿山的应用前景 [J]. 金属材料与冶金工程, 2009, 37 (1)：57～60.

[24] 姜圣才, 成任, 温春莲. 管道输送技术在冶金矿山领域的应用前景 [J]. 矿产保护与利用, 2011 (5, 6)：114～117.

[25] 金英豪, 杨金艳, 姚香. 新疆某铁矿粉管道输送可行性研究 [J]. 矿业工程, 2010, 8 (1)：64～66.

[26] Feng Lin tong. China's steel industry Its rapid expansion and influence on the international steel industry [J]. Resources Policy, 1994, 20 (4)：219～234.

[27] 潘宝巨, 张成菊. 中国铁矿石造块技术 [M]. 北京：冶金工业出版社, 2000.

[28] 王海风, 裴元东, 张春霞, 等. 中国钢铁工业烧结/球团工序绿色发展工程科技战略及对策 [J]. 钢铁, 2016, 51 (1)：1～7.

[29] 东北工学院炼铁教研室. 炼铁学（上册）[M]. 北京：冶金工业出版社，1997.

[30] 肖琪. 团矿理论与实践 [M]. 长沙：中南工业大学出版社，1991.

[31] 李光强，朱诚意. 钢铁冶金的环保与节能 [M]. 北京：冶金工业出版社，2010.

[32] 王纯，张殿印. 除尘设备手册 [M]. 北京：化学工业出版社，2009.

[33] 国家发展和改革委员会，中国资源综合利用报告 [R]. 国家发展和改革委员会，2014.

[34] 李辽沙，曾晶，苏世怀，等. 钢渣预处理工艺对其矿物组成与资源化特性的影响 [J]. 金属矿山，2007（12）：71，4.

[35] 雷加鹏. 国内钢渣处理技术的特点 [J]. 钢铁研究，2010（5）：46，8.

[36] 张玉柱，雷云波，李俊国，等. 钢渣矿相组成及其显微形貌分析 [J]. 冶金分析，2011，31（9）：11，7.

[37] 张慧宁，徐安军，崔健，等. 钢渣循环利用研究现状及发展趋势 [J]. 炼钢，2012，28（3）：74~77.

[38] 王德永，李勇，刘建，等. 钢渣中同时回收铁和磷的资源化利用新思路 [J]. 中国冶金，2011，21（8）：50，4.

[39] 张朝晖，鲁慧慧，巨建涛，等. 钢渣回收铁的试验研究 [J]. 中国矿业，2010（6）：70，2.

[40] 程绪想，杨全兵. 钢渣的综合利用 [J]. 粉煤灰综合利用，2010（5）：45，9.

[41] 石磊. 浅谈钢渣的处理与综合利用 [J]. 中国资源综合利用，2011，29（3）：29~32.

[42] 何腊梅，胡燕. 钢渣在炼钢生产中的循环利用 [J]. 钢铁技术，2013（4）：2~4.

[43] Yi H, Xu G, Cheng H, et al. An Overview of Utilization of Steel Slag [J]. Procedia Environmental Sciences, 2012（16）：791~801.

[44] 王中杰，倪文，伏程红，等. 钢渣-矿渣基绿色人工鱼礁混凝土的制备 [J]. 矿产综合利用，2012（5）：39~43.

[45] 周惠群，李强，杨晓杰，等. 钢渣掺量和细度对水泥物理性能影响研究 [J]. 建材世界，2012，33（1）：1~4.

[46] Zhu X, Hou H, Huang X, et al. Enhance hydration properties of steel slag using grinding aids by mechanochemical effect [J]. Construction And Building Materials, 2012（29）：476，81.

[47] Oluwasola E A, Hainin M R, Aziz M M A. Characteristics and Utilization of Steel Slag in Road Construction [J]. Jurnal Teknologi, 2014, 70（7）：117~123.

[48] 张学科，王琼，王文杰，等. 钢渣组分特征及其用于土壤改良的可行性初步研究 [J]. 植物研究，2013，33（5）：635~640.

[49] 谷海红，仇荣亮. 钢渣施用对多金属复合污染土壤的改良效果及水稻吸收重金属的影响 [J]. 农业环境科学学报，2011，30（3）：455~460.

[50] 卓琳. 不锈钢尾渣环境风险及改良土壤效应研究 [D]. 山西大学，2012.

[51] 宁东峰. 钢渣硅钙肥高效利用与重金属风险性评估研究 [D]. 中国农业科学院，2014.

[52] 魏玲红，李俊国，张玉柱. 新型钢渣水处理剂去除水体污染物的研究现状 [J]. 环境科学与技术，2012，35（2）：73~78.

[53] Barca C, Grente C, Meyer D, et al. Phosphate removal from synthetic and real wastewater using steel slags produced in Europe [J]. Water Research, 2012, 46（7）：2376~2384.

[54] Cao W, Yang Q. Properties of a Carbonated Steel Slag-Slaked Lime Mixture [J]. Journal of Materials in Civil Engineering, 2014, 04014115.

[55] Yu J, Wang K. Study on characteristics of steel slag for CO_2 capture [J]. Energy & Fuels, 2011, 25（11）：5483~5492.

[56] 伊元荣，韩敏芳. 钢渣湿法捕获 CO_2 反应机制研究 [J]. 环境科学与技术，2013，36（6）：159~

163.

[57] Partridge G. An overview of glass ceramics. I: Development and principal bulk applications [M]. Sheffield, ROYAUME-UNI; Society of Glass Technology. 1994.

[58] Pelino M, Cantalini C, Rincon J M. Preparation and properties of glass-ceramic materials obtained by recycling goethite industrial waste [J]. Journal of Materials Science, 1997, 32 (17): 4655~4660.

[59] 肖汉宁, 邓春明. 工艺条件对钢铁废渣玻璃陶瓷显微结构的影响 [J]. 湖南大学学报 (自然科学版), 2001, 28 (1): 32~36.

[60] 程金树, 黄玉生. 钢渣微晶玻璃的研究 [J]. 武汉工业大学学报, 1995, 17 (4): 1~3.

[61] 代文彬, 李宇, 苍大强. 热处理过程对钢渣微晶玻璃结构和性能的影响规律 [J]. 北京科技大学学报, 2013, 11: 15017~1512.

[62] 郭文波, 苍大强, 杨志杰, 等. 钢渣熔态提铁后的二次渣制备微晶玻璃的实验研究 [J]. 硅酸盐通报, 2011, 30 (5): 1189~1192.

[63] 杨志杰, 李宇, 苍大强, 等. Al_2O_3含量对提铁后的钢渣及粉煤灰微晶玻璃结构与性能的影响[J]. 环境工程学报, 2012, 6 (12): 4631~4636.

[64] He F, Fang Y, Xie J, et al. Fabrication and characterization of glass-ceramics materials developed from steel slag waste [J]. Materials & Design, 2012, 42: 198~203.

[65] Favoni C, Minichelli D, Tubaro F, et al. Ceramic processing of municipal sewage sludge (MSS) and steelworks slags (SS) [J]. Ceramics International, 2005, 31 (5): 697~702.

[66] Furlani E, Tonello G, Maschio S. Recycling of steel slag and glass cullet from energy saving lamps by fast firing production of ceramics [J]. Waste Management, 2010, 30 (8~9): 1714~1719.

[67] Badiee H, Maghsoudipour A, Raissi Dehkordl B. Use of Iranian steel slag for production of ceramic floor tiles [J]. Advances in Applied Ceramics, 2008, 107 (2): 111~115.

[68] 赵立华, 苍大强, 刘璞, 等. $CaO-MgO-SiO_2$体系钢渣陶瓷材料制备与微观结构分析 [J]. 北京科技大学学报, 2011, 33 (8): 995~1000.

[69] Ai X B, Li Y, Gu X M, et al. Development of ceramic based on steel slag with different magnesium content [J]. Advances in Applied Ceramics, 2013, 112 (4): 213~218.

[70] Ai X B, Bai H, Zhao L H, et al. Thermodynamic analysis and formula optimization of steel slag-based ceramic materials by FACTsage software [J]. International Journal of Minerals, Metallurgy, and Materials, 2013, 20 (4): 379~385.

[71] 白志民, 马鸿文. 透辉石对石英—粘土—长石三组分陶瓷性能的影响 [J]. 硅酸盐学报, 2003, 31 (2): 148~151.

[72] Toya T, Nakamura A, Kameshima Y, et al. Glass-ceramics prepared from sludge generated by a water purification plant [J]. Ceramics International, 2007, 33 (4): 573~577.

[73] Schabbach L M, Andreola F, Barbieri L, et al. Post-treated incinerator bottom ash as alternative raw material for ceramic manufacturing [J]. Journal of the European Ceramic Society, 2012, 32 (11): 2843~2852.

[74] Ozdemir I, Yilmaz S. Processing of unglazed ceramic tiles from blast furnace slag [J]. Journal of Materials Processing Technology, 2007, 183 (1): 13~17.

[75] 焦宏涛. 固体废弃物研制可控尺寸多孔材料 [D]. 大连工业大学, 2011.

[76] Suwa Y, Teltal Y, Nere S. Stability of synthetic andradite at almospheric pressure [J]. American Mineralogist, 1976, 61: 26~28.

[77] Eby R K, Ewing R C, Birtcher R C. The amorphization of complex silicates by ion-beam irradiation [J]. Journal of Materials Science - Materials in Electronics, 1992, 7 (11): 3080-3102.

[78] Utsunomiya S, Wang L M, Ewing R C. Ion irradiation effects in natural garnets: Comparison with zircon [J]. Nuclear Instruments and Methods in Physics Research Section B: Beam Interactions with Materials and Atoms, 2002, 191 (1~4): 600~605.

[79] 毛庆武, 张福明, 张建良, 等. 特大型高炉高风温新型顶燃式热风炉设计与研究 [J]. 炼铁, 2010 (4): 1~2.

[80] 吴启常, 全强, 张建梁, 等. 热风炉设计理念的合理化 [C]. 2007 年中小高炉炼铁学术年会论文集.

[81] 张红哲, 李富朝, 孙庚辰, 等. 高风温长寿热风炉用高效小孔径格子砖的设计及选材 [J]. 耐火材料, 2015 (5): 376~380.

[82] 周惠敏, 曹勇, 胡江宁, 等. 高炉热风炉蓄热体——格子砖高辐射率覆层技术及应用 [C]. 第九届全国大高炉炼铁学术年会论文集.

[83] 李庭寿, 张颐, 魏新民, 等. 我国热风炉及耐火材料的技术发展与建议 [J]. 中国钢铁业, 2010 (11): 22~28.

[84] 齐渊洪, 高建军, 周渝生, 等. 氧气高炉的发展现状及关键技术问题分析 [C]. 全国冶金节能减排与低碳技术发展研讨会论文集, 2011.

[85] 陈永星, 范正赟, 刘征建, 等. 高炉富氧鼓风技术的理论分析 [J]. 冶金能源, 2011, 30 (2): 9~12.

[86] Yotaro O, Masahiro M, Hiroyuki M, et al. Process furnace characteristics of a commercial-scale oxygen blast furnace process with shaft gas injection [J]. ISIJ International, 1992, 32 (7): 838~847.

[87] 储满生, 郭宪臻, 沈峰满, 等. 高炉炼铁新技术的模拟研究 [J]. 东北大学学报 (自然科学版), 2007, 28 (6): 829~833.

[88] 王宏涛, 柳政根, 储满生, 等. 高炉炼铁低碳化操作研究现状 [C]. 全国炼铁生产技术会暨炼铁学术年会论文集, 2014.

[89] 方觉. 非高炉炼铁工艺与理论 [M]. 2 版. 北京: 冶金工业出版社, 2010.

[90] 范佳, 孙玉虎, 王彦杰, 等. 邯钢转炉煤气智能回收技术的开发 [A]. 2013 年全国冶金能源环保生产技术会论文集 [C]. 中国金属学会, 2013: 5.

[91] 巩婉峰. 转炉一次除尘新 OG 法与 LT 法选择取向探析 [J]. 钢铁技术, 2009, 4: 46~50.

[92] 李海英, 张滔, 滕军华, 等. 转炉 LT 干法除尘工艺应用存在问题及解决方法 [A]. 第十届中国钢铁年会暨第六届宝钢学术年会论文集 Ⅱ [C]. 中国金属学会、宝钢集团有限公司, 2015: 5.

[93] 王金龙, 王宏斌. 宣钢转炉干法除尘技术的创新与应用 [A]. 2014 年全国炼钢-连铸生产技术会论文集 [C]. 中国金属学会, 2014: 7.

[94] 王永平, 杨冬云, 李政, 等. 宣钢转炉煤气回收系统优化改造 [A]. 2013 年全国冶金能源环保生产技术会论文集 [C]. 中国金属学会, 2013: 4.

[95] 张原源. 提高罗泾转炉煤气回收综合措施 [J]. 宝钢技术, 2012, 2: 77~80.

[96] 王明理. 干法除尘在 210t 转炉的研究与应用 [J]. 涟钢科技与管理, 2012, 2: 15~18.

[97] 王金龙. 大型转炉干法除尘技术国产化应用 [J]. 中国冶金, 2015, 6: 32~36.

[98] 王万谅. 钢铁企业低压饱和蒸汽余热发电的应用 [J]. 科技创新与应用, 2014, 35: 100.

[99] Andreas A. A Dynamic Modeling Tool for Intergraded Electric Steelmaking [J]. Iron and Steel Engineer, 1995, 72 (3): 43~52.

[100] Frank. Post-Combustion for the Electric Arc Furnance [J]. Iron and Steel Engineer, 1995, 72 (6): 30~32.

[101] 刘根兴. 热管余热锅炉在舞钢电炉烟气余热回收中的应用 [C]. "豫兴热风炉杯" 2011 年曹妃甸绿色钢铁高峰论坛暨冶金设备管理经验交流会.

[102] 周细建，李国盛，杨明华，等．电炉烟气余热回收装置的工程应用［J］．冶金能源，2012，31 （1）：54～56.

[103] 高靖超．蓄热式钢包烘烤器的开发与应用［J］．炼钢，2007，23（5）：41～44.

[104] 张德国，秦文，夏俊华，等．蓄热式燃烧技术在首钢二炼钢的应用［J］．节能技术与装备，2006：719～721.

[105] 贾城，闫振武，蔺云志．蓄热式燃烧技术在炼钢厂烤包器上的应用［J］．炼钢，2008，24（1）：610～612.

[106] 刘爱军．蓄热式钢包烘烤装置在炼钢厂的应用［J］．梅山科技，2004（增刊）：47～49.

[107] 普国联，朱梅．HRC 高蓄热热式烘烤器在炼钢厂的应用［C］．全国能源与工业炉热工学术研讨会论文集（上卷）．

[108] 崔继安．生产线热送热装技术［J］．鞍钢技术，2006（3）：10～13.

[109] 叶枫．连铸坯热送热装工艺的质量保证［C］．2004 年无缺陷铸坯及热送热装工艺技术研讨会论文集，2004.

[110] 王会凤，刘庆禄，任吉堂．连铸坯热装工艺的温度特征分析［C］．2006 年河北省轧钢技术与学术年会论文集．

[111] 余志祥．连铸坯热送热装技术［C］．中国金属学会，2000.

[112] 牛宇，苏本红，张雁宏．减少板坯连铸表面纵裂纹满足热送热装工艺的实践［C］．2012 年全国炼钢-连铸生产技术会论文集．

[113] 毛新平．薄板坯连铸连轧技术综述［J］．冶金丛刊，2004，150（2）：35～39.

[114] 殷瑞钰．钢铁企业功能拓展是实现循环经济的有效途径［J］．钢铁，2005，40（7）：1～8.

[115] 殷瑞钰．我国薄板坯连铸连轧生产的发展与优化［C］．薄板坯连铸连轧技术技术交流与开发协会第三次交流会论文集，2005.

[116] 张绍贤．薄板坯连铸连轧工艺技术发展的概况［J］．炼钢，2000，16（1）：51～55.

[117] Gunter Flemming. Present and future CSP technology expands product range. Aise Steel Technology［J］. 2000（1）：53～57.

[118] Siegl J, Jungbauer A, Arfedi G, 等．阿维迪 ESP（无头带钢生产）——首套薄板坯无头连铸连轧生产结果［C］．第七届钢铁年会论文集，2009.

[119] 周汉香，陈洪伟．薄板坯连铸连轧技术的发展及在我国的实践［J］．武钢技术，2008，46（4）：59～62.

[120] 田乃媛．薄板坯连铸连轧［M］．2 版．北京：冶金工业出版社，2004.

[121] 王天义．薄板坯连铸连轧工艺技术实践［M］．北京：冶金工业出版社，2005.

[122] 宣守蓉．薄板坯连铸连轧技术的现状及发展趋势［J］．梅山科技，2006（3）：36～38.

[123] 张百忠．ESP 连铸连轧新工艺研究［J］．一重技术，2008，128（4）：41～42.

[124] 干勇．薄板坯连铸连轧生产技术若干问题［J］．钢铁，2004，39（8）：24～39.

[125] 汉斯·斯特比尔．钢带连续浇铸结晶器．SMS 舒路曼-斯玛公司，中国专利 CN87 1 00575 A，B22D 11/04.

[126] Streubel H. Mold for continuously casting steel strip. United States, 4834167. 1989.

[127] Streubel H. Mold for continuously casting steel strip. United States, 5311922. 1994.

[128] 曼内斯曼-德马克公司．采用铸-轧工艺生产薄板坯的连铸技术．国外连铸新技术（五）薄板坯连铸，冶金部情报研究总所，1988，1：60～63.

[129] 弗里茨·彼得·普拉施尤特施尼格，等．板坯连续铸造结晶器．曼内斯曼股份公司．中国专利申请号 88103709.5，B22D 11/04.

[130] Moore J A, Camimo C, Diehl S, et al. Mold flux developments for high speed slab casting［A］. Brima-

combe J K. Steelmaking Conference Proceedings [C]. USA: Iron and Steel Society, 1996.

[131] Anzai E, Ando T, Shigezumi T, et al. Hydrodynamic behavior of molten powder in meniscus zone of continuous casting mold [J]. Nippon Steel Technical Report, 1987 (34): 31~40.

[132] Ogibayashi S, Yamaguchi K, Mukai T, et al. Mold powder technology for continuous casting of low-carbon aluminum-killed steel [J]. Nippon Steel Technical Report, 1987. 34 (7): 1~10.

[133] Wolf M M. On the interaction between mold oscillation and mold lubrication [A]. Anslow J S. Electric Funrace Conference Proceedings [C]. USA: The Electric Furnace Division Iron and Steel Society of the American Institute of Mining Metallurgical and Petroleum Engineers, 1982.

[134] 彭世恒, 黄芳, 陈远清. 电磁制动对CSP漏斗形结晶器弯月面行为的影响分析 [J]. 中国稀土学报, 2012, 30 (8): 868~873.

[135] Arvedi G, Mazzolari F, Jungbauer A, Holleis G. 阿维迪ESP (连续带钢生产线) 薄板坯连续铸轧初步成果 [C]. 第六届中国钢铁年会: 288~296.

[136] 杨晓江. 薄板坯连铸液芯轻压下技术的发展和应用 [J]. 工艺技术, 2002 (2): 13~16, 38.

[137] Hans Steubel. Thin-slab casting with liquid core reduction [J]. MPT International, 1999 (3): 62~64, 66.

[138] 郑旭涛. 日钢ESP无头轧制技术 [J]. 冶金设备, 2016, 225 (1): 43~46.

[139] 曹先常. 电炉烟气余热回收利用技术进展及其应用 [C]. 中国金属学会. 第四届中国金属学会青年学术年会论文集, 2008.

[140] 李杨. 炼钢烟气余热资源的回收及利用 [D]. 沈阳: 东北大学, 2009.

[141] 陈鹏. 电除尘器和布袋除尘器的综合比较 [C]. 第八届中国钢铁年会论文集, 2011.

[142] 张德国, 魏刚, 张雨思. 欧洲转炉干法除尘技术调研及京唐"三脱转炉"应用分析 [C]. 2009年连铸自动化技术研讨会暨转炉干式除尘技术研讨会论文集, 宁波, 中国金属学会, 2009.

[143] 周茂林, 沈惟桥, 孟宪俭. 莱钢120t转炉烟气干法除尘工艺技术 [J]. 山东冶金, 2005, 27 (5): 17.

[144] 陈秋则, 吕保龄. 含氟废气的治理 [J]. 玻璃与搪瓷, 1985, 4: 44~48.

[145] 刘效森. 济钢120t转炉无氟炼钢的生产实践 [J]. 河北冶金, 2010, 5: 28~29.

[146] 张钟铮, 接宏伟, 费鹏, 等. 氧气顶吹转炉无氟造渣新工艺 [J]. 鞍钢技术, 2000, 5: 5~7, 12.

[147] 杨红博, 李咸伟, 俞勇梅, 等. 烧结烟气二噁英减排控制技术研究进展 [J]. 世界钢铁, 2011, 1: 6~11.

[148] 张传秀, 万江, 倪晓峰. 我国钢铁工业二噁英的减排 [J]. 冶金动力, 2008, 2: 74~79.

[149] 李黎, 梁广, 胡堃. 电炉及烧结烟气二噁英治理技术研究 [J]. 钢铁技术, 2014, 3: 43~48.

[150] 张朝晖, 李林波, 韦武强, 等. 冶金资源综合利用 [M]. 北京: 冶金工业出版社, 2011.

[151] 黄卫国, 谢晓会, 宋春玉. 钢渣处理及循环利用技术探讨 [J]. 河北冶金, 2012, 6: 3~7, 13.

[152] 李永谦, 刘茵, 肖永力, 等. 宝钢热态罐底渣处理滚筒装置的开发 [J]. 宝钢技术, 2016, 1: 41~44.

[153] 王少宁, 龙跃, 张玉柱, 等. 钢渣处理方法的比较分析及综合利用 [J]. 炼钢, 2010, 2: 75~78.

[154] 孙鹏翔. 钢渣沥青密级配混合料路用性能试验研究 [D]. 沈阳: 沈阳建筑大学, 2012.

[155] 穆艳春. 转炉钢渣处理技术优化 [D]. 济南: 山东大学, 2015.

[156] 张朝晖, 廖杰龙, 巨建涛, 等. 钢渣处理工艺与国内外钢渣利用技术 [J]. 钢铁研究学报, 2013, 7: 1~4.

[157] 章耿. 宝钢钢渣综合利用现状 [J]. 宝钢技术, 2006, 1: 20~24.

[158] 吕心刚. 钢渣的处理方式及利用途径探讨 [J]. 河南冶金, 2013, 3: 27 ~ 29, 38.

[159] 耿磊. 钢渣的处理与综合应用研究 [D]. 南京: 南京理工大学, 2010.

[160] 刘平, 曹克. 钢铁厂含锌含铁尘泥资源化利用途径探讨 [J]. 世界钢铁, 2013, 4: 20 ~ 26.

[161] 李秀霞. 钢铁行业固体废物资源化研究 [D]. 鞍山辽宁科技大学, 2013.

[162] 武国平. 首钢转炉一次除尘尘泥生产转炉冷却造渣剂应用研究 [C]. 第十届中国钢铁年会暨第六届宝钢学术年会论文集, 2015.

[163] 邱绍岐, 祝桂华. 电炉炼钢原理与工艺 [M]. 北京: 冶金工业出版社, 2001.

[164] 尹涛. 蓄热式钢包烘烤器的设计及应用研究 [D]. 南昌江西理工大学, 2011.

[165] 肖英龙, 王怀宇. 蓄热式烧嘴在 (电炉) 钢包加热装置上的应用 [J]. 宽厚板, 1998, 6: 41 ~ 43.

[166] 王肖, 李建设, 张瑞青. 蓄热式钢包烘烤器在唐钢不锈钢公司的应用 [A]. 第八届 (2011) 中国钢铁年会论文集 [C]. 中国金属学会, 2011.

[167] 孙国军, 王怀安, 张志伟. 承钢150t钢包烘烤器转炉煤气蓄热式烧嘴的应用 [J]. 北方钒钛, 2011, 2: 5 ~ 6, 10.

[168] 刘竹昕, 张卫军. 高炉煤气双蓄热式钢包烘烤器的设计及研究 [J]. 冶金能源, 2014, 1: 23 ~ 25.

[169] 陈雪波, 彭荟羽. 基于RBF神经网络钢包烘烤装置的节能优化 [J]. 控制工程, 2014, 5: 765 ~ 770.

[170] 周舒畅, 徐安军, 袁飞. 不同煤气种类下蓄热式钢包烘烤器节能潜力分析 [J]. 工业加热, 2015, 2: 8 ~ 11.

[171] 隋铁流. 国内外电渣冶金发展概况 [J]. 金属材料与冶金工程, 2015, 4: 52 ~ 55.

[172] 李学良, 郭宏磊. 舞钢40t板坯电渣炉渣系的选择与应用 [J]. 宽厚板, 2014, 5: 18 ~ 21.

[173] 朱建强, 田志涛. 舞钢电渣重熔炉加料机电气控制系统的改造实践 [J]. 宽厚板, 2015, 1: 46 ~ 48.

[174] 朱孝渭, 周天煜, 王克武. 450t电渣重熔炉和电渣熔铸 [J]. 装备机械, 2011, 1: 26 ~ 30.

[175] 梁洪铭. 电渣重熔过程氟化物挥发机理研究 [D]. 西安: 西安建筑科技大学, 2013.

[176] 王介生, 高宪文. 基于改进混合蛙跳算法的电渣重熔过程多变量PID控制器设计 [J]. 控制与决策, 2011, 11: 1731 ~ 1734.

[177] 王有铭, 李曼云, 韦光. 钢材的控制轧制和控制冷却 [M]. 北京: 冶金工业出版社, 2009.

[178] 樊精彪, 范地忠, 杨树森. 连铸坯热送热装的生产实践 [J]. 包钢科技, 2004: 26 ~ 28.

[179] 黄文献. 连铸坯热送热装工艺优化及效果 [J]. 江西冶金, 2005, 5 (6): 16 ~ 19.

[180] 郝利强. 连铸坯热送热装工艺方案的选择 [J]. 河北冶金, 2008, 6: 48 ~ 50.

[181] 侯青林, 薛佳子. 连铸坯热送热装工艺系统设计与实现冶金设备 [J]. 冶金设备. 2011, 10 (5): 23 ~ 26.

[182] 2020年我国钢铁工业发展愿景及若干重大问题研究 [R]. 中国钢铁工业协会, 2014.

[183] 唐钢热轧板卷生产与质量控制技术 [R]. 唐钢研究报告, 2013.

[184] 唐钢不锈钢公司技术改造与创新 [R]. 唐钢研究报告, 2016.

[185] 王国栋, 吴迪, 等. 中国轧钢技术的发展现状和展望 [J]. 中国冶金, 2009, 19 (12): 1.

[186] 王国栋. 中国钢铁轧制技术的进步与发展趋势. 钢铁, 2014, 49 (7): 23.

[187] 殷瑞钰. 薄板坯连铸连轧的进步及其在中国的发展 [A]. 2009年薄板坯连铸连轧国际研讨会 (TSCR2009) [C]. 2009.

[188] 曲余玲，等. 轧钢废水处理及发展趋势［C］. 全国冶金能源环保生产技术会议文集，2013.

[189] 郭清阁，浦涛. 连铸坯热送热装节能浅析［J］. 冶金能源，2005，24（1）.

[190] 武学泽. 唐钢棒材厂连铸坯热送热装实践［J］. 轧钢，2000，17（3）：55～57.

[191] 常金宝，王欣，郝华强. 定重供坯在方坯连铸中的应用［J］. 连铸，2013，1（16）：34～37.

[192] 张晓力，付成安. 无头轧制技术的发展与应用［J］. 河北冶金，2012（4）：3～7.

[193] 杨茂麟. 棒线材无头轧制综述［J］. 水钢科技，2013（4）：1～5.

[194] 刘晓燕，段东江. 钢坯焊接无头轧制在唐钢棒材生产线的应用［J］. 河北冶金，2006（2）：40～41.

[195] 王兰玉，苏福源. 低碳绿色生产技术实践与创新［J］. 冶金管理，2012（7）：44～48.

[196] 王兰玉，常金宝，金永龙，等. 建筑长材用钢洁净钢制造平台的节能技术［J］. 炼钢，2014（4）.

[197] 王新东，常金宝，李双武，等. 高效率、低成本洁净钢制造平台技术集成与生产实践［J］. 炼钢，2012，28（4）：1～6.

[198] 殷瑞钰，常金宝，郝华强，等. 小方坯铸机-棒材轧机之间"界面技术"优化［C］. 全国炼钢—连铸生产技术会，2014.

[199] 罗光政，刘鑫，范锦龙，等. 棒线材免加热直接轧制技术研究［J］. 钢铁研究学报，2014，26（2）：13～16.

[200] 刘相华，刘鑫，陈庆安，等. 棒线材免加热直接轧制的特点和关键技术［J］. 轧钢，2016，33（1）：1～4.

[201] 吴迪，赵宪明. 我国型钢生产技术进步20年及展望［J］. 轧钢，2004，21（6）：23～26.

[202] 张凤军，张国忠. 轧钢生产高压水除鳞系统的设计［J］. 江苏冶金，2007，35（1）：17～21.

[203] 何晓波，田文，李庆伟，等. 型材矫直工艺的改进［J］. 轧钢，2002，19（5）：57～58.

[204] 谭健. H型钢轧制工艺的发展［J］. 天津冶金，2010，1：17～19.

[205] 王京瑶，耿志勇，彭兆锋. 我国长材轧制技术与装备的发展（一）——钢轨和大型H型钢［J］. 轧钢，2011，28（4）：34～41.

[206] 陶立巍，等. 孔洞式热滑道的研制与应用［C］. 全国能源与热工2006学术年会，2006.

[207] 孙建国. 控轧控冷技术在小型材生产中的应用［J］. 轧钢，2004，4：36～38.

[208] 张洪民，经纬，苗天，等. 环保型纳米水溶性轧制润滑剂及其应用［J］. 轧钢，2011，28（6）：60.

[209] Niemeije F T. 21世纪热风炉［J］. 钢铁，2005，40（7）：84～86.

[210] 吴启常，张建梁，苍大强. 我国热风炉的现状及提高风温的对策［J］. 炼铁，2002，21（5）：1～4.

[211] Hellander J. Ceramic coatings: reheat furnace application［J］. Iron & Steel Engineer，1987（6）：40～43.

[212] Creal R. Coatings' big energy savings is just the icing on the cake［J］. Heating Treating，1986（2）：23～25.

[213] Stanley B. Ceramic refractory coatings: their application and performance［J］. Industrial Heating，1982，90（7）：27～29.

[214] Elliston D G. The effect of surface emissivity on furnace performance［J］. Journal of the Institute of Energy，1987，60（12）：155～167.

[215] Imre Benkò. High infrared emissivity coating for energy conservation and protection of inner surfaces in fur-

naces [J]. International Journal of Global Energy Issuses，2002，17（1，2）：60 ~ 67.

[216] 李文军，李壮，许积礼. BJ-1 红外节能涂料的研制 [J]. 北京科技大学学报，1995，17（3）：298 ~ 301.

[217] 夏继余，王正深，胡仲寅. HK-81 耐热辐射涂料的研制 [J]. 红外技术，1986，8（6）：30 ~ 34.

[218] 欧阳德刚，赵修建，胡铁山. 高抗热震性红外辐射涂料的实验研究 [J]. 工业加热，2001（6）：22 ~ 25.